中国国家标准汇编

514

GB 27849～27887
（2011 年制定）

中国标准出版社 编

中国标准出版社
北 京

图书在版编目(CIP)数据

中国国家标准汇编:2011年制定.514:GB 27849～27887/中国标准出版社编.—北京:中国标准出版社,2012

ISBN 978-7-5066-6961-0

Ⅰ.①中… Ⅱ.①中… Ⅲ.①国家标准-汇编-中国-2011 Ⅳ.①T-652.1

中国版本图书馆CIP数据核字(2012)第197063号

中国标准出版社出版发行
北京市朝阳区和平里西街甲2号(100013)
北京市西城区三里河北街16号(100045)

网址 www.spc.net.cn
总编室:(010)64275323 发行中心:(010)51780235
读者服务部:(010)68523946

中国标准出版社秦皇岛印刷厂印刷
各地新华书店经销

*

开本 880×1230 1/16 印张 39.75 字数 1 200 千字
2012年10月第一版 2012年10月第一次印刷

*

定价 220.00 元

出 版 说 明

1.《中国国家标准汇编》是一部大型综合性国家标准全集。自1983年起，按国家标准顺序号以精装本、平装本两种装帧形式陆续分册汇编出版。它在一定程度上反映了我国建国以来标准化事业发展的基本情况和主要成就，是各级标准化管理机构，工矿企事业单位，农林牧副渔系统，科研、设计、教学等部门必不可少的工具书。

2.《中国国家标准汇编》收入我国每年正式发布的全部国家标准，分为“制定”卷和“修订”卷两种编辑版本。

“制定”卷收入上一年度我国发布的、新制定的国家标准，顺延前年度标准编号分成若干分册，封面和书脊上注明“20××年制定”字样及分册号，分册号一直连续。各分册中的标准是按照标准编号顺序连续排列的，如有标准顺序号缺号的，除特殊情况注明外，暂为空号。

“修订”卷收入上一年度我国发布的、被修订的国家标准，视篇幅分设若干分册，但与“制定”卷分册号无关联，仅在封面和书脊上注明“20××年修订-1，-2，-3，……”字样。“修订”卷各分册中的标准，仍按标准编号顺序排列(但不连续)；如有遗漏的，均在当年最后一分册中补齐。需提请读者注意的是，个别非顺延前年度标准编号的新制定的国家标准没有收入在“制定”卷中，而是收入在“修订”卷中。

读者配套购买《中国国家标准汇编》“制定”卷和“修订”卷则可收齐由我社出版的上一年度我国制定和修订的全部国家标准。

3. 由于读者需求的变化，自1996年起，《中国国家标准汇编》仅出版精装本。

4. 2011年我国制修订国家标准共1 989项。本分册为“2011年制定”卷第514分册，收入国家标准GB 27849～27887的最新版本。

中国标准出版社

2012年8月

目　　录

ICS 13.300;13.020.40
A 80

中华人民共和国国家标准

GB/T 27849—2011

化学品 降解筛选试验 化学需氧量

Chemicals—Degradation screening test—Chemical oxygen demand

2011-12-30 发布 2012-08-01 实施

中华人民共和国国家质量监督检验检疫总局
中国国家标准化管理委员会 发布

前　　言

本标准按照GB/T 1.1—2009给出的规则起草。

本标准与欧盟委员会440/2008法规：欧洲议会和欧盟理事会关于化学品注册、评估、许可和限制(REACH)的第1907/2006号法规的测试方法法规的方法C.6(2008年)《降解——化学需氧量》(英文版)技术性内容相同。

本标准做了下列结构和编辑性修改：

——将计量单位改为我国法定计量单位；

——为与现有标准系列一致，将标准名称改为《化学品　降解筛选试验　化学需氧量》；

——在术语和定义的规定中，采用与我国已经发布的国家标准一致的定义。

本标准由全国危险化学品管理标准化技术委员会(SAC/TC 251)提出并归口。

本标准起草单位：环境保护部化学品登记中心、上海市检测中心、国家危险化学品质量监督检验中心、环境保护部南京环境科学研究所、北京师范大学、江苏出入境检验检疫局。

本标准主要起草人：聂晶磊、刘纯新、陈琳、陈晓倩、游戎、张京佶、王娜、王蕾、刘骏、汤礼军。

引　言

该方法的目的是在固定试验条件下，采用一种专用的标准方法，对固态或液态有机化合物进行化学需氧量(COD)的测定。

物质的分子式能够帮助指导试验以及解释试验结果(例如卤素盐，有机化合物的亚铁盐，有机氯化物)。

化学品 降解筛选试验 化学需氧量

1 范围

本标准规定了化学品降解筛选试验化学需氧量的测试方法。

本标准适用于大多数低挥发性的固态或液态有机物质。

本标准给出了一种测定物质被氧化能力的方法。

2 术语和定义

下列术语和定义适用于本文件。

2.1

化学需氧量 chemical oxygen demand，COD

在强酸并加热条件下，一定量的重铬酸盐氧化水样中还原性物质所消耗氧化剂的量，可表示为每毫克受试物消耗的氧气毫克数(mg/mg)。

3 受试物信息

受试物信息包括：

a) 分子式或结构式；

b) 纯度及杂质成分；

c) 水中溶解度；

d) 沸点或蒸汽压。

4 参比物

参比物质主要被用于校准测定方法、检查试剂质量，并且可以用于比较不同方法做出的试验结果。并非测试任何一种新物质时都要用参比物质。

5 方法原理

将一定量的受试物溶解或分散在蒸馏水中，以硫酸银为催化剂，在浓硫酸介质中用已知量的重铬酸钾加热回流两小时。剩余重铬酸盐含量用标准硫酸亚铁铵溶液滴定测量。根据硫酸亚铁铵的用量算出水样中还原性物质消耗氧化剂的量。

在测定含氯物质时，通过加入硫酸汞减少氯化物的干扰。

注：试验结束后，含汞盐、铬盐的溶液应无害化处置，防止污染环境。

6 试验程序

6.1 受试物贮备液

对于可溶受试物，配制 COD 为 250 mg/L～600 mg/L 的受试物贮备溶液；对于难溶的或无法分散的受试物，要称量出约相当于5 mg COD量的细粉末或液体受试物与蒸馏水一起置于试验用装置中。

6.2 试验操作

受试物溶液或分散液的COD可按任何合适的国家标准或国际标准方法来测定。

注：推荐采用ISO 6060的方法。

7 质量保证与质量控制

需注意事项如下：

a) 化学需氧量是有机物在特定条件下的可氧化性指标，应严格按操作程序进行；

b) 氯化物、无机还原剂或氧化剂在测定中会影响COD的测定值；

c) 一些环状化合物和许多挥发性物质(例如低级脂肪酸)在测定中不能被完全氧化，会影响测定结果。

8 数据与报告

8.1 数据处理

试验装置中的COD值可以通过所选择的标准化方法计算出来，然后换算为每克受试物的COD克数。

化学需氧量应取至少三次平行试验的平均值。

8.2 结果报告

试验报告应包括以下内容：

a) 受试物：

——化学特性鉴别数据；

——物理状态、杂质以及固有组分(如果已知)；

——溶解性、挥发性数据等可能影响试验结果的信息和注释。

b) 试验条件：

——受试物的溶液/分散液的制备方法；

——试验参考的方法标准名称及标准号；

——为减少氯化物干扰而使用硫酸汞的情况。

c) 结果：

——测量数据；

——试验结果换算为每克受试物的COD克数表示。

d) 结果讨论。

参 考 文 献

[1] ISO 6060 Water quality:chemical oxygen demand dichromate methods

[2] ISBN O 11 7512494 Chemical oxygen demand(dichromate value)of polluted and waste waters

[3] DIN 38409-H-41 Determination of the chemical oxygen demand(COD)within the range above 15mg per litre

[4] Gerike,P. The biodegradability testing of poorly water soluble compounds. Chemosphere, 1984,vol. 13,169

[5] Kelkenberg,H. ,Z. von Wasser und Abwasserforschung,1975,vol. 8,146

[6] NBN T 91-201 Determination of the chemical oxygen demand

[7] NEN 3235 5. 3 Bepaling van het chemisch zuurstofverbruik

[8] NF T 90-101 Determination of the chemical oxygen demand

ICS 13.300;13.020.40
A 80

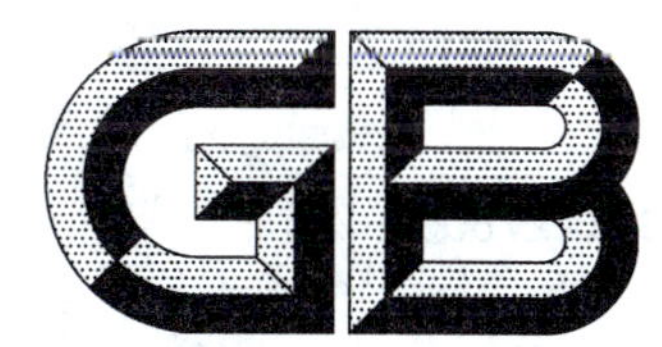

中华人民共和国国家标准

GB/T 27850—2011

化学品　快速生物降解性　通则

Chemicals—Ready biodegradability—General considerations

2011-12-30 发布　　2012-08-01 实施

中华人民共和国国家质量监督检验检疫总局
中国国家标准化管理委员会　发布

前　言

本标准按照 GB/T 1.1—2009 给出的规则起草。

本标准是《化学品　快速生物降解性》系列标准之一，它与 GB/T 21801《化学品　快速生物降解性　呼吸计量法试验》、GB/T 21802《化学品　快速生物降解性　改进的 MITI 试验(I)》、GB/T 21803《化学品　快速生物降解性　DOC 消减试验》、GB/T 21831《化学品　快速生物降解性：密闭瓶法试验》、GB/T 21856《化学品　快速生物降解性　二氧化碳产生试验》和 GB/T 21857《化学品　快速生物降解性　改进的 OECD 筛选试验》六个标准配套使用。

本标准与经济合作与发展组织(OECD)化学品测试导则 No.301(1992 年)《快速生物降解性》(英文版)技术性内容相同。

本标准做了下列结构和编辑性修改：

——将计量单位改为我国法定计量单位；

——删除 OECD 301《快速生物降解性》前言中资料性背景介绍部分；

——将"稳定期"、"快速生物降解性"和"固有生物降解性"列入术语、定义和缩略语的规定中，采用与我国已经发布的国家标准一致的定义。

本标准由全国危险化学品管理标准化技术委员会(SAC/TC 251)提出并归口。

本标准起草单位：环境保护部化学品登记中心、环境保护部南京环境科学研究所、北京师范大学、中国环境科学研究院、沈阳化工研究院安全评价中心。

本标准主要起草人：刘纯新、周红、黄星、刘济宁、石利利、竺建荣、全向春、李捍东、赵玉艳。

化学品　快速生物降解性　通则

1　范围

本标准规定了化学品快速生物降解性的术语和定义、方法概述、试验的一般程序和准备、质量保证与质量控制、数据与报告。

本标准适用于筛选和测试化学物质在水中好氧条件下的快速生物降解性。

2　规范性引用文件

下列文件对于本文件的应用是必不可少的。凡是注日期的引用文件，仅注日期的版本适用于本文件。凡是不注日期的引用文件，其最新版本(包括所有的修改单)适用于本文件。

GB/T 21801　化学品　快速生物降解性　呼吸计量法试验

GB/T 21802　化学品　快速生物降解性　改进的 MITI(Ⅰ)试验

GB/T 21803　化学品　快速生物降解性　DOC 消减试验

GB/T 21831　化学品　快速生物降解性　密闭瓶法试验

GB/T 21856　化学品　快速生物降解性　二氧化碳产生试验

GB/T 21857　化学品　快速生物降解性　改进的 OECD 筛选试验

3　术语、定义和缩略语

下列术语、定义和缩略语适用于本文件。

3.1　术语和定义

3.1.1

溶解氧　dissolved oxygen，DO

溶解在水中的氧气的浓度，以 mg/L 表示。

3.1.2

生化需氧量　biochemical oxygen demand，BOD

微生物分解有机物所消耗氧的量，可表示为每毫克受试物消耗的氧气毫克数(mg/mg)。

3.1.3

化学需氧量　chemical oxygen demand，COD

在强酸并加热条件下，一定量的重铬酸盐氧化水样中还原性物质所消耗氧化剂的量，可表示为每毫克受试物消耗的氧气毫克数(mg/mg)。

3.1.4

溶解性有机碳　dissolved organic carbon，DOC

溶液中有机碳的含量，常指通过 0.45 μm 滤膜过滤后液体中的有机碳含量，或经 4 000 r/min 转速离心 15 min 后上清液中的有机碳含量。

3.1.5

理论需氧量　theoretical oxygen demand，ThOD

根据分子式计算得到的受试物完全被氧化需要的氧的总量，可表示为每毫克受试物消耗的氧气毫克数(mg/mg)。

3.1.6

理论二氧化碳　theoretical carbon dioxide, $ThCO_2$

由计算得出的受试物含有的已知或经测定的碳完全无机化应产生的二氧化碳的量。通常以每毫克受试物产生的二氧化碳毫克数表示(mg/mg)。

3.1.7

总有机碳　total organic carbon, TOC

试验样品(包括溶液和悬浮液)中有机碳的总量。

3.1.8

总碳　total carbon, TC

试验样品中有机碳和无机碳的总量。

3.1.9

初级生物降解　primary biodegradation

在生物作用下,受试物化学结构发生变化致使特性丧失的过程。

3.1.10

最终生物降解(好氧)　ultimate biodegradation (aerobic)

受试物被微生物完全分解为二氧化碳、水、矿物盐和形成新的微生物细胞成分(生物量)的过程。

3.1.11

快速生物降解的(化学品)　readily biodegradable

通过特定的降解筛选试验达到最终降解的一类化学品,这些筛选试验假定受试物在水体好氧环境下能迅速彻底地生物降解。

3.1.12

固有生物降解的(化学品)　inherently biodegradable

生物降解试验表明肯定具有生物降解性(初级或最终)的一类化学品。

3.1.13

可处理性　treatability

在不影响污水生化处理工艺正常运行的前提下,化合物在污水生化处理过程中被去除的能力。一般具有快速生物降解性的化合物具有可处理性,但并非所有具有固有降解性的化合物都具有可处理性。非生物处理过程同样如此。

3.1.14

停滞期　lag phase

试验开始到降解率达到10%的时期。

3.1.15

降解期　degradation phase

停滞期结束到降解率达到最大降解率的90%的时期。

3.1.16

10 d观察期　10-d window

生物降解率达到10%之后的10 d试验时间。

3.1.17

稳定期　plateau

生物降解率趋于稳定(至少三次测定)的时期。

3.1.18

快速生物降解性　ready biodegradability

受试物在限定时间内与接种物接触表现出的生物降解能力。

3.1.19

固有生物降解性　inherent biodegradability

最佳试验条件下，受试物长时间与接种物接触表现出的生物降解潜力（标准中未提及）。

3.2 缩略语

3.2.1 IC：无机碳（inorganic carbon）

4 受试物信息

受试物信息包括：

a) 分子式和结构式；

b) 水中溶解度；

c) 蒸汽压；

d) 吸附性；

e) 纯度；

f) 主要成分的组成比例；

g) 碳含量；

h) 微生物毒性。

5 方法概述

5.1 原理

将含受试物的无机培养基溶液或悬浮液接种以后，以受试物作为唯一的有机碳源，在黑暗或散射光条件下好氧培养。接种物内源活性带来的误差通过含接种物不含受试物的空白对照组校正。如果受试物可能对接种物有抑制作用，参见附录A操作。

以固定时间间隔测定DOC消减量、氧消耗量或CO_2产生量等参数的变化，计算受试物快速生物降解率，绘制生物降解曲线。也可通过化学分析测定试验开始和结束时受试物的浓度或降解中间产物的浓度，评估受试物的初级生物降解性。

通常试验应持续28 d。如果未达28 d，而生物降解曲线达到稳定期（曲线上至少连续3次测定值都持平稳状态）时，可以结束试验；如果第28 d生物降解曲线还未达到平稳状态时，应延迟试验期，但此时就不应把该化学品归为可快速生物降解物质。

5.2 适用范围及方法的选择

若受试物在水中的溶解浓度不低于100 mg/L且不发生挥发和吸附时，GB/T 21801、GB/T 21802、GB/T 21803、GB/T 21831、GB/T 21856、GB/T 21857给出的六种试验方法都可采用。

对难溶于水、具有挥发性或吸附性的受试物，其对应的试验方法见表1。

表1 试验方法适用范围

试验项目	分析方法	适用化合物类型		
		难溶于水	挥发性	吸附性
GB/T 21803 DOC消减试验	测定溶解性有机碳	不适用	不适用	视具体情况而定
GB/T 21856 CO_2产生试验	呼吸计量法:测定CO_2产生量	适用	不适用	适用
GB/T 21802 MITI试验(Ⅰ)	呼吸计量法:测定氧气消耗量	适用	视具体情况而定	适用
GB/T 21831 密闭瓶试验	呼吸计量法:测定溶解氧	视具体情况而定	适用	适用
GB/T 21857 改进的OECD筛选试验	测定溶解性有机碳	不适用	不适用	视具体情况而定
GB/T 21801 呼吸计量法试验	测定氧气消耗量	适用	视具体情况而定	适用

难溶于水和挥发性受试物的处理方法参见附录B,但GB/T 21802规定的方法中不允许使用溶剂或乳化剂。当使用带有完全密闭瓶塞且顶部具有足够气体空间的试验容器时,一些中等挥发性的受试物可采用GB/T 21803给出的方法,为评估与校正物理损失的影响,应设置无菌对照组。

5.3 通过水平

快速生物降解性的通过水平为DOC去除率达到70%,呼吸计测定中则为ThOD去除率或$ThCO_2$产生量达到60%。在28 d试验期中,应在一个10 d观察期达到通过水平,但以下情况例外:10 d观察期从生物降解为DOC去除率、ThOD去除率或$ThCO_2$产生量的10%开始,且在28 d试验期前应终止。受试物生物降解在28 d以后达到通过水平的,为不具有快速生物降解性。GB/T 21802给出的方法不宜采用10 d观察期这种测评方式。对于GB/T 21831给出的方法,采用14 d观察期比10 d观察期更合适。

5.4 参比物

根据快速生物降解性标准,选用具有快速生物降解性的物质作为参比物,设置空白对照组进行平行试验。

本标准推荐苯胺(新蒸馏)、醋酸钠或苯甲酸钠作为参比物,也可采用邻苯二甲酸氢钾。

6 试验的一般程序和准备

6.1 试验条件

六个试验方法标准的试验条件见表2。

表 2　试验条件

<table>
<tr><td colspan="2">项　目</td><td>DOC 消减试验</td><td>CO_2产生试验</td><td>呼吸计量法试验</td><td>改进的 OECD 筛选试验</td><td>密闭瓶试验</td><td>MITI 试验(Ⅰ)</td></tr>
<tr><td rowspan="3">受试物浓度</td><td>mg/L</td><td></td><td></td><td>100</td><td></td><td>2～10</td><td>100</td></tr>
<tr><td>mg/L(以 DOC 计)</td><td>10～40</td><td>10～20</td><td></td><td>10～40</td><td></td><td></td></tr>
<tr><td>mg/L(以 ThOD 计)</td><td></td><td></td><td>50～100</td><td></td><td>5～10</td><td></td></tr>
<tr><td rowspan="3">接种物浓度</td><td>mg/L(以 SS[a] 计)</td><td colspan="3">≤30</td><td></td><td></td><td>30</td></tr>
<tr><td>mL/L(二级出水)</td><td colspan="3">≤100</td><td>0.5</td><td>≤5</td><td></td></tr>
<tr><td>个/L(细胞数)　≈</td><td colspan="3">10^7～10^8</td><td>10^5</td><td>10^4～10^6</td><td>10^7～10^8</td></tr>
<tr><td rowspan="8">无机培养基中各元素的浓度/(mg/L)</td><td>P</td><td colspan="4">116</td><td>11.6</td><td>29</td></tr>
<tr><td>N</td><td colspan="4">1.3</td><td>0.13</td><td>1.3</td></tr>
<tr><td>Na</td><td colspan="4">86</td><td>8.6</td><td>17.2</td></tr>
<tr><td>K</td><td colspan="4">122</td><td>12.2</td><td>36.5</td></tr>
<tr><td>Mg</td><td colspan="4">2.2</td><td>2.2</td><td>6.6</td></tr>
<tr><td>Ca</td><td colspan="4">9.9</td><td>9.9</td><td>29.7</td></tr>
<tr><td>Fe</td><td colspan="4">0.05～0.1</td><td>0.05～0.1</td><td>0.15</td></tr>
<tr><td>pH</td><td colspan="5">7.4±0.2</td><td>7 最佳</td></tr>
<tr><td colspan="2">温度/℃</td><td colspan="5">22±2</td><td>25±1</td></tr>
<tr><td colspan="8">[a] SS 为悬浮固体。</td></tr>
</table>

6.2　主要仪器设备

各方法所用的仪器设备见相应的方法标准细则。

6.3　试验用水

使用不含抑制毒性物质(如 Cu^{2+})的高纯度去离子水或蒸馏水,确保水中有机碳含量不高于受试物 DOC 浓度的 10%,同系列试验应使用同一批水,试验前应测定试验用水中的 DOC,GB/T 21831 中规定的密闭瓶法试验除外,但应保证该试验用水的氧气消耗量较低。

6.4　培养基

先用分析纯试剂制备适当浓度的无机培养基贮备液。在试验开始时,用贮备液和蒸馏水制备试验培养基。贮备液包括磷酸盐溶液、氯化铵溶液、氯化钙溶液、硫酸镁溶液、氯化铁溶液。所需贮备液和试验培养基中无机盐、微量元素和生长因子的浓度、使用比例以及配制方法见各相应方法标准。GB/T 21857 培养基中外加接种物很少,只含有低浓度的微量元素和生长因子,该试验的培养基应补充其他化合物。

同一试验所用培养基应为同一批配制。

6.5　受试物和参比物的添加

受试物和参比物添加至反应混合体系中的方法同它们的水溶性等物理化学性质相关。对于水中溶解度超过 1 g/L 的受试物或参比物，预先溶于试验用水制备合适浓度的贮备液，试验时再稀释配制成最终受试溶液。难溶的受试物或参比物直接溶于培养基以避免稀释缓冲液；不溶的受试物或参比物直接加到最终的试验培养基中并确保均质化。难溶和不溶物的添加方法参见附录 B，GB/T 21802 中规定的方法不应使用有机溶剂和乳化剂。

6.6 接种物

6.6.1 接种物选择

接种物可以取自活性污泥、未消毒的污水处理厂出水、地表水和土壤，或以上几种的混合物。为保证试验精度，GB/T 21801、GB/T 21803 和 GB/T 21856 规定的试验方法使用的活性污泥应取自生活污水处理厂或主要处理生活污水的中试规模的处理装置。GB/T 21831 和 GB/T 21857 规定的试验方法只用低浓度的接种物，不使用活性污泥絮体，优先采用城市污水处理厂或处理实际生活污水的试验装置的二级出水作为接种物。GB/T 21802 规定的试验方法用的接种物是多种来源的混合物。各方法接种物来源和准备的详细描述见相应的方法标准细则。

6.6.2 接种物预处理

为降低空白值，提高试验方法的精度，可将接种物在试验条件下预处理，但不是对受试物进行预驯化。预处理包括在试验温度下对活性污泥(在不添加受试物的试验培养基中)或对二级出水曝气培养 5 d～7 d。GB/T 21802 规定的试验方法中的接种物不应作预处理。

6.7 无菌对照组

设置未加接种物的无菌对照组，通过测定 DOC 去除量、氧吸收量或 CO_2 产生量来检测受试物是否存在非生物降解。可采用孔径为 0.2 μm～0.45 μm 的微孔滤膜过滤或添加适当浓度的有毒物质进行灭菌，其中，使用膜过滤方法灭菌后的样品应保存于无菌条件。

以 DOC 去除率作为生物降解指标的试验，特别是使用活性污泥接种时，为排除受试物吸附作用的影响，宜设置一个经过接种并灭菌的吸附对照组。

6.8 取样和容器数量

每组至少应设两个盛放受试物和接种物、至少两个盛放接种物的烧瓶或容器、一个盛放参比物和接种物的烧瓶或容器。如果设置毒性对照组、无菌对照组和吸附对照组，应增加相应的容器。GB/T 21802 和 GB/T 21831 对烧瓶的数量有特殊要求。烧瓶或其他容器的数量与要求见相应的试验方法标准。应跟踪测定受试悬浮液和接种空白平行组的 DOC 和/或其他参数。宜跟踪测定其他平行组的 DOC。

原则上试验应保证取样和检测以获得 10 d 观察期内的去除率，但由于降解过程的停滞期和降解速率的波动，因此本通则无法精确描述取样频率。

7 试验操作

关于各方法试验的组别设计、具体操作等详细描述见相应方法标准细则。

8 质量保证与质量控制

需注意事项如下：

a) 试验用水应是高纯度水。应防止水中所含的杂质、离子交换树脂及细菌、藻类裂解产生的物质污染试验用水而出现过高的空白值；

b) 所加接种物中的 DOC 量与受试物中的有机碳含量相比，应尽可能地低；

c) 使用参比物作为程序对照组同时进行试验。苯胺（新蒸馏）、醋酸钠或苯甲酸钠作为参比物，采用以上方法测定时均可完全降解；

d) 以测定 DOC 消减量、CO_2 产生量和氧消耗量等参数来表征降解过程，为了确认生物降解的起始点和结束点，取样测定频率应足够高；

e) 鉴于生物降解的特性和接种物中复杂的细菌种群，测定应不少于两个重复。通常最初加入受试培养基中的微生物浓度越高，重复测定结果的差异越小；

f) 在稳定期、试验结束时或 10 d 观察期结束时，平行试验间的降解率最大相对偏差小于 20%，并且试验进行到 14 d 时，参比物的降解百分率已达到通过水平；

g) 在含有受试物和参比物的毒性试验中，在 14 d 内降解百分率低于 35%（按总 DOC 计）或 25%（按总 ThOD 或 $ThCO_2$ 计），可认定受试物对接种物有抑制作用（其他毒性试验参见附录 A），应重新选取更低浓度的受试物（以不严重影响 DOC 的测定精确度为前提）或更高浓度的接种物（不应高于 30 mg/L）重复试验；

h) 各方法中其他条件对试验结果有效性具体的影响见相应方法标准细则。

9 数据与报告

9.1 数据处理

对于接种受试物的试验悬浮液和不含受试物的接种空白平行样，都采用两个试验组的平均值来计算每次取样时的降解百分率 D_t。具体见各方法标准细则。

绘制“降解百分率 D_t-试验时间 t 曲线”表示降解过程，并在降解曲线图中标示 10 d 观察期。计算和报告在稳定期、试验结束或 10 d 观察期结束时的去除百分率。

在 GB/T 21801 规定的方法中，含氮受试物发生硝化作用（参见附录 C、附录 D）可影响氧气的吸收。

当受试物信息不全，不能计算 ThOD 时，可以用 COD 值替代计算降解百分率；在测定 COD 时一些化学品不易被氧化，导致 COD 值通常低于 ThOD，使最后得到的生物降解百分率高于实际值。

当可获得受试物的化学分析数据时，应按照式(1)计算初级生物降解百分率：

$$D_t = \frac{S_b - S_a}{S_b} \times 100 \qquad \cdots\cdots(1)$$

式中：

D_t——t 时刻（试验结束时，通常为 28 d）的初级生物降解百分率，%；

S_a——试验结束时试验组中受试物的残留量，单位为毫克(mg)；

S_b——试验结束时无菌对照组中受试物的残留量，单位为毫克(mg)。

采用各方法所得试验结果的计算，见各方法标准细则。

9.2 结果报告

试验报告应包括以下内容：

a) 受试物：

——物理属性及基本理化性质；

——受试物标识数据。

b) 试验条件：

——接种物：状态和取样地点，浓度和预处理方法；

——污水中工业废水的比例和状况（若已知）；

——试验周期与温度；

——如果受试物是非常难溶的物质，提供受试物溶液/悬浮液制备方法；

——采用的试验方法；试验步骤改变的原因及解释说明；

——参比物的使用情况。

c) 结果：

——将数据填入"数据表"；

——任何观察到的抑制现象；

——任何观察到的非生物降解；

——受试物质化学分析数据（如果有）；

——受试物降解中间产物的分析数据（如果有）；

——受试物及参比物的"降解率-时间曲线"，包括停滞期、降解期、10 d 观察期和斜率；

——稳定期、试验结束时和（或）10 d 观察期结束时的降解百分率。

d) 结果讨论。

附 录 A
（资料性附录）
受试物对接种物生长抑制作用的处理

A.1 受试物对接种物生长抑制作用的处理

当快速生物降解试验中受试物表现为无生物降解性时，为判别是源于受试物对接种物的抑制作用还是因为受试物的惰性，推荐采用以下措施：

a) 微生物毒性试验和生物降解试验采用类似或相同的接种物；

b) 微生物毒性试验可以单独或联合采用以下方法：活性污泥呼吸抑制试验（GB/T 21796—2008）、BOD 和（或）微生物生长抑制试验；

c) 生物降解性试验中，为避免受试物抑制接种物的活性，建议受试物浓度设置为 EC_{50} 值的 1/10（或低于 EC_{20} 值）。若受试物对接种物的 EC_{50} 值大于 300 mg/L 时，可判定受试物对接种物无抑制影响；

d) 当受试物对接种物的 EC_{50} 值低于 20 mg/L 时，应设置较低的受试物浓度。推荐采用密闭瓶法试验（GB/T 21831—2008）或使用 ^{14}C 标记材料评价生物降解性；若采用经受试物驯化的接种物，试验时可设置较高的受试物浓度，但试验结果不能用于评价快速生物降解性。

附　录　B
（资料性附录）
难溶性受试物的处理

B.1　难溶性受试物的处理

对难溶于水的受试物的生物降解性试验，应特别注意以下问题：

a）鉴于均质的液体很少有采样问题，因此应采用适当的方法使固体物质均质化，避免非均质造成的误差。当从混合物或含大量杂质的受试物中采集几毫克的代表样品时，应特别小心；

b）试验过程中可采用多种搅拌方式，应注意搅拌到足以使受试物分散、但又不过强以至于出现过热、泡沫过多；

c）可使用乳化剂使受试物呈稳定的分散状态，但乳化剂在试验条件下应对接种物无毒、不降解，也不起泡；

d）对溶剂的要求同乳化剂；

e）固体载运剂不适用于固体受试物，但可适用于油性受试物；

f）当使用辅助物质如乳化剂、溶剂和载运剂时，应设置辅助物质空白对照；

g）GB/T 21801、GB/T 21802、GB/T 21831、GB/T 21856 规定的四个呼吸试验方法中的任何一个都可用来测量难溶物质的生物降解性。

附 录 C
（资料性附录）
相应参数的计算和确定

C.1 含碳量

含碳量可以从已知的元素组成中计算，或从受试物的元素分析中得出。

C.2 理论耗氧量(ThOD)

当元素组成确定或已知时，理论耗氧量可以计算得出。对于化合物 $C_cH_hCl_dN_nNa_{na}O_oP_pS_s$，当无硝化作用时，其理论需氧量见式(C.1)：

$$\mathrm{ThOD_{NH_3}}=\frac{16\left[2c+\frac{1}{2}(h-cl-3n)+3s+\frac{5}{2}p+\frac{1}{2}(na-o)\right]}{MW} \quad \cdots\cdots\cdots\cdots(\mathrm{C.1})$$

当有硝化作用时，其理论需氧量见式(C.2)：

$$\mathrm{ThOD_{NO_3}}=\frac{16\left[2c+\frac{1}{2}(h-cl)+\frac{5}{2}n+3s+\frac{5}{2}p+\frac{1}{2}(na-o)\right]}{MW} \quad \cdots\cdots\cdots\cdots(\mathrm{C.2})$$

式(C.1)和式(C.2)中：

ThOD——理论需氧量，以每毫克化学品消耗的氧气量表示(mg/mg)；

c ——化合物分子中碳原子个数；

h ——化合物分子中氢原子个数；

cl ——化合物分子中氯原子个数；

n ——化合物分子中氮原子个数；

s ——化合物分子中硫原子个数；

p ——化合物分子中磷原子个数；

na ——化合物分子中钠原子个数；

o ——化合物分子中氧原子个数；

MW ——化合物相对分子质量。

若硝化作用不完全但确已发生，则应通过测定硝酸盐和亚硝酸盐的浓度校正 ThOD。

C.3 化学需氧量(COD)

水中可溶性有机物的化学需氧量可用现有方法进行测定。

化学需氧量通常最好用其他方法来测定，即有压力平衡装置的密闭系统 Kelkenberg 法，特别是在难溶物质的试验中，用该方法可以测定常规方法很难测定的化合物。然而，该方法不能测定像嘧啶类的物质。若重铬酸钾的浓度从 0.002 6 mol/L 增至 0.041 6 mol/L，就可容易地测定 5 mg～10 mg 直接称量加入的物质，这将满足难溶于水的物质的化学需氧量测定。

C.4 溶解性有机碳(DOC)

根据定义,溶解性有机碳是指任何化合物或混合物中溶于水并能通过 0.45 μm 滤膜的有机碳。

从试验容器中取出样品后立即用适当的过滤器和滤膜过滤,舍去最初的滤出液 20 mL(当使用小过滤器时,此量可相应减少),保留 10 mL ～20 mL(取决于碳分析所需的体积)供碳分析,用有机碳分析仪测定 DOC 浓度,有机碳分析仪应能够精确测量相当于或低于试验所用的起始 DOC 浓度的 10%的量。

在同一工作日内不能测定滤液样品时,可在冰箱中 4 ℃下保存样品,但保存时间不得超过 48 h,在 －18 ℃可保存较长时间。

注 1: 滤膜表面通常涂有亲水性涂层物质,这样,过滤器就可能含有溶解性有机碳,影响生物降解性的测定。将过滤器放入去离子水中煮沸三次、每次 1 h,可去除涂层物质和溶解性有机物,其后过滤器可在水中保存一星期。如果使用一次性的过滤器,则每批都应检查确保其不释放出溶解性有机碳。同时确保受试物不被过滤器吸附。

注 2: 在离心力 4 000 g(约为 40 000 m/s^2)下离心 15 min 可代替过滤,由于不是全部的细菌都能去除,或者细菌体的部分有机碳会再溶解,该方法不适用于分析 DOC 初始浓度低于 10 mg/L 的样品。

附 录 D
（资料性附录）
硝化作用氧消耗的校正

D.1 硝化作用氧消耗的校正

在呼吸计量法中，铵氧化过程消耗的氧将显著影响试验氧消耗的测定。

用氧消耗法对不含氮受试物进行生物降解性试验时，即使试验和对照瓶中介质含的铵态氮随机发生氧化，不考虑硝化作用的结果误差也很小（≤5%）；但对于含氮受试物，如果不校正铵氧化为硝酸盐和亚硝酸盐的耗氧量，试验结果将严重失真。当发生完全的硝化作用或铵转化为硝酸盐时，氧化过程见式（D.1）：

$$NH_4^{+} + 2O_2 \rightarrow NO_3^{-} + 2H^{+} + H_2O \qquad \text{(D.1)}$$

氧化 14 g 氮成为硝酸盐将消耗 64 g 氧，亦即生成硝酸盐消耗的氧是硝态氮增加量乘以 4.57。如果发生不完全硝化作用，氧化过程见式（D.2）和式（D.3）：

$$NH_4^{+} + \frac{3}{2}O_2 \rightarrow NO_2^{-} + 2H^{+} + H_2O \qquad \text{(D.2)}$$

$$NO_2^{-} + \frac{1}{2}O_2 \rightarrow NO_3^{-} \qquad \text{(D.3)}$$

氧化 14 g 氮成为亚硝酸盐将消耗 48 g 氧，即换算系数为 3.43。

根据存在的微生物菌种的不同，上述两个反应是连续的平衡反应，即亚硝酸盐含量可能增加也可能减少，而在后一情形，则生成等摩尔的硝酸盐。这样，生成硝酸盐的耗氧量是硝态氮含量的增加量乘以 4.57，而生成亚硝酸盐的耗氧量是亚硝态氮含量的增加量乘以 3.43。

如果仅测定了被氧化的总氮，其硝化作用耗氧量宜计为氧化态氮的增加量乘以 4.57。

生物降解率则计算为经校正后的碳氧化耗氧量值除以无硝化作用的理论耗氧量（$ThOD_{NH_3}$，其计算参见附录 C）。

ICS 13.300;13.020
A 80

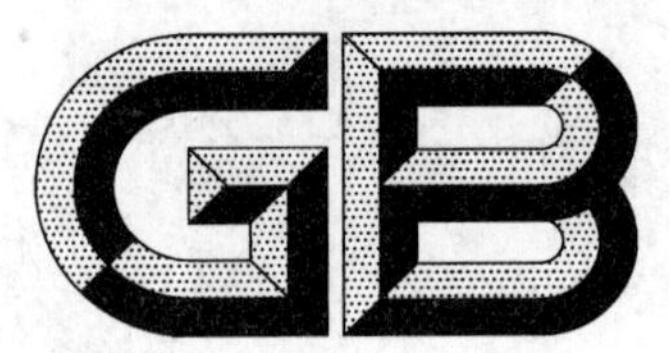

中华人民共和国国家标准

GB/T 27851—2011

化学品 陆生植物 生长活力试验

Chemicals—Terrestrial plant test—Vegetative vigour test

2011-12-30 发布 2012-08-01 实施

中华人民共和国国家质量监督检验检疫总局
中国国家标准化管理委员会 发布

前言

本标准按照 GB/T 1.1—2009 给出的规则起草。

本标准与经济合作与发展组织(OECD)化学品测试导则 227(2006)《陆生植物生长活力试验》(英文版)技术内容相同。

本标准做了下列结构和编辑性修改:

——将前言的内容作为引言内容;

——将原附录 A 的定义调整为正文内容;

——删除了原附录 C 中种子供应商的相关内容;

——将计量单位改为我国法定计量单位。

本标准由全国危险化学品管理标准化技术委员会(SAC/TC 251)提出并归口。

本标准起草单位:广东省微生物分析检测中心、环境保护部化学品登记中心、中国检验检疫科学研究院、谱尼测试科技(北京)有限公司。

本标准主要起草人:梁燕珍、梅承芳、周红、孙国萍、张宏涛、刘纯新、陈会明、陈进林。

引　言

随着科学的进步和管理使用上的适用性OECD化学品测试准则会被定期校阅修订。本标准在OECD208[1]标准的基础上进行修订，其目的在于评价受试物对陆生植物露出地面部分生长活力的潜在影响。本试验本身不包括对植物的所有慢性效应及对繁殖的影响（例如结实、开花、果实成熟）。应考虑受试物的暴露条件（使用情况）和受试物的性质以确保使用合适的试验方法。本标准适用于一般化学物质、生物杀灭剂及农药（又称植物保护剂或杀虫剂）。标准是以OECD208[1-2]以及其他现有的方法[3-8]为基础发展起来的，也参考了其他与植物试验相关的文献[9-12]。

化学品 陆生植物 生长活力试验

1 范围

本标准规定了评价受试物对陆生植物露出地面部分生长活力的潜在影响的方法，不包括对植物的所有慢性效应及对繁殖的影响(例如结实、开花、果实成熟)。

本标准适用于一般化学物质、农作物保护剂或农药。

2 术语和定义

下列术语和定义适用于本文件。

2.1

农作物保护剂或农药 crop protection products (CPPs) or plant protection product (PPPs) or pesticides

一种具有特殊生物活性的，专门用于保护作物免于病原物(如真菌、昆虫、杂草)侵害的物质。

2.2

效应浓度或效应比率 *x*% effect concentration or *x*% effect rate，EC*x*、ER*x*

相对于对照组，在观测终点 *x*%受影响时的浓度或比率(例如地上部分植株重量下降，植株存活数目，或植株外观受损达25%或50%的浓度或比率，分别为 EC_{25}/ER_{25} 或 EC_{50}/ER_{50})。

2.3

萌芽 emergence

胚芽鞘或子叶露出土表。

2.4

制剂 formulation

含有活性成分的商业配制产品，又称最终制品或终端产品。

2.5

最低可观察效应 lowest observed effect concentration，LOEC

可被观察到效应的最低受试物浓度。在这个试验中，与对照相比，在既定的暴露时间内，对应于LOEC，有一个统计上的明显效应($p<0.05$)，同时此值高于NOEC值。

2.6

非靶标植物 non-target plants

目标植株范围外的植物，对于农药来讲，通常指处理区域之外的植物。

2.7

无观察效应浓度 no observed effect concentration，NOEC

观察不到效应的最高浓度。在这个试验中，不能观察到的效应的最高浓度是在整个试验过程中相对于对照具有统计学的显著性($p<0.05$)。

2.8

植物毒性 phytotoxicity

(通过测量或观察)发现的由某种物质引起的植物非正常的外观和生长方面的损害。

2.9

重复 replicate

对照组和/或试验组试验单位的重复,在本试验中指的是以盆为单位的重复。

2.10

观察评价 visual assessment

通过与对照组比较观察植物的长势、活力度、畸形、枯黄、坏死及整体外观进行评价。

3 原理

受试植物从种子到长出2片～4片真叶期后,将受试物按适当的比率喷洒到植株及其叶子表面。在用药后21 d～28 d的试验间隔中(对于附录C中列出的10种植物,试验周期为21 d),以未喷洒受试物的植株为对照,在不同的间隔时间点,评价受试植物的生长活力。试验结束时测量幼苗的干重或鲜重。某些情况下通过测量幼苗的高度以及植物不同部位的可观察损害程度进行评价。通过多个浓度/比率试验得到剂量-效应曲线,或通过单一浓度/比率的限度试验,获得受试物的效应浓度(EC_x)或效应比率(ER_x),同时计算出无效应浓度(NOEC)和最低可观察效应浓度(LOEC)。

本试验目的是获得剂量-效应曲线,或者根据研究目的以单一浓度/比率进行限度试验。如果单一的浓度/比率的试验结果超出了某一毒性水平(例如是否观察到效应大于x%),就要进行较大浓度范围试验以确定毒性上限和下限,接着通过多个浓度/比率试验得到剂量-效应曲线。然后应用合适的统计学方法获得浓度效应值EC_x或者施用率效应值ER_x(如EC_{25}、ER_{25},EC_{50}、ER_{50})等敏感的参数。同时计算出无观察效应浓度(NOEC)和最低可观察效应浓度(LOEC)。

4 受试物信息

受试物信息包括以下内容:

a) 结构式;
b) 纯度;
c) 水中溶解度;
d) 有机溶剂中的溶解性;
e) 正辛醇/水分配系数;
f) 土壤吸附行为;
g) 蒸气压;
h) 水和光化学稳定性;
i) 生物降解性。

5 质量保证与质量控制

要确认结果有效,应符合下述要求:

a) 种子的发芽率至少达到70%;
b) 对照组植株没有显示出明显的植物毒性效应(如萎黄病、坏死、萎蔫、茎叶变形),某一特定的植株只表现该种植物正常生长和形态的变化;
c) 试验期间,对照组植株的平均存活率至少达到90%;
d) 对于某一特定的植物,环境条件一致,以及生长介质含有相同的土壤基质、支持介质,或者来源相同的基质。

6 参比物

定期测试参比物，用以验证试验的有效性，受试植物的反应，以及试验设施不随着时间的推移而发生显著变化。对照组连续性的生物量和生长的测定可以评价某实验室试验系统的效果，同时也作为实验室内部质量控制的一个措施。

7 试验方法

7.1 天然土壤-人造基质

7.1.1 植物可栽培在有机碳含量为不高于1.5%（相当于有机物含量3%）的砂质壤土、沙壤土或砂质黏壤中。含有不高于1.5%有机碳的商业性土壤或人造基质也可用于试验。如果已知受试物与粘质土有高度的亲和性则不能使用该土壤。田间土壤须过2 mm筛以除去土壤粗大的杂质。报告最后用于试验的土壤其类型和结构、有机碳含量、pH值以及含盐量（以电导率表示）。应根据标准分类方法[13]对土壤进行分类。土壤应以巴斯德法或热处理法进行灭菌以减少土壤病原体的影响。

7.1.2 天然土壤理化性质及微生物群落的多样性会使试验结果复杂化并增加结果的可变性。理化性质及微生物群落的多样性相应地会改变土壤的持水力、化学吸附能力、透气性、营养及微量元素含量。化学因素，例如pH值和氧化还原电位的变化，都会影响受试物的生物可利用性[14-16]。因此可使用人造基质。

7.1.3 人造基质通常不用于农药的试验，但可用于一般化学品试验、或者当希望通过降低天然土壤的多样性以增加试验结果的可比性时应用。所用介质应是由惰性物质组成，以将其对受试物、溶剂或者受试物溶剂两者的相互作用降到最低。酸洗过的石英砂、石棉和玻璃珠（如直径0.35 mm～0.85 mm）是公认的惰性载体，这些物质吸附受试物的程度最低[17]，又能最大限度地保证通过根吸收将物质提供给幼苗。蛭石、珍珠岩或者其他吸附性程度高的材料不适宜于用作介质。试验过程中应提供植物生长营养物质以保证植株不会因为营养缺乏而受胁迫，如有可能，可以通过化学分析或对对照植物的观察来评价。

7.2 受试植物物种的选择标准

选择受试植物时考虑到植物之间不同效应而应该尽可能广，要考虑植物类别的多样性、分布、丰度、生物生长周期特征以及自然分布区域[11,18-22]。因此在选择受试植物时，应考虑下述特性：

a) 受试植物种子来源要一致，种子要容易得到而且来自可靠的标准种子库，而且种子能产生一致、可靠和均匀的芽，幼苗有一致的生长速度；
b) 受试植物要适合在实验室条件下进行测试，并在实验室内和不同实验室之间均可获得可靠的、重现性好的测试结果；
c) 受试植物敏感性应与这种植物在自然环境暴露于相同受试物的反应是一致的；
d) 受试植物在毒性试验中已有一定程度的应用，例如用于除草剂生物毒性测试、重金属筛查、盐度或矿物质的胁迫试验或植物毒素抑制试验表明其对多种多样的应激源的敏感性；
e) 受试植物适合测试方法所确定的生长条件；
f) 受试植物符合试验有效性的要求。

一些历史上最常用的受试物种参见附录A和非作物植物种参见附录B。

7.3 受试物的施用

受试物应在合适的载体中施用（如水、丙酮、乙醇、聚乙二醇、阿拉伯胶）。也可以直接以配制产品和包含有效成分及各种助剂的制剂进行试验。

受试物是模拟典型的喷雾罐喷洒到植物表面。一般来说，喷洒剂量应在正常农业使用的范围内，并不得让受试物从植物叶面流下来。如果使用了溶剂或载体，应该设置仅含溶剂或载体的对照组。对于制剂，这方面则不需要考虑。受试物是粉剂时，试验方法需进一步改进。

7.4 试验浓度/比率的确认

受试物浓度/比率用合适的分析方法确认浓度/比率。对于水溶性的物质，用经过校准的仪器(例如经过校准有刻度的玻璃仪器，经校检的喷雾仪器)分析计算最高试验浓度来确定系列稀释的试验浓度。对于难溶于水的物质，应提供该物质加入到土壤中的量。如需证明均匀性，应对土壤进行分析。

8 试验程序

8.1 试验设计

8.1.1 种植在盆中的同一种植物从种子到2片～4片真叶期开始试验，这个阶段的时间取决于所选的品种，但对某些物种如洋葱来说是不合适的。因此对于试验阶段的确切描述应记录在试验报告中。每盆种植植物的数量应与植物的种类、盆的大小和试验周期相适应。试验过程中应为植物提供足够的生长空间和统一的生长条件，并避免试验过程中过分拥挤形成叶片相互遮掩。例如，建议每两棵玉米、大豆、番茄、黄瓜或甜菜的间距为15 cm；直径15 cm的盆种植3株油菜和豌豆种子；直径15 cm的盆可种植5株～10株洋葱、小麦或其他较小的种子。需要种子和重复(重复是指盆的重复，对于同一盆内植物不作为重复)的数量应满足统计分析方法的要求[23]。这样可减少组内误差而使得检测组间差别时变得更容易。值得注意的是，当每盆(重复)使用量少而大种子时相对于可能使用量大的小种子来讲，其变异系数将会更大。通过在每个盆中种植数目相同的种子，其变异系数可能会减少到最低限度。

种子发芽后应该间苗，对于长得体积大的物种每个盆仅种一棵，植株较小的物种每个盆允许种植多棵。每个盆种植一棵还是多棵植物是以试验结束时植株预期长成的大小和避免过于挤迫而定。一个盆尽可能种植一棵植物。

8.1.2 对照组用于证明观察到的效应与暴露于受试物有关或只归究于暴露于受试物。除了处理组暴露于受试物之外，对照组应与处理组条件相同。在一个试验组中，包括空白对照在内的所有试验植株应是同一来源。为了减少误差，应随机放置处理组植物和对照组植物。

8.1.3 避免使用裹有杀虫剂或杀菌剂(如包衣种)的种子。但有些非内吸收的杀菌剂(如卡普坦，福美双)是某些政府法规允许的[24]。如果种子带有病原菌，应用5%的次氯酸钠溶液进行短时间浸泡，然后用自来水进行充分冲洗后风干。没有经过其他农药处理过的种子可直接使用。

8.2 试验条件

试验条件应模拟植物正常生长所需的环境或典型环境条件(参见附录C所举的例子)，应避免植株间拥挤而影响生长，叶子间不应互相遮盖而影响受试物的暴露效果。

植株应在控制良好的环境如人工气候箱、温室中培育。当使用人工气候箱时，应可调控和记录温度、湿度、二氧化碳浓度、光照(强度、波长、光合有效辐射)和光照周期、施水方式等，这些生长环境因素应受控并按一定频率(如每天)记录，通过对照组植物长势来判断植物生长是否良好。温室的温度可通过通风、加热和/或冷却系统进行控制。温室试验一般建议采用以下条件：

a) 温度：22 ℃ ± 10 ℃；

b) 湿度：70% ±25%；

c) 光照周期:最短光照 16 h/d;

d) 光照强度:25 900 lx±3 700 lx[350 μE/(m^2 · s)±50 μE/(m^2 · s)]。除了一些光照要求低的植物外,当光照强度低于 14 800 lx(200 μE/m^2 · s)、波长为 400 nm～700 nm 时宜外加光照。

监测和记录整个试验过程的环境条件。植物应种植在无孔的塑料盆或玻璃盆中,玻璃盆下面带托盘或小圆盘,用于种植的塑料盆或玻璃盆应定期调换位置使生长条件尽量一致。塑料盆或玻璃盆应足够大以满足植物的正常生长不致植株间叶子互相遮盖。

给土壤补充营养以保证植物茁壮生长的需要。可通过对对照组的观察来判断营养物质的添加量和时机。建议从盆底部引水(例如通过玻璃纤维灯芯引水)或在叶子以下部分浇水来补充水分;

特殊的生长环境条件应适合于受试植物及受试物。对照组及处理组应处于相同的环境条件中。然而,应采取适当的措施避免暴露于受试物(例如挥发性物质)在不同的浓度组以及对照组之间交叉污染。

8.3 单一浓度(比率)水平的试验

为了确定合适的受试物浓度(比率)进行单一浓度(比率)的耐受性试验或限度试验,应考虑某些因素。对于大多数的化学物质,这些因素包括物理和化学性质。对于农药,应考虑其理化性质、使用模式、最高使用浓度及频率、每季度使用量和/或其内吸长效性。为了判断该化学物质是否有植物毒性,以最高的近叶暴露浓度(例如 1 000 mg/L)进行试验。

8.4 预试验

在剂量-效应研究中,在某些情况,为了提供关于试验浓度或使用频率的范围进行较大浓度范围(例如 0.1、1.0、10、100 和 1 000 单位使用量)的预试验是有必要的。对于农药,其浓度设置应以推荐浓度或最大浓度或使用频率为基础,例如 1/100、1/10、1 倍的推荐浓度/最大浓度或使用频率。

8.5 多浓度/比率试验

多浓度/比率试验的目的是按监管机构的要求建立剂量-效应关系和通过生物量和/或可观察效应(相对于对照组)确定 EC_x(ER_x)值。

设置的浓度(比率)数量和间距应能获得可信的剂量效应关系和回归方程从而得到 EC_x 或 ER_x 的估值。所设定的浓度(比率)范围应能涵盖 EC_x 或 ER_x。例如要得到 EC_{50},最好能选择能产生 20%～80%效应的浓度。要达到该目的,建议以几何级数设置至少 5 个试验浓度(比率)及一个空白对照,间距系数不应大于 3。每一处理组和对照组至少设置 4 个重复,受试植物的总数至少 20 株。当使用生长特性变化较大的特定植物要增加平等的数量以增加统计学意义。如果使用更多的处理浓度(比率),可以减少重复的数量。如果需要估算 NOEC 值,需要增加重复的数量以获得预期的统计学意义[23]。

8.6 观察内容

在观察期间,要经常(至少 1 周 1 次,如可能应每天)观察植株的植物毒性和死亡情况。试验结束时,应记录存活植物生物量的测量结果及植物不同部位受到的明显毒性效应,后者包括幼苗外观异常、矮化、斑驳、死亡率及对植物生长发育的影响。最终的生物量可通过测定存活植物的最终平均干重得到,而最终平均干重由地上部分植株在 60 ℃的条件下干燥至恒重获得。另外,最后的生物量也可通过测定植物鲜重获得。在某些情况下,植株的高度也可以作为一个最终的结果。评价这些可观察的毒性效应应采用统一的评分标准,进行定性和定量分级来评价的示例见参考文献[11,25]。

9 数据与报告

9.1 数据处理

9.1.1 单一浓度(比率)试验

每种植物的数据应采用合适的统计分析方法进行分析[23]。报告其受影响水平,或报告所用试验浓度未出现相关效应(例如在 y 浓度或比率下观察的效应$<x\%$)。

9.1.2 多浓度/比率试验

浓度-剂量关系通过回归方程确立。多种模型可用于计算,如计算死亡率的 EC_x 或 ER_x(例如 EC_{25}、ER_{25}、EC_{50}、ER_{50})及其置信限可用以下多种模型计算(如 logit、probit、Spearman-Karber、Trimmed Spearman-Karber 等)。当把幼苗生长量(重量和高度)作为连续的点,可用合适的回归分析方法(如布鲁斯-斯泰赫非线性回归分析[26])计算 EC_x、ER_x 及其置信限。对于敏感植物品种来说,R2应尽可能不低于 0.7,而且所设定的试验浓度(比率)其范围应能涵盖产生 20%～80%效应的浓度(比率)。如果需要确定 NOEC 值,则应根据数据分布选择有效的统计方法[23,27]。

9.2 结果报告

试验报告应包括以下内容:

a) 受试物:
 ——试验物质相关的化学性质资料如:分配系数、水溶解度、蒸气压,如果可能,还应提供环境归趋及行为的相关信息;
 ——详细描述试验溶液制备的细节及浓度确认方法。

b) 试验物种:
 ——种子来源与育种史(即供应商、发芽率、种子规格、生产批号、生产年份、收获种子的季节)以及活力等;
 ——用于试验的单子叶和双子叶植物的数量;
 ——物种选择的理由;
 ——种子的贮存、处理和方法。

c) 试验条件:
 ——试验设施,如人工气候箱、人工气候室、温室;
 ——试验系统的描述,如盆的尺寸、盆的材料和装入土壤的量;
 ——土壤特征:土壤的结构和类型,如土壤的颗粒大小分布和分类,土壤的物理化学性质,有机物百分比含量、有机碳百分比含量及 pH 值;
 ——试验前土壤/基质(如土壤、人工土壤、沙及其他)的准备;
 ——如果用到培养基,营养培养基的描述;
 ——试验物质的投入:施用方法的描述、使用的仪器、暴露比率和施用总量、浓度测定的方法及施用时的环境条件;
 ——生长条件:光强度(例如光合有效辐射)、光照周期、最高和最低温度、浇水时间安排和方法、施肥;
 ——每盆的种子数量、每个剂量组的植物数量、每个暴露组的重复(盆)数量;
 ——对照的类型和数量:阴性对照和阳性对照,如果用了有机溶剂还有溶剂对照;
 ——试验开始时植物发育所处的阶段;

——试验周期。

d) 试验结果：

——所有试验重复的终点值、测试浓度、测试比率、测试物种的数据表格；

——与对照相比每一受试植物的受抑制百分比值；

——生物量试验数据：每种植物地上部分的干重或鲜重相对于对照组降低的百分比；

——如果测量了每一受试植物相对于对照组地上部分的高度，计算其百分比；

——如果试验期内种子开花结籽，可测量统计结籽的情况；

——与对照组相比报告每种受试植物观察到的外观损伤并进行定性和定量的描述如茎叶萎黄病，坏死，萎蔫，叶茎变形等任何缺陷效应；

——如果提供可见的损失评价，对可见的损伤分级的准则加以描述；

——对于单浓度的试验，应报告损伤百分率；

——EC_x 或 ER_x 如 EC_{50}、ER_{50}、EC_{25}、ER_{25} 及其置信度，所采用的回归分析的方法，说明标准差及斜率、截距；

——如可能，提供 NOEC 值及 LOEC 值；

——使用的统计学方法及所用的设定；

——受试植物相关数据及浓度-剂量关系图示。

e) 试验过程中对标准的任何偏离和是否出现异常现象。

附 录 A
（资料性附录）
试验所需植物种类

表 A.1 给出了试验所需的植物种类。

表 A.1 试验所需植物种类

亚纲	科	学 名	通用名(中文名)
双子叶植物亚纲	伞形科 Apiaceae(Umbelliferae)	*Daucus carota*	胡萝卜
	菊科 Asteraceae (Compositae)	*Helianthus annuus*	向日葵
		Lactuca sativa	生菜、莴苣、莴笋
	十字花科 Brassicaceae (Cruciferae)	*Sinapis alba*	白芥
		Brassica campestris var. chinensis	中国白菜
		Brassica napus	油菜
		Brassica oleracea var. capitata	甘蓝、结球甘蓝、卷心菜
		Brassica rapa	芜菁
		Lepidium sativum	独行菜
		Raphanus sativus	萝卜
	藜科 Chenopodiaceae	*Beta vulgaris*	甜菜
	葫芦科 Cucurbitaceae	*Cucumis sativa*	黄瓜
	豆科 Fabaceae (Leguminosae)	*Glycine max* (*G. soja*)	大豆
		Phaseolus aureus	绿豆
		Phaseolus vulgaris	矮生菜豆、四季豆
		Pisum sativum	豌豆
		Trigonella foenum-graecum	胡卢巴
		Lotus corniculatus	百脉根、五叶草、牛角花、乌趾豆
		Trifolium pratense	红三叶
		Vicia sativa	巢菜
	亚麻科 Linaceae	*Linum usitatissimum*	亚麻
	蓼科 Polygonaceae	*Fagopyrum esculentum*	荞麦
	茄科 Solanaceae	*Solanum lycopersicon*	番茄
单子叶植物亚纲	百合科 Liliaceae (Amarylladaceae)	*Allium cepa*	洋葱
	禾本科 (Poaceae (Gramineae)	*Avena sativa*	燕麦
		Hordeum vulgare	大麦
		Lolium perenne	黑麦草
		Oryza sativa	水稻
		Secale cereale	黑麦
		Sorghum bicolor	高粱
		Triticum aestivum	小麦
		Zea mays	玉米

附　录　B
（资料性附录）
非作物植物种

B.1　表 B.1 给出了非作物植物种类。

表 B.1　非作物植物种

科	学名(通用名)	生命周期及生境[a]	种子质量/mg	萌芽或生长光照期[b]	种植深度[c]/mm	发芽时间[d]/d	特殊处理[e]	毒理[f]试验
伞形科 窃衣属 Apiaceae	*Torilis japonica* 日本窃衣属	A,B 活动频繁的地区,树林,灌林丛	1.7～1.9	光＝暗	0	5(50%)	低温外包层化处理 种子要成熟 黑暗抑制萌芽 无需特殊处理	发芽后
菊科 Asteraceae	*Bellis perennis* 雏菊	P 草地,耕地	0.09～0.17	光＝暗	0	3(50%)	萌芽不应受到辐射	发芽后
	Centaurea cyanus 矢车菊	A 耕地,路边,开阔的地方	4.1～4.9	光＝暗	0～3	14～21 (100%)	无需特殊处理	发芽后
	Centaurea nigra 黑矢车菊	P 耕地,路边,开阔的地方	2.4～2.6	光＝暗	0	3(50%) 4(97%)	种子要成熟 黑暗抑制萌芽 无需特殊处理	发芽后
	Inula helenium 土木香	P 潮湿, 活动频繁的地区	1～1.3		0		无需特殊处理	发芽后
	Leontodon hispidus 大蒲公英	P 田地,路边, 活动频繁的地区	0.85～1.2	光＝暗	0	4 (50%) 7 (80%)	黑暗抑制萌芽 无需特殊处理	发芽后
	Rudbeckia hirta 多毛金光菊	B,P 活动频繁的地区	0.3	光＝暗	0	<10 (100%)	无需特殊处理	发芽后
	Solidago Canadensis 加拿大一枝黄花	P 牧场, 开阔的地方	0.06～0.08	光＝暗	0	14～21	与沙等体积混合后在 500 ppm 赤霉素浸泡 24 h 无需特殊处理	发芽后
	Xanthium pensylvanicum 苍耳	A 田地,开阔的地方	25～61		0 5		黑暗可能会抑制萌芽 在温水中浸泡 12 h	发芽前及发芽后
	Xanthium spinosum 刺苍耳	A 开阔的地方	200	光＝暗 光>暗	10		划开表皮 无需特殊处理	发芽前及发芽后
	Xanthium strumarium 苍耳子	A 田地,开阔的地方	67.4	光＝暗	10～20		需特殊处理	发芽前及发芽后

表 B.1（续）

科	学名（通用名）	生命周期及生境[a]	种子质量/mg	萌芽或生长光照期[b]	种植深度[c]/mm	发芽时间[d]/d	特殊处理[e]	毒理[f]试验
十字花科 Brassicaceae	*Cardamine pratensis* 草甸碎米荠	P 田地，路边，草地	0.6	光＝暗	0	5（50%） 15（98%）	黑暗抑制萌芽无需特殊处理	发芽后
石竹科 Caryophyllaceae	*Lychnis flos-cuculi* 剪秋罗	P	0.21	光＝暗		<14（100%）	种子要成熟无需特殊处理	发芽后
藜科 Chenopodiaceae	*Chenopodium album* 藜	A 田地边，活动频繁的地区	0.7～1.5	光＝暗	0	2（50%）	根据种子颜色进行处理干燥存贮休眠黑暗抑制萌芽无需特殊处理	发芽前及发芽后
藤黄科 Clusiaceae	*Hypericum perforatum* 贯叶连翘	P 田地，耕地，开阔的地方	0.1～0.23	光＝暗	0	3 11（90%）	黑暗抑制萌芽无需特殊处理	发芽后
旋花科 Connvolvulaceae	*Ipomoea hederacea* 碗仔花	A 路边，耕地，开阔地方，玉米地	28.2	光>暗	10～20	4（100%）	萌芽不应受到辐射无需特殊处理	发芽前及发芽后
莎草科 Cyperaceae	*Cyperus rotundus* 香附子	P 耕地，牧场，路边	0.2	光＝暗（14）	0 10～20	12（91%）	黑暗抑制萌芽无需特殊处理	发芽前及发芽后
豆科 Fabaceae	*Lotus corniculatus* 百脉根、牛角花、五叶草	P 草地，路边，开阔的地方	1～1.67	光＝暗		1（50%）	划开表皮萌芽不应受到辐射无需特殊处理	发芽后
	Senna obtusifolia 决明子	A 潮湿的树林	23～28	光＝暗 光>暗	10～20		在水中浸泡 24 h 划开表皮根据种子颜色进行处理无需特殊处理	发芽后
	Sesbania exaltata 大麻	A 冲积土	11～13	光>暗	10～20		在水中浸泡 24 h 萌芽不应受到辐射无需特殊处理	发芽前及发芽后
	Trifolium pretense 红车轴草	P 耕地，路边	1.4～1.7	光＝暗		1(50%)	划开表皮种子要成熟萌芽不应受到辐射无需特殊处理	发芽后

表 B.1（续）

科	学名（通用名）	生命周期及生境[a]	种子质量/mg	萌芽或生长光照期[b]	种植深度[c]/mm	发芽时间[d]/d	特殊处理[e]	毒理[f]试验
唇形科 Lamiaceae	*Leonurus cardiaca* 益母草	P 开阔的地方	0.75～1.0	光＝暗	0		无需特殊处理	发芽后
	Mentha spicata 留兰香	P 潮湿地方	2.21		0		无需特殊处理	发芽后
	Nepeta cataria 荆芥	P 活动频繁地区	0.54	光＝暗	0		无需特殊处理	发芽后
	Prunella vulgaris 夏枯草	P 耕地，草地，活动频繁的地区	0.58～1.2	光＝暗	0	5（50%） 7（91%）	黑暗抑制萌芽 选取大的种子发芽无需特殊处理	发芽后
	Stachys officinalis 水苏	P 草地，耕地	14～18	光＝暗		7（50%）	无需特殊处理	发芽后
锦葵科 Malvaceae	*Abutilon theophrasti* 苘麻	A 耕地，开阔的地方	8.8	光＝暗	10～20	4（84%）	划开表皮 无需特殊处理	发芽前及发芽后
	Sida spinosa 刺金午时花	A 耕地，路边	3.8	光＝暗	10～20		划开表皮 萌芽不应受到辐射无需特殊处理	发芽前及发芽后
罂粟科 Papaveraceae	*Papaver rhoeas* 虞美人	A 耕地，活动频繁的地区	0.1～0.3	光＝暗	0	4（50%）	低温外包层化与划开表皮无需特殊处理	发芽后
禾本科 Poaceae	*Agrostis tenuis* 细弱剪股颖	A 草地，牧场	0.07	光＞暗	20	10（62%）	黑暗抑制萌芽 无需特殊处理	发芽后
	Alopecurus myosuroides 大穗看麦娘	A 耕地，开阔的地方	0.9～1.6	光＝暗	2	＜24（30%）	划开表皮用101 mg/L 的 KOH 处理黑暗抑制萌芽无需特殊处理	发芽前及发芽后
	Avena fatua 燕麦草	A 耕地，开阔的地方	7～37.5	光＝暗 光＞暗	10～20	3（70%）	划开表皮 黑暗抑制萌芽 低温外包层化 无需特殊处理	发芽前及发芽后
	Bromus tectorum 旱雀麦	A 耕地，路边	0.45～2.28	光＝暗	3		选成熟种子 光照抑制萌芽 无需特殊处理	发芽前及发芽后

表 B.1（续）

科	学名（通用名）	生命周期及生境[a]	种子质量/mg	萌芽或生长光照期[b]	种植深度[c]/mm	发芽时间[d]/d	特殊处理[e]	毒理[f]试验
禾本科 Poaceae	*Cynosurus cristatus* 洋狗尾草	P 耕地，开阔的地方	0.5～0.7	光＝暗	0	3（50%）	萌芽不应受到辐射无需特殊处理	发芽后
	Digitaria sanguinalis 马唐 抓地龙，鸡窝草	A 耕地，泥碳地，开阔的地方	0.52～0.6	光＝暗	10～20	7（75%） 14（94%）	划开表皮、低温外包层化种子成熟 101 mg/L 的 KOH 处理黑暗抑制萌芽无需特殊处理	发芽前及发芽后
	Echinochloa crusgalli 稗草、稗子	A	1.5	光＝暗 光＞暗	10～20		划开表皮 萌芽不应受到辐射无需特殊处理	发芽前及发芽后
	Elymus Canadensis 加拿大披碱草	P 河边，活动频繁的地区	4～5	光＝暗	1	14～28	无需特殊处理	发芽后
	Festuca pratensis 草甸羊茅	P 耕地，潮湿的地方	1.53～2.2	光＝暗 光＞暗	20	9（74%） 2（50%）	无需特殊处理	发芽后
	Hordeum pusillum 小大麦	A 牧场，路边，开阔的地方	3.28				温暖外包层化处理萌芽不应受到辐射	发芽前
	Phleum pretense 猫尾草	P 牧场，路边，开阔的地方	0.45	光＞暗	0～10	2（74%） 8（50%）	黑暗抑制萌芽 萌芽不应受到辐射无需特殊处理	发芽后
蓼科 Poaceae	*Polygonum convolvulus* 荞麦蔓、卷茎蓼、野荞麦秧	A 开阔的地方，路边	5～8	光＝暗	0～2		低温外包层化 4～8 周萌芽不应受到辐射	发芽前及发芽后
	Polygonum lapathifolium 酸模叶蓼	A 潮湿的地方	1.8～2.5	光＞暗		5(94%)	萌芽不应受到辐射，黑暗抑制萌芽低温外包层化无需特殊处理	发芽前及发芽后
	Polygonum pennsylvanicum 宾夕法尼亚蓼	A 耕地，开阔的地方	3.6～7		2		0～5 ℃低温外包层化 4 周黑暗抑制萌芽	发芽前
	Polygonum periscaria 荨麻	A 活动频繁的地区，耕地	3.1～2.3	光＞暗	0	＜14 2（50%）	划开表皮、低温外包层化赤霉素处理低温外包层化，种子成熟黑暗抑制萌芽无需特殊处理	发芽后

表 B.1（续）

科	学名（通用名）	生命周期及生境[a]	种子质量/mg	萌芽或生长光照期[b]	种植深度[c]/mm	发芽时间[d]/d	特殊处理[e]	毒理[f]试验
蓼科 Poaceae	*Rumex crispus* 皱叶酸模， 羊蹄叶	P 耕地，路边， 开阔的地方	1.3～1.5	光＝暗	0	3(50%) 6 (100%)	黑暗抑制萌芽 种子成熟 无需特殊处理	发芽后
报春花科 Primulaceae	*Anagallis arvensis* 琉璃繁缕，海绿、四念癀、龙吐珠、九龙吐珠	A 耕地，开阔的地方，活动频繁的地区	0.4～0.5	光＝暗		1(50%)	低温外包层化赤霉素处理萌芽光照无需特殊处理	发芽后
毛茛科 Ranunculaceae	*Ranunculus acris* 毛茛，茅茛	P 耕地，路边， 开阔的地方	1.5～2	光＝暗	1	41～56	无需特殊处理	发芽后
蔷薇科 Rosaceae	*Geum urbanum* 菩提香	P 植物篱， 潮湿的地方	0.8～1.5	光＝暗	0	5 (50%) 16 (79%)	黑暗抑制萌芽温外包层化，赤霉素处理无需特殊处理	发芽后
茜草科 Rubiaceae	*Galium aparine* 拉拉藤	A 耕地，潮湿的地方，活动频繁的地区	7～9	光＝暗		5 (50%) 6 (100%)	低温外包层化处理萌芽不应受到辐射光照抑制萌芽无需特殊处	发芽前及发芽后
	Galium mollugo 粟猪殃殃	P 植物篱，开阔的地方	7	光＝暗	2		无需特殊处理	发芽后
玄参科 Scrophulariaceae	*Digitalis purpurea* 毛地黄	B，P 植物篱， 开阔的地方	0.1～0.6	光＝暗	0	6 (50%) 8 (99%)	黑暗抑制萌芽 无需特殊处理	发芽后
	Veronica persica 波斯婆婆纳	A 耕地，潮湿的地方，活动频繁的地区	0.5～0.6	光＝暗	0	3 5 (96%)	黑暗抑制萌芽 低温外包层化处理无需特殊处理	发芽前及发芽后

注：表中给出的52种非作物植物种子信息，在括号中给出每个条目的信息。给出的出苗率只是已出版文献给出的一个参考。具体的信息与物种来源及其他因素不同有差异。

[a] A＝ 一年生植物，B＝二年生植物，P＝多年生植物。

[b] 参考11，14和33是指光暗时间比，参考3，6，9，10，13，20指温室生长条件。

[c] 0 mm指播种在土壤表面或需光照发芽。

[d] 所列数据反映第几天发芽率多少：例如第3天发芽50%。

[e] 种子成熟过程和外包层化处理方面的信息通常不会提供，除非需要冷处理的要求，但温度条件没特别指定，因为温室试验中温度条件的控制是有限的。所以大多数种子能在温室的波动温度范围内可发芽。

[f] 指明种子发芽前或发芽后包括除草剂的植物毒性试验。

B.2 参考文献

[1] Baskin,C. C. & Baskin,J. M. 1998. Seeds. Academic Press,Toronto

[2] Blackburn,L. G. & Boutin,C. 2003. Subtle effects of herbicide use in the context of genetically modified crops:a case study with glyphosate (Round-Up®). Ecotoxicology,12:271-285

[3] Boutin,C. ,Lee,H-B. ,Peart,T. ,Batchelor,P. S. ,& Maguire,R. J. 2000. Effects of the sulfonylurea herbicide metsulfuron methyl on growth and reproduction of five wetland and terrestrial plant species. *Environmental Toxicology & Chemistry*,19(10):2532-2541

[4] Boutin, C. , Elmegaard, N. , & Kjaer, C. 2004. Toxicity testing of fifteen non-crop plant specieswith six herbicides in a greenhouse experiment: implications for risk assessment. *Ecotoxicology*,13:349-369

[5] Breeze,V. ,Thomas,G. ,& Butler,R. 1992. Use of a model and toxicity data to predict the risks to some wild plant species from drift of four herbicides. *Annals of Applied Biology*, 121: 669-677

[6] Brown,R. A. ,& Farmer,D. 1991. Track-sprayer and glasshouse techniques for terrestrial plant bioassays with pesticides. In:Plants for toxicity assessment:2nd volume. *ASTM STP* 1115,J. W. Gorsuch,W. R. Lower,W. Wang,& M. A. Lewis,eds. American Society for Testing & Materials,Philadelphia. 197-208

[7] Buhler,D. D. & Hoffman,M. L. 1999. Anderson's guide to practical methods of propagating weeds and other plants. Weed Science Society of America,Lawrence,K

[8] Clapham,A. R. ,Tutin,T. G. ,& Warburg,E. F. 1981. Excursion flora of the British Isles, 3rd ed. Cambridge University Press,Cambridge

[9] Clay,P. A. & Griffin,J. L. 2000. Weed seed production and seedling emergence response to lateseason glyphosate applications. *Weed Science*,48:481-486

[10] Cole,J. F. H. & Canning,L. 1993. Rationale for the choice of species in the regulatory testing of the effects of pesticides on terrestrial non-target plants. *BCPC-Weeds*. 151-156

[11] Fiely,M. (Ernst Conservation Seeds). 2004. Personal communication. (http://www. ernstseed. com)

[12] Fletcher,J. S. ,Johnson,F. L. ,& McFarlane,J. C. 1990. Influence of greenhouse versus field testing and taxonomic differences on plant sensitivity to chemical treatment. *Environmental Toxicology & Chemistry*,9:769-776

[13] Fletcher,J. S. ,Pfleeger,T. G. ,Ratsch,H. C. ,& Hayes,R. 1996. Potential impact of low levels of chlorsulfuron and other herbicides on growth and yield of nontarget plants. *Environmental Toxicology & Chemistry*,15(7):1189-1196

[14] Flynn,S. ,Turner,R. M. ,and Dickie,J. B. 2004. Seed Information Database (release 6. 0, Oct 2004) Royal Botanic Gardens,Kew (http://www. rbgkew. org. uk/data/sid)

[15] Franzaring,J. ,Kempenaar,C. ,& van der Eerden,L. J. M. 2001. Effects of vapours of chlorpropham and ethofumesate on wild plant species. *Environmental Pollution*,114:21-28

[16] Gleason,H. A. & Cronquist,A. 1991. Manual of vascular plants of north-eastern United States and adjacent Canada,2nd ed. New York Botanical Garden,Bronx,NY

[17] Grime,J. P. 1981. The role of seed dormancy in vegetation dynamics. *Annals of Applied Biology*,98:555-558

[18] Grime,J. P. ,Mason,G. ,Curtis,A. V. ,Rodman,J. ,Band,S. R. ,Mowforth,M. A. G. , Neal,A. M. ,& Shaw,S. 1981. A comparative study of germination characteristics in a local flora.

Journal of Ecology, 69: 1017-1059

[19] Grime, J. P., Hodgson, J. G., & Hunt, R. 1988. Comparative plant ecology: a functional approach to common British species. Unwin Hyman Ltd., London

[20] Kjaer, C. 1994. Sublethal effects of chlorsulfuron on black bindweed (*Polygonum convolvulus* L.). *Weed Research*, 34: 453-459

[21] Klingaman, T. E., King, C. A., & Oliver, L. R. 1992. Effect of application rate, weed species, and weed stage of growth on imazethapyr activity. *Weed Science*, 40: 227-232

[22] Marrs, R. H., Williams, C. T., Frost, A. J., & Plant, R. A. 1989. Assessment of the effects of herbicide spray drift on a range of plant species of conservation interest. *Environmental Pollution*, 59: 71-86

[23] Marrs, R. H., Frost, A. J., & Plant, R. A. 1991. Effects of herbicide spray drift on selected species of nature conservation interest: the effects of plant age and surrounding vegetation structure. *Environmental Pollution*, 69: 223-235

[24] Marrs, R. H., Frost, A. J., & Plant, R. A. 1991. Effects of mecoprop drift on some plant species of conservation interest when grown in standardized mixtures in microcosms. *Environmental Pollution*, 73: 25-42

[25] Marrs, R. H., Frost, A. J., Plant, R. A., & Lunnis, P. 1993. Determination of buffer zones to protect seedlings of non-target plants from the effects of glyphosate spray drift. *Agriculture, Ecosystems, & Environment*, 45: 283-293

[26] Marrs, R. H. & Frost, A. J. 1997. A microcosm approach to detection of the effects of herbicide spray drift in plant communities. *Journal of Environmental Management*, 50: 369-388

[27] Marshall, E. J. P. & Bernie, J. E. 1985. Herbicide effects on field margin flora. *BCPC-Weeds*. pp. 1021-1028

[28] McKelvey, R. A., Wright, J. P., & Honegger, J. L. 2002. A comparison of crop and non-crop plants as sensitive species for regulatory testing. *Pest Management Science*, 58: 1161-1174

[29] Morton, S. (Herbiseed). 2004. Personal communication. (http://www.herbiseed.com)

[30] USDA, NRCS. 2004. The Plants Database, version 3.5. (http://plants.usda.gov). National Plant Data Centre, Baton Rouge, LA 70874-4490 USA

[31] USEPA. 1999. One Liner Database. [U. S. E. P. A. /Office of Pesticide Programs/Environmental Fate and Effects Division/Environmental Epidemiology Branch]

[32] Webster, R. H. 1979. Technical Report No. 56: Growing weeds from seeds and other propagules for experimental purposes. Agricultural Research Council Weed Research Organization, Oxford

[33] White, A. L. & Boutin, C. (National Wildlife Research Centre, Environment Canada). 2004. Personal communication

[34] Zwerger, P. & Pestemer, W. 2000. Testing the phytotoxic effects of herbicides on higher terrestrial non-target plants using a plant life-cycle test. *Z. PflKrankh. PflSchutz, Sonderh.*, 17: 711-718

附　录　C
（资料性附录）
某些作物合适的生长条件示例

C.1　生长条件

下面为10种作物合适的生长条件，同时也可用于指导在培养箱对其他受试植物进行试验：

a)　二氧化碳浓度：688 mg/m^3±98 mg/m^3（标准大气压下）；

b)　相对湿度：在光照期间为70%±5%和在黑暗期间为90%±5%；

c)　温度：白天25 ℃±3 ℃，晚上20 ℃±3 ℃；

d)　光照周期：16 h光/8 h黑暗，平均光照波长400 nm～700 nm；

e)　光强：在顶部测定光强25 900 lx±3 700 lx(350 μE/(m^2·s)±50 μE/(m^2·s)）。

C.2　作物

作物如下：

a)　土豆（*Solanum lycopersicon*）；

b)　黄瓜（*Cucumis sativus*）；

c)　莴苣（*Lactuca sativa*）；

d)　大豆（*Glycine max*）；

e)　甘蓝（*Brassica oleracea var. capitata*）；

f)　胡萝卜（*Daucus carota*）；

g)　燕麦（*Avena sativa*）；

h)　黑麦草（*Lolium perenne*）；

i)　玉米（*Zea mays*）；

j)　洋葱（*Allium cepa*）。

参 考 文 献

[1] OECD Guidelines for the Testing of Chemicals (1984). 208: Terrestrial Plants, Growth Test, Organisation for Economic Co-operation and Development, Paris

[2] OECD Guideline for the Testing of Chemicals (2006). 208: Terrestrial Plant Test: Seedling emergence and Seedling Growth Test. Organisation for Economic Co-operation and Development, Paris

[3] International Organisation of Standards (1993). ISO 11269-1. Soil Quality Determination of the Effects of Pollutants on Soil Flora-Part1: Method for the Measurement of Inhibition of Root Growth

[4] International Organisation of Standards (1995). ISO 11269-2. Soil Quality-Determination of the Effects of Pollutants on Soil Flora-Part2: Effects of Chemicals on the Emergence and Growth of Higher Plants

[5] American Standard for Testing Material (ASTM). (2002). E 1963-98. Standard Guide for Conducting Terrestrial Plant Toxicity Tests

[6] U. S. EPA (1982). FIFRA, 40CFR, Part 158. 540. Subdivision J, Parts 122-1 and 123-1

[7] US EPA (1996). OPPTS Harmonized Test Guidelines, Series 850. Ecological Effects Test Guidelines:- 850. 4000: Background-Non-target Plant Testing;-850. 4025: Target Area Phytotoxicity;-850. 4100: Terrestrial Plant Toxicity, Tier I (Seedling Emergence);-850. 4200: Seed Germination/Root Elongation Toxicity Test; - 850. 4225: Seedling Emergence, Tier II;-850. 4230: Early Seedling Growth Toxicity Test

[8] AFNOR, X31-201. (1982). Essai d'inhibition de la germination de semences par une substance. AFNOR X31-203/ISO 11269-1. (1993) Determination des effets des polluants sur la flore du sol: Méthode de mesurage de l'inhibition de la croissance des racines

[9] Boutin, C., Freemark, K. E. and Keddy, C. J. (1993). Proposed guidelines for registration of chemical pesticides: Non-target plant testing and evaluation. Technical Report Series No. 145. Canadian Wildlife Service (Headquarters), Environment Canada, Hull, Québec, Canada

[10] Forster, R., Heimbach, U., Kula, C., and Zwerger, P. (1997). Effects of Plant Protection Products on Non-Target Organisms - A contribution to the Discussion of Risk Assessment and Risk Mitigation for Terrestrial Non-Target Organisms (Flora and Fauna). Nachrichtenbl. Deut. Pflanzenschutzd. No 48

[11] Hale, B., Hall, J. C., Solomon, K., and Stephenson, G. (1994). A Critical Review of the Proposed Guidelines for Registration of Chemical Pesticides; Non-Target Plant Testing and Evaluation, Centre for Toxicology, University of Guelph, Ontario Canada

[12] Hamill, P. B., Marriage, P. B. and G. Friesen. (1977). A method for assessing herbicide performance in small plot experiments. Weed Science 25: 386-389. & Weed Science, 33, Suppl. 1. (1985)

[13] Soil Texture Classification (US and FAO systems): Weed Science, 33, Suppl. 1 (1985) and Soil Sc. Soc. Amer. Proc. 26: 305 (1962)

[14] Audus, L. J. (1964). Herbicide behaviour in the soil. In: Audus, L. J. ed

[15] Beall, M. L., Jr. and Nash, R. G. (1969). Crop seedling uptake of DDT, dieldrin, endrin, and heptachlor from soil, J. Agro. 61: 571-575

[16] Beetsman, G. D., Kenney, D. R. and Chesters, G. (1969). Dieldrin uptake by corn as

affected by soil properties,J. Agro. 61:247-250

[17] U. S. Food and Drug Administration (FDA). (1987). Environmental Assessment Technical Handbook. Environmental Assessment Technical Assistance Document 4. 07,Seedling Growth,14 pp. ,FDA, Washington,DC

[18] McKelvey,R. A. ,Wright,J. P. ,Honegger,J. L. and Warren,L. W. (2002). A Comparison of Crop and Non-crop Plants as Sensitive Indicator Species for Regulatory Testing. Pest Management Science vol. 58:1161-1174

[19] Boutin,C. ; Elmegaard,N. and Kj. r,C. (2004). Toxicity testing of fifteen non-crop plant species with six herbicides in a greenhouse experiment:Implications for risk assessment. Ecotoxicology vol. 13(4):349-369

[20] Boutin,C. ,and Rogers,C. A. (2000). Patterns of sensitivity of plant species to various herbicides-An analysis with two databases. Ecotoxicology vol. 9(4):255-271

[21] Boutin,C. and Harper,J. L. (1991). A comparative study of the population dynamics of five species of Veronica in natural habitats. J. Ecol. 9:155-271

[22] Boutin,C. ,Lee,H. -B. ,Peart,T. E. ,Batchelor,S. P. and Maguire,R. J.. (2000). Effects of the sulfonylurea herbicide metsulfuron methyl on growth and reproduction of five wetland and terrestrial plant species. Envir. Toxicol. Chem. 19 (10):2532-2541

[23] OECD Series on Testing and Assessment. (2005 draft). Current Approaches in the Statistical Analysis of Ecotoxicity Data:A Guidance to Application,Organisation for Economic Cooperation and Development,Paris

[24] Hatzios,K. K. and Penner,D. (1985). Interactions of herbicides with other agrochemicals in higher plants. Rev. Weed Sci. 1:1-63

[25] Frans,R. E. and Talbert,R. E. (1992). Design of field experiments and the measurement and analysis of plant response. In:B. Truelove (Ed.) Research Methods in Weed Science,2nd ed. Southern weed Science Society,Auburn,15-23

[26] Bruce,R. D. and Versteeg,D. J. (1992). A Statistical Procedure for Modelling Continuous Toxicity Data. Environmental Toxicology and Chemistry 11,1485-1492

[27] OECD Guidelines for the Testing of Chemicals (2004). 222:Earthworm Reproduction Test (Eisenia fetida/Eisenia andrei),Organisation for Economic Co-operation and Development,Paris

---

ICS 13.300;13.020.40
A 80

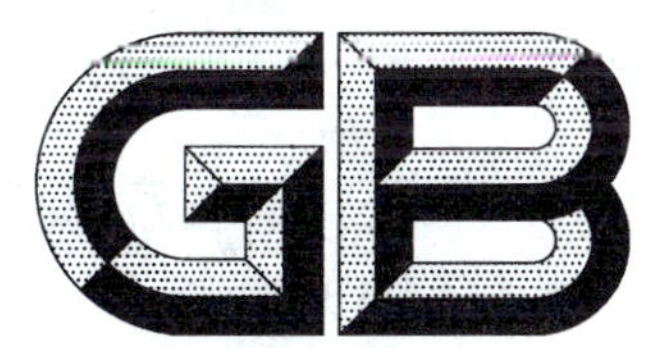

中华人民共和国国家标准

GB/T 27852—2011

化学品 生物降解筛选试验 生化需氧量

Chemicals—Biodegradation screening test—Biochemical oxygen demand

2011-12-30 发布 2012-08-01 实施

中华人民共和国国家质量监督检验检疫总局
中国国家标准化管理委员会 发布

前　言

本标准按照 GB/T 1.1—2009 给出的规则起草。

本标准与欧盟委员会 440/2008 法规：欧洲议会和欧盟理事会关于化学品注册、评估、许可和限制(REACH)的第 1907/2006 号法规的测试方法法规的方法 C.5(2008 年)《降解　生化需氧量》技术性内容相同。

本标准做了下列结构和编辑性修改：

——将计量单位改为我国法定计量单位；

——为与现有标准系列一致，将标准名称改为《化学品　生物降解筛选试验　生化需氧量》；

——在术语和定义的规定中，采用与我国已经发布的国家标准一致的定义。

本标准由全国危险化学品管理标准化技术委员会(SAC/TC 251)提出并归口。

本标准起草单位：环境保护部化学品登记中心、上海市检测中心、环境保护部南京环境科学研究所、广东省微生物分析检测中心、中国检验检疫科学研究院。

本标准主要起草人：刘纯新、陈琳、聂晶磊、陈晓倩、杨婧、单正军、王娜、刘骏、陈会明。

引　言

本方法的目的是测定固体或液体有机化合物的生化需氧量(BOD)。

本试验导则适用于水溶性受试物,至少在理论上也适用于挥发性和低水溶解度受试物。

本方法只适用于试验浓度下对细菌无抑制作用的有机受试物。若在试验浓度下受试物不溶,应采用超声扩散等特定方法,使受试物得到良好分散。

受试物的毒性资料可能有助于解释试验结果偏低的现象及选择适宜的试验浓度。

化学品　生物降解筛选试验
生化需氧量

1　范围

本标准规定了化学品生物降解筛选试验生化需氧量的试验方法。

本标准适用于水溶性固态或液态有机物，也可用于挥发性、低水溶解度的有机物。

本标准适用于在试验浓度下对细菌无抑制作用的有机物。

本标准给出了一种筛选受试物生物降解能力的方法。

2　术语和定义

下列术语和定义适用于本文件。

2.1

生化需氧量　biochemical oxygen demand，BOD

微生物分解有机物所消耗氧的量，可表示为每毫克受试物消耗的氧气毫克数(mg/mg)。

3　受试物信息

受试物信息包括：

a)　分子式或结构式；

b)　纯度和杂质；

c)　水中溶解度或分散度；

d)　蒸汽压；

e)　对微生物的毒性或抑制性。

4　参比物

使用合适的参比物质检验接种物的活性。

5　方法原理

将一定量的受试物溶解或分散在经充分曝气的适宜培养基中，接种微生物，恒温避光密闭培养。通过测量试验开始和结束时溶解氧含量的差值来确定 BOD。试验周期至少为 5 d，但不能超过 28 d。

6　试验程序

6.1　制备受试物溶液

对于溶解度大于试验浓度的受试物，根据试验需要配制成受试物初始溶液。

6.2 制备受试物分散液

对于溶解度小于或等于试验浓度的受试物，应采用超声扩散等方法，使受试物得到良好分散，得到试验浓度的分散液。

6.3 试验操作

受试物溶液或分散液的BOD可按任何合适的国家标准或国际标准方法来测定。

注：推荐采用ISO 5815的方法。同时设置不含受试物的空白对照进行平行测定。

7 质量保证与质量控制

BOD的测定值不足以作为受试物生物降解能力的判定依据，却是一项有效的筛选方法。

8 数据与报告

8.1 数据计算

按照所选的标准化方法可以计算出初始溶液/分散液中的BOD值，然后换算为每克受试物的BOD值。

由至少三次有效试验的平均值，计算生化需氧量。

8.2 结果报告

试验报告应包括以下内容：

a) 受试物：
——化学特性鉴别数据；
——物理状态、溶解性、挥发性数据；
——杂质、毒性效应；
——固有组分。

b) 试验条件：
——描述试验方法；
——若采取了抑制硝化作用的措施，应写明细节。

c) 结果：
——测量数据；
——试验结果由三次以上有效测量的平均值，换算为每克受试物的BOD克数表示。

d) 结果讨论。

参考文献

[1] ISO 5815 Determination of biochemical oxygen demand after n days

[2] NBN 407 Biochemical oxygen demand

[3] NEN 32355.4 Bepaling van het biochemish zuurstofverbruik (BZV)

[4] NF T 90-103 Determination of the biochemical oxygen demand

[5] The determination of biochemical oxygen demand, Methods for the examination of water and associated materials, HMSO, London

ICS 13.300;13.020.40
A 80

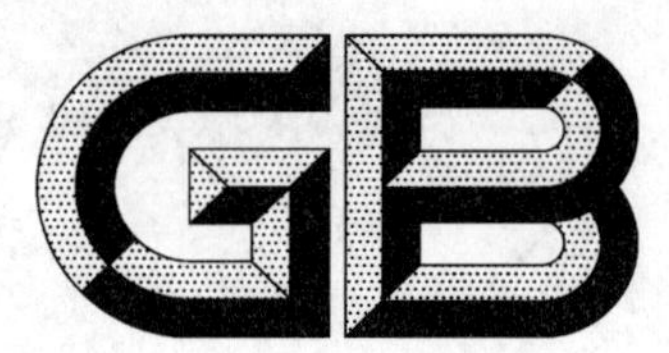

中华人民共和国国家标准

GB/T 27853—2011

化学品　水-沉积物系统中好氧厌氧转化试验

Chemicals—Aerobic and anaerobic transformation in aquatic sediment systems test

2011-12-30 发布　　　　2012-08-01 实施

中华人民共和国国家质量监督检验检疫总局
中国国家标准化管理委员会　发布

前　言

本标准按照 GB/T 1.1—2009 给出的规则起草。

本标准与经济合作与发展组织(OECD)化学品测试导则 No. 308(2002 年)《水-沉积物系统中好氧和厌氧转化》(英文版)的技术内容相同。

本标准做了下列结构和编辑性修改:

——将计量单位改为我国法定计量单位;

——为与现有标准系列一致,将标准名称改为《化学品　水-沉积物系统中好氧厌氧转化试验》;

——删除原 OECD No. 308(2002 年)引言的资料性部分;

——原文"受试物资料"部分对六个理化指标给出了参考的测试方法。其中五个指标的八个测试方法有对应的我国国家标准:GB/T 21845《化学品　水溶解度试验》、GB/T 21851《化学品　批平衡法检测　吸附/解吸附试验》、GB/T 21852《化学品　分配系数(正辛醇-水)　高效液相色谱法试验》、GB/T 21853《化学品　分配系数(正辛醇-水)　摇瓶法试验》、GB/T 21855《化学品　与 pH 有关的水解作用试验》、GB/T 22052《用液体蒸汽压力计测定液体的蒸汽压力和温度关系及初始分解温度的方法》、GB/T 22228《工业用化学品　固体及液体的蒸汽压在 10^{-1} Pa 至 10^{5} Pa 范围内的测定　静态法》、GB/T 22229《工业用化学品　固体及液体的蒸汽压在 10^{-3} Pa 至 1 Pa 范围内的测定　蒸汽压平衡法》。这八个我国标准与 OECD 化学品测试导则 No. 104《蒸汽压》、OECD 化学品测试导则 No. 112《水中解离常数》一起作为本标准的规范性引用文件。

本标准由全国危险化学品管理标准化技术委员会(SAC/TC 251)提出并归口。

本标准起草单位:环境保护部化学品登记中心、环境保护部南京环境科学研究所、上海市检测中心、上海市环境科学研究院、沈阳化工研究院安全评价中心、中国化工经济技术发展中心。

本标准主要起草人:刘纯新、杨力、周红、石利利、刘济宁、殷浩文、杨婧、黄星、朱江、王晓兵。

引　言

化学品通过直接使用、喷洒飘移、径流、下水道排水、废物处理以及工业、城市或农业废水和大气沉降等方式进入浅层或深层地表水。本测试导则描述了一种用于评价有机化合物在水-沉积物系统中的好氧和厌氧转化的实验室测试方法。直接应用于水体或通过上述途径进入水环境中的化学品均应开展这些研究。

天然水-沉积物系统的上层水相一般是好氧的，而表层沉积物可能是好氧的也可能是厌氧的，但深层沉积物则通常厌氧。本文涵盖了好氧及厌氧试验中上述所有可能。好氧测试模拟了好氧沉积物层上部的好氧水体，在该好氧沉积物层的下部是梯度厌氧层。厌氧测试模拟了完全厌氧的水-沉积物系统。如果环境条件出现明显的偏离，例如使用完整沉积物柱状样品或已处于受试物暴露下的沉积物，则应用其他的方法[9]开展试验。

化学品　水-沉积物系统中好氧厌氧转化试验

1　范围

本标准规定了化学品水-沉积物系统中好氧厌氧转化试验的术语和定义、受试物信息、试验原理、参比物质、试验方法概述、试验程序、质量保证与质量控制、数据与报告。

本标准适用于低挥发性或无挥发性的、水溶性或非水溶性的、能够被精确测定的所有化学品(包括放射性标记物或非放射性标记物)。

本标准适用于评价化学品在淡水及沉积物中的转化,也适用于河口/海水体系。

本标准不适用于在水中具有易挥发性,且本试验条件下无法在水和/或沉积物中保留的化学品。

本标准不适用于模拟流水(如河流)及开放式的海域。

2　规范性引用文件

下列文件对于本文件的应用是必不可少的。凡是注日期的引用文件,仅注日期的版本适用于本文件。凡是不注日期的引用文件,其最新版本(包括所有的修改单)适用于本文件。

GB/T 21845　化学品　水溶解度试验

GB/T 21851　化学品　批平衡法检测　吸附/解吸附试验

GB/T 21852　化学品　分配系数(正辛醇-水)　高效液相色谱法试验

GB/T 21853　化学品　分配系数(正辛醇-水)　摇瓶法试验

GB/T 21855　化学品　与 pH 有关的水解作用试验

GB/T 22052　用液体蒸汽压力计测定液体的蒸汽压力和温度关系及初始分解温度的方法

GB/T 22228　工业用化学品　固体及液体的蒸汽压在 10^{-1} Pa 至 10^{5} Pa 范围内的测定　静态法

GB/T 22229　工业用化学品　固体及液体的蒸汽压在 10^{-3} Pa 至 1 Pa 范围内的测定　蒸汽压平衡法

OECD 化学品测试导则 No. 104　蒸汽压(Vapour Pressure)

OECD 化学品测试导则 No. 112　水中解离常数(Dissociation Constants in Water)

3　术语和定义

下列术语和定义适用于本文件。

3.1

受试物　test substance

任意物质,包括母体物质或相关转化产物。

3.2

转化产物　transformation products

由受试物经生物和非生物转化生成的所有物质,包括 CO_2 和结合残留物中的产物。

3.3

结合残留物　bound residues

经提取之后仍以母体物质或者代谢产物的形式存在于土壤、植物以及动物中的化合物。提取方法不能在本质上改变化合物结构。结合的性质在一定程度上可通过改变提取方法和分析技术来确定。例如,可通过此种方法鉴别出共价键、离子键、吸附结合以及诱导效应。结合残留物的形成通常会使生物有效性和生物利用度显著减少[1]。

3.4

好氧转化(氧化)　aerobic transformation (oxidizing)

有分子氧存在时发生的反应[3]。

3.5

厌氧转化(还原)　anaerobic transformation (reducing)

无分子氧存在时发生的反应[3]。

3.6

天然水　natural waters

从池塘、江河、溪流的水面取得的地表水。

3.7

沉积物　sediment

被水自然沉积下来并构成水体一个边界的矿物和有机物的混合物,后者含有高分子化合物,并且碳、氮含量高。

3.8

矿化　mineralisation

一种有机化合物的完全降解,在好氧状态下变为 CO_2 和 H_2O,在厌氧状态下变为 CH_4、CO_2 和 H_2O。

注:本标准的试验条件下,当使用放射性标记的化合物时,矿化作用即为分子的彻底降解,在该过程中标记的碳原子被定量地氧化或还原,释放出相当量的 $^{14}CO_2$ 或 $^{14}CH_4$。

3.9

半衰期　half-life, $t_{0.5}$

当转化能够用一级反应动力学定律描述时,受试物转化50%所用时间。

注:受试物质半衰期与其初始浓度无关。

3.10

50%衰减时间　disappearance time 50, DT_{50}

受试物质浓度减少到初始浓度50%所用的时间。

3.11

75%衰减时间　disappearance time 75, DT_{75}

受试物质初始浓度减少75%所用的时间。

3.12

90%衰减时间　disappearance time 90, DT_{90}

受试物质初始浓度减少90%所用的时间。

4　受试物信息

4.1　受试物信息包括:

a)　水中溶解度(GB/T 21845)[10];

b)　有机溶剂中的溶解性;

c)　蒸汽压(GB/T 22052、GB/T 22228、GB/T 22229 和 OECD No. 104)和亨利常数;

d)　正辛醇-水分配系数(GB/T 21853 和 GB/T 21852)[10];

e) 吸附系数(K_d,K_f 或 K_{oc},GB/T 21851)[10];

f) 水解性(GB/T 21855)[10];

g) 解离常数(pK_a,OECD 112)[10];

h) 化学结构及同位素标记位置(适用于已标记化合物)。

注：宜说明上述参数测定所对应的温度。

4.2 其他信息包括：

a) 受试物对微生物的毒性数据、快速和/或固有生物降解性数据以及土壤中好氧和厌氧转化数据;

b) 受试物及其转化产物在水和沉积物中的定性和定量分析方法(包括提取与纯化方法,见 9.2)。

5 试验原理

在实验室可控条件下(恒定的温度、避光),分别在好氧和厌氧水-沉积物测试系统(具体情况参见附录 A)中加入一定量受试物,培养一定时间后,通过对水相和沉积物相中转化产物的定性及定量分析,测定受试物和主要转化产物在水中、在沉积物中的浓度,检测受试物在水-沉积物系统中、在沉积物中的转化率;检测受试物和/或受试物转化产物矿化速率及恒温暗培养(避免藻华等干扰)期间在两相间的分布,确定 $t_{0.5}$、DT_{50}、DT_{75} 及 DT_{90} 值。

数据认可范围内可确定 $t_{0.5}$、DT_{50}、DT_{75} 及 DT_{90} 值,但不可外推至实验周期以外。

6 参比物质

用光谱和色谱方法定性及定量分析转化产物时宜使用参比物质。

7 试验方法概述

7.1 仪器设备及试剂

试验中可能需要下列设备和试剂：

a) 试验一般采用玻璃容器(如瓶、离心管),但如果受试物信息(如正辛醇-水分配系数,吸附数据等)表明受试物可能附着于玻璃壁上时,应更换为其他材料的容器(如特氟龙)。

b) 典型气体流式培养试验装置参见附录 B 的图 B.1;静态密闭生物计培养瓶装置参见附录 C 的图 C.1。供气装置应能够在空气和氮气之间进行切换;出气口应具备收集挥发性产物的密闭容器[11,13]。

c) 仪器的规格应满足 8.1.1 试验的要求。培养容器的数量根据取样的次数确定。

d) 化学分析仪器,总有机碳分析仪(TOC)、气相色谱仪(GC)、高效液相色谱仪(HPLC)、薄层色谱仪(TLC)、质谱仪(MS)、气相色谱质谱联用仪(GC-MS)、高效液相色谱质谱联用仪(HPLC-MS)和核磁共振仪(NMR)等用于受试物及转化产物化学分析的仪器设备,以及用于检测放射性同位素示踪标记、非标记受试物及反同位素稀释法的试验系统。

e) 液闪仪和氧化燃烧分析仪。

f) 测定水溶解氧、氧化还原电位、电导率、粒度分布、碱度、硬度、盐度、NO_3^-/PO_4^{3-}(比率及各自数值)的设备;测定沉积物阳离子交换量、碳酸盐、持水量、总氮和总磷的设备;分析沉积物及水中的硝酸盐、硫酸盐、生物可利用铁及其他电子受体的设备(见表 1)。

g) 底沉积物采样设备及用于理化分析、生物检测的标准实验室设备和玻璃器具。

h) NaOH 或 KOH、H_2SO_4、乙二醇、乙醇胺、二甲苯、石蜡、分子筛等其他合适的试剂。

7.2 水和沉积物的选择

7.2.1 好氧试验沉积物的选择

通常用两种有机碳含量、质地差别比较明显的沉积物进行好氧试验[7]。一种是具有较高有机碳含量(2.5%～7.5%)、细密质地的沉积物 A。A 的“细密质地”为“黏土加粉砂”(即沉积物中粒径小于 50 μm 的无机碎片)含量大于 50%。另一种是含有较低有机碳(0.5%～2.5%)、粗质地的沉积物 B。B 的“粗质地”为“黏土加粉砂”含量小于 50%。A 与 B 两者有机碳含量的差异至少应为 2%。“黏土加粉砂”的含量差异至少应为 20%。

如果受试物有可能进入海水中,则至少需要一种源自海洋的水和沉积物。

选择沉积物时,还应考虑 pH 值等其他参数的影响。

7.2.2 厌氧试验水和沉积物的选择

在严格的厌氧试验中,两种沉积物(包括其相应的水相)应采自地表水体的厌氧区[7]。沉积物及水相均应在厌氧条件下进行仔细处理及运输。

pH 值等有重要影响的其他参数,应根据受试物的性质及其他实际情况进行考虑。

7.3 水和沉积物的采集、处理与保存

7.3.1 采集位点

采集位点应依据试验目的和环境进行选择。选择采集位点时,应考虑小流域及上游水域可能的农业、工业或生活污水的排放史。宜注意区分沉积物与被生活污水污染的淤泥。在采集前四年内受到受试物或与其结构类似物质污染的沉积物不得用于试验。

7.3.2 采集

沉积物样品应采自沉积物上层 5 cm～10 cm 处,相应的水样应在相同时间、相同位点收集[8,20]。厌氧研究时,沉积物及其相应水样应在无氧条件下采集和运输[25]。

7.3.3 水和沉积物的处理

沉积物通过过滤方式与水分离,即通过孔径为 2 mm 的筛网,利用过量采集的水通过湿筛法进行分离,之后弃除水。然后将已知量的沉积物及水按比例混合(见 8.1.1),装入培养容器为驯化作准备(见 7.4)。

进行厌氧研究时,所有的处理步骤都应在无氧条件下进行[26-30]。

7.3.4 水和沉积物的保存

尽可能使用新采集的沉积物及水样,如果在采集后不能立即进行试验,沉积物及水样应按 7.3.3 的方法过筛后一起保存,浸水(水层深度 6 cm～10 cm),置于暗处,4 ℃±2 ℃条件下最多可保存 4 周[7-8,20]。

好氧试验的样品应在有空气流通的环境下保存(如在敞口容器中),而厌氧试验的样品应在无氧条件下保存。

在运输及保存过程中水和沉积物不得结冰,沉积物不得出现干燥现象。

7.4 水和沉积物的驯化

沉积物和水样在加入受试物进行试验之前,应进行一段时期的驯化。驯化就是在与正式试验完全

相同的条件下，将每种水/沉积物样品移至试验用培养容器内进行培养(见 8.1)。驯化期是水相和沉积物相明显分离、系统 pH、水中溶解氧浓度、沉积物和水的氧化还原电位等达到稳定所用的时间。驯化期通常为 1 周至 2 周，不应超过 4 周。

7.5 受试物标记

受试物化学纯度和/或放射化学纯度应达到 95%以上。可使用放射性同位素示踪原子标记或非标记的受试物来测定转化率。如果研究转化途径以及确立质量平衡，应使用标记过的物质示踪。优先推荐使用^{14}C示踪原子作标记，也可用^{13}C、^{15}N、^{3}H、^{32}P等同位素原子作标记。尽可能地将示踪原子标记于分子最稳定的部位。例如，如果受试物质含有一个环，应将示踪原子标记在这个环上；如果受试物质含有两个或更多环，应分别标记各个环并研究评价各标记环的去向、获得转化产物形成的信息。

8 试验程序

8.1 试验条件

8.1.1 水和沉积物用量

试验在培养装置(见 7.1)内进行。每个容器中沉积物最小用量为 50 g(以干重计)。试验用水与沉积物的体积比在 3：1 至 4：1 间，沉积物层为 2.5 cm±0.5 cm。

为使容器内各点的受试物浓度分布达到恒定，在保持试验容器内水柱深度与野外水深度相关性的基础上(一般假定为 100 cm，也可使用其他的深度)调整水和沉积物的用量。计算举例参见附录 D。

8.1.2 试验温度

试验温度范围在 10 ℃～30 ℃间，最适合温度为 20 ℃±2 ℃。根据受试物的信息，按实际情况的需要可在较低温度进行试验(如 10 ℃)。

8.2 受试物的处理和添加

8.2.1 受试物浓度的确定

受试物浓度应通过预测的环境排放量来确定，并保证足以检测受试物的转化过程并鉴别转化产物的形成和降解。应保证受试物的测试浓度不影响水-沉积物系统中微生物的活性。

植保化学品标签标示的最大剂量应作为其最大施用率，根据测试容器的水层表面积计算得到添加剂量。

一般受试物使用一种浓度测试即可。如果受试物在较低浓度仍然有足够的分析准确度，且通过不同途径进入地表水体而导致水体中浓度明显差异，可以选择使用第二种浓度进行测试研究。

当受试物浓度在测试起始接近检测限和/或达到受试物施用率的 10%而主要转化产物不易被检测时，可使用更高剂量作为测试浓度(如 10 倍用量)。

8.2.2 受试物的添加

受试物宜以纯品水溶液形式加入受试体系水相中。可使用振荡器配制受试物水溶液及预混合处理来保证均一性。尽量避免使用助溶剂(如丙酮、乙醇)，不得已使用时，其用量不应超过溶液体积的 1%(体积比)，并且不得对受试系统中的微生物活性有不利影响。

在添加受试物水溶液至受试体系后，轻轻搅动水相，尽可能不扰动沉积物相。

不宜用受试物的制剂，因为制剂的其他组分可能会影响受试物和/或转化产物在水相和沉积物相中的分散。但受试物水溶性低时，可将受试物的制剂作为替代物。

8.3 对照组

每个水-沉积物系统中都应设对照组。对照组中不应加入受试物。对照组可用于在试验终止时确定沉积物中微生物的生物量以及水相和沉积物相中的有机碳含量。两组对照(即每个水-沉积物系统各设一组对照)用于检测驯化期的沉积物及水中所需参数(见表1)。

如果溶解受试物时使用了助溶剂,应增加两个助溶剂对照组,用于测定助溶剂对微生物活性的影响。

8.4 培养

按8.2配制受试物溶液并分别加入试验系统,进行避光、恒温培养。

在尽可能避免搅动沉积物的情况下,通过轻柔鼓泡或在水表面通入空气或含有CO_2的氮气的方式进行气体交换。在采用表层通气方式时,在水体上层进行轻轻地搅拌更利于气体在水中的分散。轻度挥发化学品应在水表面进行温和搅拌的生物计培养瓶中进行测试,也可使用顶层充满空气或氮气且具备收集挥发性产物的内置小瓶的密闭容器。好氧测试中,为补充生物代谢消耗的氧气应定期交换顶空气体。

可用1 mol/L的氢氧化钾或氢氧化钠溶液吸收二氧化碳,收集挥发的转化产物。为防止这些碱性吸收溶液因吸收流通空气中的二氧化碳和好氧试验中呼吸产生的二氧化碳而降低其吸收能力,应及时更换。用乙二醇、含乙醇胺或含2%石蜡的二甲苯收集挥发的有机化合物。

在厌氧条件下生成的甲烷等气体,可用分子筛收集。这些气体可在填充CuO的900 ℃的石英管中燃烧,生成CO_2。这些CO_2可用碱性吸收剂吸收[14]。

8.5 试验持续时间和采样

8.5.1 试验持续时间

持续培养时间通常不超过100 d[6]。试验要一直持续到降解途径和水-沉积物分配模式的建立,或者90%的受试物通过转化和/或挥发被去除。

8.5.2 采样

试验培养期间,应至少采样6次(包括0时刻)。为准确估计出合适的试验周期和采样方案,可适当进行预试验(见8.6)。对于疏水的受试物,为了确定水相和沉积物相的分配率,在试验初期应增加采样点。

在适当的采样时刻,移走培养容器(包括平行样)用于分析。沉积物和覆水层分别分析。移走表层水时,尽量不搅动沉积物。受试物和转化产物的提取和鉴别应采用合适的分析方法。

对于厌氧试验,在采样和分析过程中应维持厌氧条件,防止厌氧转化产物再次快速氧化。

注意去除吸附在培养容器中和收集挥发物的连通管上的物质。

8.6 供选预试验

为准确设计试验周期和采样方案,可适当进行预试验。预试验采用与正式试验相同的试验条件。其相关试验条件和结果,应在测试报告中简要说明。

8.7 测定及分析

8.7.1 水-沉积物样品特性的测定

应测定并出具报告(包括测定方法的依据)的水及沉积物的关键参数,以及测定这些参数的试验阶段，汇总在表1中。

表1　水-沉积物样品特征参数的测定[7,19-20]

参数		测试过程各阶段[c]					
		野外采样	采样后处理	驯化开始	测试开始	测试期间	测试结束
水	取样地点/来源	√					
	温度	√					
	pH	√		√	√	√	√
	TOC			√	√		√
	O_2 浓度[a]	√		√	√	√	√
	氧化还原电位[a]			√	√	√	√
沉积物	取样地点/来源	√					
	混合层深度	√					
	pH		√	√	√	√	√
	粒径分布		√				
	TOC		√	√	√		√
	微生物量[b]		√		√		√
	氧化还原电位[a]	观察(色/嗅)		√	√	√	√

[a] 在野外采样时及测试开始和结束时刻，测定水中生化需氧量(BOD)；在测试开始和结束时刻，测水中Ca、Mg及Mn等微量/大量营养物质浓度；在野外采样时及测试结束时刻，测沉积物中总N和总P，有助于更好解释及评价好氧生物转化的速率及途径。

[b] 好氧试验中，采用微生物呼吸速率方法、熏蒸方法或平板计数方法(如细菌、放线菌、真菌及菌落总数)；厌氧试验中，通过测定甲烷生成速率，确定微生物量。

[c] 表中标注"√"的项为应测的项目。

另外，根据实际情况还可测定并报告其他一些参数。如与淡水相关的参数有：颗粒、碱度、硬度、电导率、NO_3^-/PO_4^{3-}(比率及各自数值)；与沉积物相关的参数有：阳离子交换量、持水量、碳酸盐、总氮及总磷；海水系统的参数：盐度。分析沉积物及水中的硝酸盐、硫酸盐、生物可利用铁及其他电子受体(如可能的话)均有利于评价氧化还原条件，特别是与厌氧转化相关的条件。

8.7.2　样品的分析

在水相和沉积物相中的每次采样中，应测定并报告受试物和转化产物的浓度(以浓度和添加的百分率表示)。对于采用示踪标记的试验，在任意采样时刻如果检测出的转化产物超过整个水-沉积物系统中所使用放射活性的10%时，应鉴定该产物。在试验过程中浓度不断增长的转化产物，即使其浓度没有超过所设限度，也应根据实际情况鉴定该产物，并在报告中说明理由。

应报告每个采样时刻的气体/挥发物捕集系统的结果(如CO_2和挥发性有机化合物等其他气体)，同时应报告每个采样点的矿化速率和沉积物中不可提取的结合残留物量。

9　质量保证与质量控制

9.1　回收率

添加受试物后立即分别取水及沉积物至少两个平行样分析，以确认分析方法的重现性和试验操作的一致性。通过各自质量平衡得出试验后续阶段的回收率(当采用示踪标记物时)。标记物质[6]的回收率应达到90%～110%,未标记过的物质的回收率应达到70%～110%。

9.2 分析方法的重现性与灵敏度

通过对水样或沉积物的同一提取样品(培养时间足够长至形成转化产物)的两次分析来验证受试物及转化产物定量分析方法(不包括最初提取率)的重现性。

水或沉积物中受试物及转化产物的最低检测限(LOD)至少应为每千克沉积物或水中含有0.01 mg受试物,或低于测试系统中受试物起始添加量的1%。应给出明确定量检出限(LOQ)。

9.3 转化数据的精确度

如果准一级反应动力学适用,将受试物浓度作为时间的函数进行回归分析即得到转化曲线精确度,并据此计算 $t_{0.5}$ 置信限或 DT_{50} 值,也可计算 DT_{75} 和 DT_{90} 值。

10 数据与报告

10.1 数据处理和计算

添加放射活性的质量平衡或回收率(见9.1)应在每个采样时间点进行计算。结果应以添加放射活性的百分率形式报告。在每个采样时间,水和沉积物之间的放射活性分配应以浓度和百分率形式进行报告。

受试物的 $t_{0.5}$、DT_{50} 值(如有可能,还有 DT_{75} 和 DT_{90})等连同置信限都应进行计算(见9.3)。受试物在水和沉积物中的衰减速率信息可通过适当的评价方法获得,这些评价方法包括准一级反应动力学,使用图形或数值求解的经验曲线拟合技术,以及一室、多室模型等更复杂的评价方法[32-34]。

上述各方法都有优缺点,在复杂程度上也具有相当大的差异。准一级反应动力学的假设可能使降解和分配过程过于简单化,但可以给出容易理解的参数(速率常数或 $t_{0.5}$)。这些参数对于建模及环境浓度的估算都具有很高价值。经验方法或线性转化可使数据获得较好的拟合曲线,据此能更好的估计 $t_{0.5}$ 和 DT_{50},如果数据合适,还能得到 DT_{75} 和 DT_{90} 值。但这种导出常数的使用是受限制的。而在风险评价中,房室模型能够生成许多有用的常数值。这些常数可以描述不同房室的降解速率和化学物质分配情况,也可以用于预测主要转化产物的形成和降解速率常数。不论什么情况,都应对所选方法进行评估,试验者应证明图形和/或统计曲线的拟合度。

10.2 结果报告

试验报告应包括以下内容:

a) 受试物:

——通用名、化学名、CAS号、结构式(如果用放射性标记物标记,应指出标记的位置)及相关的物理化学特性;

——纯度(杂质);

——标记化学品的放射化学纯度和摩尔活度。

b) 参比物:

——用来对转化产物进行表征和/或鉴别的参比物的化学名称和结构。

c) 受试沉积物和水:

——采样点的位置,尽可能描述污染历史等详细信息;

——所有收集、储存和驯化的信息;

——表1列出的水和沉积物样品的各项特性。

d) 试验条件：

——试验使用的测试系统，包括气体流式培养试验装置、生物计培养瓶、通气方式、搅拌方法、水体积、沉积物量、水和沉积物层的厚度、试验容器的尺寸和容积等；

——试验体系内的受试物的应用，包括：受试物使用量、试验浓度、平行样个数（如使用溶剂、空白对照组的个数和方式）等；

——如果有预试验，其试验条件和结果；

——培养温度；

——采样时间和频率；

——提取方法、提取率以及分析方法和检测限；

——受试物和转化产物的表征/鉴别方法；

——研究过程中的测试方法或测试条件的偏差。

e) 试验结果：

——代表性分析的原始数据图（所有应保存在GLP档案中的原始数据）；

——分析方法的重现性和灵敏度；

——回收率（9.1中给出了有效试验的百分率值）；

——把受试物添加剂量的百分率、受试物分别在水和沉积物内的质量浓度（mg/kg）以及在总系统中百分比浓度（仅用%）列表表示；如果可行，转化产物和不可提取放射活性的结果也这样表示；

——试验过程中和结束时的质量平衡；

——在水相、沉积物相及整个系统内的转化（包括矿化）图示；

——矿化速率；

——受试物及转化产物的 $t_{0.5}$、DT_{50}（如合适，还有 DT_{75} 和 DT_{90} 值），计算在水、沉积物和总系统的置信限；

——受试物的转化动力学的评价，也可同样评价转化产物；

——受试物可能的转化途径；

——试验结果的讨论与说明。

附 录 A
（资料性附录）
好氧和厌氧测试系统说明

A.1 好氧测试系统

在本标准中好氧测试系统是由好氧水层（典型氧浓度范围 7 mg/L～10 mg/L）和沉积物层组成，沉积物表层为好氧环境、底部为厌氧环境（沉积物厌氧层的典型平均氧化还原电位（E_h）范围为－80 mV～－190 mV）。向每个培养单元的水表面通潮湿的空气以维持充足的顶空氧气。

A.2 厌氧测试系统

对于厌氧测试系统，除了通入的潮湿的氮气外，其他测试方法与好氧测试系统基本相同。通入氮气是为了维持顶部有足够的氮气。氧化还原电位（E_h）低于－100 mV 时，认为沉积物和水是厌氧的。

在厌氧测试中，矿化作用的评价包括测定 CO_2 和甲烷的释放。

附 录 B
（资料性附录）
气体流式培养试验装置图例

B.1 气体流式培养试验装置图例如图 B.1 所示。

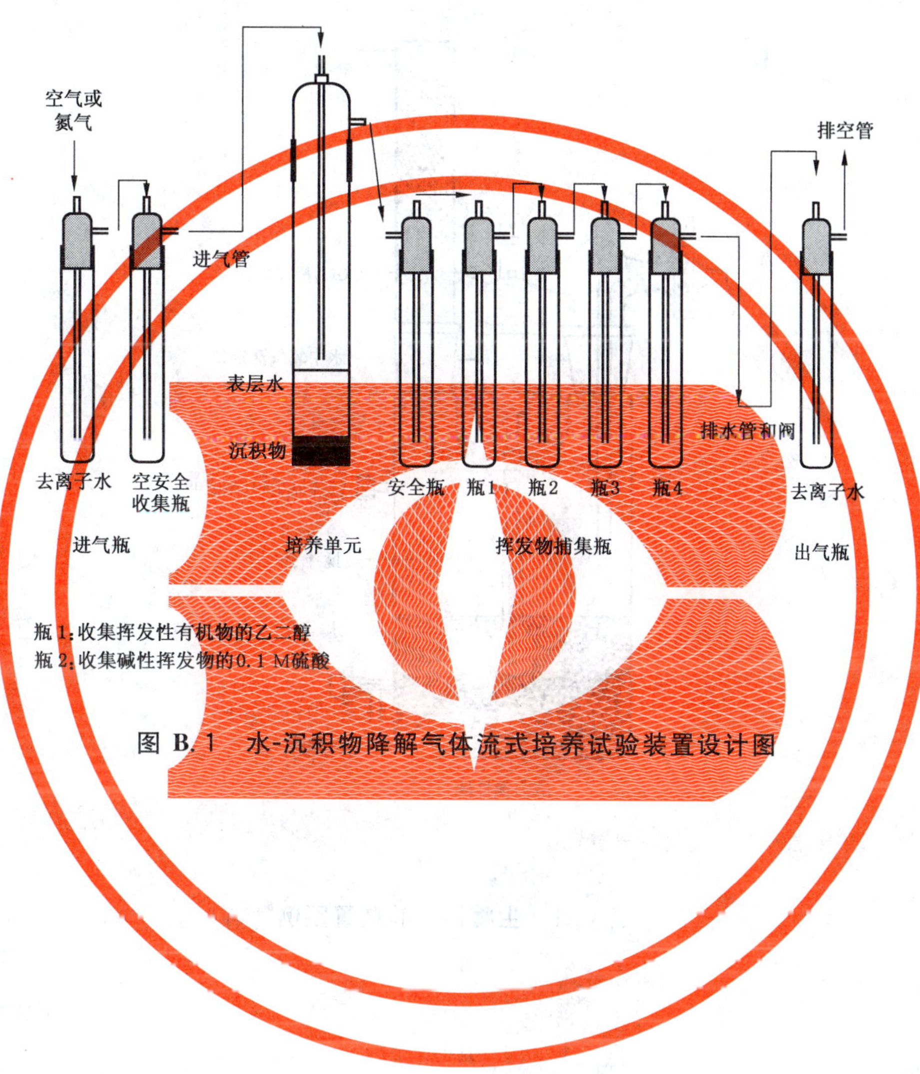

图 B.1 水-沉积物降解气体流式培养试验装置设计图

附 录 C
（资料性附录）
生物计培养装置图例

C.1 生物计培养装置图例如图 C.1 所示。

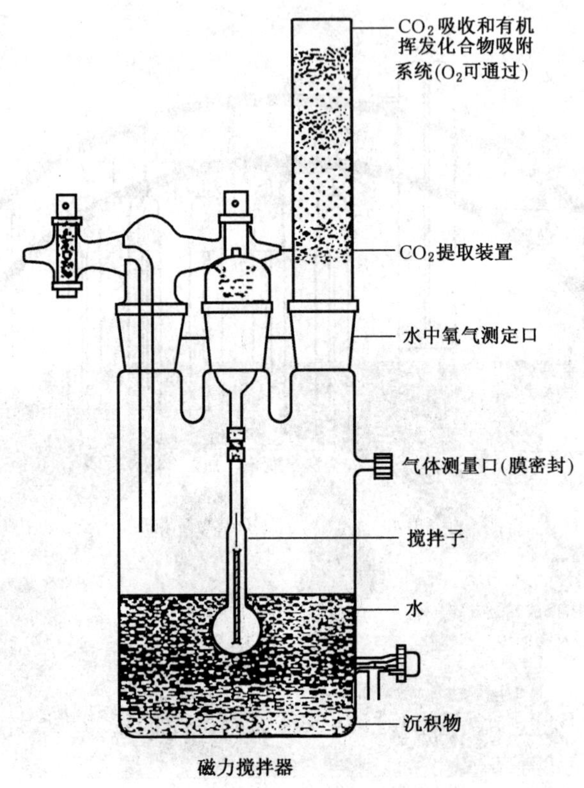

图 C.1 生物计培养装置图例

附　录　D
（资料性附录）
试验容器中的添加剂量计算示例

D.1　试验容器中的添加剂量计算示例如下：

圆柱形容器内径：8 cm；

不包括沉积物的水柱深度：12 cm；

水面面积：$3.142\times4^2=50.3\ \text{cm}^2$；

施用率（受试物）：5 μg/cm^2，相当于 500 g/hm^2；

施用量：$5\times50.3=251.5$ μg；

按 100 cm 折算水深调整的添加剂量：$12\times251.5\div100=30.18$ μg；

水柱体积：$50.3\times12=603$ mL；

受试物在水中的浓度：$30.18\div603=0.050$ μg/mL 即 50 μg/L。

参考文献

[1] BBA-Guidelines for the examination of plant protectors in the registration process. (1990). Part IV, Section 5-1: Degradability and fate of plant protectors in the water/sediment system. Germany

[2] Commission for registration of pesticides: Application for registration of a pesticide. (1991). Part G. Behaviour of the product and its metabolites in soil, water and air, Section G. 2. 1(a). The Netherlands

[3] MAFF Pesticides Safety Directorate(1992). Preliminary guideline for the conduct of biodegradability tests on pesticides in natural sediment/water systems. Ref No SC 9046. United-Kingdom

[4] Agriculture Canada: Environmental chemistry and fate(1987). Guidelines for registration of pesticides in Canada. Aquatic (Laboratory)-Anaerobic and aerobic. Canada. 35-37

[5] US-EPA: Pesticide assessment guidelines, Subdivision N. Chemistry: Environmental fate(1982). Section 162-3, Anaerobic aquatic metabolism

[6] SETAC-Europe publication(1995). Procedures for assessing the environmental fate and ecotoxicity of pesticides. Ed. Dr Mark R. Lynch. SETAC-Europe, Brussels

[7] OECD Test Guidelines Programme(1995). Final Report of the OECD Workshop on Selection of Soils/sediments, Belgirate, Italy, 1995: 18-20

[8] ISO/DIS 5667-12(1994). Water quality-Sampling—Part 12: Guidance on sampling of bottom sediments

[9] US-EPA(1998a). Sediment/water microcosm biodegradation test. Harmonised Test Guidelines (OPPTS 835. 3180). EPA 712-C-98-080

[10] OECD(1993). Guidelines for Testing of Chemicals. Paris. OECD(1994-2000): Addenda 6-11 to Guidelines for the Testing of Chemicals

[11] Scholz, K., Fritz R., Anderson C. and Spiteller M. (1988) Degradation of pesticides in an aquatic model ecosystem. BCPC-Pests and Diseases, 3B-4, 149-158

[12] Guth, J. A. (1981). Experimental approaches to studying the fate of pesticides in soil. In Progress in Pesticide Biochemistry (D. H. Hutson, T. R. Roberts, Eds.), Vol. 1, 85-114. J. Wiley & Sons

[13] Madsen, T., Kristensen, P. (1997). Effects of bacterial inoculation and non-ionic surfactants on degradation of polycyclic aromatic hydrocarbons in soil. Environ. Toxicol. Chem. 16: 631-637

[14] Steber, J., Wierich, P. (1987). The anaerobic degradation of detergent range fatty alcohol ethoxylates. Studies with ^{14}C-labelled model surfactants. Water Research 21: 661-667

[15] Black, C. A. (1965). Methods of Soil Analysis. Agronomy Monograph No. 9. American Society of Agronomy, Madison

[16] APHA(1989). Standard Methods for Examination of Water and Wastewater (17th edition). American Public Health Association, American Water Works Association and Water Pollution Control Federation, Washington D. C

[17] Rowell, D. L. (1994). Soil Science Methods and Applications. Longman

[18] Light, T. S. (1972). Standard solution for redox potential measurements. Anal. Chemistry 44: 1038-1039

[19] SETAC-Europe publication (1991). Guidance document on testing procedures for pesticides in freshwater mesocosms. From the Workshop "A Meeting of Experts on Guidelines for Static Field

Mesocosms Tests",3-4 July 1991

[20] SETAC-Europe publication (1993). Guidance document on sediment toxicity tests and bioassays for freshwater and marine environments. From the Workshop On Sediment Toxicity Assessment (WOSTA),8-10 November 1993. Eds. :I. R. Hill,P. Matthiessen and F. Heimbach

[21] Vink,J. P. M. ,van der Zee,S. E. A. T. M. (1997). Pesticide biotransformation in surface waters:multivariate analyses of environmental factors at field sites. Water Research 31:2858-2868

[22] Vink,J. P. M. ,Schraa,G. ,van der Zee,S. E. A. T. M. (1999). Nutrient effects on microbial transformation of pesticides in nitrifying waters. Environ. Toxicol. ,329-338

[23] Anderson,T. H. ,Domsch,K. H. (1985). Maintenance carbon requirements of actively-metabolising microbial populations under *in-situ* conditions. Soil Biol. Biochem. 17:197-203

[24] ISO-14240-2. (1997). Soil quality-Determination of soil microbial biomass—Part 2:Fumigation-extraction method

[25] Beelen,P. van and F. van Keulen. (1990). The Kinetics of the Degradation of Chloroform and Benzene in Anaerobic Sediment from the River Rhine. Hydrobiol. Bull. 24(1):13-21

[26] Shelton,D. R. and Tiedje,J. M. (1984). General method for determining anaerobic biodegradation potential. App. Environ. Microbiol. 47:850-857

[27] Birch,R. R. ,Biver,C. ,Campagna,R. ,Gledhill,W. E. ,Pagga,U. ,Steber,J. ,Reust,H. and Bontinck,W. J. (1989). Screening of chemicals for anaerobic biodegradation. Chemosphere 19:1527-1550

[28] Pagga,U. and Beimborn,D. B. (1993). Anaerobic biodegradation tests for organic compounds. Chemoshpere 27:1499-1509

[29] Nuck,B. A. and Federle,T. W. (1986). A batch test for assessing the mineralisation of ^{14}C-radiolabelled compounds under realistic anaerobic conditions. Environ. Sci. Technol. 30:3597-3603

[30] US-EPA (1998b). Anaerobic biodegradability of organic chemicals. Harmonised Test Guidelines (OPPTS 835.3400). EPA 712-C-98-090

[31] Sijm,Haller and Schrap (1997). Influence of storage on sediment characteristics and drying sediment on sorption coefficients of organic contaminants. Bulletin Environ. Contam. Toxicol. 58:961-968

[32] Timme,G. ,Frehse H. and Laska V. (1986) Statistical interpretation and graphic representation of the degradational behaviour of pesticide residues II. Pflanzenschutz-Nachrichten Bayer,39:187-203

[33] Timme,G. ,Frehse,H. (1980) Statistical interpretation and graphic representation of the degradational behaviour of pesticide residues I. Pflanzenschutz-Nachrichten Bayer,33:47-60

[34] Carlton,R. R. and Allen,R. (1994). The use of a compartment model for evaluating the fate of pesticides in sediment/water systems. Brighton Crop Protection Conference-Pest and Diseases,1349-1354

ICS 13.300;13.020
A 80

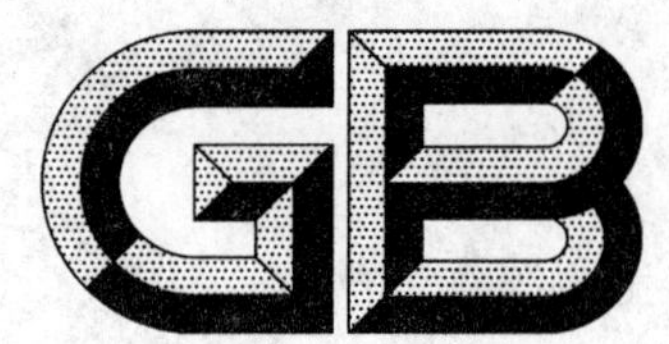

中华人民共和国国家标准

GB/T 27854—2011

化学品　土壤微生物　氮转化试验

Chemicals—Soil microorganisms—Nitrogen transformation test

2011-12-30 发布　　　2012-08-01 实施

中华人民共和国国家质量监督检验检疫总局
中国国家标准化管理委员会　发布

前　言

本标准按照 GB/T 1.1—2009 给出的规则起草。

本标准与经济合作与发展组织 OECD 化学品测试导则 216《土壤微生物　氮转化测试》(英文版)技术性内容相同。

本标准做了下列结构和编辑性修改：

——将原文的前言部分调整作为引言；

——将术语和定义从原文的附录调整为正文内容；

——将计量单位改为我国法定计量单位。

本标准由全国危险化学品管理标准化技术委员会(SAC/TC 251)提出并归口。

本标准起草单位:广东省微生物分析检测中心、湖北出入境检验检疫局、环境保护部化学品登记中心、中国检验检疫科学研究院、广东德美精细化工股份有限公司、东莞圣源环保科技有限公司。

本标准主要起草人:梅承芳、曾国驱、许玫英、郭坚、周红、陈会明、肖亿金、郭玉良。

引　言

本试验方法用于评估化学品单次暴露后对土壤微生物氮转化活性的长期影响。本试验主要依据欧洲及地中海地区植物保护组织推荐的试验方法[1]，同时参考了来自德国联邦生物科研机构[2]、美国环保局[3]、环境毒物学与化学学会[4]及国际标准化组织[5]的试验方法。1995 年，OECD 的土壤/沉积物工作组在意大利 Belgirate 就本试验中使用土壤的类型和数量达成了一致意见[6]。有关土壤样品的采集、处理和储存等主要参考了 ISO 的指南文件[7]以及 Belgirate 工作组的建议。

在对受试物的毒性进行评估时，例如，在需要提供农作物保护产品对于土壤微生物菌群的潜在负面影响时，或者当土壤微生物有可能暴露于除农作物保护产品以外的其他化学品时，需要测定受试物对土壤微生物活性的影响。氮转化试验就是用于测试这些化学品对于土壤微生物菌群的影响。如果受试物为农用化学品（如农作物保护产品、化肥、林产化学品），则需进行氮转化试验和碳转化试验。如果受试物是非农用化学品，则只需进行氮转化试验。然而，如果测得化学品氮转化试验的 EC_{50} 值落在商用硝化作用抑制剂（如 2-氯-6-三氯甲基吡啶）的 EC_{50} 值范围内，则需通过进行碳转化试验以获得进一步的信息。

土壤由复杂的、非均一的生物和非生物混合体构成。微生物在沃土有机物的降解和转化过程中扮演着重要的角色，且不同种类的微生物对于土壤肥力的各方面均有贡献。而对于这些生化过程的任何长期干预都将干扰营养循环，进而改变土壤肥力。所有肥沃的土壤中都存在碳和氮的转化，尽管不同土壤中参与这些转化过程的微生物群落各不相同，但其转化途径在本质上都是一致的。

本试验用以考察有氧表层土中受试物对于氮转化过程的长期负面影响。该试验方法也可用于评价受试物对于土壤微生物菌群碳转化过程的影响。硝酸盐的形成通常发生在碳-氮键断裂之后。因此，当对照组和处理组的硝酸盐生成率相同时，可以推断其主要的碳降解途径是完整且有效的。试验选用的培养基（如紫花苜蓿粉末）应具有合适的碳氮比，通常在 12/1 至 16/1 的范围内。这样试验过程中微生物细胞的“碳饥饿”现象才会减少，且即使微生物群落受到了化学品的破坏，也可能会在 100 d 内恢复。

本试验主要针对那些可以预期其在土壤中实际受纳量的物质，例如，农作物保护产品在田间的施用率是已知的。对农用化学品，根据其预计的施用率在试验时采用两种剂量即可。农用化学品可以以其活性成分（a. i.）或作为产品的形式进行试验。然而，该试验不仅仅适用于农用化学品。通过同时改变试验时土壤中受试物的量和数据评估的方式，本方法同样适用于那些在土壤中的受纳量还无法确定的化学品。因此，对非农用化学品，需要测定一系列不同浓度对氮转化的影响。根据得到的试验数据绘制剂量-效应曲线，并计算 EC_x 值，其中 x 定义为氮转化抑制百分率。

化学品　土壤微生物　氮转化试验

1　范围

本标准规定了化学品土壤微生物氮转化试验的方法概述、仪器设备、试验系统、试验程序、质量保证与质量控制、数据与报告。

本标准适用于评估化学品单次暴露后对土壤微生物氮转化活性的长期负面影响。

2　术语和定义

下列术语和定义适用于本文件。

2.1

氮转化　nitrogen transformation

微生物通过氨化和硝化作用，将含氮有机物最终降解为无机终产物硝酸盐的过程。

2.2

效应浓度　effective concentration，EC_x

引起氮转化的抑制百分率为 x 时土壤中受试物的浓度。

2.3

半数效应浓度　median effective concentration，EC_{50}

引起氮转化的抑制百分率为50%时土壤中受试物的浓度。

3　方法概述

过筛的土壤与植物碎片混合后用受试物处理或不加处理（对照组）。若受试物是农用化学品，则至少选用2个测试浓度，浓度设置可以参考受试物预计在田间施用的最高浓度。在培养0 d、7 d、14 d和28 d后，从处理组和对照组中取出一定量的土壤样品，用合适的溶剂浸提并测定提取液中硝酸盐的含量。比较处理组与对照组的硝酸盐形成率，计算处理组相对于对照组的百分比差异。所有试验至少持续28 d，如果第28天处理组和对照组的差异不小于25%，则试验可延至最长100 d。若受试物是非农用化学品，则将一系列不同浓度的受试物加到土壤样品中，并在第28天测定处理组和对照组中硝酸盐的产生量。利用回归模型对系列浓度的试验结果进行分析，并计算 EC_x 值（即 EC_{50}、EC_{25} 和/或 EC_{10}）。

4　仪器设备

4.1　试验容器需用化学惰性材料制成，且应具有与土壤培养方式相匹配的适宜的容积，即土壤样品以大批量整体的形式或者以系列分装独立的形式培养（见6.1.2）。试验过程中应尽量降低水分的损失并保持气体的交换（例如：试验容器可以覆盖带有小孔的聚乙烯箔）。如受试物具有挥发性，应采用密闭或气密的试验容器。试验容器的大小以装填的土壤样品约占其1/4体积为宜。

4.2　需要下列标准的实验室仪器：

——搅拌装置（机械振动器或类似设备）；

——离心（3 000g）或过滤装置（使用无硝酸盐滤纸）；

——具有足够灵敏度和重现性的硝酸盐分析仪器。

5 试验系统

5.1 土壤

5.1.1 土壤的选择

使用单一土壤，推荐使用的土壤特征如下：

——砂含量：50%～75%；

——pH：5.5～7.5；

——有机碳含量：0.5%～1.5%；

—— 应测定微生物的生物量[8-9]，其碳含量应不小于土壤总有机碳含量的1%。

在多数情况下，具有上述特征的土壤代表着最差的状况，因其对受试物的吸附量最小，而最适合于微生物的生长。因此，通常不需要用其他土壤来进行试验。但是，在某些情况下，例如预计受试物主要用于某些特殊的土壤（如酸性森林土壤），或受试物带有静电，则需使用另外一种土壤。

5.1.2 土壤样品的采集与贮存

5.1.2.1 采集

应收集用于试验的土壤采集点的详细背景信息，包括：确切地点、植被覆盖、施用过农作物保护产品的日期、有机和无机肥料的施用情况、加入的生物材料或偶然混入的污染物。选用的土壤采集点应能长期使用，如永久的草场牧地，种植一年生谷类作物（玉米除外）的耕地，或者密植的绿肥田地。取样地点在取样前至少一年内未施用过农作物保护产品，至少在6个月内未施用过有机肥。除非为满足农作物需要而施用无机肥料，但应在土壤施肥至少3个月后方能采样。应避免使用那些施用过具杀生作用肥料（如氰胺化钙）的土壤。

应避免在长期干旱或水涝期间（超过30 d）采样，或在此期之后立即采样。在耕地取样的深度为0 cm～20 cm，在长期没有耕作（至少一个生长季节）的草场牧地或其他类型的土壤中取样时，最大深度可略超过20 cm（例如25 cm）。

运输土壤样品时应使用容器，并保持适宜的温度以确保土壤的性质不发生显著改变。

5.1.2.2 贮存

试验最好使用从田间新采集的土壤。如无法避免在实验室贮存，可置于4 ℃±2 ℃黑暗处，最长可保存3个月。土壤在贮存期间应保持有氧条件。如果采样地区每年至少有3个月冰冻期，也可在−18 ℃～−22 ℃条件下贮存6个月。每次试验前应测定土壤微生物的生物量，其生物量的碳含量应至少占土壤总有机碳含量的1%。

5.1.3 试验土壤的处理与制备

5.1.3.1 预培养

如土壤经过贮存，建议增加预培养过程，时间为2 d～28 d。预培养期间土壤的温度与湿度应与试验条件一致。

5.1.3.2 物理化学特性

人工去除土壤中的粗大物块（如石块、植物残体等），然后湿态过筛（避免过度干燥），使颗粒大小不大于 2 mm。土壤湿度可用蒸馏水或去离子水调节,使其含水量相当于最大持水量的 40%～60%。

5.1.3.3 补充有机底物

土壤需要补充适当的有机底物来进行调节,例如,主要成分为紫花苜蓿(*medicago sativa*)的苜蓿-青草-绿色谷粉,碳氮比(C/N)在 12/1～16/1 范围内。建议每千克干重土壤中加入苜蓿-青草-绿色谷粉底物的比例为 5 g/kg。

5.2 施入土壤的受试物的制备

受试物一般通过载体施入。载体可以是水(用于水溶性物质),或者是惰性固体,如细石英砂(粒径:0.1 mm～0.5 mm),应避免使用除水以外的其他液体载体,如丙酮、氯仿等有机溶剂,以防止其破坏微生物菌群。如用石英砂作载体,可用溶解或悬浮于某种适当溶剂中的受试物将其包埋。此时,可在受试物与土壤混合前通过挥发除去该溶剂。为使受试物在土壤中达到一个最佳的分布状态,建议每千克干重土壤中加入砂的比例为 10 g/kg,对照组的土壤样品用等量的水或砂进行处理。

当测试具有挥发性的化学品时,处理过程中应尽量避免受试物的损失,并采取措施保证其在土壤中分布均匀(例如将受试物从土壤的多个不同位置施入)。

5.3 试验浓度

若测试农用化学品,则至少设置 2 个试验浓度。低浓度至少应反映在实际条件下受试物预计进入土壤的最大值,高浓度则是低浓度的数倍。加入到土壤中的受试物浓度的计算依据是:假定受试物与土壤均匀混合至 5 cm 深,且土壤容重为 1.5。对于可直接施入土壤的农用化学品,或可预测其在土壤中实际受纳量的化合物,推荐的测试浓度为最高的预测环境浓度(predicted environmental concentration,PEC)以及该浓度的 5 倍。预期一个季节中会多次施入土壤的受试物,其试验浓度为 PEC 乘以预计施入土壤的最多次数。但试验浓度的上限不应超过单一最大施用率的 10 倍。

若测试非农用化学品,则至少设置 5 个成几何级数排列的浓度,试验浓度应覆盖可以确定 EC_x 的浓度范围。

6 试验程序

6.1 暴露条件

6.1.1 处理与对照

若测试农用化学品,土壤分成等重的 3 份。其中 2 份与含有受试物的载体混合,另一份与不含受试物的载体混合。2 个处理组和一个对照组至少设置 3 个平行。若测试非农用化学品,土壤按重量分成 6 等份,其中 5 份与含有受试物的载体混合,第 6 份与不含受试物的载体混合。处理组和对照组各设置 3 个平行。应仔细操作以确保处理组中的受试物在土壤样品中均匀分布。混合时,要避免土壤压紧或结块。

6.1.2 土壤样品的培养

可以采用两种方式培养土壤样品:

a) 每一个处理组及对照组的土壤各作为一个整体样品;

b) 将每一个处理组及对照组的土壤分装成一系列单独且等份的子样品。

但是,若受试物具有挥发性,土壤样品应分装成系列的单独子样品来进行试验。当土壤以整体形式进行培养时,每个处理组及对照组均需准备大量的土壤样品,试验过程中根据需要取样分析。每个处理组和对照组最初制备的土壤量取决于取样量、样品分析的重复次数和预计的最高取样次数。整体培养的土壤在再次取样前应充分混合。当土壤以系列分装独立的子样品形式进行培养时，每个处理组和对照组的土壤根据需要来分装和使用。当预计试验中取样次数超过 2 次时，分装的小份土壤量需足够用于每次取样和所有平行。试验土壤至少设置 3 个重复在有氧条件下培养。所有测试中使用的容器应具有足够的上部空间，以避免产生厌氧状态。当测试挥发性物质时，土壤只能以系列单独子样品进行培养。

6.1.3 测试条件和时间

试验在 20 ℃±2 ℃的黑暗条件下进行。在试验过程中，土壤样品的含水量应维持在土壤最大持水量的 40%～60%之间，变化范围为±5%。如有需要，可添加蒸馏水和去离子水进行调节。

试验期最少为 28 d，若测试农用化学品，需要比较处理组和对照组的硝酸盐形成率。试验第 28 天时，假如形成率的差异大于 25%，则试验持续直至该差异等于或小于 25%，但最长不超过 100 d，选择试验期较短为宜。对于非农用化学品，试验在 28 d 后结束。在第 28 天，测定处理组和对照组中土壤样品的硝酸盐含量，并计算 EC_x。

6.2 取样和土壤分析

6.2.1 取样

若测试农用化学品，在试验 0 d、7 d、14 d 和 28 d 分析土壤样品。如需延长试验，则应在 28 d 后每隔 14 d 测定一次。

若测试非农用化学品，至少需要设置 5 个测试浓度，并在试验开始(0 d)和结束(28 d)时分析土壤样品的硝酸盐含量。如有必要，可增加一个期间测定，例如在第 7 天。第 28 天获得的数据可用于计算化学品的 EC_x 值。如有需要，对照组第 0 天的数据可用于报告土壤初始的硝酸盐含量。

6.2.2 土壤样品的分析

每次取样时，均需测定每个处理组和对照组样品的硝酸盐含量。用合适的提取剂(如 0.1 mol/L 的氯化钾溶液)与土壤样品混合振荡，提取硝酸盐，建议每千克干重土壤中加入氯化钾溶液的比例是 5 mL/g。为优化提取效果，容器中所装的土壤和提取剂不应超过容器体积的一半。混合物在 15.7 rad/s 的转速下振荡 60 min。将混合物离心或过滤后取液相分析其硝酸盐含量。去除固体颗粒的液相在 20 ℃±5 ℃条件下最长可贮存 6 个月。

7 质量保证与质量控制

评价农用化学品的测试结果，是基于处理组和对照组中硝酸盐浓度之间的较小差异(如平均值±25%)，若对照组重复之间的差异过大将会导致错误结果。因此，对照组重复之间的差异应小于±15%。

8 数据与报告

8.1 数据

若测试农用化学品，应记录每个平行土壤样品形成的硝酸盐量，并以列表给出所有平行的平均值。用适当且广泛被接受的统计学方法(例如：*F* 检验、5%显著性水平)来评价氮转化率。形成的硝酸盐量以每天每千克干重土壤产生硝酸盐的毫克数表示，单位为 mg/(kg·d)。比较每个处理组和对照组中土壤样品的硝酸盐形成速率，并计算出处理组偏离对照组的百分率。

若测试非农用化学品，需要测定每个平行的硝酸盐含量，并绘制浓度-效应曲线，以计算 EC_x 值。将 28 d 后处理组中样品形成的硝酸盐量（即每千克干重土壤产生硝酸盐的毫克数，mg/kg）与对照组进行比较。根据这些数据，计算出每个试验浓度下的抑制百分率，并用这些百分数对试验浓度作图，应用统计学方法计算出 EC_x 值，并依据标准程序来确定 EC_x 值的置信限（$p=0.95$）[10-12]。

含氮量较高的受试物，可能会导致试验中形成的硝酸盐量增多。若这些受试物在较高浓度下进行试验（例如可能重复使用的化学品），则测试中应包括相应的对照组（即土壤中添加受试物，而不加植物粉）。在计算 EC_x 时需要参照这些对照组的数据。

8.2 结果解释

评估农用化学品的试验结果时，在试验 28 d 后的任何时间所取样品，若测定其低浓度处理组（即预计最高实际使用浓度）和对照组的硝酸盐形成速率的差异不大于 25%，则可认为该化学品对土壤中的氮转化没有长期影响。在评估农用化学品以外其他化学品的试验结果时，可采用 EC_{50}、EC_{25} 和（或）EC_{10} 值。

8.3 试验报告

试验报告应包括以下内容：

a） 完整的试验土壤鉴别信息

——取样点的地理位置（纬度，经度）；

——取样点的背景信息（植被覆盖情况、农作物保护产品和肥料的使用、意外污染等）；

——利用方式（农业土壤、森林等）；

——取样深度（cm）；

——土壤（干重）中的砂粒/粉砂/黏土含量（%）；

——pH 值（在水中）；

——土壤（干重）中的有机碳含量（%）；

——土壤（干重）中的氮含量（%）；

——初始硝酸盐浓度（每千克干重土壤中的硝酸盐量，mg/kg）；

——阳离子交换量（mmol/kg）；

——微生物的生物量（以占总有机碳的百分比表示）；

——每种参数测定方法的参考文献；

——有关土壤采集和保存的全部信息；

——土壤预培养的细节（如有）。

b） 受试物

——物理性质，以及相关的理化性质；

——受试物信息，包括：结构式、纯度（对于农作物保护产品，是指其中活性成分的百分比）、含氮量。

c） 底物

——来源；

——组成（即苜蓿粉，苜蓿-青草-绿色谷粉）；

——底物（干重）中的碳、氮含量（%）；

——筛分孔径（mm）。

d） 试验条件

——利用有机底物改善土壤的细节；

——设置受试物试验浓度的组数，并适当说明所选浓度的合理性；
——向土壤中施入受试物的详细步骤；
——培养温度；
——试验开始时和试验过程中的土壤湿度；
——土壤的培养方式(整体方式，或是系列单独子样品的方式)；
——试验组的重复数；
——取样次数；
——从土壤中浸提硝酸盐的方法。

e) 结果

——用于分析测定硝酸盐含量的程序和仪器；
——列表数据，包括硝酸盐测定的单个数据与平均值；
——处理组和对照组中各重复之间的差异；
——如果计算中涉及修正，应加以说明；
——每次取样时硝酸盐形成速率的百分比变化，必要时，以及 EC_{50} 值及其 95%的置信限，其他 EC_x(如 EC_{25} 或 EC_{10})及其置信区间，并绘制浓度-效应曲线图；
——统计学处理；
——有助于解释结果的全部信息和观察资料。

参 考 文 献

[1] EPPO (1994). Decision-Making Scheme for the Environmental Risk Assessment of Plant Protection Chemicals. Chapter 7:Soil Microflora. EPPO Bulletin,1994,24:1-16

[2] BBA (1990). Effects on the Activity of the Soil Microflora. BBA Guidelines for the Official Testing of Plant Protection Products,VI,1-1(2nd eds.)1990

[3] EPA (1987). Soil Microbial Community Toxicity Test. EPA 40 CFR Part 797. 3700. Toxic Substances Control Act Test Guidelines; Proposed rule. September 28,1987

[4] SETAC-Europe (1995). Procedures for assessing the environmental fate and ecotoxicity of pesticides,Ed. M. R. Lynch,Pub. SETAC-Europe,Brussels

[5] ISO/DIS 14238 (1995). Soil Quality-Determination of Nitrogen Mineralisation and Nitrification in Soils and the Influence of Chemicals on these Processes. Technical Committee ISO/TC 190/SC 4:*Soil Quality-Biological Methods*

[6] OECD (1995). Final Report of the OECD Workshop on Selection of Soils/Sediments,Belgirate,Italy,1995:18-20

[7] ISO 10381-6 (1993). Soil quality-Sampling. Guidance on the collection,handling and storage of soil for the assessment of aerobic microbial processes in the laboratory

[8] ISO 14240-1 (1997). Soil quality-Determination of soil microbial biomass-Part 1:Substrate-induced respiration method

[9] ISO 14240-2 (1997). Soil quality-Determination of soil microbial biomass-Part 2:Fumigation-extraction method

[10] Litchfield,J. T. and Wilcoxon F. (1949). A simplified method of evaluating dose-effect experiments. Jour. Pharmacol. and Exper. Ther. ,96:99-113

[11] Finney,D. J. (1971). Probit Analysis. 3rd ed. ,Cambridge,London and New-York

[12] Finney,D. J. (1978). Statistical Methods in biological Assay. Griffin,Weycombe,UK

ICS 13.020
A 80

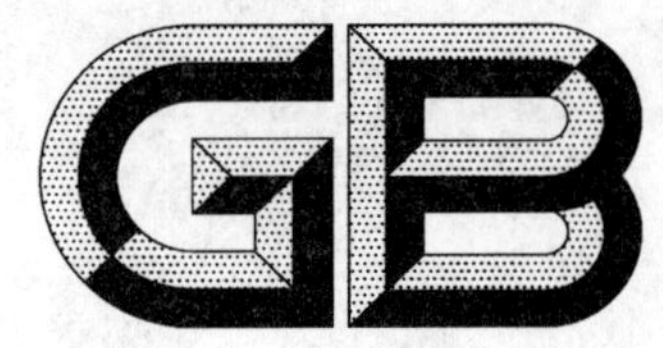

中华人民共和国国家标准

GB/T 27855—2011

化学品　土壤微生物　碳转化试验

Chemicals—Soil microorganisms—Carbon transformation test

2011-12-30 发布　　2012-08-01 实施

中华人民共和国国家质量监督检验检疫总局
中国国家标准化管理委员会　发布

前　言

本标准按照 GB/T 1.1—2009 给出的规则起草。

本标准与经济合作与发展组织(OECD)化学品测试导则 217《土壤微生物　碳转化测试》(英文版)技术性内容相同。

本标准作了以下编辑性修改：

——将原文中“INTRODUCTION”和“INITIAL CONSIDERATIONS”合并作为本标准的引言；

——增加了范围；

——将原文中“DEFINITIONS”中的内容作为标准中的“术语和定义”；

——计量单位统一改为我国法定计量单位；

本标准由全国危险化学品管理标准化技术委员会(SAC/TC 251)提出并归口。

本标准起草单位：湖北出入境检验检疫局、广东省微生物分析检测中心、国家环境保护部化学登记中心、中国检验检疫科学研究院。

本标准主要起草人：崔海容、郭坚、赵晖、曹渭、刘纯新、陈会明、简艳、杨顺风、叶诚。

引　言

本试验方法是为研究单一化学品对土壤微生物碳转化活性所产生的长期潜在影响而设计的。本试验方法以欧洲及地中海地区植物保护组织推荐的试验方法[1]为基础，同时参考了德国联邦生物研究所[2]、美国环保局[3]、环境毒物学与化学学会及国际标准化组织的试验方法[4]。1995年，经济合作与发展组织土壤/沉积物工作组在意大利贝尔吉拉太召开了一次会议[5]，正式确定了本试验中使用土壤的类型和数量。土壤样品的采集、处理、贮存等参见ISO的指南文件及贝尔吉拉太工作组的建议书[6]。

在对受试物进行毒性特征评估时，例如，在需要获得有关农作物保护剂对土壤菌群的副作用数据时，或要揭示土壤微生物接触于除农用化学品以外的其他化学品可能发生的作用时，需要测定化学品对土壤微生物活动的影响。碳转化试验所针对的就是这种化学品对土壤微生物菌群的影响。如果受试物为农用化学品(如农药、肥料、林业化学品)，那么氮转化和碳转化试验全部都要做。如果受试物不是农用化学品，则只需做氮转化试验即可。但是，在试验过程中，如果发现氮转化 EC_{50} 值在商用硝化抑制剂(例如，2-氯-6-三氯甲基吡啶)的范围内，则应进行碳转化试验以获得进一步的信息。

土壤由复杂的、非均相的生物和非生物复合体构成。微生物有机体对肥沃的土壤中有机物质的分解和转化起着非常重要的作用，并且不同的生物种共同作用也可对土壤肥力的各方面产生重大影响。这些生物化学过程中任何变化都可能长期潜在的干扰氮循环，从而改变土壤肥力。碳和氮的转化发生在所有的肥沃土壤中。尽管微生物群体对上述这些过程的作用因土壤类型不同而异，但其转化的途径是基本相同的。

本试验方法用于检测一种物质在好氧条件下的土壤表面对碳转化过程的长期不利影响。试验对进行碳转移的微生物群落的数量和活性的改变非常敏感，因为该群落受化学应激和碳应激的影响。砂壤有机质含量低，因而被采用。土壤经受试物处理，并且在允许微生物快速新陈代谢的条件下进行培养。在该条件下，土壤中可用的有机碳会迅速降解，从而引起有机碳的缺乏，使微生物细胞饥饿并导致休眠或者产生芽孢。如果试验超过28 d，这些反应的总和在(未处理过的土壤中)对照组中作为一种新陈代谢活动损失的微生物量的形式被测量[7]。如果试验条件下，碳应激土壤中的生物量受到化学品的影响，则可能无法恢复到与对照组相同水平上。因此，受试物在试验过程中任意时间受到的干扰常会持续到试验结束。

该试验方法主要用于土壤中环境浓度含量已知的物质。例如，土壤中使用农药的施用量是已知的。对于农用化学品，只需测定两种剂量浓度(该浓度与预期或者预测的施用量相关)。农用化学品可作为活性成分(a.i.)或者作为配制品进行测定。然而，试验不仅仅适用于具有已知环境浓度的化学物质，通过改变施用于土壤中受试物的量和数据评价的途径，此试验也适用于施用于土壤中未知浓度的化学品。因此，对于非农用化学品，可以利用该方法测定不同浓度对碳转化的影响。试验结果可用于绘制剂量-反应曲线图，并用来计算引起土壤中碳转化抑制百分率达 $x\%$ 时的受试物浓度(ECx)值，其中 x 为碳转化抑制百分率。

化学品　土壤微生物　碳转化试验

1　范围

本标准规定了单一化学品对土壤微生物碳转化活性所产生的长期潜在影响的试验方法。

本标准适用于对受试物进行毒性特征评估，碳转化试验针对的是化学品对土壤微生物菌群的影响。

2　术语、定义和缩略语

下列术语、定义和缩略语适用于本文件。

2.1　术语和定义

2.1.1

碳转化　carbon transformation

通过微生物将有机物降解形成最终的无机物二氧化碳。

2.2　缩略语

EC_x 引起土壤中碳转化抑制百分率达 x%时的受试物浓度(effective concentration)

EC_{50} 引起土壤中碳转化抑制百分率达 50%时的受试物浓度(median effective concentration)

3　试验的有效性

对农用化学品测试结果的评价基于对照土壤和经过处理的土壤样品中所释放的二氧化碳或耗氧量的差异，该种差异相对较小(平均值±25%)，因此，对照组中出现较大差异将导致错误的结果。故对照平行样品之间的差异应少于±15%。

4　原理

预先准备好用受试物处理过的土壤或未被处理的土壤做对照。若受试物是农用化学品，推荐至少用两个测试浓度，其中最低测试浓度应与预计在田间施用的最高浓度相关。在培养 0 d，7 d，14 d，28 d 后，处理的和对照的土壤样品与葡萄糖混合，然后连续测定 12 h 内葡萄糖引起的呼吸速率。呼吸速率以释放的二氧化碳[碳(mg)/土壤(kg·h)]或消耗的氧[氧(mg)/土壤(kg·h)]来表示。处理过的土壤样品的平均呼吸速率与对照进行比较，并以对照为基础计算出处理土壤平均呼吸速率差异的百分率。全部测试至少持续 28 d。如果在第 28 天处理土壤和未处理土壤之间的差异等于或大于 25%，则以 14 d 为间隔期继续测试，最长至 100 d。若受试物是非农用化学品，则需用一系列浓度的受试物加到土壤样品中，并在 28 d 后测定葡萄糖引起的呼吸速率(即二氧化碳形成或氧消耗量的平均值)。用回归方法对获得的系列浓度测试的结果进行分析，并计算出 EC_x 值，即 EC_{50}，EC_{25} 或 EC_{10}。

5　试验装置

试验容器需用惰性材料制成。应使用与土壤培养所用方法相匹配的适宜容量，即以整体的或一系列单独的土壤样品进行培养。应注意在测试过程中将水分的损失量减至最小，并能进行气体交换(例如，可用带有小孔的聚乙烯薄膜覆盖测试容器)。在进行挥发性物质的试验时，应用可密封的或不透气的容器。容器的大小应以装好的土壤样品占其总容量的大约1/4为准。

为测定葡萄糖引起的呼吸作用，需要具有培养系统、测量二氧化碳产生量或氧气消耗量的仪器[8][9][10][11]。

6 试验程序

6.1 准备

6.1.1 土壤的选择

使用单一的土壤，土壤具有以下特征：

砂粒含量：50%～75%；

pH：5.5～7.5；

有机氮含量：0.5%～1.5%。

应测定微生物的生物量[12][13]，其含碳量至少应是土壤总有机碳的1%。在多数情况下，具有以上特征的土壤代表着最差的境况。由于其对测试化学品的吸收量最少，而对微生物菌群的可利用性最大。因此，通常不必要使用其他土壤测试。但是，在某些情况下，预计受试物主要用于特定的土壤，如：酸性的森林土壤，对于带有静电荷的化学品，可用另一种附加土壤。

6.1.2 土壤样品的采集

应了解采集供试土壤田间地点的详细历史信息，包括：准确位置、植被、施用农作物保护剂的日期、使用有机或无机肥料处理的情况、加入的生物材料或偶然混入的污染物。采样选择的土壤应能够长期使用，永久的牧场、一年收获一次种植谷类作物(除了玉米)的耕地，或密植的绿肥田地均是合适的地点。取样地点应满足：至少在取样前一年内未用过农作物保护剂。至少6个月没有施用过有机肥料。除非农作物需要方可施用无机肥料，而在施肥后至少3个月才能取土壤样品。应避免使用那些具有生物杀灭影响的农药或肥料(例如：氰胺化钙)处理过的土壤。

应该避免在长期(超过30 d)干旱或积水期间内取样，或之后立即取样。在耕地中取土壤样品的深度应是0 cm～20 cm。在较长时期不犁地(至少一个生长季)的草地(牧场)或其他类型土壤中取样的最大深度可稍大于20 cm(例如25 cm)。

运输土壤样品时应使用贮存器，同时需要温度条件合适，以保证原始的土壤性质不发生显著改变。

6.1.3 土壤样品的贮存

测试最好使用从田间新采集的土壤。如需要贮存，则应置于4 ℃±2 ℃的黑暗处，贮存时间不超过3个月。在土壤贮存期间，应保证好氧的条件。如果采集的土壤来自每年至少有3个月封冻的地区，可考虑在－18 ℃下贮存6个月。每项测试前需测定贮存土壤的微生物量，同时，生物量中的碳含量应大于土壤有机碳总含量的1%。

6.1.4 受试土壤样品的处理和制备

6.1.4.1 预培养

如使用贮存的土壤，建议预培养的时间为2 d～28 d。预培养期间土壤的温度和湿度应与试验时的情况相同。

6.1.4.2 物理化学特性

从土壤中人工拣出粗大杂物(例如,石头、植物残体等),然后湿态过滤(不要过分干燥),使颗粒不大于2 mm。土壤湿度应该用蒸馏水或去离子水调节,使含水量相当于最大持水量的40%～60%。

6.1.4.3 施入土壤中的受试物的制备

受试物一般通过载体来施入。此载体可能是水(用于可溶于水的物质),或者是惰性的固体物质,如细石英砂(颗粒大小为0.1 mm～0.5 mm)。应该避免使用除水以外的液体载体(有机溶剂,例如:丙酮、三氯甲烷等),因为它们能损害微生物菌群。如采用沙子做为载体,应将受试物其溶解或者悬浮于相应的溶剂中,然后实施包裹。为了使受试物在土壤中得到最合适的分布,建议沙与土壤(干重)的配比为:10 g沙/kg土壤。对照样品仅用等量的水和石英砂处理。

测试具有挥发性的化学品时,在处理过程中应尽量避免其挥发,并应注意保证其在土壤中的均匀分布(例如,应将受试物从多个部位掺入土壤)。

6.1.5 试验浓度

对于环境浓度可以预知的农作物保护剂或其他化学品,至少用两个浓度。设定的较低浓度应至少可以反映在实际条件下预计进入土壤的最大值,所设的较高浓度应为较低浓度的整数倍。加入土壤中的受试物浓度计算依据是:假定受试物与土壤均匀混合至深度为5 cm,且土壤容重为1.5。对于直接施入土壤的农用化学品或能预测进入土壤用量的化学品,推荐的测试浓度为预测环境浓度(predicted environmental concentration,PEC)和预测环境浓度的5倍。预期在一个季节中多次施入土壤的物质,其试验浓度为:预计施入土壤的最多次数乘以预测环境浓度。但是,试验浓度的上限不应超过单一最大施用量的10倍。

若受试物为非农用化学品,则至少要用以几何级数排列的5个浓度。测试浓度应涵盖确定EC_x值所需的范围。

6.2 试验操作

6.2.1 处理与对照

如果受试物为农用化学品,应把土壤分成重量相等的3份。2份与含有受试物的载体相混合,而另外1份与不含受试物的载体混合(即对照)。处理过的与未处理的土壤样品各设置至少3个平行。如果受试物为非农用化学品,则将土壤分成重量相等的6份,其中5份样品与含有受试物的载体混合,剩余1份与不含化学品的载体混合。处理样品或对照样品各设置3个平行。应仔细操作,确保受试物在经处理的土壤样品中混匀分布。在混合过程中,注意避免使土壤压紧或结球。

6.2.2 土壤样品的培养

土壤样品的培养可以两种方式进行:1)各处理过的和未处理的土壤的整体样品;2)各处理过的和未处理土壤的由大小相等的单独子样品组成的一系列样品。在测试挥发性物质时,只能用一系列的单独的子样品来进行培养。以整体土壤样品培养时,需制备的处理过的和未处理的土壤样品量大,在试验中根据需要可以对子样品进行分析。确定每次处理及对照准备土壤样品的初始量的依据是:子样品的大小、样品分析的重复次数及预计的最高采样次数。对整体培养的土壤在再次取样前应充分混合。在培养一系列的单独土壤样品时,将每个处理的和未处理的整体土壤分割成所需要的小份的土壤样品,根据需要使用。当预计实验中采样要超过两次时,制备的小份土壤样品要满足于每次取样和所有平行。测试土壤至少应有3个平行样品在有氧条件下培养。在试验中使用具有足够上部空间的适宜容器,以避免厌氧条件的产生。在测试挥发性物质时，只能用一系列单独的子样品进行培养。

6.2.3 试验条件和持续时间

试验需在黑暗条件及 20 ℃±2 ℃室温下进行。试验期间，土壤样品的湿度应维持在土壤最大持水量的 40%～60%，变化范围为±5%。在需要时可加蒸馏水或去离子水。

试验持续时间至少为 28 d。若受试物是农用化学品，应比较处理样品和对照样品中二氧化碳释放量或氧消耗量。若到第 28 天测出它们之间的差异大于 25%，试验要继续进行或直到它们之间的差异等于或少于 25%，或最长至 100 d，两者取其短。若受试物是非农用化学品，则试验应在 28 d 后结束。在第 28 天，对处理和对照的土壤样品中二氧化碳释放量或氧消耗量进行测定，并计算 EC_x 值。

6.2.4 土壤取样时间表

若受试物为农用化学品，则需在 0 d，7 d，14 d，28 d 分析土壤样品中的葡萄糖引起的呼吸速率。若应进行更长时间的试验，则应在 28 d 后每间隔 14 d 继续进行测定。

若受试物是非农用化学品，则至少用 5 个试验浓度，并应在开始(0 d)和接触期间的最后(28 d)分析土壤样品的葡萄糖引起的呼吸作用。若有需要，还可增加一次中间测定，例如在第 7 天测定。用第 28 天测得的数据确定化学品的 EC_x 值。若有需要，也可用对照样品第 0 天的数据估算土壤中有代谢活性的初始微生物量。

6.2.5 葡萄糖诱导呼吸速率的测定

每次取样时，均需测定每个处理和对照的平行样品中葡萄糖引起的呼吸速率。土壤样品要与足够数量的葡萄糖混合，以迅速产生最大的呼吸反应。可通过使用系列葡萄糖浓度的预备试验来获得产生呼吸反应的最大值所需要的葡萄糖量[14]。对于含有 0.5%～1.5%有机碳的砂质土壤可按每千克的土壤(干重)使用 2 000 mg～4 000 mg 的葡萄糖。把葡萄糖与石英砂一起研至粉末状，并与土壤(干重)均匀混合(10 g 砂/kg 土壤)。

在测定用葡萄糖调整过的土壤样品的呼吸速率时，无论是连续测定、每小时测定、或每两小时测定一次，均要在温度为 20 ℃±2 ℃适当的容器中培养。应连续 12 h 测定二氧化碳释放量或氧消耗量，测定应尽快开始，即在增补葡萄糖后的 1 h～2 h 内开始。在 12 h 中测定二氧化碳释放总量和氧消耗总量，并确定平均呼吸速率。

6.3 质量控制

平行的对照样品之间的差异应小于±15%。

7 结果和报告

7.1 结果处理

7.1.1 测试物为农用化学品

若测试物为农用化学品，应记录每个平行土壤样品的二氧化碳释放量或氧消耗量，并将所有重复样品的平均值以表格形式列出。其结果应采用适当的、通用的统计学方法(例如，F 检验，0.5%显著性水平)进行评价。葡萄糖引起的呼吸速率以：[碳(mg)/土壤(kg·h)]或[氧(mg)/土壤(kg·h)]来表示。每个处理样品的平均二氧化碳生成率或平均的氧消耗速率与对照进行比较，并计算出与对照的百分比差值。

7.1.2 **测试物为非农用化学品**

若测试的是非农用化学品，则测定每个平行样品中的二氧化碳释放量或氧消耗量，并绘制剂量-反应曲线，以估算出 EC_x 值。在 28 d 之后，比较处理样品与对照样品的葡萄糖引起的呼吸速率[即碳(mg)/土壤(kg·h)或氧(mg)/土壤(kg·h)]。用以上数据，可计算出每个试验浓度下的抑制百分率(%)。用这些百分数对浓度对数作图，并用统计学方法计算出 EC_x 值及其 95%置信度[15][16][17]。

7.1.3 **结果说明**

在评估农用化学品的测试结果时，在 28 d 之后的任何时间所取样品，若其低浓度处理(即最大的预计浓度)与对照之间的呼吸速率差异等于或低于 25%时，可认为该产品对土壤中的碳转化没有长期影响。当评估除农用化学品以外的其他化学品的测试结果时，可采用 EC_{50}、EC_{25} 和(或)EC_{10} 值。

7.2 **报告**

结果报告应包括以下信息：

a) 测试土壤的完整信息包括：
——采样点的地理坐标(纬度、经度)；
——采样点的历史信息(即植被覆盖、农作物保护剂的使用、肥料的使用、意外的污染物等)；
——利用形式(例如，农业土壤、森林等)；
——取样深度(cm)；
——砂粒/粉砂/粘粒的含量(%干重)；
——pH(在水中)；
——有机碳含量(%干重)；
——氮含量(%干重)；
——阳离子交换量(mmol/kg)；
——以占总有机碳的百分比表示的微生物量；
——确定每种参数的试验方法的参考文献；
——有关土壤样品的采集和保存的全部信息；
——土壤预培养的细节(如有此步骤)。

b) 受试物：
——物理性质，以及相关的物理-化学性质；
——化学鉴定数据，包括：结构式、纯度(对于农作物保护剂，是指其中活性成分的百分比)，含氮量。

c) 试验条件：
——用有机底物调整土壤的详细资料；
测试化学品的浓度值，适当说明所选浓度的合理性；
——向土壤中施用受试物的详细资料；
——培养温度；
——在开始和在试验期间的土壤湿度；
——土壤培养的方法(整体的或一系列单独的子样品)；
——试验样品的平行数；
——取样次数。

试验结果应包括以下信息：

a) 用于测试呼吸速率的方法与设备；

b） 列表数据，包括二氧化碳量或氧量的单个值与平均值；

c） 在处理样品与对照样品中各平行样品之间的差异；

d） 若计算中进行了有关修正，在有关处加以说明；

e） 每次取样时，葡萄糖引起的呼吸速率的百分率变化，或适当说明 EC_{50} 值及其 95％置信度，其他 EC_x（即 EC_{25}，或 EC_{10}）及其置信区间，并绘制剂量-反应曲线图；

f） 结果的统计学处理（在适当处说明）；

g） 有助于解释结果的全部信息和观察资料。

参 考 文 献

[1] EPPO (1994). Decision-Making Scheme for the Environmental Risk Assessment of Plant Protection Chemicals. Chapter 7: Soil Microflora. EPPO Bulletin 1994, 24: 1-16

[2] BBA (1990). Effects on the Activity of the Soil Microflora. BBA Guidelines for the Official Testing of Plant Protection Products, VI, 1-1 (2nd eds.), 1990

[3] EPA (1987). Soil Microbial Community Toxicity Test. EPA 40 CFR Part 797. 3700. Toxic Substances Control Act Test Guidelines; Proposed rule. September 28, 1987

[4] SETAC-Europe (1995). Procedures for assessing the environmental fate and ecotoxicity of pesticides, Ed. M. R. Lynch, Pub. SETAC-Europe, Brussels

[5] OECD (1995). Final Report of the OECD Workshop on Selection of Soils/Sediments, Belgirate, Italy, 1995: 18-20

[6] ISO 10381-6 (1993). Soil quality - Sampling. Guidance on the collection, handling and storage of soil for the assessment of aerobic microbial processes in the laboratory

[7] Anderson, J. P. E. (1987). Handling and Storage of Soils for Pesticide Experiments, in "Pesticide Effects on Soil Microflora". Eds. L. Somerville and M. P. Greaves, Chap. 3: 45-60

[8] Anderson, J. P. E. (1982). Soil Respiration, in Methods of Soil Analysis—Part 2: Chemical and Microbiological Properties. Agronomy Monograph N° 9. Eds. A. L. Page, R. H. Miller and D. R. Keeney. 41: 831- 871

[9] ISO 11266-1. (1993). Soil Quality - Guidance on Laboratory Tests for Biodegradation in Soil: Part1. Aerobic Conditions.

[10] ISO 14239 (1997E). Soil Quality - Laboratory incubation systems for measuring the mineralization of organic chemicals in soil under aerobic conditions

[11] Heinemeyer O. , Insam, H. , Kaiser, E. A. and Walenzik, G. (1989). Soil microbial biomass and respiration measurements: an automated technique based on infrared gas analyses. Plant and Soil, 116: 77-81

[12] ISO 14240-1 (1997). Soil quality—Determination of soil microbial biomass—Part 1: Substrateinduced respiration method

[13] ISO 14240-2 (1997). Soil quality—Determination of soil microbial biomass—Part 2: Fumigation extraction method

[14] Malkomes, H. -P. (1986). Einfluß von Glukosemenge auf die Reaktion der Kurzzeit-Atmung im Boden Gegenüber Pflanzenschutzmitteln, Dargestellt am Beispiel eines Herbizide. (Influence of the Amount of Glucose Added to the Soil on the Effect of Pesticides in Short-Term Respiration, using a Herbicide as an Example). Nachrichtenbl. Deut. Pflanzenschutzd. , Braunschweig, 38: 113-120

[15] Litchfield, J. T. and Wilcoxon, F. (1949). A simplified method of evaluating dose-effect experiments. Jour. Pharmacol. and Exper. Ther. , 96: 99-113

[16] Finney, D. J. (1971). Probit Analysis. 3rd ed. , Cambridge, London and New-York

[17] Finney D. J. (1978). Statistical Methods in biological Assay. Griffin, Weycombe, UK

ICS 13.300;13.020.40
A 80

中华人民共和国国家标准

GB/T 27856—2011

化学品　土壤中好氧厌氧转化试验

Chemicals—Aerobic and anaerobic transformation in soil test

2011-12-30 发布　　2012-08-01 实施

中华人民共和国国家质量监督检验检疫总局
中国国家标准化管理委员会
发布

前 言

本标准按照 GB/T 1.1—2009 给出的规则起草。

本标准技术性内容和经济合作与发展组织(OECD)化学品测试导则 No. 307(2002 年)《土壤中的好氧和厌氧转化》(英文版)技术性内容相同。

本标准做了下列结构和编辑性修改：

——将计量单位改为我国法定计量单位。

——为与现有标准系列一致，将标准名称改为《化学品　土壤中好氧厌氧转化试验》。

——删除 OECD No. 307(2002 年)《土壤中的好氧和厌氧转化》引言的资料性部分。

——原文“受试物资料”部分对五个理化指标给出了参考的测试方法。其中六个指标的九个测试方法有对应的我国标准：GB/T 21845《化学品　水溶解度试验》、GB/T 21852《化学品　分配系数(正辛醇-水)　高效液相色谱法试验》、GB/T 21853《化学品　分配系数(正辛醇-水)　摇瓶法试验》、GB/T 21855《化学品　与 pH 有关的水解作用试验》、GB/T 22052《用液体蒸汽压力计测定液体的蒸汽压力　温度关系和初始分解温度的方法》、GB/T 22228《工业用化学品　固体及液体的蒸汽压在 10^{-1} Pa 至 10^{5} Pa 范围内的测定　静态法》、GB/T 22229《工业用化学品　固体及液体的蒸汽压在 10^{-3} Pa 至 1 Pa 范围内的测定　蒸汽压平衡法》、GB/T 27854—2011《化学品　土壤微生物　氮转化试验》和 GB/T 27855—2011《化学品　土壤微生物　碳转化试验》。这九个我国标准与 OECD 化学品测试导则 No. 104《蒸汽压》、OECD 化学品测试导则 No. 112《水中解离常数》一起作为本标准的规范性引用文件。

——术语和定义中增加了“主要转化产物”(见 3.12)。

——增加了资料性附录 NA“我国不同地区不同类型土壤的主要理化性质”。

本标准由全国危险化学品管理标准化技术委员会(SAC/TC 251)提出并归口。

本标准起草单位：环境保护部化学品登记中心、环境保护部南京环境科学研究所、中国环境科学研究院、广东省微生物分析检测中心、上海市环境科学研究院。

本标准主要起草人：刘纯新、杨力、陈琳、单正军、王蕾、李捍东、李霁、黄星、梅承芳。

引　言

本试验方法是用来评价化学物质在土壤中的好氧和厌氧转化。本试验用来测定(i)受试物的转化率，并且(ii)确定可能暴露于植物和土壤微生物的转化产物的性质以及它们的生成率和降解率。本试验的测试对象为那些直接施用于土壤或者很可能进入土壤环境中的化学物质。此类实验室研究结果也可为相关领域的研究提供取样和分析方案。

受试物的转化途径的评价仅需采用一种土壤进行好氧和厌氧转化研究，而受试物的转化率应采用三种以上的其他土壤来研究测定。

试验土壤类型应能代表受试物使用及释放进入的环境条件。例如，可能释放到亚热带、热带的土壤中的化学物质宜用 Ferrasols 或者 Nitosols 方法来处理(FAO 体系)。本方法也可使用水稻土。

化学品　土壤中好氧厌氧转化试验

1　范围

本标准规定了化学品土壤中好氧厌氧转化试验的术语和定义、受试物信息、试验原理、参比物质、试验方法概述、试验程序、质量保证与质量控制、数据与报告。

本标准用于评价化学物质在土壤中的好氧和厌氧转化；用于测定化学物质在植物和土壤微生物作用下的转化率，以及转化产物的性质和生成率、降解率[1-9]。

本标准适用于低挥发性的、水溶性或非水溶性、能够被精确测定的所有化学品(包括放射性标记物或非标记物)。

本标准不适用于在土壤中具有易挥发性，且本试验条件下无法在土壤中保留的化学物质。

2　规范性引用文件

下列文件对于本文件的应用是必不可少的。凡是注日期的引用文件，仅注日期的版本适用于本文件。凡是不注日期的引用文件，其最新版本(包括所有的修改单)适用于本文件。

GB/T 21845　化学品　水溶解度试验

GB/T 21852　化学品　分配系数(正辛醇-水)　高效液相色谱法试验

GB/T 21853　化学品　分配系数(正辛醇-水)　摇瓶法试验

GB/T 21855　化学品　与 pH 有关的水解作用试验

GB/T 22052　用液体蒸汽压力计测定液体的蒸汽压力和温度关系及初始分解温度的方法

GB/T 22228　工业用化学品　固体及液体的蒸汽压在 10^{-1} Pa 至 10^{5} Pa 范围内的测定　静态法

GB/T 22229　工业用化学品　固体及液体的蒸汽压在 10^{-3} Pa 至 1 Pa 范围内的测定　蒸汽压平衡法

GB/T 27854　化学品　土壤微生物　氮转化试验

GB/T 27855　化学品　土壤微生物　碳转化试验

OECD 化学品测试导则 No. 104　蒸汽压(Vapour Pressure)

OECD 化学品测试导则 No. 112　水中解离常数(Dissociation Constants in Water)

3　术语和定义

下列术语和定义适用于本文件。

3.1

受试物　test substance

任意物质，包括母体物质或相关转化产物。

3.2

转化产物　transformation products

由受试物经生物和非生物转化生成的所有物质，包括 CO_2 和结合残留物中的产物。

3.3

结合残留物　bound residues

经提取之后仍以母体物质或者代谢产物的形式存在于土壤、植物以及动物中的化合物。提取方法不能在本质上改变化合物结构。结合的性质在一定程度上可通过改变提取方法和分析技术来确定。例如,可通过此种方法鉴别出共价键、离子键、吸附结合以及诱导效应。结合残留物的形成通常会使生物有效性和生物利用度显著减少[1]。

3.4

好氧转化　aerobic transformation

有分子氧存在时发生的反应[3]。

3.5

厌氧转化　anaerobic transformation

无分子氧存在时发生的反应[3]。

3.6

土壤　soil

矿物和有机质的混合物,有机质是碳、氮量较高的大分子化合物,其间包含有活的小型生物(大部分是微生物)。

注:土壤可按以下两种状态处理:

a) 原状土,随时间的推移,形成不同特性的土壤层;

b) 扰动土,通常在耕地时或挖掘取样时发生扰动的土壤[3]。

3.7

矿化　mineralization

一种有机化合物的完全降解,在好氧状态下变为 CO_2 和 H_2O,在厌氧状态下变为 CH_4、CO_2 和 H_2O。

注:本标准的试验条件下,若使用 ^{14}C 标记的化合物,矿化指由 ^{14}C 标记过的碳原子被氧化,并释放出一定量的 $^{14}CO_2$[3]。

3.8

半衰期　half-life, $t_{0.5}$

当转化能够用一级反应动力学定律描述时,受试物转化50%所用时间。

注:受试物质半衰期与其浓度无关。

3.9

50%衰减时间　disappearance time 50, DT_{50}

受试物质浓度减少50%所用时间。

注:当转化不符合一级反应动力学定律时,它不等同于半衰期 $t_{0.5}$。

3.10

75%衰减时间　disappearance time 75, DT_{75}

受试物质浓度减少75%所用的时间。

3.11

90%衰减时间　disappearance time 90, DT_{90}

受试物质浓度减少90%所用的时间。

3.12

主要转化产物　major transformation product

在试验过程中,浓度达到或超过受试物的添加剂量10%的转化产物。

4 受试物信息

4.1 受试物信息包括：

a) 水中溶解度(GB/T 21845)[13]；

b) 有机溶剂中的溶解性；

c) 蒸汽压(GB/T 22052、GB/T 22228、GB/T 22229 和 OECD No. 104)[13]和亨利常数；

d) 正辛醇-水分配系数(GB/T 21852 和 GB/T 21853)[13]；

e) 黑暗中的化学稳定性(水解性)(GB/T 21855)[13]；

f) 离解常数 pK_a 值(OECD No. 112)(对于易质子化或去质子化的受试物，应掌握该常数[13])。

4.2 其他信息包括：

a) 受试物对土壤微生物的毒性数据(见 GB/T 27854 和 GB/T 27855)[13]；

b) 受试物以及转化产物的定性和定量分析方法(包括提取与纯化方法)。

5 试验原理

在实验室可控条件下(恒定的温度与土壤湿度)，将加入了受试物的土壤置于黑暗中的静态生物计培养瓶或者动态流式系统中进行培养。经过适当时间后，提取和分析土壤中的母体物质和转化产物。用适当的吸收装置吸收挥发性产物并测定其含量。将受试物用^{14}C标记，分析产生的$^{14}CO_2$，依据质量平衡，测定受试物的不同矿化率，确定结合残留物的构成。

6 参比物质

用光谱与色谱分析法对转化产物进行表征和/或鉴别研究时宜使用参比物质。

7 试验方法概述

7.1 仪器设备

试验所用仪器设备如下：

a) 培养装置包括静态的密闭系统或者适当的流式系统[7,14]。例如附录 C 中图 C.1 所示的动态流式土壤培养装置和图 C.2 所示的静态密闭生物计培养装置；

b) 分析仪器，气相色谱仪(GC)、高效液相色谱仪(HPLC)、薄层色谱仪(TLC)、质谱仪(MS)、气相色谱质谱联用仪(GC-MS)、高效液相色谱质谱联用仪(HPLC-MS)和核磁共振仪(NMR)等用于受试物及转化产物化学分析的仪器设备，以及包括用于检测放射性同位素示踪标记、非标记受试物及反同位素稀释法的检测系统；

c) 液闪仪和用于氧化放射性物质的氧化器；

d) 离心机；

e) 提取装置(例如，在回流的状态下进行连续抽提的冷抽提离心管和索氏抽提装置)；

f) 浓缩装置(例如，旋转蒸发仪)；

g) 水浴锅；

h) 机械搅拌装置；

i) 用于理化分析及生物检测的标准实验室设备和玻璃器具。

7.2 化学试剂

试验所用化学试剂如下：

a) NaOH(分析纯)：2 mol/L，或者其他的合适的碱性试剂(KOH 和乙醇胺)；

b) H_2SO_4(分析纯)：0.05 mol/L；

c) 乙二醇(分析纯)；

d) 固体吸收材料，例如碱石灰和聚氨酯；

e) 有机溶剂(分析纯)，例如丙酮和甲醇等；

f) 闪烁液。

7.3 受试物添加

7.3.1 受试物以液体形式加入土壤

可将受试物溶于去离子水或蒸馏水，喷洒到受试土样中，使受试物在土壤中分散均匀。

尽量不使用助溶剂。但是对于水溶解性差的受试物，可适当选择丙酮[6]等对土壤微生物活性影响小的助溶剂，使用量应尽可能少。受试物在这些助溶剂中应能充分溶解并稳定存在。在正式试验前，应使这种溶剂从土壤中挥发掉。

应避免使用抑制微生物活性的溶剂，例如氯仿、二氯甲烷及其他卤代有机溶剂。

通常不宜使用受试物的制剂，但对于溶解性差的受试物，制剂可适当选择。

7.3.2 受试物以固体形式加入土壤

可将受试物与石英砂混合[6]，或者与少量被风干或灭菌过的受试土壤子样品混合，再与受试土壤均匀混合。如果受试物是溶于溶剂后再加入土壤子样品的，那么应先将该溶剂挥发后，再将土壤子样品加入原始非灭菌土壤。

对于通常以污水污泥或农业施用为进入土壤主要途径的一般化学物质，应首先将受试物加入到污泥中，然后再把污泥引入到土壤样品中(见 8.2.1)。

7.4 试验用土壤

7.4.1 土壤的选择

7.4.1.1 要确定受试物的转化途径，可使用一种具有代表性的土壤：砂质壤土、粉砂壤土、壤土或者是壤质砂土均可[15]，其中 pH 值为 5.5～8.0，有机碳含量为 0.5%～2.5%，微生物量至少为总有机碳含量的 1%[10]。

7.4.1.2 要研究受试物的转化率，应至少选择另外三种有代表性的土壤。这些土壤的有机碳含量、pH 值、黏土含量及微生物含量应有所不同[10]。

7.4.1.3 试验土壤类型应能代表受试物将施用及释放进入的环境条件。也可使用水稻土。

7.4.1.4 所有土样都应确定质地(砂、粉砂、黏土所占百分比)[15]、pH 值、阳离子交换量、有机碳含量、容重、土壤保水性及微生物量(仅好氧研究)等其他特征[16-20]。

7.4.1.5 土壤保水性可通过田间持水量(FC)、持水量(WHC)或者水张力(pF)确定。见附录 A 中的解释。

7.4.1.6 微生物量可用底物诱导呼吸法[21-22]或替代的方法[17]来确定。

7.4.2 土壤的采集、处理与储存

7.4.2.1 土壤采集地

应选择掌握准确地理位置、植被覆盖、化学物质施用、有机与无机肥料以及生物肥料施用、其他污染物情况等详细信息的地点作为土壤采集地。不能采用四年之内施用过受试物或者与受试物化学结构类似物质的土壤[10,12]。如果冬天土壤结冰或其上覆盖着厚雪层，土壤取样困难，可采集温室中有植被覆盖的土壤（草地或者草-三叶草的混合场地）。

7.4.2.2 土壤采集和处理

如果不是水稻土，应避免在长时间干旱期、霜冻期及洪涝期（大于 30 d）[12]的期间或之后立即采样。采集含水量便于筛分的新鲜土壤（土壤表面以下 20 cm 以内土层），尽快进行处理。首先挑出动植物残体和石块，再将土样过 2 mm 筛以去除小石块、植物根茎及其他碎屑。土壤过筛前，应避免过分干燥及碾压[12]。可以用开口的聚乙烯袋装，运输期间放在阴暗通风处，尽量减少土壤含水量变化。

7.4.2.3 土壤储存

如果在采集后不能马上进行试验，为保持微生物活性，应严格控制对土样进行短期储存的条件。一般地，土壤样品在 4 ℃±2 ℃条件下最长储存时间为三个月[8,10,12,23-24]。

7.4.2.4 土壤预培养

土壤在正式试验前，应进行预培养，使种子发芽且去除种子。根据土壤从采集或储存的状态到培养状态的变化情况，重新建立微生物新陈代谢平衡。预培养时间为 2 d～28 d，温度与湿度接近于实际测试条件[12]。储存与预培养的总时间不应超过三个月。

7.5 受试物标记

受试物化学纯度和/或放射化学纯度应达到 95%以上。可使用放射性同位素示踪原子标记或非标记的受试物来测定转化率。如果研究转化途径以及确立质量平衡，应使用标记过的物质示踪。优先推荐使用 ^{14}C 示踪原子作标记，也可用 ^{13}C、^{15}N、^{3}H、^{32}P 等同位素原子作标记。尽可能地将示踪原子标记于分子最稳定的部位。如果受试物质含有一个环，应将示踪原子标记在这个环上；如果受试物质含有 2 个或更多环，应分别研究在每个环上作标记的效果，获得转化产物形成的信息。

7.6 对照组

未加受试物的土壤对照组样品与加入受试物的待测土壤样品在相同条件下（有氧）进行培养。试验进行中及结束时，测定这些对照组样品的生物量。

若受试物加入土壤时使用了有机溶剂，则土壤对照组样品应加入与待测土壤样品相同量的溶剂，并在相同条件下（有氧）进行培养。在试验开始、进行中及结束时，测定这些样品的生物量，以检测有机溶剂对微生物生物量的影响。

8 试验程序

8.1 试验条件

8.1.1 试验温度

整个试验期间，土壤应避光、恒温培养。培养温度应能够代表受试物使用或释放的气候条件。温带

气候条件下,对所有的受试物推荐的试验温度为 20 ℃±2 ℃。整个试验期间应对温度进行监控。

对于较冷气候条件下使用或释放的化学物质(例如,在北方一些地区的秋季/冬季),应在较低温度下(例如 10 ℃±2 ℃)平行培养另一组土壤样品。

8.1.2 湿度

好氧转化试验中,应调整土壤湿度并保持水张力的 pF 值在 2.0～2.5 之间[3]。土壤不要太湿或太干,以维持良好的好氧条件和微生物的营养物含量。附录 B 给出不同国家 9 种类型土壤的典型湿度;附录 NA 给出我国 13 种典型土壤的主要理化性质。含水量应用每千克干土壤中所含水的质量来表示,且应通过定期(例如每隔 2 周)称培养瓶质量、添加水(最好是无菌过滤自来水)补偿所损失质量来控制土壤湿度。在增加湿度的过程中,应防止或减少由于挥发和/或光降解(如果有)而导致的受试物和/或转化产物的损失。

对于厌氧和水稻田条件下的转化试验,应加水溢流使土壤水饱和。

8.1.3 好氧培养条件

好氧状态主要存在于表层土和次表层土。动态流式系统中,通过湿空气间歇吹扫或连续通入湿空气来模拟好氧状态。在静态生物计培养装置中,通过扩散来交换空气,维持好氧状态。

8.1.4 无菌好氧条件

为获得受试物非生物转化的相关信息,可将土壤灭菌[13,26],加入无菌的受试物(例如,通过灭菌过滤器加入溶液)并且如 8.1.3 所描述的方式通入湿的无菌空气。

对于水稻土,土壤和水应灭菌并按 8.1.6 进行培养。

8.1.5 厌氧培养条件

先用受试物对土壤暴露处理并在好氧条件下培养 30 d 或一个 $t_{0.5}$,或一个 DT_{50}(三者选其短),然后加水并保持浸水层 1 cm～3 cm,来建立并保持厌氧环境。动态流式培养系统用氮气或氩气等惰性气体吹扫。试验系统应能够测量 pH 值、氧浓度和氧化还原电位,并配有能收集挥发性产物的设备。静态生物计培养装置应密闭,避免空气进入。

8.1.6 水稻土培养条件

研究受试物在水稻土中的转化,转化试验前应进行至少 2 周的预培养,去除种子。

土壤深度至少为 5 cm。试验时,土壤浸水层深度保持约为 1 cm～5 cm,且受试物质应添加于水相[9]。好氧条件下用空气进行曝气。监控并报告水层的 pH 值、氧浓度和氧化还原电位。

8.1.7 试验持续时间

速率以及转化途径试验通常不超过 120 d[3,6,8]。如果好氧试验在 120 d 前已明显完成最终转化途径和完全矿化,试验可以提前结束。试验也可在 120 d 后结束,或至少 90%受试物转化且形成的 CO_2 超过受试物理论 CO_2 值的 5%时结束。

对受试物和主要转化产物的形成与降解特性试验的持续时间会超过 120 d,可能达到 6 个月或 12 个月[8]。

8.2 受试物分装

8.2.1 分装方法一

每个培养瓶中(参见附录 C 的图 C.1 和图 C.2)加入大约 50 g～200 g 土壤(干重),并按 7.3 中所描述方法将受试物均匀添加于土壤样品中。用刮铲搅拌或摇动将受试物与土壤完全混合。

在水稻田条件下添加受试物后，土样与水要混合完全。

取少量处理后的土壤（例如 1 g）分析其受试物含量以确定受试物在土壤中的均匀性。其他可用方法如下：

如果受试物是一种植保产品，其处理率应与其使用说明中推荐的最高施用率一致，且与土壤混合深度一致（例如，表层 10 cm 的土壤）。

注：一个地区初始浓度的计算可用方程：

$$C_{土壤}=\frac{A\times10^6}{l\times d}$$

式中：

$C_{土壤}$——土壤中初始浓度，单位为毫克每千克（mg/kg）；

A ——施用率，单位为千克每平方米（kg/m^2）；

l ——土壤厚度，单位为米（m）；

d ——土壤干容重，单位为千克每立方米（kg/m^3）。

100 mg/m^2（相当于每公顷 1 kg）的施用率在 10 cm 土层中的初始浓度约为 1 mg/kg（假定土壤容重为 1 g/cm^3）。

例如，对于不与土壤混合的叶用或土壤用化学物质，每个瓶中的受试物的添加量与深度有关，本试验为 2.5 cm。对与土壤混合的化合物，采用其使用说明中的土壤混合深度。对于一般化学物质来说，添加率应根据其进入土壤的主要途径来评估。例如，若化学物质进入土壤的主要途径是通过污水污泥，则受试物应按一定浓度加入到污泥中，添加浓度应能反映预期污泥的浓度，并且加入土壤中污泥的量应能反映加入农田土壤中污泥的正常量。如果此浓度不足以用来确定受试物的主要转化产物，则另外培养含有受试物比例更高的土壤样品作为备用，但应避免过多的转化产物影响土壤微生物的功能（见 4.2 和 7.3.1）。

8.2.2 分装方法二

对于较大量（1 kg～2 kg）的土壤样品，可用受试物对土壤进行批处理，即将土样放入搅拌机中混合均匀，然后分装到培养瓶中，每个培养瓶中土样的质量 50 g～200 g。从处理过的批量土样中抽取 1 g 试样，用来分析受试物分布的均匀性。

注：此过程对于确保受试物在土壤中分布均匀很重要。

盛装处理后土壤的试验装置可选择如图 C.1 所示的动态流式系统，或者图 C.2 所示的静态生物计培养装置（见附录 C）。

8.3 采样与检测

间隔一定的时间取样，每次采一组两瓶平行的土壤样品，用不同极性的溶剂进行萃取，分析其受试物和/或转化产物的含量。另外，每个土壤样品处理过程中和结束阶段，间隔不同的时间（第一个月间隔 7 d，第一个月之后间隔 14 d）应收集吸收溶液或固体吸收材料并分析其挥发性物质的含量。除了添加受试物后直接取出的土壤样品（0 d 样品），还应至少选取另外五个采样点。应根据受试物降解方式及转化产物降解和生成方式选择试验时间间隔（例如，间隔 0 d、1 d、3 d、7 d；14 d、21 d；一个月、两个月、三个月等）。

若使用^{14}C标记受试物，对这类不能萃取的放射活性通过燃烧定量测定，并且通过每次取样计算质量平衡。

在厌氧和水稻田培养条件下，对于土壤和水相进行受试物和转化产物分析，或将水相与土壤用过滤或离心的方法分离后再萃取、分析。

8.4 供选试验

不同温度和土壤湿度条件下的好氧、非灭菌试验可用于评估温度和土壤湿度对于土壤中受试物转化率及其转化产物的影响。

可尝试用超临界萃取等方法对不可萃取的放射活性进一步测定。

9 质量保证与质量控制

9.1 回收率

受试物加入土壤后应立刻提取分析至少两个平行的土壤样品，以保证分析方法的重现性和受试物使用过程的一致性。通过各自的质量平衡得到试验后续阶段的回收率。标记过的物质[8]的回收率应达到 90%～110%，未标记过的物质的回收率应达到 70%～110%[3]。

9.2 分析方法的重现性与灵敏度

在培养时间足以保证转化产物形成的情况下，可通过重复分析同一土壤提取物样品的方法来检验受试物和转化产物定量分析方法的重现性（不包括最初提取率）。

受试物及其转化产物分析方法的检出限（LOD）至少应为每千克土壤中含有 0.01 mg 受试物，或含有添加剂量的 1%以下。应给出明确定量检出限（LOQ）。

9.3 转化数据的精确度

在准一级动力学的条件下，将受试物浓度作为时间的函数进行回归分析即得到转化曲线的可信度，并据此计算 $t_{0.5}$ 置信限或 DT_{50} 值，也可计算 DT_{75} 和 DT_{90} 值。

10 数据与报告

10.1 数据处理

每次取样中的挥发性物质的含量用初始浓度百分比表示；受试物、转化产物以及不可萃取物，可以用初始浓度百分比表示，也可以用 mg/kg 土壤（干重）来表示。每次取样用加入土壤的受试物初始浓度百分数表示质量平衡。通过绘制受试物浓度-时间图可以得出转化反应的 $t_{0.5}$ 和 DT_{50}。主要转化产物应定性定量分析，并绘制浓度-时间图，用来表征主要转化产物的形成与分解速率。

收集的挥发性产物的量可以反映受试物及其转化产物潜在的挥发性。

使用合适的动力学模型可以更精确地计算 $t_{0.5}$ 或 DT_{50} 值、DT_{75} 值和 DT_{90} 值。报告中应同时包括 $t_{0.5}$、DT_{50} 值及其所使用的动力学模型、动力学反应级数、相关系数（r^2）。除了 $r^2<0.7$ 的情况外，一般推荐使用一级动力学模型。必要时也可用上述方法对主要转化产物进行计算[28-32]。

研究不同温度下的转化速率，根据 Arrhenius 方程，将转化速率常数在试验温度范围内写成与温度相关的函数，见式（1）：

$$k = A \cdot e^{-B/T} \text{ 或者 } \ln k = \ln A - \frac{B}{T} \qquad \cdots\cdots\cdots\cdots (1)$$

式中：

T ——开尔文温度；

k ——在温度 T 下的速率常数；

$\ln A$ ——常数，$\ln k - 1/T$ 线性回归直线的截距；

B ——常数，$\ln k-1/T$ 线性回归直线的斜率。

由于转化过程中微生物作用占主导，因此应注意 Arrhenius 方程适用的温度范围。

10.2 试验报告

试验报告应包括以下内容：

a) 受试物：

——通用名、化学名、CAS 号、结构式(如果用了放射性标记物标记，应指出标记的位置)及相关的物理化学特性(见 4.1)；

——纯度(杂质)；

——标记化学品的放射化学纯度和活度(适用时)。

b) 参比物质：

——用来对转化产物进行表征和/或鉴别研究的参比物质的化学名称和结构。

c) 受试土壤：

——采集地的详细信息；

——土壤采样的日期与程序；

——土壤的 pH、有机碳含量、质地(砂、粉砂土、黏土的百分比)、阳离子交换量、容重、持水性及微生物的生物量等特性；

——土壤储存的时间及条件(如有储存)；

——土壤的持水性和容重是在原状土还是在扰动(过程)土中测得的。

d) 试验条件：

——试验操作日期；

——受试物使用量；

——所用溶剂及受试物添加方法；

——处理后土样的初始质量及每次用于分析的土样质量；

——培养系统详细信息；

——空气流速(仅适用动态流式系统)；

——试验设置温度；

——培养过程中的土壤湿度；

——好氧研究的初始、过程中及最终阶段的微生物量；

——厌氧和水稻田研究的初始、过程中及最终阶段的土壤 pH 值、氧浓度及氧化还原电位；萃取方法；

——土壤和吸附材料中受试物和主要转化产物的定性、定量检测方法；

——平行样和对照组样品的数量；

——如果培养期较长，应说明并记录此过程及其结束时测定的生物量。

e) 试验结果：

——微生物活性测定结果；

——分析方法的重现性和灵敏度；

——回收率(9.1 中给出了有效试验的范围)；

——用初始剂量的百分数制表，并用 mg/kg 土壤(干重)表示；

——试验过程中和结束时的质量平衡；

——在土壤中不可萃取放射物质及残留物描述；

——释放 CO_2 以及其他挥发性化合物的量；

——土壤中受试物浓度-时间图，也可以给出主要转化产物-时间图；

——受试物及主要转化产物的 $t_{0.5}$、DT_{50}、DT_{75} 和 DT_{90}，包括置信区间；

——灭菌条件下受试物的非生物降解率；

——受试物及主要转化产物的转化动力学分析；

——可给出受试物的转化途径；

——试验结果的讨论与说明；

——原始数据(例如样品的色谱分析图，样品转化率的计算以及转化产物的鉴别方法)。

10.3 评价和结果说明

尽管此试验在人工实验室条件下进行，但其结果可用于估算受试物在田间环境中的转化率以及转化产物的生成率和衰减率[33-34]。

化学物质进入土壤后，在化学和生物作用下，结构会发生改变。本试验中受试物转化途径研究的结果，可以提供相关信息。

附 录 A
（资料性附录）
水张力、田间持水量（FC）和土壤持水量（WHC）

A.1 水张力、田间持水量（FC）和土壤持水量（WHC）见表 A.1。

表 A.1 水张力、田间持水量（FC）和土壤持水量（WHC）1)

水柱高度/cm	pF[a]	bar[b]	备 注
10^7	7	10^4	干燥土壤
1.6×10^4	4.2	16	萎蔫点
10^4	4	10	
10^3	3	1	
6×10^2	2.8	0.6	
3.3×10^2	2.5	0.33[c]	田间持水量范围[d]
10^2	2	0.1	
60	1.8	0.06	
33	1.5	0.033	
10	1	0.01	WHC（近似值）
1	0	0.001	水饱和土壤

a pF＝水柱厘米数对数值。
b 1 bar＝10^5 Pa。
c 大致的含水量为：砂土中 10%，壤土中 35%，黏土中 45%。
d 田间持水量不稳定，但不同土壤类型中 pF 变化值在 1.5～2.5 之间。

水张力以 cm 水柱或者 Pa 表示，由于吸水压的范围较大，可用水柱厘米数的对数值来简单表示。

田间持水量（FC）是自然土壤经过较长时间的雨期浸透或充分灌溉 2 d 后，克服重力吸收储存的水量。其数值为在未经扰动的原位土壤中的测量结果，因此不能被应用于扰动的实验室土壤样品。扰动土壤中测出的 FC 值可能有很大的系统差异性。

土壤持水量（WHC）可在实验室中通过毛细作用使原状土或扰动土达到水饱和后进行测量。该数值对于扰动土尤其适用，其数值可高于田间持水量 30%。与 FC 值相比，它更容易在实验室获得。

1) Mückenhausen, E. (1975). Die Bodenkunde und ihre geologischen, geomorphologischen, mineralogischen und petrologischen Grundlagen. DLG-Verlag, Frankfurt, Main.

附 录 B
（资料性附录）
不同国家不同类型的土壤含水量

B.1 不同国家不同类型的土壤含水量见表B.1。

表B.1 不同国家不同类型的土壤含水量(100 g干燥土壤中含水质量)

土壤类型	国家	土壤水含量		
		WHC	pF＝1.8	pF＝2.5
砂壤	德国	28.7	8.8	3.9
壤质砂土	德国	50.4	17.9	12.1
壤质砂土	瑞士	44.0	35.3	9.2
粉砂壤土	瑞士	72.8	56.6	28.4
黏壤土	巴西	69.7	38.4	27.3
黏壤土	日本	74.4	57.8	31.4
砂壤土	日本	82.4	59.2	36.0
粉砂壤土	美国	47.2	33.2	18.8
砂壤土	美国	40.4	25.2	13.3

附 录 C
（资料性附录）
试验装置示例

C.1 动态流式培养装置（见图 C.1）

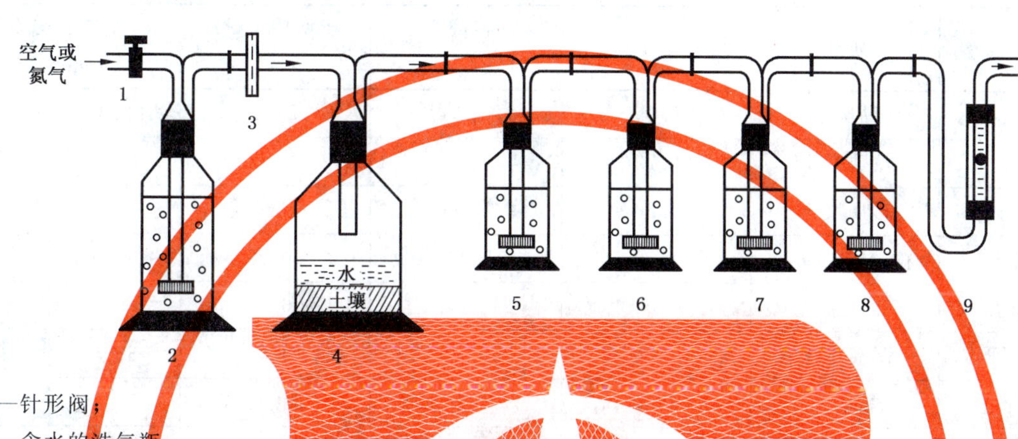

1——针形阀；
2——含水的洗气瓶；
3——超滤膜（仅在无菌条件），孔径为 0.2μm；
4——土壤代谢瓶（仅在厌氧及水稻田浸水状态下用水浸）；
5——吸收有机挥发化合物的乙二醇收集瓶；
6——吸收碱性挥发化合物的硫酸收集瓶；
7——吸收 CO_2 以及其他酸性挥发物的氢氧化钠收集瓶；
8——吸收 CO_2 以及其他酸性挥发物的氢氧化钠收集瓶；
9——流量计。

图 C.1 研究土壤中化学物质转化所用动态流式培养装置示例

C.2 静态生物计培养装置（见图 C.2）

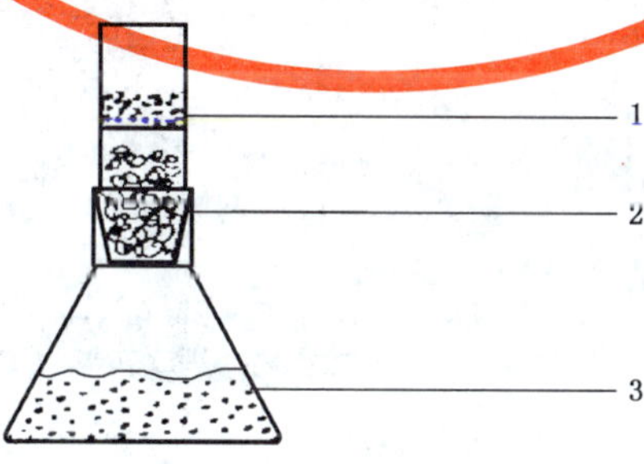

1——用于吸收 CO_2 的碱石灰；
2——石油处理过的玻璃纤维或聚氨酯泡沫，用于吸收挥发性有机物；
3——土壤＋受试物。

图 C.2 研究土壤中化学物质转化所用静态生物计培养装置示例

附　录　NA
（资料性附录）
我国不同地区不同类型土壤的主要理化性质

NA.1　我国不同地区不同类型土壤的主要理化性质见表 NA.1。

表 NA.1　我国不同地区不同类型土壤的主要理化性质

土壤类型	质地	pH	容重/(kg/dm³)	土壤持水量/%	阳离子交换量/(cmol/kg)	
新疆灰漠土	黏壤土	7.69	2.83	24.4	9.6	2.9
吉林黑土	壤质黏土	6.72	3.35	33.6	36.6	26
北京褐潮土	砂质壤土	7.28	2.96	29.3	10.5	7.2
陕西黄土	粉砂质黏壤土	7.59	2.83	30.29	14.5	9.5
河南潮土	砂质壤土	7.02	2.84	26.11	9.2	6.2
重庆紫壤	黏质壤土	7.26	2.86	34.34	33.5	22.4
浙江水稻土	黏壤土	6.81	2.84	34.71	12.6	11.7
湖南红壤	壤质黏土	5	2.93	35.7	10.8	9.3
江西红壤	壤质黏土	6.39	2.71	33.27	10.8	6.9
江苏水稻土	壤质土	7.61	3.1	38.96	22.4	26.5
山东潮土	砂质黏壤土	8.21	3.71	30.39	9.8	10.4
河北潮土	壤质黏土	8.12	2.67	29.86	11.7	11.3
黑龙江海伦黑土	砂质黏壤土	7.04	2.63	36.99	37.7	38.7

参 考 文 献

[1] US-Environmental Protection Agency (1982). Pesticide Assessment Guidelines, Subdivision N. Chemistry: Environmental Fate

[2] Agriculture Canada (1987). Environmental Chemistry and Fate. Guidelines for registration of pesticides in Canada

[3] European Union (EU) (1995). Commission Directive 95/36/EC of 14 July 1995 amending Council Directive 91/414/EEC concerning the placing of plant protection products on the market. Annex Ⅱ, Part A and Annex Ⅲ, Part A: Fate and Behaviour in the Environment

[4] Dutch Commission for Registration of Pesticides (1995). Application for registration of a pesticide. Section G: Behaviour of the product and its metabolites in soil, water and air

[5] BBA (1986). Richtlinie für die amtliche Prüfung von Pflanzenschutzmitteln, Teil Ⅳ, 4-1. Verbleib von Pflanzenschutzmitteln im Boden-Abbau, Umwandlung und Metabolismus

[6] ISO/DIS 11266-1 (1994). Soil Quality—Guidance on laboratory tests for biodegradation of organic chemicals in soil-Part 1: Aerobic conditions

[7] ISO 14239 (1997). Soil Quality—Laboratory incubation systems for measuring the mineralisation of organic chemicals in soil under aerobic conditions

[8] SETAC (1995). Procedures for Assessing the Environmental Fate and Ecotoxicity of Pesticides. Mark R. Lynch, Ed

[9] MAFF-Japan (2000). Draft Guidelines for transformation studies of pesticides in soil-*Aerobic metabolism study in soil under paddy field conditions (flooded)*

[10] OECD (1995). Final Report of the OECD Workshop on Selection of Soils/Sediments. Belgirate, Italy, 18-20 January 1995

[11] Guth, J. A. (1980). The study of transformations. In Interactions between Herbicides and the Soil (R. J. Hance, Ed.), Academic Press, 123-157

[12] ISO 10381-6 (1993) Soil Quality-Sampling—Part 6: Guidance on the collection, handling and storage of soil for the assessment of aerobic microbial processes in the laboratory

[13] OECD (1993). Guidelines for the Testing of Chemicals. Paris. OECD (1994—2000) Addenda 6-11 to Guidelines for the Testing of Chemicals

[14] Guth, J. A. (1981). Experimental approaches to studying the fate of pesticides in soil. In Progress in Pesticide Biochemistry. D. H. Hutson, T. R. Roberts, Eds. J. Wiley & Sons. Vol 1, 85-114

[15] Soil Texture Classification (US and FAO systems): Weed Science, 33, Suppl. 1 (1985) and Soil Sci. Soc. Amer. Proc. 26: 305 (1962)

[16] Methods of Soil Analysis (1986). Part 1, Physical and Mineralogical Methods. A. Klute, Ed. Agronomy Series No 9, 2nd Edition

[17] Methods of Soil Analysis (1982). Part 2, Chemical and Microbiological Properties. A. L. Page, R. H. Miller and D. R. Kelney, Eds. Agronomy Series No 9, 2nd Edition

[18] ISO Standard Compendium Environment (1994). Soil Quality-General aspects; chemical and physical methods of analysis; biological methods of analysis. First Edition

[19] Mückenhausen, E. (1975). Die Bodenkunde und ihre geologischen, geomorphologischen, mineralogischen und petrologischen Grundlagen. DLG-Verlag, Frankfurt, Main

[20] Scheffer, F., Schachtschabel, P. (1975). Lehrbuch der Bodenkunde. F. Enke Verlag, Stutt-

gart

[21] Anderson, J. P. E., Domsch, K. H. (1978). A physiological method for the quantitative measurement of microbial biomass in soils. Soil Biol. Biochem. 10:215-221

[22] ISO 14240-1 and 2 (1997). Soil Quality—Determination of soil microbial biomass—Part 1: Substrate-induced respiration method; Part 2: fumigation-extraction method

[23] Anderson, J. P. E. (1987). Handling and storage of soils for pesticide experiments. In Pesticide Effects on Soil Microflora. L. Somerville, M. P. Greaves, Eds. Taylor & Francis, 45-60

[24] Kato, Yasuhiro. (1998). Mechanism of pesticide transformation in the environment: Aerobic and bio-transformation of pesticides in aqueous environment. Proceedings of the 16th Symposium on Environmental Science of Pesticide, 105-120

[25] Keuken O., Anderson J. P. E. (1996). Influence of storage on biochemical processes in soil. In Pesticides, Soil Microbiology and Soil Quality, 59-63 (SETAC-Europe)

[26] Stenberg B., Johansson M., Pell M., Sjödahl-Svensson K., Stenström J., Torstensson L. (1996). Effect of freeze and cold storage of soil on microbial activities and biomass. In Pesticides, Soil Microbiology and Soil Quality, 68-69 (SETAC-Europe)

[27] Gennari, M., Negre, M., Ambrosoli, R. (1987). Effects of ethylene oxide on soil microbial content and some chemical characteristics. Plant and Soil 102:197-200

[28] Anderson, J. P. E. (1975). Einfluss von Temperatur und Feuchte auf Verdampfung, Abbau und Festlegung von Diallat im Boden. Z. PflKrankh Pflschutz, Sonderheft Ⅶ, 141-146

[29] Hamaker, J. W. (1976). The application of mathematical modelling to the soil persistence and accumulation of pesticides. Proc. BCPC Symposium: Persistence of Insecticides and Herbicides, 181-199

[30] Goring, C. A. I., Laskowski, D. A., Hamaker, J. W., Meikle, R. W. (1975). Principles of pesticide degradation in soil. In "Environmental Dynamics of Pesticides". R. Haque and V. H. Freed, Eds., 135-172

[31] Timme, G., Frehse, H., Laska, V. (1986). Statistical interpretation and graphic representation of the degradational behaviour of pesticide residues. Ⅱ. Pflanzenschutz-Nachrichten Bayer 39: 188-204

[32] Timme, G., Frehse, H. (1980). Statistical interpretation and graphic representation of the degradational behaviour of pesticide residues. I. Pflanzenschutz-Nachrichten Bayer 33:47-60

[33] Gustafson D. I., Holden L. R. (1990). Non-linear pesticide dissipation in soil; a new model based on spatial variability. Environm. Sci. Technol. 24:1032-1041

[34] Hurle K., Walker A. (1980). Persistence and its prediction. In Interactions between Herbicides and the Soil (R. J. Hance, Ed.), Academic Press, 83-122

ICS 13.300;13.020
A 80

中华人民共和国国家标准

GB/T 27857—2011

化学品 有机物在消化污泥中的厌氧生物降解性 气体产量测定法

Chemicals—Anaerobic biodegradability of organic compounds in digested sludge—By measurement of gas production

2011-12-30 发布 2012-08-01 实施

中华人民共和国国家质量监督检验检疫总局
中国国家标准化管理委员会 发布

前　　言

本标准按照 GB/T 1.1—2009 给出的规则起草。

本标准与经济合作与发展组织(OECD)化学品测试导则 311(2006)《有机物在消化污泥中的厌氧生物降解性　气体产量测定法》(英文版)技术内容相同。

本标准做了下列结构和编辑性修改：

——将原文的前言部分修改作为引言；

——将计量单位改为我国法定计量单位。

本标准由全国危险化学品管理标准化技术委员会(SAC/TC 251)提出并归口。

本标准起草单位：广东省微生物分析检测中心、环境保护部化学品登记中心、中国检验检疫科学研究院、广东德美精细化工股份有限公司。

本标准主要起草人：刘超武、陈进林、刘纯新、梅承芳、曾国驱、卫晋波、刘骏、陈会明。

引　言

目前，已有一系列筛选试验用来评价有机物的好氧生物降解性（OECD Test Guidelines 301 A-F；302 A-C；303 A）[1-2]，其结果已经成功地用来预测好氧环境中多种化学品的归趋，尤其在污水处理厂的好氧阶段。各不同比例的难溶于水和吸附到污水悬浮物（SS）上的化学物质由于存在于沉降的污水中，因此也用好氧方式来处理。这些化学物质大部分粘附于初沉池的污泥中，初沉池的污泥在污水作好氧处理之前，在沉淀池与原污水或者上清液分离；内部液体含有可溶性化学物质的污泥则传送到预热的消化反应器中进行厌氧处理。至今还没有在厌氧消化反应器中有机物厌氧生物降解的系列评价方法，本标准的目的就是为了填补这一空白；但不一定适用于其他类型的缺氧环境。

测定厌氧条件下产生的以甲烷（CH_4）和二氧化碳（CO_2）为主的气体产量呼吸计量技术已经成功地应用于有机物的厌氧生物降解性评价。以 Birch 等[3]的工作最为全面，他们对该试验程序进行了综述，并在 Shelton 和 Tiedje[4]前期研究工作的基础上[5-7]进行了总结。这个方法[8]后来经过进一步发展已经成为美国国家标准[9-10]，但这个标准仍然未解决 CO_2 和 CH_4 在试验培养基中溶解度的差异问题，以及如何统计受试物的理论气体产量。ECETOC 的报告推荐增加测定悬浮液体中的溶解无机碳（DIC），这使呼吸计量法技术的应用范围更加广泛。ECETOC 的方法提交到国际校准系列研讨会（或者比对试验）后成为 ISO 标准 ISO 11734[11]。

本标准以 ISO 11734 为基础，描述了在一种特定厌氧环境下（例如，在一定时间和接种物浓度范围的厌氧消化反应器中）的用于评价有机物潜在的厌氧生物降解性的筛查方法。因稀释污泥与一个相对较高浓度的受试物一起使用，试验持续的时间比实际厌氧消化反应器停留的时间明显要长，因此，试验条件并不需要保持与厌氧消化反应器的环境条件完全一致，同时它并不适用于在其他不同环境条件下的有机物厌氧生物降解性评价。受试物于污泥中暴露 60 d，此时间比正常厌氧消化反应器中的污泥停留时间（25 d～30 d）要长，尽管工业上实际停留时间可能会更长。根据本标准预计得出的结果并不比好氧生物降解的结果更可信，因受试物的好氧的快速降解行为及好氧环境的模拟试验足够可信，结果表明它们之间存在一定联系；而对于厌氧环境，很少有类似的证据存在。因此，如果生物气体的产量能够达到理论气体产生量的 75%～80%，就可推断是完全厌氧生物降解。厌氧消化反应器中，化学物质相对一定量的接种物被利用的比例越高，表明添加的受试物越有可能通过消化反应器被降解。试验中不能产生气体的物质没有必要模拟比实际环境更好的受试物与接种物比例；另外，厌氧反应也可能发生只是受试物分子部分发生降解，例如脱氯反应，本方法不能测定这种反应。然而，可采用其他特定的分析方法测定受试物的降解，并监测其消失的过程。

化学品　有机物在消化污泥中的厌氧生物降解性　气体产量测定法

1　范围

本标准规定了化学品有机物在消化污泥中的厌氧生物降解性气体产量测定法的受试物信息、方法概述、试验准备、试验程序、数据处理、质量保证与质量控制与测试报告。

本标准适用于已知水溶性的化学物质。如采用 ISO 10634[13] 中提供的精确剂量配制的标准时，还适用于难水溶性及非水溶性的化学物质。本标准用于挥发性物质时，需采取特定的操作步骤一步一步验证，例如确定试验过程中试验系统的气密性等。

2　规范性引用文件

下列文件对于本文件的应用是必不可少的。凡是注日期的引用文件，仅注日期的版本适用于本文件。凡是不注日期的引用文件，其最新版本(包括所有的修改单)适用于本文件。

ISO 10634:1995　水质　含水介质中不易溶解在水中的有机化合物生物可降解性连续评估的该类有机化合物的处理和制备指南(Water Quality—Guidance for the preparation and treatment of poorly water-soluble organic compounds for the subsequent evaluation of their biodegradability in an aqueous medium)

3　受试物信息

受试物信息应包括：

a)　纯度；

b)　分子式；

c)　水中溶解度；

d)　挥发性；

e)　蒸汽压；

f)　吸附性；

g)　有机碳含量(质量分数,%)；

h)　对厌氧微生物的毒性或抑制性[12]。

4　方法概述

4.1　原理

将低浓度(<10 mg/L)无机碳(IC)的消化污泥[1)]清洗后，稀释约 10 倍，使其总固体浓度达到1 g/L～3 g/L后，与碳浓度为 20 mg/L～100 mg/L 的受试物一起置于密闭的容器中，于 35 ℃±2 ℃温度下培养 60 d。

1)　消化污泥是污水和活性污泥沉淀相在 35 ℃的厌氧消化装置中培养后的混合物，此厌氧消化培养可减少污泥生物量及臭气产生等问题，由此来提高污泥的脱水能力。消化污泥含有能产生二氧化碳的厌氧发酵菌和能产生甲烷气体的甲烷细菌。

同时可设置只有污泥接种物的空白对照测定污泥的活性。

试验过程中，测定由于产生 CO_2 和 CH_4 引起的试验容器顶部空间压力的增加值。在试验条件下，由于很多产生的 CO_2 大部分将溶于液相，或进一步转化碳酸盐或碳酸氢盐，试验结束时需测定无机碳量。

受试物生物降解的碳量(无机碳加甲烷碳)可通过净气体产量及液相中通过减去空白值的净无机碳量计算得到，厌氧生物降解程度通过计算厌氧条件下总无机碳量和甲烷的总碳量之和与受试物的含碳量(测定或计算)比值计算而得，生物降解过程可通过中间测定气体产量来跟踪，初级厌氧生物降解可通过在试验开始和结束时特定的分析方法测定。

4.2 参比物

为了检查试验程序的有效性，设置适当平行容器的参比物对照，可使用的参比物如苯甲酸钠、苯酚或聚乙二醇 400 等，其 60 d 内的以占理论气体产量的生物降解率大于 60%(即甲烷和无机碳气体的产量)。

4.3 试验结果的重现性

国际比对试验中[14]，三个平行样品容器之间气体压力测定的结果具有良好的重现性。多数情况下其相对标准偏差在 20%以下，然而在存在有毒化学物质的试验体系中，或在 60 d 培养阶段末期，其相对标准偏差值常常增加到大于 20%。当使用体积小于 150 mL 的容器时，则会出现更大的相对标准偏差。试验结束时试验培养基的 pH 值应在 6.5～7.0 之间。

比对试验的结果见表 1。

表 1 比对试验结果

受试物	全部数据 n_1	平均降解率(全部数据)/%	相对标准偏差(全部数据)/%	有效数据 n_2	平均降解率(有效数据)/%	相对标准偏差(有效数据)/%	有效试验中降解率＞60%的数据 n_3
棕榈酸	36	68.7±30.7	45	27	72.2±18.8	26	19=70%[a]
聚乙二醇 400	38	79.8±28.0	35	29	77.7±17.8	23	24=83%[a]
[a] 相当于 n_2 的百分比。							

从棕榈酸和聚乙二醇 400 得到的所有数据的平均变异系数(Coefficient of Variance，COV)分别高达 45%(n=36)和 35%(n=38)。当将小于 40%且大于 100%的数据忽略不计时(前者假定为亚理想状态，后者由未知原因造成)，COV 值分别降至 26%和 23%。棕榈酸的降解率为 70%，聚乙二醇 400 的降解率为 83%，均达到有效生物降解率至少为 60%的要求。从测定 DIC 得到的生物降解百分率相对较低，且变化范围大。例如，棕榈酸的降解百分率的范围是 0～35%，平均值为 12%，COV 值为 92%；聚乙二醇 400 降解百分率的范围是 0～40%，平均值为 24%，COV 值为 54%。

5 试验准备

5.1 仪器设备

除常用的试验仪器设备外，还应包括以下仪器设备：

a) 隔水式恒温培养箱，温度能控制在 35 ℃±2 ℃。

b) 适当体积有刻度的耐压玻璃容器[2)]。每个容器装有不透气的隔膜，能承受 200 kPa 压力(参见附录 A)。上部空间的体积应为容器总体积的 10%～30%。如果生物产气是按一定规律释放,预留 10%的上部空间体积即可;但若仅在试验末期释放气体,需预留 30%的上部空间体积。带 125 mL 刻度的总容积约 160 mL 玻璃血清瓶每次取样减压后,建议用血清瓶气密垫密封[3)],并用铝环扣紧。

c) 使用能测量产生的气体的压力并能排气的测压装置[4)]。例如,能连接至合适的注射器针头上的便携式精密压力计,包括一个便于释放过量压力的三通阀(参见附录 A)。有必要保证传送压力的管和阀门的内部体积尽量小,这样就能保证因忽略试验装置内部体积而引起的错误微不足道。

注意:直接利用压力计的读数计算顶部空间产生的碳量时,可通过气体产量和压力之间的转化曲线计算气体产量(35 ℃,常压)。也可根据压力转化曲线将压力读数转化为产生的气体体积。在 35 ℃±2 ℃条件下,注射已知体积的氮气到一系列试验瓶(如血清瓶)中,然后记录稳定的气体压力读数(参见附录 B),从而绘制得到气体体积与压力曲线图。

警告:当使用注射针头时,小心被针尖扎伤。

d) 碳分析仪,适合于直接测定 1 mg/L～200 mg/L 范围的无机碳。

e) 高精确的气体和液体样品采样的注射器。

f) 磁力搅拌器和相关配件(可选择)。

g) 厌氧操作箱(推荐)。

5.2 试剂

试剂均为分析纯。

5.3 水

蒸馏水或去离子水(通过吹入含氧量低于 5 μL/L 的氮气除氧),其溶解性有机碳(Dissolved Organic Carbon,DOC)量小于 2 mg/L。

5.4 试验培养基

制备含有以下成分的稀释培养基:

KH_2PO_4(无水)	0.27 g
$Na_2HPO_4 \cdot 12H_2O$	1.12 g
NH_4Cl	0.53 g
$CaCl_2 \cdot 2H_2O$	0.075 g
$MgCl_2 \cdot 6H_2O$	0.10 g
$FeCl_2 \cdot 4H_2O$	0.02 g
刃天青(氧指示剂)	0.001 g
$Na_2S \cdot 9H_2O$	0.10 g
微量元素贮备液(可选)	10 mL

加去氧水至 1 L。

2) 建议容积大小为 0.1 L～1.0 L。

3) 推荐使用气密性好的硅胶盖,最好使用丁基合成橡胶的气体密封盖,市场上有些密封盖封不住甲烷气体,特别提醒,盖子的气密性在使用前要先测试一下,并且有些密封盖经过针尖穿透后,气密效果也会变得不稳定。

4) 仪器须根据厂家说明使用和定期校准,例如,一定规格的压力计,如是钢膜套式,则试验过程中就不需进行校准。实验室压力计的精确度可根据 1×10^5 Pa 的大气压力和压力计的显示进行单点校正。当这个数值正确时,其线性关系也不会改变。如果使用其他的测量装置(厂家没有认可校正方法时),使用过程中建议进行定期校正。

注意：应使用最新提供的硫化钠，或在使用前将其清洗和干燥，以保证足够的还原能力。此试验操作可不在厌氧箱中进行，此时，试验溶液中最终的硫化钠($Na_2S \cdot 9H_2O$)浓度应增加到0.20 g/L。硫化钠可通过厌氧贮备液密封隔膜加到密封试验容器内，此操作可减少氧化的危险。硫化钠可用柠檬酸钛(Ⅲ)代替，它通过密封隔膜加入到密闭的容器之中至终浓度为0.8 mmol/L～1.0 mmol/L。柠檬酸钛(Ⅲ)是一种高效低毒的还原剂，其制备方法如下：溶解2.94 g二水柠檬酸钠于50 mL去氧水中(即200 mmol/L溶液)，然后加入5 mL的150 g/L三氯化钛溶液，用无机碱溶液中和至pH至7.0±0.2，在N_2流保护作用下分装到合适的容器之中，此贮备液溶液中的柠檬酸钛(Ⅲ)浓度为164 mmol/L。

将除还原剂硫化钠[柠檬酸钛(Ⅲ)]之外的培养基成分混匀，使用前20 min用氮气吹脱除氧，临用前加入适当体积新鲜配制的还原剂溶液(用无氧的水溶液配制)于培养基之中。如有必要，用低浓度无机酸或碱调节培养基的pH值至7.0±0.2。

5.5 微量元素的贮备液(可选)

建议试验培养基中添加下列微量元素以改善厌氧降解过程，尤其是在使用低浓度(例如1 g/L)的接种物时。

$MnCl_2 \cdot 4H_2O$	50 mg
H_3BO_3	5 mg
$ZnCl_2$	5 mg
$CuCl_2$	3 mg
$Na_2MoO_4 \cdot 2H_2O$	1 mg
$CoCl_2 \cdot 6H_2O$	100 mg
$NiCl_2 \cdot 6H_2O$	10 mg
Na_2SeO_3	5 mg
$Na_2WO_4 \cdot 2H_2O$	2 mg

加去氧水至1 L。

5.6 受试物

受试物通常直接以贮备液、悬浮液、乳状液、固体或液体及附着于玻璃纤维等形式加入，浓度不超过100 mg/L有机碳。如使用贮备液，则用水(预先通入氮气除氧)配制合适的受试物溶液，所加贮备液体积应小于总反应混合液体积的5%。如有需要，调节贮备液的pH值至7.0±0.2。不能完全溶解于水的受试物的前处理方法参考ISO 10634。如果使用溶剂，增一个只含溶剂和接种物的溶剂对照，已知抑制甲烷气体产生的有机溶剂应避免使用，例如氯仿或四氯化碳等。

警告：操作有毒和性质不清楚的化学物质应小心。

5.7 参比物

苯甲酸钠、苯酚和聚乙二醇400等物质作为参比物已经成功用于检验程序的有效性。在本试验条件下，其60 d内的降解率应大于60%。用与受试物溶液相同的制备方法配制选择的参比物贮备液(水为去氧水)，如需要，调节pH值至7.0±0.2。

5.8 毒性对照(可选)

为了得到受试物对厌氧微生物的毒性信息，并由此确定最合适的试验浓度，在含有试验培养基的容器中分别加入与试验相同浓度的参比物和受试物。

5.9 消化污泥

从以处理生活污水为主的污水处理厂的消化反应池中采集消化污泥。污泥应具有代表性，应在报告中说明其背景信息，如使用经过驯化的接种物，可考虑采用工业废水处理厂的消化污泥。采用高密度聚乙烯材料或类似的材料制成的能膨胀的广口瓶采集消化污泥，将污泥装至离广口瓶顶部约 1 cm，拧紧瓶盖，瓶子最好带有一个安全阀门。采集的消化污泥带回试验室后可直接使用，或置于试验室规格的消化反应器中，小心打开装有污泥的瓶盖，释放过量产生的生物气体。试验室培养的厌氧污泥可作为另外一个接种体的来源，但其活性可能已经受损。

警告：消化污泥产生的易燃气体存在燃烧和爆炸的危险，它含有潜在致病的微生物，因此在处理污泥时应谨慎小心，为安全起见，不要用玻璃容器采集污泥。

为降低背景气体的产量，减少空白对照对试验结果的影响，可考虑对污泥进行预处理。如需预处理，则使其在 35 ℃±2 ℃和不添加任何营养或基质的条件下消化 7 d。试验结果表明，一般预处理约 5 d 即可适当减少空白对照组的气体产生量，而无在试验期间停滞阶段和培养阶段的不可接受的气体增加，或者对于少数物质有不可接受的污泥活性的损失。

对于已知或预测难以生物降解的受试物，考虑将污泥预暴露于受试物中，以得到适应性更好的接种物。在此情况下，向消化污泥中加入含 5 mg/L～20 mg/L 有机碳的受试物，培养 2 个星期，使用前仔细淘洗预暴露的污泥，并在试验报告中说明预暴露的条件。

5.10 接种物

使用前应清洗污泥，以减少无机碳 IC 的浓度，使其在最终试验悬浮液中的含量低于 10 mg/L。用密封的试管离心消化污泥(例如 3 000 g，5 min)，弃去上清，加去氧的培养基悬浮沉淀，再离心悬浮液并弃去上清液体。如 IC 浓度没有降至足够低，最多再清洗两次，这不会出现对微生物不利的影响。最后将沉淀用所需体积的试验培养基悬浮[15]，同时测定总固体浓度，试验容器中最终的总固体浓度范围应为 1 g/L～3 g/L(或是未稀释消化污泥的 10%)。上述操作应尽可能保证污泥不与氧接触(例如使用氮气环境)。

6 试验程序

6.1 处理组和对照组的准备

以下操作程序开始时，需采用方法确保消化污泥尽可能避免与氧接触，如在充满氮气的厌氧箱中操作，和/或用氮气吹扫试验瓶子。

至少设置三个平行容器的空白对照组、参比物处理组、受试物处理组、毒性对照组(可选)和压力对照组(可选程序)。如用特定分析方法分析评估受试物的初级生物降解性时，可设置更多的试验容器。几种受试物同时进行试验时，只要顶部空间的体积一致，可使用同一组空白对照。

可使用宽口吸管将接种体加入到容器中稀释，取整数倍混匀的接种体于试验容器中，使每个容器中的接种物总固体浓度相同(1 g/L～3 g/L 之间)，如需要，调节 pH 值至 7.0±0.2，然后按恰当的方法制备和添加受试物和参比物。

试验溶液的有机碳浓度通常应为 20 mg/L～100 mg/L。如果受试物对接种物有毒性，试验的有机碳浓度应降低到 20 mg/L，或当只需要通过特定方法测定受试物的初级厌氧生物降解时，试验浓度可更低。应注意，低浓度的试验结果的可变性会增加。

借助载体添加受试物来代替直接添加受试物的贮备液、悬浮液或分散液时，空白对照组应加入等量的载体，如受试物是玻璃纤维的过滤液或有机溶剂时，空白对照组应加入同样的过滤液或相同体积的在试验前需挥发掉的有机溶剂。另准备一个受试物处理组用于 pH 值测定。如有必要，用少量的稀无机酸或碱调节 pH 值至 7.0±0.2,所有试验容器中加入等量的中和试剂。如果受试物和参比物贮备液的 pH 值已调节好,试验时 pH 值就不必再调节。如需要测定初级生物降解,应从 pH 对照容器或附加的试验容器中采集适量的样品,采用特定的方法分析受试物的浓度。如反应混合物需要搅拌,应在每个容器中加入磁力搅拌子进行搅拌(可选)。

确保所有容器中总液体体积 V_l 及顶部空间体积 V_h 相同,观察记录 V_l 和 V_h 的数值。每个试验容器用气体隔膜密封好后,将它从厌氧手套操作箱转移到培养箱中培养。

6.2 难溶受试物的前处理

称取一定量的难溶于水的物质,直接加入到准备好的试验容器中,当需要使用溶剂时,将受试物溶液或者其悬浮液加入空试验容器中,如有可能,通过通入氮气挥发掉有机溶剂,然后按要求加入其他成分,即稀释污泥和去氧水,另外需准备溶剂对照组。添加难溶于水的受试物可参考 ISO 10634。液体受试物如预计起始 pH 值不超过 7.0±1.0,可通过注射器加入到密闭的容器中,否则,按 5.6 提及的方法调节好 pH 值后加入到试验容器中。

6.3 培养和气体压力测定

将准备好的试验容器放在 35 ℃±2 ℃条件下培养约 1 h,使之达到平衡后,然后采取适当的方法将过量的气体释放到空气中,如依次摇动试验容器,用压力计的针头穿过密封盖,然后打开阀门,直到压力计读数为零。如此阶段或在试验过程中测量试验容器顶部空间压力时低于外周大气压力,可通过注入氮气的方法重新达到正常大气压力。关闭阀门,在黑暗条件下继续培养,确保整个试验容器维持在消化温度下。培养 24 h~48 h 后,观察试验容器,如果试验悬浮液出现明显的粉红色,则舍弃;例如添加的刃青天颜色如果变化,表明有氧存在。虽然试验体系可承受少量的氧,但高浓度的氧会强烈抑制厌氧生物降解过程。一个系列的三个平行处理组中偶尔有一个试验结果舍弃,试验结果可能可以接受;但多于一个失败时,则应调查试验程序的有效性,甚至要重新开始试验。

手动摇动或者搅拌试验溶液,小心混合每个试验容器中的内容物,每星期和在顶部空间气体压力测定前至少混匀 2 次~3 次,每次几分钟,尽量保证试验溶液中的气体平衡。压力测定动作要快,因为当温度降低时可导致错误的压力读数。测量压力时,整个试验容器包括试验容器的顶部空间应处在消化温度下,例如,可将与压力计相连的注射器针头迅速穿过隔膜来测量气体压力。测量时应注意防止水进入注射器针头,一旦发生,湿润部分需马上干燥,且应重新安装一个新针头。压力以 hPa 为单位进行测量记录,容器中的压力可按一定周期测定,例如每周一次,可有选择地将过量气体释放到大气中,或者仅在试验结束时测量生物气体产量。

建议在试验中间进行气体压力读数的测量,试验期间压力的增加可指导试验何时终止,并可跟踪动态的降解情况。

通常,试验体系经过 60 d 培养阶段就可结束,除非根据压力测量结果发现生物降解曲线在 60 d 前已达到平稳期,即表明受试物已达到最大生物降解率,且降解曲线已经达到平稳时,可提前终止试验。如果平稳期的降解小于 60%,可解释为受试物分子仅部分被矿化,或是试验操作过程中发生错误。如在正常培养期的最后阶段继续有气体产生,且降解平稳期明显没有达到时,那么应考虑延长试验时间,以检查能否达到降解平稳期(大于 60%)。

6.4 无机碳的测定

试验结束时,最后一次测定试验容器中气体压力后,沉淀消化污泥,依次开启每个容器,并立即采样测定上清液中无机碳 IC 的浓度。此时不要将上清液离心或过滤,因这样会造成溶解二氧化碳不可接受的损失。如采样后不能立刻分析,密封于不留空隙的小样品瓶中,在 4 ℃环境中可保存 2 d。IC 测量后,测定和记录试验溶液的 pH 值。

上清液IC测量的另一种方法可通过间接测定作为溶解IC释放到顶部空间的可测定的二氧化碳而获得。最后一个试验容器的气体压力测定后，将每个容器的压力调到环境大气压力值。然后通过容器密封隔膜添加浓无机酸(如，H_2SO_4)，使每个容器的溶液酸化至pH值为1左右，将试验容器摇匀，在35 ℃±2 ℃的条件下培养24 h，利用压力计测定由于二氧化碳释放而产生的压力。

采用类似方法测定空白对照组、参比物处理组及毒性对照组的无机碳(如有)。

某些情况下，特别是几种受试物共用同一空白对照时，处理组及对照组的IC测定次数应酌情考虑，这种情况下，应为所有试验期间的取样测定准备足够数量的试验容器；按此操作程序采集所有样品首选是从同一个试验容器中采样。后者更适合于需要样品体积不大的溶解无机碳DIC分析。DIC测定应在生物气体不释放时测定气体压力后进行，程序如下：

——不打开试验容器，用注射器穿过隔膜，尽可能取最小体积的上清样品测定IC；

——取样后，释放或不释放过量气体；

——应考虑悬浮液体积少量的减少(例如约1%)，都会造成顶部空间气体体积(V_h)明显增加；

——如需要，在式(3)中增加V_h值来修正方程式。

6.5 特殊分析方法

如需测定初级厌氧生物降解，可在试验开始和结束时从含有受试物的试验容器中取出适当体积的受试物样品进行特定分析。此时，气体产量计算时应记录并考虑上部空间体积V_h和液体体积V_l变化的影响；另外，可从预先为测定初级生物降解性设置的试验容器中取样。

7 数据处理

7.1 结果处理

实际情况下，气压以毫巴(mbar)为单位(1 mbar=100 Pa)，体积以升(L)为单位，温度以摄氏度(℃)为单位。

7.2 顶部空间碳含量

因为1 mol甲烷和1 mol CO_2均含12 g碳，一定气体体积中的碳含量利用式(1)计算：

$$m = 12 \times 10^3 \times n \quad \cdots\cdots(1)$$

式中：

m——一定体积气体中的含碳量，单位为毫克(mg)；

12——碳的相对原子质量；

n——一定体积气体的摩尔数。

如果产生了大量除甲烷或二氧化碳之外的其他气体(如N_2O)，需要对式(1)修正，以描述产生的气体造成的可能影响。

根据气体定律，n可表示为式(2)：

$$n = \frac{pV}{RT} \quad \cdots\cdots(2)$$

式中：

n——气体摩尔数；

p——气压，单位为帕斯卡(Pa)；

V——气体体积，单位为立方米(m^3)；

R——气体摩尔常数，8.314 J/(mol·K)；

T——培养温度，单位为开尔文(K)。

结合式(1)和式(2),空白对照产生的气体采用式(3)计算:

$$m_h = \frac{12\ 000 \times 0.1(\Delta p \cdot V_h)}{RT} \quad \cdots\cdots(3)$$

式中:

m_h ——顶部空间气体的净碳含量,单位为毫克(mg);

Δp——每个试验容器初始和最终的压力差的平均值减去空白对照容器的平均值,单位为毫巴(mbar);

V_h ——顶部空间体积,单位为升(L);

0.1——N/m^2 转换为 hPa 及 m^3 转换为 L 的转换因子。

对于通常 35 ℃(308 K)的培养温度,可采用式(4):

$$m_h = 0.468(\Delta p \cdot V_h) \quad \cdots\cdots(4)$$

注意:体积变化的计算方法。利用注入的体积(mL)对压力计读数作图得到的标准曲线图,将压力计读数转化为气体产量(mL)(参见附录 B)。在 35 ℃和标准大气压下,每摩尔气体所占的气体的体积为 25 286 mL,由累积气体产量(mL)除以 25 286 mL/mol 计算出每个瓶子上部气体的摩尔数。因为 1 mol 甲烷和 1 mol 二氧化碳各含有 12 g 碳,顶部空间的碳含量根据式(5)计算:

$$m_h = 12 \times 10^3 \times n \quad \cdots\cdots(5)$$

空白对照校正的气体产量的计算见式(6):

$$m_h = \frac{12\ 000 \times \Delta V}{25\ 286} = 0.475\Delta V \quad \cdots\cdots(6)$$

式中:

m_h ——顶部空间气体的净碳含量,单位为毫克(mg);

ΔV ——空白对照组和试验容器组每个容器上部空间气体产量差异的平均值;

25 286——1 mol 气体在 35 ℃和 1 个标准大气压条件下所占的体积。

如果合适,生物降解过程用积累压力增加值对时间的曲线图,从该曲线图中鉴别和记录停滞期(天数),停滞期指从试验开始到观察到明显的生物降解的这段时间(示例参见附录 C)。如果试验过程中取上清样品分析,那么应作总碳(气体中的碳和液体中的碳之和)产量的曲线图,而不仅仅只作累积压力曲线图。

7.3 液体中的碳

因为甲烷在水中的溶解度非常低,所以液体中甲烷的含量可以忽略。试验容器中液体的无机碳质量采用式(7)计算:

$$m_l = C_{net} \times V_l \quad \cdots\cdots(7)$$

式中:

m_l ——液体中 IC 的质量,单位为毫克(mg);

C_{net}——试验结束时试验容器中 IC 的浓度减去空白值,单位为毫克每升(mg/L);

V_l ——容器中液体的体积,单位为升(L)。

7.4 转换为气体的总碳量

试验容器中转化为气体的总碳量用式(8)计算:

$$m_t = m_h + m_l \quad \cdots\cdots(8)$$

式中:

m_t——转化为气体的总碳量,单位为(mg);

m_h和 m_l的说明同上。

7.5 受试物的碳量

每个试验容器中受试物的碳质量用式(9)计算：

$$m_v = C_c \times V_l \quad \cdots\cdots(9)$$

式中：

m_v——受试物碳的质量，单位为(mg)；

C_c——试验容器中的受试物碳浓度，单位为毫克每升(mg/L)；

V_l——试验容器中的液体体积，单位为升(L)。

7.6 生物降解程度

顶部空间气体产量计算的生物降解百分率用式(10)计算，总生物降解百分率用式(11)计算：

$$D_h = (m_h / m_v) \times 100 \quad \cdots\cdots(10)$$

$$D_t = (m_t / m_v) \times 100 \quad \cdots\cdots(11)$$

式中：

D_h——以顶部空间气体产量计算的生物降解百分率，%；

D_t——总生物降解百分率，%；

m_h，m_v 和 m_t 同上。

初级生物降解程度可通过式(12)计算的培养开始和结束时受试物测量浓度(可选)的变化来计算：

$$D_p = (1 - S_e / S_i) \times 100 \quad \cdots\cdots(12)$$

式中：

D_p——受试物的初级生物降解率，%；

S_i——受试物起始浓度；

S_e——结束时受试物的浓度，单位为毫克每升(mg/L)。

如果分析方法表明未修正厌氧污泥接种物中的受试物浓度非常重要，用式(13)计算：

$$D_p' = [1 - (S_e - S_{eb}) / (S_i - S_{ib})] \times 100 \quad \cdots\cdots(13)$$

式中：

D_p'——修正的受试物初级降解率，%；

S_{ib}——试验开始时空白对照中受试物的表观浓度，单位为毫克每升(mg/L)；

S_{eb}——试验结束时空白对照中受试物的表观浓度，单位为毫克每升(mg/L)。

8 质量保证与质量控制

压力选用没有粉红色出现的试验容器读数。采用合适的厌氧操作技术将氧的污染降到最低程度。

如果参比物平稳期的生物降解程度大于60%[5]，则认为试验结果有效。

如果试验结束时，如pH值超出7.0±1.0的范围，说明发生了不完全生物降解，应使用缓冲能力更强的试验培养基重新开始试验。

9 降解抑制

含有受试物和参比物的混合溶液的试验容器的气体产量至少应与仅含有参比物的试验容器相等；否则，表明气体产生受到抑制。在某些情况下，不含参比物的受试物试验容器的气体产量比空白容器中还低，表明受试物是降解抑制物。

---

5) 如果使用吸附性和不溶性的参比物，这个结果应重新评估。

10 测试报告

测试报告应包括下述信息：

a) 受试物：

——常用名、化学名、CAS号、结构式和相关理化性质。

——不纯受试物纯度。

b) 试验条件：

——容器中稀释消化污泥的液体体积(V_l)和顶部空间体积(V_h)；

——测试容器、生物产气量的测定(如压力计类型)及IC分析的描述；

——试验系统中使用的受试物、参比物、浓度及溶剂；

——使用培养接种物的详细情况：污水处理厂名称，处理过的污水来源的描述(如，操作温度、污泥停留时间、驯化情况等)；试验浓度以及支持此浓度设计的信息，接种的预处理信息(例如，预消化或预暴露)；

——培养温度；

——试验平行数。

c) 结果：

——试验结束时pH值和IC值；

——如进行特殊分析，试验开始和结束时受试物溶液的浓度；

——如适用，利用表格列出试验中采集的所有试验结果(参见附录D)，包括受试物处理组、空白对照组、参比对照组和毒性对照组的结果[例如压力(hPa)和无机碳浓度(mg/L)]，顶部空间和液体中的IC的测量数据应分别报告；

——数据的统计分析方法，试验周期，受试物、参比物和毒性对照的生物降解图表；

——受试物和参比物的生物降解百分率；

——任何摒弃试验结果的原因；

——试验结果的讨论。

附　录　A
（资料性附录）
通过气体压力测定生物气体产生的装置图例

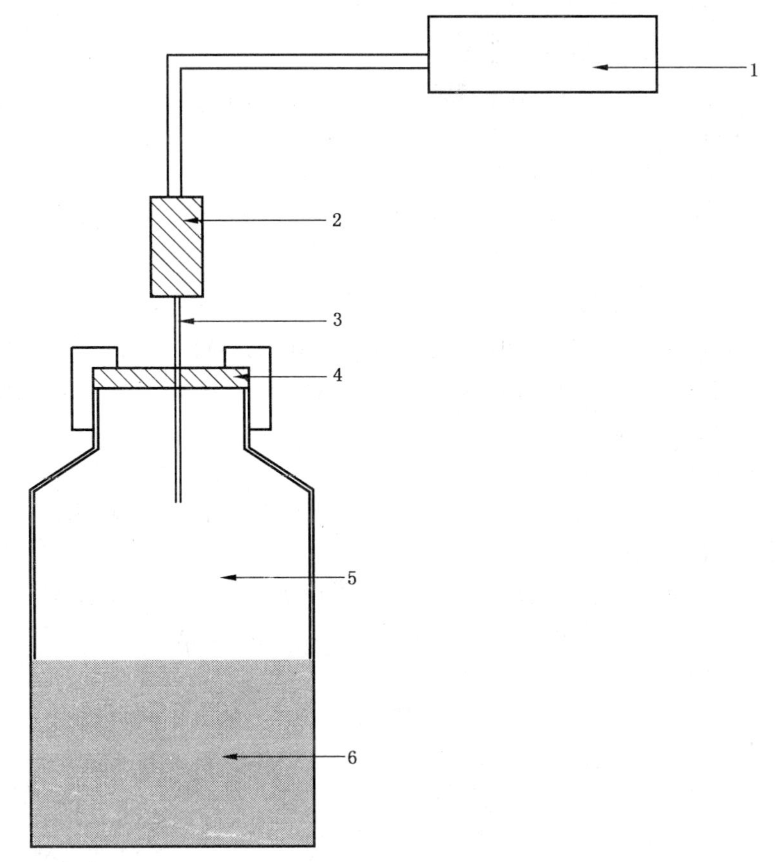

1——压力计；

2——三通气密阀门；

3——注射器针头；

4——不透气密封(螺纹铝瓶盖和相应的瓶垫)，

5——顶部空间体积(V_h)；

6——消化污泥的接种物(V_l)。

图 A.1　在 35 ℃ ±2 ℃的环境下的测试容器

附　录　B
（资料性附录）
压力计读数转化

气体压力读数与气体体积的关系可用在 35 ℃±2 ℃温度条件下注入已知体积的气体到含有与反应物体积相同体积的水(V_R)的血清瓶来建立：

——恒温 35 ℃±2 ℃条件下，分装体积为 V_R(mL)的液体到 5 个血清瓶中，密封瓶口，放置于 35 ℃水溶液下，平衡 1 h；

——调节压力计，使其稳定，并调节到 0；

——将注射器针头插入其中的一个密封血清瓶的瓶口，打开阀门直到压力计读数降为零，关闭阀门；

——剩余的血清瓶重复以上操作；

——35 ℃±2 ℃条件下，注入 1 mL 的空气于每个血清瓶。将注射器针头(在压力计上)插入到一个密封的血清瓶中，让压力计读数稳定，记录这时的压力读数，打开通气阀门，直到压力降为零，然后关闭通气阀门；

——剩余的血清瓶重复以上操作；

——分别注入 2 mL、3 mL、4 mL、5 mL、6 mL、8 mL、10 mL、12 mL、16 mL、20 mL 和 50 mL 的空气，重复以上所有操作；

——以注入的气体体积 V_b(mL)对压力(Pa)作一个压力计读数转换曲线图，试验装置在气体量为 0 mL～50 mL 和压力为 0 Pa～70 000 Pa 范围内呈线性关系。

附　录　C
（资料性附录）
降解曲线图示例（累积气体的净压力增加）

C.1　降解曲线图见图 C.1。

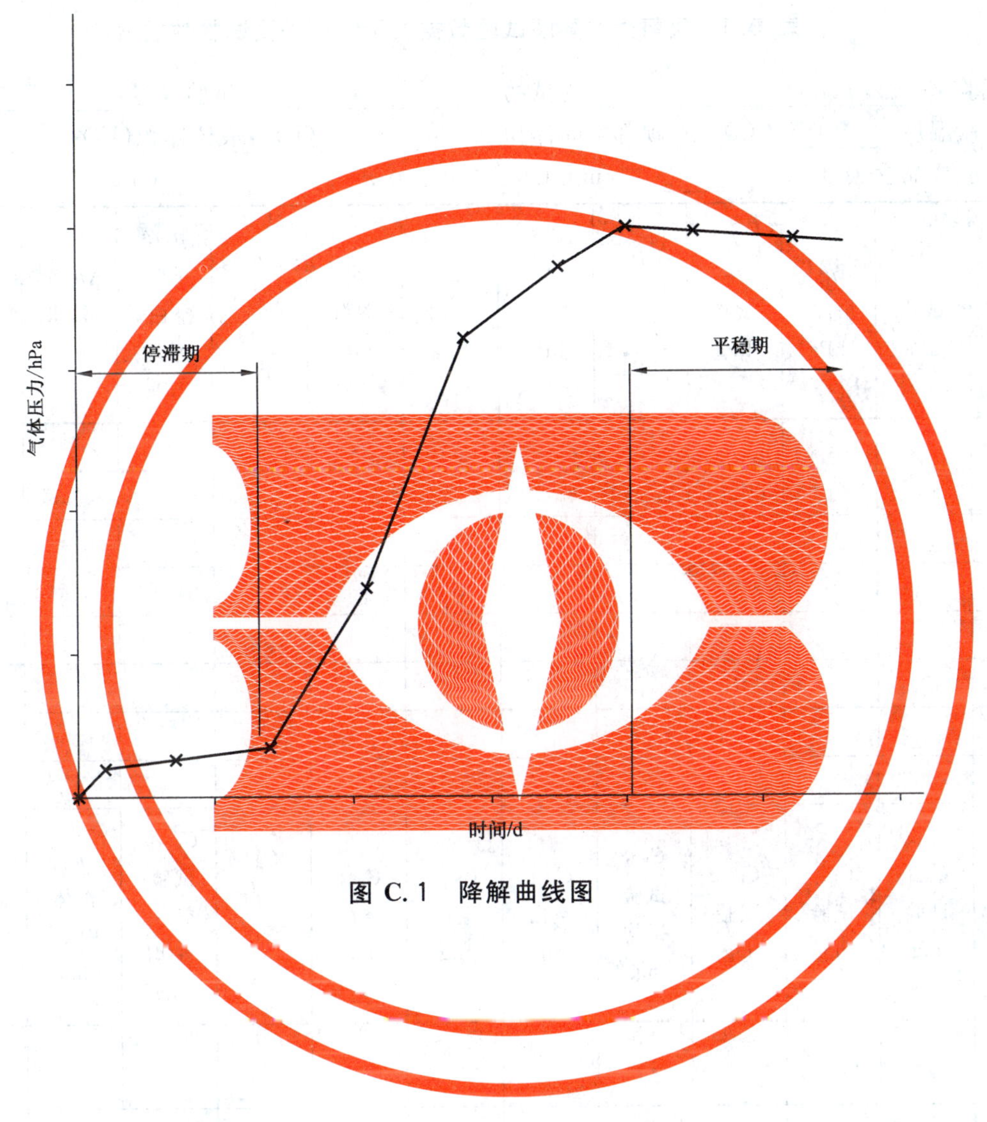

图 C.1　降解曲线图

附　录　D

（资料性附录）

厌氧生物降解试验数据表示例

D.1　受试验数据表见表 D.1。

表 D.1　厌氧生物降解试验数据表示例——受试物数据表

试验室：__________　受试物：__________　试验编号：__________

试验温度：______（℃）　顶部空间体积(V_h)：______（L）　液体体积(V_l)：______（L）

试验样品含碳量 $C_{c,v}$：__________(mg/L)　m_v[a]：__________(mg)

天 d	p_1 试验 hPa	p_2 试验 hPa	p_3 试验 hPa	p 试验， 平均 hPa	p_4 空白 hPa	p_5 空白 hPa	p_6 空白 hPa	p 空白， 平均 hPa	p,净 试验- 空白， 平均 hPa	Δp 净， 累积 hPa	m_h 顶部 空间 C[b] mg	D_h 总生 物降 解度[c] %
	$C_{IC,1}$ 试验 mg	$C_{IC,2}$ 试验 mg	$C_{IC,3}$ 试验 mg	C_{IC}， 试验 平均 mg	$C_{IC,4}$ 空白 mg	$C_{IC,5}$ 空白 mg	$C_{IC,6}$ 空白 mg	C_{IC} 空白 平均 mg	$C_{IC,净}$ 试验- 空白， 平均 mg	m_l 液体 中 C[d] mg	m_t 总碳量 C[e] mg	D_t 总生 物降 解度[f] %
IC （结束时）												
pH （结束时）												

[a] 试验容器中碳量，m_v(mg)：$m_v = C_{c,v} \times V_l$。

[b] 在 35 ℃培养条件下顶部空间碳量：$m_h = 0.468(\Delta p \cdot V_h)$。

[c] 根据顶部空间气体测定计算的生物降解度：$D_h = (m_h / m_v) \times 100$。

[d] 液体中碳量，m_l(mg)：$m_l = C_{IC,net} \times V_l$。

[e] 总气化碳量，m_t(mg)：$m_t = m_h + m_l$。

[f] 总生物降解度，$D_t = (m_t / m_v) \times 100$。

D.2 参比物试验数据表见表 D.2。

表 D.2 厌氧生物降解试验数据表示例——参比物数据表

试验室:__________ 参比物:__________ 试验编号:__________

试验温度:______(℃) 顶部空间体积(V_h):______(L) 液体体积(V_l):______(L)

参比物含碳量 $C_{c,v}$:________(mg/L) m_v[a]:________(mg)

天 d	p_1 参比 hPa	p_2 参比 hPa	p_3 参比 hPa	p 参比, 平均 hPa	p_4 抑制 hPa	p_5 抑制 hPa	p_6 抑制 hPa	p 抑制, 平均 hPa	p 参比- 空白 hPa	Δp 参比 累积 hPa	m_h 顶部 空间 C[b] mg	D_h 总生 物降 解度[c] %
	$C_{IC,1}$ 参比 mg	$C_{IC,2}$ 参比 mg	$C_{IC,3}$ 参比 mg	C_{IC}, 参比 平均 mg	$C_{IC,4}$ 抑制 mg	$C_{IC,5}$ 抑制 mg	$C_{IC,6}$ 抑制 mg	C_{IC} 抑制 平均 mg	C_{IC},净 参比- 抑制 mg	m_l 液体 中 C[d] mg	m_t 总碳 量 C[e] mg	D_t 总生 物降 解度[f] %
IC (结束时)												
pH (结束时)												

[a] 试验容器中碳含量,m_v(mg):$m_v=C_{c,v}\times V_l$。

[b] 在 35 ℃培养条件下顶部空间碳量:$m_h=0.468(\Delta p\cdot V_h)$。

[c] 根据顶部空间气体测定计算的生物降解度:$D_h=(m_h/m_v)\times100$。

[d] 液体中碳量,m_l(mg):$m_l=C_{IC,net}\times V_l$。

[e] 总气化碳量,m_t(mg):$m_t=m_h+m_l$。

[f] 总生物降解度,$D_t=(m_t/m_v)\times100$。

参 考 文 献

[1] OECD Guidelines for the Testing of Chemicals(1981). 302A-C: Inherent Biodegradability and 303A-B: Simulation Test—Aerobic Sewage Treatment Organization for Economic Co-operation Development, Paris

[2] OECD Guideline for the Testing of Chemicals(1992) Ready Biodegradability 301(A-F) and Inherent Biodegradability: Zahn—Wellens/EMPA Test 302B, Organization for Economic Cooperation and Development, Paris

[3] Birch, R. R., Biver, C., Campagna, R., Gledhill, W. E., Pagga, U., Steber, J., Reust, H. and Bontinck, (1989) W. J. Screening of chemicals for anaerobic biodegradation. Chemosphere 19, 1527-1550(Also published as ECETOC Technical Report No. 28, June 1988)

[4] Shelton D. R. and Tiedje, J. M. (1984) General method for determining anaerobic biodegradation potential. Appl. Environ. Mircobiology, 47: 850-857

[5] Owen, W. F., Stuckey, DC., Healy J. B., Jr, Young L. Y. and McCarty, P. L. (1979) Bioassay for monitoring biochemical methane potential and anaerobic toxicity. Water Res. 13: 485-492

[6] Healy, J. B. Jr. and Young, L. Y. (1979) Anaerobic biodegradation of eleven aromatic compounds to methane. Appl. Environ. Microbiol. 38: 84-89

[7] Gledhill, W. E. (1979) Proposed standard practice for the determination of the anaerobic biodegradation of organic chemicals. Working document. Draft 2 no. 35. 24. American Society for Testing Materials, Philadelphia

[8] Battersby, N. S. and Wilson, V. (1988) Evaluation of a serum bottle technique for assessing the anaerobic biodegradability of organic chemicals under methanogenic conditions. Chemosphere, 17: 2441-2460

[9] E1192-92. Standard Test Method for Determining the Anaerobic Biodegradation Potential of Organic Chemicals. ASTM, Philadelphia

[10] US-EPA(1998) Fate, Transport and Transformation Test Guidelines OPPTS 835. 3400 Anaerobic Biodegradability of Organic Chemicals

[11] International Organization for Standardization(1995) ISO 11 734 Water Quality—Evaluation of the ultimate anaerobic biodegradation of organic compounds in digested sludge—Method by measurement of the biogas production

[12] International Organization for Standardization(2003) ISO 13 641-1 Water Quality—Determination of inhibition of gas production of anaerobic bacteria—Part 1 General Test

[13] International Organization for Standardization(1995) ISO 10634 Water Quality—Guidance for the preparation and treatment of poorly water-soluble organic compounds for the subsequent evaluation of their biodegradability in an aqueous medium

[14] Pagga, U. and Beimborn, D. B., (1993) Anaerobic biodegradation test for organic compounds. Chemosphere, 27: 1499-1509

[15] International Organization for Standardization(1997) ISO 11923 Water Quality—Determination of suspended solids by filtration through glass-fibre filters

ICS 13.300
A 80

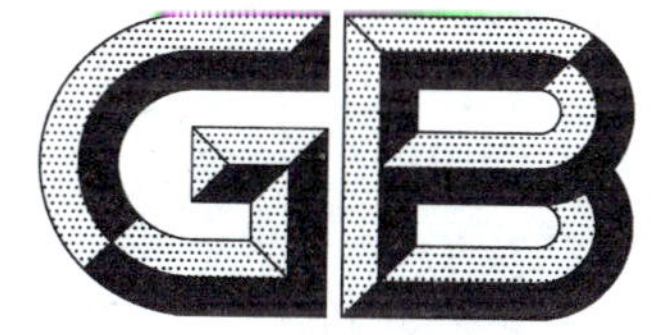

中华人民共和国国家标准

GB/T 27858—2011

化学品　沉积物-水系统中摇蚊毒性试验　加标于水法

Chemicals—Sediment-water chironomid toxicity test—Spiked water method

2011-12-30 发布　　2012-08-01 实施

中华人民共和国国家质量监督检验检疫总局
中国国家标准化管理委员会　发布

前　言

本标准按照 GB/T 1.1—2009 给出的规则起草。

本标准与经济合作与发展组织(OECD)化学品测试导则 219《化学品试验指南　沉积物-水系统中摇蚊毒性试验　加标于水法》(2004 年 4 月)(英文版)技术性内容相同。

本标准做了下列结构和编辑性修改：

——为与现有系列国家标准一致，将标准名称改为《化学品　沉积物-水系统中摇蚊毒性试验　加标于水法》；

——将 OECD 219 中的“介绍”作为本标准的“引言”；

——将 OECD 219 中的附件 1“术语和定义”作为本标准的第 3 章“术语和定义”；附件 2、附件 3、附件 4 以及附件 5 分别对应本标准的附录 A、附录 B、附录 C 以及附录 D。

本标准由全国危险化学品管理标准化技术委员会(SAC/TC 251)提出并归口。

本标准起草单位：江苏出入境检验检疫局、中国化工经济技术发展中心。

本标准主要起草人：王红松、汤礼军、刘君峰、王晓兵、戴雨霜。

引　言

本标准用于评估化学品长期暴露对处在沉积物中的淡水双翅目摇蚊属(*Chironomus* sp.)幼虫的影响。本标准主要以BBA标准为基础，使用一种沉积物-水系统，包括人造土壤和水柱体暴露场景[1]，同时也借鉴了已有的对*Chironomus riparius*和*Chironomus tentans*的毒性测试方法，上述摇蚊毒性试验方法已在欧洲和北美[2-8]建立并通过了比对试验[1,6,9]。本标准也可使用其他已有充分实证的摇蚊种类，如*Chironomus yoshimatsui*[10-11]。

本标准的暴露场景是将受试物质加入水中。应根据试验的应用目的选择适当的暴露场景。水暴露场景(包括将受试物加入水柱体中)是旨在模拟农药喷撒漂移的场景，同时也考虑到了间隙水中浓度的初始峰值。除了当累积过程的持续时间大于试验周期时，本标准对其他类型的暴露(包括化学物质溅出)也很有用。

要用沉积物中的生物测试的受试物质通常可在这个系统中存在很长时间。沉积物中的生物可通过多种途径暴露受试物质。每种暴露途径的相对重要性，以及每种暴露的时间对总体毒性效应的贡献，取决于相关化学品的理化特性。对于强吸附物质(如辛醇/水分配系数 $\lg K_{ow}>5$ 的物质)，或与沉积物共价结合的物质，让受试生物摄取加了受试物的食物可能是一条重要的暴露途径。为了不低估高亲脂性物质的毒性，可考虑在使用受试物之前向沉积物中加入饲料。为了将所有潜在的暴露途径纳入考虑之中，本标准将重点关注长期暴露。*C. riparius*和*C. yoshimatsui*的试验持续时间为20 d～28 d，*C. tentans*为28 d～65 d。如果因特殊目的，需要短期数据，例如研究不稳定化学品的毒性效应，可用附加的平行试样进行试验，并在10 d后放弃。

试验的最终结果为羽化的成虫总数和羽化时间。如果需要额外的短期数据，建议只能适当增加额外的平行试验，在试验进行10 d后，进行幼虫的存活和生长的测量。

本标准建议使用人工配制沉积物。与天然沉积物相比，配制沉积物有几个优点：

——因为配制沉积物为可再生的“标准化基体”，减少了实验的不确定性，并且没必要去寻找未被污染的清洁沉积物来源；

——试验可在任何时候开始，而不必面对试验沉积物的季节性变化，也不必对沉积物进行预处理，以去除本土动物群。使用配制沉积物也减少了去野外收集足量的用于常规试验的沉积物的相关费用；

——使用配制沉积物，使毒性数据可以相互比对，从而进行物质的毒性分类。

化学品　沉积物-水系统中摇蚊毒性试验　加标于水法

1　范围

本标准规定了加标于水法评估沉积物-水系统中摇蚊毒性的试验方法。

本标准适用于评估化学品长期暴露对于处在沉积物-水中的淡水双翅目摇蚊属(*Chironomus* sp.)幼虫的影响。

2　规范性引用文件

下列文件对于本文件的应用是必不可少的。凡是注日期的引用文件，仅注日期的版本适用于本标准。凡是不注日期的引用文件，其最新版本(包括所有的修改单)适用于本文件。

GB/T 21809　化学品　蚯蚓急性毒性试验

3　术语和定义

下述术语和定义适用于本文件。

3.1

配制沉积物　formulated sediment

用来模拟天然沉积物物理成分的混合物，也可称为再生沉积物、人工沉积物或合成沉积物。

3.2

上覆水　overlying water

试验容器中处于沉积物之上的水。

3.3

间隙水　interstitial water or pore water

沉积物和土壤颗粒之间的水。

3.4

加标水　spiked water

已经添加了受试物的试验用水。

4　试验原理

将一龄摇蚊幼虫暴露于一系列含有不同浓度的受试物的沉积物-水系统中进行试验。试验开始时将一龄摇蚊幼虫引入装有沉积物-水系统的烧杯，然后将受试物加入水中。试验结束时，测量摇蚊羽化数和发育的速率。如有需要，也可在 10 d 后测量幼虫存活数和质量(使用适当的附加平行试样)。所测实验数据可用回归模型分析以估计导致羽化率或幼虫存活率或生长率下降 x%的浓度(如 15%有效浓度 EC_{15}，半数有效浓度 EC_{50} 等)，或者用统计假设检验来测定无可观察效应浓度(NOEC)或者最低可观察效应浓度(LOEC)。后者需要用统计检验方法，以将效应值与对照值进行比较。

5 受试物信息

应了解受试物的溶解度、蒸汽压、经测量或计算而得的在沉积物中的分配量、以及在水和沉积物中的稳定性。还需要有一种可靠的分析方法,用于上覆水、间隙水和沉积物中受试物的定量测定,并具有已知确证的准确度和检出限。有用的信息还包括受试物的结构式、纯度、化学归宿(如衰减、生物与非生物降解等)。如果受试物质的理化性质导致其很难进行本试验,则可参考文献[12]。

6 参考物质

定期进行参考物质的试验,以验证试验方案和试验条件的可靠性。已成功应用于比对试验和有效性研究的参考毒物有林丹、氟乐灵、五氯苯酚、氯化镉和氯化钾[1-2,5-6,13]。

7 质量保证与质量控制

为使试验有效,应满足下列条件:

a) 试验结束时,对照组的羽化率不应低于70%[1,6];

b) 对照容器中的 *C. riparius* 和 *C. yoshimatsui* 应在引入后的12 d～23 d内羽化为成虫;*C. tentans* 则需要20 d～65 d;

c) 试验结束时,应测量每个试验容器中的pH值和溶解氧浓度。溶解氧浓度应不低于该温度下空气饱和值(ASV)的60%,所有试验容器中上覆水的pH值应在6.0～9.0之间;

d) 水温变化不超过±1.0 ℃。可用恒温室来控制水温,并按适当的时间间隔进行记录。

8 试验方法描述

8.1 试验容器

试验在直径为8 cm的600 mL玻璃烧杯中进行。也可使用其他容器,但应确保上覆水和沉积物的适宜深度。沉积物表面应足够为每条幼虫提供2 cm^2～3 cm^2 的面积。沉积层深度与上覆水深度之比应为1∶4。试验容器和其他与试验系统直接接触的器具应全部用玻璃或其他化学惰性材料(如聚四氟乙烯)制成。

8.2 受试物种选择

试验所选用的适宜物种为 *C. riparius*。也可选用 *C. tentans*,但试验操作更困难,试验周期更长。也可选用 *C. yoshimatsui*。附录A提供了 *C. riparius* 的详细培育方法。其他种类的培育条件也可获取,如 *C. tentans*[4] 和 *C. yoshimatsui*[11]。试验前应确认受试物种类,但如果使用室内培育的生物,可不必在每次试验前做如此确认。

8.3 沉积物

8.3.1 优先选用配制沉积物。如果使用天然沉积物,应做性质鉴定(至少要测pH值、有机碳含量;也建议测定其他参数,如碳氮比和粒度等),并且该天然沉积物未受污染,不存在与摇蚊竞争或捕食摇蚊的其他生物。在用于摇蚊毒性试验以前,建议先将天然沉积物在与后续试验相同的条件下陈化数天。下列配制沉积物是以GB/T 21809中使用的人造土壤为基础的,推荐在本试验中使用[1,4,15]。

——4%～5%(干重)泥炭:pH值尽可能在5.5～6.0之间;重要的是应采用粉末状泥炭,磨成粉末

(粒度≤1mm),只能空气干燥。

——20%(干重) 高岭黏土(高岭石含量最好大于30%)。

——75%~76%(干重) 石英砂(以细砂为主,50%以上的石英砂颗粒应在50 μm~200 μm)。

——加入去离子水,使最终混合物中的水分含量为30%~50%。

——加入化学纯碳酸钙($CaCO_3$)将最终混合物的pH值调节至7.0±0.5。

——最终混合物中的有机碳含量应为2.0%± 0.5%,可分别用适量的上述泥炭和石英砂调节。

8.3.2 泥炭、高岭粘土和石英砂的来源应清楚。沉积物组分应经检查无化学污染(如重金属、有机氯化合物、有机磷化合物等)。附录B描述了配制沉积物的制备情况。如果能证实在加入上覆水后,不会发生沉积物组分的分离(如泥炭颗粒的漂起),并且泥炭或沉积物已充分陈化,也可以用干燥组分直接混合进行制备。

8.4 水

附录A和附录C列出了可使用的稀释水的化学指标,任何符合这些指标的水均可作试验用水。在整个培育和试验过程中,如果摇蚊能够存活于其中而未显不适,则任何适宜的水,包括自然水(地表水)、配制水(参见附录A)以及除氯的自来水等,都可用作培育用水和试验用水。试验开始时,试验用水的pH值应在6.0~9.0之间,总硬度不大于400 mg/L(以$CaCO_3$计)。但是,如果怀疑硬度离子与试验物质之间有反应,则应使用硬度低一些的水(因此,在此情况下不能使用Elendt M4介质)。在整个试验过程中应自始至终使用同一类型的水。附录C中所列的水质特性指标每年至少应测定两次,当怀疑这些指标可能发生显著变化时,也应进行检测。

8.5 储备液-加标水

试验浓度以水柱体(指位于沉积物之上的水体)浓度为基础计算。选定浓度的试验液通常是将储备液稀释制成。将受试物质溶解于试验介质中制成储备液;有时为了制备适宜浓度的储备液,可使用一些溶剂或分散剂。可选用的溶剂有:丙酮、乙醇、甲醇、乙二醇-乙醚乙酸酯、乙二醇-二甲醚、二甲基甲酰胺以及三乙撑乙二醇。可选用的分散剂有:聚氧乙烯醚(40)氢化蓖麻油、吐温80、甲基纤维素0.01%和HCO-40。在最终的试验介质中,助溶剂浓度应尽可能低(如不大于0.1 mL/L)并且在所有处理组中都一样。如果使用了助溶剂,应通过只有助溶剂的对照试验来确证助溶剂不会对摇蚊幼虫的存活产生影响或产生其他可观测到的不利影响。因此,应尽量不用助溶剂。

9 试验设计

9.1 总则

试验设计涉及选择试验浓度的组数以及浓度的间距(组距)、每个浓度的试验容器数和每个试验容器中的幼虫数。应对EC点的估算、NOEC的估算,以及限度试验的设计进行描述。

9.2 回归分析的设计

9.2.1 效应浓度(如EC_{15},EC_{50})和所关注的受试物质的效应浓度范围应包含在试验所用的浓度范围内。一般说来,当效应浓度处于试验浓度的范围内时,评估效应浓度(EC_x)的准确性、特别是有效性可得到提高。应避免出现大大低于最低阳性浓度和大大高于最高浓度的情况。探寻浓度范围的预试验有助于选择拟采用的浓度范围。

9.2.2 如需估计EC_x,应至少设置5组试验浓度,每个浓度3份平行试样。为使评估模型更为准确,试验的浓度应足够多。浓度间隔比例因子应不大于2(除非剂量响应曲线的斜率很小)。当不同响应的试验浓度的个数增加时，可以减少每个浓度的平行试样的个数。增加平行试样个数或减小试验浓度的间隔可减小试验结果的置信区间。如果需要评估幼虫 10 d 的存活和生长情况，则需增加额外的平行试样。

9.3 评估 NOEC/LOEC 的设计

如需评估 NOEC/LOEC，应设置 5 组试验浓度，每个浓度至少 4 个平行试样，浓度间隔比例因子不应大于 2。为了保证足够的统计效能，以便在 5%的显著水平上($p=0.05$)检测出与对照组 20%的差异，平行试样的个数应足够多。如需评估生长率，可用方差分析法(ANOVA)，如 Dunnett 检验和 Williams 检验等[16-19]。在进行羽化率评估时，可用 Cochran-Armitage 检验、Fisher 精确检验(经 Bonferroni 修正)或者 Mantel-Haentzal 检验。

9.4 限度试验

如果在探寻浓度范围的预试验中没有观测到任何效应，则应进行限度试验(一个试验浓度和一个对照浓度)。限度试验的目的就是在一个足够高的浓度下进行试验，以使决策者能够排除该物质可能产生的毒性效应。限度值设定在一个预期在任何情况下都不会出现的浓度。推荐浓度为 1 000 mg/kg (干重)。试验和对照各需至少 6 个平行试样。应证明试验有足够的统计效能，能够在 5%的显著水平上($p=0.05$)检测出与对照组 20%的差异。对于度量的效应结果(生长率和质量)，如果数据满足 t 检验的要求(正态，齐性方差)，则 t 检验是一种合适的统计方法。如果数据不能满足这些要求，可以应用方差不齐 t 检验，或者非参数检验，如 Wilcoxon-Mann-Whithey 检验。对于羽化率，则可用 Fisher 精确检验。

10 试验步骤

10.1 暴露条件

10.1.1 加标水-沉积物系统的制备

10.1.1.1 向试验容器中加入适当数量的配制沉积物，形成厚度至少 1.5 cm 的一层，然后加入 6 cm 深度的水。沉积物厚度与水深之比不应超过 1∶4，沉积层厚度不应超过 3 cm。加入受试生物之前，沉积物-水系统应进行 7 d 的柔和通风(见附录 B)。在向水柱体中加入试验溶液时，为了避免沉积物分层和再次激起微小颗粒悬浮在水中，可在沉积物上盖一个塑料片，把溶液倒在塑料片上然后迅速将塑料片移开。也可以用其他合适的器具。

10.1.1.2 应在试验容器上加一个玻璃盘之类的盖子。必要时，试验过程中可加水使水深超过初始的体积以补偿水分的挥发。只能加入蒸馏水或电离水以避免盐分浓度增加。

10.1.2 加入受试生物

10.1.2.1 在向试验容器中加入受试生物的 4 d～5 d 前，应将卵块从培养器中取出，移至加了培养介质的小容器中。可使用培养器中现成的已陈化介质，也可用新配制的介质。如果用后者，应向培养介质中加入绿藻，和/或几小滴将切片鱼食磨细后的悬浮液的滤出液。只能使用刚刚产出的卵块。正常情况下，卵出生 2 d～3 d 后幼虫就开始孵化(*C. riparius*，温度 20℃情况下 2 d～3 d；*C. tentans*，温度 23 ℃情况下 1 d～4 d；*C. yoshimatsui*，温度 25 ℃情况下 1 d～4 d)，幼虫至成虫共生长四龄，每龄 4 d～8 d。用于试验的是一龄幼虫(孵出后 2 d～3 d 或 1 d～4 d)。幼虫处于哪一龄可通过测量其头壳宽度来确定。

10.1.2.2 用一根钝头吸管将 20 只一龄幼虫随机放入每一个已加入加标水和沉积物的试验容器中。向试验容器加入幼虫时停止通风，加入后再保持 24 h。每种浓度所加入的幼虫数量根据所使用的不同的试验方法而定，用EC点估算法时每种浓度至少60只，而用NOEC测定法则至少为80只。

10.1.2.3 加入幼虫24 h后，将受试物质加入上部的水柱体中(用吸管向水面下注入少量的受试物质溶液)，再次给予轻微的通风，以小心混合上部水体，注意不要搅起沉积物。

10.1.3 试验浓度

10.1.3.1 为了选定正式试验的浓度范围，可进行浓度范围的预试验；为此，需要使用一系列间隔较大的受试物质浓度。在与正式试验相同的摇蚊表面密度条件下，将摇蚊暴露于每一种试验物质浓度中一段时间，这样即可估算出适当的试验浓度。浓度范围的探寻试验不需要平行试样。

10.1.3.2 正式试验用的试验浓度是根据探寻浓度范围的预试验的结果来决定，至少要选用5组浓度。浓度的选定应与9.2和9.3的要求相符。

10.1.4 对照

试验时要准备好对照容器，这些容器中不加入受试物质，但要加入沉积物。对照容器也要备好适当数量的平行试样(参见9.2和9.3)。如果在8.5使用了某种溶剂，则要增加沉积物溶剂对照。

10.1.5 试验系统

应使用静态系统。在某些特殊的情况下，比如水质指标变得不再适合受试生物或者影响化学平衡时(例如：水中溶解的氧气含量过低，排泄物含量过高，或者从沉积物中析出的矿物质影响水的pH值或硬度时)，也可使用半静态或流动系统：间断性或持续性地更新上部水体。尽管如此，通常情况下最好使用其他的改善上部水体质量的方法，比如通风；而避免使用半静态或流动系统。

10.1.6 饲料

应及时给幼虫投食，最好每天一次或者每周至少三次。对于最初10 d内的小幼虫，每条幼虫0.25 mg/d～0.5 mg/d(*C. yoshimatui* 应为0.35 mg ～0.5 mg)的鱼饲料(一种水悬浮液或者磨碎的精细饲料，例如Tetra-Min或Tetra-Phyll，详见附录A)应足够了。对于大一些的幼虫，饲料应稍多一些：在余下的试验中，每条幼虫0.5mg/d～1.0 mg/d应足够了。如果发现真菌生长或者对照中观察到死亡率，则所有试验组和对照组中的饲料供给量应减少。如果不能停止真菌的生长，则试验应重做。当试验强吸附物质(例如lg K_{ow}>5的物质)或者与沉淀物共价结合的物质时，应在陈化期前向配制沉积物中加入足量的饲料以确保幼虫的生存和自然生长。对此，应使用植物性饲料替代鱼饲料。例如，加入0.5%(干重)的磨细的植物叶子，叶子来源于刺荨麻(*Ultica dioeca*)、桑树(*Morus alba*)、白三叶草(*Trifolium repens*)、菠菜(*Spinacia oleracea*)，或者其他植物原料(*Cerophyl* 或者透明纤维素)。

10.1.7 孵化条件

10.1.7.1 加入幼虫24 h后要给试验容器中的上覆水柔和通风，并且保持到试验结束(应注意溶解氧的浓度不得低于ASV的60%)。通风是通过固定在沉积层之上2 cm～3 cm处的一根玻璃巴斯德吸管进行的(即每秒1个或数个泡沫)。当试验挥发性化学物时，则不能给沉积物-水系统通风。

10.1.7.2 试验要在20 ℃±2 ℃的恒温条件下进行。对于 *C. tentans* 和 *C. yoshimatui*，推荐的温度分别是23 ℃和25 ℃±2 ℃。通常使用16 h的光照周期，光照度应为500 lx～1 000 lx。

10.1.8 暴露时间

暴露从幼虫加入加标容器和对照容器时就开始。*C. riparius* 和 *C. yoshimatui* 的最长暴露时间是28 d，*C. tentans* 是65 d。如果蚊羽化较早，试验可在对照容器中最后一只成虫羽化之后的至少5 d后结束。

10.2 观察

10.2.1 羽化

10.2.1.1 测定发育时间和完全羽化的雌雄蚊总数。从其羽状触角可轻易识别雄蚊。

10.2.1.2 每周至少进行三次观察，与对照容器中的幼虫相比较，目估加标容器中的幼虫的任何反常行为(例如离开沉淀物、非正常游动)。在预期的羽化期间，应每天对羽化蚊计数，每天记录完全羽化蚊的性别和数量。经过鉴别之后，应把蚊从容器中移出。要记录试验终止前的所有产出的卵块，然后移出，以防止幼虫再次引入沉积物。要记录能观察到的未能羽化的蛹数量。羽化的测量方法见附录D。

10.2.2 发育和存活

如果需要幼虫10 d的存活和发育资料，应在试验开始时，额外准备试验容器，以便在随后的试验中，使用它们。使用250 μm的滤网过滤从这些额外的试验容器中取出的沉淀物，滤出幼虫。对死亡的界定是死去，或者对机械刺激没有反应。未能再找到的幼虫也要统计为死亡(那些在试验初期就死去的幼虫可能已经被微生物分解)。测定每个试验容器中存活幼虫的干重(应无杂质)，计算每个试验容器中的平均单个幼虫干重。确定存活的幼虫处于哪个虫龄是很有用的，为此，需要测量每个幼虫的头壳宽度。

10.3 分析试验

10.3.1 受试物的浓度

10.3.1.1 在试验开始(加入受试物质1 h后更适宜)和结束时，应至少对最高浓度组和一个较低浓度组中的上覆水、间隙水和沉积物样本进行测定；这些受试物质浓度的测定显示了水-沉积物系统中受试化学物质的行为和分布情况。试验开始时沉积物的取样可能影响试验(例如取走试验幼虫)；因而，如果适当，在试验开始和试验期间要使用另外的试验容器来做取样测定(见10.3.1.2)。在可比较的条件下(例如沉积物与水的比率、应用种类、沉积物的有机碳含量)，如果在水/沉积物研究中，水和沉积物中受试物质的分布情况可以被清楚地测定，则不必再测量沉积物中的受试物质浓度。

10.3.1.2 当要做实验期间测量(例如第7 d)，以及需要分析大量的样本时，样本的取出势必影响整个试验系统，此时应采用额外的试验容器；这些额外的试验容器在与正式试验容器相同的条件下进行处理(包括引入受试生物)，但不用来作生物学观察，仅用于从中进行取样分析。

10.3.1.3 推荐用离心法分离间隙水，条件为：10 000 g(g为自由落体加速度值)、4 ℃、30 min。但是，如果能够证实受试物不被吸附在过滤器上，也可以用过滤法。在一些情况下，几乎不可能分析间隙水的浓度，因为试样量太少了。

10.3.2 理化参数

用适当方法测量试验容器中的pH和温度(见第7章)。在试验开始和结束时，应测量最高浓度的一个试验容器以及对照容器中的硬度和氨度。

11 数据和报告

11.1 结果处理

11.1.1 本试验的目的是要测定受试物对摇蚊发育速率和完全羽化的雌雄蚊总数的影响，或者在为期10 d的试验中测定受试物对存活幼虫的数量和质量的影响。如果没有迹象显示摇蚊性别对统计灵敏度存在差异时，则雌雄的结果可以合并统计。灵敏度差异存在与否可用统计方法判定，例如 X^2-$r\times2$ 表检验。在为期 10 d 的试验中，应测定幼虫存活数和每个容器中的平均个体干重。

11.1.2 根据试验开始时测得的沉积物中受试物浓度来计算效应浓度，效应浓度应以干态质量为基础。

11.1.3 为了计算 EC_{50} 或其他 EC_x 值，每个试验容器的统计数据值可当作真实的平行试验值。计算任何 EC_x 的置信区间时，应考虑这些数值之间的偏差，或者要证明偏差小到可以忽略不计。当适用最小平方模式时，每个试验容器的统计数据值需通过转换来改善偏差的同质性。但计算 EC_x 值时，应将响应数据转换回原值。

11.1.4 为了测定 NOEC/LOEC，当用假设检验法进行统计分析时，应考虑到每个试验容器的统计数据值的偏差，此时可用嵌套的 ANOVA 法；或者，当不符合通常的 ANOVA 法设定时，则需要进行更多更充分的试验[20]。

11.2 羽化率

11.2.1 羽化率是离散数据，当剂量-效应关系预期为单向，并且这些数据也符合这一预期时，可用递减的方法进行 Cochran-Armitage 检验。否则，要使用 Fisher 精确检验或者 Bonfeeroni-Holm 修正 p 值的 Mantel-Haentzal 检验。当相同浓度的平行试验的偏差比二项式分布更大(通常被称为“外二项式”偏差)，则应用充分的 Cochran-Armitage 检验或者 Fisher 精确检验。

11.2.2 每个试验容器中蚊的羽化总数 n_e，除以加入的幼虫的数量 n_a，即得羽化率，见式(1)：

$$ER=\frac{n_e}{n_a} \qquad \cdots\cdots(1)$$

式中：

ER——羽化率；

n_e——每个容器中羽化蚊的数量；

n_a——每个容器中加入的幼虫数。

11.2.3 当存在外二项式偏差时，最适合于大样本量的可选方法就是把羽化率当成一个连续的效应值。当剂量-效应关系预期为单向，并且 ER 值也符合这一预期时，应用像 William 检验这样的程序；当剂量-效应关系不保持单向时，则适用 Dunnett 检验。这里把大样本量定义为：在一个平行试验(一个容器)中，羽化数和未羽化数都超过 5。

11.2.4 使用 ANOVA 方法时，ER 的值应该通过平方根-反正弦转换或 Turkey-Freeman 转换以获取一个近似正态分布并使方差齐性。当使用绝对频数时，可以应用 Cochran-Armitage 检验、Fisher 精准(Bonferroni)检验或 Mantel-Haentzal 检验。平方根-反正弦转换是对 ER 的平方根求反正弦($\sin a^{-1}$)值。

11.2.5 使用回归分析计算羽化率 EC_x(例如可使用 probit[21]、logit、Weibull 或合适的商用软件等)。如果不能用回归分析(例如只有少于两个部分效应值)，则使用其他非参数方法比如移动平均或简单插补。

11.3 发育速率

11.3.1 平均发育时间表示由从刚引入幼虫(试验第 0 d)到大群实验性羽化成虫所跨越的平均时间(为了正确计算发育时间，应考虑幼虫引入时的虫龄)。发育速率(单位：1/d)是发育时间的倒数，表示每天羽化的幼虫的比率。对于评估沉积物毒性研究而言，发育速率更重要，因为与发育时间相比，它的偏差更低，更均一，更接近正态分布；因而更有效的参数检验程序可以用于计算发育速率而不是发育时间。因为发育速率是一个连续效应值，EC_x 值可以使用回归分析来估算[22-23]。

11.3.2 对于下列统计检验，观察第 x 天所观察到摇蚊数量假定为从第 x 天到第 $x-L$ 天(L=观察间隔的长度，通常为 1 d)中羽化而成。每个容器的平均发育速率($\overline{x}$)根据式(2)计算：

$$\bar{x}=\frac{1}{n_e}\sum_{i=1}^{m} f_i x_i \quad\cdots\cdots(2)$$

式中：

$\bar{x}$ ——每个容器的平均发育速率；

i ——观察间隔指数；

m ——观察间隔最大值；

f_i ——观察间隔 i 中所羽化的摇蚊数量；

n_e ——至实验最后阶段所羽化的摇蚊总数（$=\sum f_i$）；

x_i ——在观察间隔 i 中所羽化的摇蚊发育速率。

11.3.3 在观察间隔 i 中所羽化的摇蚊发育速率 x_i 按照式(3)计算：

$$x_i=1/\left(d_i-\frac{l_i}{2}\right) \quad\cdots\cdots(3)$$

式中：

d_i ——观察的天数（从加入幼虫起算的日期）；

l_i ——观察间隔 i 的长度（日期，通常为 1 d）。

11.4 试验报告

11.4.1 受试物：

——特性，相关的物理-化学特性[水溶性，蒸气压，土壤（或沉积物中）中的分配系数，水稳定性等]；

——化学识别信息（通用名、化学名、结构式以及 CAS 号等），包括纯度和定量分析方法。

11.4.2 受试生物：

——试验使用的生物的种类、学名、来源和饲养条件；

——处理卵块和幼虫方法的信息；

——加入试验容器时受试生物的虫龄。

11.4.3 检测条件：

——使用的沉积物，如：天然或人工配制的沉积物；

——对于天然沉积物，应记录沉积物取样地区的位置并作描述，如可能，还应包括污染史和天然沉积物的特性：pH 值、有机碳含量、碳氮比和粒度（如适用）。

——配制沉积物的制备：成分和特性（在试验开始前的 pH 值，有机碳含量，pH 值，水分等）；

——试验用水的准备（如使用配制水）及其特性（在试验开始前的氧浓度，pH 值，传导率，硬度等）；

——沉积物和上覆水的厚度；

——上覆水和间隙水的体积；沉积物分别含间隙水和不含间隙水的质量；

——试验容器（材料和尺寸）；

——储备液和试验浓度的制备方法；

——受试物质的使用：所用受试物质试验浓度，平行试样个数和使用的溶剂（若使用）；

——孵化条件：温度，光照周期和强度，通风（频率和强度）；

——喂养方面的具体信息包括饲料的种类、制备、喂养数量和喂养方案。

11.4.4 结果：

——理论试验浓度，实际测量的试验浓度和决定试验容器中试验物浓度的所有分析结果；

——试验容器中水的质量，如：pH 值，温度，溶氧量，硬度和氨度；

——如果在试验过程中对蒸发了的试验用水进行了补偿，则应记录；

——每天每个容器内成长为雄蚊和雌蚊的数量；

——每个容器内没能成长为摇蚊的幼虫的数量；

——每个容器内单个幼虫的平均干态质量；如合适，测量每一龄虫的平均干态质量；
——每个平行试样和每个检测浓度的羽化百分率(雄蚊和雌蚊合计)；
——每个试验容器中的完全羽化成蚊的平均发育率和处理率(雄蚊和雌蚊合计)；
——估计毒性效应值，例如 EC_x(及其相关的置信区间)，NOEC 和/或 LOEC，以及所用的统计方法；
——结果讨论，包括任何偏离该标准会对试验结论产生的影响。

附 录 A
（资料性附录）
摇蚊培养方法推荐

A.1 摇蚊培养方法

摇蚊幼虫的培养可以在沉积器皿或更大的容器中进行。在容器的底部铺上一薄层石英砂，厚度约 5 mm ～10 mm，也可以用硅藻土（如 Merck，Art 8117）代替（厚度更薄，仅需几毫米就足够）。然后加入适用的水，水深数厘米。应补充蒸发损失，保持水位，防止干燥。如需要，可以更换水。还应提供温和的通风。摇蚊幼虫的培养容器外面应加一个笼子，以防止羽化后成虫的逃逸。笼子应足够大（至少 30 cm×30 cm×30cm），这样成虫能成群并交配。

笼子应放置于室温下或温度为 20 ℃±2 ℃的恒温环境中[16 h 光照（强度 1 000 lx），8 h 黑暗]。据报道，空气湿度（RH）小于 60%会阻止摇蚊的繁殖。

A.2 培养水

任何适用的天然水或配制水都可使用。一般推荐使用井水、去氯的自来水和人工介质（如下述 Elendt "M4"或"M7"）。水在使用前应鼓氧。如需要，培养水可以用倾倒或虹吸法更换，应小心别损害到幼虫的管状巢。

A.3 幼虫的喂食

摇蚊幼虫用鱼食喂养（用 Tetra Min，Tetra Phyll 或其他类似品牌鱼食）每天每笼大约 250 mg。可以给干的粉末或用水调配成悬浮液：1.0 g 碎鱼食加入 20 mL 水混匀，每天每笼喂 5 mL 这样的配制液（使用前摇匀）。幼虫较大时可以适当多给些。

按照水质调整喂食量，如果培养介质"混浊"，应减少喂食量。加食应小心调控。加食太少会导致幼虫向水柱迁移，加食太多会导致微生物繁殖快，水中氧气浓度下降。这两种情况都会使摇蚊幼虫生长变慢。

当启用新的培养容器时，可以加一些绿藻（如 *Scenedesmus subspicatus*，*Chlorella vulgaris*）。

A.4 成虫的喂食

一些实验员推荐：将棉花球浸泡于饱和蔗糖溶液后，作为羽化后成虫的食物。

A.5 羽化

在温度 20 ℃±2 ℃下，摇蚊幼虫在培养箱中大约 13 d～15 d 后就开始羽化成虫。

A.6 虫卵

成虫出现后，每周三次检查所有幼虫培养箱中凝胶状虫卵。如出现卵块，应小心取出，转移到盛有培养液的小盆中。这些卵块将用于建立新的培养容器(每个容器加入 2 块～4 块卵块)或用于毒性试验。

一龄摇蚊幼虫在 2 d～3 d 后孵化。

A.7 新建培养箱

一旦培养体系建立后,每周(或根据实验需要,延长新建周期)就能新建一个培养容器。当出现成虫后,就可以移去老的培养容器。使用这样的培养体系可以稳定高效地提供摇蚊成虫。

A.8 介质“M4”和“M7”的配制

Elendt(1990)已描述过介质“M4”。介质“M7”的配制与“M4”一样,只是某些物质的浓度只有“M4”的四分之一,参见表 A.1。由于用以配制贮备溶液的 $Na_2SiO_3 \cdot 5H_2O$、$NaNO_3$、KH_2PO_4 和 K_2HPO_4 的浓度不够,试验用溶液不能按照 Elendt 和 Bias(1990)配制。

A.9 介质“M7”的配制

每一个贮备溶液(Ⅰ)单独配制,混合贮备液(Ⅱ)由这些贮备溶液(Ⅰ)配制而成(参见表 A.1)。将 50 mL 混合贮备液(Ⅱ),及表 A.2 中所列主要营养元素贮备液若干毫升,用去离子水稀释至 1 L,这样就配成了介质“M7”。按表 A.3 将三种维生素加入到去离子水中,配制成维生素贮备溶液。使用前,在最终的“M7”中加 0.1 mL 混合维生素贮备液(维生素贮备液应小份冷冻贮存)。介质应鼓氧并稳定。

表 A.1 介质 M4 和 M7 微量元素贮备液

贮备液(I)	称取下列质量(mg),用去离子水稀释至 1 L	配制混合贮备液(Ⅱ):混合下列量(mL)的贮备液(Ⅰ)并用去离子水稀释至 1 L		试验溶液最终浓度/(mg/L)	
		M4	M7	M4	M7
H_3BO_3 [a]	57 190	1.0	0.25	2.86	0.715
$MnCl_2 \cdot 4H_2O$	7 210	1.0	0.25	0.361	0.000
LiCl [a]	6 120	1.0	0.25	0.306	0.077
RbCl [a]	1 420	1.0	0.25	0.071	0.018
$SrCl_2 \cdot 6H_2O$ [a]	3 040	1.0	0.25	0.152	0.038
NaBr [a]	320	1.0	0.25	0.016	0.004
$Na_2MoO_4 \cdot 2H_2O$ [a]	1 260	1.0	0.25	0.063	0.016
$CuCl_2 \cdot 2H_2O$ [a]	335	1.0	0.25	0.017	0.004
$ZnCl_2$	260	1.0	1.0	0.013	0.013
$CoCl_2 \cdot 6H_2O$	200	1.0	1.0	0.010	0.010
KI	65	1.0	1.0	0.003 3	0.003 3
Na_2SeO_3	43.8	1.0	1.0	0.002 2	0.002 2
NH_4VO_3	11.5	1.0	1.0	0.000 58	0.000 58
$Na_2EDTA \cdot 2H_2O$ [a,b]	5 000	20.0	5.0	2.5	0.625
$FeSO_4 \cdot 7H_2O$ [a,b]	1 991	20.0	5.0	1.0	0.249

[a] 这些物质在 M4 和 M7 中的差异,如上所示。

[b] 单独配制这些溶液,然后混合在一起立即高压灭菌处理。

表 A.2 介质 M4 和 M7 主要营养元素贮备液

营养元素	称取下列质量(mg)，用去离子水稀释至 1 L	配制 M4 和 M7 介质贮备液主要营养素加入量/(mL/L)	试验溶液 M4 和 M7 最终浓度/(mg/L)
$CaCl_2 \cdot 2H_2O$	29 380	1.0	293.8
$MgSO_4 \cdot 7H_2O$	246 600	0.5	123.3
KCl	58 000	0.1	5.8
$NaHCO_3$	64 800	1.0	64.8
$NaSiO_3 \cdot 9H_2O$	50 000	0.2	10.0
$NaNO_3$	2 740	0.1	0.274
KH_2PO_4	1 430	0.1	0.143
K_2HPO_4	1 840	0.1	0.184

将三种维生素溶液混合，制备成一个维生素贮备液，见表 A.3。

表 A.3 介质 M4 和 M7 维生素贮备液

维生素	称取下列质量(mg)，用去离子水稀释至 1 L	配制 M4 和 M7 介质贮备液主要营养素加入量/(mL/L)	M4 和 M7 试验溶液最终浓度/(mg/L)
盐酸硫胺(维生素 B1)	750	0.1	0.075
维生素 B12	10	0.1	0.001 0
维生素 B7	7.5	0.1	0.000 75

附　录　B
（规范性附录）
制备配制沉积物

B.1　沉积物组分

配制沉积物的组分应符合表 B.1 要求。

表 B.1　配制沉积物的组分要求

组成	特征	沉积物干重百分比/%
泥炭	水苔泥炭，pH 尽量接近 5.5～6.0，无可见植物残余，细磨(颗粒尺寸≤1mm)并且风干	4～5
石英砂	粒度：颗粒在 50 μm～200 μm 范围的应大于 50%	75～76
高岭石粘土	高岭石含量≥30%	20
有机碳	添加泥炭和砂来调整	2±0.5
碳酸钙	粉状 $CaCO_3$(化学纯)	0.05～0.1
水	电导率≤10 μS/cm	30～50

B.2　制备

泥炭风干后，磨至微细粉末。用高性能均质化装置将置于去离子水中的一定量泥炭粉末制成悬浮液。用 $CaCO_3$ 调整此悬浮液的 pH 值至 5.5±0.5。在 20 ℃±2 ℃下，温和搅拌此悬浮液，并陈化至少 2 d，以稳定 pH 值，并建立稳定的微生物组分。再次测量 pH 值应在 6.0±0.5。然后，将此泥炭悬浮液混入另外的组分(砂和高岭石粘土)和去离子水，获得均匀的沉积物。此沉积物水含量应在沉积物干重的 30%～50%范围内。此最终混合物的 pH 值需再次测定，并控制在 6.5～7.5，需要时用 $CaCO_3$ 调节。取沉积物样品，检测干重和有机碳含量。在作摇蚊毒性试验前，建议在与后续试验相同条件下将此配制沉积物陈化 7 d。

B.3　贮存

用来制备人工沉积物的干组分可以在室温下贮存在干燥阴凉的地方。配制沉积物(湿)在试验前不能贮存，应在 7 d 陈化结束后立即使用。

附 录 C
（规范性附录）
稀释用水的化学特性要求

C.1 稀释用水的化学特性要求见表C.1。

表C.1 稀释用水的化学特性要求

物 质	浓 度
颗粒物	<20 mg/L
总有机碳	<2 mg/L
未离子化的氨	<1 μg/L
硬度以碳酸钙计	<400 mg/L[a]
残留氯	<10 μg/L
总有机磷农药	<50 μg/L
总有机氯农药+多氯联苯	<50 μg/L
总有机氯	<25 μg/L

[a] 当硬离子和受试物有相互作用时，应使用低硬度水（这种情况下，不能使用 Elendt M4 介质）。

附 录 D
（规范性附录）
羽化网罩示意图

D.1 羽化网罩放置于试验烧杯上，从第 20 d 到试验的最后应放置这些羽化网罩。所使用的羽化网罩示例见图 D.1。

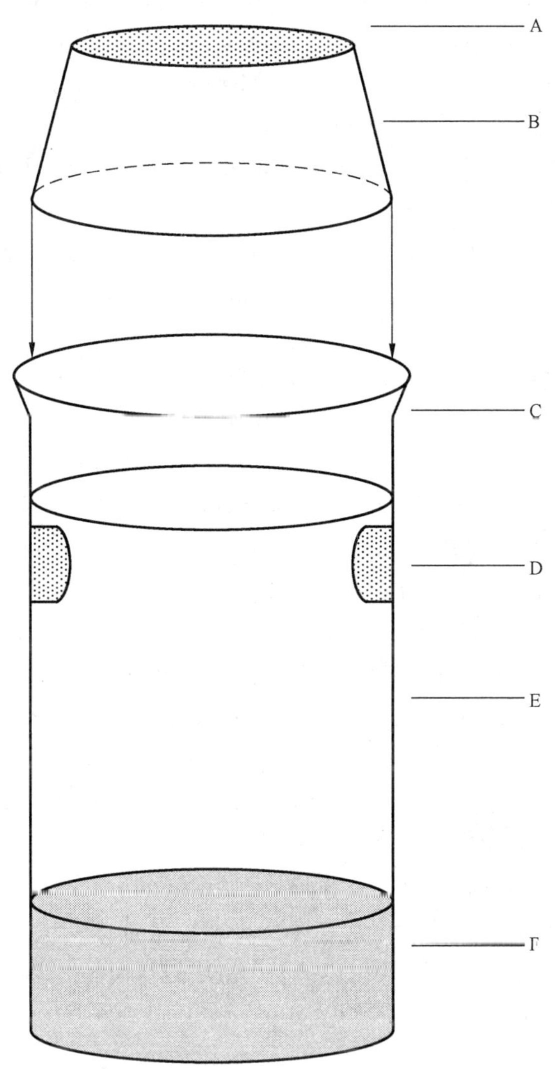

A——尼龙筛网； D——水交换筛网出入口；
B——倒置的塑料杯； E——水；
C——无边开口烧杯； F——沉积物。

图 D.1 羽化网罩示意图

参 考 文 献

[1] BBA (1995). Long-term toxicity test with *Chironomus riparius*: Development and validation of a new test system. Edited by M. Streloke and H. Köpp. Berlin 1995

[2] R. Fleming *et al*. (1994). Sediment Toxicity Tests for Poorly Water-Soluble Substances. Final Report to them European Commission. Report No: EC 3738. August 1994. WRc, UK

[3] SETAC (1993). Guidance Document on Sediment toxicity Tests and Bioassays for Freshwater and Marine Environments. From the WOSTA Workshop held in the Netherlands

[4] ASTM International/E1706-00 (2002). Test Method for Measuring the Toxicity of Sediment-Associated Contaminants with Freshwater Invertebrates. pp 1125-1241. In ASTM International 2002 Annual Book of Standards. Volume 11. 05. Biological Effects and Environmental Fate; Biotechnology; Pesticides. ASTM. International, West Conshohocken, PA

[5] Environment Canada (1997). Test for Growth and Survival in Sediment using Larvae of Freshwater Midges (*Chironomus tentans or Chironomus ripariu*). Biological Test Method. Report SPE 1/RM/32. December 1997

[6] US-EPA (2000). Methods for Measuring the Toxicity and Bioaccumulation of Sedimentassociated Contaminants with Freshwater Invertebrates. Second edition. EPA 600/R-99/064. March 2000. Revision to the first edition dated June 1994

[7] US-EPA/OPPTS 850. 1735. (1996): Whole Sediment Acute Toxicity Invertebrates

[8] US-EPA/OPPTS 850. 1790. (1996): Chironomid Sediment toxicity Test

[9] Milani, D. , K. E. Day, D. J. McLeay, and R. S. Kirby. (1996). Recent intra-and inter-laboratory studies related to the development and standardisation of Environment Canada's biological test methods for measuring sediment toxicity using freshwater amphipods (*Hyalella and azteca*) and midge larvae (*Chironomus ripariu*). Technical Report. Environment Canada. National Water Research Institute. Burlington, Ontario, Canada

[10] Sugaya, Y. (1997). Intra-specific variations of the susceptibility of insecticides in *Chironomus yoshimatsui*. Jp. J. Sanit. Zool. 48 (4):345-350

[11] Kawai, K. (1986). Fundamental studies on Chironomid allergy. I. Culture methods of some Japanese Chironomids (Chironomidae, Diptera). Jp. J. Sanit. Zool. 37(1):47-57

[12] OECD (2000). Guidance Document on Aquatic Toxicity Testing of Difficult Substances and Mixtures. OECD Environment, Health and Safety Publications, Series on Testing and Assessment No. 23

[13] Environment Canada. (1995). Guidance Document on Measurement of Toxicity Test Precision Using Control Sediments Spiked with a Reference Toxicant. Report EPS 1/RM/30. September 1995

[14] Suedel, B. C. and J. H. Rodgers. (1994). Development of formulated reference sediments for freshwater and estuarine sediment testing. Environ. Toxicol. Chem. 13:1163-1175

[15] Naylor, C. and C. Rodrigues. (1995). Development of a test method for Chironomus riparius using a formulated sediment. Chemosphere 31:3291-3303

[16] Dunnett, C. W. (1964). A multiple comparisons procedure for comparing several treatments with a control. J. Amer. Statis. Assoc. , 50:1096-1121

[17] Dunnett, C. W. (1964). New tables for multiple comparisons with a control. Biometrics, 20:482-491

[18] Williams, D. A. (1971). A test for differences between treatment means when several dose levels are compared with a zero dose control. Biometrics, 27: 103-117

[19] Williams, D. A. (1972). The comparison of several dose levels with a zero dose control. Biometrics, 28: 510-531

[20] Rao, J. N. K. and A. J. Scott. (1992). A simple method for the analysis of clustered binary data. Biometrics 48: 577-585

[21] Christensen, E. R. 1984. Dose-response functions in aquatic toxicity testing and the Weibull model. Water Research 18: 213-221

[22] Bruce and Versteeg 1992, A statistical procedure for modelling continuous toxicity data. Environmental Toxicology and Chemistry 11: 1485-1494

[23] Slob, W. 2002. Dose-response modelling of continuous endpoints. Toxicol. Sci., 66: 298-312

ICS 13.300
A 80

中华人民共和国国家标准

GB/T 27859—2011

化学品 沉积物-水系统中摇蚊毒性试验 加标于沉积物法

Chemicals—Sediment-water chironomid toxicity test—Spiked sediment method

2011-12-30 发布 2012-08-01 实施

中华人民共和国国家质量监督检验检疫总局
中国国家标准化管理委员会 发布

前　言

本标准按照 GB/T 1.1—2009 给出的规则起草。

本标准与经济合作与发展组织(OECD)化学品测试导则 218《沉积物-水系统中摇蚊毒性试验　加标于沉积物法》(英文版)技术内容相同。

本标准做了下列结构和编辑性修改:

——为与现有系列国家标准一致,将标准名称改为《化学品　沉积物-水系统中摇蚊毒性试验　加标于沉积物法》;

——将 OECD 218 中的"介绍"作为本标准的"引言";

——将 OECD 218 中的附件 1"术语和定义"作为本标准的第 3 章"术语和定义"。

本标准由全国危险化学品管理标准化技术委员会(SAC/TC 251)提出并归口。

本标准起草单位:江苏出入境检验检疫局、中国检验检疫科学研究院。

本标准主要起草人:张军祖、陈会明、周秋红、徐炎、丁华、陆卫群。

引　言

本标准用于评估化学品长期暴露对处在沉积物中的淡水双翅目摇蚊属(*Chironomus* sp.)幼虫的影响。它以已有的 *Chironomus riparius* 和 *Chironomus tentans* 的毒性试验方法为基础，上述摇蚊毒性试验方法已在欧洲[1-3]和北美[4-8]建立并通过了比对试验[1,6,9]。本标准也可使用其他已有充分实证的摇蚊种类，如 *Chironomus yoshimatsui*[10-11]。

应根据试验的应用目的选择适当的暴露场景。本标准中的暴露场景是在沉积物-水系统中将定量的受试物质添加于沉积物中，即加标于沉积物。该暴露场景用于模拟沉积物中存在的化学品的蓄积水平。

要用沉积物中的生物测试的受试物质通常可在这个系统中存在很长时间。沉积物中的生物可通过多种途径暴露受试物质。每种暴露途径的相对重要性，以及每种暴露的时间对总体毒性效应的贡献，取决于相关化学品的理化特性。对于强吸附物质(如 $\lg K_{ow}>5$ 的物质)，或与沉积物共价结合的物质，让受试生物摄取加了受试物的食物可能是一条重要的暴露途径。为了不低估高亲脂性物质的毒性，可考虑在使用受试物之前向沉积物中加入饲料。为了将所有潜在的暴露途径纳入考虑之中，本标准将重点关注长期暴露。*C. riparius* 和 *C. yoshimatsui* 的试验持续时间为 20 d～28 d，*C. tentans* 为 28 d～65 d。如果因特殊目的，需要短期数据，例如研究不稳定化学品的毒性效应，可用附加的平行试样进行试验，并在 10 d 后放弃。

试验的最终结果为羽化的成虫总数和羽化时间。如果需要额外的短期数据，建议只能适当增加额外的平行试验，在试验进行 10 d 后，进行幼虫的存活和生长的测量。

本标准建议使用人工配制沉积物。与天然沉积物相比，配制沉积物有几个优点：

——因为配制沉积物为可再生的“标准化基体”，减少了实验的不确定性，并且没必要去寻找未被污染的清洁沉积物来源；

——试验可在任何时候开始，而不必面对试验沉积物的季节性变化，也不必对沉积物进行预处理，以去除本土动物群。使用配制沉积物也减少了去野外收集足量的用于常规试验的沉积物的相关费用；

——使用配制沉积物，使毒性数据可以相互比对，从而进行物质的毒性分类。

化学品 沉积物-水系统中摇蚊毒性试验 加标于沉积物法

1 范围

本标准规定了加标于沉积物法评估沉积物-水系统中摇蚊毒性的试验方法。

本标准适用于评估化学品长期暴露对于处在沉积物-水中的淡水双翅目摇蚊属(*Chironomus* sp.)幼虫的影响。

2 规范性引用文件

下列文件对于本文件的应用是必不可少的。凡是注日期的引用文件,仅注日期的版本适用于本文件。凡是不注日期的引用文件,其最新版本(包括所有的修改单)适用于本文件。

GB/T 21809 化学品 蚯蚓急性毒性试验

3 术语和定义

下述术语和定义适用于本文件。

3.1

配制沉积物 formulated sediment

用来模拟天然沉积物物理成分的混合物,也可称为再生沉积物、人工沉积物或合成沉积物。

3.2

上覆水 overlying water

试验容器中处于沉积物之上的水。

3.3

间隙水 interstitial water or pore water

沉积物和土壤颗粒之间的水。

3.4

加标沉积物 spiked sediment

已经添加了受试物的试验用沉积物。

4 原理

将一龄摇蚊幼虫暴露于一系列含有不同浓度的受试物的沉积物-水系统中进行试验。先将受试物加入沉积物中,待烧杯中的沉积物和水陈化后,将一龄摇蚊幼虫引入烧杯。在试验结束时,测量摇蚊羽化数和发育速率。如果需要,也可在10 d后测量存活幼虫数和质量(使用适当的附加平行试样)。所测实验数据可用回归模型分析,以估计导致羽化率或幼虫存活率或生长率下降$x\%$的浓度(如15%有效浓度EC_{15},半数有效浓度EC_{50}等),或者用统计假设检验来测定无可观察效应浓度(NOEC)或者最低可观察效应浓度(LOEC)。后者需要用统计检验方法,以将效应值与对照值进行比较。

5 受试物信息

应了解受试物的溶解度、蒸汽压、经测量或计算而得的在沉积物中的分配量、以及在水和沉积物中的稳定性等。还需要有一种可靠的分析方法，用于上覆水、间隙水和沉积物中受试物的定量测定，并具有已知的和报道过的准确度和检出限。有用的信息还包括受试物的结构式、纯度、化学归宿(如衰减、生物与非生物降解等)。如果受试物质的理化性质导致其很难进行本试验，则可参考相关文献[1-2]。

6 参考物质

定期进行参考物质的试验，以验证试验方案和试验条件的可靠性。已成功应用于比对试验和有效性研究的参考毒物有林丹、氟乐灵、五氯苯酚、氯化镉和氯化钾[1-2,5-6,13]。

7 质量保证与质量控制

为使试验有效，应满足下列条件：

a) 试验结束时，对照组的羽化率不应低于 70%[1,6]；

b) 对照容器中的 *C. riparius* 和 *C. yoshimatsui* 应在引入后的 12 d～23 d 内羽化为成虫；*C. tentans* 则需要 20 d～65 d；

c) 试验结束时，应测量每个试验容器中的 pH 值和溶解氧浓度。溶解氧浓度应不低于该温度下空气饱和值(ASV)的 60%，所有试验容器中上覆水的 pH 值应在 6.0～9.0 之间；

d) 水温变化不超过±1.0 ℃。可用恒温室来控制水温，并按适当的时间间隔进行记录。

8 试验方法描述

8.1 试验容器

试验在直径为 8 cm 的 600 mL 玻璃烧杯中进行。也可使用其他容器，但应确保上覆水和沉积物的适宜深度。沉积物表面应足够为每条幼虫提供 2 cm^2～3 cm^2 的面积。沉积层深度与上覆水深度之比应为 1∶4。试验容器和其他与试验系统直接接触的器具应全部用玻璃或其他化学惰性材料(如聚四氟乙烯)制成。

8.2 受试物种选择

试验所选用的适宜物种为 *C. riparius*。也可选用 *C. tentans*，但试验操作更困难，试验周期更长。也可选用 *C. yoshimatsui*。附录 A 提供了 *C. riparius* 的详细培育方法。其他种类的培育条件也可获取，如 *C. tentans*[4] 和 *C. yoshimatsui*[11]。试验前应确认受试物种类，但如果使用室内培育的生物，可不必在每次试验前做如此确认。

8.3 沉积物

8.3.1 优先选用配制沉积物。如果使用天然沉积物，应做性质表征(至少应测 pH 值、有机碳含量；也建议测定其他参数，如碳氮比和粒度等)，并且该天然沉积物未受污染，不存在与摇蚊竞争或捕食摇蚊的其他生物。在用于摇蚊毒性试验以前，建议先将天然沉积物在与后续试验相同的条件下陈化数天。下列配制沉积物是以 GB/T 21809 中使用的人造土壤为基础的，推荐在本试验中使用[1,14-15]。

——4%～5%(干重)泥炭:pH 值尽可能在 5.5～6.0 之间;重要的是应采用粉末状泥炭,研磨成粉末(粒度≤1 mm),只能空气干燥。

——20%(干重)高岭粘土(高岭石含量最好大于 30%)。

——75%～76%(干重)石英砂(以细砂为主,50%以上的石英砂颗粒应在 50 μm～200 μm)。

——加入去离子水,使最终混合物中的水分含量为 30%～50%。

——加入化学纯碳酸钙($CaCO_3$)将最终混合物的 pH 值调节至 7.0±0.5。

——最终混合物中的有机碳含量应为 2.0%±0.5%,可分别用适量的上述泥炭和石英砂调节。

8.3.2 泥炭、高岭粘土和石英砂的来源应清楚。沉积物组分应经检查无化学污染(如重金属、有机氯化合物、有机磷化合物等)。附录 B 描述了配制沉积物的制备情况。如果能证实在加入上覆水后,不会发生沉积物组分的分离(如泥炭颗粒的漂起),并且泥炭或沉积物已充分陈化,也可用干燥组分直接混合进行制备。

8.4 水

附录 A 和附录 C 列出了可使用的稀释水的化学指标,任何符合这些指标的水均可作试验用水。在整个培育和试验过程中,如果摇蚊能够存活于其中而未显不适,则任何适宜的水,包括自然水(地表水)、配制水(参见附录 A)以及除氯的自来水等,都可用作培育用水和试验用水。试验开始时,试验用水的 pH 值应在 6.0～9.0 之间,总硬度不大于 400 mg/L(以 $CaCO_3$ 计)。但是,如果怀疑硬度离子与试验物质之间有反应,则应使用硬度低一些的水(因此,在此情况下不能使用 Elendt M4 介质,参见附录 B)。在整个试验过程中应自始至终使用同一类型的水。附录 C 中所列的水质特性指标每年至少应测定两次,当怀疑这些指标可能发生显著变化时,也应进行检测。

8.5 储备液-加标沉积物

通常将受试物溶液直接加入沉积物中,以制备成选定浓度的加标沉积物。将受试物溶解于去离子水中制得储备液,再用振荡器、搅拌器或人工混合的方法将储备液与配制沉积物混合。如果受试物难溶于水,可将其溶于尽可能少的适宜有机溶剂中(如正己烷、丙酮或氯仿);将此溶液与 10 g 石英细砂混合,每 10 g 石英砂适合一个试验容器的量;有机溶剂被挥发直至完全从石英砂中去除;再将该份石英砂与一个烧杯中的适量沉积物混合。只有易挥发性试剂才可以用来助溶、分散或乳化受试物。在配制沉积物时,应考虑由受试物与石英砂组成的混合物带入的石英砂的量(即在配制沉积物时应相应减少石英砂的用量)。注意应确保加入沉积物的受试物完全均匀地分布于沉积物中,必要时可分析副样以测定其均匀性。

9 试验的设计

9.1 总则

试验设计涉及选择试验浓度的组数以及浓度的间距(组距)、每个浓度的试验容器数和每个试验容器中的幼虫数。应对 EC 点的估算、NOEC 的估算,以及限度试验的设计进行描述。

9.2 回归分析的设计

9.2.1 效应浓度(如 EC_{15},EC_{50})和所关注的受试物质的效应浓度范围应包含在试验所用的浓度范围内。一般说来,当效应浓度处于试验浓度的范围内时,评估效应浓度(EC_x)的准确性、特别是有效性可得到提高。应避免出现大大低于最低阳性浓度和大大高于最高浓度的情况。探寻浓度范围的预试验有助于选择拟采用的浓度范围。

9.2.2 如需估计 EC_x，应至少设置 5 组试验浓度，每个浓度 3 份平行试样。为使评估模型更为准确，试验的浓度应足够多。浓度间隔比例因子应不大于 2(除非剂量响应曲线的斜率很小)。当不同响应的试验浓度的组数增加时，可以减少每个浓度的平行试样的组数。增加平行试样组数或减小试验浓度的间隔可减小试验结果的置信区间。如果需要评估幼虫 10 d 的存活和生长情况，则需增加额外的平行试样。

9.3 评估 NOEC/LOEC 的设计

如需评估 NOEC/LOEC，应设置 5 组试验浓度，每个浓度至少 4 个平行试样，浓度间隔比例因子应不大于 2。为了保证足够的统计效能，以便在 5%的显著水平上($p=0.05$)检测出与对照组 20%的差异，平行试样的组数应足够多。如需评估生长率，可用方差分析法(ANOVA)，如 Dunnett 检验和 Williams 检验等[16-19]。在进行羽化率评估时，可用 Cochran-Armitage 检验、Fisher 精确检验(经 Bonferroni 修正)或者 Mantel-Haentzal 检验。

9.4 限度试验

如果在探寻浓度范围的预试验中没有观测到任何效应，则可进行限度试验(一个试验浓度和一个对照浓度)。限度试验的目的就是在一个足够高的浓度下进行试验，排除该物质可能产生的毒性效应。限度值设定在一个预期在任何情况下都不会出现毒性浓度。推荐浓度为 1 000 mg/kg(干重)。试验和对照各需至少 6 个平行试样。应证明试验有足够的统计效能，能够在 5%的显著水平上($p=0.05$)检测出与对照组 20%的差异。对于度量的效应结果(生长率和质量)，如果数据满足 t 检验的要求(正态，齐性方差)，则 t 检验是一种合适的统计方法。如果数据不能满足这些要求，可以应用方差不齐 t 检验，或者非参数检验，如 Wilcoxon-Mann-Whithey 检验。对于羽化率，则可用 Fisher 精确检验。

10 试验步骤

10.1 暴露条件

10.1.1 加标沉积物-水系统的制备

10.1.1.1 受试物的加入推荐参照 GB/T 21809 中描述的加标步骤。将加标沉积物放入试验容器，再加入上覆水，形成一个体积比为 1∶4 的沉积物-水系统(见 8.1 和 8.4)。沉积层厚度应为 1.5 cm～3 cm。在向水柱体中加入试验溶液时，为了避免沉积物分层和再次激起微小颗粒悬浮在水中，可在沉积物上盖一个圆形塑料片，把溶液倒在塑料片上，然后立即将塑料片移开。也可以用其他合适的器具。

10.1.1.2 应在试验容器上加一个玻璃皿之类的盖子。必要时，试验过程中可加水使水达到初始的体积以补偿水分的挥发。只能加入蒸馏水或去离子水以避免盐他增加。

10.1.2 陈化

加标沉积物-水系统制备完成后，应让受试物在水相和沉积物中进行重新分配[3-4,6,13]。陈化应在与试验相同的温度和通风条件下进行。适宜的平衡时间取决于沉积物和化学品的特性，可能是数小时到数天，在罕见情况下可达几个星期(4 周～5 周)。由于长时间将导致许多化学品的降解，所以不必等待平衡出现，而建议将平衡时间定为 48 h，平衡期的后期，应检测受试物在上覆水、间隙水和沉积物中的浓度，至少要检测受试物在最高试验浓度和一个较低浓度的试验系统中的分布情况。这些对受试物质的分析测定结果可用于计算质量平衡，表述与实测浓度有关的检验结果。

10.1.3 加入受试生物

10.1.3.1 在向试验容器中加入受试生物的 4 d～5 d 前，应将卵块从培养器中取出，移至加了培养介质的小容器中。可使用培养器中现成的已陈化介质，也可用新配制的介质。如果用后者，应向培养介质中加入绿藻，和/或几小滴将切片鱼食磨细后的悬浮液的滤出液（参见附录 A）。只能使用刚刚产出的卵块。正常情况下，卵出生 2 d～3 d 后幼虫就开始孵化（*C. riparius*，温度 20 ℃下 2 d～3 d；*C. tentans*，温度 23 ℃下 1 d～4 d；*C. yoshimatsui*，温度 25 ℃下 1 d～4 d），幼虫至成虫共生长四龄，每龄 4 d～8 d。用于试验的是一龄幼虫（孵出后 2 d～3 d 或 1 d～4 d）。幼虫处于哪一龄可通过测量其头壳宽度来确定[6]。

10.1.3.2 用一根钝头吸管将 20 只一龄幼虫随机放入每一个已含有加标沉积物和水的试验容器中。向试验容器加入幼虫时，只能停止通风，加入后再保持 24 h。每种浓度所加入的幼虫数量根据所使用的不同试验设计而定，用 EC 点估算法时每种浓度至少 60 只，而用 NOEC 测定法则至少为 80 只。

10.1.4 试验浓度

10.1.4.1 为了选定正式试验的浓度范围，可进行浓度范围的预试验；为此，需要使用一系列间隔较大的受试物质浓度。在与正式试验相同的摇蚊表面密度条件下，将摇蚊暴露于每一种受试物质浓度中一段时间，这样即可估算出适当的试验浓度。浓度范围的预试验不需要平行试样。

10.1.4.2 正式试验用的试验浓度是根据探寻浓度范围的预试验的结果来决定，至少要选用 5 种浓度。浓度的选定应与 9.2 和 9.3 的要求相符。

10.1.5 对照

试验时要准备好对照容器，这些容器中不加入受试物质，但要加入沉积物。对照容器也要备好适当数量的平行试样（见 9.2 和 9.3）。如果在 8.5 使用了某种溶剂，则要增加沉积物溶剂对照。

10.1.6 试验系统

应使用静态系统。在某些特殊的情况下，比如水质指标变得不再适合受试生物或者影响化学平衡时（例如：水中溶解的氧气含量过低，排泄物含量过高，或者从沉积物中析出的矿物质影响水的 pH 值或硬度时），也可使用半静态或流动系统：间断性或持续性地更新上部水体。尽管如此，通常情况下最好使用其他的改善上部水体质量的方法，比如通风；而避免使用半静态或流动系统。

10.1.7 饲料

应及时给幼虫投食，最好每天一次或者每周至少三次。对于最初 10 d 内的小幼虫，每条幼虫 0.25 mg/d～0.5 mg/d（*C. yoshimatui* 应为 0.35 mg～0.5 mg）的鱼饲料（一种水悬浮液或者磨碎的精细饲料，例如 Tetra-Min 或 Tetra-Phyll，详见附录 A）应足够了。对于大一些的幼虫，饲料应稍多些：在余下的试验中，每条幼虫 0.5 mg/d～1.0 mg/d 应足够了。如果发现真菌生长或者对照中观察到死亡率，则所有试样和对照中的饲料供给量应减少。如果不能停止真菌的生长，则试验应重做。当试验强吸附物质（例如 lg K_{ow}>5 的物质）或者与沉淀物共价结合的物质时，应在陈化期前向配制沉积物中加入足量的饲料以确保幼虫的生存和自然生长。对此，应使用植物性饲料替代鱼饲料。例如，加入 0.5%（干重）的磨细的植物叶子，叶子来源于刺荨麻（*Ultica dioeca*）、桑树（*Morus alba*）、白三叶草（*Trifolium repens*）、菠菜（*Spinacia oleracea*），或者其他植物原料（*Cerophyl* 或者透明纤维素）。

10.1.8 孵化条件

10.1.8.1 加入幼虫 24 h 后要给试验容器中的上覆水柔和通风，并且保持到试验结束（应注意溶解氧的浓度不得低于 ASV 的 60%）。通风是通过固定在沉积层之上 2 cm～3 cm 处的一根玻璃巴斯德吸管进行的（即每秒 1 个或数个泡沫）。当试验挥发性化学物时，则不能给沉积物-水系统通风。

10.1.8.2 试验应在 20 ℃±2 ℃的恒温条件下进行。对于 *C. tentans* 和 *C. yoshimatui*，推荐的温度分别是 23 ℃±2 ℃和 25 ℃±2 ℃。通常使用 16 h 的光照周期，光照度应为 500 lux～1 000 lux。

10.1.9 暴露时间

暴露从幼虫加入加标容器和对照容器时就开始。*C. riparius* 和 *C. yoshimatui* 的最长暴露时间是 28 d,*C. tentans* 是 65 d。如果蚊羽化较早,试验可在对照容器中最后一只成虫羽化之后的至少 5 d 后结束。

10.2 观察

10.2.1 羽化

10.2.1.1 测定发育时间和完全羽化的雌雄蚊总数。从其羽状触角可轻易识别雄蚊。

10.2.1.2 每周至少进行三次观察,与对照容器中的幼虫相比较,目估加标容器中的幼虫的任何反常行为(例如离开沉淀物、非正常游动)。在预期的羽化期间,应每天对羽化蚊计数,每天记录完全羽化蚊的性别和数量。经过鉴别之后,应把蚊从容器中移出。应记录试验终止前的所有产出的卵块,然后移出,以防止幼虫再次引入沉积物。应记录能观察到的未能羽化的蛹数量。羽化的测量方法见附录 D。

10.2.2 发育和存活

如果需要幼虫 10 d 的存活和发育资料,应在试验开始时,额外准备试验容器,以便在随后的试验中使用。使用 250 μm 的滤网过滤从这些额外的试验容器中取出的沉淀物,滤出幼虫。对死亡的界定是死去,或者对机械刺激没有反应。未能再找到的幼虫也要统计为死亡(那些在试验初期就死去的幼虫可能已经被微生物分解)。测定每个试验容器中存活幼虫的干重(应无杂质),计算每个试验容器中的平均单个幼虫干重。确定存活的幼虫处于哪个虫龄是很有用的,为此应测量每个幼虫的头壳宽度。

10.3 分析试验

10.3.1 受试物的浓度

10.3.1.1 试验开始(即加入幼虫)前,针对每种试验浓度条件,应至少从其中的一个试验容器中取出沉积物,检测其中的受试物浓度。建议在试验的开始和结束时,至少对最高浓度组和一个较低浓度组中的上覆水、间隙水和沉淀物样本进行测定。受试物浓度的检测结果可以显示受试物在水-沉积物中的行为或分布情况。

10.3.1.2 当要做期间测量(例如第 7 d),以及需要分析大量的样本时,样本的取出势必影响整个试验系统,此时应采用额外的试验容器;这些额外的试验容器在与正式试验容器相同的条件下进行处理(包括引入受试生物),但不用来作生物学观察,仅用于从中进行取样分析。

10.3.1.3 推荐用离心法分离间隙水,条件为:10 000 *g*(*g* 为自由落体加速度值)、4 ℃、30 min。但是,如果能够证实受试物不被吸附在过滤器上,也可以用过滤法。在一些情况下,因为试样量太少,几乎不可能分析间隙水的浓度。

10.3.2 理化参数

用适当方法测量试验容器中的 pH 和温度(见第 7 章)。在试验开始和结束时,应测量最高浓度的一个试验容器以及对照容器中的硬度和氨度。

11 数据和报告

11.1 结果处理

11.1.1 本试验的目的是测定受试物对摇蚊发育速率和完全羽化的雌雄蚊总数的影响,或者在为期

10 d 的试验中测定受试物对存活幼虫的数量和质量的影响。如果没有迹象显示摇蚊性别对统计灵敏度存在差异时，则雌雄的结果可以合并统计。灵敏度差异存在与否可用统计方法判定，例如 X^2-$r\times 2$ 表检验。在为期 10 d 的试验中，应测定幼虫存活数和每个容器中的平均个体干重。

11.1.2　根据试验开始时测得的沉积物中受试物浓度来计算效应浓度，效应浓度应以干态质量为基础。

11.1.3　为了计算 EC_{50} 或其他 EC_x 值，每个试验容器的统计数据值可当作真实的平行试验值。计算任何 EC_x 的置信区间时，应考虑这些数值之间的偏差，或者要证明偏差小到可以忽略不计。当适用最小平方模式时，每个试验容器的统计数据值需通过转换来改善偏差的同质性。但计算 EC_x 值时，应将响应数据转换回原值。

11.1.4　为了测定 NOEC/LOEC，当用假设检验法进行统计分析时，应考虑到每个试验容器的统计数据值的偏差，此时可用嵌套的 ANOVA 法；或者，当不符合通常的 ANOVA 法设定时，则需要进行更多更充分的试验[20]。

11.2　羽化率

11.2.1　羽化率是离散数据，当剂量-效应关系预期为单向，并且这些数据也符合这一预期时，可用递减的方法进行 Cochran-Armitage 检验。否则，应使用 Fisher 精确检验或者 Bonfeeroni-Holm 修正 p 值的 Mantel-Haentzal 检验。当相同浓度的平行试验的偏差比二项式分布更大（通常被称为“外二项式”偏差），则应用稳健的 Cochran-Armitage 检验或者 Fisher 精确检验。

11.2.2　每个试验容器中蚊的羽化总数 n_e，除以加入的幼虫的数量 n_a，即得羽化率，见式(1)：

$$ER=\frac{n_e}{n_a} \quad \cdots\cdots(1)$$

式中：

ER——羽化率；

n_e——每个容器中羽化蚊的数量；

n_a——每个容器中加入的幼虫数。

11.2.3　当存在外二项式偏差时，最适合于大样本量的可选方法就是把羽化率当成一个连续的效应值。当剂量-效应关系预期为单向，并且 ER 值也符合这一预期时，应用像 William 检验这样的程序。当剂量-效应关系不保持单向时，则适用 Dunnett 检验。这里把大样本量定义为：在一个平行试验（一个容器）中，羽化数和未羽化数都超过 5。

11.2.4　使用 ANOVA 方法时，ER 的值应该通过平方根-反正弦转换或 Turkey-Freeman 转换以获取一个近似正态分布并使方差齐性。当使用绝对频数时，可以应用 Cochran-Armitage 检验、Fisher 精确(Bonferroni)检验或 Mantel-Haentzal 检验。平方根-反正弦转换是对 ER 的平方根求反正弦(sine^{-1})值。

11.2.5　使用回归分析计算羽化率 EC_x（例如可使用 probit[21]、logit、Weibull、或合适的商用软件等）。如果不能用回归分析（例如部分效应值少于两个），则使用其他非参数方法比如移动平均或简单插补。

11.3　发育速率

11.3.1　平均发育时间表示由从刚引入幼虫（试验第 0 d）到大群实验性羽化成虫所跨越的平均时间（为了正确计算发育时间，应考虑幼虫引入时的虫龄）。发育速率（单位：1/d）是发育时间的倒数，表示每天羽化的幼虫的比率。对于评估沉积物毒性研究而言，发育速率更重要，因为与发育时间相比，它的偏差更低，更均一，更接近正态分布；因而更有效的参数检验程序可以用于计算发育速率而不是发育时间。因为发育速率是一个连续效应值，EC_x 值可以使用回归分析来估算[22-23]。

11.3.2　对于下列统计检验，观察第 x 天所观察到摇蚊数量假定为从第 x 天到第 x-L 天（L＝观察间隔的长度，通常为 1 d）中羽化而成。每个容器的平均发育速率($\bar{x}$)根据式(2)计算：

$$\bar{x}=\frac{1}{n_e}\sum_{i=1}^{m}f_i x_i \qquad \cdots\cdots(2)$$

式中：

$\bar{x}$ ——每个容器的平均发育速率；

i ——观察间隔指数；

m ——观察间隔最大值；

f_i ——观察间隔 i 中所羽化的摇蚊数量；

n_e ——至实验最后阶段所羽化的摇蚊总数($=\sum f_i$)；

x_i ——在观察间隔 i 中所羽化的摇蚊发育速率。

11.3.3 在观察间隔 i 中所羽化的摇蚊发育速率 x_i 按照式(3)计算：

$$x_i=1/(d_i-\frac{l_i}{2}) \qquad \cdots\cdots(3)$$

式中：

d_i ——观察的天数(从加入幼虫起算的日期)；

l_i ——观察间隔 i 的长度(日期，通常为 1 d)。

11.4 试验报告

11.4.1 受试物：

——物理特性，相关的物理-化学特性[溶解度，蒸汽压，土壤(或沉淀物中)的分配系数，水稳定性等]；

——化学识别信息(通用名、化学名、结构式以及 CAS 号等)，包括纯度和定量分析方法。

11.4.2 受试生物：

——试验使用的生物的种类、学名、来源和饲养条件；

——处理卵块和幼虫方法的信息；

——加入试验容器时受试生物的虫龄。

11.4.3 检测条件：

——使用的沉积物，如：天然或人工配制的沉积物；

——对于天然沉积物，应记录沉积物取样地区的位置并作描述。如可能，还应包括污染史和天然沉积物的特性：pH 值、有机碳含量、碳氮比率和粒度(如合适)；

——配制沉积物的制备：成分和特性(在试验开始前有机碳含量，pH 值，水分等)；

——试验用水的准备(如使用配制水)及其特性(在试验开始前的氧浓度，pH 值，传导率，硬度等)；

——沉积物和上覆水的厚度；

——上覆水和间隙水的体积，沉积物分别含间隙水和不含间隙水的质量；

——试验容器(材料和尺寸)；

——加标沉积物的方法：检测浓度，平行试样组数和使用的溶剂(若使用)；

——加标沉积物-水系统的稳定平衡阶段：持续时间和状态；

——孵化条件：温度，光照周期和强度，通风(频率和强度)；

——喂养方面的具体信息包括饲料的种类、制备、喂养数量和喂养方案。

11.4.4 结果：

——理论试验浓度，实际测量的试验浓度和决定试验容器中试验物浓度的所有分析结果；

——试验容器中的水质，如：pH 值、温度、溶氧量、硬度以及氨度；

——如果在试验过程中对蒸发了的试验用水进行了补偿，则应记录；

——每天每个容器内成长为雄蚊和雌蚊的数量；

——每个容器内没能成长为摇蚊的幼虫的数量；
——每个容器内单个幼虫的平均干态质量；如合适，测量每一龄虫的平均干态质量；
——每个平行试样和每个检测浓度的羽化百分率(雄蚊和雌蚊合计)；
——每个试验容器中的完全羽化成蚊的平均发育率和处理率(雄蚊和雌蚊合计)；
——估计毒性效应值，例如 EC_x(及其相关的置信区间)，NOEC 和/或 LOEC，以及所用的统计方法；
——结果讨论，包括任何偏离本标准会对试验结论产生的影响。

附 录 A
（资料性附录）
推荐的摇蚊培养方法

A.1 摇蚊培养方法

摇蚊幼虫的培养可以在沉积器皿或更大的容器中进行。在容器的底部铺上一薄层石英砂，厚度约5 mm～10 mm，也可以用硅藻土（如 Merck，Art 8117）代替（厚度更薄，仅需几毫米就足够）。然后加入适用的水，水深数厘米。应补充蒸发损失，保持水位，防止干燥。如需要，可以更换水。还应提供平缓的通风。摇蚊幼虫的培养箱外面应加一个笼子，以防止羽化后成虫的逃逸。笼子应足够大（至少 30 cm×30 cm×30 cm），这样成虫能成群并交配。

笼子应放置于室温下或温度为 20 ℃±2 ℃的恒温环境中[16 h 光照（强度 1 000 lx），8 h 黑暗]。据报道，空气湿度（RH）小于 60%会阻止摇蚊的繁殖。

A.2 培养水

任何适用的天然水或配制水都可使用。一般推荐使用井水、去氯的自来水和人工介质（如下述 Elendt“M4”或“M7”）。水在使用前应鼓氧。如需要，培养水可以用倾倒或虹吸法更换，应小心别损害到幼虫的管状巢。

A.3 幼虫的喂食

摇蚊幼虫用鱼食喂养（用 Tetra Min，Tetra Phyll 或其他类似品牌鱼食）每天每笼大约 250 mg。可以给干的粉末或用水调配成悬浮液：1.0 g 碎鱼食加入 20 mL 水混匀，每天每笼喂 5 mL 这样的配制液（使用前摇匀）。幼虫较大时可以适当多给些。

按照水质调整喂食量，如果培养介质“混浊”，应减少喂食量。加食应小心调控。加食太少会导致幼虫向水柱迁移，加食太多会导致微生物繁殖快，水中氧气浓度下降。这两种情况都会使摇蚊幼虫生长变慢。

当启用新的培养容器时，可以加一些绿藻（如 *Scenedesmus subspicatus*，*Chlorella vulgaris*）。

A.4 成虫的喂食

一些实验员推荐：将棉花球浸泡于饱和蔗糖溶液后，作为羽化后成虫的食物。

A.5 羽化

在温度 20 ℃±2 ℃下，摇蚊幼虫在培养箱中大约 13 d～15 d 后就开始羽化成虫。

A.6 虫卵

成虫出现后，每周三次检查所有幼虫培养箱中凝胶状虫卵。如出现卵块，应小心取出，转移到盛有培养液的小盆中。这些卵块将用于建立新的培养容器(每个容器加入 2 块～4 块卵块)或用于毒性试验。

一龄摇蚊幼虫在 2 d～3 d 后孵化。

A.7 新建培养箱

一旦培养体系建立后，每周就能新建一个培养箱，或根据实验需要新建。当出现成虫后，可以移去老的培养容器。使用这样的培养体系来培养摇蚊成虫最高效。

A.8 介质“M4”和“M7”的配制

Elendt (1990)已描述过介质“M4”。介质“M7”的配制与“M4”一样，只是某些物质的浓度只有“M4”的四分之一，具体见表 A.1。由于用以配制贮备溶液的 $Na_2SiO_3 \cdot 5H_2O$、$NaNO_3$、KH_2PO_4 和 K_2HPO_4 的浓度不够，试验用溶液不能按照 Elendt 和 Bias(1990)配制。

A.9 介质“M7”的配制

每一个贮备溶液(Ⅰ)单独配制，混合贮备液(Ⅱ)由这些贮备溶液(Ⅰ)配制而成(见表 A.1)。将 50 mL 混合贮备液(Ⅱ)，及表 A.2 中所列主要营养元素贮备液若干毫升，用去离子水稀释至 1 L，这样就配成了介质“M7”。按表 A.3 将三种维生素加入到去离子水中，配制成维生素贮备溶液。使用前，在最终的“M7”中加 0.1 mL 混合维生素贮备液。(维生素贮备液应小份冷冻贮存)。介质应鼓氧并稳定。

表 A.1 介质 M4 和 M7 微量元素贮备液

贮备液(Ⅰ)	称取下列质量(mg)，用去离子水稀释至 1 L	配制混合贮备液(Ⅱ)：混合下列量(mL)的贮备液(Ⅰ)并用去离子水稀释至 1 L		试验溶液最终浓度/(mg/L)	
		M4	M7	M4	M7
H_3BO_3[a]	57 190	1.0	0.25	2.86	0.715
$MnCl_2 \cdot 4H_2O$	7 210	1.0	0.25	0.361	0.090
$LiCl$[a]	6 120	1.0	0.25	0.306	0.077
$RbCl$[a]	1 420	1.0	0.25	0.071	0.018
$SrCl_2 \cdot 6H_2O$[a]	3 040	1.0	0.25	0.152	0.038
$NaBr$[a]	320	1.0	0.25	0.016	0.004
$Na_2MoO_4 \cdot 2H_2O$[a]	1 260	1.0	0.25	0.063	0.016
$CuCl_2 \cdot 2H_2O$[a]	335	1.0	0.25	0.017	0.004
$ZnCl_2$	260	1.0	1.0	0.013	0.013
$CoCl_2 \cdot 6H_2O$	200	1.0	1.0	0.010	0.010
KI	65	1.0	1.0	0.003 3	0.003 3
Na_2SeO_3	43.8	1.0	1.0	0.002 2	0.002 2
NH_4VO_3	11.5	1.0	1.0	0.000 58	0.000 58
$Na_2EDTA \cdot 2H_2O$[a,b]	5 000	20.0	5.0	2.5	0.625
$FeSO_4 \cdot 7H_2O$[a,b]	1 991	20.0	5.0	1.0	0.249

[a] 这些物质在 M4 和 M7 中的差异，如上所示。

[b] 单独配制这些溶液，然后混合在一起立即高压灭菌处理。

表 A.2 介质 M4 和 M7 主要营养元素贮备液

营养元素	称取下列质量(mg),用去离子水稀释至 1 L	配制 M4 和 M7 介质贮备液主要营养素加入量(mL/L)	试验溶液 M4 和 M7 最终浓度/(mg/L)
$CaCl_2 \cdot 2H_2O$	29 380	1.0	293.8
$MgSO_4 \cdot 7H_2O$	246 600	0.5	123.3
KCl	58 000	0.1	5.8
$NaHCO_3$	64 800	1.0	64.8
$NaSiO_3 \cdot 9H_2O$	50 000	0.2	10.0
$NaNO_3$	2 740	0.1	0.274
KH_2PO_4	1 430	0.1	0.143
K_2HPO_4	1 840	0.1	0.184

将三种维生素溶液混合,制备成一个维生素贮备液,见表 A.3。

表 A.3 介质 M4 和 M7 维生素贮备液

维生素	称取下列质量(mg),用去离子水稀释至 1 L	配制 M4 和 M7 介质贮备液主要营养素加入量/(mL/L)	M4 和 M7 试验溶液最终浓度/(mg/L)
盐酸硫胺(维生素 B1)	750	0.1	0.075
维生素 B12	10	0.1	0.001 0
维生素 B7	7.5	0.1	0.000 75

附 录 B
（规范性附录）
配制沉积物的制备

B.1 沉积物组分

配制沉积物的组分应符合表 B.1 要求。

表 B.1 配制沉积物的组分要求

组 成	特 征	沉积物干重百分比/%
泥炭	水苔泥炭，pH 尽量接近 5.5～6.0，无可见植物残余，细磨（颗粒尺寸≤1 mm）并且风干	4～5
石英砂	粒度：颗粒在 50 μm～200 μm 范围的应>50%	75～76
高岭石粘土	高岭石含量≥30%	20
有机碳	添加泥炭和砂来调整	2±0.5
碳酸钙	粉状 $CaCO_3$（化学纯）	0.05～0.1
水	电导率≤10 μS/cm	30～50

B.2 制备

泥炭风干后，磨至微细粉末。用高性能均质化装置将置于去离子水中的一定量泥炭粉末制成悬浮液。用 $CaCO_3$ 调整此悬浮液的 pH 值至 5.5±0.5。在 20 ℃±2 ℃下，温和搅拌此悬浮液，并陈化至少 2 d，以稳定 pH 值，并建立稳定的微生物组分。再次测量 pH 值应在 6.0±0.5。然后，将此泥炭悬浮液混入另外的组分（砂和高岭石粘土）和去离子水，获得均匀的沉积物。此沉积物水含量应在沉积物干重的 30%～50%范围内。此最终混合物的 pH 值需再次测定，并控制在 6.5～7.5，需要时用 $CaCO_3$ 调节。取沉积物样品，检测干重和有机碳含量。在作摇蚊毒性试验前，建议在与后续试验相同条件下将此配制沉积物陈化 7 d。

B.3 贮存

用来制备人工沉积物的干组分可以在室温下贮存在干燥阴凉的地方。配制沉积物（湿的）在试验前不能贮存，应在 7 d 陈化结束后立即使用。

附 录 C
（规范性附录）
稀释用水的化学特性要求

C.1 稀释用水的化学特性要求见表C.1。

表 C.1 稀释用水的化学特性要求

物 质	浓 度
颗粒物	<20 mg/L
总有机碳	<2 mg/L
未离子化的氨	<1 μg/L
硬度以碳酸钙计	<400 mg/L[a]
残留氯	<10 μg/L
总有机磷农药	<50 μg/L
总有机氯农药＋多氯联苯	<50 μg/L
总有机氯	<25 μg/L
[a] 当硬离子和受试物有相互作用时，应使用低硬度水（这种情况下，不能使用Elendt介质M4）。	

附 录 D
(规范性附录)
羽化网罩示意图

D.1 羽化网罩放置于试验烧杯上,从第 20 d 到试验的最后应放置这些羽化网罩。所使用的羽化网罩示例见图 D.1。

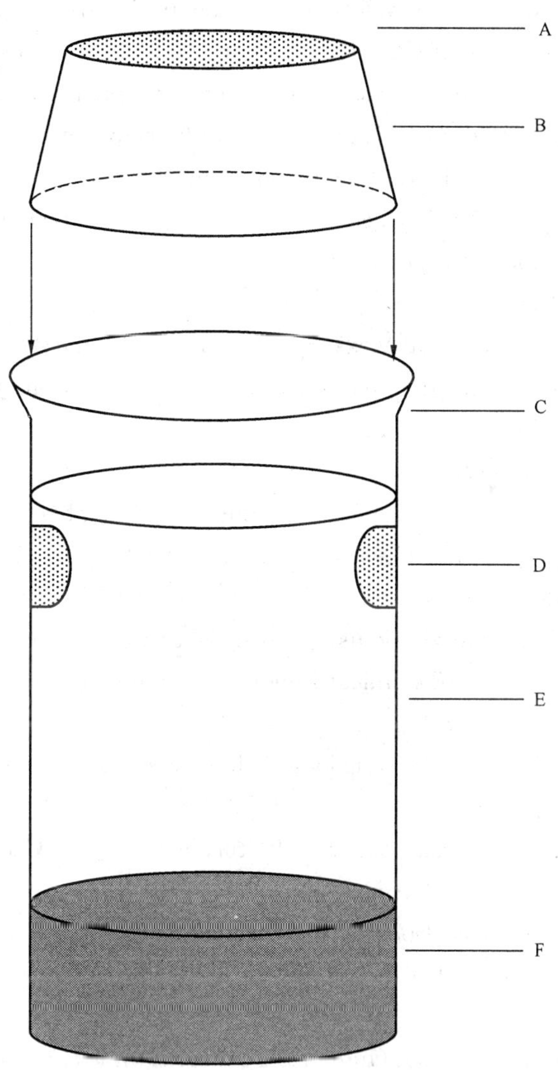

A——尼龙筛网;
B——倒置的塑料杯;
C——无边开口烧杯;
D——水交换筛网出入口;
E——水;
F——沉积物。

图 D.1 羽化网罩示意图

参 考 文 献

[1] BBA (1995). Long-term toxicity test with *Chironomus riparius*: Development and validation of a new test system. Edited by M. Streloke and H. Köpp. Berlin 1995

[2] R. Fleming et al. (1994). Sediment Toxicity Tests for Poorly Water-Soluble Substances. Final Report to them European Commission. Report No: EC 3738. August 1994. WRc, UK

[3] SETAC (1993). Guidance Document on Sediment toxicity Tests and Bioassays for Freshwater and Marine Environments. From the WOSTA Workshop held in the Netherlands

[4] ASTM International/E1706-00 (2002). Test Method for Measuring the Toxicity of Sediment-Associated Contaminants with Freshwater Invertebrates. pp 1125-1241. In ASTM International 2002 Annual Book of Standards. Volume 11. 05. Biological Effects and Environmental Fate; Biotechnology; Pesticides. ASTM. International, West Conshohocken, PA

[5] Environment Canada (1997). Test for Growth and Survival in Sediment using Larvae of Freshwater Midges (*Chironomus tentans or Chironomus ripariu*). Biological Test Method. Report SPE 1/RM/32. December 1997

[6] US-EPA (2000). Methods for Measuring the Toxicity and Bioaccumulation of Sedimentassociated Contaminants with Freshwater Invertebrates. Second edition. EPA 600/R-99/064. March 2000. Revision to the first edition dated June 1994

[7] US-EPA/OPPTS 850. 1735. (1996): Whole Sediment Acute Toxicity Invertebrates

[8] US-EPA/OPPTS 850. 1790. (1996): Chironomid Sediment toxicity Test

[9] Milani, D. , K. E. Day, D. J. McLeay, and R. S. Kirby. (1996). Recent intra- and inter-laboratory studies related to the development and standardisation of Environment Canada's biological test methods for measuring sediment toxicity using freshwater amphipods (*Hyalella and azteca*) and midge larvae (*Chironomus ripariu*). Technical Report. Environment Canada. National Water Research Institute. Burlington, Ontario, Canada

[10] Sugaya, Y. (1997). Intra-specific variations of the susceptibility of insecticides in *Chironomus yoshimatsui*. Jp. J. Sanit. Zool. 48 (4): 345-350.

[11] Kawai, K. (1986). Fundamental studies on Chironomid allergy. I. Culture methods of some Japanese Chironomids (Chironomidae, Diptera). Jp. J. Sanit. Zool. 37(1): 47-57.

[12] OECD (2000). Guidance Document on Aquatic Toxicity Testing of Difficult Substances and Mixtures. OECD Environment, Health and Safety Publications, Series on Testing and Assessment No. 23

[13] Environment Canada. (1995). Guidance Document on Measurement of Toxicity Test Precision Using Control Sediments Spiked with a Reference Toxicant. Report EPS 1/RM/30. September 1995

[14] Suedel, B. C. and J. H. Rodgers. (1994). Development of formulated reference sediments for freshwater and estuarine sediment testing. Environ. Toxicol. Chem. 13: 1163-1175

[15] Naylor, C. and C. Rodrigues. (1995). Development of a test method for Chironomus riparius using a formulated sediment. Chemosphere 31: 3291-3303

[16] Dunnett, C. W. (1964). A multiple comparisons procedure for comparing several treatments with a control. J. Amer. Statis. Assoc. , 50: 1096-1121

[17] Dunnett, C. W. (1964). New tables for multiple comparisons with a control. Biometrics,

20:482-491

[18] Williams, D. A. (1971). A test for differences between treatment means when several dose levels are compared with a zero dose control. Biometrics, 27:103-117

[19] Williams, D. A. (1972). The comparison of several dose levels with a zero dose control. Biometrics, 28:510-531

[20] Rao, J. N. K. and A. J. Scott. (1992). A simple method for the analysis of clustered binary data. Biometrics 48:577-585

[21] Christensen, E. R. 1984. Dose-response functions in aquatic toxicity testing and the Weibull model. Water Research 18:213-221

[22] Bruce and Versteeg 1992, A statistical procedure for modelling continuous toxicity data. Environmental Toxicology and Chemistry 11:1485-1494

[23] Slob, W. 2002. Dose-response modelling of continuous endpoints. Toxicol. Sci. , 66:298-312

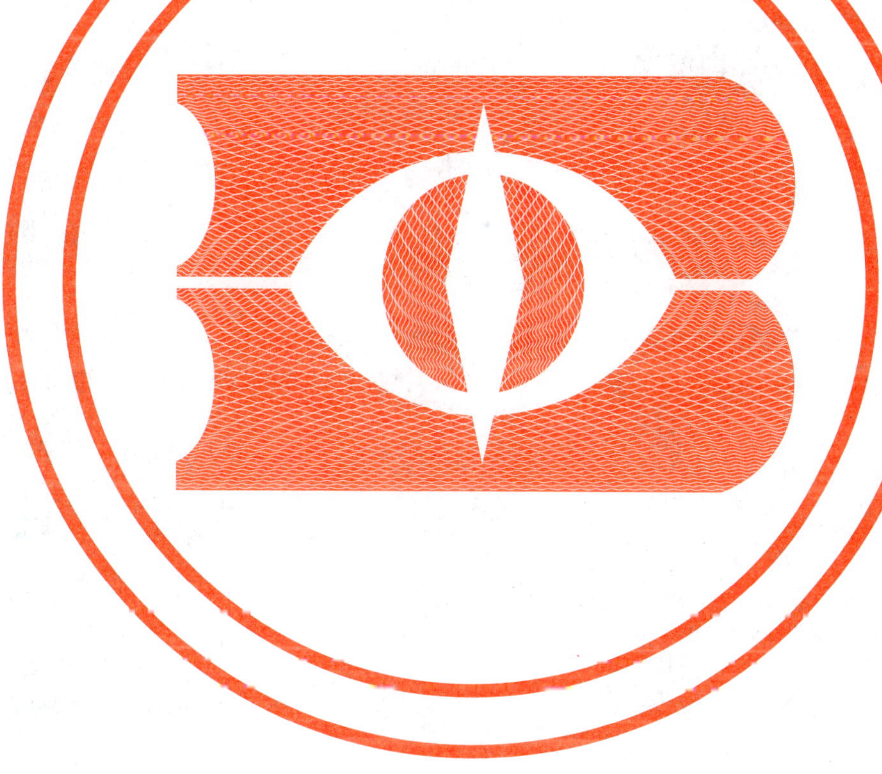

ICS 13.300;13.020.40
A 80

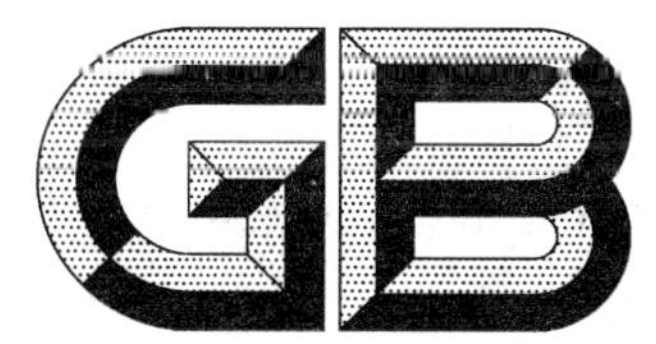

中华人民共和国国家标准

GB/T 27860—2011

化学品 高效液相色谱法估算土壤和污泥的吸附系数

Chemicals—Estimation of the adsorption coefficient (K_{oc}) on soil and on sewage sludge using high performance liquid chromatography (HPLC)

2011-12-30 发布 2012-08-01 实施

中华人民共和国国家质量监督检验检疫总局
中国国家标准化管理委员会 发布

前　言

本标准按照 GB/T 1.1—2009 的规则起草。

本标准与经济合作与发展组织(OECD)化学品测试导则 NO.121(2001 年)《高效液相色谱法　估算土壤和污泥中吸附系数》(英文版)技术内容相同。

本标准做了下列结构和编辑性修改:

——将适用的化学物质示例由正文移入附录 B 中;

——计量单位改为我国法定计量单位;

——为与现有标准系列一致,将标准名称改为《化学品　高效液相色谱法估算土壤和污泥的吸附系数》。

本标准由全国危险化学品管理标准化技术委员会(SAC/TC 251)提出并归口。

本标准起草单位:环境保护部化学品登记中心、沈阳化工研究院安全评价中心、上海市检测中心。

本标准主要起草人:周红、刘纯新、张鑫、侯松嵋、李莹、刘敏、邓芸芸、周林军。

化学品　高效液相色谱法估算土壤和污泥的吸附系数

1　范围

本标准规定了高效液相色谱法(HPLC)估算化学品在土壤和污泥中吸附系数的术语和定义、受试物信息、方法概述、试验准备、试验、质量控制、数据与报告。

本标准适用于试验期间化学性质稳定的物质,尤其适用于难以用其他方法测试的物质,如:挥发性物质、由于水溶性差而无法分析检测其浓度的物质、对吸附试验器皿具有强亲和性的化学物质,也适用于含有不能完全分离洗脱带的混合物体系(测试混合物的 $\lg K_{oc}$ 应给出其上下限)。

本标准适用的吸附系数($\lg K_{oc}$)范围为 1.5～5.0。

本标准不适用于可与高效液相色谱固定相或流动相发生反应的物质、可与某些无机物以特殊方式发生作用的物质(如,与粘土矿物质基础形成络合物)和表面活性剂、无机物、中强酸和碱。

2　规范性引用文件

下列文件对于本文件的应用是必不可少的。凡是注日期的引用文件,仅注日期的版本适用于本文件。凡是不注日期的引用文件,其最新版本(包括所有的修改单)适用于本文件。

GB/T 21851　化学品　批平衡法检测　吸附/解吸附试验

GB/T 21852　化学品　分配系数(正辛醇-水)高效液相色谱法试验

3　术语和定义

下列术语和定义适用于本文件。

3.1

分配系数 K_d　partition coefficient

平衡状态下,化学物质在吸附剂(土壤或污泥)与水相之间的浓度之比。两相浓度均以质量浓度表示时,K_d 无量纲;若水相浓度以质量/体积方式表示,则 K_d 的单位为毫升每克(mL/g)。K_d 值随吸附剂的性质不同而不同,并与吸附剂的浓度有关。见式(1):

$$K_d = \frac{C_{土壤}}{C_{水}} 或 \frac{C_{污泥}}{C_{水}} \qquad (1)$$

式中:

K_d ——分配系数,无量纲或单位为毫升每克(mL/g);

$C_{土壤}$ ——平衡时土壤中受试物浓度,单位为微克每克(μg/g);

$C_{污泥}$ ——平衡时污泥中受试物浓度,单位为微克每克(μg/g);

$C_{水}$ ——平衡时水相中受试物浓度,单位为微克每克(μg/g)或微克每毫升(μg/mL)。

3.2

弗罗因德利希吸附系数 K_f　Freundlich adsorption coefficient

化学物质在水相中的平衡浓度为 1 μg/mL 时,化学物质在吸附剂(土壤或污泥)(x/m)中的浓度。K_f 值随吸附剂的性质不同而不同。

对于大多数分子型化学物质，在土壤或污泥与水的两相系统中的吸附规律，遵循弗罗因德利希方程。见式(2)：

$$\lg \frac{x}{m} = \lg K_{\mathrm{f}} + \frac{1}{n} \cdot \lg C_{水} \qquad \cdots\cdots\cdots\cdots(2)$$

式中：

K_{f} ——弗罗因德利希吸附系数；

x/m ——平衡时吸附剂 m 吸附受试物 x 的量，单位为微克每克(μg/g)；

$1/n$ ——吸附等温线斜率；

$C_{水}$ ——平衡时受试物在水相中的浓度，单位为微克每毫升(μg/mL)。

当水相中的平衡浓度 $C_{水}$ 为 1μg/mL 时，见式(3)：

$$\lg K_{\mathrm{f}} = \lg \frac{x}{m} \qquad \cdots\cdots\cdots\cdots(3)$$

3.3

吸附系数 K_{oc}　adsorption coefficient

通过吸附剂(土壤或污泥)中有机碳含量对化学物质的分配系数(K_{d})或弗罗因德利希吸附系数(K_{f})进行归一化而得到，使不同的化学物质之间具有可比性，尤其适用于非离子化物质。由于 K_{d} 与 K_{f} 的单位不同，K_{oc} 可以是无量纲常数，也可以具有计量单位毫升每克(mL/g)或微克每克(μg/g)。K_{oc} 与 K_{d} 并不总呈线性关系。K_{oc} 值随土壤的不同而有差异，但相对 K_{d} 和 K_{f} 而言，其差异明显减小。见式(4)：

$$K_{oc} = \frac{K_{\mathrm{d}}}{f_{oc}} \text{或} \frac{K_{\mathrm{f}}}{f_{oc}} \qquad \cdots\cdots\cdots\cdots(4)$$

式中：

K_{oc} ——吸附系数，无量纲，或单位为毫升每克(mL/g)或微克每克(μg/g)；

K_{d} ——分配系数，无量纲，或单位为毫升每克(mL/g)；

K_{f} ——弗罗因德利希吸附系数；

f_{oc} ——有机碳含量。

3.4

容量因子 k'　capacity factor

分配平衡时，组分在固定相中的质量与在流动相中的质量比值。实际测试时，常根据化学物质的保留时间计算而得。见式(5)：

$$k' = \frac{t_{\mathrm{R}} - t_0}{t_0} \qquad \cdots\cdots\cdots\cdots(5)$$

式中：

k' ——容量因子；

t_{R} ——保留时间，单位为分(min)；

t_0 ——死时间，单位为分(min)。

3.5

正辛醇-水分配系数 P_{ow}　partition coefficient of n-octanol — water

平衡状态下，化学物质在正辛醇与水相之间的浓度之比，无量纲。见式(6)：

$$P_{ow} = \frac{C_{正辛醇}}{C_{水}} (= K_{ow}) \qquad \cdots\cdots\cdots\cdots(6)$$

式中：

P_{ow}，K_{ow} ——正辛醇-水分配系数；

$C_{正辛醇}$ ——平衡时受试物在正辛醇中的浓度，单位为微克每克(μg/g)或微克每毫升(μg/mL)；

$C_{水}$ ——平衡时受试物在水相中的浓度，单位为微克每克（μg/g）或微克每毫升（μg/mL）。

4 受试物信息

受试物信息包括：

a） 分子式和结构式；

b） 纯度；

c） 电离常数；

d） 水、有机溶剂中溶解度；

e） 正辛醇-水分配系数；

f） 水解性。

5 方法概述

5.1 方法说明

K_{oc}可通过它与化学物质的水溶性和正辛醇-水分配系数的相关性估算[2~5,8~9,13]。本方法用高效液相色谱（HPLC）法估算化学物质在土壤和污泥中的吸附系数 K_{oc}[10]。与定量构效关系方法（QSAR）相比，本方法具有更高的可靠性[6]。但作为一种估算方法，本方法不能完全代替批平衡试验方法（GB/T 21851）。

5.2 方法原理

HPLC采用含亲脂和极性基团的商业化氰基硅胶分析柱，该固定相具有中等极性，其硅胶表面键合相如下：

—O—Si	—CH₂—CH₂—CH₂	—CN
硅胶	非极性区	极性区

当化学物质随流动相进入色谱柱，在流动相和固定相之间进行分配而被保留。由于氰基硅胶分析柱的固定相同时含有极性和非极性两种基团，可相应地与化学物质的极性和非极性基团发生作用。这与化学物质在土壤和污泥上的吸附具有相似之处。由此，建立化学物质液相色谱保留时间与吸附系数之间的关系。

pH值对物质，尤其是极性物质的吸附行为有非常重要的影响。农业土壤和污水处理池的pH值一般在5.5～7.5之间。对于pH值为5.5～7.5时电离度不小于10%的离子化合物，要求通过适当的缓冲溶液体系，分别测试受试物处于离子状态与非离子状态下的 K_{oc}。

本标准仅利用化学物质在HPLC柱上的保留时间与吸附系数之间的关系来测定受试物的吸附系数，不涉及定量分析方法，只需测定受试物的保留时间。采用一系列合适的参比物，在标准试验条件下进行测定，因此，可以提供一种快速、有效的估算受试物吸附系数 K_{oc}的方法。

5.3 参比物

通过HPLC保留时间数据来测定受试物的吸附系数 K_{oc}，首先应建立 $\lg K_{oc}$与 $\lg k'$之间的拟合校准曲线。选择参比物时应注意校准曲线至少由6个点拟合而成，其中大于和小于受试物 K_{oc}值的各至少一个。

同时，应注意试验结果的准确性与参比物的选择有重要关系，因此，尽量选择与受试物结构相似的参比物。

若此类信息不足，可选择适当的校准物质。通常选择同系物进行校准。附录A中表A.1和表A.3分别给出了一些物质在土壤和污泥中的K_{oc}，可以用来作为校准物质。如有正当理由，也可选择其他校准物质。

5.4 方法的准确性和有效性说明

一般情况下，用本方法估算的吸附系数与用批平衡法测得的吸附系数差异在$\pm 0.5\lg K_{oc}$（参见附录A中的表A.1）。如果选择结构与受试物结构非常相似的参比物，可以获得更高的准确性。

对48种物质（大部分是农药）的研究验证，用本方法估算的吸附系数与用批平衡法测得的吸附系数的相关系数$R=0.95$[1,11]。

11个实验室之间的比对，进一步验证了本方法的有效性（参见附录A中的表A.2）[12]。

已证实本方法对列入附录A的表A.1中的物质是有效的，本方法也适用于列入附录B的物质。

6 试验准备

6.1 仪器设备

高效液相色谱仪，应配有无脉冲泵、适当的检测器、带有定量环的进样阀、硅胶键合氰基色谱柱。

相同固定相的保护柱置于进样系统与分析柱之间。色谱柱的一般选择原则为采用甲醇：水为55：45的流动相。对$\lg K_{oc}=3.0$的物质，其在色谱柱上的容量因子$\lg k'>0.0$；对$\lg K_{oc}=2.0$的物质，其在色谱柱上的容量因子$\lg k'>-0.4$。

6.2 流动相

推荐使用以下两种流动相：

——甲醇/水（55：45，体积比）

——甲醇/0.01 M柠檬酸盐缓冲溶液pH6.0（55：45，体积比）

用HPLC级甲醇、二次蒸馏水（或超纯水）或柠檬酸盐缓冲溶液配制洗脱液，使用之前需脱气处理。采用等度洗脱方法。如果甲醇/水混合体系流动相不合适，可尝试其他有机溶剂/水混合体系，如：乙醇/水，乙腈/水混合体系。

对于离子型物质，建议使用缓冲盐溶液获得稳定的pH。但使用有机溶剂/缓冲盐溶液混合体系时，应避免盐析和色谱柱柱效的降低。

离子对试剂会影响固定相的吸附性质，使固定相发生不可逆的改变，因此，禁止使用含该类添加剂的流动相。若确使用添加剂，建议使用单独的色谱柱进行试验。

7 试验

7.1 溶质

受试物和参比物都应用流动相配制。

7.2 温度条件

测试过程中记录实验室温度，建议使用恒温箱以确保校准、估算和测试过程中温度恒定。

7.3 确定死时间 t_0

有两种方法可以确定HPLC死时间t_0。

一种是通过同系物测定。见化学品分配系数(正辛醇-水)高效液相色谱法试验(GB/T 21852)[7]。

另一种是通过不被色谱柱保留的惰性物质(如甲酰胺、硫脲或硝酸钠)测定。测定时至少重复进样两次。

7.4 确定保留时间 t_R

只要确认每种参比物的保留时间不受其他参比物的影响,可直接混合物进样,测定各参比物的保留时间。各参比物的保留时间每天至少应在一定的时间间隔内校准两次,确保色谱柱性能稳定,未发生改变。如,在受试物进样前后分别进参比物,确保前后的保留时间没有发生飘移。受试物应单独进样,记录保留时间;进样尽可能少,避免色谱柱过载。

8 质量控制

至少平行测定 2 次,两次平行测定之间的差异不大于 0.25 $\lg K_{oc}$。

9 数据与报告

9.1 数据处理

根据式(5),由死时间 t_0 和保留时间 t_R,分别计算各参比物和受试物的容量因子 k'。

根据参比物的 $\lg K_{oc}$(用批平衡法测得)与 $\lg k'$(参见附录 A 中的表 A.1),建立校准曲线。

校准曲线至少由 6 个点拟合而成,其中大于和小于受试物 K_{oc} 值的各至少一个。

通过该校准曲线,由受试物的 $\lg k'$ 值计算受试物的 $\lg K_{oc}$ 值。

方法的准确性与参比物的选择有重要的关系,因此,尽量选择与受试物结构相似的参比物。如果此类数据信息不足,也可选择结构不同的物质进行校准。

9.2 试验报告

报告应包括以下内容:

——受试物和参比物的名称、纯度,如果相关,应给出 pK_a 值;

——描述实验仪器和操作条件,如:分析柱和保护柱类型和规格、检测方式、流动相(包括组成比例和 pH 值)、测试过程的温度范围;

——死时间及其测定方法;

——受试物和参比物的进样量;

——用于校准的参比物的保留时间;

——$\lg k'$ 与 $\lg K_{oc}$ 的拟合回归线和曲线图;

——受试物的平均保留时间和 $\lg K_{oc}$ 的估算;

——色谱图。

附 录 A
（资料性附录）
不同方法获得的相关化学物质的 K_{oc} 值

A.1 不同方法获得的土壤和污泥 K_{oc} 值的比较见表 A.1。

表 A.1 不同方法获得的土壤和污泥 K_{oc} 值的比较[1),2)]

物质	CAS	污泥			土壤		
		$\lg K_{oc}$（批平衡法）	$\lg K_{oc}$（HPLC 法）	Δ	$\lg K_{oc}$（批平衡法）	$\lg K_{oc}$ HPLC 法	Δ
阿特拉津	1912-24-9	1.66	2.14	0.48	1.81	2.20	0.39
利谷隆	330-55-2	2.43	2.96	0.53	2.59	2.89	0.30
倍硫磷	55-38-9	3.75	3.58	0.17	3.31	3.40	0.09
灭草隆	150-68-5	1.46	2.21	0.75	1.99	2.26	0.27
菲	85-01-8	4.35	3.72	0.63	4.09	3.52	0.57
苯甲酸苯酯	93-99-2	3.26	3.03	0.23	2.87	2.94	0.07
苯甲酰胺	55-21-0	1.60	1.00	0.60	1.26	1.25	0.01
4-硝基苯甲酰胺	619-80-7	1.52	1.49	0.03	1.93	1.66	0.27
乙酰苯胺	103-84-4	1.52	1.53	0.01	1.26	1.69	0.08
苯胺	62-53-3	1.74	1.47	0.27	2.07	1.64	0.43
2,5-二氯苯胺	95-82-9	2.45	2.59	0.14	2.55	2.58	0.03

A.2 HPLC 方法 11 家实验室间的比对结果见表 A.2。

表 A.2 11 家实验室采用 HPLC 方法的比对结果[3)]

物质	CAS	$\lg K_{oc}$（批平衡法）	K_{oc}	$\lg K_{oc}$
			（HPLC 法）	
阿特拉津	1912-24-9	1.81	78 ± 16	1.89
灭草隆	150-68-5	1.99	100 ± 8	2.00
抑芽唑	77608-88-3	2.37	292 ± 58	2.47
利谷隆	330-55-2	2.59	465 ± 62	2.67
倍硫磷	55-38-9	3.31	2 062 ± 648	3.31

1) W. Kördel, D. Hennecke, M. Herrmann (1997). Application of the HPLC—screening method for the determination of the adsorption coefficient on sewage sludges. Chemosphere, 35 (1/2), 121-128。

2) W. Kördel, D. Hennecke, C. Franke (1997). Determination of the adsorption-coefficients of organic substances on sewage sludges. Chemosphere, 35 (1/2), 107-119。

3) W. Kördel, G. Kotthoff, J. Müller (1995). HPLC-screening method for the determination of the adsorption coefficient on soil—Results of a ring test. Chemosphere, 30 (7), 1373-1384。

A.3 基于土壤吸附数据推荐 HPLC 方法使用的参比物见表 A.3。

表 A.3 基于土壤吸附数据推荐 HPLC 方法使用的参比物

参比物	CAS	$\lg K_{oc}$ 平均值（批平衡法）	K_{oc} 的个数	lgS.D.	来源
乙酰苯胺	103-84-4	1.25	4	0.48	a[4)]
苯酚	108-95-2	1.32	4	0.70	a
2-硝基苯甲酰胺	610-15-1	1.45	3	0.90	b[5)]
N,N-二甲基苯甲酰胺	611-74-5	1.52	2	0.45	a
4-甲基苯甲酰胺	619-55-6	1.78	3	1.76	a
苯甲酸甲酯	93-58-3	1.80	4	1.08	a
莠去津	1912-24-9	1.81	3	1.08	c[6)]
异丙隆	34123-59-6	1.86	5	1.53	c
3-硝基苯甲酰胺	645-09-0	1.95	3	1.31	b
苯胺	62-53-3	2.07	4	1.73	a
3,5-二硝基苯甲酰胺	121-81-3	2.31	3	1.27	b
多菌灵	10605-21-7	2.35	3	1.37	c
三唑醇	55219-65-3	2.40	3	1.85	c
咪唑嗪	72459-58-6	2.44	3	1.66	c
三唑磷	24017-47-8	2.55	3	1.78	c
利谷隆	330-55-2	2.59	3	1.97	c
萘	91-20-3	2.75	4	2.20	a
硫丹醇	2157-19-9	3.02	5	2.29	c
灭虫威	2032-65-7	3.10	4	2.39	c
酸性黄 219	63405-85-6	3.16	4	2.83	a
1,2,3-三氯苯	87-61-6	3.16	4	1.40	a
γ-六六六	58-89-9	3.23	5	2.94	a
倍硫磷	55-38-9	3.31	3	2.49	c
直接红 81	2610-11-9	3.43	4	2.68	a
吡嘧磷	13457-18-6	3.65	3	2.70	c
α-硫丹	959-98-8	4.09	5	3.74	c
禾草灵	51338-27-3	4.20	3	3.77	c
菲	85-01-8	4.09	4	3.83	a
碱性蓝 41（混合物）	26850-47-5 12270-13-2	4.89	4	4.46	a
DDT	50-29-3	5.63	1	—	b

4） a 数据来自 W. Kördel, J. Müller (1994). Bestimmung des Adsorptionskoeffizienten organischer Chemikalien mit der HPLC. UBA R & D Report No. 106 01 044 (1994)。

5） b 数据来自 B. V. Oepen, W. Kördel, W. Klein. (1991). Chemosphere, 22:285-304。

6） c 数据来自工业界。

附　录　B
（资料性附录）
本标准适用的化学物质

B.1　下列物质适用于本文件：

a)　芳胺(如:氟乐灵、4-氯苯胺、3,5-二硝基苯胺、4-甲基苯胺、N-甲基苯胺、1-萘胺)；

b)　芳香羧酸酯(如:苯甲酸甲酯、3,5-二硝基苯甲酸乙酯)；

c)　芳烃(如:甲苯、二甲苯、乙苯、硝基苯、1,2,3-三氯苯)；

d)　苯氧基丙酸酯(如:二氯苯氧基苯氧基丙酸甲酯、恶唑禾草灵、精恶唑禾草灵)；

e)　苯并咪唑和咪唑杀真菌剂(如:多菌灵、呋喃基苯并咪唑、咪唑嗪)；

f)　碳酸酰胺(如:2-氯苯甲酰胺、N,N-二甲基苯甲酰胺、3,5-二硝基苯甲酰胺、N-甲基苯甲酰胺、2-硝基苯甲酰胺、3-硝基苯甲酰胺)；

g)　氯代烃(如:硫丹、DDT、六氯苯、五氯硝基苯)；

h)　有机磷杀虫剂(如:谷硫磷、乙拌磷、苯线磷、异柳磷、定菌磷、硫丙磷、三唑磷)；

i)　酚(如:苯酚、2-硝基苯酚、4-硝基苯酚、5-氯苯酚、2,4,6-三硝基苯酚、1-萘酚)；

j)　苯脲衍生物(如:异丙隆、绿谷隆、戊菌隆)；

k)　色素染料(如:酸性黄 219、碱性蓝 41、直接红 81)；

l)　多环芳烃(如:苊、萘)；

m)　1,3,5-三嗪除草剂(如:扑草净、扑灭津、西玛津、去草净)；

n)　三唑衍生物(如:戊唑醇、三唑啊、抑芽唑)。

参 考 文 献

[1] B. von Oepen, W. Kördel, W. Klein (1991). Sorption of nonpolar and polar compounds to soils:Processes,measurements and experience with the applicability of the modified OECD Guideline 106,Chemosphere,22:285-304

[2] C. T. Chiou,L. J. Peters,V. H. Freed (1979). A physical concept of soil water equilibria for nonionic organic compounds,Science,106:831-832

[3] C. T. Chiou,P. E. Porter,D. W. Schmedding (1983). Partition equilibria of nonionic organic compounds between soil organic matter and water. Environ. Sci. Technol. ,17:227-231

[4] G. G. Briggs (1981). Theoretical and experimental relationships between soil adsorption,octanol-water partition coefficients, water solubilities, bioconcentration factors, and the parachor. J. Agric. Food Chem. ,29:1050-1059

[5] J. Hodson, N. A. Williams (1988). The estimation of the adsorption coefficient (Koc) for soils by HPLC,Chemosphere,17:1 67

[6] M. Mueller, W. Kördel (1996). Comparison of screening methods for the estimation of adsorption coefficients on soil. Chemosphere,32(12):2493-2504

[7] OECD Guidelines for Testing of Chemicals. Partition coefficient (n-octanol/water), High Performance Liquid Chromatography (HPLC) Method TG 117;(adopted 1989)

[8] S. W. Karickhoff (1981). Semi-empirical estimation of sorption of hydrophobic pollutants on natural sediments and soils. Chemosphere,10:833-846

[9] W. J. Lyman, W. F. Reehl, D. H. Rosenblatt (ed). (1990). Handbook of chemical property estimation methods,chapt. 4,McGraw-Hill,New York

[10] W. Kördel, D. Hennecke, M. Herrmann (1997). Application of the HPLC-screening method for the determination of the adsorption coefficient on sewage sludges. Chemosphere,35(1/2):121-128

[11] W. Kördel,J. Stutte,G. Kotthoff (1993). HPLC-screening method for the determination of theadsorption coefficient in soil-comparison of different stationary phases, Chemosphere, 27 (12): 2341-2352

[12] W. Kördel,G. Kotthoff,J. Müller (1995). HPLC-screening method for the determination of the adsorption coefficient on soil-results of a ring test. Chemosphere,30(7):1373-1384

[13] Z. Gerstl,U. Mingelgrin (1984). Sorption of organic substances by soils and sediment. J. Environm. Sci. Health,B19:297-312

ICS 13.300;13.020.40
A 80

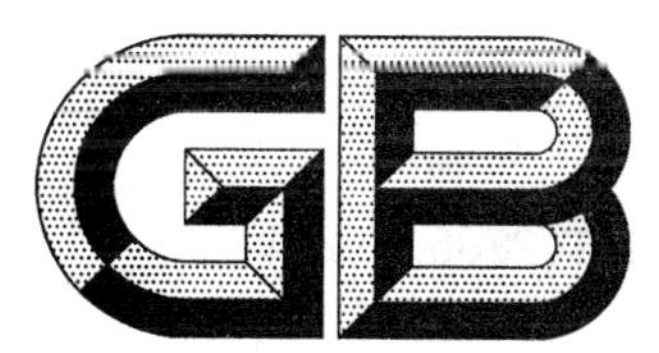

中华人民共和国国家标准

GB/T 27861—2011

化学品　鱼类急性毒性试验

Chemicals—Fish acute toxicity test

2011-12-30 发布　　2012-08-01 实施

中华人民共和国国家质量监督检验检疫总局
中国国家标准化管理委员会　发布

前　言

本标准按 GB/T 1.1—2009 的规则起草。

本标准与经济合作与发展组织(OECD)化学品测试导则 No.203(1992 年)《鱼类急性毒性试验》(英文版)技术性内容相同。

本标准做了下列结构和编辑性修改:

——在附录 A 中增加了稀有鮈鲫(*Gobiocypris rarus*)和剑尾鱼(*Xiphophorus helleri*);

——将术语定义由附录移到正文;

——计量单位改为我国法定计量单位;

——为与现有标准系列一致,将标准名称改为《化学品　鱼类急性毒性试验》。

本标准由全国危险化学品管理标准化技术委员会(SAC/TC 251)归口。

本标准起草单位:环境保护部化学品登记中心、上海市环境科学研究院、上海市检测中心、广东省微生物分析检测中心、中国检验检疫科学研究院。

本标准主要起草人:周红、沈英娃、刘纯新、胡双庆、沈根祥、赵华清、李康、张鑫、周林军、陈会明。

化学品 鱼类急性毒性试验

1 范围

本标准规定了化学品鱼类急性毒性试验的术语和定义、受试物信息、方法原理、试验准备、试验、质量控制、数据与报告。

本标准适用于测试和评价化学品的鱼类急性毒性。

2 术语和定义

下列术语和定义适用于本文件。

2.1

静态试验 static test

以整个试验过程中试验介质不更换、不流动的方式进行的试验。

2.2

半静态试验 semi-static test

以定期(如 24 h)更换试验介质的方式进行的试验。

2.3

流水式试验 flow-through test

以整个试验过程中试验介质自动、持续地被更换的方式进行的试验。

2.4

半数致死浓度 median lethal concentration

引起 50%的受试鱼死亡的受试物浓度,以 LC_{50} 表示。

3 受试物信息

受试物信息包括:

a) 水中溶解度;

b) 溶液中定量分析方法;

c) 结构式;

d) 纯度;

e) 水中和光中的稳定性;

f) pK_a 值;

g) 正辛醇-水分配系数(P_{ow});

h) 蒸气压;

i) 快速生物降解结果。

4 方法原理

鱼类急性毒性试验用于评价受试物对鱼类可能产生的影响,以短期暴露效应表明受试物的危害性。

将鱼暴露于不同浓度的受试物溶液，以 96 h 为试验周期，在 24 h、48 h、72 h 和 96 h 时记录鱼的死亡率，分别确定 50%试验鱼死亡时的受试物浓度，用 LC_{50} 表示。

5 试验准备

5.1 仪器设备

仪器设备至少包括：

a) 溶解氧测定仪；

b) 水硬度计；

c) 温度控制仪；

d) 化学惰性材料制成的水族箱或水槽，规格一致，体积适宜；

e) pH 计。

5.2 试验生物选择

选用一个或多个鱼种，根据需要自行选择。建议根据全年可得、易于饲养、方便试验等原则，并结合相关的经济、生物或生态因素等来确定鱼种。试验用鱼应健康，无明显的畸形。

推荐试验用鱼可参见附录 A 中表 A.1。表格中的鱼种都为全年可得、易于饲养。可在养鱼场或实验室中疾病与寄生虫控制的条件下进行驯化和饲养，使试验鱼保持健康，遗传清晰。这些鱼种在世界许多地方都可找到，若使用其他符合以上标准的鱼种，试验方法应作相应调整以提供合适的试验条件。

5.3 试验鱼的驯养

试验鱼用于试验之前，应在实验室至少暂养 12 d。临试验前，应在符合下列条件的环境中至少驯养 7 d：

——水：与试验用水相同；

——光照：每天 12 h～16 h 光照；

——温度：与试验鱼种相适宜(参见附录 A 中表 A.1)；

——溶解氧浓度：不小于 80%空气饱和值；

——喂养：每周 3 次或每天投食，至试验开始前 24 h 为止。

驯养开始 48 h 后，记录死亡率，并按下列标准处理：

——7 d 内，死亡率大于 10%，舍弃整批鱼；

——7 d 内，死亡率在 5%～10%之间，继续驯养 7 d；

——7 d 内，死亡率小于 5%，可用于试验。

5.4 试验用水

使用高质量的自然水或标准稀释水(参见附录 B)，也可以使用饮用水，必要时应除氯。水的总硬度(以 $CaCO_3$ 计)为 10 mg/L～250 mg/L，pH 值为 6.0～8.5。用于配制标准稀释水的试剂应为分析纯，去离子水或蒸馏水的电导率应小于或等于 10 μS/cm。

5.5 试验溶液

通过稀释贮备液配制试验溶液。低水溶性物质的贮备液可以通过超声分散或其他适合的物理方法配制，必要时可使用对鱼毒性低的有机溶剂、乳化剂或分散剂来助溶。使用这些物质时应加设助溶剂对照试验，对照组助溶剂浓度应为试验组使用助溶剂的最高浓度，并且不得超过 100 mg/L。

不需调节试验溶液的 pH 值。如果加入受试物后试验溶液的 pH 值有明显变化，建议重新配制，调节受试物贮备液的 pH 值，使其接近加入受试物前稀释水的 pH 值。用于调节 pH 值的物质不应使贮备液的浓度明显改变，也不应与受试物发生化学反应或产生沉淀。最好使用 HCl 和 NaOH 来调节。

6 试验

6.1 暴露条件

暴露条件包括：

——持续时间：96 h；

——承载量：静态和半静态试验系统试验鱼的最大承载量为 1.0 g/L，流水式试验系统承载量可高一些；

——光照：每天 12 h～16 h；

——温度：与试验鱼种相适宜(参见附录 A 中表 A.1)，保持恒定，变化范围±2 ℃；

——溶解氧：不小于 60%空气饱和值，若不会导致受试物明显损失时可进行曝气；

——喂食：不进行；

——干扰：避免可能改变鱼行为的干扰。

6.2 试验鱼数量

空白对照组与各试验浓度组应每组至少 7 尾鱼。

6.3 试验浓度设置

根据预试验结果来选择正式试验合适的浓度范围，至少应设置 5 个浓度组，并以几何级数排布，公比应不大于 2.2。

6.4 试验对照组设置

每一系列设一个空白对照。如使用了助溶剂，应增设一个助溶剂对照。

6.5 观察

至少在 24 h、48 h、72 h 和 96 h 后检查试验鱼的状况。如果试验鱼没有任何肉眼可见的运动，如鳃的扇动，以及碰触尾部后无反应，即可判断该鱼已死亡。观察并记录死鱼数目后，将死鱼从容器中移去。最好在试验开始后 3 h 及 6 h 时观察各试验组鱼的状况。记录可见的试验鱼异常情况(如平衡能力丧失，游泳能力和呼吸功能减弱，颜色变浅等)。

每天至少测定一次 pH 值、溶解氧和温度。

6.6 限度试验

应用本标准时，为证明 LC_{50}＞100 mg/L，可以进行浓度为 100 mg/L(有效成分)的限度试验。限度试验组至少使用 7 尾鱼，与对照组使用的鱼数目相等。二项式理论表明：使用 10 尾鱼，没有 1 尾鱼死亡，那么 LC_{50}＞100 mg/L 的概率为 99.9%；使用 7 尾、8 尾或 9 尾鱼，没有 1 尾鱼死亡，那么 LC_{50}＞100 mg/L 的概率至少为 99%。如果试验鱼发生死亡，则应按本标准的试验程序进行完整的试验。若观察到亚致死效应，应进行记录。

7 质量控制

有效的试验应符合以下条件：

——试验期间，尽可能维持恒定条件。如有必要，应使用半静态或流水式试验；

——试验结束时，对照组鱼死亡率不大于10%，如果每组鱼不到10尾则对照组死亡不超过1尾；

——试验期间，试验溶液的溶解氧浓度不小于60%空气饱和值；

——试验期间，受试物的实测浓度应不小于80%配制浓度。如果试验期间受试物实测浓度与配制浓度相差超过20%，则以受试物实测浓度平均值来确定试验结果。

8 数据与报告

8.1 数据处理

在对数-概率坐标纸上，绘制不同暴露时间下试验浓度对累计死亡率的曲线。用常用统计程序计算出某暴露时间的 LC_{50} 值，并用标准方法计算95%的置信限[1-5]。

如果试验数据不足以用标准方法计算 LC_{50}[1-5]，可用不引起死亡的最高浓度和引起100%死亡的最低死亡浓度估算 LC_{50} 的近似值，即这两个浓度的几何平均值。

8.2 试验报告

试验报告应包括以下内容：

a) 受试物质：

——物质的物理状态及相关理化特性等；

——标识信息。

b) 试验用鱼：

——学名、品系、大小、来源、驯化情况等。

c) 试验条件：

——使用的试验方式，如静态、半静态或流水式，以及曝气、承载量等；

——水质特性(pH值、硬度、温度)；

——每24 h试验溶液中的溶解氧浓度、pH值、温度；

——对于半静态试验方式，试验液更新前后分别测定的pH值；

——贮备液及试验溶液配制方法；

——配制的试验浓度；

——试验溶液中受试物的实测浓度；

——每一试验浓度用鱼的数目。

d) 结果：

——试验期间，无死亡发生的最高浓度；

——试验期间，导致100%死亡的最低浓度；

——每个推荐观察时间下，各个浓度的累计死亡率；

——每个推荐观察时间下的 LC_{50} 值，及其95%的置信限；

——试验结束后的浓度-死亡率曲线图；

——确定 LC_{50} 值的统计学方法；

——对照组的死亡率；

——试验期间，可能会影响试验结果的因素；

——鱼的异常反应。

附 录 A
（资料性附录）
推荐试验用鱼种类

推荐试验用鱼种类见表 A.1。

表 A.1 推荐试验用鱼种类

建议的鱼种	建议的试验温度范围/℃	建议试验鱼的全长[a]/cm
斑马鱼 *Brachydanio rerio*	21～25	2.0±1.0
黑头软口鲦 *Pimephales promelas*	21～25	2.0±1.0
鲤鱼 *Cyprinus carpio*	20～24	3.0±1.0
青鳉 *Oryzias latipes*	21～25	2.0±1.0
虹鳉 *Poecilia reticulata*	21～25	2.0±1.0
蓝鳃太阳鱼 *Lepomis macrochirus*	21～25	2.0±1.0
虹鳟 *Oncorhynchus mykiss*	13～17	5.0±1.0
稀有鮈鲫 *Gobiocypris rarus*	21～25	2.0±1.0[6]
剑尾鱼 *Xiphophorus helleri*	21～25	2.0±1.0[6]

[a] 如果使用的鱼超过推荐的规格，应在报告中说明使用的规格及使用理由。

附 录 B
（资料性附录）
标准稀释水的配制

B.1 氯化钙溶液

将 11.76 g $CaCl_2 \cdot 2H_2O$ 溶解于去离子水中，稀释至 1 L。

B.2 硫酸镁溶液

将 4.93 g $MgSO_4 \cdot 7H_2O$ 溶解于去离子水中，稀释至 1 L。

B.3 碳酸氢钠溶液

将 2.59 g $NaHCO_3$ 溶解于去离子水中，稀释至 1 L。

B.4 氯化钾溶液

将 0.23 g KCl 溶解于去离子水中，稀释至 1 L。

B.5 标准稀释水制备

制备标准稀释水，所用化学品应是分析纯，蒸馏水或去离子水的电导率应小于或等于 10 μS/cm。

将上述四种溶液各 25 mL 加以混合并用去离子水稀释至 1 L。溶液中钙离子和镁离子的总和是 2.5 mmol/L。Ca 与 Mg 的比例为 4 ∶ 1，Na 与 K 比为 10 ∶ 1。溶液中的酸容量常数 $K_{s4.3}$ 为0.8 mmol/L。

稀释用水需经曝气直到氧饱和为止，然后储存 2 d 备用，在使用前不必再曝气。

参 考 文 献

[1] Finney D. J. (1978). Statistical Methods in Biological Assay. Griffin, Weycombe, U. K

[2] Litchfield J. T. and Wilcoxon F. (1949). A simplified method of evaluating dose-effect experiments. J. Pharmacol and Exper. Ther. ,96:99-113

[3] Sprague J. B. (1969). Measurement of pollutant toxicity to fish. Ⅰ Bioassay methods for acute toxicity. Water Res. 3:793-821

[4] Sprague J. B. (1970). Measurement of pollutant toxicity to fish. Ⅱ Utilising and applying bioassay results. Water Res. 4:3-32

[5] Stephan C. E. (1977). Methods for calculating an LC_{50}. In Aquatic Toxicology and Hazard Evaluation (edited by Mayer F. I. and Hamelink J. L.). ASTM STP 634, pp 65-84, American Society for Testing and Materials

[6] 国家环境保护总局《化学品测试方法》编委会主编. 化学品测试方法[M]. 北京:中国环境科学出版社,2004:190

ICS 13.300
A 80

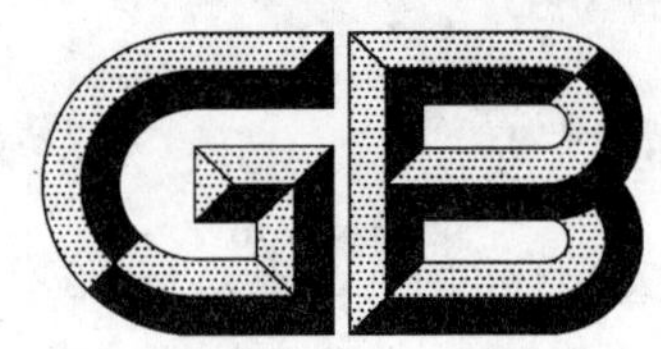

中华人民共和国国家标准

GB/T 27862—2011/ISO 10156:2010

化学品危险性分类试验方法 气体和气体混合物燃烧潜力和氧化能力

Testing method for classification of chemical hazards—Fire potential and oxidizing ability of gases and gas mixtures

(ISO 10156:2010,Gases and gas mixtures—Determination of fire potential and oxidizing ability for the selection of cylinder valve outlets,IDT)

2011-12-30 发布　　2012-08-01 实施

中华人民共和国国家质量监督检验检疫总局
中国国家标准化管理委员会　发布

前　言

本标准按照 GB/T 1.1—2009 给出的规则起草。

本标准使用翻译法，等同采用 ISO 10156:2010《气体和气体混合物　通过测定燃烧潜力和氧化能力选择汽缸阀排气口》。

本标准做了下列编辑性修改：

——名称改为《化学品危险性分类试验方法　气体和气体混合物燃烧潜力和氧化能力》。

本标准由全国危险化学品管理标准化技术委员会(SAC/TC 251)提出并归口。

本标准起草单位：山东出入境检验检疫局、江苏出入境检验检疫局、国家危险化学品质量监督检验中心。

本标准主要起草人：汤志旭、罗忻、徐琴、牛增元、李肖锋、庞士平、朱岩。

引　言

ISO 5145《汽缸阀排气口气体和气体混和物　选择与定尺寸》和其他类似标准确立了决定汽缸出口接头的实用判据。这些参数基于气体的固定理化性质。空气中可燃性和氧化潜力则被特别考虑。

对于纯气体，在文献中有大量数据，数据的差别依赖于试验方法的不同，而对于混合气体，文献里的数据常常是不完整的甚至无法找到。这是该标准应用的难点。

本标准的首要目标是消除文献中存在的不明确处，并补充关于混合气体已经存在的数据。

除了对汽缸阀排气口的选择之外，稍后的 ISO 10156 用作其他目的，如为全球化学品统一分类和标签制度(GHS)的国际运输及危险物质规则中的警示标签确立可燃性和氧化性潜力数据。

对该标准第二版的修订始于 2006 年，将之前的版本及 ISO 10156-2 进行了合并，更新了可燃性和氧化性数据。

化学品危险性分类试验方法
气体和气体混合物燃烧潜力和氧化能力

1 范围

本标准规定了气体或气体混合物在空气中可燃和大气条件下氧化能力的试验方法。

本标准适用于气体和气体混合物的分类,包括选择汽缸阀排气口。

本标准不适用于其他环境压力和温度下的气体和气体混合物。

2 术语、定义和符号

2.1 术语和定义

下列术语和定义适用于本文件。

2.1.1

空气中可燃的气体或气体混合物 gas or gas mixture flammable in air

在大气压和 20 ℃下,在空气中可点燃的气体或气体混合物。

2.1.2

空气中可燃下限 lower flammability limit in air

与空气的均匀混合物在火焰刚刚开始传播时的气体或气体混合物的最低浓度。

注:可燃低限在大气状况下测定。

2.1.3

空气中可燃上限 upper flammability limit in air

与空气的均匀混合物在火焰刚刚开始传播时的气体或气体混合物的最大浓度。

注:可燃高限在大气状况下测定。

2.1.4

可燃范围 flammability range

在可燃低限与高限之间的浓度范围。

注:本标准中"可燃范围"也被称为"爆炸范围"。

2.1.5

比空气更具有氧化性的气体或气体混合物 gas or gas mixture more oxidizing than air

在大气压下,氧化剂含氧量高于 23.5%,可维持燃烧的气体或气体混合物。

2.2 符号

下列符号适用于本文件。

A_i:混合气体中易燃气体的摩尔分数

B_k:混合气体中惰性气体的摩尔分数

C_i:氧分数系数

F_i:混合气体中第 i 项易燃气体

I_k:混合气体中第 k 项惰性气体

n:混合气体中易燃气体的数量

p:混合气体中惰性气体的数量

K_k:惰性气体的氮气等价系数

A_i':易燃气体的分数

L_i:易燃气体的可燃低限

T_{ci}:易燃气体和定量氮气混合时不可燃的最高值

x_i:氧化组分的摩尔分数

He:氦

Ar:氩

Ne:氖

Kr:氪

Xe:氙

N_2:氮气

H_2:氢气

O_2:氧气

CO_2:二氧化碳

SO_2:二氧化硫

N_2O:氧化亚氮

SF_6:六氟化硫

CF_4:四氟甲烷

C_3F_8:八氟丙烷

CH_4:甲烷

注:本标准的所有气体的百分比以摩尔分数(%)表示,等同于在大气条件下体积分数(%)。

3 空气中气体和气体混合物的燃烧性

3.1 概述

下列条款描述了确定气体或气体混合物在空气中是否易燃的试验和计算方法。只有在能得到可靠的 T_{ci}(或 L_i)值时,才能使用3.3中提到的计算方法。当无法得到 T_{ci}(或 L_i)值的所有情况下都应使用试验方法。

3.2 试验方法

3.2.1 安全要点

应由受过训练和称职的人员按照3.2.4的程序进行试验。反应管和流量计应充分甄别,以在发生爆炸时保护人员。人员应戴安全眼镜。在点火程序中,反应管应在大气中敞开,并与供应气体隔离。在分析试验气体或混合物时也应采取防护措施。

3.2.2 原则

气体或气体混合物与空气混合至理想的比例。在静态下使用电火花点火试验混合物,观察火焰是否通过反应管传播。

3.2.3 设备和材料

仪器(见图1和图2)包括:

a） 混合器；

b） 发生反应用试管；

c） 点火系统；

d） 确定试验气体成分的分析系统。

注：可使用测定爆炸极限标准试验方法中所描述的等效替代仪器，如 ASTM E 681 和 EN 1839。

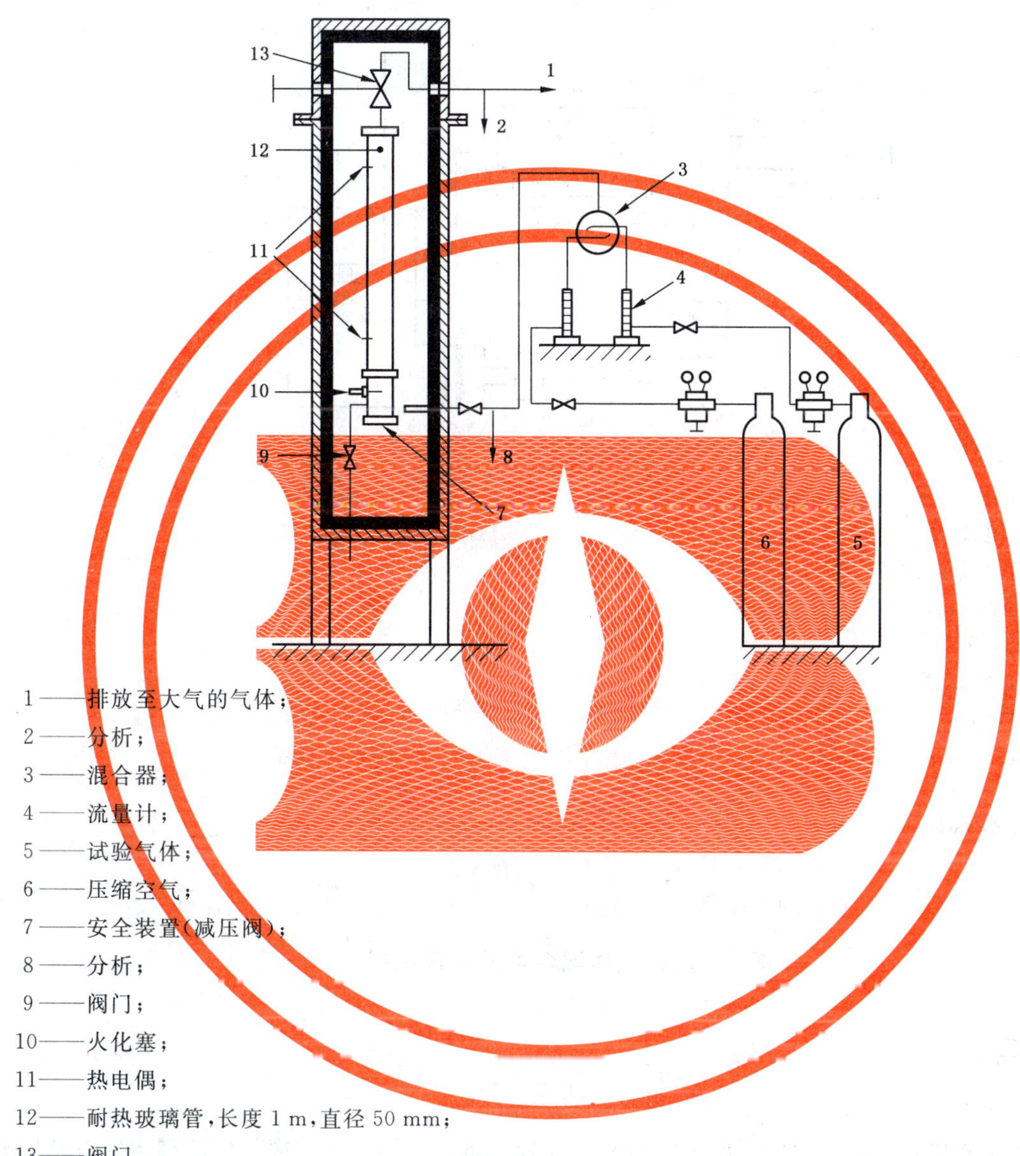

1——排放至大气的气体；

2——分析；

3——混合器；

4——流量计；

5——试验气体；

6——压缩空气；

7——安全装置(减压阀)；

8——分析；

9——阀门；

10——火化塞；

11——热电偶；

12——耐热玻璃管，长度 1 m，直径 50 mm；

13——阀门。

图 1　使用耐热玻璃管及温度测量探针的仪器

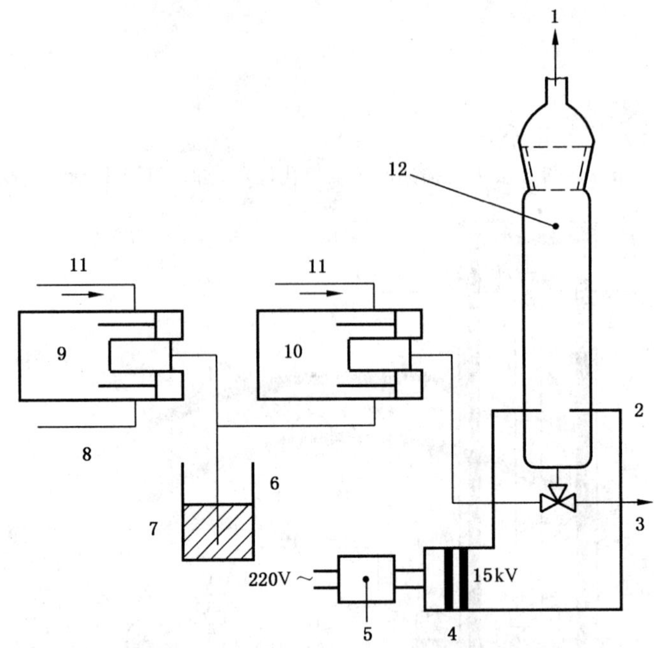

1 ——经分析并排放至大气中的混合气体；
2 ——点火电极；
3 ——试验时气体混合物排放；
4 ——高压变压器；
5 ——定时开关；
6 ——含有 x%试验气体的混合物；
7 ——缓冲区；
8 ——试验气体；
9 ——计量泵 1x%；
10 ——计量泵 2y%；
11 ——空气；
12 ——含有(xy/100)%试验气体的混合物。

图 2　测试气体混合物的合适仪器

3.2.3.1　准备

a)　试验气体

试验气体应能代表在正常程序下产生的最易燃成分。试验气体的成分应是生产过程中可产生的气体，即试验气体应含有正常生产过程中最高浓度的易燃气体，并且水分含量应小于或等于 0.01%。试验气体应被充分混合，仔细分析确定其准确成分。

b)　压缩空气

分析压缩空气，水分含量应低于或等于 0.01%。

c)　试验气体/空气混合物

控制流量，将压缩空气和试验气体在混合器中混合。空气和易燃气体混合物应使用色谱仪或简单的氧分析仪进行分析。

3.2.3.2　反应管

反应管应由直立的厚玻璃(如 5 mm)圆筒制成，内径大于或等于 50 mm，高度大于或等于 300 mm。

在反应管底部以上 50 mm～60 mm 处放置点火电极，电极相距 5 mm。反应管应有压力释放通路。该仪器应被防护，限制爆炸造成的危害。

3.2.3.3 点火系统

火花发生器(如 15 kV)应通过电极产生能量为 10 J/次的火花。

3.2.4 程序

应注意在进行易燃性试验时避免爆炸。在一个试验物质空气中已知的“安全”浓度为 1%时开始实验。随后，最初的气体浓度可以以 1%的速度逐步增加，直到点火发生。

每次点火试验前，反应管应用试验混合物清洗。清洗量至少是反应管体积的 10 倍。然后在试验混合物静态下开始点火试验，观察火焰是否从点火源分离并传播。

如果观察到火焰向上传播至少 10 cm，试验物质则被归类为易燃。

如果气体的化学结构表明是非易燃的，以及通过化学计算可以得出与空气混合物的成分，只有当混合物中气体的含量是化学计算含量的 10%(绝对值)的范围时，则需要按照 1%的速度进行试验。

注：由于含有氢气的混合物火焰几乎是无色的。为了确认存在这种火焰，应使用温度测量探针(见图 1)。

3.2.5 纯气体的结果

表 1 和表 2 给出了易燃气体的 T_{ci} 值和 L_i 值。这些值已经通过使用 3.2.3 所描述的试验设备获得。

3.3 含 *n* 种易燃气体和 *p* 种惰性气体的混合物计算方法

这种混合物的成分用式(1)表示：

$$A_1F_1 + \cdots + A_iF_i + \cdots + A_nF_n + B_1I_1 + \cdots + B_kI_k + \cdots + B_pI_p \quad \cdots\cdots (1)$$

式中：

A_i 和 B_k——分别为第 i 项易燃气体和第 k 项惰性气体摩尔分数；

F_i ——指定的第 i 项易燃气体；

I_k ——指定的第 k 项惰性气体；

n ——易燃气体数量；

p ——惰性气体数量。

混合物的成分用等价系数重新表示同等的成分，所有的惰性气体组分转化为其氮等价系数。表 3 给出了 K_k 值：

$$A_1F_1 + \cdots + A_iF_i + \cdots + A_nF_n + (K_1B_1 + \cdots + K_kB_k + \cdots + K_pB_p)N_2$$

所有气体成分的总和等于 1，用式(2)表示：

$$\left(\sum_{i=1}^{n} A_iF_i + \sum_{k=1}^{p} K_kB_kN_2\right)\left(\frac{1}{\sum_{i=1}^{n} A_i + \sum_{k=1}^{P} K_kD_k}\right) \quad \cdots\cdots (2)$$

式中：

$$\frac{A_i}{\sum_{i=1}^{n} A_i + \sum_{k=1}^{P} K_kB_k} = A_i'$$

相当于易燃气体的含量。混合物在空气中不可燃的条件是：

$$\sum_{i=1}^{n} \frac{A_i'}{T_{ci}} \times 100 \leqslant 1$$

T_{ci} 是易燃气体或蒸气与氮混合物在空气中不可燃的最高含量。表 1 和表 2 给出了气体和蒸气的

T_{ci}值。

方程式(3)是上述两个公式的结合：

$$\sum_{i=1}^{n} A_i\left(\frac{100}{T_{ci}}-1\right) \leqslant \sum_{k=1}^{p} B_k K_k \qquad (3)$$

表1 易燃气体的可燃性数据

材　　料	CAS编号	UN编号	T_{ci}/%	L_i/%
乙炔	74-86-2	3374	3.0	2.3
氨	7664-41-7	1005	40.1	15.4
砷化三氢	7784-42-1	2188	3.9	3.9
溴化甲烷	74-83-9	1062	13.9	8.6
1,2-丁二烯	590-19-2	1010	2.0	1.4
1,3-丁二烯	106-99-0	1010	2.0	1.4
正丁烷	106-97-8	1011	3.6	1.4
1-丁烯	106-98-9	1012	3.3	1.5
顺-2-丁烯	590-18-1	1012	3.3	1.5
反-2-丁烯	624-64-6	1012	3.3	1.5
一氧化碳	630-08-0	1016	15.2	10.9
硫化羰	463-58-1	2204	6.5	6.5
一氯二氟乙烷(R142b)	75-68-3	2517	26.4	6.3
氯乙烷	75-00-3	1037	5.8	3.6
三氟氯乙烯(R1113)	79-38-9	1082	7.4	4.6
氰	460-19-5	1026	3.9	3.9
环丁烷	287-23-0	2601	2.9	1.8
环丙烷	75-19-4	1027	3.4	2.4
氚	7782-39-0	1957	6.7	6.7
乙硼烷	19287-45-7	1911	0.9	0.9
二氯甲硅烷	4109-96-0	2189	2.5	2.5
二氟乙烷(R152a)	75-37-6	1030	8.7	4.0
二氟乙烯(R1132a)	75-38-7	1959	6.6	4.7
二甲醚	115-10-6	1033	3.8	2.7
二甲胺	124-40-3	1154	2.8	2.8
新戊烷	463-82-1	2044	2.1	1.3
乙烷	74-84-0	1035	4.5	2.4
甲基乙基醚	540-67-0	1039	2.8	2.0
乙基乙炔	107-00-6	2452	1.8	1.3
乙烯	74-85-1	1962	4.1	2.4

表 1(续)

材　　料	CAS 编号	UN 编号	T_{ci}/%	L_i/%
乙撑氧	75-21-8	1040	4.8	2.6
氟代乙烷	353-36-6	2453	6.1	3.8
氟代甲烷	593-53-3	2454	9.0	5.6
锗烷	7782-65-2	2192	1.0	估计 1.0
氢	1333-74-0	1049	5.5	4.0
硒化氢	7783-07-5	2202	4.0	4.0
硫化氢	7783-06-4	1053	8.9	3.9
异丁烷	75-28-5	1969	3.4	1.5
异丁烯	115-11-7	1055	4.0	1.6
甲烷	74-82-8	1971	8.7	4.4
氯甲烷	74-87-3	1063	12.3	7.6
甲硫醇	74-93-1	1064	5.7	4.1
亚硝酸甲酯	624-91-9	2455	5.3	5.3
甲硅烷	992-94-9	3161	1.3	1.3
甲基乙炔	74-99-7	3161	2.5	1.8
甲胺	74-89-5	1061	6.9	4.9
3-甲基-1-丁烯	563-45-1	2561	2.4	1.5
一乙胺	75-04-7	1036	5.7	3.5
磷化氢	7803-51-2	2199	1.7	1.6
丙二烯	463-49-0	2200	2.7	1.9
丙烷	74-98-6	1978	3.7	1.7
丙烯	115-07-1	1077	4.2	1.8
硅烷	7803-62-5	2203	1.0	估计 1.0
四氟乙烯(R1114)	116-14-3	1081	10.5	10.5
三氟乙烷(R143a)	420-46-2	2035	11.3	7.0
三氟乙烯(R1123)	359-11-5	1954	13.1	10.5
三甲胺	75-50-3	1083	3.2	2.0
三甲基硅甲烷	993-07-7	3161	1.3	1.3
乙烯基溴	593-60-2	1085	9.0	5.6
乙烯基氯	75-01-4	1086	6.1	3.8
乙烯基氟	75-02-5	1860	4.7	2.9
乙烯基甲醚	107-25-5	1087	3.6	2.2

表 2 易燃蒸气的可燃性数据

材 料	CAS 编号	UN 编号	T_{ci}/%	L_i/%
乙醛	75-07-0	1088	6.5	4.0
丙酮	67-64-1	1090	4.0	2.5
苯	71-43-2	1114	2.3	1.2
二硫化碳	75-15-0	1131	1.3	0.6
环己烷	110-82-7	1145	1.8	1.0
正癸烷	124-18-5	2247	1.1	0.7
乙醚	60-29-7	1155	2.4	1.7
2-乙炔	503-17-3	1144	2.0	1.4
2,2-甲基丁烷(新己烷)	75-83-2	1208	1.9	1.2
正十二烷	112-40-3		1.0	0.6
乙醇	64-17-5	1170	5.6	3.1
乙酸乙酯	141-78-6	1173	4.6	2.0
氯乙烷	75-00-3	1037	5.8	3.6
甲酸乙酯	109-94-4	1089	3.8	2.7
正庚烷	142-82-5	1206	1.3	0.8
正己烷	110-54-3	1208	2.3	1.0
氰化氢	74-90-8	1051	5.4	5.4
异辛烷(2,2,4-三甲基戊烷)	540-84-1	1262	1.6	1.0
异戊烷(2-甲基丁烷)	78-78-4	1265	2.1	1.3
四乙基铅	78-00-2	1649	1.8	1.8
甲醇	67-56-1	1230	12.5	6.0
乙酸甲酯	79-20-9	1231	5.0	3.1
甲基乙基酮	78-93-3	1193	2.4	1.5
甲酸甲酯	107-31-3	1243	8.1	5.0
二氯甲烷	75-09-2	1592	21.0	13.0
一氯甲硅烷	13465-78-6	2986	1.0	估计 1.0
羰基镍	13463-39-3	1259	0.9	0.9
正壬烷	111-84-2	1920	1.1	0.7
正辛烷	111-65-9	1262	1.3	0.8
正戊烷	109-66-0	1265	1.8	1.1
甲酸丙酯	110-74-7	1281	4.6	2.1
环氧丙烷	75-56-9	1280	3.7	1.9
甲苯	108-88-3	1294	2.3	1.0

注：其他易燃液体的值可以在国际电工委员会的技术报告(IEC 79-20)中找到。

表 3 惰性气体的氮等价系数 K_k

气体	N_2	CO_2	He	Ar	Ne	Kr	Xe	SO_2	SF_6	CF_4	C_3F_8
K_k	1	1.5	0.9	0.55	0.7	0.5	0.5	1.5	4	2	1.5

注 1：这些数据是天然气行业基于实验数据和经验的保守评估。

注 2：对于其他分子式中含有三个或更多的原子的非易燃和非氧化性气体，等价系数 $K_k=1.5$。某些种类的非易燃部分卤化碳氢化合物，例如制冷剂 R134a，可以与易燃气体中的空气和氧气发生部分反应。如果易燃成分的浓度超过 0.25%，对于所有含有非易燃部分卤化碳氢化合物和易燃气体的混合物不允许采用该计算方法。

示例 1：

认为混合物含有 7% 的 H_2 和 93% 的 CO_2。

使用表 3 中相应的 K_k 值，这种混合物的分数为：

$7(H_2)+1.5\times93(N_2)$

即：

$7(H_2)+139.5(N_2)$

或者，调整摩尔分数总和为 1，

$4.78\%H_2+95.22\%N_2$。

从表 1 可以看出，H_2 的 T_{ci} 值是 5.5。

因为 4.78/5.5(=0.869) 的比值小于 1，该混合物在空气中不易燃。

示例 2：

认为混合物含有 2% 的 H_2、8% 的 CH_4、25% 的 Ar 和 65% 的 He。

这种混合物可以符合：

$A_1F_1+A_2F_2+B_1I_1+B_2I_2$

式中，$F_1=H_2$，$F_2=CH_4$，$I_1=Ar$，$I_2=He$

通过下列公式计算确定 A_1，A_2，B_1，B_2 的值：

$2\%H_2+8\%CH_4+25\%Ar+65\%He$

$=1\times2\%+1\times8\%+0.55\times25\%+0.9\times65\%$

$=2\%+8\%+13.75\%+58.5\%$

$=82.25\%$

$2\%H_2+8\%CH_4+25\%Ar+65\%He$ 变为：

$$\frac{2}{82.25}H_2+\frac{8}{82.25}CH_4+\frac{13.75}{82.25}Ar+\frac{58.5}{82.25}He$$

这两个惰性气体可以组合成氮分数。上述方程变成：

$$\frac{2}{82.25}H_2+\frac{8}{82.25}CH_4+\frac{72.25}{82.25}N_2$$

或

$0.024\,3H_2+0.097\,3CH_4+0.878\,4N_2$

每段乘以 100 获得摩尔分数，上述方程变成：

$2.43\%H_2+9.73\%CH_4+87.84\%N_2$

H_2 的 T_{ci} 值是 5.5(见表 1)

CH_4 的 T_{ci} 值是 8.7(见表 1)

计算两个易燃成分 A_i/T_{ci} 的比值：

$$\sum\frac{A'_i}{T_{ci}}$$

$$=\frac{A'_1}{T_{c1}}+\frac{A'_2}{T_{c2}}$$

$=\frac{2.43}{5.5}+\frac{9.73}{8.7}$

$=0.44+1.12$

$=1.56$

因为$\sum\frac{A'_i}{T_{ci}}$值大于1.00，该混合物在空气中是易燃的。

使用结合式(3)：

$$\sum_{i=1}^{n}A_i\left(\frac{100}{T_{ci}}-1\right)\leqslant\sum_{k=1}^{p}B_kK_k$$

示例2的结果为：

$$2\left(\frac{100}{5.5}-1\right)+8\left(\frac{100}{8.7}-1\right)\leqslant(25\times0.55)+(65\times0.9)$$

$$118.3>72.25$$

由于非易燃情况按照上述公式无法完成，该混合物在空气中是易燃的。

3.4 根据全球化学品统一分类和标签制度(GHS)分类(参见附录A)

本标准不包括按照GHS易燃气体混合物分为1类或2类物质的分类方法。因此，所有含有易燃气体或易燃液体成分的混合物，并满足本标准试验方法或计算方法的应分为第1类。

4 气体和气体混合物的氧化能力

4.1 概述

下列条款叙述了确定气体或气体混合物是否支持燃烧的试验方法和计算方法，将在氮中氧化剂含氧超过23.5%作为参照。当表4中给出C_i值时，应使用4.3中提到的计算方法。当这些数据无法获得时，均应使用试验方法。

注：这种气体在标准中被称为“高度氧化剂”，但在GHS中被称为“氧化剂”。

4.2 试验方法

4.2.1 原理

该气体或气体混合物(X)与氮(N)按固定的比例组成混合物(XN)进行评价。这种固定的比例在氮和空气(A)的混合物(NA)中应是相同的，而且不支持参考物质“乙烷”(C)的燃烧(见图3)。

通过使用4.2.2中的仪器，将混合物(XN)与参考物质(C)混合，逐渐增加参考物质(C)的量，形成试验混合物(XNC)。通过应用程序和标准来判定易燃性，如果这些试验混合物是易燃的则可观察到。

如果(XN)和(C)的混合物是易燃的，则认为气体(X)比空气更具氧化性。如果在参考物质(C)含量最大值(C_{max})内也没有观察到易燃性，则认为气体(X)的氧化性小于或等于空气。

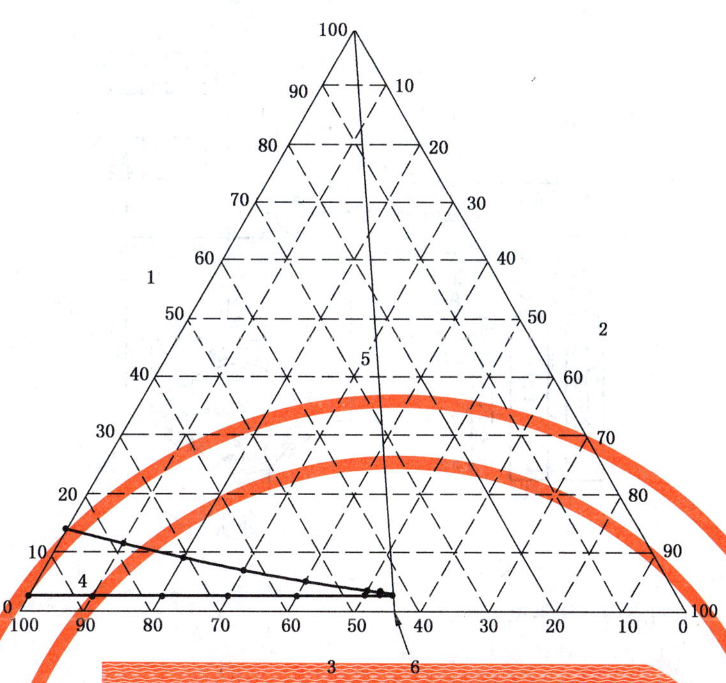

1——乙烷摩尔分数，以%表示；

2——氮气摩尔分数，以%表示；

3——空气摩尔分数，以%表示；

4——可燃范围；

5——氧化剂/氮气的定比线；

6——氧化剂限制分数(LOF)=43.4%空气。

图 3　不支持乙烷燃烧的氮和空气中氧化剂限制分数的判定

4.2.2　设备和材料

4.2.2.1　描述

该仪器(见图 4)包括：

a)　一个带有搅拌器的封闭试验罐；

b)　点火系统；

c)　两个压力测量系统；

d)　检查试验气体成分系统。

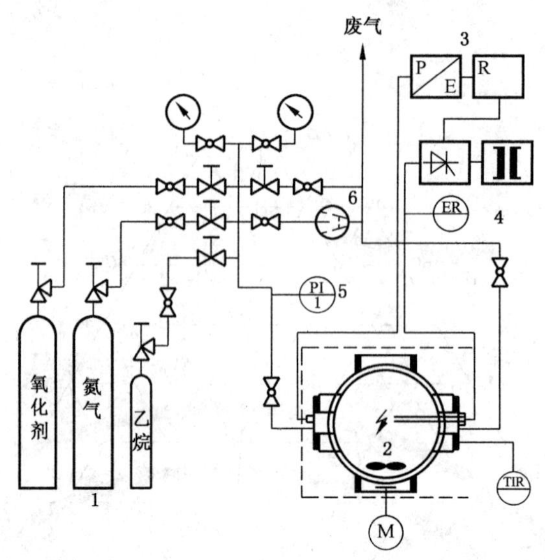

1——供应压缩气体；

2——由带有磁性搅拌器制成的不锈钢试验罐；

3——记录点火舱内压力上升的装置；

4——点火金属线和电子控制的装置；

5——试验混合物压力表；

6——真空泵。

图 4 测定气体和气体混合物氧化能力的仪器举例

4.2.2.2 试验罐

试验罐应由不锈钢制成，并设计能够承受的最大压力至少 3 000 kPa。容积至少是 0.005 m^3。它可以是圆柱形或球形。如果是圆柱形舱，它的长度和直径比应为 1。该舱应包含搅拌器和足够的开口，以便于进出料和清洗。

该舱应配备一个合适的温度测量装置。

4.2.2.3 点火系统

应使用点火导线引信。点火装置通过连接两个金属棒的镍铬线段上的电流产生电弧。金属棒(直径至少为 3 mm)应相互平行，距离为(5±1) mm。镍铬线直径应在 0.05 mm 和 0.2 mm 之间。熔化镍铬线和产生电弧的电力应使用交流隔离变压器(功率 0.7 kV·A～3.5 kV·A；二次电压 230 V)。变压器的二次绕组应通过电子装置切换到金属棒上，该电子装置调节点火能量的范围在 10 J 和 20 J 之间，通过带有可控硅开关元件的二级电压相角控制来实现。

引信导线应位于试验罐的中心。

4.2.2.4 压力测量系统

针对爆炸压力的压力测量系统由一个压力传感器、放大器和数据记录系统组成。压力传感器和放大器的时间分辨率应至少为 1 ms。传感器应至少耐压 3 000 kPa，测量范围为 1 000 kPa。按照差压法(压力传感器或压力表)准备试验混合物的压力显示系统应有最高 200 kPa 测量范围。两个压力测量系统的精度应至少为 0.5%。

4.2.2.5 检查试验气体成分系统

试验混合物(XN)或(XNC)成分分析应使用气相色谱仪或其他适当的分析仪。

4.2.2.6 材料

应使用乙烷(纯度大于 99.5%)作为参考可燃物(C)。选乙烷为参考燃料,因为它的碳氢键、碳碳键可作为大部分可燃材料。乙烷与许多氧化性气体的燃烧范围已知。

混合物(XN)应由评估值(38.5±1)%摩尔分数的气体(X)和(61.5±1)%摩尔分数的氮(纯度99.995%)组成。(XN)可以直接在试验罐内按每个成分的压差制备。在下一步程序中,使用预混合气体和通过辅助试验装置在疏散气瓶中产生压缩混合物(XN),也是可接受的。

当混合物(XN)或混合物(XNC)之一直接在压力罐中产生时,应加以分析。

气体的水分含量应小于体积的 0.01%。如因某种原因(如吸湿气体或未知物质)而无法实现,这一事实应在报告中指出。

4.2.3 程序

试验应在室温和大气压力下进行。试验混合物(XNC)应按压差在试验罐中备制,最终达到100 kPa 的压力。乙烷逐步添加到混合物(XN)中。每次启动点火,并观察是否发生反应。反应是通过点火后压力上升表现出来的,压力上升幅度至少为 10%的初始压力。

试验从乙烷含量摩尔分数 1%时开始。如果没有发生反应,乙烷的比例以摩尔分数 1%的速度增加,直到发生反应,或直至乙烷的摩尔分数比例超过 20%。

警告:试验进行时可能有爆炸危险。有毒性和腐蚀性气体时应特别注意。工作人员应意识到潜在的危险,并应采取必要的预防措施。试验装置应安装在实验室通风柜里。

除非由有能力人员按充分验证的程序操作,气瓶中试验用燃料和氧化剂气体不得在大气压力下混合。本标准不能说明氧化气体混合物可否安全顺利地生产,因为这是在人员、仪器、环境方面使用安全可靠程序制造商的责任。

4.2.4 结果

如果试验中反应被观察到,则可判定气体(气体混合物)的氧化能力高于空气,而且可认为是"高度氧化"。

4.3 计算方法

4.3.1 原则

为了判定气体混合物的"氧化能力(OP)",给出如下计算方法:

如果下列条件成立,则认为混合物的氧化性高于空气,见式(4):

$$\sum_i x_i C_i > 23.5\% \quad \cdots\cdots (4)$$

式中:

x_i ——氧化组分含量(摩尔分数),%;

C_i ——氧分数系数。

上述公式中氮以外惰性气体的稀释结果不予考虑。如果经评估混合物包含某种惰性气体,则 K_k 值应予以考虑:

$$\mathrm{OP} = \frac{\sum_{i=1}^{n} x_i C_i}{\sum_{i=1}^{n} x_i + \sum_{k=1}^{p} K_k B_k}$$

3.3 定义了氮等价系数和惰性气体 B 的分数系数,并在表 3 中列明。

注：在干燥大气含氧气 20.95%的条件下，含氧不高于 23.5%的混合物可被视为非氧化气体。

示例 1：

$5\%N_2O+10\%O_2+85\%N_2$

$OP=\sum x_iC_i=0.05\times0.6+0.1\times1.0=0.13$

因为 13%<23.5%，该混合物的氧化性小于空气。

示例 2：

$20\%N_2O+20\%O_2+40\%N_2+20\%CO_2$

$$OP=\frac{\sum_{i=1}^{n}x_iC_i}{\sum_{i=1}^{n}x_i+\sum_{k=1}^{p}K_kB_k}=\frac{0.2\times0.6+0.2\times1.0}{0.4+0.4\times1+0.2\times1.5}=0.29$$

因为 29%>23.5%，该混合物的氧化性高于空气。

4.3.2 系数 C_i

气体氧化系数 C_i 是从氧化气体与氮和乙烷的混合物的爆炸范围推导出来的。为确定 C_i 值，应考虑氧化剂限制分数即氧化剂与氮气的比值（见图 3）。该氧化剂限制分数（LOF）间接反映了比例系数 C_i。

$$C_i=9.07\times\frac{1}{LOF}$$

系数 C_i 是针对每个氧化气体。氧气的系数 C_i 定义为 1.0。

系数 9.07 是来自使用 C_i 定义值（氧气）=1 的空气的 LOF 值。表 4 给出了由实验 LOF 值得出的 C_i 值。对于非试验气体 C_i 值是固定的为 40。

表 4 氧等价系数 C_i

气体/蒸气	系数 C_i
过氧化双（三氟甲基）	40[a]
五氟化溴	40[a]
三氟化溴	40[a]
氯	0.7
五氟化氯	40[a]
三氟化氯	40[a]
氟	40[a]
五氟化碘	40[a]
一氧化氮	0.3
二氧化氮	1[b]
三氟化氮	1.6
三氧化氮	40[a]
一氧化二氮	0.6
二氟化氧	40[a]
臭氧	40[a]
四氟联氨	40[a]

[a] 对于非试验氧化气体和蒸气，C_i 值定为 40。

[b] 来源于氧化氮和三氟化氮。

5 含有氧和易燃气体的混合物

5.1 通则

注 1：易燃气体和其他氧化气体的混合物不予考虑。应注意的是，混合部分是卤化碳氢化合物的，高温高压下或与氧化潜力大于空气的氧化剂混合时，空气环境压力和温度下非易燃的可以变为可燃的。

含有易燃和氧化气体的混合物是如下一种情况（见图 5）：

——非易燃和非氧化的（如氧含量小于或等于 23.5% 和易燃气体含量低于 T_{ci}(flamox) 或 L_i 值），或；

——氧化的（如氧气含量超过 23.5% 和易燃气体含量低于 L_i 值），或；

——易燃的（如易燃气体含量高于 T_{ci}(flamox) 或 L_i 值），或；

——潜在爆炸的（如氧含量高于 LOC 和易燃气体含量高于 L_i 值）。

表 5 给出了用于进行风险评估和避免爆炸性气体混合物的极限氧浓度（LOC）。LOC 是大气条件下不会产生爆炸的易燃物质、空气或惰性气体混合物的最大氧浓度。LOC 通常以摩尔分数或体积分数表示。

注 2：这些值只是在大气压力有效。

表 5 易燃气体的极限氧浓度（LOC） %

易燃物质	LOC
氨	12.2
苯	8.5
正丁烷	9.6
1-丁烯	9.7
一氧化碳	4.7[a]
二硫化碳	4.6
二甲醚	8.5
乙烷	8.8
乙醇	8.5
乙烯	7.6
正己烷	9.1
氢	4.3
硫化氢	9.1
异丁烷	10.3
异丁烯	10.6
甲烷	11.0
甲醇	8.1
正戊烷	9.3
丙烷	9.8
1-丙醇	9.3
2-丙醇	8.7
丙烯	9.3
环氧丙烷	7.7

注：本表未列入的易燃物质应使用守恒值 2%。

[a] 含有水分或碳氢化合物的一氧化碳的数据是最差的情况。纯净的一氧化碳的燃烧是受动力抑制的。

LOC 对应的是在大气压力和环境温度下由易燃气体、空气和氮气(作为惰性气体)组成的非爆炸性气体混合物。

5.2 易燃性分类原则

如果符合以下两个条件,含有易燃和氧化气体的混合物则被分类为易燃的:

a) 易燃气体浓度(A_i)≥L_i

b) 易燃气体浓度(A_i)≥T_{ci}(flamox)

T_{ci}(flamox)计算公式如下:

$T_{ci}(\text{flamox})=T_{ci}\times(1-X_{O_2}/21\%)$

X_{O_2} 是氧气浓度的百分比,小于 21%。

根据图 5 的分类原则。T_{ci} 至 21%O_2 浓度线描述了限量混合物(易燃气体在氮中的最高非易燃浓度)与空气的混合情况。如果混合物含有少量的氧气,则其限量情况在同一条线上,但起点应高一些,从圆圈到 21%O_2。相应的 $T_{ci,F}$ 是由向下延伸到 x 轴的位置来决定。

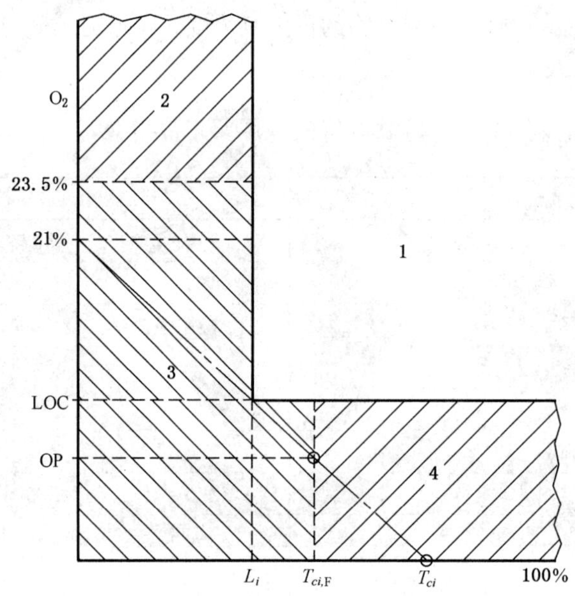

1——潜在的爆炸性;

2——氧化性;

3——非易燃和非氧化性;

4——易燃性。

图 5 分类原则

5.3 举例

示例 1

单一易燃气体, 惰性气体=氮	5%H_2、3%O_2、92%N_2
数值	易燃气体浓度=5% L_i=4.0% T_{ci}=5.5% X_{O_2}=3% $T_{ci}(\text{flamox})=T_{ci}\times(1-X_{O_2}/21\%)=5.5\%\times(1-3\%/21\%)=4.71\%$

示例 1(续)

<table>
<tr><td>条件 1</td><td>易燃气体浓度 5%≥L_i4%,成立</td></tr>
<tr><td>条件 2</td><td>易燃气体浓度 5%>$T_{ci,F}$4.71%,成立</td></tr>
<tr><td>分类</td><td>两个条件都成立,该混合物是易燃的</td></tr>
</table>

示例 2

<table>
<tr><td>单一易燃气体,
惰性气体=氮</td><td>2%H_2、1%CH_4、13%O_2、84%N_2</td></tr>
<tr><td colspan="2">该例中,易燃气体混合物的可燃低限制和最高非易燃浓度直接用 Le Chatelier 公式计算得出。
$$L(\text{混合物})=\frac{\sum A_i}{\sum\left(\frac{A}{L}\right)_i}\text{ 和 }T_c(\text{混合物})=\frac{\sum A_i}{\sum\left(\frac{A}{T_c}\right)_i}$$</td></tr>
<tr><td>数值</td><td>易燃气体浓度=2%+1%=3%
L(混合物)=(2%+1%)/(2%/4.0%+1%/4.4%)=4.12%
T_c(混合物)=(2%+1%)/(2%/5.5%+1%/8.7%)=6.27%
Xo_2=13%
T_{ci}(flamox)=T_c×(1−Xo_2/21%)=6.27%×(1−13%/21%)=2.39%</td></tr>
<tr><td>条件 1</td><td>易燃气体浓度 3%≥L(混合)4.12%,不成立</td></tr>
<tr><td>条件 2</td><td>易燃气体浓度 3%>T_{ci}(flamox)2.39%,成立</td></tr>
<tr><td>分类</td><td>两个条件不同时成立,所以该混合物是非易燃的</td></tr>
</table>

示例 3

<table>
<tr><td>单易燃气体,
其他惰性气体</td><td>10% CO、5% O_2、10% N_2、20% CO_2、25% Ar、30% Ne</td></tr>
<tr><td colspan="2">该例的惰性气体与氮有不同的惰性值。该惰性气体摩尔分数是乘以表 3 中它的 K_k 值。然后易燃气体、氧化剂和氮分数的相对含量被调整(正常化)为 4.5%。</td></tr>
<tr><td>数值</td><td>$$F=\frac{1}{1+\sum_{k=1}^{p}(K_k-1)B_k}$$
标准化因子
F=1/[1+(20%×0.5−25%×0.45−30%×0.3)]=1.114
易燃气体浓度=10%×1.114=11.14%
L_i=10.9%
T_{ci}=15.2%
OP=5%×1.114=5.57%
T_{ci}(flamox)=T_{ci}×(1−OP/21%)=15.2%×(1−5.57%/21%)=11.17%</td></tr>
<tr><td>条件 1</td><td>易燃气体浓度 11.14%≥L_i10.9%,成立</td></tr>
<tr><td>条件 2</td><td>易燃气体浓度 11.14%>T_{ci}(flamox)11.17%,不成立</td></tr>
<tr><td>分类</td><td>两个条件不同时成立,所以该混合物是非易燃的</td></tr>
</table>

附 录 A
（资料性附录）
全球化学品统一分类和标签制度(GHS)

A.1 全球化学品统一分类和标签制度区分两类易燃气体，见表A.1。

表A.1 易燃气体标准

类别	标准
1	在温度20℃和101.3 kPa标准压力下的气体： a) 在空气中含有小于或等于13%混合物时，可点燃的气体。 b) 无论易燃性下限是多少，与空气混合可点燃的范围至少为12%的气体。
2	在温度20℃和101.3 kPa标准压力下，除第1类中的气体之外，与空气混合时可燃的气体。

A.2 大部分的易燃气体属于第1类。只有少数气体(如氨气)属于第2类。

A.3 本标准描述的试验方法和计算方法不适用于判定气体混合物的可燃性限值和可燃范围。

参 考 文 献

[1] IEC 79-20 Electrical apparatus for explosive gas atmospheres—Part 20 Data for Flammable gases and vapours, relating to the use of electrical apparatus

[2] EN 1839 Determination of explosion limits of gases and vapours

[3] ASTM E 681 Standard Test Method for Concentration Limits of Flammability of Chemicals (Vapors and Gases)

[4] ISO 5145:2004 Cylinder valve outlets for gases and gas mixtures—Selection and dimensioning

ICS 13.300
A 80

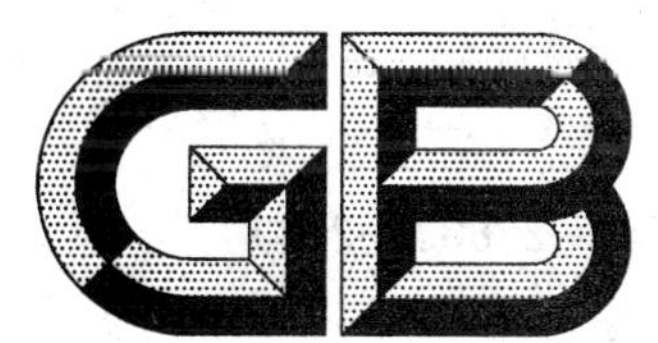

中华人民共和国国家标准

GB/T 27863—2011

危险货物包装　跌落试验冲击台要求

Packaging for dangerous goods—The requirement for impact surface of impact test by dropping

2011-12-30 发布　　2012-08-01 实施

中华人民共和国国家质量监督检验检疫总局
中国国家标准化管理委员会　发布

前　言

本部分按照 GB/T 1.1—2009 给出的规则起草。

本标准由全国危险化学品管理标准化技术委员会(SAC/TC 251)提出并归口。

本标准起草单位:山东出入境检验检疫局、中国石油和化学工业协会、江苏出入境检验检疫局。

本标准主要起草人:万敏、王晓兵、陶强、车礼东、冯真真、徐炎。

危险货物包装　跌落试验冲击台要求

1　范围

本标准规定了对危险货物运输包装跌落试验冲击台的性能要求。

本标准适用于危险货物运输包装的跌落试验所用的冲击台。

2　规范性引用文件

下列文件对于本文件的应用是必不可少的。凡是注日期的引用文件，仅注日期的版本适用于本文件。凡是不注日期的引用文件，其最新版本(包括所有的修改单)适用于本文件。

GB/T 4857.5　包装　运输包装件　跌落试验方法

3　术语和定义

下列术语和定义适用于本文件。

3.1

冲击台　the impact surface

跌落试验时，危险货物运输包装件的冲击平台。

3.2

水平度　levelness

实际冲击台与水平面的夹角，也可用单位长度的高程差(mm/m)表示。

3.3

平整度　flatness

不平面与绝对水平之间的所差数据。

3.4

冲击台面的标定面积　demarcated area of impact surface

冲击台面(包括钢板及其周围的钢筋混凝土)的整体设计面积。

3.5

冲击台的标定质量　demarcated mass of impact surface

冲击台的整体质量，包括钢筋混凝土层和钢板。

4　要求

4.1　一般要求

冲击台面应水平、平坦、光滑、坚硬、无弹性，并符合 GB/T 4857.5 中相关要求。

4.2　冲击台面要求

4.2.1　平整度

冲击台面为水平平面，任意两点的水平高度差一般不超过 2 mm。

4.2.2 水平度

对于面积小于 1 m^2 的冲击台，水平度偏差不超过 2 mm/m；对于面积超过 1 m^2 的冲击台，水平度偏差绝对值不超过 2 mm。

4.3 基础要求

4.3.1 冲击台的标定质量

冲击台应为整块物体，冲击台相对于跌落物件应有足够大的标定质量以防止发生振动、变形或位移。冲击台的最小标定质量根据式(1)计算：

$$m_1 = 50 \times m_0 \qquad \cdots\cdots (1)$$

式中：

m_0——最重的跌落包件质量，单位为千克(kg)；

m_1——冲击台的总标定质量，单位为千克(kg)。

4.3.2 冲击台的标定面积

冲击台应有足够大的面积，以保证跌落时试验样品完全落在冲击台上。通常标定冲击台面为正方形，其边长可以根据式(2)计算：

$$L_1 = 2 \times L_0 \qquad \cdots\cdots (2)$$

式中：

L_0——最大跌落包件的最大棱长(圆柱形包件为其高度)，单位为毫米(mm)；

L_1——正方形冲击台的边长，单位为毫米(mm)。

4.3.3 硬度

冲击台应足够刚硬，冲击台上任何 100 mm^2 的面积上承受 10 kg 的静负荷时，其变形量不应超过 0.1 mm。

4.3.4 冲击台的材质

冲击台表面可选用型号 Q 235 的钢板，钢板朝下的一面应焊接十字加强筋。受冲击的上表面应平坦、光滑，必要时应刨平磨光。

注：Q 235 是普通碳素结构钢的一个牌号。Q 代表这种钢材的屈服度，后面的数值是指这种钢材的屈服值在 235 左右。

4.3.5 冲击台的基础

4.3.5.1 冲击台的基础应由钢筋混凝土构成。

4.3.5.2 冲击台基础深度计算公式见式(3)：

$$h = \frac{M_1}{A \times P} \qquad \cdots\cdots (3)$$

式中：

h ——冲击台基础深度，单位为米(m)；

M_1——冲击台的总质量，单位为千克(kg)；

A ——冲击台的面积，单位为平方米(m^2)；

P ——钢筋混凝土的密度，单位为千克每立方米(kg/m^3)。

4.4 建造要求

冲击台的建造方法参见附录 A。

附　录　A
（资料性附录）
冲击台的建造方法示例

A.1　示例条件

例如被试验件最大质量为 400 kg，最大底面积为 1 000 mm×1 000 mm，按以下公式计算：

a）　根据式(1)：$m_1=50\times m_0$
　　冲击台的总质量 m_1 为 20 000 kg；

b）　根据式(2)：$L_1=2\times L_0$
　　冲击台的边长 L_1 为 2 000 mm，需建造面积为 2 000 mm×2 000 mm 的冲击台；

c）　根据式(3)：$h=\frac{m_1}{A\times P}$
　　基础(包括钢筋混凝土和钢板)密度约为 2 551 kg/m³，冲击台面积为 4 m²，则冲击台基础深度为 2.0 m。

A.2　冲击台钢板的选择和加工制作

冲击台可选用型号 Q 235 的钢板，其规格可选为 1 850 mm×1 850 mm×40 mm。钢板朝下的一面应焊接十字加强筋。受冲击的上表面应平坦、光滑，必要时应刨平磨光。钢板四周钻有八个直径为 22 mm 的螺丝孔，供穿套地脚螺栓使用。为保持冲击台平坦，螺孔采用埋孔形式(见图 A.1)。

单位为毫米

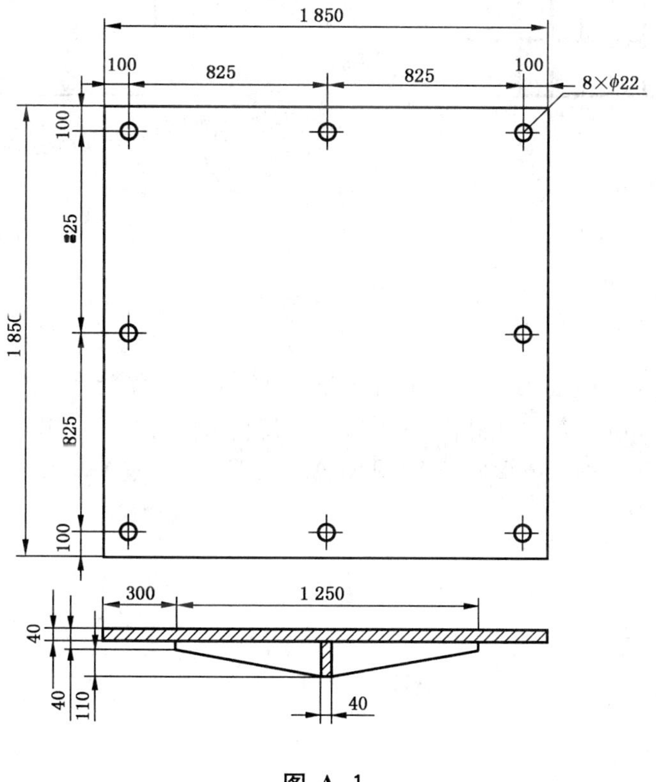

图 A.1

A.3 冲击台基础钢筋结构

基础结构中所用钢筋直径为 16 mm。每一水平钢筋层位均应放置菱形钢筋，以使四个垂直侧面的钢筋能稳固地构成一个正方形(见图 A.2)。

单位为毫米

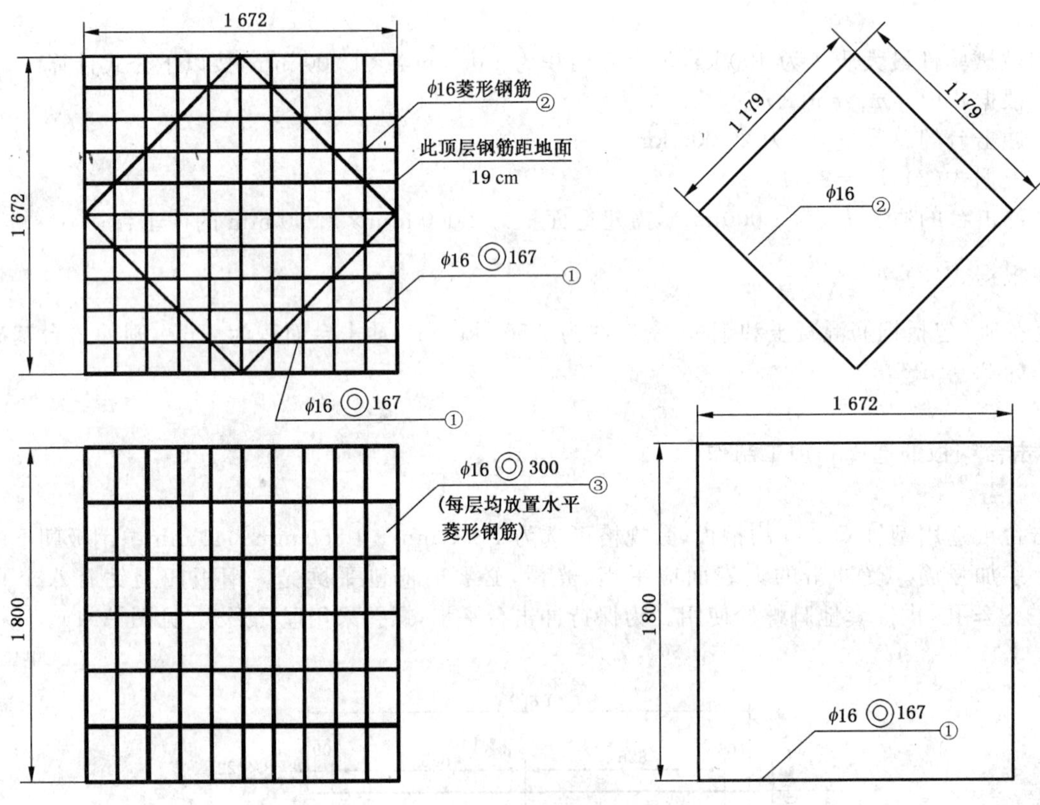

图 A.2

A.4 地脚螺栓的安装

地脚螺栓的作用是使冲击的顶部的钢板与下部的钢筋混凝土能紧密地连成一个整体。地脚螺栓的数量为八个，直径为 22 mm。每根螺钉长 2 000 mm。其底端焊接在一个用 50 mm×50 mm×5 mm 角钢制成的边长为 1 672 mm 的正方形底架上(见图 A.3)。

单位为毫米

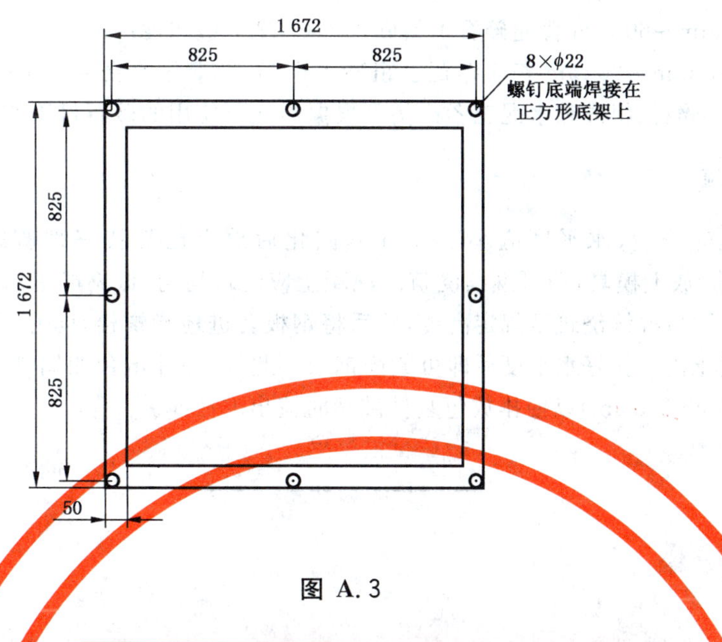

图 A.3

A.5 混凝土的浇铸

A.5.1 混凝土结构如图 A.4 所示。由下至上各层结构依次为:夯实原土、灰土层(厚 100 mm)、砂石天然级配层(厚 150 mm)、素混凝土(厚 100 mm)、钢筋混凝土层(厚 2 000 mm)。

单位为毫米

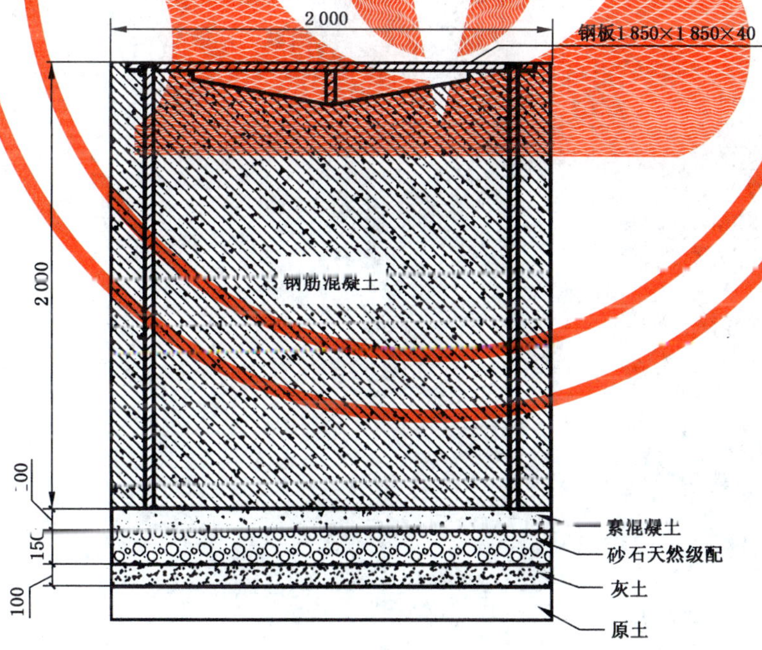

图 A.4

A.5.2 各层结构的材料配比(质量比)

灰土:白灰∶原土=1∶1(夯实);

砂石天然级配层:40 mm～60 mm 普通碎石∶粗砂 ＝ 6∶1;

素混凝土:40 mm～60 mm 普通碎石∶粗砂∶P.O 42.5 级水泥＝5∶3∶1;

钢筋混凝土:10 mm～20 mm 普通碎石∶粗砂∶P.O 42.5 级水泥＝4.5∶2.2∶1;水灰比应小于 0.5。钢筋混凝土中碎石、粗砂和水泥三者比例可根据当地所使用的砂石材质作适当调整。

A.5.3 混凝土浇筑

素混凝土浇筑完毕后,水平度应小于 2 mm,固化后放上已焊接好地脚螺栓的方形底架,并按图 A.2 捆扎好钢筋,放上模具,即可继续浇筑。混凝土应浇筑均匀,振捣严密。当浇筑至 300 mm 高左右时,待水泥固化后,再继续浇筑至规定高度,然后将钢板套进地脚螺栓,同时用木夯棰大力敲击钢板,使加强筋插入混凝土内。找好水平度后即可紧固钢板。此外,在冲击台四周外围应布设适当规格的排液沟(如深×宽＝6 cm×8 cm)以便排放包装件破裂时流出的液体。

ICS 13.300
A 80

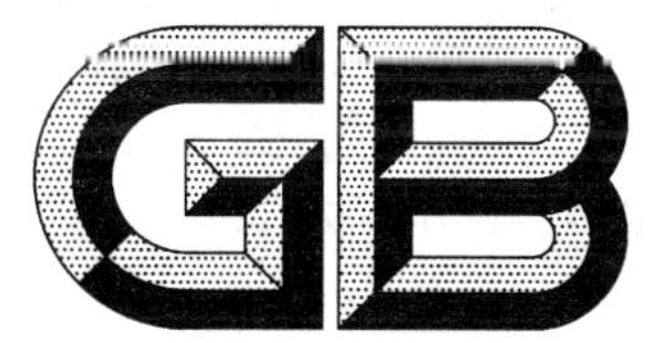

中华人民共和国国家标准

GB/T 27864—2011

危险货物包装　中型散装容器振动试验

Packaging for dangerous goods—Vibration test of intermediate bulk containers

2011-12-30 发布　　2012-08-01 实施

中华人民共和国国家质量监督检验检疫总局
中国国家标准化管理委员会　发布

前　言

本标准按照 GB/T 1.1—2009 给出的规则起草。

本标准参考联合国《关于危险货物运输的建议书　规章范本》(第 15 修订版)编制。

本标准由全国危险化学品管理标准化技术委员会(SAC/TC 251)提出并归口。

本标准起草单位:山东出入境检验检疫局、北京出入境检验检疫局。

本标准主要起草人:车礼东、万敏、何飞、冯真真、刘咏梅、朱超。

危险货物包装　中型散装容器振动试验

1　范围

本标准规定了振动试验的试验准备、试验方法、通过标准及试验报告等技术内容。

本标准适用于所有装载液体的中型散装容器的振动试验。

2　规范性引用文件

下列文件对于本文件的应用是必不可少的。凡是注日期的引用文件，仅注日期的版本适用于本文件。凡是不注日期的引用文件，其最新版本(包括所有的修改单)适用于本文件。

ST/SG/AC.10/1/Rev.15　联合国《关于危险货物运输的建议书　规章范本》(第15修订版)

3　术语和定义

下列术语和定义适用于本文件。

3.1

中型散装容器　intermediate bulk containers，IBCs

硬质或软体可移动容器，这些容器：

a)　具有下列容量：

1)　装Ⅱ级包装和Ⅲ级包装的固体和液体时不大于 3.0 m^3(3 000 L)；

2)　Ⅰ级包装的固体装入软性、硬塑料、复合、纤维板和木制中型散装容器时不大于 1.5 m^3；

3)　Ⅰ级包装的固体装入金属中型散装容器时不大于 3.0 m^3；

4)　装第7类放射性物质时不大于 3.0 m^3。

b)　设计为机械方法装卸。

c)　能经受装卸和运输中产生的应力，该应力由试验确定。

d)　联合国包装编码为11A、21A、31A、11B、21B、31B、11N、21N、31N、13H1、13H2、13H3、13H4、13H5、13L1、13L2、13L3、13L4、13M1、13M2、11H1、11H2、21H1、21H2、31H1、31H2、11HZ1、11HZ2、21HZ1、21HZ2、31HZ1、31HZ2、11G、11C、11D、11F。

4　要求

4.1　一般要求

4.1.1　中型散装容器的设计型号，由其设计、尺寸、材料和厚度、制造方式，以及装货和卸货手段界定，但可包括各种表面处理。一种设计型号也包括只在外部尺寸上比设计型号小的中型散装容器。应对准备好供运输的中型散装容器进行试验，本标准规定的振动试验中可使用同一设计的另一个中型散装容器。

4.1.2　所有装载液体的中型散装容器应进行本标准规定的振动试验。允许对与试验过的型号仅在一些次要方面有所不同(如外部尺寸稍有减少)的中型散装容器作选择性的试验。如在试验中使用可拆卸的托盘，根据4.3签发的试验报告应载有所使用托盘的技术说明。

注：装载液体的中型散装容器的联合国包装编码为31A、31B、31N、31H1、31H2、31HZ1、31HZ2。

4.2 振动试验

4.2.1 试验前的准备

试验的中型散装容器应是随意选出的，做好运输前的调试和封闭。纸制和纤维板中型散装容器以及带纤维板外壳的复合中型散装容器应在控制温度和相对湿度的环境中放置至少24 h。应从三种选择方案中任选一种。最好的环境是温度23 ℃±2 ℃，相对湿度50%±2%。另外两种选择为：温度20 ℃±2 ℃，相对湿度65%±2%；或温度27 ℃±2 ℃，相对湿度65%±2%。向中型散装容器中装水至不少于其最大容量的98%。

4.2.2 试验方法和时间

4.2.2.1 中型散装容器置于试验机器平台的中央，试验机器垂直正弦曲线的双振幅（峰到峰间值）为25(1±5%) mm。如有必要，在平台上安装约束装置，防止试样水平移动，从平台上滑落，但不限制上下移动。

4.2.2.2 试验应进行1 h，使用的频率应造成中型散装容器在每个周期的一段时间里瞬间脱离振动平台，达到可将一个金属薄片间歇地完全插入中型散装容器的箱底与试验平台之间的空隙。在第一次设定频率后，可能需要进行调整，以防止容器产生共振。但试验频率应始终保证能够将金属薄片不断的插入中型散装容器之下。本试验使用的金属箔片，至少应为1.6 mm厚，50 mm宽，并有足够的长度，以便能够至少插入中型散装容器与试验平台之间100 mm来完成本试验。

4.2.3 判定为合格的试验结果

无可见的容器开裂或内装物的泄漏以及无可见的容器结构部件的破损或失效，如裂焊或松动。

4.2.4 海运试验方法

海运试验方法参见附录A。

4.3 试验报告

4.3.1 应编写至少载有下列详细资料的试验报告，并提供给中型散装容器使用者：

a) 试验设施的名称和地址；
b) 申请人的姓名和地址(如果适用的话)；
c) 试验报告的独特识别符号；
d) 试验报告的日期；
e) 中型散装容器制造厂；
f) 中型散装容器设计型号的说明(例如尺寸、材料、封闭装置、厚度等)，包括制造方法(例如吹塑法)，并且可附上图样和/或照片；
g) 最大容量；
h) 试验内装物的特性，例如，液体的黏度和相对密度等；
i) 试验说明和结果；
j) 签署者的姓名和职务。

4.3.2 试验报告应载有说明准备好供运输的中型散装容器已按照本标准的规定进行过试验，而且使用其他包装方法或部件可能使它作废的陈述。

附 录 A
（资料性附录）
ASTM 7387:2007 海运液态有害材料（危险货物）的中型散装容器振动试验的标准试验方法

A.1 范围

A.1.1 本试验方法包含了用来装液态有害材料（危险货物）的中型散装容器（IBCs）的振动试验，适用于带有任何密封方式的任何设计或材料的中型散装容器。本方法被美国运输部（DOT）用来对海运有害材料的中型散装容器进行测试和资格判定。本试验方法用来判定中型散装容器在海运过程中保持完整性，并防止内装物泄漏或溢出。本方法应被作为一种筛选工具或设计鉴定试验。可使用其他震动方法来更好地模拟运输过程中经受的振动。

A.1.2 本试验方法适合于测试 450 L～3 000 L（119 加仑～793 加仑）的中型散装容器，更小的包装应使用试验方法 ASTM D 999 或其他方法来进行测试。

A.1.3 ISO 2247 标准不满足本试验方法的要求。

A.1.4 方法中用国际标准单位标注的值与标准相同。用圆括号给出的值仅作为资料。

A.1.5 本标准并没有声称指出了所有的安全信息，如果有的话，与标准的使用有关。在使用本标准之前确保适当的安全和健康规范和判定规章限制的适用性是标准使用者的责任。特定的预防性陈述在第 6 部分给出。

A.2 规范性引用文件

A.2.1 ASTM 标准

ASTM D 996 包装和分配环境的术语

ASTM D 999 海运容器振动试验的试验方法

ASTM D 4169 海运容器和系统性能试验的规范

ASTM D 4332 测试用容器、包装箱或包装组件的调节规范

ASTM E 122 带有一个特定可容忍误差的计算样品尺寸以评估一批产品或者一次加工过程平均特性的规范

A.2.2 ISO 标准

ISO 2247 包装 完整的填充的运输包装 固定低频振动试验

A.2.3 法规文件

CFR 49 美国交通运输部美国联邦法规汇编标题 49，运输，100-199 部分

A.2.4 联合国文件

关于危险货物运输的建议书 规章范本

A.3 术语

A.3.1 本标准使用的定义，见 ASTM D 996。

A.3.2 本标准所特有的定义：

A.3.2.1 双振幅，*n*——一个正弦量的最大值(峰到峰)。

A.3.2.2 重复振动，*n*——一个试验平台上的一个包装的碰撞，当输入振动后就循环发生。

A.3.2.3 共振，*n*——为了达到本试验方法的目的，当工作台的输入频率造成过度的、猛烈的、不可控制的中型散装容器运动时就会发生共振。使用此频率长时间进行试验是过于严格的，并可能造成容器的损坏和不合格，而这种情况在运输过程中是不可能经历的。

A.4 意义和使用

A.4.1 当在运输工具中受到振动时，海运容器将经受复杂的动态压力。模拟海运中经历的实际损坏或缺乏损坏，可能需要容器和内装物经受振动。

A.4.2 海运过程中的共振反应是严重的，并可能导致容器破裂或内装物的泄漏或溢出。鉴别临界频率和包装压力的特性可以对使这种情况发生的可能性降到最小有所帮助。

A.4.3 此振动试验基于 CFR 49 中目前正在使用的中型散装容器的鉴定方法，并已经证明了在运输中使用是成功的。

A.4.4 震动能够影响海运容器、密封形式以及内装物。本试验方法允许对这些部分相互作用进行分析。可以利用对一个或多个部分的设计更改来达到海运环境的最佳性能。

A.4.5 本试验方法适合于在船舱中不受限制运输的单一填充容器。

A.4.6 本试验方法不是为了在一个导致容器共振的频率下测试中型散装容器。

A.5 设备

A.5.1 垂直运动振动机——本试验采用振动试验设备来提供垂直振动，并且能够提供 2 Hz 到至少 5 Hz 的频率，固定双振幅位移为 25 mm±1 mm。此试验机应具有一个已知质量的平台，并带有一个具有足够强度和硬度的水平面，以便当放上中型散装容器后，此水平面的所有位置将遵循支撑结构的垂直运动。试验表面应在各个边上都是突出的，并超过中型散装容器，且具有足够的硬度连接在一个低碳钢结构上(建议至少等于橡木)。此平台应被一个机械装置所支撑，此装置能够使平台做垂直正弦运动(不允许平台作旋转运动)。振动试验机应配备栅栏、隔板或其他限制装置以保证中型散装容器不离开平台但不限制其垂直运动。

A.5.1.1 薄片——一个金属薄片，具有下述特性，用来判定海运容器离开试验平台一个足够的量；

A.5.1.1.1 宽度——最小 50 mm(2.0 英寸)。

A.5.1.1.2 厚度——1.6 mm(1/16 英寸)。

A.5.1.1.3 长度——最小 254 mm(10 英寸)。

A.5.2 图 A.1 显示了在一个试验设备上的中型散装容器。

A.5.3 测试设备——下面描述的试验单元的测试设备和表格不是必需的，但可以用来得到额外的数据。

A.5.3.1 加速度计，信号调节器和数据显示或存储装置可以被用来测量和控制试验表面或中型散装容器各种位置的加速，以便测量响应情况。这些设备对于进行试验不是必需的。

A.5.3.2 如果使用了一个测试设备系统，建议响应精确到试验范围的±5%。

图 A.1 振动机上的中型散装容器样品

A.5.3.3 加速度计应比较小并且足够轻，以便不影响被测容器的响应和试验结果。适合的测试设备的信息可以在冲击和振动手册中找到。

A.6 安全预防措施

A.6.1 本试验方法可能导致中型散装容器的严重机械响应。因此，栅栏、隔板或其他限制装置应具有足够强度，并应足够安全以防止中型散装容器的过度水平运动。操作人员应对潜在的危险保持警惕并采取必要的预防措施。如可能造成危险应立刻停止试验。例如，在试验中使容器产生共振可能导致不受控制的响应振动。这可能会对试验人员和设备造成险情、过试验或过早破坏以及安全问题。

A.7 试验样品

A.7.1 试验样品应包含一个中型散装容器试样，该试样应在设计型号中具有代表性，按照海运目的密封并充入水作为标准试验介质(允许使用相对密度为 0.95 和 1.05 的水和防冻液)。如果不影响试验的有效性，可以使用带有瑕疵或凹陷的中型散装容器，并在试验之前记录这些缺陷。如有必要，中型散装容器的原型可以用来进行发展试验，但不能用于最终设计合格性测试。

A.7.2 可以使用带有试验样品最小可能改变的传感器和变频器来获得容器的响应数据。

A.7.3 样品的大小应基于适用的标准或管理规定。只要存在足够的容器和内容物，建议进行三个或更多的重复试验以增加所获得数据的统计可靠性(见 ASTM E 122)。

A.8 试验条件

A.8.1 根据所适用规范的要求，在试验之前或试验中，中型散装容器要进行准备以符合试验条件。当没有给出准备要求，并且容器材料对于气候敏感时，建议达到一个条件环境（标准和特殊条件见 ASTM D 4332）。

A.8.2 对于联合国包装编码 31A、31B、31N、31H1、31H2、31HA1、31HB1、31HN1、31HA2、31HB2、31HN2、31HH2 的中型散装容器来说，试验中应使用下述标准条件：

A.8.2.1 环境温度和试验介质温度应在 15 ℃～20 ℃，并且

A.8.2.2 相对湿度为 30%～70%。

A.8.3 对于联合国包装编码 31HC1、31HD1、31HF1、31HG1、31HD2 的中型散装容器来说，下述标准条件要求应在试验开始至少 24 h 之前和试验过程中观察到（见联合国《关于危险货物运输的建议书 规章范本》6.5.6.3.1）：

温度 23 ℃±2 ℃，相对湿度 50%±2%；或

温度 20 ℃±2 ℃，相对湿度 65%±2%；或

温度 27 ℃±2 ℃，相对湿度 65%±2%。

A.8.3.1 如果在试验报告中提及，则可以在试验之前和试验中使用更加严格的条件与标准要求作对比。

A.9 步骤

A.9.1 将海运容器按照其正常运输方向放置在试验机平台上。此海运容器应放在平台的中央位置。

A.9.2 需要使用限制装置以防止容器在试验平台上的水平移动和过分摇摆。限制装置可能影响海运容器的垂直移动，因此应注意此装置是如何使用的以及其放置的位置。试验中可能产生非常大的力，所以限制装置应具有足够的强度以防止容器在平台上进行水平摆动。如果试验设备连有一个托架（围栏），那么容器不应直接靠在托架上。将容器直接靠在托架上可能会影响试验中容器的动态移动。建议当试验开始时在中型散装容器和限制装置之间的每个水平运动方向上提供一个最大 50 mm 的间隙。

A.9.3 确定方向并调整限制装置使容器可以自由的水平运动。

A.9.4 以大约 2 Hz 的频率开始平台的振动，并稳定的增加频率。当容器最初开始离开平台后，试验频率应调整使得金属薄片可以插入容器底部且不会导致容器共振的位置最多。

注 1：中型散装容器与试验平台的分离可能在视觉上不是很明显，但在大部分情况下，由容器离开平台后造成的声音变化可以帮助得到适合的试验频率。然而，应在所有的试验中使用金属薄片来判定适当的试验频率。

注 2：应小心判定适当的试验频率。将金属薄片插入容器底部可能造成中型散装容器的过度移动。

A.9.5 当判定适当的试验频率时金属薄片应至少插入中型散装容器底部 100 mm（4 英寸）。可能需要施加一个轻微的水平力来使金属薄片插入中型散装容器底部。

A.9.6 应描述和记录金属薄片的放置位置。建议中型散装容器的至少两个角离开试验平台。金属薄片的放置和中型散装容器与试验平台的分离情况应作为试验报告的一部分。

A.9.7 金属薄片应能够在整个试验过程中插入中型散装容器和试验平台之间。应进行周期性检查以确保两者之间维持了适当的分离。因为中型散装容器的移动和运动或其物理变化，所以可能有必要调整试验频率以维持中型散装容器的适当分离。调整后应予以记录。

A.9.8 按照应用的规范上陈述的时间长度（若有），或者在一个预先确定的周期内，在试验频率下进行试验，或者一直进行试验直到检测到了预先确定的损坏量为止。试验可以被立刻停止以检查损坏情况。

注 3：当没有规定试验持续时间时，建议试验时间为 1 h。也可以参考 ASTM D 4169 来确定试验持续时间。

A.9.9 检查容器及其内装物以确定是否因为试验而造成任何的损毁或损坏。

A.10 报告

A.10.1 报告应包含下列内容：

A.10.1.1 中型散装容器的鉴别和描述，其中包含容积、质量、尺寸、构成材料和其他相关细节问题，以及一个对于设计型号规格的参考。

A.10.1.2 进行试验的目的和应用的性能规范，如果有的话。

A.10.1.3 试验频率和持续的时间。

A.10.1.4 对于试验方法的符合性确认或任何偏离的描述。

A.10.1.5 每个试验的重复数量。

A.10.1.6 中型散装容器在试验之前和试验中所进行的条件参数。

A.10.1.7 在本试验之前样品进行的其他试验。

A.10.1.8 包含试验平台材料在内的设备和任何使用的设备的描述，包含最后校准日期。

A.10.1.9 试验使用的固定装置的详细描述和照片。

A.10.1.10 描述金属薄片是在什么位置插入到中型散装容器下面的，以及试验过程中对于试验频率进行的任何调整。

A.10.1.11 试验结果。

A.10.1.12 使用图片记录容器的任何不合格或破裂的地方、密封处的泄漏、凹陷或永久的侧壁变形、过多的鼓包等。

A.11 精确性和偏差

A.11.1 精确性——因为试验结果通常不是定量的，所以没有此方法的致损性信息。

A.11.2 偏差——因为没有公认的参考材料或步骤，所以此方法的步骤没有偏差。

A.12 关键词

A.12.1 危险货物；液体；有害材料；中型散装容器；包装；振动。

ICS 13.300
A 80

中华人民共和国国家标准

GB/T 27865—2011/ISO 16106:2006

危险货物包装　包装、中型散装容器、大包装　GB/T 19001 的应用指南

Packaging for dangerous goods—Packagings, intermediate bulk containers and large packagings—Guidelines for the application of GB/T 19001

(ISO 16106:2006, Packaging—Transport packages for dangerous goods—Dangerous goods packagings, intermediate bulk containers and large packagings—Guidelines for the application of ISO 9001, IDT)

2011-12-30 发布　　2012-08-01 实施

中华人民共和国国家质量监督检验检疫总局
中国国家标准化管理委员会　发布

前　言

本标准按照 GB/T 1.1—2009 给出的规则起草。

本标准使用翻译法等同采用 ISO 16106：2006《包装　危险货物运输包件　危险货物包装、中型散装容器、大包装 ISO 9001 的应用指南》(英文版)。

本标准做了下列编辑性修改：

——因 ISO 9001:2000 已修订为 ISO 9001:2008,ISO 9001:2008 已等同转化为 GB/T 19001—2008,本标准由原对 ISO 9001 的应用指南,变更为对 GB/T 19001 的应用指南；

——删除了原标准中的目录、ISO 前言；

——用“本标准”代替“本国际标准”；

——将附录 A 和附录 B 表格中的标注符号“S”替换为“+”。

本标准由全国危险化学品管理标准化技术委员会(SAC/TC 251)提出并归口。

本标准的起草单位:山东出入境检验检疫局、北京出入境检验检疫局。

本标准的主要起草人:由瑞华、陶强、冯真真、张少岩、于晓、傅晓。

引　　言

对于设计型式经批准的危险货物的包装、中型散装容器(以下简称IBCs)及大包装(以下简称LP)，本标准给出了其制造、测量和监视的ISO 9000质量管理体系的应用指南。

在联合国《关于危险货物运输的建议书　规章范本》[1](本标准中简称为《规章范本》)中规定包装、IBCs及LP的制造及测试中应执行质量保证计划，以满足主管当局的要求并确保每件成品包装、IBCs及LP符合要求。

有关危险货物运输的一系列国际协定和国家立法中的相关条款赋予《规章范本》以法律实体的地位，这些国际协定包括：

——国际间公路运输危险货物欧洲协定(ADR)[2]；

——国际间铁路运输危险货物的规定(RID)[3]；

——国际民航组织有关危险货物安全空运的技术规范[4]；

——国际海运危险货物规则(IMDG)[5]。

使用本标准时应考虑这些国际协定及相关国家危险货物规定的要求。

符合本标准并不能取代与主管当局就质量保证计划达成的协议。结合GB/T 19001本标准详细说明了制造危险货物包装、IBCs及LP时运用质量程序及质量保证的体系。

ISO 9000系列在词汇上发生了改变，从1987年版的“质量保证计划”，到1994年版的“质量体系”，到2000年版的“质量管理体系”，这并没有在《规章范本》及本标准参考文献中的国际协定中反映出来。之前的术语“质量保证体系”在其中仍被使用。此外，术语“试验”在1994年版中使用背景是“产品的检验和试验”，目前在2000版中其已被“测量和监视”取代。本标准中的术语与ISO 9000保持一致，不宜因措词的不同而妨碍用户使用本标准。

在ISO 9000系列标准的基础上另制定本标准的原因有：

a) 《规章范本》6.1.1.4、6.5.1.6.1和6.6.1.2仅规定了基本要求(即应建立质量保证计划从而符合主管当局的要求)，在此基础上可以有不同的解读。

b) 危险货物包装、IBCs及LP应符合法律的要求。基于正式设计型式试验及批准的原则，从而决定任何成品与相关法律条款的符合性。这需要使用特定措施来确保未限定数量的产品符合批准设计的要求。质量保证可以帮助将这些措施标准化。

c) 从质量保证/质量管理措施的成本考虑，完全自由的解读可以避免对竞争所带来的负面影响。

d) 建立质量保证/质量管理措施通常适用于负担沉重并希望有进一步指导的小型企业。

e) 企业与主管当局之间就有关适当质量保证/质量管理体系的联系应合理化，并将不必要的工作降至最低。

本标准基于《规章范本》第14修订版。

除附录外，本标准正文中引用条款皆来自于GB/T 19001—2008。

危险货物包装　包装、中型散装容器、大包装　GB/T 19001 的应用指南

1　范围

对于制造、测量和监视设计型式经批准的危险货物包装(packagings)、中型散装容器(intermediate bulk containers，IBCs)及大包装(large packagings，LP)，本标准规定了其适用的质量管理规定的指南。

本标准并非一个孤立的标准，只准许与 GB/T 19001—2008 配套使用。

本标准不适用于设计型式试验，后者应见联合国《关于危险货物运输的建议书　规章范本》[1](以下简称《规章范本》)6.1.5、6.5.4 和 6.6.5。

2　规范性引用文件

下列文件对于本文件的应用是必不可少的。凡是注日期的引用文件，仅注日期的版本适用于本文件。凡是不注日期的引用文件，其最新版本(包括所有的修改单)适用于本文件。

GB/T 19000　质量管理体系　基础和术语(GB/T 19000—2008，ISO 9000:2005，IDT)

GB/T 19001—2008　质量管理体系　要求(ISO 9001:2008，IDT)

GB/T 27050.2　合格评定　供方的符合性声明　第 2 部分：支持性文件(GB/T 27050.2—2006，ISO/IEC 17050-2:2004，IDT)

3　术语和定义

GB/T 19000 界定的以及下列术语和定义适用于本文件。

3.1

主管当局　competent authority

与本标准参考目录中国际协定相关的，指定或以其他方式获得认可的任何国家管理机构或部门。

3.2

设计型式经批准的包装、中型散装容器和大包装　design type approved packaging，IBCs or large packaging

按《规章范本》(第 14 修订版)6.1.5、6.5.4 和 6.6.5 的要求，以及本文件参考目录中所列出协定范本或国家法规的要求，试验并予以批准的危险货物包装。

4　质量管理体系

见 GB/T 19001—2008，第 4 章。

在 GB/T 19001—2008 的 4.2.4 中指定的记录应在包装、IBCs 和 LP 的预期使用期限或 5 年内予以保存，两者取较长时间为准。

5　管理职责

见 GB/T 19001—2008，第 5 章。

注：这些文档可提交给主管当局审核。

6 资源管理

见 GB/T 19001—2008,第 6 章。

7 产品实现

7.1 产品实现的策划

见 GB/T 19001—2008,7.1。

包装、IBCs 和 LP 等产品的规格宜与附录 A 和附录 B 相符。

注:附录 A 来自 ISO 16104:2003 的附录 G,附录 B 来自 ISO 16467:2003 的附录 C。

7.2 与顾客有关的过程

见 GB/T 19001—2008,7.2。

7.3 设计和开发

见 GB/T 19001—2008,7.3。

对于在 GB/T 19001—2008 的 7.3.6 中所规定的设计确认程序,宜参考正式的设计确认程序(设计型式试验和批准程序)。最终颁发《规章范本》6.1.3、6.5.2 和 6.6.3 中所规定的联合国危规标记。

7.4 采购

见 GB/T 19001—2008,7.4。

采购的产品宜符合顾客需求和经批准的设计型式规格。依照 GB/T 27050.2 所出具的合格证书或其他能提供相同置信水平的文件,或在没有提供这些单证时通过试验而获得符合性验证都宜基于附录 C 中表 C.1 中的标准。

宜按附录 A 和附录 B 中给出的最低规格数据,对部件与经批准设计型式规格的符合性进行验证。

7.5 生产和服务提供

7.5.1 生产和服务提供的控制

见 GB/T 19001—2008,7.5.1。

在变更任何过程参数后建议进行目视检查,以确保变更不会影响或改变特定的设计型式标准。

注:过程参数的变更可改变设计特性,此时应按《规章范本》6.1.5、6.5.4 和 6.6.5 重新试验。

7.5.2 生产和服务提供的过程确认

应使用附录 C 中表 C.2 中的控制参数来确认制造过程。

制造过程及所涉及的设备、人员、工序的确认也需要按照设计型号试验和批准程序进行。

7.5.3 标识和可追溯性

见 GB/T 19001—2008,7.5.3。

7.5.4 顾客财产

见 GB/T 19001—2008,7.5.4。

7.5.5 产品防护

见 GB/T 19001—2008,7.5.5。

7.6 监视和测量装置的控制

见 GB/T 19001—2008,7.6。

8 测量、分析和改进

8.1 总则

见 GB/T 19001—2008,8.1。

8.2 监视和测量

见 GB/T 19001—2008,8.2。

生产监视宜基于对制造过程的目视或计算机辅助自动监视,以判断是否需对机器和组件的功能进行调整。

在生产的最初阶段,建议检查首批样品与设计型式规格(参见附录 A 和附录 B)的符合性。如可行,建议检查以下项目的符合性:

——尺寸;

——质量;

——开口质量;

——接缝质量。

对生产的包装、IBCs 和 LP 的监视和测量宜至少包括在附录 C 中 C.3 给出的项目/要素。

建议制定包含有检查频率及可接受限度的试验计划或程序;产品与包装、IBCs 和 LP 设计型式性能水平的符合情况宜按试验计划或程序定期进行验证,从而确保其制造过程持续稳定并达到预期目标。

注 1:见《规章范本》6.1.5、6.5.6 和 6.6.5 的相关管理要求。

注 2:参见附录 D,符合性核查的典型周期的示例。

建议对性能试验的环境予以规定。为完成附录 C 中 C.4 和 C.5 列出的性能试验,产品宜满足设计型式性能试验的要求。

注 3:为了进行产品监视,试验环境可能与设计型式试验要求有所不同,则此时仅限用于与先前试验结果的比较。

注 4:产品的监视和测量也被用来说明其与《规章范本》6.1.5.1.3、6.5.1.6.7 和 6.6.5.1.3 的符合性。出于该种目的经主管当局同意可从一定数量产品中随机抽取样品进行性能试验。

8.3 不合格品控制

见 GB/T 19001—2008,8.3。

如果在先前的控制过程中发现在生产期间有不符合项,建议采取诸如最后对整批进行检验或以更高的频率开展性能试验等措施,同时采取纠正/预防措施。

注:可根据与主管当局达成的协议来制定纠正措施。

8.4 数据分析

见 GB/T 19001—2008,8.4。

8.5 改进

见 GB/T 19001—2008,8.5。

注：为符合经批准的设计型式规格的要求,采取纠正行动的程序需经主管当局的同意。

附 录 A
（规范性附录）
包 装 规 格

注：本附录来自于 ISO 16104：2003 的附录 G，并经过修改。

A.1 规格数据

表 A.1、表 A.2、表 A.3、表 A.4、表 A.5、表 A.6、表 A.7、表 A.8 和表 A.9 中不同类型的包装有着不同的数据，用户、试验机构和主管当局鉴定试验包装时需要这些数据。

本附录中有以下 5 类包装：

a） 桶、罐、瓶、广口瓶等——表 A.1 和表 A.2；

b） 箱——表 A.3 和表 A.4；

c） 袋——表 A.5 和表 A.6；

d） 复合包装的内贮器——表 A.7；

e） 组合包装的内包装——表 A.8 和表 A.9。

表 A.1、表 A.3、表 A.5 和表 A.8 适用于该种类的所有包装。表 A.2、表 A.4、表 A.6 和表 A.9 只适用于标注有“＋”的特殊包装类型。

表中的每个项目都编了序号，为便于理解在 A.2 中对许多编号作了注解。

表 A.1 桶、罐、瓶、广口瓶等全部适用的包装规格明细

编号	项　目	编号	项　目
1	包装描述（编码和商业名称）	17	封闭器或瓶颈的位置
2	制造商的名称和地址	18	封闭器的材质、等级
3	制造方法	19	封闭器的类型、鉴别
4	公称容积	20	封闭器螺纹的类型及螺距
5	满载容积	21	封闭器的质量
6	公称内径（柱形的）	22	封闭器制造商的名称和地址
7	最宽处的外径	23	封闭器的扭矩
8	公称直径（圆锥形的，如提桶）	24	封口的类型
9	主体/截面尺寸（非圆形）	25	封闭器密封件的材质
10	底部的凹边	26	瓶颈内径
11	整体高度	27	至瓶颈顶部的高度
12	堆码高度	28	瓶颈的外部高度
13	底部接缝类型	29	瓶颈螺纹的类型及螺距
14	侧面接缝类型	30	初始的瓶颈螺纹牙数
15	提梁（环）的材质类型、数量及位置	31	皮重
16	封闭器的直径和设计		
注：见 A.2。			

表 A.2 桶、罐、瓶、广口瓶等——当有标注时才适用的包装规格明细

编号	项 目	非全开口,金属	全开口,金属	非全开口,塑料	全开口,塑料	纤维板	胶合板	玻璃及其他材质
32	盖的公称厚度,材质的类型及等级	+	+			+	+	+
33	主体的公称厚度,材质的类型及等级	+	+			+	+	+
34	底部的公称厚度,材质的类型及等级	+	+		+	+	+	
35	主体的材质类型、等级(聚合物)			+	+			
36	底部的材质类型、等级(聚合物)			+	+			
37	盖的材质类型、等级(聚合物)			+	+	+		+
38	顶盖的垫片材质		+		+	+	+	+
39	主体波纹,数量	+	+					
40	主体波纹,高度	+	+					
41	滚箍:数量、高度和位置	+	+	+	+	+	+	
42	封闭箍类型		+		+	+	+	
43	封闭箍材质		+		+	+	+	
44	封闭箍厚度		+		+	+	+	
45	(主体)用纸层数					+		
46	主体用纸克重,以及纸板克重					+		
47	内衬里或涂膜材质					+		
48	凸边加强筋	+	+			+	+	
49	顶盖紧固的方法(除封闭箍外)		+		+	+	+	+
50	净重			+	+			+

注:见 A.2。

表 A.3　箱——全部适用的包装规格明细

编号	项　　目	编号	项　　目
1	包装描述(编码和商业名称)	31	皮重
2	制造商的名称和地址	51	设计标准、图纸、型号
3	制造方法	52	外部尺寸(长×宽×高)
9	内部尺寸(长×宽×高)	53	封闭器的数量、类型、位置及材质
12	堆码高度	54	补强件的类型、位置及材质
15	提梁(环)的材质类型、数量及位置		
注：见 A.2。			

表 A.4　箱——当有标注时才适用的包装规格明细

编号	项　目	金属	天然木	胶合板和再生木	纤维板	泡沫塑料	塑料
32	顶部或顶盖的公称厚度,材质的类型及等级	+	+	+	+	+	
33	侧面的公称厚度,材质的类型及等级	+	+	+	+	+	
34	底部的公称厚度,材质的类型及等级	+	+	+	+	+	
35	主体的材质类型、等级(聚合物)						+
36	底部的材质类型、等级(聚合物)						+
37	顶盖的材质类型、等级(聚合物)						+
38	顶盖垫圈材质	+				+	+
55	底面材质			+	+		
56	面板连接方式		+	+			
57	产品的连接件				+		
58	用纸克重及类型				+		
59	瓦楞类型				+		
60	纸板克重				+		
61	边压强度				+		
62	耐破强度				+		
63	密度					+	
64	顶部内折片间隙或接合				+		

表 A.4（续）

编号	项　　目	金属	天然木	胶合板和再生木	纤维板	泡沫塑料	塑料
65	顶部外折片接合或搭接				+		
66	底部内折片间隙或接合				+		
67	底部外折片接合或搭接				+		
91	戳穿强度				+		
注：见 A.2。							

表 A.5　袋——全部适用的包装规格明细

编　　号	项　　目
1	包装描述(编码和商业名称)
2	制造商的名称和地址
3	制造方法
4	公称载荷
51	设计标准或图纸
52	未展开时的尺寸
68	型号
69	边褶展开时的宽度
70	未展开时的底部宽度
71	阀口宽度
73	封口方式(顶部、底部、侧面)
74	气孔
75	缝合方式和针脚密度
76	缝线的类型和最小断裂负载
77	填充绳
78	粘合剂类型
注：见 A.2。	

表 A.6 袋——当有标注时才适用的包装规格明细

编号	项　目	不带衬里/不涂膜的编织塑料	其他编织塑料	塑料薄膜	不带衬里/不涂膜的纺织布	其他纺织布	纸
32	材质类型及等级	+	+		+	+	+
33	公称厚度,材质类型及等级			+			
35	膜的类型及等级			+			
45	层数						+
46	每层克重	+	+				+
79	经、纬密度(每 100 mm)	+	+		+	+	
82	涂膜材质、厚度/质量		+			+	+
83	衬里材质、厚度		+			+	+
84	材质拉伸强度	+	+	+			
85	材质抗张强度(能量吸收强度)						+

注:见 A.2。

表 A.7 复合包装内贮器——全部适用的规格明细

编　号	项　目
1a	描述
2	制造商的名称和地址
4	公称容积
5	满载容积
30	材质类型及等级
31	皮重
32	主体的公称厚度
33	底部的公称厚度
34	顶部的公称厚度
86	整只容器的装配者

注:见 A.2。

表 A.8 组合包装的内包装(可拆卸的)的规格明细

编　号	项　目
1	描述
30	材质类型和等级
31	皮重
32	公称厚度
51	设计标准和图纸
52	尺寸
58	用纸类型及克重
60	纸板克重
87	数量
90	内包装的定向与排列
注：见 A.2。	

表 A.9 组合包装的内包装(不可拆卸的)的规格明细

编　号	项　目
1	描述
30	材质类型和等级
51	设计标准和图纸
87	数量
88	位置
89	与包装装配的方法
注：见 A.2。	

A.2 适用于 A.1 中表格的包装规格明细的注解

1 ——包装描述，如钢桶；适用的代码，如 1A1(见《规章范本》6.1.2.7)和商业名称。

2 ——包装或适当部件的制造商的名称和地址。

3 ——制造方法，如焊接，粘合，缝合，钉合等。

4 ——公称容积，根据惯例采用升(L)为单位，通常代表某一类具有相似满载容积的容器。

5 ——满载容积：在容器的正常放置时，通过其设计注入孔灌装至溢流为止容器所能装载的水的最大体积(单位为升(L))。

8 ——圆锥形包装的最大值和最小值。
9 ——适用于非圆形包装。
10——通常在桶体上可以找到。
11——从最低点到最高点的值,不管该尺寸可能会比试验报告中指出的要小。
12——能将包装紧固的调整高度;这些紧固措施也包括在箱子上固定箱档。
13——适用时。
14——适用时。
15——如有选装件,也需要指出。
16——对每个封闭器及其变体都需要。
17——桶上的部位。
18——对每个及其变体都需要,包括塑料聚合物的细节。
19——可能包括商业名称,封闭器上的任何特征或标记。
21——带垫圈/垫片的单个封闭器的质量。
22——对于每个封闭器。
23——对于每个封闭器。
24——如果有装配。
25——垫圈细节。
31——容器、封闭器和相关配件的质量。
32——除塑料之外的所有材质。
33——除塑料之外的所有材质。
34——除塑料之外的所有材质。
35——限塑料材质。
36——限塑料材质。
37——限塑料材质。
38——当顶盖或顶部装有垫圈,垫片或密封件。
46——纸板克重将包括在几层纸之间使用的粘合剂。
49——允许使用大螺帽,紧固盖等。
50——特别是塑料。
51——适用时,对纤维板箱还包括 FEFCO/ASSCO 编码。
53——这包括使用封胶带及其他额外的封闭方法,如用打包带。
54——箱档、角柱等。
68——阀口袋、边褶袋,其中一些包含于注解 1 中。
86——可能与复合包装部件的制造者非同一人。

附　录　B
（规范性附录）
IBCs的规格

注1：本附录来自ISO 16467：2003附录C并经过修改。

注2：在许多情况下，规格可能以图纸尺寸而不是文本的形式给出。

注3：对于柔性中型散装容器(flexible intermediate bulk containers，FIBCs)通常会从主体材料上剪取一块样品，标记和标签后作为规格的一部分永久保留。

B.1　规格数据

表B.1、表B.2、表B.3和表B.4中不同类型的IBCs有着不同的数据，用户、试验机构和主管当局鉴定IBCs时需要这些数据。

表B.1、表B.2是有关于所有类型的IBCs(FIBCs除外)；表B.1适用于本组中所有类型的IBCs；表B.2只适用于标注有“＋”的特殊类型的IBCs。

表B.3、表B.4给出了适用于FIBCs的项目。表B.3是有关FIBCs的通用数据；表B.4中的数据只适用于标注有“＋”的不同基体材质的FIBCs。

表中的每个项目都给了编号，为便于理解在B.2对许多编号作了注解。

表B.1　金属、硬质塑料、木质、纤维板质IBCs、带刚性内贮器的复合IBCs——全部适用的IBCs规格明细

编号	项　目	编号	项　目
1	IBCs描述(编码和商业名称)	18	入料口的材质及等级
2	制造商的名称和地址	19	入料口封闭器的类型及鉴定
3	制造方法	20	入料口封闭器的螺纹类型及螺距
4	公称容积	21	入料口封闭器的质量
5	满载容积	22	入料口封闭器：制造商，地址，识别号/部件号
6	公称内径(柱形的)		
92	贮器的外径(最宽处)	23	入料口封闭器的扭矩
93	贮器的外径(圆锥形的)	16	出料口的内径和设计
94	非圆形贮器的横截面尺寸	17	出料口位置
9	整体截面尺寸(非圆形)	18	出料口封闭器的材质及等级
95	贮器接缝的位置及类型	19	出料口封闭器的类型及鉴定
96	顶部起吊点的数量	20	出料口封闭器的螺纹类型及螺距
97	顶部起吊点的数量或装卸方向	21	出料口封闭器的质量
11	整体高度	22	出料口封闭器的制造商，地址，识别号/部件号
12	在运输过程中上层需堆码的数量		
16	入料口的内径和设计	16	安装的减压塞：内径和设计
17	入料口位置	17	安装的减压塞：位置

表 B.1（续）

编号	项　　目	编号	项　　目
18	安装的减压塞:材质及等级	31	皮重
20	安装的减压塞:螺纹类型及螺距	99	任何衬里的细节:包括材质类型、厚度、克重、皮重
21	安装的减压塞:质量		
22	安装的减压塞:制造商,识别号/部件号	100	任何涂层的细节:材质类型、克重
98	贮器主体上的其他部件:类型,数量,位置及鉴定	101	底部类型,材质及连接方式(适当时)
		102	与图纸的符合情况

注：见 B.2。

表 B.2　金属、硬质塑料、木质、纤维板质 IBCs——当有标注时才适用的 IBCs 规格明细

编号	项　　目	金属 IBCs	塑料 IBCs	天然木(木制)IBCs	胶合板 IBCs	再生木 IBCs	纤维板 IBCs
32	顶部或顶盖的公称厚度,材质的类型及等级	+		+	+	+	+
33	主体的公称厚度,材质的类型及等级	+		+	+	+	+
34	底部的公称厚度,材质的类型及等级	+		+	+	+	+
35	主体的材质类型、等级(聚合物)		+				
36	底部的材质类型、等级(聚合物)		+				
37	顶盖/顶部的材质类型、等级(聚合物)		+				
38	顶盖垫圈材质	+	+	+	+	+	+
42	封闭箍类型	+	+	+	+	+	+
43	封闭箍材质	+	+	+	+	+	+
44	封闭箍厚度	+	+	+	+	+	+
45	(主体)层数				+		+
46	材质的克重					+	+
47	内衬里或涂膜材质			+	+	+	+
49	顶盖紧固的方法(除封闭箍外)	+	+	+	+	+	+
53	紧固系统:数量、位置、材质			+	+	+	+
54	补强件:类型、位置、方法			+	+	+	+
56	面板连接的方法			+	+	+	
59	瓦楞类型						+

表 B.2（续）

编号	项　　目	金属 IBCs	塑料 IBCs	天然木(木制)IBCs	胶合板 IBCs	再生木 IBCs	纤维板 IBCs
60	纸板克重						+
61	边压强度						+
62	耐破强度						+
91	戳穿强度						+
注：见 B.2。							

表 B.3　全部适用的 FIBCs 的规格明细

编号	项　　目	编号	项　　目
1	IBCs 描述(编码和商业名称)	19	入料口封闭器类型
2	制造商的名称和地址	16	出料口的内径和设计
3	制造方法	17	出料口位置
4	公称容积	18	出料口封闭器材质及克重
12	堆码数量	19	出料口封闭器类型
15	顶部起吊装置:数量,材质,位置	75	缝合方式和针脚密度
31	皮重	76	缝线类型和最小断裂负载
51	设计标准或图纸	77	填充绳
52	空 IBCs 的尺寸	78	粘合剂类型
16	入料口的内径和设计	103	与适当 UN 设计型式符合性的声明
17	入料口位置	104	接缝类型
18	入料口封闭器的材质及克重		
注：见 B.2。			

表 B.4　当有标注时才适用的 FIBCs 规格明细

编号	项　　目	不带衬里/不涂膜的编织塑料	其他编织塑料	塑料薄膜	不带衬里/不涂膜的纺织布	其他纺织布	纸
32	材质类型及等级	+	+		+	+	+
33	公称厚度,材质类型及等级			+			
35	薄膜的类型及等级			+			
45	层数						+
46	材料克重	+	+				+
79	经、纬密度(每 100 mm)	+	+		+	+	

表 B.4（续）

编号	项　　目	不带衬里/不涂膜的编织塑料	其他编织塑料	塑料薄膜	不带衬里/不涂膜的纺织布	其他纺织布	纸
82	涂膜:材质,厚度/质量		+			+	+
83	衬里:材质,厚度		+			+	+
84	材质强度:拉伸	+	+	+			
85	材质抗张强度(能量吸收强度)						+
注:见 B.2。							

B.2　适用于 B.1 的 IBCs 规格明细的注解

1 ——IBCs 描述,如盛装液体的钢质 IBCs;适用的代码如 31A(见《规章范本》6.5.1.4.3)以及商业名称。

2 ——如 IBCs 和主要部件分属不同制造商,其各自的制造商名称和地址。

3 ——内贮器及框架的制造方法(适用时),如焊接,粘合,缝合,钉合。

4 ——制造商声明的容积(通常小于满载容积)。

5 ——在 IBCs 的正常放置时,通过其设计装料口灌装至溢流为止 IBCs 所能装载的水的最大体积,单位为升(L)。

6 ——圆柱形:内径;圆锥形:2 个内径;带角的:长×宽。

8 ——圆锥形 IBCs 外径的最大值和最小值。

11——从最低点到最高点的高度(如果有,包括框架和附件在内)。

12——运输过程中其上面可能堆码的数量。

15——注:对于纤维板或木制 IBCs,不应安装顶部起吊装置。

16——对每个封闭器及其变体都需要。

18——对每个封闭器及其变体都需要,包括塑料聚合物的细节。

19——可能包括商业名称,封闭器上的任何特征或标记。

20　如有安装。

21——带垫圈/垫片的单个封闭器的质量。

22——对于每个封闭器。

23——对于每个封闭器。

附　录　C
（规范性附录）
核查、控制、监视和确认的项目及要素

注1：表C.1～表C.4包含了常用的材料以及包装、IBCs和LP。对于其他项目，需与主管当局商定并执行足够的控制。

注2：本附录只部分适用于LP的制造规格。

C.1　对材料进行符合性核查的最低要求

以产品形式采购的材料宜按表C.1中给出的相关最低标准，进行设计型式规格的符合性核查。如与原料有关，核查工作宜考虑到类型、等级或约定的规格。

表C.1　对材料进行符合性核查，至少需符合的标准

材　　料	标　　准
金属	厚度，线性尺寸，抗张强度，拉伸强度，硬度
纸(用于袋)	克重，抗张强度，拉伸强度，能量吸收强度
塑料颗粒/粉末	熔体流动率，密度
瓦楞纤维板	克重，耐破强度，戳穿强度，边压强度，水分测试(cobb法)
实心纤维板	厚度，克重，耐破强度，和/或戳穿强度，水分测试(cobb法)
塑料薄膜	厚度或克重，熔体流动率，抗张强度，拉伸强度
纺织布	克重，单位面积的经、纬线密度，断裂和拉伸强度
天然木/再生木	克重，含水率，厚度
胶合板	厚度，层数，克重

C.2　制造过程的监督要素

在制造过程中宜至少监督表C.2中给出的要素。

表C.2　制造过程的监督要素

包装、IBCs和LP的类型	参　　数
金属材质的包装、IBCs和LP	卷边，焊接，软焊，使用的密封材料，装配的垫圈/封闭器
纸质/纤维板质的包装、IBCs和LP	粘合，成型，折叠，连接
袋、FIBCs和FLP	缝制，粘合，进料/出料/起吊装置的装配
塑料材质的包装；硬质塑料IBCs和LP	皮重，垫圈/封闭器的装配
复合包装和复合IBCs	组件的装配，适当时相应材质以上项目的集合

C.3 制造包装、IBCs 和 LP 的测量项目/要素

在制造过程中宜至少测量或观查控制表 C.3 中给出的项目/要素。

表 C.3 测量项目/要素

包装、IBCs 和 LP 的类型	项目/要素
金属材质的包装、IBCs 和 LP	尺寸、毛重、表面处理、垫圈/封闭器/卷边的正确装配或加工
纸桶	尺寸、毛重
塑料包装;硬质塑料 IBCs 和 LP;复合 IBCs 的塑料衬里	尺寸、壁厚分布、毛重、垫圈/封闭器的正确装配
箱(非纸质,非纤维板质,非金属),木制 IBCs 和 LP	外尺寸、正确的装配(如钉合方式)、装配封闭器、表面处理/衬里
纤维板箱、IBCs 和 LP	尺寸;折缝、开槽处和连接处的外观
袋、FIBCs 和 FLP	尺寸、缝合处和连接处的外观

对于组合/复合包装的外包装及复合 IBCs 的外包装箱,建议按表 C.3 中所提到的包装、IBCs 和 LP 的类别按其材质分别进行控制。这对于内包装/贮器也同样适用。

按附录 A 和附录 B 的规定核查 UN 编码是否正确及清晰,并核查规格数据;这对所有类型的包装、IBCs 和 LP 都适用。

C.4 对拟盛装液体的成品包装和 IBCs 进行确认

建议按表 C.4 和表 C.5,以及测试计划定期进行确认,该测试计划可能需要得到主管当局的同意。

按附录 A 和附录 B 的规定核查 UN 编码是否正确及清晰,并核查规格数据;这对所有类型的包装、IBCs 和 LP 都适用。

表 C.4 对拟盛装液体的成品包装和 IBCs 进行确认

包装/IBCs 的类型	试验项目
金属罐和桶	跌落试验、气密试验、液压试验
塑料罐和桶	跌落试验(−18 ℃)、气密试验、液压试验、动态压缩试验
复合包装,类型为 6AH1[a]	跌落试验(−18 ℃)、气密试验、液压试验
复合包装,类型为 6HH1[a]	跌落试验(−18 ℃)、气密试验、液压试验、动态压缩试验
复合包装,类型为 6HG1 和 6HG2[a]	跌落试验(−18 ℃)、气密试验、液压试验、压缩或堆码试验
金属 IBCs	与设计型式规格的符合性检查、气密试验、液压试验、焊缝的非破坏性试验(如着色探伤)、辅助设施的功能性测试(如果制造商有装配)
塑料和复合 IBCs	与设计型式规格的符合性检查、气密试验、液压试验、辅助设施的功能性测试(如果制造商有装配)

注:对每一个成品而言,确认时都宜执行气密试验。

[a] 对于复合包装类型,见 ISO 16104:2003 的表 A.2。

C.5 对拟盛装固体/物件的成品包装和 LP,以及拟盛装固体的成品 IBCs 进行确认

表 C.5 对拟盛装固体/物件的成品包装和 LP,以及拟盛装固体的成品 IBCs 进行确认

包装/IBCs/LP 的类型	试验项目
金属罐和桶	跌落试验
塑料桶和罐	跌落试验(−18 ℃)、动态压缩试验
纸桶	跌落试验、堆码或抗压试验
组合包装	应根据内外包装的类型,按其材质分别进行试验
所有材质的箱	跌落试验、抗压或堆码试验
所有材质的袋	跌落试验
金属 IBCs 和 LP	与设计型式规格的符合性检查、焊缝的非破坏性试验(如着色探伤)、辅助设施的功能性测试(如相关并且制造商有装配)
塑料和复合 IBCs,塑料 LP	与设计型式规格的符合性检查、辅助设施的功能性测试(如相关并且制造商有装配)
纤维板和木制 IBCs 和 LP	与设计型式规格的符合性检查、跌落试验、堆码试验
FIBCs 和 FLP	跌落试验、顶部起吊试验

注 1:对于带塑料内包装的组合包装,测试样品的温度宜降至−18 ℃或更低。

注 2:对于在压力下可以自行减压的包装及 IBCs,需额外进行压力及气密试验。

附　录　D
（资料性附录）
核查设计及性能要求符合性的典型周期

注 1：表 D.1～表 D.3 中给出了核查大规模生产的包装及 IBCs 的典型周期，这可用于制定条款 8.2 中所提及的试验计划（该计划可能需经主管当局批准）。核查周期将取决于包装的类型和容积，以及制造过程中使用的工艺及设备。可以使用替代方案，特别是对于小批次的制造；但无论如何对每批次产品的项目/要素应进行至少一次的监督。

注 2：由于在 LP 制造的质量保证措施方面经验有限，本附录并不包括核查 LP 的典型周期。

表 D.1　制造过程中核查项目/要素的典型周期

包装/IBCs 的类型	项目/要素	频　率
金属包装	尺寸 皮重 表面处理 垫圈/封闭器/卷边的正确装配或加工	每 1 000 件一次[a] 每 1 000 件一次[a] 每 1 000 件一次[a] 每 1 000 件一次[a]
纸桶	尺寸 皮重	每 1 000 件一次 每 1 000 件一次
塑料包装	尺寸，壁厚分布 皮重 垫圈/封闭器/卷边的正确装配或加工	每班次一次 每班次二次 每班次二次
箱（非纸质、非纤维板质、非金属）	尺寸 正确装配 封闭器的装配 表面处理/衬里	每 500 件一次 每 500 件一次 每 500 件一次 每 500 件一次
纤维板箱	尺寸 折缝和连接处的外观	每 10 000 件一次 每 10 000 件一次
袋	尺寸 接缝和连接处的外观	每班次二次 每班次二次
金属 IBCs	尺寸 皮重 表面处理 垫圈/封闭器/卷边的正确装配或加工	每班次一次 每班次一次 每班次一次 每班次一次
塑料 IBCs；复合 IBCs 的塑料内衬里	尺寸，壁厚分布 接缝的外观 皮重	每班次一次 每班次二次 每班次二次
木制 IBCs	尺寸 正确装配（如钉合的样式） 封闭器的装配 表面处理/衬里	每 250 件一次 每 250 件一次 每 250 件一次 每 250 件一次

表 D.1（续）

包装/IBCs的类型	项目/要素	频　　率
纤维板 IBCs	尺寸 折缝和连接处的外观	每批次一次 每批次一次
FIBCs	尺寸 接缝和连接处的外观	每 250 件一次 每 250 件一次
[a] 如果容积大于 10 L 的金属包装对尺寸精度的要求不高，可以每 5 000 件检验一次。		

表 D.2　对拟盛装液体的成品包装和 IBCs 进行确认的典型频率

包装/IBCs的类型	执 行 确 认	频　　率
金属罐和桶	跌落试验 气密试验 液压试验	每月一次 每件 每月一次
塑料罐和桶	跌落试验(−18 ℃) 气密试验 液压试验 动态压缩试验	每月一次 每件 每月一次 每周一次
金属 IBCs	气密试验 液压试验 焊缝的非破坏性试验(如着色探伤)	每件 每月一次 每 100 件一次
塑料和复合 IBCs	气密试验 液压试验	每件 每三个月一次

表 D.3　对拟盛装固体/物件的成品包装，以及拟盛装固体的成品 IBCs 进行性能确认的典型频率

包装/IBCs的类型	执 行 确 认	频　　率
金属桶	跌落试验	每月一次
塑料桶	跌落试验(−18 ℃) 动态压缩试验	每月一次 每周一次
纤维板箱	跌落试验 堆码或抗压试验	每批次 3 件 每批次 5 件
袋	跌落试验	每批次 3 件
金属 IBCs	焊缝的非破坏性试验(如着色探伤) 辅助设施的功能性测试(如制造商有装配)	每周一次 每件
塑料和复合 IBCs	跌落试验 辅助设施的功能性测试(如制造商有装配)	每三个月一次，或至少每 1 000 件一次 每件

表 D.3(续)

包装/IBCs 的类型	执行确认	频率
纤维板和木制 IBCs	跌落试验 堆码试验	每三个月一次 每三个月一次
FIBCs	跌落试验 顶部起吊试验	每 1 000 件一次 每三个月一次，或至少每 1 000 件一次

对所有类型的包装和 IBCs，在其制造期间检查其 UN 编码是否正确及清晰的周期间隔，与标记的技术工艺有关。

参 考 文 献

[1] United Nations Recommendations on the Transport of Dangerous Goods-Model Regulations. ST/SG/A. C. 10/1/Rev. 14. Geneva:United Nations,2005

[2] European Agreement Concerning the International Carriage of Dangerous Goods by Road (ADR)

[3] Regulations Concerning the International Carriage of Dangerous Goods by Rail(RID). Berne: Organisation intergouvernementale pour les transports ferroviaires(OTIF)

[4] International Maritime Dangerous Goods Code(IMDG). London:International Maritime Organization

[5] Technical Instructions for the Safe Transport of Dangerous Goods by Air(ICAO TI). Montreal,International Civil Aviation Organization

注:[2]~[5]的每项规则都定期修订,应使用其最新版本。测试机构应及时获取这些规则的最新版本,或者也可分别获取包含有联合国相关规定的国家法规。

[6] ISO 16104:2003 Packaging—Transport packaging for dangerous goods—Test methods

[7] ISO 16467:2003 Packaging—Transport packaging for dangerous goods—Test methods for IBCs

ICS 75.200
E 98

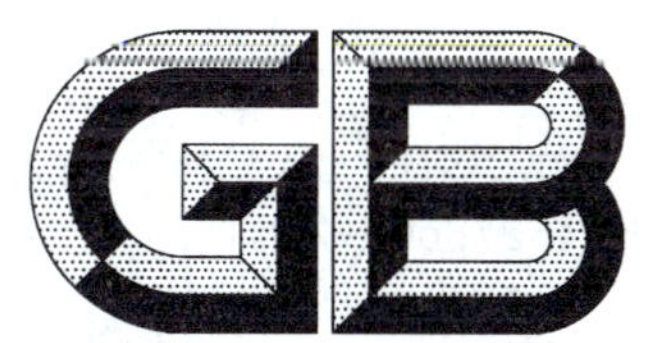

中华人民共和国国家标准

GB/T 27866—2011

控制钢制管道和设备焊缝硬度防止硫化物应力开裂技术规范

Specification of controlling weld hardness of carbon steel and low alloy steel piping and equipment to prevent sulfide stress cracking

2011-12-30 发布　　　　2012-06-01 实施

中华人民共和国国家质量监督检验检疫总局
中国国家标准化管理委员会　发布

前　言

本标准按照 GB/T 1.1—2009 给出的规则起草。

本标准的附录 A 为资料性附录。

本标准由中国石油天然气集团公司提出。

本标准由全国石油天然气标准化技术委员会(SAC/TC 355)归口。

本标准起草单位:中国石油集团工程设计有限责任公司西南分公司、中国石油天然气股份有限公司西南油气田分公司。

本标准起草人:姜放、宋德琦、曹晓燕、施岱艳、汤晓勇、李珣、赵华莱、杜毅、陈凤、傅贺平、郭佳春、张津、杨帆、康洪波、杨劲松、刘刚、王沁、王秦晋。

控制钢制管道和设备焊缝硬度防止硫化物应力开裂技术规范

1 范围

本标准规定了防止钢制管道和设备焊缝在湿含硫化氢酸性油气环境中发生硫化物应力开裂(SSC)的硬度控制要求。

本标准适用于SY/T 0599规定的可用于酸性环境SSC 1区、2区和3区的抗SSC低碳钢、低合金钢管道和设备的焊缝。

本标准适用的设备包括压力容器、工艺管道、热交换器、常压储罐、阀体、泵和压缩机壳体等。

2 规范性引用文件

下列文件对于本文件的应用是必不可少的。凡是注日期的引用文件,仅注日期的版本适用于本文件。凡是不注日期的引用文件,其最新版本(包括所有的修改单)适用于本文件。

GB 150 钢制压力容器

GB/T 231.1 金属布氏硬度试验 第1部分:试验方法

GB/T 2654 焊接接头硬度试验方法

GB/T 4340.1 金属维氏硬度试验 第1部分:试验方法

GB/T 5117 碳钢焊条

GB/T 5118 低合金钢焊条

GB/T 5293 埋弧焊用碳钢焊丝和焊剂

GB/T 8110 气体保护电弧焊用碳钢、低合金钢焊丝

GB/T 10045 碳钢药芯焊丝

GB/T 12470 埋弧焊用低合金钢焊丝和焊剂

GB/T 14957 熔化焊用钢丝

GB/T 17394 金属里氏硬度试验方法

GB/T 17493 低合金钢药芯焊丝

SY/T 0599 天然气地面设施抗硫化物应力开裂和抗应力腐蚀开裂的金属材料要求

JB/T 6046 碳钢、低合金钢焊接构件 焊后热处理方法

3 术语和定义

下列术语和定义适用于本文件。

3.1

焊缝 weld

熔敷金属、熔合线和热影响区三部分的总称。

3.2

焊接件 weldment

焊缝熔敷金属、焊缝热影响区,以及与其相邻的存在焊接残余应力的母材金属区的总称。

3.3

产品焊缝　product weld

采用评定合格了的焊接工艺，以本标准中规定的低碳钢和低合金钢为母材金属，焊接产生的管道和设备焊缝。

3.4

酸性环境　sour service

暴露于含有 H_2S 并能够引起金属材料的硫化物应力开裂(SSC)机理开裂的油气环境。

3.5

硫化物应力开裂(SSC)　sulfide stress cracking

在含有水和硫化氢环境的腐蚀和拉应力[残留的和(或)外加的]联合作用下，产生的一种金属开裂。

3.6

应力定向氢致开裂(SOHIC)

在大致垂直于主应力(残余的或外加的)方向生成的互相交错排列的小裂纹，与已存在的 HIC(往往是细小的)相连接导致的"梯状"开裂。

3.7

软区裂纹(SZC)

属 SSC 类型的开裂。当低屈服强度钢中存在局部"软区"时，可能发生此类开裂。

4　总则

4.1　用抗硫化物应力开裂的低碳钢和低合金钢材料制成的管道和设备，均可能因其焊缝的强度过高、局部残余应力过大以及存在局部过硬区等原因，造成产品焊缝硫化物应力开裂。为了控制产品焊缝硬度，特制定本标准。

4.2　本标准是针对母材为抗 SSC 的低碳钢和低合金钢管道和设备，防止硫化物应力开裂(SSC)的硬度控制最低要求。

4.3　本标准的焊缝是指新制造的焊缝及对其修复的焊缝。

4.4　本标准的焊接方法包括手工电弧焊(SMAW)、熔化极气体保护电弧焊(GMAW)、药芯焊丝电弧焊(FCAW)、钨极气体保护电弧焊(GTAW)和埋弧焊(SAW)。

4.5　本标准对防止硫化氢引起的其他类型环境开裂没有作规定，如在低碳钢、低合金钢管道和设备的焊缝热影响区附近观察到的应力定向氢致开裂(SOHIC)和软区裂纹(SZC)。

4.6　应合理选择母材、焊接材料、焊接工艺和(或)采用焊后热处理。

4.7　应根据相关规范避免或限制焊接缺陷，特别是根部区的未焊透、未熔合、气孔、夹杂、裂纹和咬边等。

4.8　钢制管道和设备焊缝除应符合本标准外，还应符合国家有关标准的规定。

5　控制原则

5.1　影响低碳钢、低合金钢管道和设备焊缝在酸性环境中发生硫化物应力开裂的主要因素有：

a)　环境腐蚀性的苛刻程度；

b)　焊缝的显微组织和硬度；

c) 母材金属和焊缝熔敷金属的化学成分；

d) 总拉伸应力值(作用应力和残余应力)。

5.2 用于苛刻环境条件(如 pH 值低的酸性环境)的碳钢或低合金钢或强度较高的材料，即使硬度符合要求，还宜采用焊后热处理。

5.3 焊缝熔敷金属的硬度控制

5.3.1 应合理选择焊接材料和焊接工艺，以控制焊缝熔敷金属的化学成分和硬度。

5.3.2 在焊接本标准规定的金属材料时，选用的焊接材料应符合下列要求：

a) 焊条应符合 GB/T 5117 和 GB/T 5118 的规定；

b) 焊剂应符合 GB/T 5293 和 GB/T 12470 的规定；

c) 焊丝应符合 GB/T 5293、GB/T 8110、GB/T 10045、GB/T 12470、GB/T 14957 和 GB/T 17493 的规定；

d) 焊接材料的匹配性应遵循焊缝与母材金属等强度、其他的力学性能基本相同的原则。

5.3.3 如果在制造过程中变更了焊接材料的牌号、型号，包括牌号、型号相同，但制造厂不同的焊接材料，则应重新进行焊接工艺评定，包括硬度和化学成分的检验。

5.3.4 焊接材料采用含锰焊丝的 SAW 不宜采用活性焊剂。

5.3.5 焊丝、焊条等焊接材料的含镍量应不高于 1%。

5.3.6 必要时可按 5.5 规定进行焊后热处理。

5.3.7 焊缝熔敷金属硬度检测和允许的硬度值：

a) 宜用便携式布氏硬度计，按 GB/T 231.1 规定测定产品焊缝熔敷金属的硬度，并符合 6.1 和 6.2 的规定；

b) 应采用维氏硬度检测在管道和设备施焊前的焊接工艺评定中的焊缝熔敷金属硬度，硬度试样的制取和试验应符合 GB/T 2654 和 GB/T 4340.1 的规定以及 6.3.2 和 6.3.3 的规定。

5.4 焊缝热影响区的硬度控制

5.4.1 可综合采用下列方法获得可接受的热影响区硬度，特别是双面焊和封焊的焊缝最后焊道热影响区的硬度。

a) 控制管道和设备母材金属的化学成分。一般做法是控制碳当量(CEV)、残余元素总含量和添加的微量合金元素。

CEV 通常按下式确定：

$$CEV = w(C) + \frac{1}{6}w(Mn) + \frac{1}{5}[w(Cr) + w(Mo) + w(V)] + \frac{1}{15}[w(Cu) + w(Ni)]$$

式中：

$w(C)$ ——C 的质量分数；

$w(Mn)$ ——Mn 的质量分数；

$w(Cr)$ ——Cr 的质量分数；

$w(Mo)$ ——Mo 的质量分数；

$w(V)$ ——V 的质量分数；

$w(Cu)$ ——Cu 的质量分数；

$w(Ni)$ ——Ni 的质量分数。

b) 应采用预热、控制焊接线能量，降低焊缝的冷却速度等方式，防止热影响区高硬度显微组织的形成，避免大部件上的小焊道焊缝热影响区的高硬度。

c) 应采用 GB/T 4340.1 维氏硬度试验方法进行管道和设备施焊前的焊接工艺评定中的硬度检测，以控制焊缝热影响区的显微组织硬度。

d) 为软化热影响区显微组织，应在足够的高温下进行焊后热处理。

5.4.2 应采用5.4.1b)的做法避免大部件上的小焊道焊缝热影响区的高硬度。

5.4.3 应采用5.4.1b)的做法或其他技术，降低难以采用焊后热处理减小焊缝热影响区硬度的某些阀门、泵、压缩机壳体的焊缝热影响区硬度。

5.4.4 可通过有意添加微量合金元素和附加预热及更高温度的焊后热处理，来获得可接受的低碳钢热影响区硬度。

5.4.5 焊缝热影响区硬度检测和允许的硬度值应符合下列要求：

a) 应用便携式布氏硬度计，按GB/T 231.1规定检测产品焊缝热影响区的硬度，并符合6.1和6.2的规定；

b) 应采用维氏(HV)硬度检测方法检测在管道和设备施焊前的焊接工艺评定中的热影响区硬度，硬度试样的制取和试验应符合GB/T 2654和GB/T 4340.1以及6.3.2和6.3.3的规定。

5.5 焊后热处理的规定

5.5.1 低碳钢和低合金钢消除焊接残余应力热处理的温度，应大于或等于620 ℃。但降低焊缝硬度的焊后热处理温度通常比消除残余应力热处理的温度高。工件的热处理保温时间至少1 h。

5.5.2 应按JB/T 6046制定焊后热处理工艺，包括热处理工艺类型、热电偶数量和位置、详细的支撑方式、加热和冷却速度、最大允许温差、保温时间和焊后热处理温度范围。

5.5.3 焊后热处理后，应避免再进行产生高残余应力的加工，如矫直。否则应再次热处理。

5.5.4 对5.4.4条中所述的有意添加微量合金元素的低碳钢，当其Nb和V的质量分数超过0.03%和残余元素总量大于0.5%(质量分数)时，应考虑降低热影响区硬度的焊后热处理对其韧性产生的影响。

6 管道和设备焊缝硬度检测及验收

6.1 产品焊缝硬度宜采用6.2的规定进行检验验收。只有在无法用便携式布氏硬度计检测硬度的产品焊缝如角焊缝，或不能准确测定其硬度时，在有经验并严格按焊接工艺进行焊接条件下，才允许按6.3的规定，用管道和设备施焊前的焊接工艺评定中的硬度检测结果作为验收该产品焊缝硬度的依据。

6.2 用宏观硬度检测验收产品焊缝硬度

6.2.1 产品焊缝硬度宜使用便携式布氏硬度计，按GB/T 231.1的规定进行检验。也可按照GB/T 17394规定采用里氏硬度计进行检验，并按照GB/T 17394将测得的硬度值转换为HBW值。

6.2.2 产品焊缝硬度最低测定次数应满足下列要求：

a) 容器或储罐的纵向焊缝，每3 m测定一次，每节筒体上的每条纵向焊缝至少测定一次；

b) 容器或储罐的环向焊缝，每3 m测定一次，每条环向焊缝至少测定一次；

c) 开口接管上的焊缝，每条测定一次；

d) 除本条已要求测定硬度的焊缝外，其余的属GB 150规定的A类和B类焊缝，每条至少测定一次；

e) 无法用仪器测定硬度的开口接管的角焊缝，应采取必要的工艺措施或采用5.4.3和6.3的做法，避免硬度超过极限值；

f) 管道和配管对接焊缝，应每条对接焊缝至少测定一次；

g) 硬度检测一次指对焊缝熔敷金属和热影响区至少各检测一处。

6.2.3 产品焊缝硬度测定的位置应符合如下要求：

a) 硬度测定的部位应包括焊缝熔敷金属区和热影响区，每区测定一处，每处硬度值为三个压痕平均值；

b) 只有在因条件限制无法测定与酸性环境相接触侧的焊缝硬度时，才允许采用另一侧的焊缝检测硬度代替。

6.2.4 焊缝熔敷金属和热影响区的硬度值应不大于200 HBW，对有高硬度现场使用经验的管道和设备，允许的硬度最大值可为225 HBW。

6.2.5 任一焊缝硬度超过规定的极限时，必须在此焊缝超限的部位附近增测三处硬度。如果这三处硬度测定值的平均值超过规定值5个HBW或任一处硬度测定值超过规定值10个HBW时，则此焊缝应判为不合格。

6.2.6 硬度不合格焊缝的修复方法：

a) 铲除清理后，按规定重新焊接；

b) 在不低于620 ℃温度下进行回火处理，使其焊缝硬度下降至能满足规定值要求。但应注意焊缝熔敷金属和母材金属力学性能的变化，保持其性能符合有关规定。

6.2.7 修复后的焊缝应按本标准6.1、6.2的规定重新检测焊缝的硬度。

6.3 用焊接工艺评定中的硬度检测验收产品焊缝硬度

6.3.1 为确保在焊接工艺评定中硬度检测结果能代表随后施焊的管道和设备焊缝硬度，要求施焊管道和设备的焊接工艺规程应按焊接工艺评定合格(包括硬度检测)的整套焊接技术规定来编制，并应满足下列要求。

a) 应由参加焊接培训考核合格人员采用符合要求的设备进行焊接；

b) 管道和设备所用母材金属的标准、钢级、生产方法和炉批号应与焊接工艺评定所用母材金属相同；

c) 管道和设备所用母材金属的最大碳当量(CEV)不应超过焊接工艺评定所用母材金属的相应值。化学成分应采用炉前分析结果；

d) 对管道和设备所用母材金属有意添加的微量合金元素(如Nb、V、Ti和B等)的最大量应不超过焊接工艺评定所用母材金属的相应值。化学成分应采用炉前分析结果；

e) 管道和设备焊接需要预热的规格、预热的方法和温度都应与焊接工艺评定相同；

f) 管道和设备所用焊接材料的标准、类型、牌号、炉批号、规格尺寸都应与焊接工艺评定所用的相同；

g) 管道和设备焊接的接头形式、坡口形式、焊接层数、道数和焊接顺序以及焊缝余高和焊缝宽度均应与焊接工艺评定的相同；

h) 管道和设备焊接采用的焊接方法、层间温度、焊后热处理以及焊接工艺参数，包括不同焊道所用的焊材规格、电流范围、电压范围、焊接速度等均应与焊接工艺评定相同。

6.3.2 对接焊缝和角焊缝、补焊和部分熔透焊缝应按图1～图5分别给出的有代表性的部位进行硬度测定。每个部位在三个非常靠近的压痕上读取的硬度值的平均值作为其硬度，只要它们的平均值不超过本标准的允许值，那么其中一个硬度读取值高于允许值10 HV以内，则该硬度读取值是可接受的。

允许的热影响区最大硬度值为248 HV，熔敷金属最大硬度值应为248 HV，熔敷金属平均硬度值不应超过210 HV。

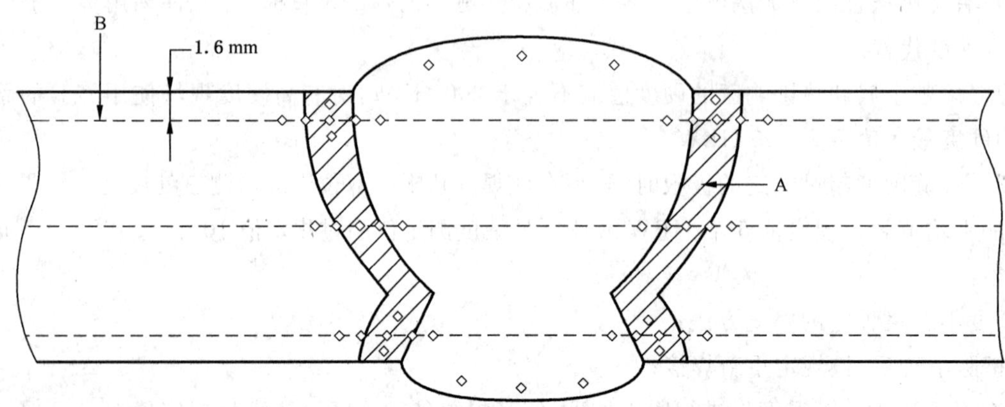

A——焊缝热影响区(浸蚀后可见);

B——虚线为测量线。

图 1 典型双面焊对接焊缝硬度检测位置

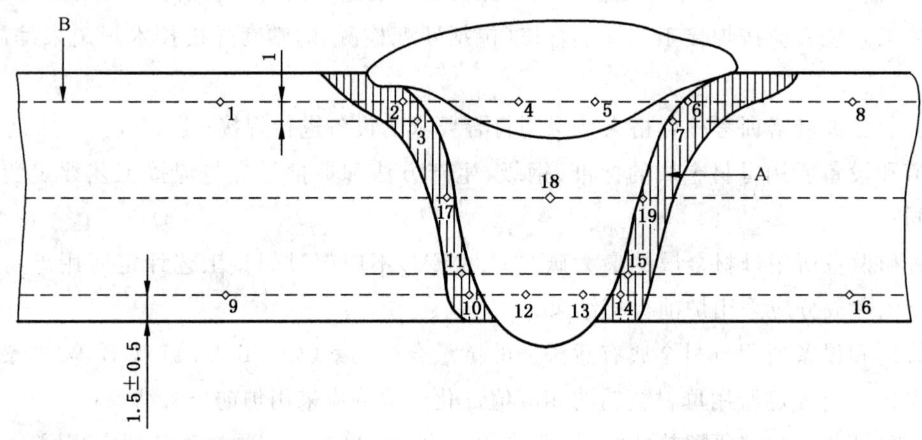

A——焊缝热影响区(浸蚀后可见);

B——虚线为测量线。

注 1:2,3,6,7,10,11,14,15,17 和 19 硬度压痕应完全在热影响区内,并且尽量靠近熔敷金属与热影响区之间的熔合线。

注 2:上部的测量线应位于适当位置使得 2 和 6 压痕与最后焊道的热影响区或与最后焊道的熔合线的变化轮廓一致。

图 2 典型单面焊对接焊缝硬度检测位置

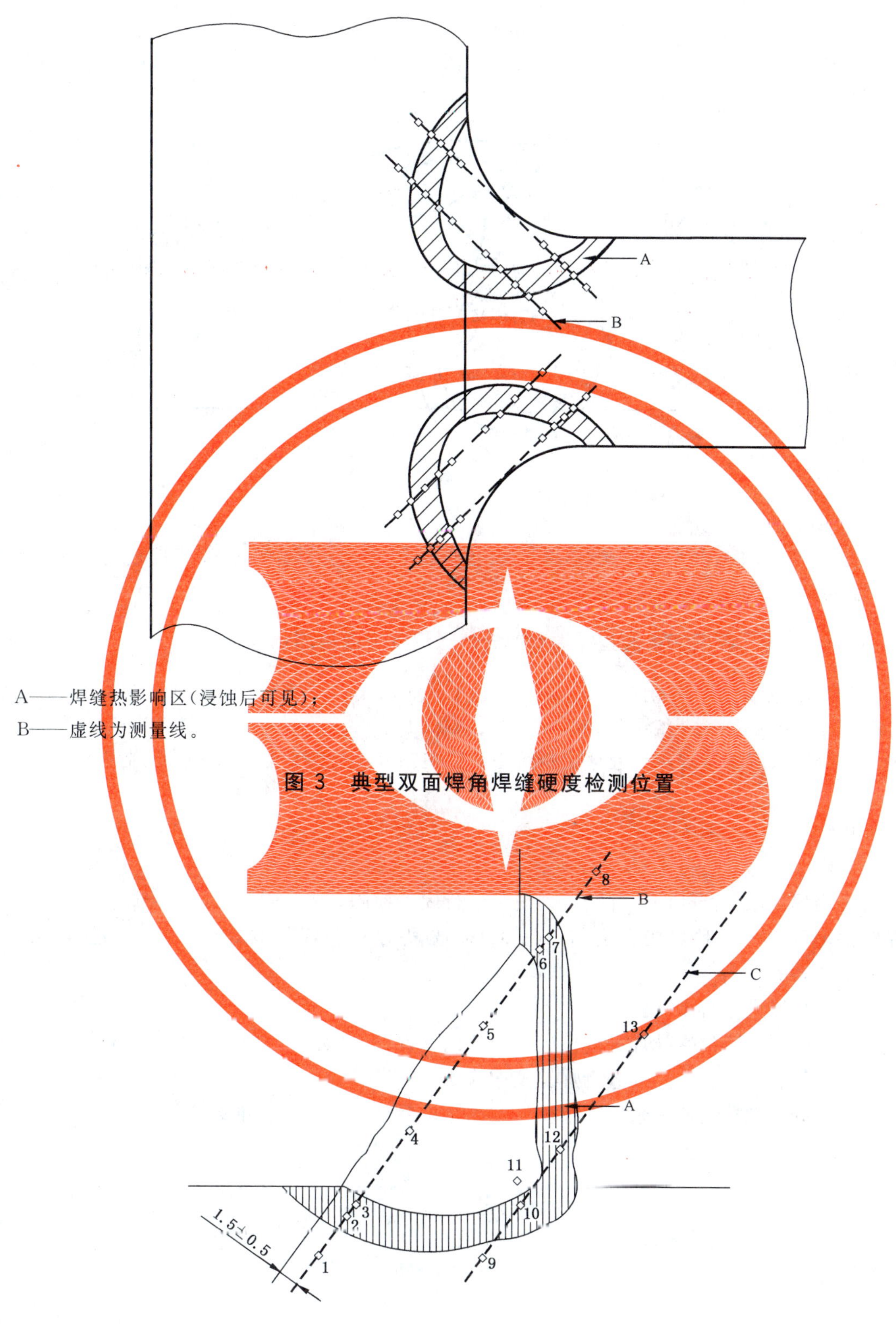

A——焊缝热影响区(浸蚀后可见);
B——虚线为测量线。

图 3　典型双面焊角焊缝硬度检测位置

A——焊缝热影响区(浸蚀后可见);
B——虚线为测量线;
C——虚线为测量线,平行于测量线 B 并穿过焊接金属和焊后热影响区之间的熔合边界。

注:3,6,10 和 12 硬度压痕应完全在热影响区内,并且尽量靠近焊接金属与热影响区之间的熔合线。

图 4　典型单面焊角焊缝硬度检测位置

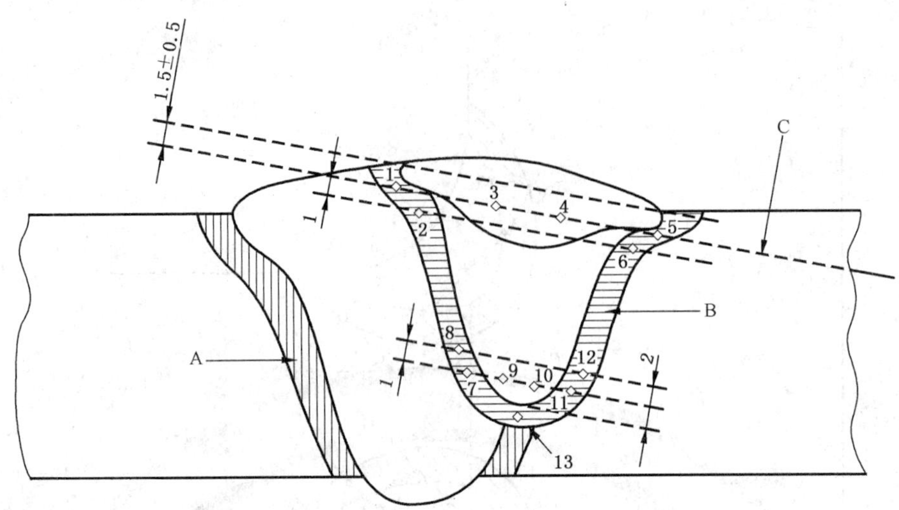

A——初始焊缝热影响区；

B——补焊热影响区；

C——虚线为测量线的平行线。

注：上部的测量线应位于适当位置，使得热影响区的压痕与最后焊道的热影响区或最后焊道的盖面焊熔合线的变化轮廓一致。

图5　典型补焊和部分熔透焊缝硬度检测位置

注：图1～图5仅为示意图。在三种焊接类型中，应从图中的"测量点"位置获得典型的硬度检测结果，"测量点"位置覆盖了从影响区穿过焊熔合线区域的硬度。

6.3.3　硬度检测结果应写入焊接工艺评定报告中。应包括硬度检测位置示意图和对应的硬度值。

7　铸件修补焊缝的硬度检测

7.1　应对每个用焊接作了修补的铸件按下列规定进行硬度检测。

7.1.1　在铸件上采用的每种焊接方法和用每个炉批号焊接材料修补的焊缝，应至少进行一次硬度测定。

7.1.2　宜在修补焊缝上进行硬度测定。

7.1.3　只有在不能对实际的修补焊缝进行硬度测定的情况下，才允许在铸件上可靠近的、并能进行硬度测定的部位进行试验性的补焊，并进行焊缝硬度检测。

7.2　铸件补焊焊缝硬度检测的其余要求及硬度检测结果要求应符合本标准第6章的规定。

附 录 A
（资料性附录）
条文说明

本附录条号后括弧内数字表示本标准正文中条文的编号。

A.1 （3.5）硫化物应力开裂（SSC）是氢应力开裂（HSC）的一种形式，它是由溶于水的 H_2S 与钢材腐蚀阴极反应析出的氢原子，在硫化物（H_2S、S^{2-} 或 HS^-）的催化下难以结合成氢分子逸出，而吸附在钢材表面，并向钢中扩散、富集导致的。高强度钢和硬焊缝易发生 SSC。

A.2 （3.6）应力定向氢致开裂（SOHIC）的开裂可被归类为由外应力和氢致开裂裂纹周围的局部应变共同引起的 SSC。SOHIC 与 SSC 和 HIC/SWC 有关。在直焊缝钢管的母材和压力容器焊缝的热影响区都观察到 SOHIC。SOHIC 并不是一种常见的现象，其通常与低强度铁素体的管道和压力容器用钢有关。

A.3 （3.7）软区裂纹（SZC）是指在操作载荷的作用下，软区可能屈服，并且塑性变形会局部地积累起来，增加了抗 SSC 材料的 SSC 敏感性形成的开裂。该软区与碳钢的焊接有密切关系。

A.4 （5.4.4）有意添加微量合金元素通常指材料中 Nb、V 和 Ti 的质量分数各大于 0.01%，B 的质量分数大于 0.005%。

A.5 （5.4.5a））用便携式布氏硬度计检测热影响区硬度只是一种检测热影响区平均硬度的方法，由于此方法的压头是钢珠，压痕面积大，测得的是一个区域的平均硬度值，不能代表热影响区高硬度点的硬度值。

参 考 文 献

［1］ SY/T 0059—1999 控制钢制设备焊缝硬度防止硫化物应力开裂技术规范

［2］ NACE RP 0472—2005 Standard Recommended Practice Methods and Controls to Prevent In-Service Environmental Cracking of Carbon Steel Weldments in Corrosive Petroleum Refining Environments

ICS 75.180.30
E 98

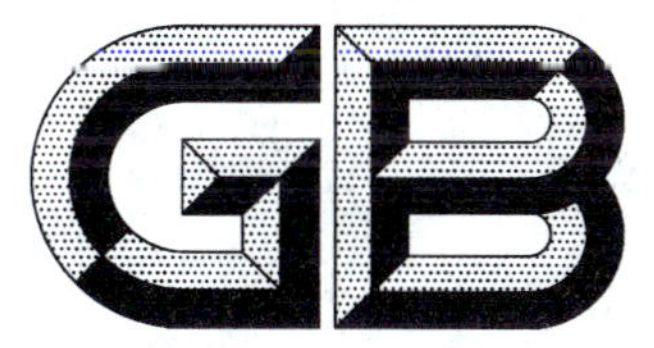

中华人民共和国国家标准

GB/T 27867—2011/ISO 3171:1988

石油液体管线自动取样法

Petroleum liquid—Automatic pipeline sampling

(ISO 3171:1988,IDT)

2011-12-30 发布　　2012-06-01 实施

中华人民共和国国家质量监督检验检疫总局
中国国家标准化管理委员会
发布

前　言

本标准按照 GB/T 1.1—2009 给出的规则起草。

本标准使用翻译法等同采用 ISO 3171:1988《石油液体管线自动取样法》(英文版)。

本标准做了下列编辑性修改:

——为适应国内阅读习惯,将原国际标准集中放在标准正文之后的图例改放在标准正文首次引用该图例的文字段落之后。

本标准由全国石油天然气标准化技术委员会(SAC/TC 355)归口。

本标准起草单位:石油工业计量测试研究所。

本标准主要起草人:郑琦、阮增荣、历勇、赵成海。

引　言

采集管线中流动介质的样品,是为了测定其所代表的一定数量介质的平均组成和品质。对管线中一定数量介质的样品进行分析,可以测定其组成、水和沉淀物含量,或密度、黏度、蒸气压等任何其他重要属性。

手工管线取样法适用于均匀液体,其组成和品质不随时间发生明显变化。如果不是这种情况,建议采用自动取样法,因为自动取样是从管线中连续或重复地提取多个小样,由此保证该批量液体的任何组成变化都能反映到所采集的样品中。为了使样品尽可能具有代表性,应满足本标准中有关取样点液体均匀性的要求及小样提取频率的要求。

应考虑采用手工取样法提供备份样品,以备自动取样器不能正常工作时使用,但手工取样会因管线条件改变而增加不确定性(见 ISO 3170)。

本标准所描述的设备和技术通常用于稳定原油的取样,但如果已经考虑有关的安全措施和样品处理的难度,则可用于非稳定原油和炼制产品。

对于密度、水和沉淀物的测定,采集代表性原油样品是一个关键过程。大量研究表明,在输送过程中测定原油具有代表性的参数值,要有下面四个不同的步骤:

a) 管内介质的流动条件满足要求;

b) 取样要可靠、有效,确保取样率与管内流量成比例;

c) 样品保存和运输满足要求;

d) 样品制备和细分满足实验室精密分析要求。

本标准参考了目前使用的取样方法和设备类型,但并不排除将来使用现在尚未开发的具有工业用途的新型设备,前提是这样的设备能获得代表性样品,并符合本标准的通用要求和方法。

本标准的第 16 章与 JJF 1059—1999《测量不确定度评定与表示》在不确定度分类及其计算方法方面存在差异,采用时需注意区别,避免混淆。

本标准的附录包括有关管内液流混合的理论和截面测试计算方法,还给出了确定取样器安装位置的基本指南。

石油液体管线自动取样法

1 范围

本标准给出了用自动方式采集管输原油和液体石油产品的代表性样品的推荐方法。

注：尽管在整个标准中始终使用原油这一术语，但在技术和设备适用的条件下，本标准同样可用于其他石油液体。

本标准不适用于液化石油气和液化天然气的取样。

本标准的主要用途是为规范、测试、操作、维护和监测原油取样器提供指导。

原油取样操作为以下测定项目提供代表性样品：

a) 原油组成和品质；

b) 总含水量；

c) 不能作为输送原油成分的其他杂质。

如果测定 a)、b)和 c)的取样操作相互抵触，则可要求分别取样。

注：实验室的分析结果可用于输送原油申报油量的调整计算，但本标准不包括该调整方法。

本标准包括样品处理，涉及将所采集样品转送至实验室仪器内的各个方面。

本标准描述了确信为目前可能采集到最具代表性样品的取样方法和操作，因而能准确地进行含水测定。但是，用自动取样器采集的管内样品的含水测定准确度，不仅取决于构成取样系统的各个部件的配置和特性，还取决于后续分析方法的准确性。

第 16 章介绍了评价自动取样系统和分析测试总不确定度的理论方法。第 15 章描述了用于现场的实用测试步骤。

有关各方通常应达成协议，规定某一特定的自动取样系统的允许准确度范围。

在第 15 章的表 4 中，根据实际测试结果的准确度指标，对自动取样系统的性能进行分类。这些指标可作为合格性能的参考和个别协议的基础。

2 规范性引用文件

下列文件对于本文件的应用是必不可少的。凡是注日期的引用文件，仅注日期的版本适用于本文件。凡是不注日期的引用文件，其最新版本(包括所有的修改单)适用于本文件。

GB/T 23256—2009 石油液体管线自动取样 测定石油液体中水含量的自动取样器性能的统计学评估(ISO/TR 9494:1997,IDT)

ISO 3170 石油液体手工取样法(Petroleum liquids—Manual sampling)

ISO 3165 工业用化学产品的取样(Sampling of chemical products for industrial use—Safety in sampling)

ISO 3734 原油和燃料油中水和沉淀物测定(离心法)(Crude petroleum and fuel oils—Determination of water and sediment—Centrifuge method)

3 术语和定义

下列术语和定义适用于本文件。

3.1

合格(准确度)限　acceptable (accuracy) limits

在该范围内,相对于真值或其他规定值,所测定的样品含水率是可接受的。

3.2

自动取样器　automatic sampler

能够从流过管线的液体中采集代表性样品的系统。该系统由取样探头及分液装置、辅助控制器和样品接收器等组成。

3.2.1

间歇式取样器　intermittent sampler

从液流中提取液体的某一系统。该系统的样品接收器用于接纳从液流中提取的各单位样品,控制装置可改变与流量成比例的取样频率或单位样品的体积,以控制取样量。

3.2.2

连续式取样器　continuous sampler

从液流中提取液体的某一系统。该系统具有连续地从主管线提取与流量成比例液量的分液装置,还包括中间样品接收器和经过二级提取使样品进入最终接收器的控制装置。

3.3

计算样品体积　calculated sample volume

用单位样品体积乘以实际采集的单位样品个数得到的理论样品体积。

3.4

主管人员　competent person

因其受过培训、具有经验,并掌握理论和实际知识,而能够发觉装置和设备中存在的故障或缺欠,并能对其后续适用性作出权威判断的人员。

注:主管人员应有足够的授权,以确保按照其建议采取必要的措施。

3.5

控制器　controller

为提供代表性样品,用以控制自动取样器工作的装置。

3.6

固定速率样品、时间比例样品　fixed-rate sample;time-proportional sample

在一次完整管输作业期间,从管线中以均匀时间间隔采集的、由相等增量组成的样品。

3.7

流量比例样品　flow-proportional sample

在一次完整管输作业期间,以始终正比于管内液体流量的速率,从管线中采集的样品。

3.8

单位样品　grab

通过分液装置单次动作从管线中提取的少量液体。所有这些液体的总和成为一个样品。

3.9

均匀混合物　homogeneous mixture

如果各点液体的组成都相同,则该液体是均匀混合物。当组成变化不超出4.4给出的界限时,本标准即认为液体是均匀的。

3.10

样品完整性　integrity of the sample

样品完好和不变的状态,即所保存样品的组成与其从管线中取出时相同。

3.11

等速取样 isokinetic sampling

在该种取样方式下，液体流经取样探头开口处的线速度等于在取样点的管内液体线速度，且与靠近取样探头的管内液体方向相同。

3.12

混合器 mixer

为获得代表性样品，在管线或容器内提供液体均匀混合物的装置。

3.12.1

动力混合器 powered mixer

依赖外部动力混合液体的装置。

3.12.2

静态混合器 static mixer

固定在管内、没有运动部件的混合装置，其依靠流动液体的动能使液体混合。

3.12.3

尺寸结构可变的静态混合器 variable-geometry static mixer

一种在管内具有可动部件的混合装置，能对其进行调整以改善在不同流量下的性能。

3.13

管线 pipeline

用于输送液体的任意管段。对于无阻流件的管线，其内部应没有诸如静态混合器或孔板等任何装置。

3.14

截面测试 profile testing

在沿某一管径的若干点上同时进行取样的技术。与截面测试有关的术语见3.14.1～3.14.5。

3.14.1

总平均值 overall mean

按点平均值或截面平均值计算方法所得到的平均值(注意，两种计算方法得到的结果相同)。

3.14.2

点 point

截面上的单个取样孔。

3.14.3

点平均值 point average

在所有截面上相同点含水率的平均值(忽略含水率小于1%的点)。

3.14.4

截面分布 profile

沿某一管径的若干点上，同步采集的一组样品。

注：该术语也用来表示一组取样点本身和在这些点取样得到的一组分析结果。

3.14.5

截面平均值 profile average

同一截面上每点含水率的平均值(忽略含水率小于1%的截面)。

3.15

代表性样品 representative sample

物理和化学性质与其所代表的液体总量的平均性质相同的样品。

注：由于不能精确地量化各项误差，因此只能以不确定度表示，它既能由实际测试获得，也可由理论计算得出。

3.16

样品 sample

从管线中取出，然后送至实验室进行分析的部分液体。

3.17

样品制备 sample conditioning

在处理样品以备分析期间，稳定样品所必要的均匀化操作。

3.18

样品容器 sample container

一种用于贮存、运输和预处理全部样品或部分样品的容器，该样品直接供分析使用或被细分为相同的子样再进行分析。

3.19

样品处理 sample handling

指样品的制备、转送、细分和运输。包括将样品从接收器送到样品容器，再从样品容器送至用于分析的实验室设备。

3.20

样品回路 sample loop

与主管线相连、用于取样的支管路，能代表总流的部分液体由此流过。

3.21

样品接收器 sample receiver;receptacle

与自动取样器相连、在取样操作期间样品被采集到其内部的容器。它可以永久性地与取样器相配，也可以是便携式的。不论哪种情况，其设计都应保持样品的完整性。

注：在某些情况下，采集样品的总量可能超过一个样品接收器的接受能力。在这种情况下，对于每个样品体积，都应保持样品的完整性。

3.22

取样器性能系数(PF) sampler performance factor

累积的样品体积与计算样品体积之比(见 14.6)。

3.23

取样频率 sampling frequency

单位时间内采集的单位样品个数。

3.24

取样间隔 sampling interval

相继单位样品之间的时间间隔。

3.25

取样位置 sampling location

取样探头所处的管截面或推荐的管截面所在的位置。

3.26

取样探头 sampling probe

伸入管线内的取样器元件。

3.27

取样率 sampling ratio

一个单位样品所代表的管内介质的数量。

注：既可以用体积表示为立方米每单位样品，也可以用当量管长表示为米每单位样品。

3.28

分液装置　separating device

一种从批量液体中分离出具有代表性的少量液体的装置。

3.29

液流调整　stream conditioning

在取样位置上游对管内介质进行分配和分散。

3.30

溶解水　dissolved water

通常温度下在油中形成溶液的水。

3.31

悬浮水　suspended water

以细小水滴分散在油中的水。

注：经过一段时间后，悬浮水可能聚集成为游离水，也可能变成溶解水，这取决于所处的温度和压力条件。

3.32

游离水　free water

在油中分层存在，通常位于油品之下的水。

3.33

总含水　total water

一个批量的油品中，全部溶解水、悬浮水和游离水的总和。

3.34

最差条件　worst-case conditions

在取样位置出现的截面含水率最不均匀和最不稳定的取样器操作条件。

注：这种条件通常出现在流量最小、油品密度最小和油品粘度最小的情况下，但也有可能受乳化剂和表面活性剂等其他因素的影响。

4　原则

4.1　目的

本章确定了取样操作期间应遵守的基本原则，以获得符合本标准技术要求的代表性样品，并满足4.4中给出的合格性准则。

4.2　守则

为测定某一批量原油的组成、品质和总含水量，应采集和分析能代表该批量原油的样品。无论是装油还是卸油，该批量既可能是指定时间内管线内间歇输送的一部分原油，也可能是油轮载油舱中的全部或某部分原油。

样品的代表性取决于应满足的四个条件，有任何一个条件不满足，都能影响最终结果的质量。

4.2.1　第一个条件是从管线中所取样品的组成，应与取样位置和取样时间内整个管线横截面上的原油平均组成相同。由于在该截面上可能存在可变的含水率梯度，故满足该条件并不容易。

该条件对取样位置有如下要求：

a)　沿该管线横截面，原油含水率或含水分布应是均匀的，应在4.4给出的合格限之内；

b)　相对于最大水滴直径，取样探头进口直径应当足够大，在开口部位不应小于6 mm(见7.3)。

4.2.2　第二个条件是在输送该批量原油期间，应保持油样的代表性，因为在取样开始和结束之间，样品组成可能会改变。无论是连续取样还是间歇取样，取样速率应与管内流量成比例。在采用间歇式取样器时，取样频率和单位样品体积都应满足要求，以保证有效的代表性。

此外，在自动取样器中从取样探头至最后的接收器，都应保持样品的代表性。取样所用的设备应参照第7章、第8章、第9章、第10章的建议。

4.2.3　第三个条件是样品应始终保持与取样位置相同的状况，不得出现液体、固体或气体损耗，不能被污染。

应参照第11章的建议进行样品的贮存和转送。

4.2.4　第四个条件是在将样品分离成数个子样的过程中，应确保每个子样与原样具有完全相同的组成。

在第12章中给出了将每个样品分离成子样，并将它们转送至实验室仪器的过程。

注：需要强调的是，满足第四个条件要涉及到一个关键性的分离子样操作，该操作过程所引入的任何误差都能破坏前三个条件所获得的代表性。

4.3　取样允差及其确认

为保证送至实验室进行分析的每一份样品能代表整个批量的油品，样品组成和该批量油品组成的差异不应超过表4中给出的允差值，其用法在15.5中给出。

与4.2中所述各条件的任何偏离，都不应使样品的代表性超过表4中的允差值，因此应按图1所示确认每一步操作。

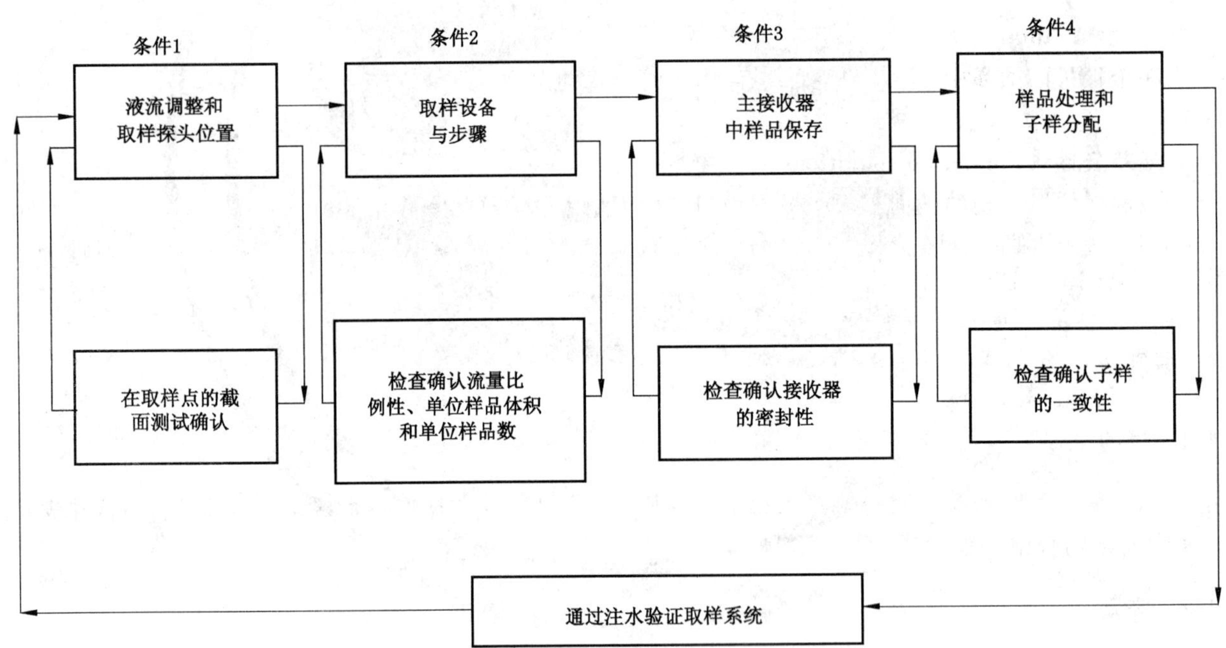

图1　取样系统的首次或周期性确定

4.4　取样一般原则

描述非均匀液体是否在管内混合的水力学定律表明，应为液流提供足够高的能量耗散率，以使水滴和较重的固体颗粒悬浮在原油中。在无阻流件的管线内所需的能量耗散率由流速提供，也可由临近取样位置上游的混合装置提供。

考虑到沿管线横截面的含水分布，在截面测试中所得数值的合格限，应与该截面上的平均含水率有关。对于含水率不超过1 g/100 g的样品，合格限为±0.05%；对于含水率超过1 g/100 g的样品，合格限为±5%(同样见4.4.2中的第2种状况)。

注：尽管上面引用的含水率为质量分数，但同样适用于体积分数。

在水平管线中,可以用3种状况描述不同相液体的浓度沿管线横截面随流动条件(流量、油品密度和粘度、分散相组成、界面张力等)的变化。

4.4.1 第1种状况(见图2,类型1分布):在此状况下,沿整个管线横截面含水率都是相同的,且在如上所定义的合格限内。因为含水在管线横截面上均匀分布,所以在此状况下可以取样,取样探头可安放在沿管径的任一位置上,其入口处的样品具有代表性。但应注意,为尽量减小管壁影响,取样探头不能太靠近管壁。

4.4.2 第2种状况(见图2,类型2分布):在此状况下,含水率随管线横截面上的位置变化,但具有均匀梯度,即至少有一点的浓度等于整个管线的平均浓度。经理论分析,该点一般位于距水平管线底部0.4倍~0.5倍管径的位置上。

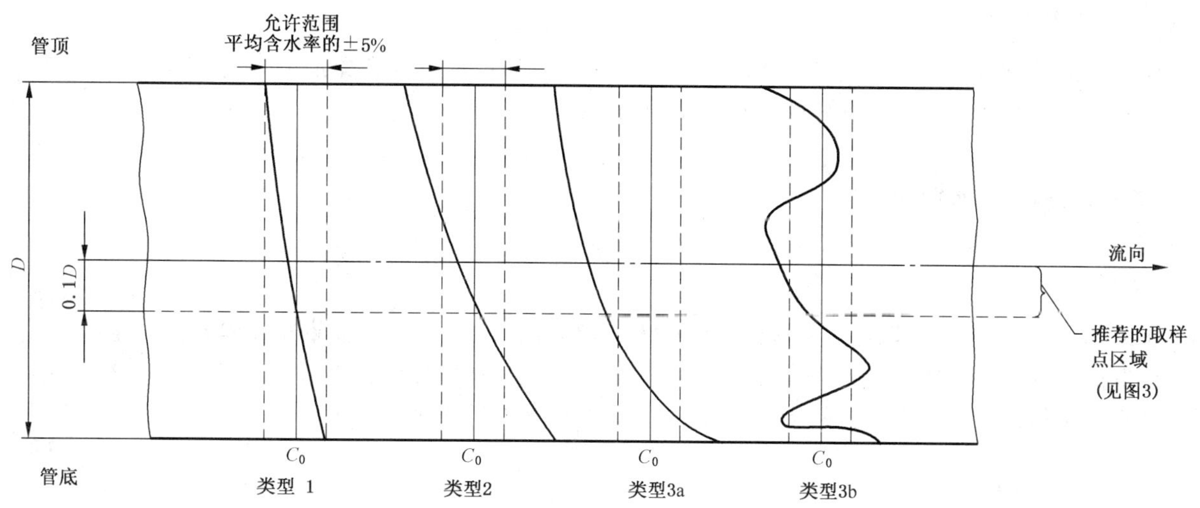

注:1. 标记“C_0”的垂直线代表每种情况的平均含水率。

2. 含水率沿着与管中心线平行的横坐标增加,对于每种类型的分布剖面,横坐标自零开始。

图2 水平管线中含水率截面示意图

如果在最差条件下由该取样点获得的含水率与平均含水率相同,且在如上所定义的合格限内,则在该位置的取样是合格的。

4.4.3 第3种状况(见图2,类型3a分布和类型3b分布):在此状况下,沿管线横截面的含水率是非线性的,呈现分层(类型3a),有时还会遇到不稳定的含水率分布(类型3b)。

由于在管线横截面的不同位置上含水率不同,因此不允许在预定点取样,应安装一个混合装置(见5.3)。

注:假如在管线底部存在游离水,或具有高含水率的乳状液,则不可能取得代表性样品。

4.5 分散相随时间的变化

在一次输送过程中,液体中分散相组分的浓度很可能随时间变化。以从船舱卸原油为例,除基础含水量的变化较为平缓外,当相对较高的含水率峰值沿管线向下传输时,还可能存在周期性的含水率变化。试验观测表明,该“瞬变过程”的含水率可能超过50%,持续时间可能小于1 min。以瞬变形式排出的水量与卸油方式有关,其相对于所卸原油的基础含水量可能有所变化。

很显然,以这种方式采集的样品的代表性,取决于自动取样系统对所采集样品总体积中这些峰值的累积含水量的反应能力是否准确且成比例。

对于间歇式取样器,其准确度取决于设备类型、与瞬变过程频率和周期有关的操作频率。对于连续式取样器,其准确度取决于外部采集和混合装置以及二级采样速率(如果采用二级采样的话)。对于这两种取样器,在确定取样准确度时,总的输油时间、含水瞬变过程持续时间、采样频率等都具有统计学意义。

理论分析分散相瞬变对不同类型取样器性能的影响,可得出以下一般性结论:

a) 在短期输送期间,可能存在频繁的短周期瞬变,此时连续式自动取样器的准确度受瞬变的影响最小;

b) 在短期输送期间,可能有少量持续时间较长的瞬变,此时间歇式取样器的准确度接近连续式自动取样器;

c) 对于长期输送,无论使用哪种取样器,由不同周期的瞬变所引入的平均误差,都在本标准规定的合格限内。

4.6 低含水量

应注意的是,假如含水率(质量分数,下同)大约为0.1%,即接近水在原油中的溶解度,则在所有流动条件下含水率分布都将显示良好的含水分布均匀性。

5 取样点选择(包括液流调整)

5.1 概述

正如第4章所强调的,取样探头应位于管线内的部分流动液体中,而这部分液体能代表全部液体。这主要取决于管线内液体的混合程度,而混合程度取决于流量和取样位置上游的管线布置等诸多因素。

在本章中给出了取样点选择的指南,其前提是管线始终充满液体。

5.2 取样探头位置初选

5.2.1 重力有利于加速水平管线内液体的分层,但能使垂直管线内液体分布更加均匀。因此,如果操作条件完全相同,且只能选择垂直安装或水平安装,而输送速度大大高于水和杂质的沉降速度,则应优先在垂直管线上选择安装位置。

应参照附录C对潜在取样位置进行初步筛选,更为详尽的处理方法应优先选择附录A。

5.2.2 在长距离水平管线内自然存在的湍流能够形成充分地混合,但这种湍流并不常见。形成充分混合的最低强度的自然湍流取决于流量、管径、黏度、密度和界面张力。假如自然湍流不足以提供代表性样品,则应靠某些特定的管件另外增强混合效果(见5.3和附录A)。

5.2.3 应确定最小允许流量或混合装置应提供的最低能量,可用附录A中的公式或图表选择适当的方法。

5.3 混合装置

5.3.1 概述:通过加入外部动能或转换管线内的压力能,混合装置使介质达到均匀。

若管件或静态混合器不能产生足够的有效能量耗散率,应考虑采用动力混合器。

应按照附录C初选可能的取样位置。

5.3.2 管件:管件可以用作在线的混合装置,阀门、节流孔、渐缩管和渐扩管、汇管、三通和计量装置等都能起到混合作用。但这些装置的混合效果是不同的,且可能会在下游约20倍管径的范围内产生含水率呈锯齿状分布的区域。

5.3.3 收缩管径:如果流速过低不能达到充分混合,则通常安装一段缩径管以利于混合,但应确保因取样探头造成的截面阻塞不改变含水分布(见7.2)。

5.3.4 垂直回路:一段垂直管路能改进含水分布(见5.2.1),因此可在水平管线内加入一段垂直管线。如果现有管线压力足够,则可将垂直回路的管径减小,使其小于主管管径,从而增加流速。在垂直回路中,取样探头最好安装在下游,距上游弯管的距离不小于3倍管径,最好大于5倍管径,距下游弯管的最小距离为0.5倍管径。

应当注意,水能积聚在垂直管线底部,当这些积聚物达到一定程度时,将以团状形态被夹带到下游。这种现象会使含水发生瞬变,应对其给予考虑。

5.3.5 静态混合器:静态混合器是一种能够在市场上买到的装置,其专门设计的结构形式分为单级或多级,能在取样前使管内组分达到充分的均匀和分散。应向生产厂家咨询混合器的最小有效流速,以供参考。

混合器的最大流速受到其允许压降的限制,但使用尺寸结构可变的混合器能够提供较宽的流速范围。

5.3.6 动力混合器:动力混合器是静态混合器的动态改型,其搅拌部件由外部动力驱动,可产生较高的剪切力,从而使其接触的介质达到高度分散。另外,安装在取样探头上游的、将部分流体引入管线的泵或高速喷射器,也能起到混合作用。

5.4 取样探头定位

5.4.1 假如管线内的液体已充分混合,则取样探头相对于管壁的位置相对来说并不十分重要。但是,管壁能够影响流速和含水率,为避免这一影响,样品应从管线中心抽取。在水平或垂直管内安装取样探头,使其从图3所示的阴影部分抽取样品。

5.4.2 在某些条件下,弯管部位产生的离心力会导致分散相从被测液体中分离,因此不推荐在取样位置上游过多使用单个弯头以达到混合。

5.4.3 混合器和取样探头之间的距离要适当,以避免受混合器产生的旋涡和不对称流的影响,但距离不能过长以致混合失效。推荐距离为0.5倍~8倍管径,这取决于所用的混合器类型。

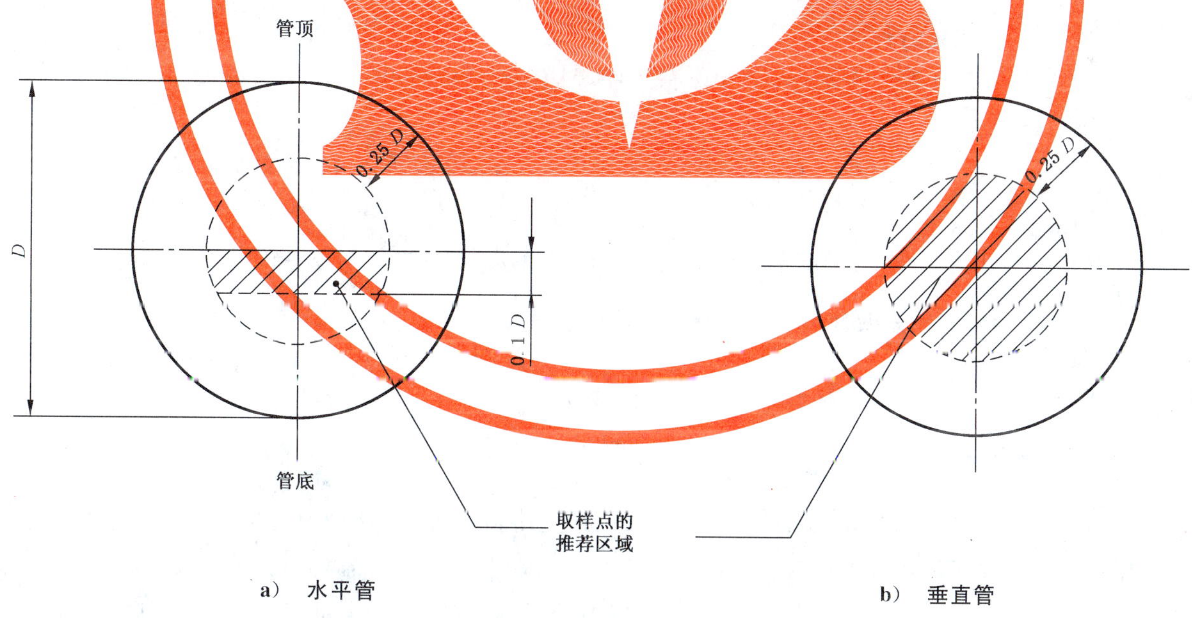

图3 取样点的推荐区域

5.5 取样探头位置验证

无论取样探头处于什么位置或采用何种外加混合方式,都建议在取样位置验证截面含水率。第6章中给出了进行验证的测试步骤。只要能保证采集的样品具有相同的代表性,也可使用其他验证方法。

6 截面测试

6.1 概述

本章介绍在所选择的取样位置上对沿管线含水分布均匀性进行测试的方法。

6.2 原理

截面测试能够确认能否在推荐的或现存的取样位置上获得代表性样品。在沿径向几个点上同时测试取样,并分析其含水量,由此能够确定含水率分层或不均匀程度。与移动式探头不同,要求采用多点探头进行测试,以消除由于非同步取样而产生的不确定度。

尽管证实分层只需三个截面测试,但为了能够对非均匀性分布作出正确判断,至少应作五个截面测试。当采用手工测试时,合格的测试结果是平均含水率应在1%～5%之间。

注:假如采用离心试管测定含水,且含水率大于20%,则由于容积刻度间隔较大,读取数据应特别谨慎。

假如采用自动连续取样法测定含水率,则含水量应在仪器的工作范围之内。为适应含水全部分离的状况,仪器应能在100%含水时正常工作。

6.3 方法

在三种测试方法中选择哪一种,取决于整个测试期间能够保证的含水率及达到可靠和稳定条件的能力。一般来说,对于一次有效测试,含水率至少应达到1%的水平。

第1种方法采用往管线内注入补充水的方式。在测试期间,只要对原油中固有含水率始终大于1%有怀疑,则它是优先选择并应使用的方法。

第2种方法取决于固有含水率,为保证有效性,只有肯定测试期间原油中固有含水率至少为1%时,才能使用该方法。

第3种方法是一种船上使用的替代方法。在某些情况下,可将补充水引入船舱和储罐,使含水率至少增至1%。

注:只要尽可能降低固有测量误差的影响,则1%含水率足以确定系统动力是否能够提供充分混合。

6.4 管线内含水率截面及取样位置有效性确定

6.4.1 设备

6.4.1.1 多点取样探头

用图4所示的多点探头进行测试。探头开口面对上游流动方向,开口为内锥形以减小入口流动阻力。探头应水平地安装在垂直管内或垂直地安装在水平管内。当探头为垂直安装时,建议探头中流体的流动方向应尽可能垂直向下。在水平管线中,应另外安装一根不带弯头的直管,使其入口尽可能地垂直靠近管线底部(见图5),用该点检查沿管线底部有无游离水流动。

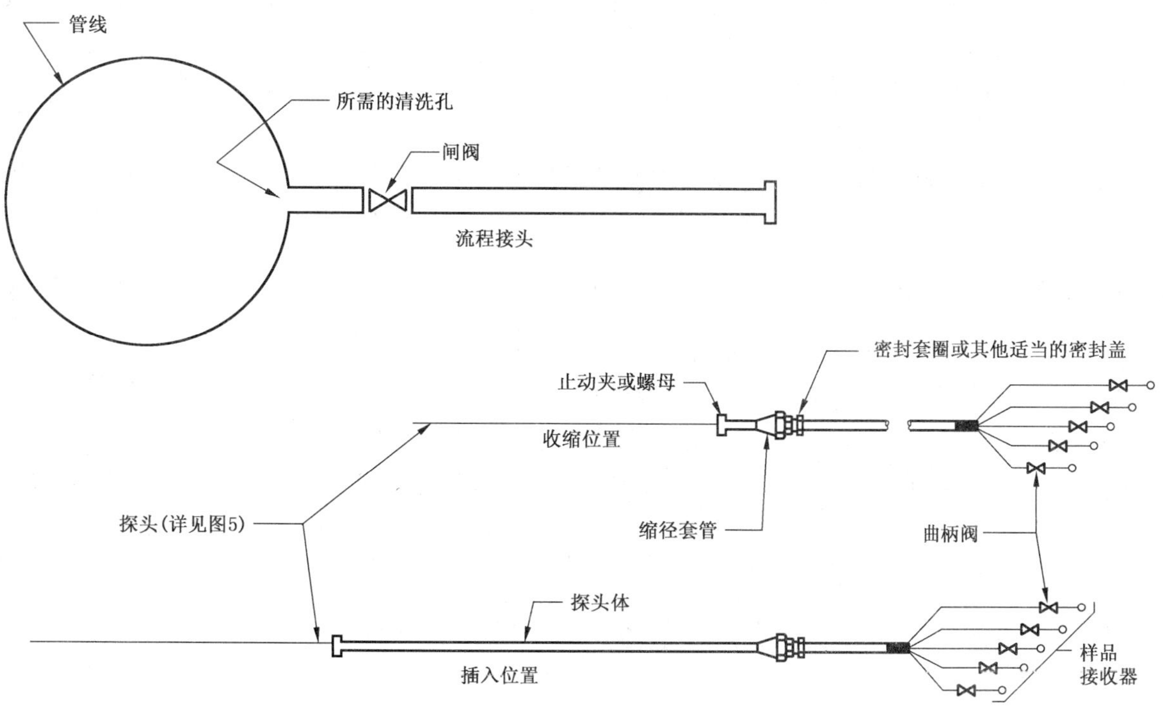

图4 截面取样的多点探头

单位为毫米

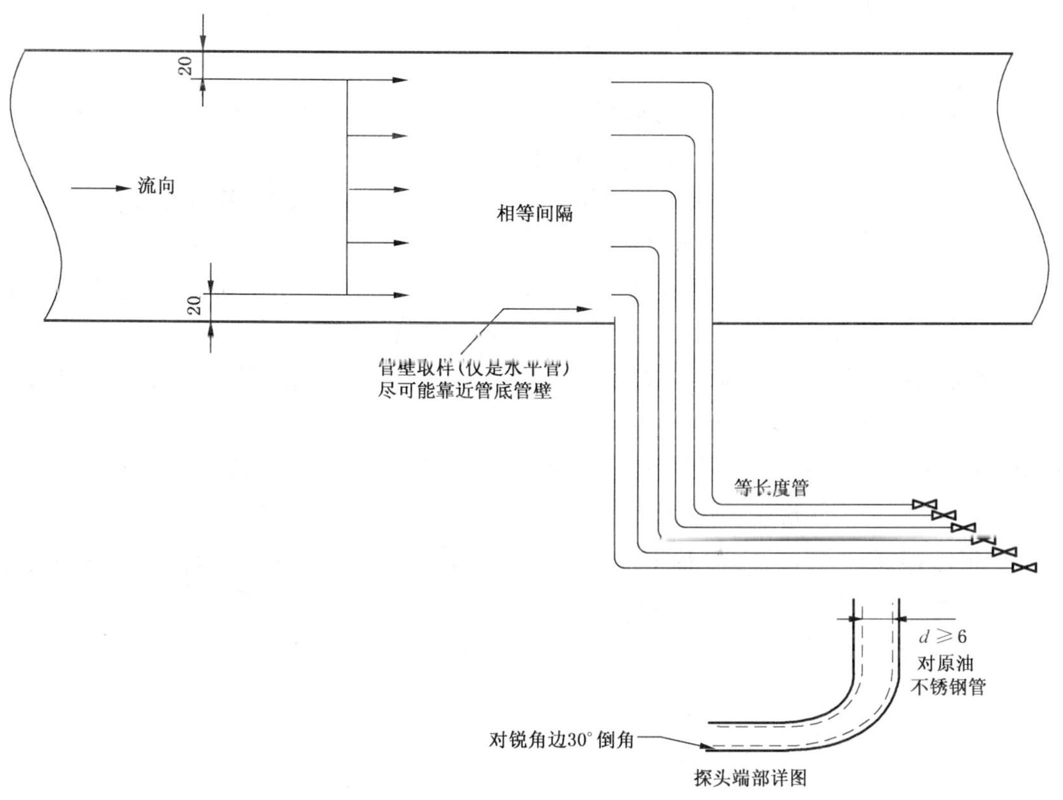

图5 在300 mm及以上直径的水平管线中多点探头的布置

第一取样点和最末取样点的管开口中心应位于距管壁 20 mm 处。至外部阀门处的所有取样管的长度应大致相同，以保证同时取样。

对于 300 mm 以上的管线，建议至少有五个取样点，300 mm 以下的管线应有三个取样点。

注： 取样管内径应足够大，以防止阻塞。对于原油，建议取样管最小内径为 6 mm。

作为一项安全措施，探头应在低压条件下安装和拆卸。然而，如果应在操作条件下拆卸探头，则探头应配备安全链和制动销，以防止其突然窜出(见 13)。

6.4.1.2 测量

用手工或自动方式测量管线横截面上每点的含水率。

当在实验室采用手工方法而不是离心法测量时，应按照 6.4.2 中给出的步骤将样品收集到满足试验容积的接收器内。用离心法时，样品可直接收集到离心试管中，但容积的分配精度很难保证。

另一种方法是采用连续监测器(例如电容元件)，样品直接通过每个测量元件，每个分布点对应一个元件。此方法具有显著优点，借助于适当的指示和记录仪器，可以观测到发生的截面变化。该种自动方法也避免了在实验室进行大量的重复性试验。

这两种方法都要收集和处理测试期间通过探头的废弃油品。

6.4.2 操作步骤

如果实际应用中要求采集某一范围的原油样品，则应选择最差条件进行采样。若不可能，则可用附录 A 中的公式将结果外推至其他条件，但应十分慎重地使用这些外推结果。

6.4.2.1 手工测量

a) 在含水率至少为 1%的最低流速下，至少做五次截面取样，取样频率应至少达到每 2 min 一个截面。
b) 如果采用第 1 种方法(见 6.3)，则应从多点探头和混合装置的上游且距探头足够远处注入水，以便获得代表性样品，但所产生的能量耗散率不应明显高于实际值[见式(A.18)]。
c) 注水操作应按照图 6 进行，使用能产生适当流速和压力的注入泵。若有必要，应按原油管输体积流量的 1%、2%、3%、4%、5%或更高的含水率依次注入。该项操作应在 5 个不同的、具有代表性的流量下重复进行，尤其是在最小流量下。在每次测试周期内，这些流量值应当稳定在 10%以内。
d) 假如采用第 3 种方法(见 6.3)，应选择垫水船舱，以便在不产生纵倾的情况下进行操作。
e) 取样之前，取样探头应通油充分运行，以彻底清洗每个探头元件。
f) 取样之前应调整多点探头中的流速，使每一点的探头入口速度相同，并且最好等于管线中液体的流速。假如不能这样，则应记录任何差异。
g) 在计算得到的水到达时间之前应开始取样，并在探头内流速不变的条件下持续取样，直到进行了足够数量的截面测试为止，即满足 6.2 最少五个测试截面的要求。
h) 在注入水通过期间继续取样，要考虑注入水到达取样位置的时间滞后(见图 6)。

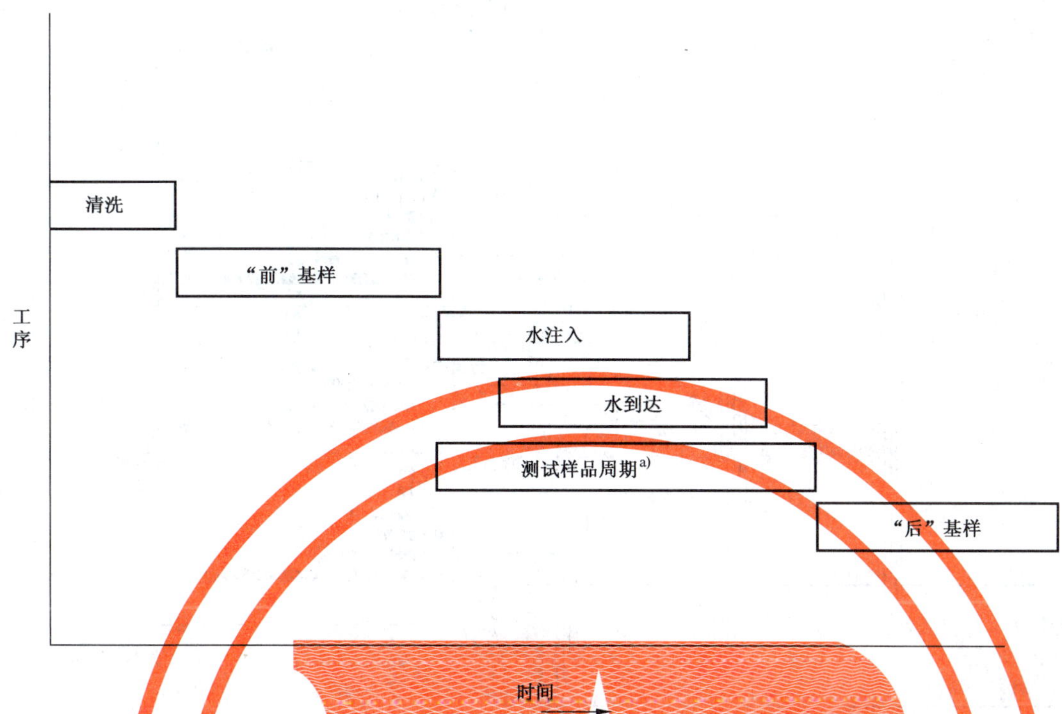

a 每个取样周期至少 1 h。测试样品周期应与“水到达”期的两端重叠。

图 6　取样器系统测试的典型时序图

6.4.2.2　自动测量

a) 与 6.4.2.1 中 b)～h)相同。

b) 采用具有电容元件的截面测试系统，连续地随时验证沿截面的含水均匀度，是一项近期研究出的方法。在原油混合物中，水的电容量随原油组成而改变，也随温度、水滴尺寸及形状而改变。应根据所采集的特定原油，先对构成该自动截面测试系统的各个电容元件调零，并且采取一定措施保证各元件之间的温度和速度差最小。

在截面测试中，所关注的是测量沿管线截面各点的相对含水率。因此，假如采用具有相似性能的电容元件，可不必针对不同类型的原油调节电容间距。

c) 与手工测量所要求的稳定状态相比，自动测试的计时已不重要。直观显示能指示所出现的截面条件，并能识别出最差或最好状况。

d) 图 7 给出一个基于试验的典型的棒状分布图，它是沿管线三个不同取样位置的截面测试结果。

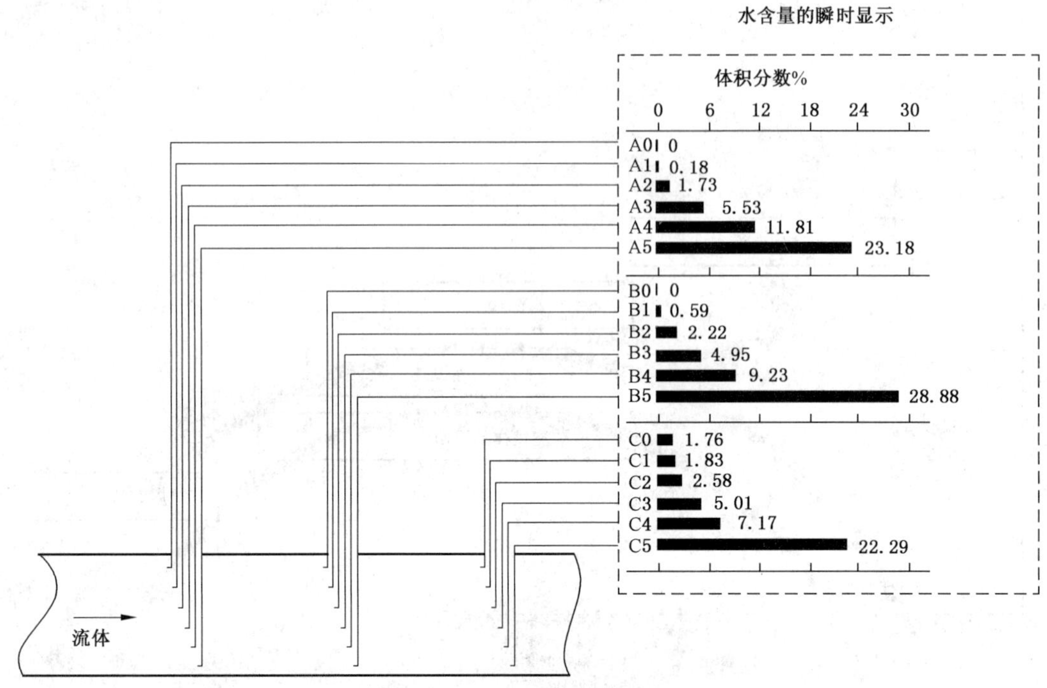

图7　三个位置的自动截面测试的棒状图

6.4.3　典型测试数据

6.4.3.1　手工测试

附录B给出了某一原油输送终端的特定截面测试数据。测试在两种流速下进行，在每一流速下进行六个截面测试，其中每个截面有八个点。

在剔除含水率小于1%的全部截面后，计算点平均值、截面平均值和总平均值，然后计算每点平均值对应总平均值的百分比偏差。截面含水率见附录B。

6.4.3.2　自动连续测量

对于自动截面测试设备，使用连接至微处理器的连续含水监测仪，能够以任何适当的形式显示和记录截面含水，以观测所出现的因流量变化而引起的含水变化或注入水百分比含量的变化，同样能够观测能量可变的混合装置的效果。

类似地，它还能同时计算沿管线截面各点的含水量中值、平均值以及百分比偏差，并能与截面测试及其他测试数据一起显示和记录这些结果。

6.4.4　测试结果的表示和说明

每个截面可能出现如图8所示的一种常见状态，它是P_0～P_5六种类型中的一种。

a)　P_0表示最理想的分布，原因是截面上任何一点的含水率都在准确度合格限之内。

b)　P_1和P_2表示可接受的分布，前提是取样探头要按照第4.4.2和5.4.1的建议安装。

c)　P_3～P_5表示不可接受的分布，其含水率超出了合格限。

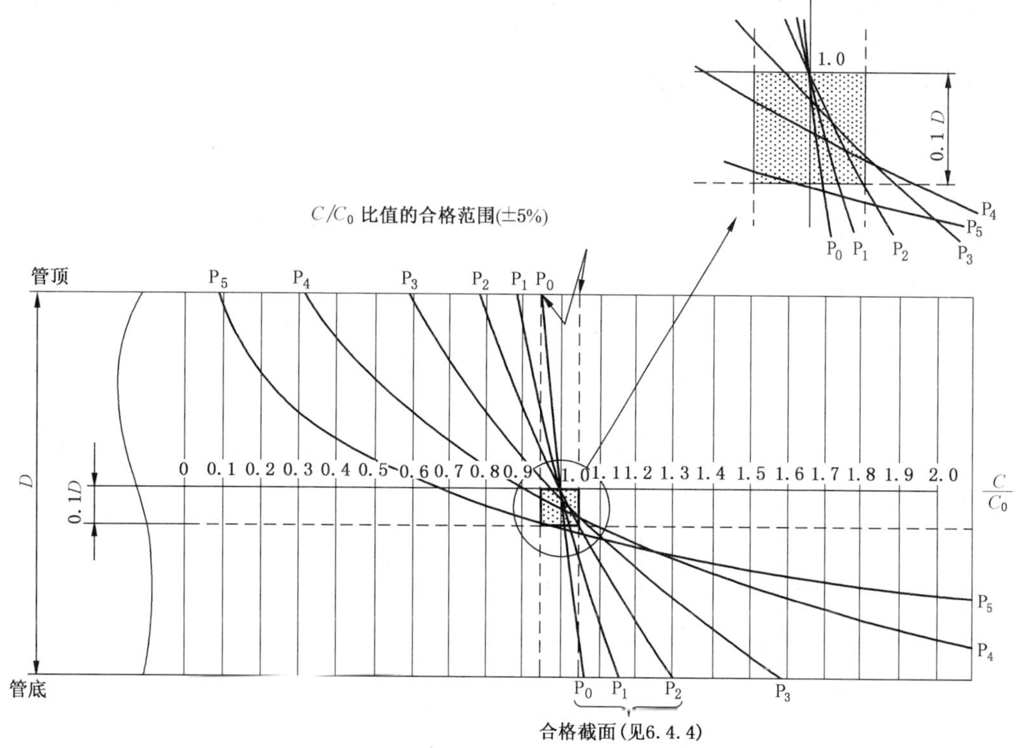

注：C/C_0 比值是在一个取样点的含水率与该取样位置平均含水率之比。至少在图 2 和图 3 中推荐的取样点区域内，截面 P_3、P_4 和 P_5 是不合格的，原因是 C/C_0 比值已超出 0.95～1.05 的范围。

图 8　截面测试结果(典型截面)

任何超出准确度合格限的截面都表明取样结果没有达到预期的代表性。为得到可接受的分布，应提高流速或采用混合装置。

附录 A 既给出了经简化的流速与原油特性的理论关系，也给出了流速与截面分布的理论关系。

7　取样探头设计

7.1　取样探头和分液装置应具有足够的强度，以抵抗主管线内因最大流速而引起的弯矩，并承受因涡流而引发的震动。尽管很难实际测定其强度，但采用悬壁梁处理该部件可作为一种保守的方法。

7.2　取样探头结构对主管线内流体的扰动应最小。采用具有倾角的皮托管式探头入口是一种解决方法，其入口应面对上游流体流动方向。

7.3　建议取样探头的开口直径不小于 6 mm。

8　取样器设计和安装

8.1　设计

8.1.1　自动取样器的设计应能够从管线内流动液体中取得代表性样品，且能用一个或数个接收器贮存这些样品。取样器可以是连续式的，也可以是间歇式的。

注：有两种间歇式自动取样系统。一种是分液装置直接安装在主管线内(见图 9a))，另一种是分液装置安装在取样回路内(见图 9b))。

8.1.2　要取样的石油液体可能含有石蜡、磨蚀性颗粒和腐蚀性成分，例如含有硫化物和水。在某些情况下，石油液体的润滑性能较差。在设计一个精密、可靠和耐用的取样系统时，应考虑这些因素。

8.1.3 在进行分液装置和接收器之间的管线和阀门安装设计时，应保证任意一点不出现组分分离，例如水和原油的分离，并要求其间的容积保持最小。

8.1.4 取样回路通常由循环管路、适用的泵和分液装置组成(见图 9)。环路和分液装置之间的所有连接都应保持最小容积。

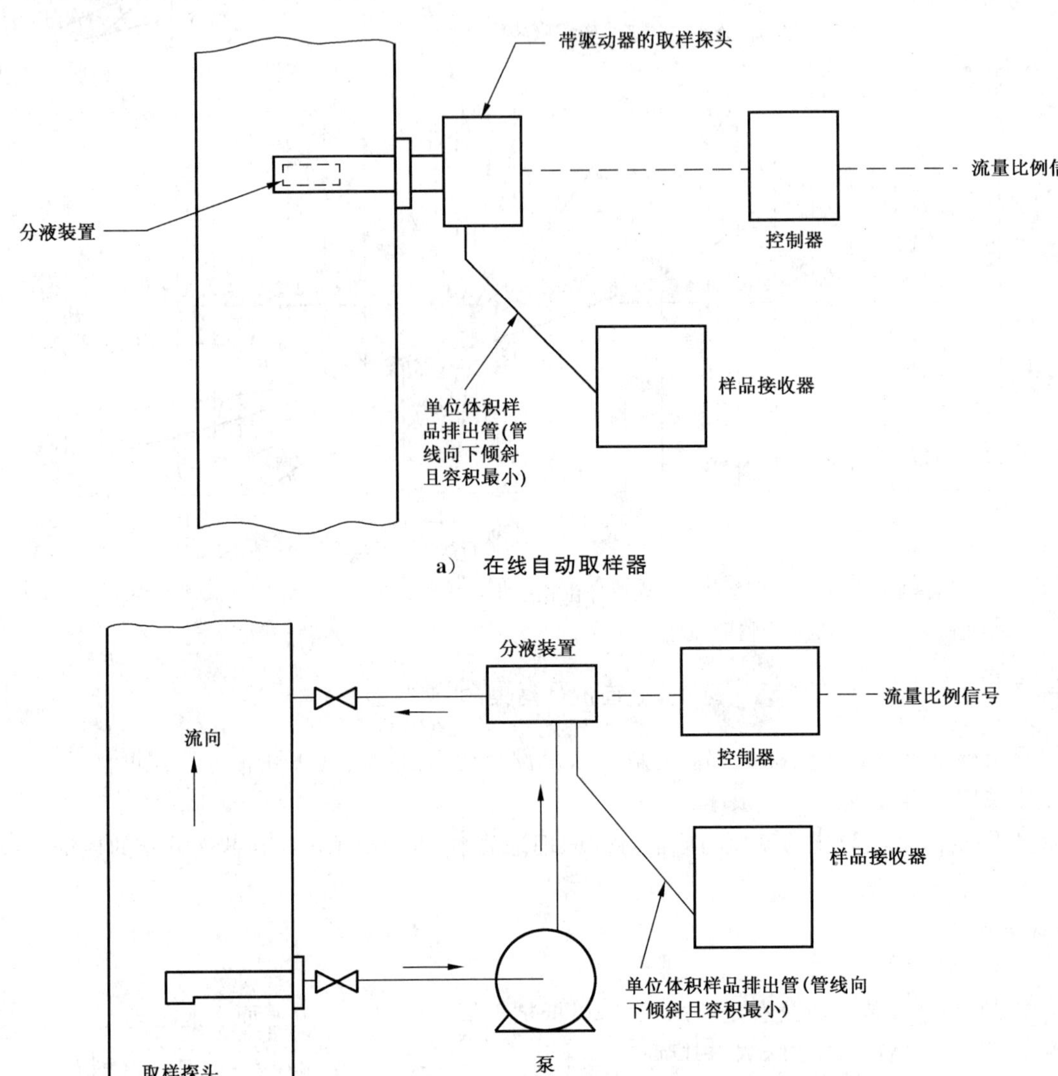

· 箭头不表示管线走向。

图 9 典型取样系统

8.1.5 取样回路的入口流速应尽可能接近所预计的主管线内的最大流速。若分液装置不十分靠近取样探头，则应注意确保回路内的流速足够高，以产生充分的湍流，避免水的沉降。

8.1.6 建议安装一种能指示取样回路中是否有介质流动的装置。如果取样回路内没有循环，但还在继续取样，则将导致错误的取样结果。

8.2 安装

8.2.1 为减小无效容积，分液装置和样品接收器应尽可能靠近。所有连接均应采用符合要求的短管，弯头数量应保持最少。只要可能，样品接收器应位于系统的最低点。

8.2.2 出于实际原因,有时分液装置和样品接收器不能靠近安装,建议采用取样回路。但要采取预防措施,确保取样回路内的样品和取自取样回路的样品具有代表性。

8.2.3 自动取样器应采用合适的阀门和连接件进行安装,以便能够用取样液体或适当的溶剂自动或手工冲洗设备,结构布置应适当,便于处理所用的冲洗液和溶剂。应从接收器和循环管线中除去所有溶剂,以避免污染下一个样品。

8.2.4 如果必要,应在取样管线上安装止回阀或相应装置,以防止样品可能从取样位置倒流进入管线,但不应阻碍进入接收器的自由通道。

8.2.5 自动管线取样器的安装方式应为其维护和清洗提供方便,在不关断管线的情况下进行维护和清洗最为重要。

8.2.6 取样探头(如皮托管形式)应安装在带有短管的全通阀上,且应提供适当的插入和取出机构。如果探头应在管线不泄压的条件下取出,则应提供安全链等防止探头因管线带压而射出的措施。如果安装这样的系统,则应留出足够的空间,以便于机构装配和探头取出。

8.3 预防措施

8.3.1 在连续取样过程中,水或重颗粒会沉降在取样管和其他部件内,并进入样品接收器。为减少这种现象,系统不应有死区或扩张段,应沿接收器方向朝下倾斜。还应注意不出现集存蒸气和水的死区。

8.3.2 为防止高倾点原油或石油产品的凝固,应对分液装置及相关配管和部件进行伴热和保温。尽管温度应足够高以保持介质为液态,才能确保自动取样系统正常运行,但不应使液体样品过热。如果不用自限热式伴热带,则可以采用自动温度控制。

8.3.3 如果取样管线和取样系统不处于使用状态,可能因冷却和蜡析出造成阻塞,此时应用清洗油充满管线和系统。

8.4 特殊要求

对于原油自动取样器的一般要求,同样适用于炼制产品。但某些产品具有特殊性质,可能要求特殊的取样条件。表1给出一些实例。在这些条件下,应改进自动取样器,使之满足所要求的取样条件。

表1 根据原油和炼制产品推荐的取样器性能

管线内液体[a]	自动取样器的特殊性能		
	取样系统是否置于加热箱内	是否采取措施使样品与大气环境相隔离	接收器是否保持在±4 ℃
原油	是[b]	是[b]	否
石脑油	否	是	否
汽油	否	是	否
喷气燃料	否	是	是[d]
粗柴油/民用燃料油	否[c]	否	否
1号和2号重质燃料	是	否	否

[a] 对于均匀的管内液体,不需要管线调整。
[b] 只有在必要的条件下才需要,取决于原油种类和操作要求。
[c] 在恶劣的气候条件下除外。
[d] 只有在必要的条件下才需要(含银腐蚀特性)。

9 控制设备

9.1 功能

自动取样器控制设备的功能是控制分液装置，采集流量比例样品或固定比例样品，它可能还包括一个具有如下功能的系统：

a) 连续监测单位样品个数和采集的样品容积；

b) 如果按流量比例模式运行，则在取样期间能随时验证采样速率和管线流量的比例。

注：密度和含水量的连续监测可作为附加功能。

9.2 控制设备

9.2.1 控制设备可远离取样器安装在控制中心内，也可以靠近取样器安装，但应考虑其所处危险区域的电气安全等级。

9.2.2 操作者利用控制设备应能实现如下操作：

a) 根据预期的装载量或批量，或根据满足操作准则要求所应的取样率，对设备进行设置（见14.2）；

b) 使取样器启停。

9.2.3 应提供监测下列运行参数的功能：

a) 主管线中的流量；

b) 样品接收器所采集的样品体积与主管线内的累积流量成比例；

c) 单位样品数目。

9.2.4 如果流量计显示流量值，但取样器不进行采样，或者情况相反，则设备应报警。

9.2.5 在下述情况下应报警：

a) 样品接收器上限液位；

b) 主管线内流量过低；

c) 取样回路内流量过低；

d) 电源故障；

e) 取样探头故障。

10 流量测量

10.1 准确度和范围度

流量比例取样器要用流量信号确定取样速率。流量变送器应具有足够的范围度（量程），以便在预期的管线流量范围内准确地发出信号。流量信号的准确度不应降低样品的代表性，以至超出分析方法的允差值（见第16章）。在运行流量范围内，实际流量的准确度应优于±10%。当低流量下的含水率较高时，流量计在最小流量下能产生足够准确的信号特别重要。

10.2 用交接流量计取样

如果现场用流量计进行交接计量，应用交接流量计的信号确定取样速率。如果管线总流量由几台流量计计量，则可以用电子合成的总流量信号确定取样速率，或每台流量计都单独配备一台取样器。

10.3 用专用流量计取样

10.3.1 在大口径管线中常采用插入式涡轮流量计，其信号是能简化电子控制器设计的脉冲串。被测液体的黏度变化能严重影响流量计的准确度，并能限制其范围度。油中的纤维物质或其他杂质可能卡死插入式涡轮流量计，因此应考虑安装备用流量计。

10.3.2 经常使用超声流量计，其信号是能简化电子控制器设计的脉冲串和电流。超声流量计不受黏度影响，其最小流速通常为 0.09 m/s。

10.3.3 可以使用孔板流量计，为尽可能减小固有的压力损失，还可使用文丘利流量计或皮托管。用差压变送器测量节流元件两端的压降，变送器提供的输出量与被测量值的平方根成正比。配备单个变送器的装置具有 4∶1 的量程比，采用两个具有高低不同量程的差压变送器可以拓宽测量范围。但装置具有两个变送器时控制设计比较复杂，且可能出现问题。

10.3.4 对于小流量，可采用与管线相同口径的容积式流量计或涡轮流量计。因不必达到交接计量的准确度，故流量计系统较为简单，也不需要检定或校准装置。

10.3.5 也可使用诸如涡街流量计等其他类型的流量仪表。

10.3.6 如果能达到 10.1 中所推荐的流量计准确度范围，则可以使用从油罐液位计引出的信号。

10.4 注意事项

任何流量计都应能在高含水率和存在颗粒状物质或气泡的条件下运行。

油轮卸油操作的最后阶段通常是清舱，应考虑此阶段可能有大量不确定的气体被吸入卸油管线，这会造成有液流通过流量计的假象，也会使其运转过快而损坏机械式流量计。

11 样品接收器和容器

11.1 样品接收器

样品接收器应配备用于监测的液位指示计或相应装置，例如称重系统，同时应配备高液位关断或报警装置。应具备混合其内部液体的措施，以保证代表性样品转送至实验室仪器或其他容器。

目前使用两类样品接收器。

11.1.1 固定容积的样品接收器：此类接收器容纳样品的容积是固定的，样品与其内的大气相接触。

11.1.2 可变容积的样品接收器：此类接收器的结构能避免原油与空气接触，这样能防止轻组分和水蒸汽损失。此类接收器可用适当的柔性材料制成，以便被完全压扁，或者容器内具有活塞或隔膜，能预先充入氮气或氦气，后者特别适用于蒸气压较高的液体石油产品和原油。

11.2 样品容器

样品容器可安装一个内部搅拌器，或备有与外部混合系统连接的必要接头（见 12.2.3）。

11.3 样品接收器和容器共性

11.3.1 固定容积接收器的结构应能提供足够的空间，以便在取样结束时液面上保持一定气隙（即无油空间）。应提供某种泄压方式，以便随时降低因膨胀升高的压力。因加热会产生介质膨胀，容器设计应保证容器加热至最高承受温度时不超过工作压力。

容器应采用耐油材料。应注意用塑料制成的接收器或容器可能不适于长期贮存样品，塑料的渗透性可能导致某些样品组分出现不同程度损失。

应能通过适当设定的压力控制阀放空容器，以尽可能减少低沸点组分的损失。

11.3.2 应根据当地法规进行压力试验和其他检验工作，每隔一定时间应进行清洗和泄漏试验。

11.3.3 结构和材料应保证与液体接触的内表面是光滑的，在取出介质进行分析时，内表层应能抑制水的滞留。结构设计还应易于清洗。

11.3.4 应配备必要的接头，使样品在没有污染和损失的条件下从接收器导入容器中，再从容器进入实验室仪器中。

除泄压阀外，所有接头都应配备丝堵或端盖。应避免玻璃管液位计和排液阀内存在台阶，不允许有盲支管。

如果必要，样品接收器及其连接件应保温或伴热，防止样品凝固，并便于排放液体（见8.4）。

11.3.5 供分析和留作参考用的样品体积应满足特定的使用要求。此外，还应满足国家或地方贸易计量机构的最少样品量要求。

上述要求决定了样品接收器和容器的最小容积。在确定接收器尺寸时，还要同时考虑取样持续周期、单位取样量、取样频率和充分混合（均匀）的有关要求。

如果总样盛装在两个或多个接收器或容器中，无论是对分析结果进行合成，例如总样品体积中的平均含水率，还是根据需要为其他分析制备复合样品，都应特别认真地考虑连续充入每个接收器或容器中的体积量是有所不同的。

11.4 样品标签

11.4.1 应给样品容器配备标签，最好是线扎或金属丝扎的耐油标签，且应有永久性标记。

11.4.2 建议在标签上提供下列信息：

a) 抽取样品的地点；
b) 开始取样的日期和时间；
c) 结束取样的日期和时间；
d) 样品标签号或容器鉴别号；
e) 取样液体种类；
f) 样品所代表的液体量；
g) 罐号及罐型、船名、输送管线标记等；
h) 样品目的地；
i) 取样负责人签字。

12 样品处理

12.1 一般要求

12.1.1 为保证样品品质和完整性保持不变，针对不同的样品有不同的处理方法，分别处理从取样位置到实验室试验仪器之间的所有样品。

12.1.2 样品处理方法取决于取样的目的，所采用的实验室分析方法也要求与之相适应的特殊处理步骤。因此，应议定合适的试验方法，以便给取样者提供有关样品处理的必要说明。如果所采用的诸分析方法的技术要求相互矛盾，则应对每个样品单独取样，并采取相应的处理步骤。

12.1.3 应特别注意以下几种液体：

a) 含有易挥发物质的液体，因为蒸发可能造成损失；
b) 含有水和沉淀物的液体，因为在样品容器中可能出现分离；
c) 具有潜在蜡析出的液体，因为如果不保持足够的温度，可能出现沉积。

12.1.4 在制备合成样品时，应格外谨慎，不应让轻组分从挥发性液体中损失掉，而且不应改变水和沉淀物的含量。该项操作难度很大，如可能应尽量避免。

12.1.5 不应在取样位置将挥发性液体的样品倒换到其他容器。如果必要，可以在冷却和倒置的条件下，用原样品容器将样品转送到实验室。如果样品中既含有挥发性组分又含有游离水，则更应谨慎处理。

12.2 样品均匀化

12.2.1 概述:从容器倒换到小容器,或送入实验室试验仪器内之前,对可能含有水和沉淀物的样品或以任何非均匀形态存在的样品,都应用规定的方法均匀化。在12.3中规定了转送前验证样品是否充分混合的步骤。

手工摇动含有水和沉淀物的液体样品,不可能使水和沉淀物充分分散在样品内。为使样品均匀,在转送和细分样品前,有效的机械和水力混合是必要的。

可以采用多种均匀化方法,但无论采用什么方法,都建议该均匀系统所产生的水滴不应超过50 μm,且也不应小于1 μm。1 μm以下的水滴将变成稳定的乳状液,且此时的含水量不能用离心法测定。

12.2.2 用高剪切机械搅拌器均匀化:将一台高剪切机械搅拌器插入样品容器中,使旋转部件达到距底部30 mm的范围内。使用的搅拌器通常具有与旋转方向相反的叶片,转速为3 000 r/min。但只要满足性能要求,也可使用其他结构。

为尽可能减少原油中的轻组分损失或其他含有挥发性物质的样品的损失,可通过密封结构使搅拌器在封闭的样品容器内运转,将样品搅拌至完全均匀。有时只需搅拌5 min,但容器尺寸和样品性质会影响均匀化的时间。应验证样品确实已达到均匀(见12.3)。

注:高剪切的搅拌器经常产生稳定的乳状液,且搅拌后的乳状液不能用离心法测定(见ISO 3734)。

12.2.3 用外部混合器循环:固定安装的样品容器和便携式容器都可应用此方法,但后者应采用快速装卸接头。在外部采用小型泵,使容器中的样品通过安装在小口径管线上的静态混合器并循环。有多种适用结构形式可供选用,应遵循生产厂家的操作说明。

采用的循环流量应足以使样品每分钟至少循环一次。典型的混合时间为15 min,但随含水量、烃的种类和系统结构有所改变。当全部样品完全混合时,在不停泵的条件下在循环管线阀门处定量地放出所要求的子样。然后排空容器,用泵输送溶剂清洗整个系统,除去烃和水的所有痕迹。

12.3 混合效果验证

12.3.1 无论选择哪种方法从非均匀混合物中获得子样,都应对混合技术的适用性及其获得适用混合样品所需的时间进行验证。

12.3.2 如果混合后样品保持均匀和稳定(即组分完全混溶,如已调和的润滑油添加剂),则应继续混合过程,直到由主容器内连续取出的样品给出稳定的结果,并由此确定最短的混合时间。

注:在此时间之后,由于样品已达到且会保持均匀,因此可以从主容器转换样品,不再需要进一步混合。

12.3.3 如果混合后的样品不能在较长时间内保持均匀性(例如,水和沉淀物是混合物的一部分),则应采用12.3.4中所述的特殊方法验证混合状况。

注:鉴于液态烃的特性,应在混合进行过程中制备子样。

12.3.4 应确保抽取的样品充满至容器容积的四分之三,在已知时间内使样品均匀化,同时记录该时间。在此期间,每隔一定时间抽取少量样品,并立即用标准方法(见12.3.5)测试其含水量。当测试结果取得一致时,记录所得值作为空白含水量。

加入一定量经准确测定的水,其量在1%～2%之间,在与空白测试相同的时间内均匀化,并按前述方式取样。在考虑空白含水量的条件下,如果测定的含水量与加入的水量取得较好的一致性,则再加入一定量经准确测定的水,其量仍在1%～2%之间。如果结果继续呈现较好的一致性,则可假定该搅拌时间是足够的。

假如结果不能给出较好的一致性(在方法的重复性内),则放弃测试,并返回到开始步骤,采用更长的搅拌时间。

12.3.5 对混合系统进行这种验证时,不能通过离心法测定含水量,因为用该方法不能得到总含水量。

12.4 样品转送

12.4.1 如果样品容器不是便携式的，或者不便于直接将样品从容器送至实验室试验仪器中，则应将具有代表性的样品倒换至便携式容器，以便送至实验室。

12.4.2 在样品转送的各个阶段，应按照12.2中规定的方法之一，使容器中的样品达到均匀。

12.4.3 应按照12.3中规定的方法之一，验证每种容器和混合器组合的搅拌时间。

12.4.4 应在已知混合物为均匀和稳定的时间周期内完成样品的转送。该周期较短，完成一次转送不应超过20 min。

13 安全措施

13.1 本章所规定的安全措施作为安全操作的最低要求，应严格执行。这些措施应与相应的国家法规、国际安全规范结合使用。还应严格遵守地方法规，但如果地方法规低于本章的要求，则应考虑本安全措施（也可参考ISO 3165）。

13.2 应按照使用或后续处理期间可能承受的压力，设计取样设备、样品接收器和容器。在投入使用之前，至少应按1.5倍的最大操作压力试压，其后应按照设备种类和压力范围所要求的固定周期进行检验。每个容器应标记最后一次压力试验的日期、在环境温度下的最大允许工作压力和空重。标记应蚀刻在容器上或印在标签上，标签应牢固地挂在容器上。

13.3 即使是管线中出现的或取样器本身产生的非正常压力，也应确保其不超过取样系统的最大设计压力，采取的防护措施是安装适当的减压阀。

13.4 在充装样品接收器或容器时，应留有足够气体空间以便膨胀。建议安装一个安全装置，当达到安全极限时给出报警。应遵守的安全措施还包括：

a) 接收器应配备一个泄压装置，能将容器内的压力限制在给定的最大压力范围内。

b) 所制造的便携式接收器或容器应检验合格，能经受住1.5倍最大工作压力及使用期间可能遇到的极限温度。

13.5 用于制造接收器的材料与液体样品接触时，不应受液体组分的侵蚀。

13.6 使用接收器或容器时，应确保不发生易燃或有毒物质溢出或蒸气泄漏。

13.7 取样操作时应避免吸入石油蒸气。应戴上防护手套，制造手套的材料应不溶于烃类。如果存在喷溅危险，应戴上眼罩或面罩。当处理含硫化氢的原油时，要采取其他必要措施。

13.8 所有用于连接防爆等级区域内自动取样装置的电子元件，都应适合该区域的防爆等级，且应符合相应的国家安全规范。

13.9 处理加铅燃料时，应认真执行国家安全标准和规范。

13.10 运输样品时，应考虑运输便携式接收器和容器的危险性，特别是空运的危险性。如有必要，应参照有关易燃样品或带压样品容器海陆空运输的国家和国际安全规范。

13.11 在排放易挥发烃类的过程中，为消除可能产生的静电，整个取样系统应接地。对于带压样品容器，只要排放高压液体或气体，例如放空，就应接地。

14 操作方法

14.1 通用措施

14.1.1 所选择的自动取样器应符合本标准给出的设计原则，并应正确地安装和操作。

14.1.2 样品内不应包含不属于所取样品的任何其他物质。如果应将样品从接收器倒换至容器，应采取相应措施保证样品的完整性。取样过程不应使样品产生任何变化，例如，易挥发组分的蒸发、氧化和外来物质的意外引入等。

14.1.3 使用或重新使用取样系统时,或怀疑取样系统被污染时,应在开始取样前冲洗整个自动取样器和连接管线。用所取样品作为介质,冲洗后排入废料容器或安全排放系统。绝对不允许将有毒物质排入大气或敞口排放系统。

14.1.4 如果容器是专用的,分别用于不同类别的产品,则可大幅度简化容器清洗规定。

14.1.5 在取样过程中,应避免所取样品受大气环境条件的影响。在允许使用敞口容器的场合,应在取完样品后立即密闭容器。

14.1.6 在样品的后续处理中,应避免升温过高。

14.2 操作准则

14.2.1 固定单位样品容积的间歇式取样器

14.2.1.1 概述:在考虑固定单位样品容积的间歇式取样器的操作准则时,应注意以下因素:

a) 从实用出发,样品容积应在 5 L~20 L 之间,但具体数量取决于特定的应用场合(见 11.3.5)。

b) 对于操作周期超过几天的连续性输送,可将取样分成几个统计区间,在每个统计区间取得 5 L~20 L 样品。另一种方法是使用较大的接收器,并从中获取子样,但也要遵循第 12 章中所述的适当的混合步骤。

14.2.1.2 实际考虑事项:下面给出表 2 所列固定单位样品容积的间歇式取样系统采用的工作参数:

a) 要求的样品体积:5 L~20 L;

b) 单位样品体积:1 mL~1.5 mL;

c) 最高工作频率:30 个/min。

要进一步考虑的参数是流量范围,连续输送管线的典型值为 10:1,船运的典型值为 30:1。

表 2 固定单位样品容积的间歇式取样器的典型运行参数

应　　用	输送时间	单位样品总数	单位样品容积 mL	样品体积 L	平均取样间隔 s	平均取样比例(用管道长度表示) m/单位样品	流速(线性) m/s
连续管道输送(CP)	30 d	10 000	1	10	260	260	1
CP 和船运	7 d	10 000	1	10	60	60	1
CP 和船运	24 h	10 000	1	10	8.6	25	3
船运	6 h	10 000	1	10	2.15	6.45	3
船运	3 h	5 000	1	5	2.15	6.45	3
船运	1.5 h	2 500	1	2.5	2.15	6.45	3

注 1:长输管道的输送流量可以减小。

注 2:对于短期输送(例如小于 3 h),表 2 表明样品体积不可能到 5 L,应考虑给出较大的单位样品容积(例如 4 mL),以提供 20 L 样品。

注 3:每次取样操作应使单位样品数目最大,并在最大采集频率和接收器容积的实际范围内。

14.2.2 可变单位样品容积的间歇式取样器:尽管采集的样品总体积大致相同,但可变单位样品容积的取样器的操作要求不同于固定单位样品容积的取样器。可变单位样品容积的取样器按固定的时间比例采集样品,每次采集的体积与管道流量成比例。应通过计算和检查确保下列条件:

a) 不超出取样器的最高运行频率。

b) 每个单位样品要求的样品容积不超过取样器在最大和最小流量下的范围度。

c) 采集的样品总体积不超过样品接收器的容积。

14.2.3 连续式取样器:尽管目前正在开发连续式取样器,但还没有广泛应用,因此其操作准则也尚未制定。

14.3 操作检查

14.3.1 控制设备运行期间应定期检查下列内容:

a) 流量计运转正常。

b) 采样计数器运转正常。

c) 主管线中未出现低流量报警。

d) 未出现接收器高位报警。

e) 采集的样品容积和管道累积流量成比例。

14.3.2 取样器运行期间应定期检查下列内容:

a) 样品正进入取样器。

b) 系统中无渗漏。

c) 如有必要,启动伴热。

d) 如果使用循环管路,管内应为满管流动。

14.4 记录表格

每次取样操作都应有一个完整的记录表,表3是一个典型例子。如果一个批量的原油分几次取样,则每次取样都应有记录。记录表副本应送交实验室和管道运行责任部门。

记录中应包括以下信息:

a) 取样位置和日期。

b) 船运或管输的识别标记。

c) 原油种类和批量。

d) 取样期间的流量记录。

e) 单位样品数量和体积(如果适用)。

f) 计算样品体积。

g) 累积样品体积(如果已知)。

h) 取样期间出现的自动取样器故障。

i) 有关取样流量和主管道流量之间比例关系的数据。

14.5 取样器维护

14.5.1 应定期断开自动取样器,将取样探头从管道中抽出,然后对设备进行清洗,并对过度磨损或损坏情况进行检验。只要所收集的样品体积与预期体积不一致,就建议对自动取样器进行检查。

14.5.2 管道内杂物的冲击或缠绕易使流量计损坏(特别是测量原油时),因此要求进行高级维护。

14.5.3 应使用溶剂,对从自动取样器至样品接收器及容器的连接管线进行清洗,并吹扫干净或用所取样品冲洗干净。

14.5.4 应保存有关流量计、取样器和相关设备发生故障及其原因和采取相应措施的全部记录,并作为调整维护周期和发现主要问题的一种手段。

14.6 样品合格性检查

14.6.1 要确认取样操作过程中获得样品的合格性,例如一次卸船操作或一次管道输送过程中的取样,取样应符合下列要求:

a) 取样器性能系数(见 3.22)应在 0.9～1.1 之间。

b) 应核查并确认取样操作中取样流量和主管线流量的比例。

c) 在取样操作中,不应发生导致性能系数超出 0.9～1.1 范围的中断。

14.6.2 如果不能满足 14.6.1 中的任何一项要求,则样品不合格,除非能令人满意地解释存在偏差的原因。如果样品不合格,则应使用备用样品,且应按照 ISO 3170 规定的手工取样方法采集备用样品。

表 3 典型间歇式取样器维护和性能报告

取样器识别号:

位置:

日期:

<table>
<tr><th colspan="2">名称</th><th>单位</th><th>符号</th><th>数值</th></tr>
<tr><td colspan="2">原油装运识别号</td><td></td><td></td><td></td></tr>
<tr><td colspan="2">原油种类</td><td></td><td></td><td></td></tr>
<tr><td colspan="2">批量或分量</td><td>m^3</td><td>V</td><td></td></tr>
<tr><td colspan="2">最大装载流量</td><td>m^3/h</td><td>Q_{max}</td><td></td></tr>
<tr><td colspan="2">取样比例</td><td>m^3/单位样品</td><td>B</td><td></td></tr>
<tr><td colspan="2">单位样品数量</td><td></td><td>N</td><td></td></tr>
<tr><td colspan="2">计算样品体积[a]</td><td>L</td><td>C</td><td></td></tr>
<tr><td colspan="2">累积样品体积</td><td>L</td><td>A</td><td></td></tr>
<tr><td colspan="2">性能系数 A/C</td><td></td><td>PF</td><td></td></tr>
<tr><td colspan="2">无故障[b]</td><td></td><td>S</td><td></td></tr>
<tr><td colspan="2">有故障[c]</td><td></td><td>F</td><td></td></tr>
<tr><td colspan="2">出现如下情况的原因:
——无效
——没有使用
——故障</td><td></td><td></td><td></td></tr>
<tr><td rowspan="2">维护</td><td>预防维护</td><td></td><td>P</td><td></td></tr>
<tr><td>故障检修</td><td></td><td>C</td><td></td></tr>
</table>

[a] 样品体积的计算:

① 流量比例样品:

$$C=(V\times b)/(B\times 1\ 000)$$

式中:

V——批量或分量,m^3;

b——由试验确定的单位样品容积,mL;

B——取样比例,m^3/单位样品

② 固定速率样品:

$$C=f\times T\times b/1\ 000$$

式中:

f——取样频率,s^{-1};

T——总取样时间,s 。

[b] "无故障"取样:性能系数(PF)在 0.9～1.1 范围内,原油取样系统的所有机械构件(流量计、控制器、取样阀、计数器等)在无机械故障的情况下运转。取样流量和主管道流量成比例。

[c] "有故障"取样:性能系数(PF)不在 0.9～1.1 范围内,或原油取样系统中任一机械构件失灵,取样流量和主管线流量不成比例。

15 取样系统检验

15.1 概述

在新自动取样器安装完成后，应进行现场测试以检验取样系统。要对整个取样系统进行测试，所采用的方法是在一定时间内注入一定体积的水，然后确认采集样品所代表的注入水和原有水的总体积。该过程即为体积平衡测试。

15.2 注水设施

应按下述方式配置注水系统：

a) 在测试期间，为了向取样器上游的输油管线内注入已知量的水，需要连接阀门、过滤器、压力表、管线、泵和流量计。

b) 将注水点尽可能布置在预期产生混合作用的管件的上游足够远处。

c) 在测试期间，注水流量应为原油流量的 1.0%～5.0%。

注：如果由于操作原因，注水流量应小于 1.0%，则在取样系统合格性评价中，注水量测量和实验室分析方法的准确度将起决定作用。

d) 为了累积经过适当混合的样品体积，注水时间至少应 1 h 或足够长。

e) 在不产生任何显著的附加混合作用的流速下，应将水注入到管道底部或侧面。通过弯头或弯管可产生注入水流，使注水流速平行于主流速（且方向相同），以达到上述效果。

f) 注水量的测量准确度应优于±2%。

15.3 测试步骤

注：通常要求在最差条件下测试取样系统，但考虑到所输送物质的重要性（即总价值），测试应结合实际。有时，最差条件不易确定，在这种情况下，为了证明取样器在全部工作条件范围内都能正常运行，需要更多次的测试。

推荐的测试步骤如下：

a) 当管道运行条件保持稳定时，选择测试周期。

b) 在操作条件下，根据正常的石油取样范围选择具有最低粘度和最低密度的油品。

c) 调整油品流量，给出管线中常用的最低流速。测试期间油品体积测量的准确度应优于±2%。

d) 采集三个独立的样品，即"测试前"、"测试中"和"测试后"样品。为使样品尽可能有效均匀，应采用小容量的测试接收器并增加取样频率，以获得足够的容积。使取样器至少工作 1h，采集"测试前"样品，更换接收器，并按 15.2 的要求至少注水 1 h。当注水全部通过取样器时，再次更换接收器，采集"测试后"样品 1 h。测定采集的"测试前"和"测试后"样品的含水量（见图 6）。"测试前"和"测试后"样品的含水量之差不应超过 0.1%。

e) 在注水通过的整个时间间隔内，用取样器采集测试样品。应考虑水从注入点到取样位置的时间滞后（见图 6）。在低流量下，注水流速可能低于原油流速，因此在预计注水通过时，用一定时间连续地取样至测试接收器。完成取样后，应采用常规的程序进行样品处理、混合和含水分析。

f) 因为取样频率可能影响某些取样设备的性能，因此应对每种取样器的结构和安装进行下列性能验证：

1) 对于单位容积固定的取样器，在最小和最大两个取样频率下测量由 100 个单位样品给出的样品容积。

2) 对于单位容积可变的取样器，在最小和最大两个流量下测量样品体积与批量体积的比例。

对于 1）和 2），在上述最小和最大条件下得到的数值都应在计算值的±5%以内。

15.4 计算

应按式(1)～式(3)计算测试样品中的平均含水量与基础含水量之差、平均注水量：

$$W_{dev}=(W_{test}-W_{base})-W_{inj} \quad \cdots\cdots(1)$$

$$W_{inj}=\frac{V_1}{V_2}\times 100\% \quad \cdots\cdots(2)$$

$$W_{base}=\frac{W_{bef}+W_{aft}}{2}\cdot\frac{(V_2-V_1)}{V_2} \quad \cdots\cdots(3)$$

式中：

W_{dev}——“测试中”样品含水量与平均注水量(含允许的基础含水)的百分比偏差；

W_{test}——“测试中”样品含水百分比[见15.3中e)]；

W_{base}——“测试前”(W_{bef})和“测试后”(W_{aft})基础样品[见15.3中d)]的含水百分比，但用式(3)调整到“测试”条件；

W_{inj}——油品中注水百分数；

V_1——注水总体积，单位为立方米(m^3)；

V_2——在取样器采集“测试中”样品期间，通过取样位置的油水总体积，单位为立方米(m^3)；

计算比率 $W_{dev}/(W_{inj}+W_{base})$，并根据表4，得到测试条件下取样系统的额定参数。

表4 注水量等于或大于1%时取样测试额定参数

额定等级	$\lvert W_{dev}/(W_{inj}+W_{base})\rvert$
A	不大于0.05
B	大于0.05，但不大于0.10
C	大于0.10，但不大于0.15
D	大于0.15

15.5 结果评价

其性能符合表4中A级的取样系统，满足本标准的最高要求。假如其性能只达到较低的B、C和D级，则应考虑对结构和操作参数进行改进，以使其达到较高的等级。假如没有可能，或者因经济原因认为不合理，则可根据环境和实际应用情况确认该取样系统已满足要求。

15.6 校正措施

如果取样系统需要改进，则首要的校正措施应是对测试步骤进行彻底检查，并确认取样、样品混合、样品处理和实验室程序。

如果这些都令人满意，则下一步工作就是重新核查截面和性能系数，以及流量计和取样系统的所有部件。

16 取样系统总不确定度估算

16.1 概述

本章提供了通过考虑每一取样环节和分析步骤的不确定度，对取样系统总不确定度进行估算的数学方法。该方法采用了在多数情况下能够应用的近似公式(见16.3)。

在最初阶段,设计者可以采用该公式获得与取样系统总不确定度有关的信息及每个环节对最终结果的影响,为技术和经济优化提供了可能。

大多数系数可由系统的结构特性确定,而这些系数不是变量。变量是采集的单位样品数 N 和分析次数 n。

注1:应注意误差和不确定度的主要不同,根据定义,前者是未知的,而后者是可以估计的。

注2:有关公式推导的详细内容在 GB/T 23256—2009 中给出。

16.2 取样系统特性

在一次输送过程中,用自动取样器获得的样品的代表性,取决于取样过程不同阶段所使用的各部件的配置和特性。

16.3 不确定度计算公式

与 16.1 有关的公式见式(4):

$$D=\frac{1}{N}+\omega(S+L)+2\sqrt{\frac{1}{N}(1.2\times10^{-2}+\sqrt{\omega R})^2+\omega^2\left(\frac{h_r^2}{4}+P\right)} \quad \cdots\cdots(4)$$

式中:

ω ——以体积表示的含水量;

D ——与 ω 的随机误差、系统误差有关的综合不确定度(95%的置信度);

N ——单位样品数;

S、R、L 和 P ——导出系数(见 16.3.1)。

16.3.1 导出系数如下,见式(5)~式(8):

取样:

$$S=a_s+b_s+h_s \quad \cdots\cdots(5)$$

$$R=\frac{1}{4}(a_r^2+b_r^2+c_r^2+d_r^2) \quad \cdots\cdots(6)$$

实验室:

$$L=f_s+g_s \quad \cdots\cdots(7)$$

$$P=\frac{1}{4}\left(f_r^2+\frac{g_r^2}{n}\right) \quad \cdots\cdots(8)$$

式中:

S ——相对系统不确定度;

R ——相对随机不确定度;

L ——相对系统不确定度;

P ——相对随机不确定度;

$a_s,b_s,\cdots,g_s,h_s$ ——影响测量值 ω 的各系数相对系统不确定度(见 16.3.2);

$a_r,b_r,\cdots,g_r,h_r$ ——影响测量值 ω 的各系数的相对随机不确定度。

N ——分析次数。

注:x 的相对不确定度是 x 的不确定度与 x 值之比。

16.3.2 影响测量值 ω 的各因素如下

a) 在5和附录A中所描述的含水量的不均匀性(例如分散性较差):

相对系统不确定度 a_s;

相对随机不确定度 a_r。

b) 在第8章中描述的由取样系统引起的含水量改变(例如非均匀动力);

相对系统不确定度 b_s;

相对随机不确定度 b_r。

c) 每个单位样品体积的不确定度;

相对系统不确定度 d_s(不用,仅见16.4);

相对随机不确定度 d_r。

d) 在第10章中描述的由流量计(非比例性程度)引起的流量不确定度,例如涡轮流量计系数变化;

相对系统不确定度 c_s(不用,仅见16.4);

相对随机不确定度 c_r。

e) 在第11章中所描述的取样过程中的水含量变化(例如污染或水蒸发损失):

相对系统不确定度 h_s;

相对随机不确定度 h_r。

f) 在第12章中所描述的因样品处理和混合造成的水含量变化(例如在实验室中均匀性不好);

相对系统不确定度 f_s;

相对随机不确定度 f_r。

g) 因实验室玻璃器皿转换和分析造成的水含量变化(例如离心管误差);

相对系统不确定度 g_s;

相对随机不确定度 g_r。

16.4 公式使用范围

在下列条件下使用式(4)才是有效的:

a) 单位样品数(N)大于1 000;

b) 在工作范围内,流量计的相对系统不确定度 c_s 不大于±0.1(即小于或等于10%);

c) 单位样品体积的相对系统不确定度 d_s 不大于±0.1(即小于或等于10%)。

16.5 举例

设计以下例子有助于应用式(4),所用数据取自常规工业实践中的特定数据。

示例1

a) 已知数值:

$N=10\ 000$ $c_s=10\%=0.10$

$\omega=1\%=0.01$ $c_r=2\%=0.02$

$n=2$ $h_s=2\%=0.02$

$a_s=1\%=0.01$ $h_r=2\%=0.02$

$a_r=5\%=0.05$ $f_s=1\%=0.01$

$b_s=1\%=0.01$ $f_r=1\%=0.01$

$b_r=2\%=0.02$ $g_s=1\%=0.01$

$d_s=10\%=0.10$ $g_r=8\%=0.08$

$d_r=10\%=0.10$

b) 计算过程:

$$S=a_s+b_s+h_s=0.01+0.01+0.02=0.04$$

$$R=\frac{1}{4}(a_r^2+b_r^2+c_r^2+d_r^2)=\frac{1}{4}(0.002\ 5+0.000\ 4+0.000\ 4+0.01)=0.003\ 3$$

$$P=\frac{1}{4}\left(f_r^2+\frac{g_r^2}{n}\right)=\frac{1}{4}\left(0.000\ 1+\frac{0.006\ 4}{2}\right)=0.000\ 8$$

$$L=f_s+g_s=0.01+0.01=0.02$$

$$D=\frac{1}{10\ 000}+0.01(0.04+0.02)+2\sqrt{\frac{1}{10\ 000}(0.012+0.005\ 7)^2+0.000\ 1(0.000\ 1+0.000\ 8)}=14\times10^{-4}$$

$D=0.14\%$

c) 结果：

$$\omega=(1\pm0.14)\%$$

示例 2

a) 已知数值

$N=20\ 000$	$c_s=10\%=0.10$
$\omega=2\%=0.02$	$c_r=4\%=0.04$
$n=2$	$h_s=1\%=0.01$
$a_s=1\%=0.01$	$h_r=1\%=0.01$
$a_r=5\%=0.05$	$f_s=0.5\%=0.005$
$b_s=1\%=0.01$	$f_r=1\%=0.01$
$b_r=4\%=0.04$	$g_s=0.5\%=0.005$
$d_s=10\%=0.10$	$g_r=4\%=0.04$
$d_r=10\%=0.10$	

b) 计算过程：

$$S=a_s+b_s+h_s=0.01+0.01+0.01=0.03$$

$$R=\frac{1}{4}(a_r^2+b_r^2+c_r^2+d_r^2)=\frac{1}{4}(0.002\ 5+0.001\ 6+0.001\ 6+0.01)=0.003\ 9$$

$$P=\frac{1}{4}\left(f_r^2+\frac{g_r^2}{n}\right)=\frac{1}{4}\left(0.000\ 1+\frac{0.001\ 6}{2}\right)=0.000\ 2$$

$$L=f_s+g_s=0.005+0.005=0.01$$

$$D=\frac{1}{20\ 000}+0.02(0.03+0.01)+2\sqrt{0.000\ 05(0.012+0.008\ 8)^2+0.000\ 4(0.000\ 025+0.000\ 2)}=15.2\times10^{-4}$$

$D=0.15\%$

c) 结果：

$$\omega=(2\pm0.15)\%$$

示例 3

a) 已知数值

$N=1\ 000$（N 的边界值）	$c_s=10\%=0.10$
$\omega=0.5\%=0.005$	$c_r=4\%=0.01$
$n=2$	$h_s=1\%=0.01$
$a_s=1\%=0.01$	$h_r=1\%=0.01$
$a_r=5\%=0.05$	$f_s=0.5\%=0.005$
$b_s=1\%=0.01$	$f_r=1\%=0.01$
$b_r=2\%=0.02$	$g_s=0.5\%=0.005$
$d_s=10\%=0.10$	$g_r=4\%=0.04$
$d_r=5\%=0.05$	

b) 计算过程：

$$S=a_s+b_s+h_s=0.01+0.01+0.01=0.03$$

$$R=\frac{1}{4}(a_r^2+b_r^2+c_r^2+d_r^2)=\frac{1}{4}(0.002\ 5+0.000\ 4+0.000\ 1+0.002\ 5)=0.001\ 4$$

$$P=\frac{1}{4}\left(f_r^2+\frac{g_r^2}{n}\right)=\frac{1}{4}\left(0.000\ 1+\frac{0.001\ 6}{2}\right)=0.000\ 2$$

$$L = f_s + g_s = 0.005 + 0.005 = 0.01$$

$$D = \frac{1}{1\ 000} + 0.005(0.03 + 0.01) + 2\sqrt{\frac{1}{1\ 000}(0.012 + 0.002\ 6)^2 + 0.000\ 025(0.000\ 025 + 0.000\ 225)} = 2.1 \times 10^{-3}$$

$$D = 0.21\%$$

c) 结果：

$$\omega = (0.5 \pm 0.21)\%$$

附 录 A
(规范性附录)
油中水分散度估算

A.1 引言

本附录描述了以简化理论为基础的计算方法,以说明在推荐或实际取样位置的油中水分散度。在实际应用时,应十分谨慎地使用这些方法。

在 A.3 中,以简化模型给出了这些步骤的理论基础。

由于以下原因,计算结果与某些实验值的偏差可能很大。

a) 由于实验数据不足,很难确定某些常数值。特别是 ΔX 值[式(A.11)等],其在许多条件下是未知的。

b) 计算中使用的一些主要公式有局限性(见 A.3),因此,在估算分散度的合格限时,特别强调采用逼近方法。

A.2 概述

在取样位置,油和水分散度应足以给出代表性样品 ,即在取样探头入口处的含水率应在 4.4 给出的合格限内。

A.2.1 水平管

A.2.1.1 对于代表性样品,油和水充分混合用均匀分布来表征(在 A2.1.2 中,$C_1=C_2$)。通过采用大流量、高黏度油品、高密度油品、小管径和上游混合等,加速油水分散。

油和水分层由水分散度来表征,即具有相对高的沉降速率 W 的大直径水滴会导致含水率沿管底方向增加,沿管顶方向减小。最低限度的上游混合、小流量、低黏度油品、低密度油品和大管径等都有助于形成此状态。

A.2.1.2 用式(A.1)估算水平管道中的分散程度

$$\frac{C_1}{C_2}=\exp\left(\frac{-W}{\varepsilon/D}\right) \qquad \text{(A.1)}$$

式中:

C_1/C_2——顶部(C_1)对底部(C_2)的含水率比值;

W ——水滴的沉降速率;

ε ——湍流扩散率

D ——管径;

C_1/C_2 在 0.9~1.0 之间表示分散非常好,0.4 及其以下表示分散不好,分层潜在性较高。

A.2.1.3 提供四个计算方法:

方法 1:指明分散度是否足以满足取样要求(见 A.4);

方法 2:指明是否具备正常取样的足够能量(见 A.5);

方法 3:选择适当的取样位置(见 A.6);

方法 4:根据截面测试数据确定系统常数(见 A.7)。

A.2.1.4 除了 A.3 中讨论的假定和限制外,还应注意以下几点:

a) 该分析是以充分发展的含水截面的假设为基础的，因此，对于所取截面，若非常靠近混合部件（此处，涡旋影响会改变分散）或位于下游非常远（此处，沉降会占支配地位，特别是低流速时），不可能采用该分析方法进行准确描述。

b) 在截面测试或验证测试期间，注水可产生附加混合作用，因此预期系统内的分散情况会更好。注水产生的混合能量应当小于取样位置上游最关键混合部件所产生能量的一半[见 A.3 和 A.4 中的方法 1，式(A.11)～式(A.15)]。

c) 原油中含水量高低对截面分布有一些影响。假如该含水率随时间变化，并达到 10%～20%，则不应当使用此方法。

d) 作为分析截面测试数据和评价可疑性能的诊断工具，这些计算步骤的主要用途是筛选潜在取样位置，以评价运行条件改变是否能对分散度产生不利影响，估算提高分散度所需的附加混合能量。

e) 为了对取样系统位置进行确认或提出质疑，建议进行取样器验证测试或截面测试。这些计算有助于评价不合格系统的改进情况(见 A.5 方法 2)。

f) 在评价给定系统的分散度是否足够时，建议使用预期的最差条件，例如最低流量、最低油粘度或最低油密度。

g) 当计算能量耗散率(E)时应注意，对于耗散而言，不同管件耗散能量是不可叠加的，即当存在一系列管件时，只考虑管件中能量耗散最大的一个。在方法 3 中给出了确定最关键管件的方法(见 A.6)。

A.2.2 垂直管

在垂直管线中，由于地心引力不会象水平管线中那样加速沉降，因此，其分散程度通常比水平管线好。然而，假如水滴的沉降速率大于原油流速的 5%，则向上流动时含水率将显著高于平均含水率，向下流动时含水率将显著地低于平均含水率。

注：水滴沉降速率可以用图 A.2 或式(A.7)估算。

取样探头安放位置离上游弯管的最短距离为 3 倍管径，但最好大于 5 倍管径，离任一弯管的最短距离为 0.5 倍管径，以避免截面分布失真。

A.2.3 单位

本附录中涉及的参数，一般用 SI 单位表示。当使用其他单位时，在所涉及公式后面专门给予说明。

A.2.4 符号

在表 A.1 中，给出了本附录所用符号的名称或说明及单位。

表 A.1 符号

符号	名称或说明	单位符号
C	含水率(水和油比率)	1
D	管径	m
d	水滴平均直径	m
E	能量耗散率	W/kg
E_a	关键管件的有效能量耗散	W/kg
E_0	直管中的能量耗散	W/kg

表 A.1(续)

符　　号	名称或说明	单位符号
E_r	所需的能量耗散	W/kg
f	范宁(Fanning)摩擦系数	1
G	在式(A.26)中定义的参数	1
g	重力加速度(g=9.81)	m/s^2
K	阻力系数	1
ΔP	压降	Pa[a]
Q	体积流量	m^3/s
R	管半径	m
Re	雷诺数	1
U^*	摩擦速度	m/s
υ	线流速	m/s
$\overline{V}$	容积	m^3
W	水滴沉降速率	m/s
ΔX	损耗距离	m
Y	顶部和底部截面探头之间的距离	m
β	在式(A.20)中定义的参数	1
γ	在管径变化处小管径和大管径之比	1
λ	布莱塞斯(Blasius)摩擦系数(λ=4 f)	1
ε	湍流扩散率	m^2/s
ζ	湍流扩散常数	1
θ	运动黏度	mm^2/s[b]
ρ	原油密度	kg/m^3
ρ_d	水密度	kg/m^3
σ	表面张力	N/m[c]
τ	在式(A.15)中定义的系统常数	m^{-1}

[a] 1 Pa=10^{-5} bar。

[b] 1 $m^2/s=10^6$ cSt=10^6 mm^2/s。

[c] 1 N/m=10^3 dyn/cm。

A.3 原理

在下列公式中,许多公式都不是绝对适用于这些情况,但由于它们对复杂问题提供了简化处理,因此又是可用的。

如 A.2.1.2 中所述,水平管顶部的含水率(C_1)与底部的含水率(C_2)之间的关系,按式(A.2)计算:

$$\frac{C_1}{C_2}=\exp\left(\frac{-W}{\varepsilon/D}\right) \qquad \text{(A. 2)}$$

该公式仅适用于 $\frac{W}{\varepsilon/D}<1$ 时。

ε 表征管线湍流特性，按式(A.3)计算：

$$\varepsilon=\zeta RU^{*} \qquad \text{(A. 3)}$$

ζ 的充分估计值是 0.36。

U^{*} 与范宁摩擦系数 f 和管内平均流速 υ 有关，按式(A.4)计算：

$$U^{*}=\upsilon\left(\frac{f}{2}\right)^{1/2} \qquad \text{(A. 4)}$$

对于光滑管，范宁摩擦系数按公式(A.5)计算：

$$f=\frac{0.079}{R_{\mathrm{e}}^{0.25}} \qquad \text{(A. 5)}$$

布莱塞斯摩擦系数 λ 与 f 有关，由公式 $\lambda=4f$ 确定，能等效地用于后面的公式中。

将式(A.4)和式(A.5)代入式(A.3)中，取 $\zeta=0.36$，得：

$$\frac{\varepsilon}{D}=6.313\times10^{-3}\theta^{0.125}\upsilon^{0.875}D^{-0.125} \qquad \text{(A. 6)}$$

式(A.6)既可以用数字法解，也可以用诺谟图(图 A.3)所示的图解法。

式(A.2)另一个重要参数是具有平均粒度的颗粒的沉降速率。按照 Stokes 定律，沉降速率可用式(A.7)描述：

$$W=\frac{g}{18}\left(\frac{\rho_{\mathrm{d}}-\rho}{\rho}\right)\frac{d^2}{\theta}10^6 \qquad \text{(A. 7)}$$

水滴平均直径 d 由式(A.8)给出或按图 A.1 中的序数 E,ρ,d 给出。

$$d=0.3625\left(\frac{\sigma}{\rho}\right)^{0.6}E^{-0.4} \qquad \text{(A. 8)}$$

将式(A.8)代入式(A.7)，假设 $\sigma=0.025$ N/m，得：

$$W=855\left(\frac{\rho_{\mathrm{d}}-\rho}{\theta\rho^{2.2}}\right)E^{-0.8} \qquad \text{(A. 9)}$$

式(A.9)既可以用数字法解，也可以用诺谟图(图 A.2)求解(见本章注 1)。

能量耗散率与压降 Δp 的相关式为：

$$E=\frac{\Delta pQ}{\rho\overline{V}} \qquad \text{(A. 10)}$$

$\overline{V}$——发生分散作用的体积。

因此

$$E=\frac{\Delta p\upsilon}{\Delta X\rho} \qquad \text{(A. 11)}$$

ΔX——特征长度，代表能量发生耗散的距离，即原油中水相分裂为小滴状的名义长度。

在多数情况下，ΔX 是未知的。在任何可能的地方，其数值应以实验数据为基础。对于专门设计的高效静态混合器，ΔX 值较小，应向设计人员索取。

对于某些管件(例如，阀门、泵等)，通常已知压降，可较方便地使用式(A.11)。对 Δp 未知的场合，可用式(A.12)计算 Δp：

$$\Delta p=\frac{K\rho\upsilon^2}{2} \qquad \text{(A. 12)}$$

式(A.11)因此变为式(A.13)：

$$E=\frac{K\upsilon^3}{2\Delta X} \qquad \text{(A. 13)}$$

为便于截面数据分析(见 A.7 方法 4),将式(A.13)改写成如下形式:

$$E=\tau v^{3} \qquad\cdots\cdots(\text{A.14})$$

τ 为系统常数,定义为:

$$\tau=\frac{K}{2\Delta X} \qquad\cdots\cdots(\text{A.15})$$

在无阻流件的长直管的特殊情况下,压力梯度由式(A.16)计算:

$$\frac{\Delta p}{\Delta X}=\frac{2f\rho v^{2}}{D} \qquad\cdots\cdots(\text{A.16})$$

式中 f 由式(A.5)计算。

将式(A.16)代入式(A.11),得出管线能量耗散率 E_0(见式(A.17)):

$$E_{\text{o}}=\frac{2fv^{3}}{D} \qquad\cdots\cdots(\text{A.17})$$

或用式(A.5)代替 f,得式(A.18):

$$E_{\text{o}}=0.005\theta^{0.25}D^{-1.25}v^{2.75} \qquad\cdots\cdots(\text{A.18})$$

式中 θ 的单位为 mm^2/s(cSt)

由式(A.16)和式(A.17)可知,式(A.13)中的 E 也可以表示为式(A.19)~(A.20):

$$E=\beta E_{\text{o}} \qquad\cdots\cdots(\text{A.19})$$

式中:

$$\beta=\frac{KD}{4\Delta Xf} \qquad\cdots\cdots(\text{A.20})$$

为推导一个更简单、快捷的计算方法,这一可供选择的表达式是有用的[见 A.4 方法 1 中的 A.4.2.2 方法 b)及本章注 2]。

注 1:内表面张力值可能受到添加剂和杂质的显著影响。假如已知表面张力值不等于 0.025 N/m,则应对公式(A.9)给出的沉降速率加以修正,修正方法是将公式(A.9)右边乘以 $\left(\frac{\sigma}{0.025}\right)^{1.2}$。

注 2:只有假设水滴的粒度分布可以用平均值近似描述时,上述计算才是可用的。假如实际的液滴粒度分布宽,则含水率比值的预测可能与实际值不一致。原因是小于平均粒度的液滴更易于分散,大于平均粒度的液滴沉降较快。

另外,由测试确定的实际截面可能也与预测的含水率比值不相一致,原因是 ΔX 和 f 等参数不能被测量。出于该原因,应根据给出的系统常数 τ 和混合部件 β 的特性参数来预测给定系统在不同流动条件(v,ρ,θ)下的含水率比值。

A.4 方法 1

A.4.1 目的

说明在具有给定管件的系统中,分散度是否足以满足取样要求。

A.4.2 第一步

按 A.4.2.1 或 A.4.2.2 中给出的方法,估算所考虑的管件中用于分散的能量 E_r。

A.4.2.1 方法 a)

用式(A.11)计算 E:

$$E=\frac{\Delta pv}{\Delta X\rho} \qquad\cdots\cdots(\text{A.11})$$

注 1:假如 ΔX 是未知的,可以采用替代值 $\Delta X=10D$ 作为较低混合效率装置的一个粗略的近似值,例如表 A.2 中的数值。

注 2：假如 ΔP 未知，则按下式计算：

$$\Delta p = \frac{K\rho v^2}{2} \qquad \cdots\cdots(\text{A.12})$$

式中 K 为所考虑管件的阻力系数。不同管件 K 值的推荐值在表 A.2 中给出。

注 3：E 也可用式(A.14)描述：

$$E = \tau v^3 \qquad \cdots\cdots(\text{A.14})$$

式中 τ 为一个系统常数。假如一组截面测试数据有效，则由 A.7 方法 4 求出给定系统的 τ 值。

表 A.2 推荐的阻力系数

名　称	公　式	取值区间
收缩管	$K=0.5(1-r^2)$	$0\leqslant K\leqslant 0.5$
扩张管	$K=(1-r^2)^2$	$0\leqslant K\leqslant 1.0$
孔板	$K=2.8(1-r^2)\left[\left(\frac{1}{r}\right)^4-1\right]$	
斜接圆弯管	$K=1.2(1-\cos\theta)$ 式中 θ 为转角	$0\leqslant K\leqslant 1.2$
旋开止回阀	$K=2$	
角接阀	$K=2$	
球阀	$K=6$	
闸阀	$K=0.15$	
注：γ 是小管直径与大管直径之比；K 以小口径管中的流速为基础。		

A.4.2.2 方法 b)

可采用一种代替方法计算 E。与方法 a)相比，该方法既简单又快，但精度低。该方法以式(A.19)为基础：

$$E = \beta E_0 \qquad \cdots\cdots(\text{A.19})$$

式中：

β ——混合部件的特件参数；

E_0——光滑直管段中的能量耗散率，可由图 A.1 或式(A.18)计算。

$$E_0 = 0.005\theta^{0.25}D^{-1.25}v^{2.75} \qquad \cdots\cdots(\text{A.18})$$

其中 θ 的单位为 $mm^2/s(cSt)$。

注：对于特定的管件，推荐采用下列试用关系式(A.19)、式(A.23)～式(A.25)计算 E：

a) 弯头：

$$E = \beta E_0 \qquad \cdots\cdots(\text{A.19})$$

式中 β 在表 A.3 中给出。

弯头之间的管段可能影响分散度。对于表 A.3 中列出的值，弯头之间的距离应不超过 30 倍管径。

b) 变径管：

$$E = \beta E_0 \qquad \cdots\cdots(\text{A.19})$$

式中 β 计算公式见式(A.21)～(A.22)

1) 收缩管：

$$\beta = 2.5(1-\gamma^2) \qquad \cdots\cdots(\text{A.21})$$

2） 扩张管：

$$\beta = 5(1-\gamma^2)^2 \qquad \text{(A.22)}$$

式中 γ 为小管直径与大管直径之比。

表 A.3 弯头的 β 值

弯头个数 n	弯头半径与管线直径之比(γ/D)						
	1	1.5	2	3	4	5	10
$n^{a}=1$	1.27	1.25	1.23	1.22	1.18	1.15	1.07
$n=2$	1.55	1.50	1.48	1.45	1.38	1.30	1.13
$n=3$	1.90	1.80	1.75	1.70	1.56	1.44	1.18
$n=4$	2.20	2.10	2.00	1.93	1.72	1.56	1.23
$n=5$	2.60	2.40	2.30	2.20	1.90	1.70	1.28
[a] n 是在直径为 D 的管线中，半径为 γ 的弯头个数。							

c） 离心泵：

$$E = 0.0125\frac{\Delta PQ}{\rho D^3} \qquad \text{(A.23)}$$

式中 D 为泵的出口直径。

d） 节流阀：

$$E = \frac{\Delta PV}{20\rho D} \qquad \text{(A.24)}$$

e） 流量喷嘴

$$E = 0.022\frac{v_j^3}{\phi} \qquad \text{(A.25)}$$

式中：

ϕ——喷嘴直径；

v_j——喷嘴出口流速。

A.4.3 第二步

根据图 A.2 或式(A.9)，计算平均粒度液滴的沉降速率：

$$W = 855\left(\frac{\rho_d-\rho}{\theta\rho^{2.2}}\right)E^{-0.8} \qquad \text{(A.9)}$$

式中：

E——在第一步中所获得数据中的最高值；

ρ_d——水密度。对于盐水(来自油井或油轮)，假如实际值不能得到，则建议值是 1 025 kg/m³。

假如 C_1 和 C_2 的平均值高于 5%，则将 W 乘以 1.2。

A.4.4 第三步

根据图 A.3 或式(A.6)，计算湍流特性：

$$\frac{\varepsilon}{D} = 6.313\times10^{-3}\theta^{0.125}v^{0.875}D^{-0.125} \qquad \text{(A.6)}$$

A.4.5 第四步

按式(A.26)计算参数 G：

$$G=\frac{\varepsilon/D}{W} \qquad \text{(A.26)}$$

可按表 A.4 确定所预测的含水率比值。

注：因为计算的不确定性，G 的误差可能超过 20%。这些较大误差发生在 G 值较低的情况下，因此，当在式(A.26)中获得的 G 值小于 2 时，则不推荐取样。

表 A.4 预期的含水率比值

G	C_1/C_2	C_2/C_1
10	0.90	1.11
8	0.88	1.14
6	0.85	1.18
4	0.78	1.28
3	0.71	1.41
2	0.61	1.64
1.5	0.51	1.96
1	0.37	2.70

A.5 方法 2

A.5.1 目的

说明在给定流动条件下的某一给定管件，是否能提供取得合格样品的足够能量 E_r。

A.5.2 第一步

根据表 A.4 确定所需截面的 G 值。例如，如果要求具有 C_1/C_2 为 0.90 的截面，则相应的 G 值是 10。

A.5.3 第二步

根据图 A.3 或式(A.6)，计算湍流特性：

$$\frac{\varepsilon}{D}=6.313\times10^{-3}\theta^{0.125}\upsilon^{0.875}D^{-0.125} \qquad \text{(A.6)}$$

A.5.4 第三步

按式(A.27)计算所需的沉降速率：

$$W=\frac{\varepsilon/D}{G} \qquad \text{(A.27)}$$

A.5.5 第四步

根据图 A.2 或式(A.28)，计算合格截面所需的能量：

$$E_r=4\,630\left(\frac{\rho_d-\rho}{\theta W}\right)^{1.25}\rho^{-2.75} \qquad \text{(A.28)}$$

A.5.6　第五步

按照 A.4 中方法 1 的第一步，计算有效分散所需的能量 E_a。假如 $E_a < E_r$，则得到的能量不足以取得合格样品。

A.5.7　第六步

采用下列任一种替代方法，以增加有效能量：

a)　另加一个上游混合管件；

b)　减小上游管径(即增加流速)；

c)　研究确定取样探头的替代位置(见 A.6 方法 3)。

A.6　方法 3

A.6.1　目的

选择合适的取样位置。

A.6.2　第一步

筛选出最差条件，确定所需的含水率比值 C_1/C_2，并根据表 A.4 找到相应的 G 值。

A.6.3　第二步

根据图 12 或式(A.6)，计算 ε/D：

$$\frac{\varepsilon}{D} = 6.313 \times 10^{-3} \theta^{0.125} \upsilon^{0.875} D^{-0.125} \qquad \text{(A.6)}$$

A.6.4　第三步

按式(A.27)计算 W：

$$W = \frac{\varepsilon/D}{G} \qquad \text{(A.27)}$$

A.6.5　第四步

根据图 A.2 或式(A.28)，计算预期截面所需的能量：

$$E_r = 4\,630 \left(\frac{\rho_d - \rho}{\theta W}\right)^{1.25} \rho^{-2.75} \qquad \text{(A.28)}$$

A.6.6　第五步

根据 A.4 中方法 1 的第一步，计算系统中每个管件的能量耗散 E，并确定哪个管件的能量耗散率最大。该管件就是最关键管件，与其相关的能量是有效耗散能量 E_a。

A.6.7　第六步

比较 E_a 和 E_r，由表 A.5 确定所得截面是否合格。

表 A.5 截面的合格性

条 件	结 论	措 施
$E_a \geq E_r$	截面满足要求	不需要采取措施
$E_a < E_r$	截面不满足要求	增加流速(通过在取样位置上游至少10倍管径处缩小管径),或新增加一个混合管件。进行第七步。

A.6.8 第七步

假如通过减小管径已经增大流速,则重复第二步到第六步,确定新 E_a 值是否大于新 E_r 值。

假如新混合管件在不改变流速的情况下已安装在系统中,则根据 A.4 中方法 1 的第一步,检查其能量耗散 E 是否大于 E_a。如果 $E \geq E_a$,则用 E 取代 E_a,并进行第六步。如果 $E < E_a$,则对另一个管件重复第七步。

A.7 方法 4

A.7.1 目的

由截面测试数据确定系统常数 τ。

A.7.2 第一步

确定顶部探头位置(C_A)和底部探头位置(C_B)的含水率,并确定这两个探头位置之间的距离(Y)和用于截面测试的 θ、V 和 D 值。

A.7.3 第二步

根据图 A.3 或下式,计算湍流特性:

$$\frac{\varepsilon}{D} = 6.313 \times 10^{-3} \theta^{0.125} \upsilon^{0.875} D^{-0.125} \qquad \text{(A.6)}$$

A.7.4 第三步

按式(A.29)计算沉降速率:

$$W = \frac{\varepsilon}{D}\left(\frac{D}{Y}\right) \ln\left(\frac{C_B}{C_A}\right) \qquad \text{(A.29)}$$

注:$C_B > C_A$。

A.7.5 第四步

根据图 A.2 或式(A.28),计算 E:

$$E = 4\ 630\left(\frac{\rho_d - \rho}{\theta W}\right)^{1.25} \rho^{-2.75} \qquad \text{(A.28)}$$

A.7.6 第五步

用式(A.30)[重新调整的式(A.14)]计算 τ:

$$\tau = \frac{E}{\upsilon^3} \qquad \text{(A.30)}$$

注:对于一个给定系统,由此计算的 τ 值仅适用于该特定系统,一般不能应用于其他管路配置。

A.8 举例

A.8.1 方法1的例子

使用与参数 G(见表 A.4)相关的指南,确定一个系统中的分散度是否足以取样。该系统包含一个从直径 1.0 m～0.5 m 的收缩管。利用以下附加信息:

$$v=1.0\ \text{m/s}(\text{在小口径管中})$$

$$\rho=840\ \text{kg/m}^3$$

$$\theta=12\ \text{mm}^2/\text{s}(12\ \text{cSt})$$

$$\rho_d=1\,025\ \text{kg/m}^3$$

A.8.1.1 第一步

估算有效分散能量。

A.8.1.1.1 方法 a)

a) ΔX 的省缺值是 10D。

b) 计算 K(见表 A.2):

$$K=0.5(1-\gamma^2)=0.5[1-(0.5/1.0)^2]=0.375$$

c) 计算 Δp:

$$\Delta p=\frac{K\rho v^2}{2}=\frac{0.375(840)(1.0)^2}{2}=157.5(\text{Pa})$$

d) 计算 E:

$$E=\frac{\Delta pV}{\Delta X\rho}=\frac{157.5(1.0)}{10(0.5)(840)}=0.037\,5(\text{W/kg})$$

A.8.1.1.2 方法 b)

a) 计算 E。(见图 A.1 中例 1):

$$\begin{aligned}E_o&=0.005\theta^{0.25}D^{-1.25}v^{2.75}\\&=0.005(12)^{0.25}(0.5)^{-1.25}(1.0)^{2.75}\\&=0.022(\text{W/kg})\end{aligned}$$

b) 计算 β:

$$\beta=2.5(1-\gamma^2)=2.5[1-(0.5/1.0)^2]=1.875$$

c) 计算 E:

$$E=\beta E_o=1.875(0.022)=0.04(\text{W/kg})$$

A.8.1.2 第二步

使用由方法 a)(因为它是较精确的方法)计算的 E 值,计算沉降速率:

$$\begin{aligned}W&=855\left(\frac{\rho_d-\rho}{\theta\rho^{2.2}}\right)E^{-0.8}\\&=855\left(\frac{1\,025-840}{12\times840^{2.2}}\right)0.037\,5^{-0.8}\\&=0.067\,2\ (\text{m/s})(\text{见图 A.1 中例 1})\end{aligned}$$

按下式计算液滴直径:

$$d = 0.3625\left(\frac{\sigma}{\rho}\right)^{0.6} E^{-0.4}$$

$$= 0.3625\left(\frac{0.025}{840}\right)^{0.6} (0.0375)^{-0.4}$$

$$= 0.00259\ (\text{m})$$

$d=2.59$(mm)(见图 A.1 中例 1)

A.8.1.3　第三步

计算湍流特性(见图 A.3 中的例子)。

$$\frac{\varepsilon}{D} = 6.313\times10^{-3}\theta^{0.125}V^{0.875}D^{-0.125}$$

$$= 6.313\times10^{-3}(12)^{0.125}(1.0)^{0.875}(0.5)^{-0.125}$$

$$= 0.0094\ (\text{m/s})$$

A.8.1.4　第四步

计算 G 值：

$$G = \frac{\varepsilon/D}{W} = \frac{0.0094}{0.0672} = 0.14$$

该值表明含水率比值 C_1/C_2 小于 0.30(表 A.4)，因此，在给定条件下分散度不足以取得合格样品。

A.8.2　方法 2 的例子

对于 A.8.1 所描述的条件，确定正确取样所需的附加能量。

A.8.2.1　第一步

根据表 A.4 确定所需的 G 值。例如，$C_1/C_2=0.90$，则所需的 $G=10$。

A.8.2.2　第二步

计算 ε/D：

$$\frac{\varepsilon}{D} = 6.313\times10^{-3}\theta^{0.125}\upsilon^{0.875}D^{-0.125}$$

$$= 6.313\times10^{-3}(12)^{0.125}(1.0)^{0.875}(0.5)^{-0.125}$$

$$= 0.0094\ (\text{m/s})$$

A.8.2.3　第三步

计算所需的沉降速率：

$$W = \frac{\varepsilon/D}{G} = \frac{0.0094}{10} = 0.00094(\text{m/s})$$

A.8.2.4　第四步

确定所需能量 E_r(也可见图 A.2 中例 2)：

$$E_r = 4630\left(\frac{\rho_d - \rho}{\theta W}\right)^{1.25}\rho^{-2.75}$$

$$= 4630\times\left(\frac{1025-840}{12\times0.00094}\right)^{1.25} 840^{-2.75}$$

$$= 7.80(\text{W/kg})$$

按 A.8.1.2 计算液滴直径：$d=0.3$ mm(见图 A.1 中例 2)。

A.8.2.5 第五步

按照 A.8.1，有效能量 $E_a=0.0375$ W/kg。由于 $E_a \ll E_r$，因此，要增加有效混合能量。

A.8.2.6 第六步

假如管径被减至 0.25 m，则流速变成 4.0 m/s，按下式得出：

$$\frac{\varepsilon}{D}=6.313\times10^{-3}\theta^{0.125}\upsilon^{0.875}D^{-0.125}=0.0344(\mathrm{m/s})$$

$$W=\frac{\varepsilon/D}{G}=0.00344\ (\mathrm{m/s})$$

对于这些新条件，所需的能量是：

$$E_r=4\,630\left(\frac{\rho_d-\rho}{\theta W}\right)^{1.25}\rho^{-2.75}=1.54(\mathrm{W/kg})$$

$$K=0.5(1-\gamma^2)=0.469$$

$$\Delta p=\frac{K\rho\upsilon^2}{2}=3\,152\ (\mathrm{Pa})$$

$$E_a=\frac{\Delta p\upsilon}{\Delta X\rho}=6.00(\mathrm{W/kg})$$

因此，$E_a>E_r(6.00>1.54)$，表明在新系统中分散度满足要求(即 $C_1/C_2>0.90$)。

A.8.3 方法 3 的例子

在管线系统中选择适当的取样位置，该管线系统包括一个具有四个弯头($r/D=2$)的环路、一个球阀、一个测量压降为 20 kPa(0.2 bar)的节流阀和一个离心泵[$\Delta p=80$ kPa(0.8 bar)]。预计最极端的流动条件是：

$$V=2.0\ \mathrm{m/s}$$

$$\rho=840\ \mathrm{kg/m^3}$$

$$\theta=12\ \mathrm{mm^2/s}(12\ \mathrm{cSt})$$

$$\rho_d=1\,025\ \mathrm{kg/m^3}$$

$$D=0.5\ \mathrm{m}$$

A.8.3.1 第一步

例如，如果选择 $C_1/C_2=0.90$，则从表 A.4 得 $G=10$。

A.8.3.2 第二步

计算 ε/D：

$$\begin{aligned}\frac{\varepsilon}{D}&=6.313\times10^{-3}\theta^{0.125}V^{0.875}D^{-0.125}\\&=6.313\times10^{-3}(12)^{0.125}(2.0)^{0.875}(0.5)^{-0.125}\\&=0.0172\ (\mathrm{m/s})\end{aligned}$$

A.8.3.3 第三步

计算 W：

$$W=\frac{\varepsilon/D}{G}=\frac{0.0172}{10}=0.00172(\mathrm{m/s})$$

A.8.3.4 第四步

计算 E_r：

$$E_r = 4\ 630\left(\frac{\rho_d - \rho}{\theta W}\right)^{1.25}\rho^{-2.75}$$
$$= 4\ 630 \times \left(\frac{1\ 025 - 840}{12 \times 0.001\ 72}\right)^{1.25} 840^{-2.75}$$
$$= 3.67\ (\mathrm{W/kg})$$

A.8.3.5 第五步

根据步骤1的第一步(见A.4.2),计算出系统中每一管件的能量耗散 E。

A.8.3.5.1 直管

按式(A.18)计算：

$$E_o = 0.005\theta^{0.25}D^{-1.25}v^{2.75}$$
$$= 0.005(12)^{0.25}(0.5)^{-1.25}(2.0)^{2.75}$$
$$= 0.149(\mathrm{W/kg})$$

A.8.3.5.2 具有四个弯头的环路

按式(A.19)计算

$$E = \beta E_0$$

式中 β 由表A.3计算($n=4$;$r/D=2$),$\beta=2.00$。
因此

$$E = 2.00(0.149) = 0.298$$

A.8.3.5.3 球阀

按式(A.12)和式(A.11),取 $\Delta X = 10\ D$ 和 $K=6$

$$\Delta p = \frac{K\rho v^2}{2} = \frac{6(840)(2)^2}{2} = 10\ 080(\mathrm{Pa})$$

$$E = \frac{\Delta p v}{\Delta X \rho} = \frac{10\ 080(2)}{10(0.5)(840)} = 4.8(\mathrm{W/kg})$$

A.8.3.5.4 节流阀

按式(A.24)计算

$$E = \frac{\Delta p v}{20\rho D} = \frac{20\ 000(2)}{20(840)(0.5)} = 4.76(\mathrm{W/kg})$$

A.8.3.5.5 离心泵

按式(A.23)计算

$$E = 0.25\frac{\Delta p Q}{\rho D^3}$$

取 $D=0.5$ m　$Q = v\dfrac{\pi D^2}{4} = 0.393\ \mathrm{m^3/s}$

$$E=\frac{0.0125(80\ 000)(0.393)}{840(0.5)^3}=3.74(\text{W/kg})$$

A.8.3.5.6 结果汇总

计算的能量值(W/kg)为:

——直管:0.149;

——四弯头环路:0.298;

——球阀:4.8;

——节流阀:4.76;

——离心泵:3.74;

这样,最关键管件是球阀,其有效耗散能量 $E_a=4.8$ W/kg。

A.8.3.6 第六步

这样,$E_a>E_r$(4.8>3.67),表明在球阀下游取样分散度是满足要求的。

注:在给定系统中,由节流阀和离心泵提供的能量超过了所需的能量,因此,这些管件也能用作合格的混合器。

A.8.4 方法4的例子

截面测试结果表明,截面顶部含水率是2.0%,底部含水率是2.5%。顶部和底部探头之间距离为0.45 m。在截面测试期间的流动条件是:

$$V=2\ \text{m/s}$$
$$\rho=840\ \text{kg/m}^3$$
$$\theta=12\ \text{mm}^2/\text{s}(12\ \text{cSt})$$
$$\rho_d=1\ 025\ \text{kg/m}^3$$
$$D=0.5\ \text{m}$$

假如原油黏度 $\theta=50\ \text{mm}^2/\text{s}(50\ \text{cSt})$,测试流速为1.5 m/s,则要确定系统常数 τ 并求截面偏差值。

A.8.4.1 第一步

$$C_A=2.0$$
$$C_B=2.5$$
$$Y=0.45$$

A.8.4.2 第二步

计算 ε/D

$$\frac{\varepsilon}{D}=6.313\times10^{-3}\theta^{0.125}\upsilon^{0.875}D^{-0.125}=6.313\times10^{-3}(12)^{0.125}(2.0)^{0.875}(0.5)^{-0.125}=0.017\ 2(\text{m/s})$$

A.8.4.3 第三步

计算沉降速率:

$$W=\left(\frac{\varepsilon}{D}\right)\times\left(\frac{D}{Y}\right)\ln\left(\frac{C_B}{C_A}\right)=0.017\ 2\left(\frac{0.50}{0.45}\right)\ln\left(\frac{2.5}{2.0}\right)=0.004\ 3(\text{m/s})$$

A.8.4.4 第四步

计算 E:

$$E = 4\ 630\left(\frac{\rho_d - \rho}{\theta W}\right)^{1.25}\rho^{-2.75} = 4\ 630\left(\frac{1\ 025 - 840}{12 \times 0.004\ 3}\right)^{1.25} 840^{-2.75} = 1.167(\mathrm{W/kg})$$

A.8.4.5 第五步

计算 τ

$$\tau = \frac{E}{v^3} = \frac{1.167}{2^3} = 0.146(\mathrm{m}^{-1})$$

A.8.4.6 第六步

按方法 1 中如下顺序，计算增加黏度和减小流量所需的 G 值。

a) 计算 E：

$$E = \tau v^3 = 0.146(1.5)^3 = 0.49(\mathrm{W/kg})$$

b) 计算 W：

$$W = 855\left(\frac{\rho_d - \rho}{\theta \rho^{2.2}}\right)E^{-0.8} = 855\left(\frac{1\ 025 - 840}{50 \times 840^{2.2}}\right) \times 0.49^{-0.8} = 0.002\ 1(\mathrm{m/s})$$

c) 计算湍流特性：

$$\frac{\varepsilon}{D} = 6.313 \times 10^{-3}\theta^{0.125}v^{0.875}D^{-0.125} = 6.313 \times 10^{-3}(50)^{0.125}(1.5)^{0.875}(0.5)^{-0.125} = 0.016(\mathrm{m/s})$$

d) 计算 G 值：

$$G = \frac{\varepsilon/D}{W} = \frac{0.016}{0.002\ 1} = 7.62$$

因此，在新的操作条件下，根据表 A.4，C_1/C_2 变成 0.87，而在原条件下 C_A/C_B 为 0.80。

A.8.5 应用测试数据的例子

测试数据取自附录 B 中的表 B.1 和表 B.2，分别是第 7 号到第 12 号(第一组)截面测试和第 13 号到第 18 号(第二组)截面测试。

上游混合条件是未知的，因此，由测试获得的截面分布不能由计算预测，但通过方法 1 和方法 4 所述的计算能够用一组数据预测另一组数据。

A.8.5.1 第一步

用式(A.14)比较耗散能量 E：

已给定 $v_1 = 1.84$ m/s(第一组)和 $v_2 = 2.38$ m/s(第二组)

$$\frac{E_1}{E_2} = \frac{\tau \times v_1^3}{\tau \times v_2^3} = \left(\frac{1.84}{2.38}\right)^3 = 0.462$$

A.8.5.2 第二步

用式(A.9)比较沉降速率，除 E 之外的所有变量，对第一组和第二组是相同的。

$$\frac{W_1}{W_2} = \left(\frac{E_1}{E_2}\right)^{-0.8} = (0.462)^{-0.8} = 1.85$$

A.8.5.3 第三步

计算第一组比值 C'_A/C'_B：

$$\frac{C'_A}{C'_B} = \frac{\dfrac{4.06}{4.7}}{\dfrac{5.38}{4.7}} = 0.75$$

式中：

C'_A——以顶部取样探头的点平均值相对第一组的平均值表示的含水率；

C'_B——以底部取样探头的点平均值(且在图 B.1 中加标记 H)相对第一组的平均值表示的含水率。

该比值对应于 A.7.2 和 A.7.4 中的 C_A/C_B，且能用在式(A.29)给出：

$$W_1=\left(\frac{\varepsilon}{D}\right)\left(\frac{D}{Y}\right)\ln\left(\frac{1}{0.75}\right)=\left(\frac{\varepsilon}{Y}\right)\times 0.288$$

因此，对于第二组，它能够用第二步计算的比值来估算：

$$W_2=\left(\frac{\varepsilon}{Y}\right)\times 0.288\times\frac{1}{1.85}=\left(\frac{\varepsilon}{Y}\right)\times 0.156$$

因此，对于第二组条件，用式(A.2)：

$$\frac{C''_A}{C''_B}=\exp\left[-\frac{\left(\frac{\varepsilon}{Y}\right)0.156}{\frac{\varepsilon}{Y}}\right]=0.86$$

A.8.5.4 比较

将 A.8.5.3 中的预测值 C''_A/C''_B 与测量含水率获得的相应值进行比较：

$$\frac{C''_A}{C''_B}=\frac{\frac{4.10}{4.23}}{\frac{4.58}{4.23}}=0.89$$

式中：

C''_A——以顶部取样探头的点平均值相对第二组的平均值表示的含水率；

C''_B——以底部取样探头的点平均值(在图 B.2 中加标记 H)相对第二组的平均值表示的含水率。

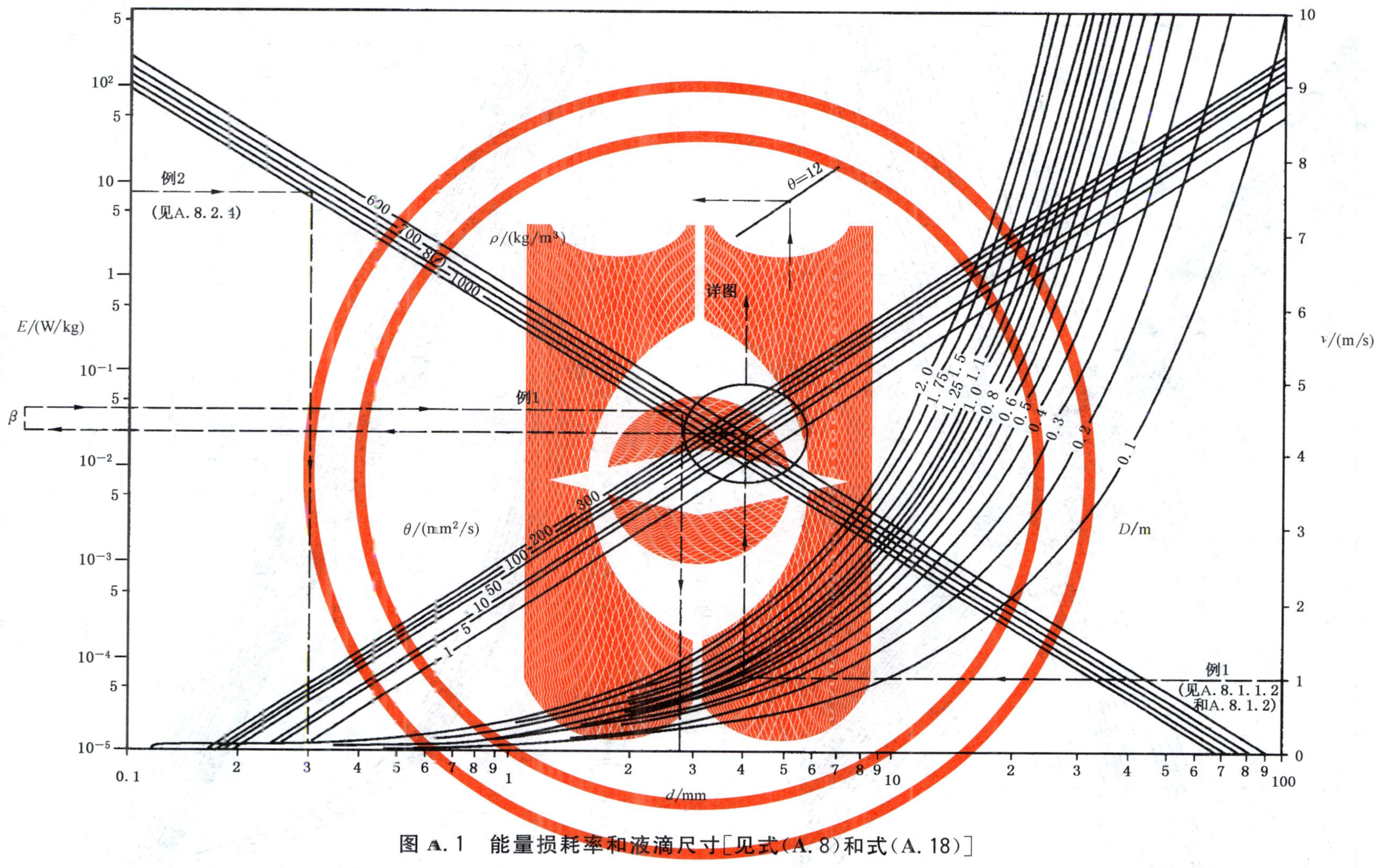

图 A.1 能量损耗率和液滴尺寸[见式(A.8)和式(A.18)]

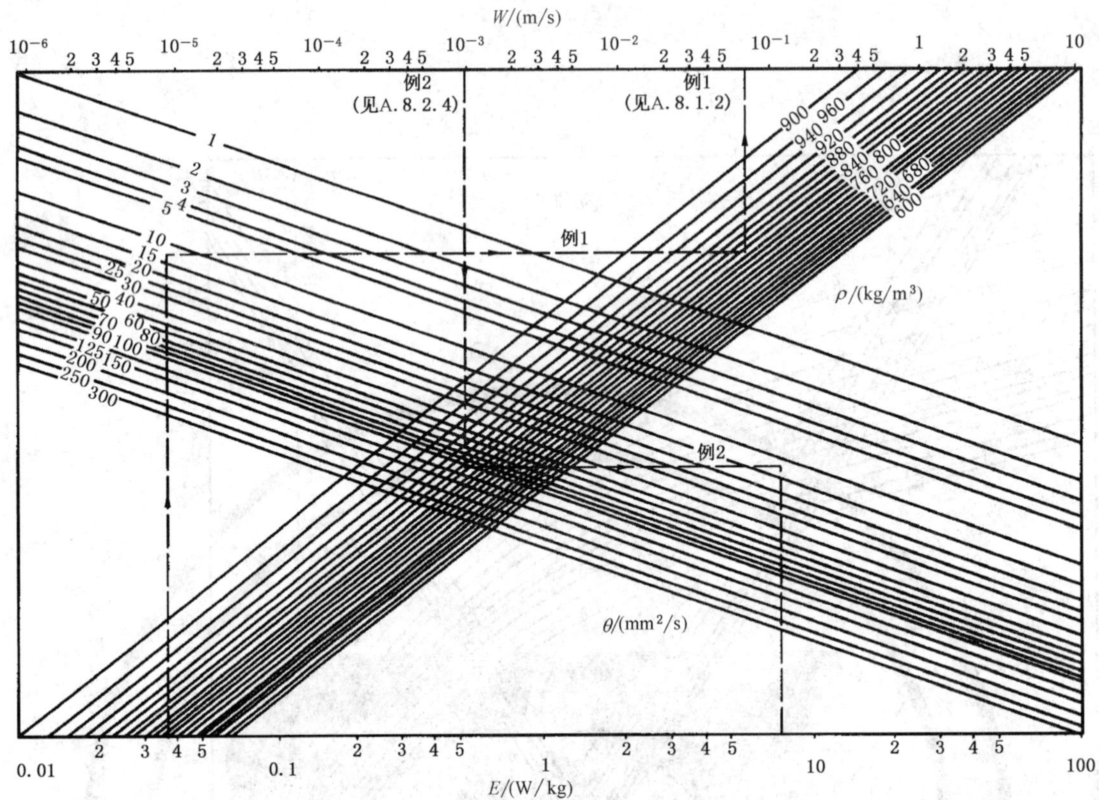

图 A.2 沉降速率[见式(A.9)]

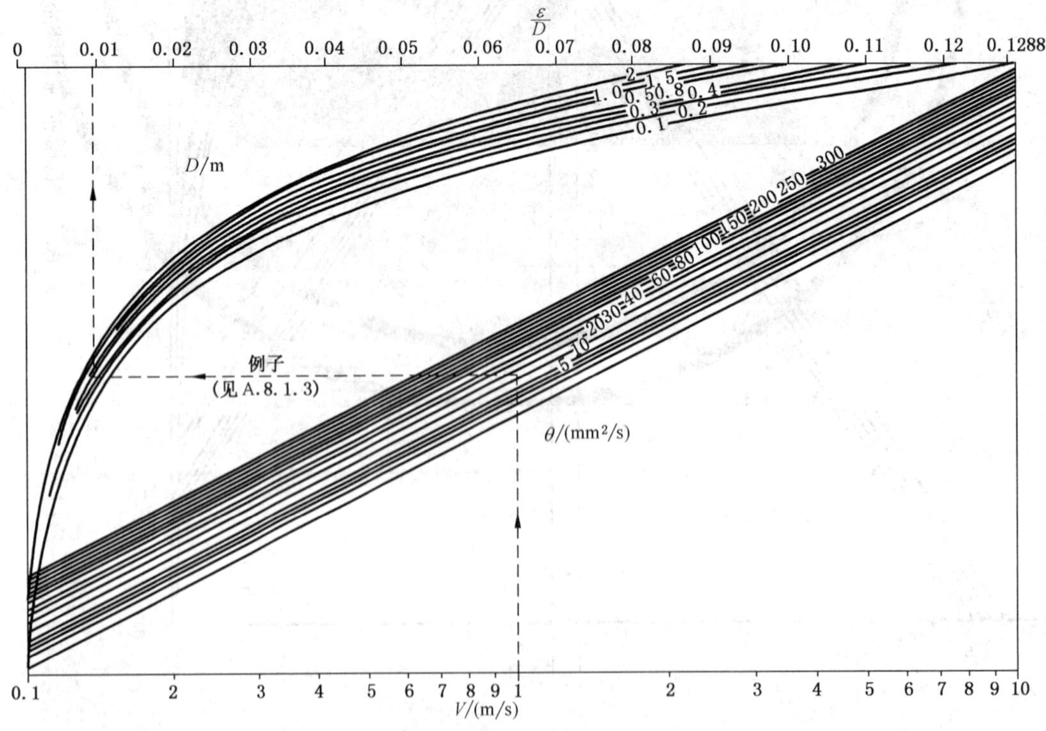

图 A.3 湍流(扩散性)[见式(A.6)]

附 录 B
（规范性附录）
原油终端含水率截面测试举例

B.1 这些数据涉及到6.4.3，所举例子给出了对截面测试结果进行列表和绘图的方法（见表B.1和表B.2、图B.1和图B.2）。

表B.1 原油终端的含水率截面测试

原油种类：阿拉伯轻油　　密度：839.8 kg/m³　　15 ℃粘度：12.3 mm²/s
试验温度：13 ℃　　管线内径：747 mm
原油流量：2 900 m³/h　　测试线速度：1.84 m/s

管线布局	参比点	截面测试编号						点平均值	与平均值的偏差/%
		7	8	9	10	11	12		
		含 水 率							
管顶	A	0.10	3.6	3.2	3.6	4.6	5.3	4.06	−13.6
水平管线	B	0.15	3.4	3.7	3.8	5.0	5.7	4.32	−8.1
	C	0.05	3.8	3.8	3.8	5.4	6.1	4.58	−2.6
	D	0.10	3.2	3.8	4.0	5.3	6.6	4.58	−2.6
	E	0.15	3.8	3.8	3.8	5.9	6.7	4.80	+2.1
	F	0.15	3.4	3.8	4.4	5.7	7.0	4.86	+3.4
	G	0.10	3.8	3.8	4.4	5.9	6.8	4.94	+5.1
管底	H	0.10	4.4	4.5	4.4	6.4	7.2	5.38	+14.5
截面平均值		0.11	3.68	3.80	4.03	5.53	6.50	4.70 总平均值	
注入水		0	3.1	3.1	5.17	5.17	7.24		

表B.2 原油终端的含水率截面测试（第二组）

原油流量：3 700 m³/h
（其他参数见第一组）　　测试线速度：2.38 m/s

管线布局	参比点	截面测试编号						点平均值	与平均值的偏差/%
		13	14	15	16	17	18		
		含 水 率							
管顶	A	0.15	3.4	3.6	3.3	5.2	5.0	4.10	−3.1
水平管线	B	0.10	2.9	3.0	3.2	5.2	5.3	3.92	−7.3
	C	0.15	3.4	3.6	3.3	5.7	5.4	4.28	+1.2
	D	0.05	3.0	3.0	3.4	5.4	5.4	4.04	−4.5
	E	0.10	3.4	3.6	3.4	5.7	5.5	4.32	+2.1
	F	0.10	3.2	3.2	3.4	5.4	5.8	4.20	−0.7
	G	0.10	3.6	3.6	3.5	5.7	5.6	4.40	+4.0

表 B.2（续）

管线布局	参比点	截面测试编号						点平均值	与平均值的偏差/%
		13	14	15	16	17	18		
		含水率							
管底	H	0.15	3.6	3.3	3.4	6.4	6.2	4.58	+8.3
截面平均值		0.11	3.31	3.36	3.36	5.59	5.51	4.23 总平均值	
注入水		0	3.2	3.2	3.2	5.11	5.11		

B.2 在管内径为 747 mm 的原油终端获得两组测试数据。原油为阿拉伯轻质油，15 ℃时密度为 840 kg/m^3，黏度为 12.3 mm^2/s(12.3 cSt)。试验输送温度为 13 ℃。

在第一组测试中，测试数据是第 7 号到第 12 号，体积流量为 2 900 m^3/h，对应流速为 1.84 m/s；在第二组测试中，测试数据是第 13 号到第 18 号，体积流量为 3 700 m^3/h，对应流速为 2.38 m/s。

B.3 在第一组测试中，注水率体积分数由 0 变为 7.24%，在第二组测试中，注水率体积分数由 0 变为 5.11%。应当注意，尽管记录了注水百分比数据，但没有用于以后的计算。另外，按照规定，含水率体积分数低于 1%的截面应忽略，所以没有使用第 7 号和第 13 号截面测试数据。

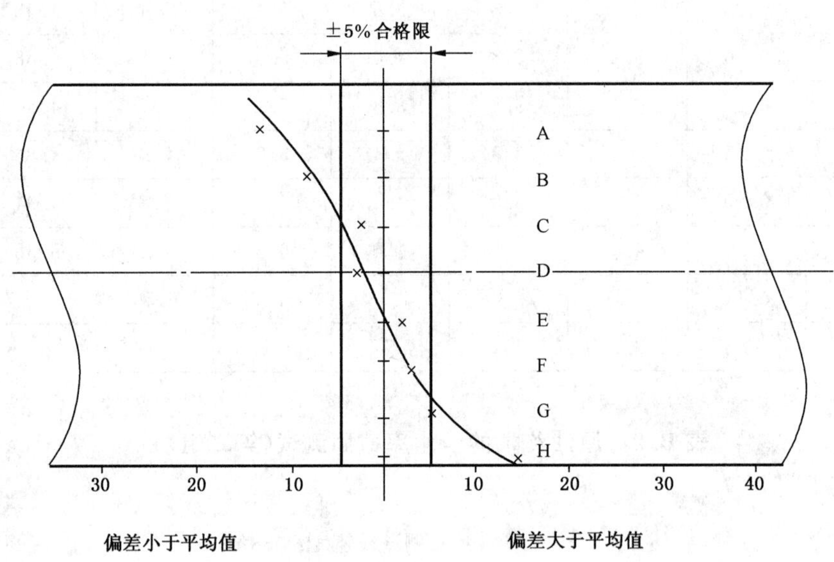

图 B.1 原油终端的含水率截面测试(第一组)

B.4 每八个点计算一次点平均值，在第一组中，用五个截面的第 8、9、10、11 和 12 号测试数据计算，得到 A 点的特有数值是 4.06%；在第二组中，用五个截面的第 14、15、16、17 和 18 号测试数据计算，得到 A 点的特有数值是 4.10%。

然后，计算总的点平均值，第一组是 4.70%，第二组是 4.23%。

应注意，截面平均值也要计算，但只是用于检查总的截面平均值是否等于总的点平均值。此后，不再使用截面平均值。

B.5 计算出每个点平均值对总的点平均值的偏差，其中在第一组中对参考点 A 为－13.6%，在第二组中对参考点 A 为－3.1%。

B.6 根据每个点平均值及其相应的探头位置绘图，见图 B.1 和图 B.2，并与准确度合格限相比较。

在第一组中,A,B,G 和 H 点在合格限之外;在第二组中,B 和 H 点在合格限之外。

B.7 对于这两组测试,截面分布与图 8 中显示的 P_1 和 P_2 近似。因此,假如取样探头按 5.4.1 所要求的位置安装,而且测试能代表最差条件,则两组测试都是可接受的。

B.8 为了使截面与图 8 中的 P_0 相似,应考虑使用足够的混合装置。如果原油流量可能小于试验中的 2 900 m^3/h,或者操作条件下的密度和粘度可能不同于记录值,则这一点是特别要求的。

注:尽管数据是从水平管线中的取样器得到的,但不应当设想为在测试位置的混合程度仅由管线中自然湍流的作用产生。水平管线上游的其他管件可能已对测试位置的综合混合程度造成了影响。

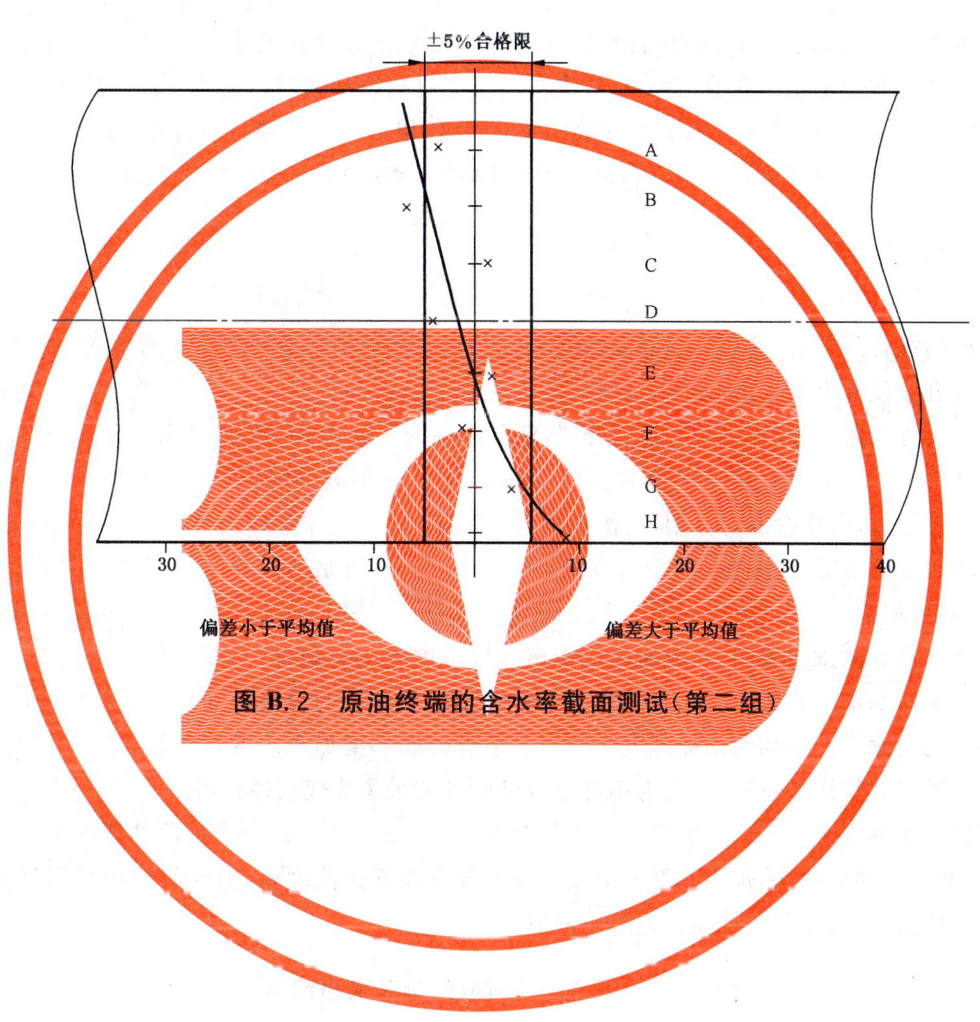

图 B.2 原油终端的含水率截面测试(第二组)

附　录　C
（规范性附录）
取样位置初选指南

C.1　说明

表 C.1 是初选可能取样位置的有用指南。应注意，表 C.1 建立在流速的基础上，没有考虑诸如黏度、管线口径、密度和含水率等其他参数，这些参数也可能影响该预测表。因此，当已选定潜在取样位置时，建议采用附录 A 中的计算步骤估算水分散的充分程度，以确定位置选择的有效性。

注：已根据 API 石油测量手册第 8.2 章，对表 C.1、C.2 中的概述和 C.3 中的例子进行了修改。

C.2　概述

a)　当增加混合部件时(例如静态混合器)，应考虑它们在最小和最大流速下的压降。

b)　目前几乎没有有关原油和大口径管线动力混合器性能的数据。

c)　离心泵可以提高分散度，也可引起分层，取决于泵的布置方式和安装位置。

d)　某些管件，例如三通、90°弯头和限流歧管等，可以提供显著的混合效果。其他管件，如 45°弯头和全开闸阀，同样有混合作用，但作用较小。

e)　现场测试已表明，流速在 2.4 m/s 以上时，直管线才具有足够的分散作用，但在“无法预测”区域，其数据是不一致的。

其他一系列现场测试已表明，在流速为 2.4 m/s 以上时预测分散度，具有某些不确定性，特别是在上游混合作用最小的水平管线中。一些试验显示具有较好分散度的合格截面，而另一些试验则显示分散度不够的不均匀截面。不均匀截面既表明要向水平管线底部增加水浓度，也指出了波动超过了良好分散的界限参数。要特别注意后者，因为不良分散可能导致采集非代表性样品。

在大口径水平管线中，对 15 ℃密度范围大约为 875 kg/m³～849 kg/m³ 的原油所作的一系列现场测试表明，即便有足够的流速，也不是都能消除管线底部和顶部的浓度差，但在管线中部取样点可能提供某一平均浓度值，在该位置取样能代表整个液流。

表 C.1　与混合部件对应的推荐最小流速

<table>
<tr><th rowspan="2">混合部件</th><th rowspan="2">配管走向</th><th colspan="9">最小管线流速/(m/s)</th></tr>
<tr><th>0</th><th>0.3</th><th>0.6</th><th>0.9</th><th>1.2</th><th>1.5</th><th>1.8</th><th>2.1</th><th>2.4</th></tr>
<tr><td>动力搅拌器</td><td>水平或垂直</td><td colspan="9">任何流速都满足</td></tr>
<tr><td>静态搅拌器</td><td>垂直</td><td>分层</td><td>无法预测</td><td colspan="7">足够分散</td></tr>
<tr><td>静态搅拌器</td><td>水平</td><td colspan="2">分层</td><td colspan="3">无法预测</td><td colspan="4">足够分散</td></tr>
<tr><td>管件</td><td>垂直</td><td colspan="2">分层</td><td colspan="4">无法预测</td><td colspan="3">足够分散</td></tr>
<tr><td>管件</td><td>水平</td><td colspan="3">分层</td><td colspan="4">无法预测</td><td colspan="2">足够分散</td></tr>
<tr><td>管线</td><td>水平或垂直</td><td colspan="7">分层或无法预测</td><td colspan="2">见 C.2 中 e)</td></tr>
</table>

C.3 例子

在为海上卸油终端设计取样系统时，设计者面临以下情况：

a) 从610 mm(24 in)的水平管线中取样。

b) 最小管流量为442 L/s。

c) 最小管流速为1.6 m/s。

d) 有增压泵和汇管进行上游混合，即水平管线加管件。

该项设计的临界范围是1.2 m/s ～2.1 m/s，1.6 m/s(最小线流速)落在该区域内。

设计者有三个选择方案：

a) 在水平管线中安装取样器，并且由现场测试确定分散度是否足够。

b) 安装混合器，对于加有混合器的水平管线，1.6 m/s 大于(0.6～1.2)m/s 的临界范围，沉淀物和水的分散度将是足够的；

c) 安装一个垂直环路。

参 考 文 献

[1] ISO 3534:1993 Statistics—Vocabulary and symbols

[2] ISO 3733:1999 Petroleum products and bituminous materials—Determination of water—Distillation method

[3] ISO 3735:1999 Crude petroleum and fuel oils—Determination of sediment—Extraction method

[4] ISO/TR 5168:1998 Measurement of fluid flow—Estimation of uncertainty of a flow-rate measurement

ICS 13.020.99
Z 06

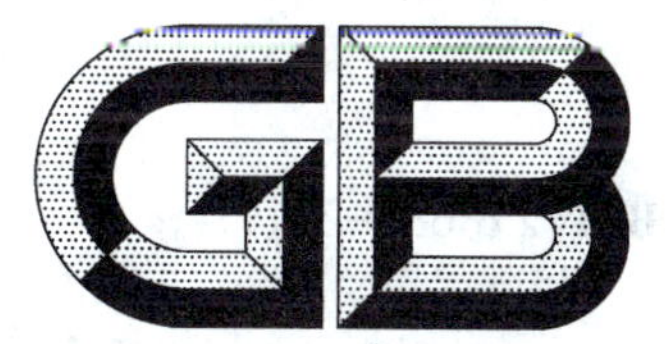

中华人民共和国国家标准

GB/T 27868—2011

可生物降解淀粉树脂

Starch-based biodegradable resin

2011-12-30 发布 2012-09-01 实施

中华人民共和国国家质量监督检验检疫总局
中国国家标准化管理委员会 发布

前　言

本标准按照 GB/T 1.1—2009 给出的规则起草。

本标准由国家发展和改革委员会提出。

本标准由全国环保产品标准化技术委员会(SAC/TC 275)归口。

本标准起草单位:国家环保产品质量监督检验中心、广东上九生物降解塑料有限公司、北京华博安石降解材料有限公司、哈尔滨龙骏实业发展有限公司、上海林达塑胶化工有限公司、山东必可成环保实业有限公司、深圳迅宝环保股份有限公司。

本标准主要起草人:郭丽敏、王洪涛、肖军、乔炜、祝光富、李小鲁、支朝晖、王梓刚、林存革、刘关清、王平、吴迪、闫万琪。

可生物降解淀粉树脂

1 范围

本标准规定了可生物降解淀粉树脂的术语和定义、分类和型号、要求、试验方法、检验规则及包装、标志、运输、贮存。

本标准适用于以淀粉为主要原材料，经加工制得的可生物降解淀粉树脂。

2 规范性引用文件

下列文件对于本文件的应用是必不可少的。凡是注日期的引用文件，仅注日期的版本适用于本文件。凡是不注日期的引用文件，其最新版本(包括所有的修改单)适用于本文件。

GB/T 1033.1—2008 塑料 非泡沫塑料密度的测定 第1部分：浸渍法、液体比重瓶法和滴定法(ISO 1183-1:2004)

GB/T 1040.3 塑料 拉伸性能的测定 第3部分：薄膜和薄片的试验条件(ISO 527-3)

GB/T 1043.1 塑料 简支梁冲击性能的测定 第1部分：非仪器化冲击试验(ISO 179-1)

GB/T 2547 塑料 取样方法

GB/T 2918 塑料试样状态调节和试验的标准环境(ISO 291)

GB/T 3682 热塑性塑料熔体质量流动速率和熔体体积流动速率的测定(ISO 1133)

GB/T 5009.58 食品包装用聚乙烯树脂卫生标准的分析方法

GB 9685 食品容器、包装材料用添加剂使用卫生标准

GB 9691 食品包装用聚乙烯树脂卫生标准

GB/T 20197—2006 降解塑料的定义、分类、标识和降解性能要求

QB/T 1130 塑料直角撕裂性能试验方法

QB/T 2957 淀粉基塑料中淀粉含量的测定 热重法(TG)

SJ/T 11365 电子信息产品中有毒有害物质的检测方法

3 术语和定义

下列术语和定义适用于本文件。

3.1

可生物降解淀粉树脂 starch-based biodegradable resin

以淀粉为主要原料，经加工制得的可生物降解树脂。

3.2

可完全生物降解淀粉树脂 completely starch-based biodegradable resin

由淀粉和其他可完全生物降解材料，经加工制得的可生物降解淀粉树脂。

3.3

可部分生物降解淀粉树脂 partly starch-based biodegradable resin

由淀粉和不可完全生物降解材料，经加工制得的可生物降解淀粉树脂。

4 分类和型号

4.1 分类

产品按降解性能分为两类:可完全生物降解淀粉树脂和可部分生物降解淀粉树脂。

4.2 产品型号

4.2.1 产品型号由四部分组成,见图1。

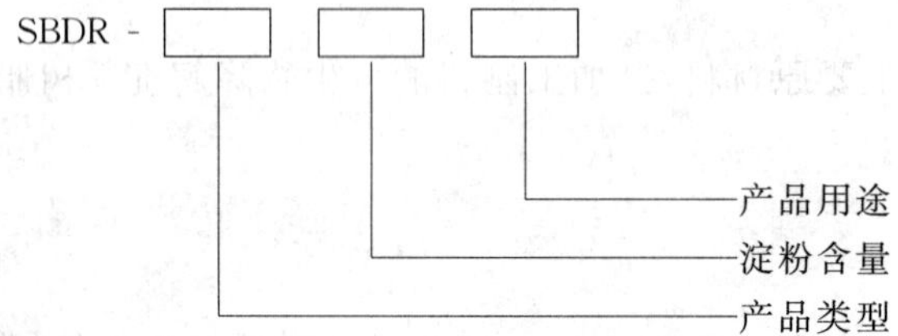

说明:SBDR 为可生物降解淀粉树脂(starch-based biodegradable resin)的英文缩写。

图1 产品型号示意图

4.2.2 产品类型用罗马数字Ⅰ、Ⅱ表示,Ⅰ代表可完全生物降解淀粉树脂,Ⅱ代表可部分生物降解淀粉树脂。

4.2.3 淀粉含量用两位阿拉伯数字表示。

4.2.4 产品用途分为 A、B、C、D 四类,具体见表1。

表1 产品用途分类

分类	A	B	C	D
产品用途	薄膜类	片材类	注塑类	发泡类

示例:SBDR-Ⅱ50B 表示淀粉含量占总质量 50%的用于片材类产品生产的可部分生物降解淀粉树脂。

5 要求

5.1 原材料

用于生产可生物降解淀粉树脂的原材料应符合相关产品标准;用于生产与食品直接接触材料和制品的可生物降解淀粉树脂的原材料应符合相关产品的卫生标准,不应含对人体有害的物质,不应使用回收料或受污染的原材料。

5.2 添加剂

用于生产可生物降解淀粉树脂的添加剂应符合相关产品标准;用于生产与食品直接接触材料和制品的可生物降解淀粉树脂所用添加剂的品种、使用范围及用量应符合 GB 9685 规定,使用新材料应提供食品安全评价的有关证明资料。

5.3 外观

色泽均匀,无异味,无明显杂质;粒料无明显污染粒子,无长度大于 30 mm 的连粒,6 mm~30 mm 长度的连粒不应超过总质量的 5%。

5.4 物理性能

物理性能应符合表2的规定。

表2 物理性能

序号	项目		指标 A	指标 B	指标 C	指标 D
1	密度偏差/(g/cm³)		±0.1			
2	熔体质量流动速率偏差/(g/10 min)	MFR≤10	±1.0			
		10<MFR<20	±1.5			
		MFR≥20	±2.0			
3	拉伸强度(纵、横)/MPa		≥10	≥15	—	—
4	断裂伸长率(纵、横)/%		≥130	≥40	—	—
5	直角撕裂强度/(N/15 mm)		≥50	—	—	—
6	简支梁冲击强度(无缺口)/(kJ/m²)		—	—	≥20	≥8

5.5 淀粉含量

Ⅰ类树脂淀粉含量不作具体要求;Ⅱ类树脂淀粉含量应符合表3的规定。

表3 Ⅱ类树脂淀粉含量

项目	指标 A	指标 B	指标 C	指标 D
淀粉含量/%	≥40	≥45	≥45	≥40

5.6 卫生指标

用于生产与食品直接接触材料和制品的可生物降解淀粉树脂,灼烧残渣、正己烷提取物应符合GB 9691规定。

5.7 重金属

铅、镉、汞、六价铬含量总和应小于100 mg/kg。

5.8 生物降解性能

Ⅰ类树脂需氧堆肥试验180 d内的生物降解率应大于等于90%,Ⅱ类树脂需氧堆肥试验180 d内的生物降解率应大于等于60%。

6 试验方法

6.1 外观

从产品中依次取出三组样品,每组样品质量10 g(精确至0.1 g),放在洁净的瓷盘中,嗅其有无异味；在良好的照明条件下，目测粒子的颜色、污染粒子、碎屑、杂质和连粒，挑出 6 mm～30 mm 长度的连粒，称重，计算每组中的质量分数。

6.2 物理指标

6.2.1 密度偏差

按 GB/T 1033.1—2008 中 B 法(比重瓶法)规定检测，然后根据式(1)计算密度偏差：

$$\Delta\rho = \rho_1 - \rho_0 \qquad (1)$$

式中：

$\Delta\rho$ ——密度偏差，单位为克每立方厘米(g/cm^3)；

ρ_0 ——产品公称密度，单位为克每立方厘米(g/cm^3)；

ρ_1 ——实测样品密度，单位为克每立方厘米(g/cm^3)。

6.2.2 熔体质量流动速率偏差

按 GB/T 3682 规定执行，然后根据式(2)计算熔体质量流动速率偏差：

$$\Delta MFR = MFR_1 - MFR_0 \qquad (2)$$

式中：

ΔMFR ——熔体质量流动速率偏差，单位为克每 10 分钟(g/10 min)；

MFR_0 ——产品公称熔体质量流动速率，单位为克每 10 分钟(g/10 min)；

MFR_1 ——实测样品熔体质量流动速率，单位为克每 10 分钟(g/10 min)。

6.2.3 拉伸强度和断裂伸长率

将产品在正常成型加工的条件下进行制样。

将试样置于 GB/T 2918 所规定的环境(温度 23 ℃±2 ℃，相对湿度 50%±10%)中进行状态调节，调节时间不少于 4 h。

在 GB/T 2918 所规定的试验环境中，按 GB/T 1040.3 规定进行试验，其中薄膜、薄片试样形状采用 5 型，拉伸速度为(300±30)mm/min；硬质片材试样采用 1B 型，拉伸速度为(50±5)mm/min。

6.2.4 直角撕裂强度

将产品在正常成型加工的条件下进行制样。

将试样置于 GB/T 2918 所规定的环境(温度 23 ℃±2 ℃，相对湿度 50%±10%)中进行状态调节，调节时间不少于 4 h。

在 GB/T 2918 所规定的试验环境中，按 QB/T 1130 规定进行试验。

6.2.5 简支梁冲击强度(无缺口)

依据 GB/T 1043.1 中 6.1 规定制样，试样采用Ⅰ型。

将试样置于 GB/T 2918 所规定的环境(温度 23 ℃±2 ℃，相对湿度 50%±10%)中进行状态调节，调节时间不少于 4 h。

在 GB/T 2918 所规定的试验环境中，按 GB/T 1043.1 中无缺口试样试验规定进行试验。

6.3 淀粉含量

按 QB/T 2957 规定执行。

6.4 卫生指标

6.4.1 灼烧残渣

按 GB/T 5009.58 规定执行。

6.4.2 正己烷提取物

按 GB/T 5009.58 规定执行。

6.5 重金属

铅、镉、汞、六价铬含量按 SJ/T 11365 规定执行。

6.6 生物降解性能

按 GB/T 20197—2006 中 6.1 规定执行。

7 检验规则

7.1 组批与抽样

树脂以批为单位进行检验。连续生产的同一原料、同一配方、同一工艺、同一规格型号的产品为一批。每批数量不超过 10 t。产品抽样按 GB/T 2547 规定执行。

7.2 出厂检验

每批产品出厂时应进行出厂检验,检验项目应包括外观、密度偏差、熔体质量流动速率偏差。

7.3 型式检验

正常生产时每年进行一次型式检验,型式检验项目为本标准规定的全部检验项目。当有下列情况之一时,应进行型式检验:

a) 新产品投产的定型鉴定;

b) 停产半年以上,重新恢复生产时;

c) 当原材料、生产工艺有重大改变时;

d) 检验与监督检验结果或最近一次型式检验结果有较大差异时;

e) 主管部门或客户提出要求时。

7.4 判定规则

7.4.1 单项判定

若外观、物理性能、淀粉含量中有任何一项不合格,则取双倍样品对不合格项进行复检,复检均合格,则判定该项合格;若复检不合格,则判定该项不合格。

若卫生指标、生物降解性能有不合格项时,则判定该项不合格。

7.4.2 批判定

若全部检验项目均合格,则判定该批合格;若其中有一项不合格,则判定该批不合格。

8 包装、标志、运输、贮存

8.1 包装

包装应清洁、密封、防潮、避光。

用于生产与食品直接接触材料和制品的可生物降解淀粉树脂所用包装应无毒、无异味，且符合食品包装卫生标准。

8.2 标志

产品外包装上应标明产品名称、型号、规格、生产厂名称、生产日期/生产批号，标注“食品用”或“非食品用”字样，产品应附有产品合格证。

8.3 运输

在运输过程中应避免日晒、雨淋，不应与有毒有害或有异味的物品混运、混放。

8.4 贮存

应贮存在整洁、干燥、通风、阴凉的库房内，应有防鼠措施，产品存放应距地面 15 cm 以上、距墙 45 cm 以上。自生产日期起贮存期为 12 个月。

ICS 13.020
J 88

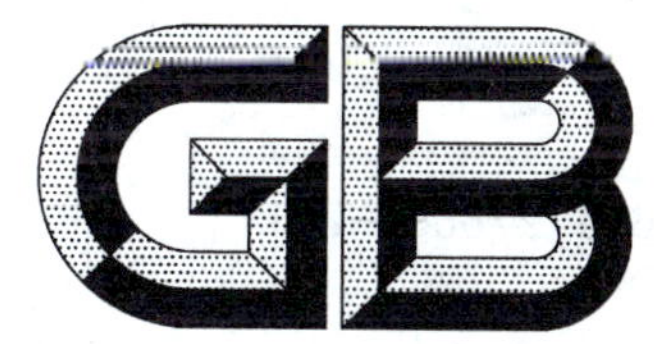

中华人民共和国国家标准

GB/T 27869—2011

电袋复合除尘器

Electrostatic-fabric integrated precipitator

2011-12-30 发布　　2012-09-01 实施

中华人民共和国国家质量监督检验检疫总局
中国国家标准化管理委员会　发布

前言

本标准依据 GB/T 1.1—2009 给出的规则起草。

本标准由中华人民共和国发展和改革委员会提出。

本标准由全国环保产品标准化技术委员会(SAC/TC 275)归口。

本标准起草单位:福建龙净环保股份有限公司、中机生产力促进中心、西安西矿环保科技有限公司、西安热工研究院有限公司、中国标准化研究院。

本标准主要起草人:黄炜、林宏、郑奎照、李岚、陈奎续、谢美华、娄汉明、张滨渭、黄进。

电袋复合除尘器

1 范围

本标准规定了电袋复合除尘器(以下简称除尘器)的术语和定义、产品分类、基本参数、技术要求、试验方法、检验规则、标志、使用说明书、包装、运输和贮存。

本标准适用于电力、建材、冶金、化工、轻工等行业烟尘温度大于 120 ℃的高温烟尘治理,原料及副产品回收等常温烟尘(烟尘温度不大于 120 ℃)治理可参照执行。

2 规范性引用文件

下列文件对于本文件的应用是必不可少的。凡是注日期的引用文件,仅注日期的版本适用于本文件。凡是不注日期的引用文件,其最新版本(包括所有的修改单)适用于本文件。

GB/T 191 包装储运图示标志(ISO 780)

GB/T 700 碳素结构钢(ISO 630)

GB/T 985.1 气焊、焊条电弧焊、气体保护焊和高能束焊的推荐坡口(ISO 9692-1)

GB/T 985.2 埋弧焊的推荐坡口(ISO 9692-2)

GB 4053.1 固定式钢梯及平台安全要求 第 1 部分:钢直梯

GB 4053.2 固定式钢梯及平台安全要求 第 2 部分:钢斜梯

GB 4053.3 固定式钢梯及平台安全要求 第 3 部分:工业防护栏杆及钢平台

GB/T 6388 运输包装收发货标志

GB/T 9969 工业产品使用说明书 总则

GB/T 13277.1 压缩空气 第 1 部分:污染物净化等级(ISO 8573-1)

GB/T 13306 标牌

GB/T 13384 机电产品包装通用技术条件

GB/T 13931 电除尘器 性能测试方法

GB/T 16845 除尘器 术语

HJ/T 324 环境保护产品技术要求 袋式除尘器用滤料

HJ/T 326 环境保护产品技术要求 袋式除尘器用覆膜滤料

HJ/T 327 环境保护产品技术要求 袋式除尘器滤袋

HJ/T 397 固定源废气监测技术规范

JB/T 4711 压力容器涂敷与运输包装

JB/T 5906 电除尘器 阳极板

JB/T 5908 电除尘器主要件抽样检验及包装运输贮存规范

JB/T 5911 电除尘器焊接件 技术要求

JB/T 5913 电除尘器 阴极线

JB/T 5917 袋式除尘器用滤袋框架

JB/T 8471 袋式除尘器 安装技术要求与验收规范

JB/T 8532 脉冲喷吹类袋式除尘器

JB/T 8536 电除尘器 机械安装技术条件

JB/T 10191　袋式除尘器　安全要求　脉冲喷吹类袋式除尘器用分气箱

3　术语和定义

GB/T 16845 界定的以及下列术语和定义适用于本文件。

3.1

电袋复合除尘器　electrostatic-fabric integrated precipitator

静电除尘和过滤除尘机理有机结合的一种复合除尘器。

3.2

电场区　electric field area

同时安装阳极系统和阴极系统，应用静电除尘原理，对含尘气体中的粉尘进行预荷电和预除尘的区域。

3.3

滤袋区　fabric area

安装滤袋和清灰装置，用于过滤未被电场捕集的荷电粉尘和未荷电粉尘的区域。

3.4

通道数　passage number

箱体内相邻两排阳极板形成的气体通路的数量。

3.5

电场有效高度　electric field effective height

有电场效应的阳极板高度。

3.6

电场有效长度　electric field effective length

沿气流直线方向上的极板总长度。

3.7

电场　electric field

沿气流方向由一组阳极系统和阴极系统以及高压供电电源组成的区域。

3.8

电场数　electric field number

沿气流流动方向的电场数量。

3.9

通道宽度　passage width

通道中垂直气流的横向尺寸。

3.10

极板有效面积　plate projected area

极板在通道中心平面上的投影面积。

注：$A=2N\times H\times L$，其中，A 为极板有效面积，单位为 m^2；H 为电场有效高度，单位为 m；L 为电场有效长度，单位为 m；N 为通道数，单位为个。

3.11

比集尘面积　specific collecting area

在工况条件下，单位极板有效面积与处理含尘气体量之比。

注：$f=A/Q$，其中，f 为比集尘面积，单位为 $m^2/(m^3/s)$；A 为极板有效面积，单位为 m^2；Q 为除尘器处理含尘气体量，单位为 m^3/s。

3.12

电场有效宽度　electric field effective width

电场通道数与通道宽度的乘积。

3.13

电场有效断面积　electric field cross-section area

电场有效宽度与电场有效高度之乘积。

注：$F=H\times B$,其中,F 为电场有效断面积,单位为 m^2;H 为电场有效高度,单位为 m;B 为电场有效宽度,单位为 m。

3.14

高压供电电源　high voltage power supply

向电场区供电的高压电源设备。

3.15

高频高压电源　high-frequency high-voltage power supply

应用高频开关技术,将工频电源经整流、逆变、升压、二次整流输出直流负高压的高压供电电源。

3.16

电气控制装置　electric control equipment

对除尘器清灰、加热等进行控制并具有安全报警、监控功能的电气设备。

3.17

分气箱(气包)　plenum box (air bag)

连接喷吹管的压缩空气容器。

3.18

滤袋　filter bag

用滤料制成的袋状过滤元件。

3.19

滤袋区总过滤面积　total filtration area of filter bag

滤袋区滤袋侧面积之和。

注：$S=\pi\times d\times l\times n$,其中,$S$ 为滤袋区总过滤面积,单位为 m^2;d 为滤袋直径(或当量直径),单位为 m;l 为滤袋有效长度,单位为 m;n 为滤袋总数量,单位为条。

3.20

过滤风速　air to cloth ratio (surface load)

在工况条件下,除尘器处理含尘气体量与滤袋区总过滤面积之比。

注：$v_c=60\times Q/S$,其中,v_c 为过滤风速,单位为 m/min;Q 为除尘器处理含尘气体量,单位为 m^3/s;S 为滤袋区总过滤面积,单位为 m^2。

3.21

花板　tube sheet

悬吊滤袋的孔板。

3.22

漏风率　air leak percentage

主机满负荷运行下,除尘器出口含尘气体量(标态,干基)与进口含尘气体量(标态,干基)之差与进口含尘气体量的百分比。

3.23

滤袋区室　filter bag field

在滤袋区中由墙板或柱网围成的气体通道。

4 产品分类

4.1 产品结构

电袋复合除尘器为户外式。内部安装电场区和滤袋区，下部设灰斗，前后端有进、出气箱，进气箱内设气流均布装置。除尘器配有高压供电电源、电气控制装置和清灰装置。

4.2 产品标记

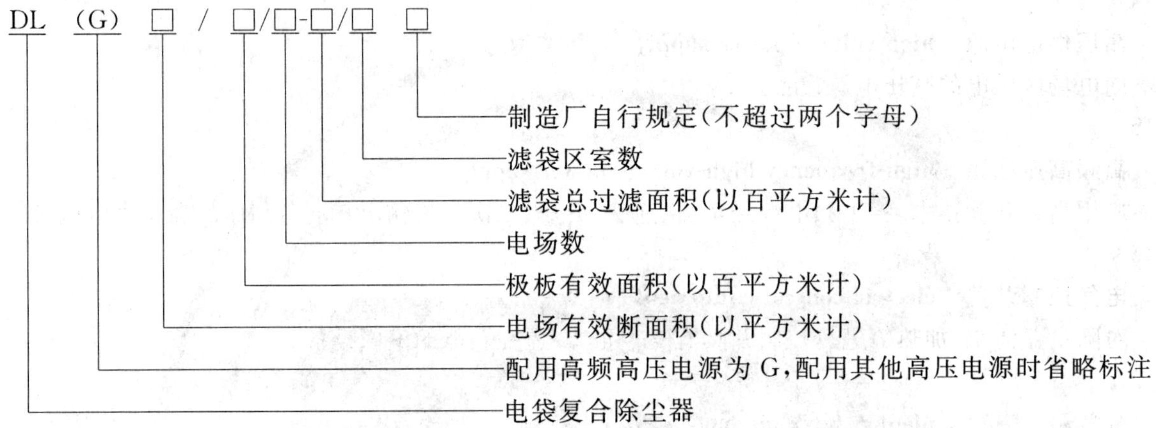

示例1:

配用高频高压电源的FE型电袋复合除尘器，双列结构，除尘器电场有效断面积为120 m^2，极板有效面积为48×10^2 m^2，电场数为2，滤袋总过滤面积为320×10^2 m^2，滤袋区室数16，则产品标记如下:

DL (G) 120/48/2-320/16 FE

5 基本参数

5.1 整机基本参数

5.1.1 工况条件下除尘器进口含尘气体量，单位为 m^3/h。

5.1.2 标准状态下除尘器进口气体含尘浓度，单位为 g/m^3(标态，干基)。

5.1.3 除尘器进口含尘气体温度，单位为℃。

5.1.4 除尘器工作压力，单位为Pa。

5.1.5 除尘器压力降，单位为Pa。

5.1.6 标准状态下除尘器出口气体含尘浓度，单位为 mg/m^3(标态，干基)。

5.1.7 除尘器漏风率，%。

5.2 主要技术参数

5.2.1 电场区电场有效断面积，单位为 m^2。

5.2.2 极板有效面积，单位为 m^2。

5.2.3 比集尘面积，单位为 $m^2/(m^3/s)$。

5.2.4 高压供电电源的额定输出直流电压，单位为kV；直流电流，单位为A。

5.2.5 滤袋区总过滤面积，单位为 m^2。

5.2.6 过滤风速，单位为m/min。

5.2.7 滤袋区清灰系统的喷吹脉冲宽度，单位为ms；脉冲间隔时间，单位为s；喷吹周期，单位为s。

6 技术要求

6.1 使用条件

除尘器使用条件为：

a) 工况条件下除尘器处理含尘气体量不大于 6.0×10^6 m^3/h；

b) 进口含尘气体温度不大于 250 ℃(含尘气体温度不超过滤袋允许的使用温度)；

c) 标准状态下进口气体含尘浓度不大于 2 000 g/m^3(标态，干基)；

d) 工况条件下，含尘气体压力在－20.0 kPa～＋20.0 kPa 范围内。

6.2 使用性能

除尘器使用性能为：

a) 除尘器出口气体含尘浓度应不大于 30 mg/m^3(标态，干基)或达到相应的排放限值要求；

b) 当过滤风速不小于 1.3 m/min 时，除尘器的压力降不大于 1 200 Pa；

c) 除尘器漏风率应不大于 3%；

d) 除尘器能在含尘气体工况压力条件下连续、稳定、安全工作；

e) 滤袋使用寿命在 3 年内年破损率不大于 1%，整体使用寿命不低于 3 年。

6.3 基本要求

6.3.1 除尘器应符合本标准的要求，并按照经规定程序批准的产品图样和技术文件制造、安装、调试、验收。

6.3.2 除尘器电场区的通道宽度宜为 400 mm～500 mm。

6.3.3 除尘器电场区的比集尘面积宜符合表 1 的规定。

表 1 除尘器电场区的比集尘面积

处理含尘气体量 Q/(m^3/h) 工况	$Q\leqslant50\times10^4$	$50\times10^4<Q\leqslant100\times10^4$	$100\times10^4<Q\leqslant150\times10^4$	$150\times10^4<Q\leqslant220\times10^4$	$220\times10^4<Q\leqslant600\times10^4$
比集尘面积/[m^2/(m^3/s)]	≥20	≥25	≥30	≥35	≥40

6.3.4 除尘器的滤袋区宜划分为若干个室，每室设阀门，使其能实现离线清灰。室数宜符合表 2 的规定。

表 2 除尘器滤袋区的室数

处理含尘气体量 Q/(m^3/h) 工况	$Q\leqslant50\times10^4$	$50\times10^4<Q\leqslant100\times10^4$	$100\times10^4<Q\leqslant150\times10^4$	$150\times10^4<Q\leqslant220\times10^4$	$220\times10^4<Q\leqslant600\times10^4$
室数	≥6	≥8	≥12	≥16	≥24

6.3.5 滤袋用滤料应符合 HJ/T 324 或 HJ/T 326 的规定。当选用聚苯硫醚(PPS)滤料和玻纤覆膜滤料时还应符合表 3 规定的性能。

表 3 聚苯硫醚(PPS)滤料和玻纤覆膜滤料的性能

滤料	质量/(g/m²)	厚度/(mm)	透气度/[m³/(m²·min)]	断裂强力		热收缩率/%
				经　向	纬　向	
聚苯硫醚	>550	>1.8	>2.5	≥800 N/(5×20)cm²	≥1 000 N/(5×20)cm²	<1
玻纤覆膜	>745	—	—	≥3 000 N/(2.5×20)cm²	≥2 500 N/(2.5×20)cm²	<1

6.3.6 制造除尘器的材料应符合国家标准、行业标准和图样的技术要求。

6.3.7 焊接件未注尺寸公差应符合 JB/T 5911 的规定。

6.3.8 焊接接头的基本型式与尺寸应符合 GB/T 985.1 和 GB/T 985.2 的规定。

6.3.9 除尘器焊接件技术要求应符合 JB/T 5911 的规定。

6.3.10 除尘器安装结束并经气密性检查合格后,方能敷设保温层。

6.3.11 阴极系统保温箱内应设置加热装置,必要时灰斗壁板上应设置加热装置。

6.3.12 灰斗宜设置料位检测装置、仓壁振动器或气化板、捅灰孔等附件。

6.3.13 进、出气箱应设置温度检测装置,必要时灰斗应设置温度检测装置。

6.4 主要零部件要求

6.4.1 阳极板、阴极线等除尘器部分主要件技术要求应符合 JB/T 5906、JB/T 5913 的规定。

6.4.2 滤袋区花板宜采用激光加工,其公差应符合 JB/T 8532 的规定。

6.4.3 滤料和滤袋技术条件应符合图样和 HJ/T 324、HJ/T 326、HJ/T 327 的要求。

6.4.4 滤袋框架其材料机械强度不得低于 GB/T 700 规定的 Q235 强度等级要求,横筋直径应不小于 ϕ4 mm,相邻横筋间距应小于 200 mm;纵筋直径应不小于 ϕ3 mm,相邻纵筋间距及其他技术条件应符合 JB/T 5917 的规定。

6.4.5 滤袋的清灰应采用压缩空气或洁净气体,当采用压缩空气时,其质量等级应符合 GB/T 13277.1 中规定要求;环境温度小于等于－10 ℃时,固体粒子、水、含油量的质量等级为 3、3、4;环境温度大于－10 ℃ 时,固体粒子、水、含油量的质量等级为 3、4、4;当采用洁净气体时其质量应符合清灰要求。

6.4.6 当选用聚苯硫醚(PPS)滤袋/玻纤覆膜滤袋时,聚苯硫醚(PPS)滤袋/玻纤覆膜滤袋直径分别大于滤袋框架直径(5～7)mm/(3～5)mm;聚苯硫醚(PPS)滤袋/玻纤覆膜滤袋长度分别大于滤袋框架长度(4‰～6‰)L/(2‰～4‰)L(L 为滤袋长度)。

6.4.7 分气箱 (气包)的制造应符合 JB/T 10191 的规定。

6.4.8 旁路阀的密封应保证含尘气体无泄漏。

6.5 电气配套

6.5.1 高压供电电源

电场区供电宜配用高频高压电源,也可配用其他型式高压电源。

6.5.2 电气控制装置

电气控制装置应对阴极和阳极振打、保温箱加热、灰斗加热等进行控制,并对滤袋区清灰系统进行控制,且具有安全报警等功能。

6.6 安全保护

6.6.1 楼梯、防护栏杆、平台等安全技术条件应符合 GB 4053.1～4053.3 的规定。

6.6.2 楼梯、检修平台、卸灰装置平台等处应设置照明装置。

6.6.3 电场区人孔门、高压开关柜门应与高压电源实现安全联锁。

6.6.4 除尘器应设置专门接地网，外壳与接地网连接应不少于 6 点，接地电阻应小于 2 Ω。

6.6.5 除尘器运行时的噪声不超过 85 dB(A)。

6.6.6 除尘器的喷吹系统应设置卸压安全阀。

6.6.7 除尘器运行时应确保气路系统压力不发生突变和不出现气流阻断。

6.6.8 除尘器应设置含尘气体超温报警装置。

6.7 现场安装要求

应符合 JB/T 8536 和 JB/T 8471 的规定。

7 试验方法

7.1 除尘器出口气体含尘浓度、漏风率的性能测试方法应符合 HJ/T 397 的规定，除尘器压力降的性能测试方法应符合 GB/T 13931 的规定。

7.2 除尘器主要件的检验方法应符合 JB/T 5908 的规定。

7.3 滤料和覆膜滤料的检验方法应符合 HJ/T 324、HJ/T 326 的规定；滤袋的检验方法应符合 HJ/T 327 的规定；滤袋框架的检验方法应符合 JB/T 5917 的规定。

8 检验规则

8.1 检验分类

除尘器的检验分为出厂检验、安装检验和型式检验。

8.2 出厂检验

8.2.1 每台除尘器所有零部件应经制造厂质量检验部门检验合格开具合格单后方可出厂。

8.2.2 检验项目包括以下内容：

a) 零部件的加工几何尺寸、形位公差；

b) 加工和装配精度；

c) 焊接质量；

d) 外观质量。

8.3 安装检验

安装检验在现场进行，应符合 JB/T 8536 和 JB/T 8471 的规定。

8.4 型式检验

8.4.1 凡属下列情况之一者，应进行型式检验：

a) 除尘器投产运行后，按合同或技术协议规定进行出口气体含尘浓度、压力降、漏风率的测定；

b) 正常情况，定期做型式试验，如果产品质量出现异常时，应随时进行；

c) 转产、转厂、停产后复产，或结构或工艺有重大改变影响到产品性能时；

d) 国家质量监督检验机构提出要求时。

8.4.2 抽样方法：

对成批生产的除尘器，采取随机抽样，抽样数量 1 台。

8.4.3 检验项目包括以下内容：

a) 除尘器出口气体含尘浓度；

b) 除尘器压力降；

c) 除尘器漏风率；

d) 出厂检验、安装检验的全部项目。

8.5 判定规则

8.5.1 检验结果应符合第6章规定。

8.5.2 型式检验时除尘器主要性能指标出口气体含尘浓度、压力降、漏风率中有不合格项时，允许返修复检直至合格，其余项目对任一项检验不合格，对不合格项加倍抽样复检，若仍不符合规定，则判定为不合格。

9 标志、使用说明书

9.1 铭牌标志

在适当而明显的位置上固定产品铭牌，其型式和尺寸应符合GB/T 13306的规定。主要包括以下内容：

a) 制造厂名；

b) 产品名称；

c) 产品标记；

d) 产品所执行的标准编号；

e) 出厂编号；

f) 生产日期。

9.2 包装标志

9.2.1 包装标志应包括收发货标志、包装储运图示标志，并应符合GB/T 191和GB/T 6388的规定。

9.2.2 滤袋、滤袋框架、脉冲阀包装箱外应标明："防火、防潮、防压、不用扎钩、小心轻放"字样。

9.3 使用说明书

使用说明书的编写应符合GB/T 9969的要求，主要包括以下内容：

a) 产品名称；

b) 产品标记及产品所执行的标准编号；

c) 主要用途及适用范围；

d) 工作原理；

e) 主要参数；

f) 外形及安装尺寸；

g) 安装时主要技术要求；

h) 使用时注意事项。

10 包装、运输、贮存

10.1 除尘器本体主要件的包装、运输、贮存应符合JB/T 5908和JB/T 8532的规定，储气罐应符合

JB/T 4711 的规定,其余应符合 GB/T 13384 的规定。

10.2 滤袋框架按分节、整箱包装,包装应采用铁花篮等牢固框架,防水应采用防雨篷布等材料。

10.3 滤袋、滤袋框架、脉冲阀需用干净的有篷车或船舶运输。

10.4 滤袋、滤袋框架、脉冲阀必须存放在通风干燥、不受日晒雨淋的环境中。

ICS 71.100.40
G 74

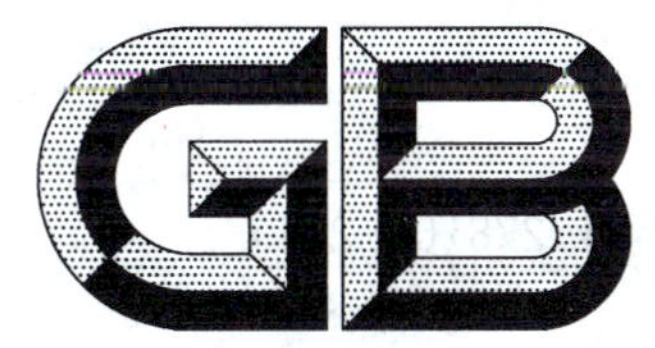

中华人民共和国国家标准

GB/T 27870—2011

净化空气用光催化剂

Photocatalyst for air purification

2011-12-30 发布　　　　2012-09-01 实施

中华人民共和国国家质量监督检验检疫总局
中国国家标准化管理委员会　发布

前　言

本标准按照 GB/T 1.1—2009 给出的规则起草。

本标准由国家发展和改革委员会提出。

本标准由全国环保产品标准化技术委员会(SAC/TC 275)归口。

本标准起草单位:国家环保产品质量监督检验中心、福州大学光催化研究所、中国标准化研究院、广州市华之特奥因特种材料科技有限公司、上海沪正纳米科技有限公司、东莞市明天纳米科技有限公司、清世界(沈阳)环保设备科技有限公司、北京绿源立佳环保科技有限公司、内蒙古田美科技开发有限责任公司、北京净万家环保科技有限公司。

本标准主要起草人:乔炜、付贤智、黄进、刘平、李杰、赵树凯、刘欣、刘亮、戴文新、张岩、温丽云、秦丽、杨忠辉、陈焕光、李学成、梁斓、劳秀芝、刘振宇、周家君、唐秋生。

净化空气用光催化剂

1 范围

本标准规定了净化空气用液态光催化剂的主要技术要求、试验方法、检测规则、标志、运输与贮存。

本标准适用于对室内空气污染物有清除作用的液态光催化剂，不适用于其他类型光催化剂制品。

2 规范性引用文件

下列文件对于本文件的应用是必不可少的。凡是注日期的引用文件，仅注日期的版本适用于本文件。凡是不注日期的引用文件，其最新版本(包括所有的修改单)适用于本文件。

GB/T 6680 液体化工产品采样通则

3 术语和定义

下列术语和定义适用于本文件。

3.1

净化空气用光催化剂 photocatalyst for air purification

净化空气用光触媒

在光照射下，能够改善(或增强)空气中污染物降解(或分解)的化学反应速率，而本身的物理和化学性质不发生变化的物质。

3.2

光催化反应 photocatalytic reaction

在光催化剂作用下进行的化学反应。

3.3

光催化去除率 removal ration by photocatalysis

光照条件下，污染物经过光催化反应后浓度下降的百分数。

3.4

净化性能稳定性 performance stability of photocatalyst for air purification

光催化剂在高浓度污染物的环境中经长时间光照处理后，测得的光催化去除率与第一次试验时测得的光催化去除率的比值，用百分数表示。

4 技术要求

4.1 外观

质地均匀，无分层。

4.2 理化指标

净化空气用光催化剂质量应符合表1的要求。

表 1

检验项目			指标
耐热耐寒[a]		耐热	(40±1)℃保持 24 h,恢复至室温后无分离现象
		耐寒	−5 ℃～−10 ℃保持 24 h,恢复至室温后无分离现象
光催化性能	乙醛	去除率/%	≥90
		净化性能稳定性/%	≥80
	苯	去除率/%	≥80
		净化性能稳定性/%	≥80
[a] 当样品有特殊储存要求时,耐热耐寒不适用。			

5 试验方法

5.1 耐热耐寒

5.1.1 耐热

5.1.1.1 仪器

5.1.1.1.1 恒温培养箱:±1 ℃。

5.1.1.1.2 试管:ϕ20 mm×120 mm。

5.1.1.2 步骤

将试样分别倒入两支 ϕ20 mm×120 mm 的试管内,使液面高度约 80 mm,塞上干净的胶塞,把一支待检的试管置于预先调节至(40±1)℃的恒温培养箱内。24 h 后取出,恢复至室温后与另一试管的试样进行目测比较。

5.1.2 耐寒

5.1.2.1 仪器

5.1.2.1.1 冰箱:温控精度±2 ℃。

5.1.2.1.2 试管:ϕ20 mm×120 mm。

5.1.2.2 步骤

将试样分别倒入两支 ϕ20 mm×120 mm 的试管内,使液面高度约 80 mm,塞上干净的胶塞,把一支待检的试管置于预先调节至−5 ℃～−10 ℃的冰箱内。24 h 后取出,恢复至室温后与另一试管的试样进行目测比较。

5.2 光催化性能

按附录 A 测定。

6 检验规则

6.1 组批

产品以一次生产数量为一批，产品按批进行抽检。

6.2 检验分类

产品检验分为出厂检验和型式检验。

6.3 采样方式

每批产品随机按GB/T 6680规定的采样方法采样250 mL，混匀后的样品一分为二，作为检验和备用样。

6.4 出厂检验

6.4.1 每批产品在分包出厂前均要进行出厂检验。
6.4.2 出厂检验项目为本标准规定的外观、耐热、耐寒。

6.5 型式检验

6.5.1 型式检验项目包括本标准要求的全部项目。
6.5.2 有下列情形之一时，应进行型式检验：
——产品检定和批量生产前；
——当工艺和原材料有较大改变可能影响产品质量时；
——正常情况下每年一次；
——停产一年以上重新恢复生产时；
——本次出厂检验结果与上次型式检验结果有较大差异时；
——国家质量监督检验机构提出进行型式检验要求时。

6.6 判定规则

经检验有不合格项目，应加倍抽取样品重新进行检验；若检验结果仍有不合格项目时，则判定该批产品为不合格品。

7 标志、运输与贮存

7.1 标志

7.1.1 产品的包装容器上应涂刷牢固清晰的标志，内容包括：生产厂名、厂址、产品名称、商标、产品组分、产品的规格型号、生产日期或批号、有效期、净含量、产品执行标准、适用范围。
7.1.2 每批出厂的产品应附有质量检验合格证。

7.2 运输

运输过程中应防止雨淋、曝晒，防止重压、摔撞及倒置，并应有明显标志。

7.3 贮存

产品应存放在通风、干燥、防止日光直射的地方。

附 录 A
（规范性附录）
光催化性能的检验方法

A.1 范围

本方法适用于液态光催化剂光催化性能的检验。

A.2 测试原理

本方法是将光催化剂置于含有污染物的空气中，在紫外光照射下，以获得光催化剂净化空气的性能。测试时选取乙醛、苯为污染物。反应气一次通过光催化反应器，此时光催化反应器中的样品在光照作用下氧化分解污染物，通过光催化反应器进口和出口处污染物的浓度来计算光催化性能。

A.3 检验装置系统

A.3.1 检验装置示意图

检验装置系统由反应系统和分析系统组成，检验装置示意图见图 A.1 所示。

单位为毫米

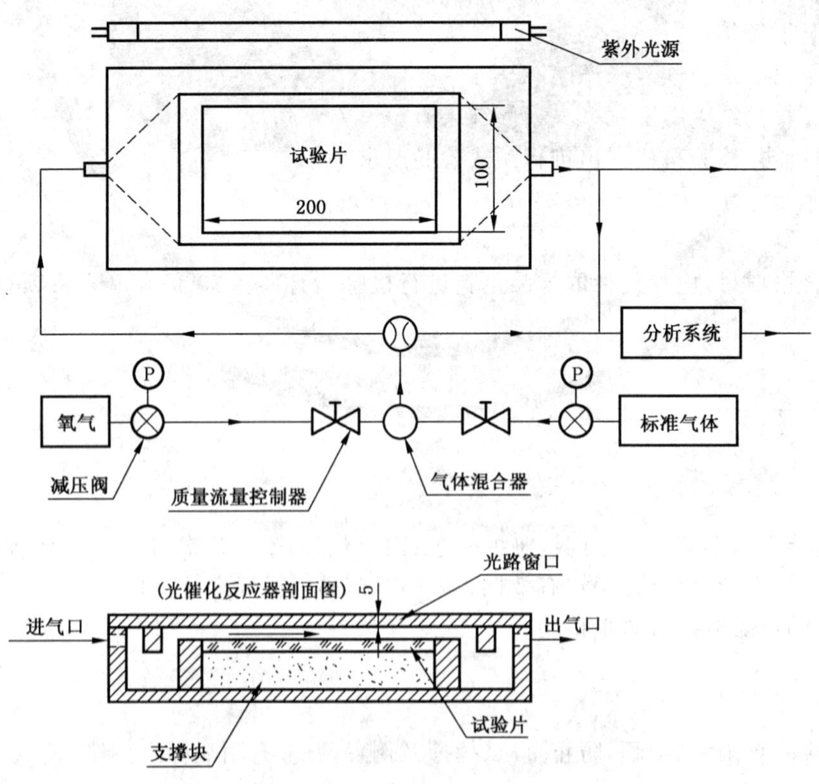

图 A.1 检验装置示意图

A.3.2 反应系统

A.3.2.1 反应系统组成

反应系统由反应气供应、光源、光催化反应器组成。由于污染浓度很低，因此构成反应系统的材料应满足低吸附性和抗紫外的要求。

A.3.2.2 反应气供应

A.3.2.2.1 污染物标气

乙醛标准气体：浓度为 100 mL/m^3，稀释气为氮气。

苯标准气体：浓度为 1 000 mL/m^3，稀释气为氮气。

A.3.2.2.2 氧气

纯度大于 99.99%。

A.3.2.2.3 反应气配制

调节污染物标气和氧气的质量流量控制器，乙醛为污染物时，乙醛的浓度控制在 20 mL/m^3，反应气的流量控制在(100±5)mL/min。苯为污染物时，苯的浓度控制在 10 mL/m^3，反应气的流量控制在(150±7)mL/min。

A.3.2.3 光催化反应器

光催化反应器为一个全封闭的长方型反应器，其内部装有长为(200 ± 0.5)mm、宽为(100±0.5)mm 的试验片。试验片材质为玻璃，涂覆面经磨砂处理，放置于支撑块上。支撑块上方有一与其平行的材质为石英玻璃或硼玻璃的光路窗口，反应器外部的紫外线通过窗口照射到试验片表面，调节支撑块的高度使试验片与窗口之间的距离为 5 mm。

A.3.2.4 光源

光源由主波长为 365 nm、功率为 8 W 的四支管状紫外灯提供。四支灯平行固定在光路窗口的上方，每支灯管的间距为 2 cm～3 cm。测试时，取样品表面的两条对角线上相等间隔的 5 个点，保证每个点的主波长 365 nm 光照度的平均值应为(1±0.1)mW/cm^2。

A.3.3 分析系统

A.3.3.1 检验仪器

气相色谱仪：配氢火焰离子化检测器。

A.3.3.2 色谱柱

根据测试的污染物不同选择不同的色谱柱：

a) 乙醛为污染物时：Porapak Qs(硅烷化的乙基乙烯苯、二乙烯苯共聚物)固定相，2 m×3 mm 的不锈钢色谱柱，或相当者；

b) 苯为污染物时：涂层为聚乙二醇 20 M 石英毛细管柱，30 m×0.25 mm，膜厚 0.5 μm，或相当者。

A.3.3.3 色谱条件

A.3.3.3.1 乙醛为污染物时：

a) 柱温：80 ℃；

b) 进样口温度：150 ℃；

c) 检测器温度：150 ℃；

d) 进样量：1 mL；

e) 载气流速：65 mL/min。

A.3.3.3.2 苯为污染物时：

a) 柱温：60 ℃；

b) 进样口温度：150 ℃；

c) 检测器的温度为：150 ℃；

d) 进样量：1 mL；

e) 载气流速：1.0 mL/min。

A.4 检验步骤

A.4.1 概述

检验步骤包括样品预处理、测试准备、暗吸附、光照反应等过程。暗吸附时间为 30 min，若样品未达到吸附饱和可适当延长时间，光照反应时间为 3 h。

A.4.2 样品预处理

将 2.0 mL 光催化剂均匀喷涂到试验片上，自然风干或置于烘箱中 80 ℃烘干，进行光催化性能试验前，将试验片置于紫外灯下，辐照强度不小于 1 mW/cm^2，光照 16 h 以上以去除光催化剂中所吸附的有机物。

A.4.3 测试准备

A.4.3.1 调节反应物浓度

分别调节污染物标气和氧气的流量，控制反应气中乙醛的浓度为 20 mL/m^3（苯为 10 mL/m^3），反应气流量为 100 mL/min（苯为 150 mL/min）。利用色谱仪检验反应气进气中污染物浓度，直至连续三次测试值的偏差小于 2%。

A.4.3.2 温度调节

调节室内温度为(25±3)℃，平衡 4 h 后方可进行试验。

A.4.3.3 安装试验片

将试验片平放于光催化反应器的支撑块上，调节高度使光照强度和试验品与光路窗口的距离达到 A.3.2.3 和 A.3.2.4 中的要求。盖上光路窗口，密封光催化反应器。

A.4.4 暗吸附

每隔 15 min 测试出口处的污染物浓度，出口处污染物浓度等于进气中的乙醛浓度时即可。若 30 min 后污染物的出口浓度仍低于进气浓度，则继续在暗条件下通入反应气，直至出口浓度三次测试值的偏差小于5%，以此时污染物的出口浓度的平均值作为光照前的污染物的起始浓度。

A.4.5 光催化去除率检验

A.4.5.1 浓度测试

暗吸附结束后，继续通入反应气，打开紫外灯，每隔15 min测试出口气中污染物浓度。光催化反应进行3 h，取反应最后1 h的平均值(3个数值以上的平均值)为污染物出口处浓度。

A.4.5.2 停止光照过程

停止光照，继续通气30 min，在此期间测试出口污染物浓度，污染物浓度应与光照前的平衡浓度相差不超过5%。

A.4.6 净化性能稳定性试验

A.4.6.1 净化乙醛性能稳定性试验

调整乙醛的浓度为试验时的5倍，打开紫外灯，在光催化反应器中反应24 h。样品经此处理后，调整反应气中乙醛的浓度为20 mL/m³，重复A.4.4～A.4.5的试验过程。

A.4.6.2 净化苯性能稳定性试验

在A.4.4结束后，继续通入反应气光照24 h后，每隔15 min测试出口气中污染物浓度，待出口污染物浓度稳定后，取反应最后1 h的平均值(3个数值以上的平均值)为污染物出口处浓度。

A.5 结果计算

A.5.1 三次测试值偏差按式(A.1)计算：

$$E=\frac{\sum_{n=1}^{3}|C_{An}-C_{Aa}|}{3C_{Aa}}\times 100\% \qquad \cdots\cdots(A.1)$$

式中：

E ——出口浓度三次测试值偏差，%；

C_{An}——第n次污染物的测试值，单位为毫升每立方米(mL/m³)；

C_{Aa}——三次测试结果的算术平均值，单位为毫升每立方米(mL/m³)。

A.5.2 污染物的光催化去除率按式(A.2)计算：

$$P_r=\frac{C_{AP0}-C_{AP}}{C_{AP0}}\times 100\% \qquad \cdots\cdots(A.2)$$

式中：

P_r ——污染物光催化去除率，%；

C_{AP0}——光照前污染物的出口浓度，单位为毫升每立方米(mL/m³)；

C_{AP} ——光照下污染物的出口浓度，单位为毫升每立方米(mL/m³)。

A.5.3 光催化剂的稳定性按式(A.3)计算：

$$D=\frac{p_{rs}}{P_r}\times 100\% \qquad \cdots\cdots(A.3)$$

式中：

D ——净化性能稳定性，%；

P_r——污染物光催化去除率，%；

p_{rs}——经稳定性试验后的污染物光催化去除率，%。

A.6 结果表示

A.6.1 当光照下污染物出口浓度为未检出时，污染物的光催化去除率报出结果表示为大于90%。

A.6.2 当光照下污染物出口浓度为未检出时，计算其稳定性时，以 P_r 等于90%代入式(A.3)进行计算，若计算值大于100%时，净化性能稳定性检验结果表示为大于80%。

A.6.3 经过稳定性试验后，污染物出口浓度为未检出时，净化性能稳定性检验结果表示为大于80%。

ICS 13.030.40
J 88

中华人民共和国国家标准

GB/T 27871—2011

垃圾填埋压实机

Sanitary landfill compactor

2011-12-30 发布 2012-09-01 实施

中华人民共和国国家质量监督检验检疫总局
中国国家标准化管理委员会 发布

前　言

本标准按照GB/T 1.1—2009给出的规则起草。

本标准由中华人民共和国国家发展和改革委员会提出。

本标准由全国环保产品标准化技术委员会(SAC/TC 275)归口。

本标准负责起草单位:厦工(三明)重型机器有限公司。

本标准参加起草单位:中国工程机械工业协会路面与压实机械分会、武汉市环境卫生科学研究设计院、长沙中联重工科技发展股份有限公司、一拖(洛阳)建筑机械有限公司、中国标准化研究院。

本标准主要起草人:欧文兴、余金松、林书、吴竞吾、雒泽华、梁林峰、汤建化、裴辉、韩长太、张玉民、黄进。

垃圾填埋压实机

1 范围

本标准规定了垃圾填埋使用的垃圾填埋压实机(以下简称压实机)的术语和定义、分类、技术要求、试验方法、检验规则、标志、包装、运输和贮存。

本标准适用于工作质量≤36 t的压实机,工作质量>36 t的压实机可参照执行。

2 规范性引用文件

下列文件对于本文件的应用是必不可少的。凡是注日期的引用文件,仅注日期的版本适用于本文件。凡是不注日期的引用文件,其最新版本(包括所有的修改单)适用于本文件。

GB/T 3766 液压系统通用技术条件(ISO 4413)

GB/T 7920.5 土方机械 压路机和回填压实机 术语和商业规格(ISO 8811:2000)

GB/T 7935 液压元件 通用技术条件

GB/T 8511—2005 振动压路机

GB/T 13306 标牌

GB/T 13328—2005 压路机通用要求

GB/T 16937 土方机械 司机视野 试验方法和性能准则(ISO 5006)

GB/T 17922 土方机械 翻车保护结构 试验室试验和性能要求(ISO 3471)

GB 20891—2007 非道路移动机械用柴油机排气污染物排放限值及测量方法(中国Ⅰ、Ⅱ阶段)[97/68/EC(2002/88/EC)、74/150/EEC(2000/25/EC)]

GB/T 21935 土方机械 操纵的舒适区域与可及范围(ISO 6682)

JB/T 4198.1 工程机械用柴油机 技术条件

JB/T 7160 工程机械 司机视野试验方法

JB/T 8548 工程机械动力换挡变速器 技术条件

JB/T 8816 工程机械 驱动桥技术条件

JB/T 10902 工程机械 司机室

3 术语和定义

GB/T 7920.5 界定的以及下列术语和定义适用于本文件。

3.1

垃圾填埋压实机 sanitary landfill compactor

自行的轮式压实机械,配备有推铲作为辅助工作装置,通过机器前后运动,压实轮将垃圾压碎、压实。推铲在前进运动中可推移、平整垃圾。

3.2

振动型压实机 sanitary landfill vibratory compactor

利用激振器产生振动进行压实的垃圾填埋压实机。

3.3

静碾型压实机 sanitary landfill rolling compactor

利用静压力进行压实的垃圾填埋压实机。

3.4

最小转弯直径 minimum turning diameter

压实机以最大转向角转向时,所形成圆形压痕的外缘直径。

3.5

压实宽度 compaction width

压实机前压实轮组外侧端面之间的距离。

4 分类

4.1 压实机根据压实原理分为静碾型压实机和振动型压实机。

4.2 压实机的产品型号组成如下:

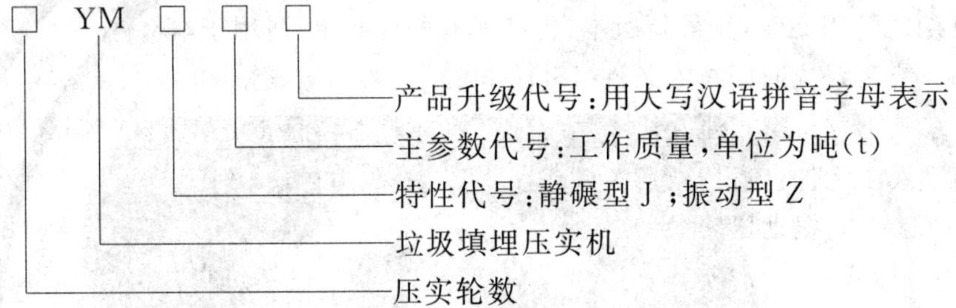

4.3 标记示例如下:

工作质量为23 t,第一次改进升级的四轮静碾垃圾填埋压实机:4YMJ23A;工作质量为20 t,第二次改进升级的三轮振动垃圾填埋压实机:3YMZ20B。

5 技术要求

5.1 基本要求

5.1.1 压实机的基本参数应符合表1的规定。

表1 基本参数

项目		参数		
工作质量/t		<23	23~28	>28
最高行驶速度/(km/h)		≤15	≤12	
离地间隙/mm		≥380	≥420	≥550
爬坡能力/%	静碾型	≥70		
	振动型	≥45		
最小转弯直径/mm		≤18 000	≤20 000	≤22 000
推铲提升高度/mm		≥700	≥900	≥1 200
推铲切入深度/mm		≥180	≥200	

5.1.2 压实机应具有以下装置:

——司机室；
——工作警示装置；
——前、后照明装置；
——前、后转向指示装置；
——前、后牵引装置；
——滚翻保护装置；
——铰接锁定装置；
——防滑转装置；
——上方带挡栅的推铲；
——每个压实轮均应有刮泥装置及挡板；
——压实轮防缠绕的切割装置；
——压实轮外圈分布有碾压齿，每个压实轮碾压齿不应少于三列；
——起吊装置；
——工具箱；
——操纵机构工作位置和重要保养部位的指示标牌。

5.1.3 压实机司机室应符合 JB/T 10902 的规定。同时应配置冷、暖空调，空气净化、除尘、除臭装置。

5.1.4 压实机车架底部应封闭，避免垃圾进入。

5.1.5 需要润滑的零部件均应装有作用可靠、易于维护的润滑装置。各活动关节应用集中润滑系统。

5.1.6 发动机采用高位进气。

5.1.7 内置式燃料油箱的容积应能装储机器 8 h 以上的正常工作的燃油。

5.1.8 压实机的液压系统应符合 GB/T 3766 和 GB/T 7935 的规定。

5.1.9 压实机用柴油机应符合 JB/T 4198.1 的规定。

5.1.10 压实机用动力换挡变速器应符合 JB/T 8548 的规定。

5.1.11 压实机用驱动桥应符合 JB/T 8816 的规定。

5.1.12 压实机表面质量应符合 GB/T 8511—2005 中 5.1.8 的规定。

5.2 性能要求

5.2.1 压实机的工作质量应不小于标重值的 97%。

5.2.2 振动型压实机的振动参数应符合 GB/T 8511—2005 的表 2 中超重型振动参数的规定，性能要求应符合 GB/T 8511—2005 中 5.2.2 的规定。

5.2.3 压实机的司机操纵装置的布置应符合 GB/T 21935 的规定。操作力应符合 GB/T 8511—2005 的表 5 中自行式压路机的规定。

5.2.4 压实机的爬坡性能应符合下列要求之一：

——以低速前进、后退时，爬坡能力应符合表 1 的规定；
——用压实机最大牵引力来代替爬坡试验时，振动型压实机最大牵引力应达到公式(1)的计算值要求，静碾型压实机最大牵引力应达到公式(2)的计算值要求：

$$P_{kP} \geqslant 0.43Mg \qquad (1)$$

$$P_{kP} \geqslant 0.6Mg \qquad (2)$$

式中：

P_{kP}——最大牵引力，单位为千牛(kN)；

Mg——工作质量，单位为吨(t)。

5.2.5 压实机的推铲提升速度不低于 0.3 m/s。

5.2.6 压实机的推铲自然沉降量在 30 min 内不大于 10 mm。

5.2.7 压实机的司机视野应符合 GB/T 16937 的规定。

5.2.8 压实机液压系统中的液压油应符合 GB/T 8511—2005 中 5.2.6 的规定。

5.2.9 压实机传动系统中的润滑油应符合 GB/T 8511—2005 中 5.2.7 的规定。

5.2.10 压实机的渗漏要求应符合 GB/T 8511—2005 中 5.2.14 的规定。

5.2.11 压实机的电气系统应符合 GB/T 8511—2005 中 5.2.13 的规定。

5.3 安全要求

5.3.1 压实机的翻车保护结构应符合 GB/T 17922 的规定。

5.3.2 压实机的制动系统性能应符合 GB/T 13328—2005 中第 5 章的规定。

5.3.3 压实机的排气污染物应符合 GB 20891—2007 的规定。

5.3.4 压实机的噪声限值应符合 GB/T 13328—2005 的表 1 中自行式振动压路机的规定。

5.4 可靠性要求

压实机的可靠性要求应符合 GB/T 8511—2005 中 5.4 的规定。

6 试验方法

6.1 试验准备

——试验样机主要部件(发动机、变速器、驱动桥和液压元件)的合格证或性能试验报告;

——试验前参照附录 A 中的表 A.1 填写试验样机的主要技术性能参数;

——可靠性试验场地为垃圾填埋场;

——压实机的其他试验准备按 GB/T 8511—2005 中 6.1 的规定。

6.2 性能试验方法

6.2.1 主要尺寸测定

将试验样机静止停放在测量场地上并处于工作质量状态,转向轮的转角为零。按图 1 所规定的项目测量,测量结果参照附录 A 中的表 A.2 记录。

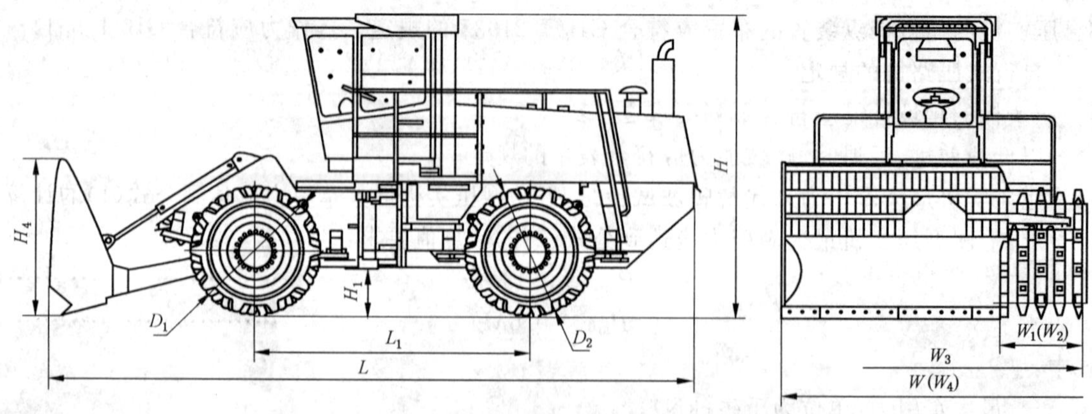

图 1 压实机主要尺寸

6.2.2 工作质量的测定

测定方法按 GB/T 8511—2005 中 6.2.2 的规定。

6.2.3 振动参数的测定

测定方法按 GB/T 8511—2005 中 6.2.11 的规定。

6.2.4 操纵机构操作力的测定

测定方法按 GB/T 8511—2005 中 6.2.4 的规定。

6.2.5 行驶速度的测定

测定方法按 GB/T 8511—2005 中 6.2.6 的规定。

6.2.6 最小转弯直径测定

测定方法按 GB/T 8511—2005 中 6.2.9 的规定。

6.2.7 爬坡性能试验

试验方法按 GB/T 8511—2005 中 6.2.8 的规定。

6.2.8 最大牵引力试验

试验方法按 GB/T 8511—2005 中 6.2.10 的规定。

6.2.9 推铲性能测试

6.2.9.1 推铲最大提升高度 H_1 和推铲最大切入深度 H_2 的测定

推铲最大提升高度 H_1 和推铲最大切入深度 H_2 的测试如图 2 所示，测定结果参照附录 A 中的表 A.3 记录。

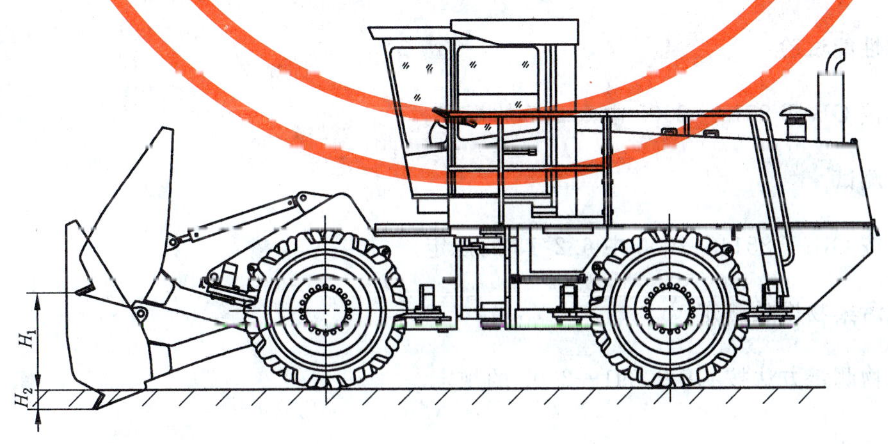

图 2 推铲提升高度和切入深度

6.2.9.2 推铲提升速度的测定如下：

——测定条件：发动机以额定转速运转，液压系统油温 50 ℃±5 ℃；

——测定方法：测定推铲从地面上升至最高位置所需时间 t 按公式(3)计算推铲提升速度，测定结果参照附录 A 中的表 A.3 记录：

$$v=\frac{H_1}{1\ 000\ t} \tag{3}$$

式中：

v ——推铲提升速度，单位为米每秒(m/s)；

H_1 ——推铲从地面到最高位置所经过的垂直距离，单位为毫米(mm)；

t ——推铲从地面上升至最高位置所需时间，单位为秒(s)。

6.2.9.3 推铲自然沉降量的测试方法如下：

——测量条件：推铲提升至接近最高位置，发动机熄火，液压系统油温 50 ℃±5 ℃。

——测试方法：推铲提升至接近最高位置，发动机熄火，30 min 后，测量推铲的下降量，测定结果参照附录 A 中的表 A.3 记录。

6.2.10 司机视野的测定

测定方法按 JB/T 7160 的规定。

6.2.11 液压油与润滑油的固体污染清洁度试验及油温测定

测定方法按 GB/T 8511—2005 中 6.2.16 和 6.2.15 的规定。

6.2.12 渗漏检测

检测方法按 GB/T 8511—2005 中 6.2.17 的规定。

6.2.13 电气系统检验

检测方法按 GB/T 8511—2005 中 6.2.19 的规定。

6.2.14 翻车保护结构检测

检测方法应符合 GB/T 17922 的规定。

6.2.15 制动性能试验

试验方法按 GB/T 8511—2005 中 6.2.7 的规定。

6.2.16 噪声测试

测试方法按 GB/T 8511—2005 中 6.2.13 的规定。

6.2.17 排气污染物排放测定

排气污染物测定方法按 GB 20891—2007 的规定。

6.2.18 外观检测

检测方法按 GB/T 8511—2005 中 6.2.18 的规定。

6.3 可靠性试验方法

试验方法按 GB/T 8511—2005 中 6.3 的规定。

7 检验规则

7.1 出厂检验

7.1.1 制造厂必须对每台压实机进行出厂检验，经检验合格后方可出厂。

7.1.2 压实机出厂检验项目见表 2。

表 2 压实机的出厂检验

项目	静碾型压实机	振动型压实机
检验项目	1. 行驶检验； 2. 制动检验； 3. 爬坡检验； 4. 传动、液压、水路等系统的渗漏检验； 5. 电气系统检验； 6. 外观质量检验	1. 振动检验； 2. 其他同静碾型压实机
合格要求	1. 行驶检验符合 5.1.1 中表 1 的要求； 2. 制动检验符合 5.3.2 的要求； 3. 爬坡检验符合 5.2.4 的要求； 4. 渗漏检验符合 5.2.10 的要求； 5. 电气系统检验符合 5.2.11 的要求； 6. 外观质量检验符合 5.1.12 的要求	1. 振动检验符合 5.2.2 的规定； 2. 其他同静碾型压实机
判定规则	所列检验项目全部达到合格要求，判定为合格，否则判定为不合格	

7.2 型式检验

7.2.1 压实机型式检验包括性能试验和可靠性试验。有下列情况之一时，应进行型式检验：

——新产品或老产品转厂生产的试制定型鉴定；

——正式生产后，如结构、材料、工艺有较大改变可能影响产品性能时；

——国家质量监督机构提出进行型式试验的要求时。

7.2.2 压实机型式检验项目见表 3。

表 3 压实机的型式检验

项目		静碾型压实机	振动型压实机
性能试验	检验项目	除振动参数外 6.2 的全部项目	6.2 的全部项目
	合格要求	1. 工作质量符合 5.2.1 的要求； 2. 制动检验符合 5.3.2 的要求； 3. 爬坡检验符合 5.2.4 的要求； 4. 推铲自然沉降量检验符合 5.2.6 的要求； 5. 润滑油清洁度检验符合 5.2.9 的要求； 6. 液压油清洁度检验符合 5.2.8 的要求；	1. 振动检验符合 5.2.2 的规定； 2. 其他同静碾型压实机

表 3（续）

<table>
<tr><td colspan="2">项目</td><td>静碾型压实机</td><td>振动型压实机</td></tr>
<tr><td>性
能
试
验</td><td>合格要求</td><td>7.渗漏检验符合 5.2.10 的要求；
8.排气污染物检验符合 5.3.3 的要求；
9.噪声检验符合 5.3.4 的要求；
10.外观质量检验符合 5.1.12 的要求</td><td></td></tr>
<tr><td rowspan="2">可靠性
试验</td><td>检验项目</td><td colspan="2">6.3 的项目</td></tr>
<tr><td>合格要求</td><td colspan="2">符合 5.4 的要求</td></tr>
<tr><td colspan="2">判定
规则</td><td colspan="2">1.本表性能试验和可靠性试验合格要求项目中任何一条未达到合格要求，则判定为不合格；
2.本表性能试验和可靠性试验合格要求项目全部达到合格要求，但在第 5 章的其余各条款有 3 条或 3 条以下未达到要求的亦判定为合格，否则亦判定为不合格</td></tr>
</table>

7.3 抽样

进行型式检验的压实机采取随机抽样法抽取 1 台～2 台，经抽样确定的样机应做好标记并封存。

7.4 判定规则

7.4.1 压实机出厂检验按表 2 进行合格判定，型式检验按表 3 进行合格判定。

7.4.2 当压实机被判定为不合格品时，允许在同批产品中再次抽样检验，如仍不合格，即最终判定该批产品为不合格品。

8 标志、包装、运输和贮存

8.1 标志

8.1.1 压实机产品出厂时，应在其显著位置喷涂或粘贴有关标志。标志应有以下内容：

——注册商标；
——起吊标志；
——安全警示标志；
——润滑指示；
——操作及工作位置指示标志；
——产品标牌。

8.1.2 压实机的产品标牌应符合 GB/T 13306 的规定。标牌应有以下内容：

——制造厂名称；
——产品的型号及名称；
——工作质量；
——外形尺寸；
——制造日期；
——出厂编号。

8.2 包装

8.2.1 压实机一般采用裸装。需要防护的部位，应有局部保护措施，其随机工具、备件和技术文件用备件箱包装，且有防雨防潮措施，备件箱应与整机放置在一起。

8.2.2　压实机出厂时，应备齐下列技术文件：

——产品合格证书；

——产品使用维护说明书；

——主要配套件使用维护说明书；

——零件目录；

——易损件目录；

——配套工具目录；

——装箱单。

8.3　运输

8.3.1　压实机进行整机装运时应将车架锁住，用三角木塞住压实轮，固定可靠。

8.3.2　压实机可采用拆分运输，到达目的地后组装成型。

8.4　贮存

压实机长期存放时，放在通风、干燥、不受日晒雨淋的场所，并将需防锈的表面和润滑点清理干净，分别涂以防锈油和注入润滑脂。将燃油和水放净，并有明显标志。

附　录　A
（资料性附录）
压实机测试记录表

表 A.1　压实机主要技术性能参数表

样机型号：　　　　　　　　　　　　　　　　制造厂名称：

<table>
<tr><th colspan="3">项目</th><th>单位</th><th>设计值</th></tr>
<tr><td colspan="3">工作质量</td><td rowspan="3">kg</td><td></td></tr>
<tr><td rowspan="2">分配质量</td><td colspan="2">前轮</td><td></td></tr>
<tr><td colspan="2">后轮</td><td></td></tr>
<tr><td rowspan="6">行驶速度</td><td rowspan="3">前进</td><td>一挡</td><td rowspan="6">km/h</td><td></td></tr>
<tr><td>二挡</td><td></td></tr>
<tr><td>三挡</td><td></td></tr>
<tr><td rowspan="3">后退</td><td>一挡</td><td></td></tr>
<tr><td>二挡</td><td></td></tr>
<tr><td>三挡</td><td></td></tr>
<tr><td colspan="3">最小转弯直径(钢轮最外缘轨迹)</td><td>m</td><td></td></tr>
<tr><td colspan="3">爬坡能力</td><td>%</td><td></td></tr>
<tr><td colspan="3">离地间隙</td><td>mm</td><td></td></tr>
<tr><td colspan="3">推铲宽度</td><td>mm</td><td></td></tr>
<tr><td colspan="3">推铲高度</td><td>mm</td><td></td></tr>
<tr><td colspan="3">压实宽度</td><td>mm</td><td></td></tr>
<tr><td colspan="3">轴距</td><td>mm</td><td></td></tr>
<tr><td rowspan="2">推铲装置</td><td colspan="2">最大提升高度</td><td rowspan="2">mm</td><td></td></tr>
<tr><td colspan="2">最大切入深度</td><td></td></tr>
<tr><td rowspan="3">发动机</td><td colspan="2">型号</td><td></td><td></td></tr>
<tr><td colspan="2">额定功率</td><td>kW</td><td></td></tr>
<tr><td colspan="2">额定转速</td><td>r/min</td><td></td></tr>
<tr><td rowspan="4">压实轮</td><td rowspan="2">前轮</td><td>数量－直径×宽度</td><td>mm×mm</td><td></td></tr>
<tr><td>凸块数量</td><td></td><td></td></tr>
<tr><td rowspan="2">后轮</td><td>数量－直径×宽度</td><td>mm×mm</td><td></td></tr>
<tr><td>凸块数量</td><td></td><td></td></tr>
<tr><td rowspan="3">外形尺寸</td><td colspan="2">长</td><td rowspan="3">mm</td><td></td></tr>
<tr><td colspan="2">宽</td><td></td></tr>
<tr><td colspan="2">高</td><td></td></tr>
</table>

表 A.2 主要尺寸测定记录表

样机型号： 试验日期：

出厂编号： 试验地点：

试验人员： 记录人员：

单位为毫米

项目		代号	测定值	备注
外形尺寸	长	L		
	宽	W		
	高	H		
压实轮尺寸	前轮直径×宽度	$D_1 \times W_1$		
	后轮直径×宽度	$D_2 \times W_2$		
压实宽度		W_3		
离地间隙		H_3		
轴距		L_1		
推铲宽度		W_4		
推铲高度		H_4		

表 A.3 推铲性能测定记录表

样机型号： 试验日期：

出厂编号： 试验地点：

天气、气温： ℃ 路面状况：

记录人员： 试验人员：

试验序号	推铲最大提升高度 H_1/mm	提升时间 t/s	推铲提升速度 v/(m/s)	推铲最大切入深度 H_2/mm	备注
1					
2					
3					
平均值					
推铲自然沉降量/mm					

ICS 13.030.40
J 88

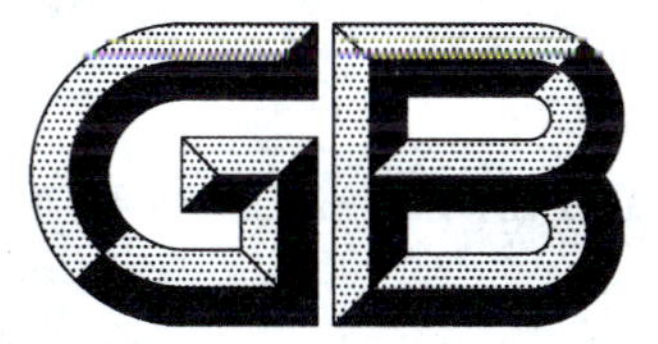

中华人民共和国国家标准

GB/T 27872—2011

潜水曝气机

Submersible aerator

2011-12-30 发布　　　　2012-09-01 实施

中华人民共和国国家质量监督检验检疫总局
中国国家标准化管理委员会　发布

前　言

本标准按照 GB/T 1.1—2009 给出的规则起草。

本标准由国家发展和改革委员会提出。

本标准由全国环保产品标准化技术委员会(SAC/TC 275)归口。

本标准负责起草单位:南京贝特环保通用设备制造有限公司。

本标准参加起草单位:深圳市爱立诚环保设备有限公司、上海川源机械工程有限公司、珠海市江河海水处理设备工程有限公司、国家环保产品质量监督检验中心。

本标准主要起草人:曾德全、汪文生、郝玉萍、王立坚、谢宏炅、毕粗贵、万向阳、杨爱国、陈庆和、郭庆、张斌、乔炜。

潜 水 曝 气 机

1 范围

本标准规定了潜水曝气机的术语和定义、分类和型号、技术要求、试验方法、检验规则、标志、包装、运输和贮存。

本标准适用于潜水曝气机。

2 规范性引用标准

下列文件对于本文件的应用是必不可少的。凡是注日期的引用文件，仅注日期的版本适用于本文件。凡是不注日期的引用文件，其最新版本(包括所有的修改单)适用于本文件。

GB/T 191 包装储运图示标志(ISO 780)

GB 755 旋转电机 定额和性能(IEC 60034-1)

GB/T 1031 产品几何技术规范(GPS) 表面结构 轮廓法 表面粗糙度参数及其数值

GB/T 1220 不锈钢棒

GB/T 1720 漆膜附着力测定法

GB/T 2828(所有部分) 计数抽样检验程序[ISO 2859(所有部分)]

GB/T 3452.1 液压气动用O形橡胶密封圈 第1部分:尺寸系列及公差(ISO 3601-1)

GB/T 3797 电气控制设备

GB 4208—2008 外壳防护等级(IP代码)(IEC 60529:2001)

GB/T 4942.1—2006 旋转电机整体结构的防护等级(IP代码) 分级(IEC 60034-5:2000)

GB/T 5013.4 额定电压450/750 V及以下橡皮绝缘电缆 第4部分:软线和软电缆(IEC 60245-4)

GB 5749 生活饮用水卫生标准

GB/T 6556 机械密封的型式、主要尺寸、材料和识别标识

GB/T 9239.1—2006 机械振动 恒态(刚性)转子平衡品质要求 第1部分:规范与平衡允差的检验(ISO 1940-1:2003)

GB/T 9969 工业产品使用说明书 总则

GB/T 10894 分离机械 噪声测试方法(ISO 3744)

GB/T 12785—2002 潜水电泵 试验方法

GB/T 13306 标牌

GB/T 13384 机电产品包装通用技术条件

CJ/T 3015.2 曝气器清水充氧性能测定

JB/T 2932 水处理设备 技术条件

JB/T 5118 污水污物潜水电泵

JB/T 6447 YCJ系列齿轮减速三相异步电动机 技术条件(机座号71～280)

JB/T 6880.1 泵用灰铸铁件

JB/T 6880.2 泵用铸钢件

JB/T 6881—2006 泵可靠性测定试验

3 术语和定义

下列术语和定义适用于本文件。

3.1

潜水曝气机 submersible aerator

水体需氧时,能通过自吸或外供空气的方式,向水体充入空气,并使空气中的氧溶解于水的潜水机械装置。

3.2

进气量 air input

在标准试验条件下,潜水曝气机单位时间内由进气管进入水体的空气体积,单位:m^3/h。

3.3

充氧量 oxygen input

在标准试验条件下,潜水曝气机单位时间内向水中补充氧气的质量,单位:kg/h。

3.4

动力效率 efficiency of power

在标准试验条件下,充氧量与潜水曝气机系统消耗的总输入功率之比,单位:kg/(kW·h)。

3.5

气泡作用直径 diameter of bubble effect

以潜水曝气机叶轮的旋转中心为圆心,水面气泡形成的外圆直径,单位:m。

3.6

潜水深度 diving depth

当潜水曝气机水平放置时,潜水曝气机混合液出口中心线距水平面的垂直距离,单位:m。

4 分类和型号

4.1 分类

按工作原理可分为:

a) 潜水自吸式曝气机,适用于潜水深度范围为 1 m～5 m;

b) 潜水供气式曝气机,适用于潜水深度范围为 5 m～20 m。

4.2 型号

潜水曝气机的型号表示如下:

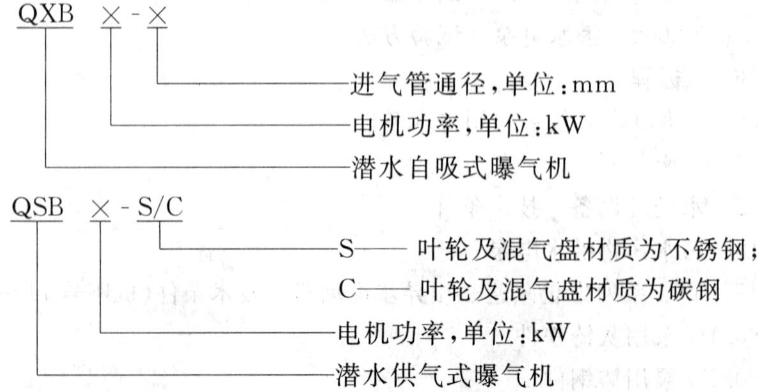

示例:QXB3-50 表示电机功率为 3 kW,进气管通径为 ϕ50 mm 的潜水自吸式曝气机。

QSB22-S 表示电机功率为 22 kW,叶轮及混气盘材质为不锈钢的潜水供气式曝气机。

4.3 结构组成

4.3.1 潜水自吸式曝气机主要由叶轮、密封件、潜水电机、混气盘、进气室、供气管、消音器等部分组成,如图 1。

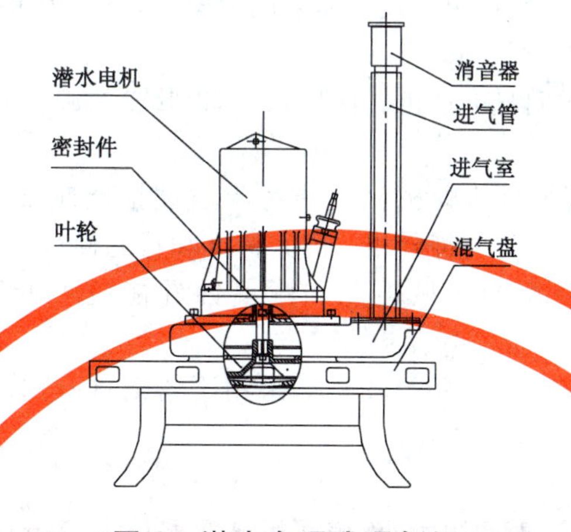

图 1 潜水自吸式曝气机

4.3.2 潜水供气式曝气机主要由叶轮、密封件、潜水电机、混气盘、进气室、供气管、减速机构等部分组成,如图 2。

单位为毫米

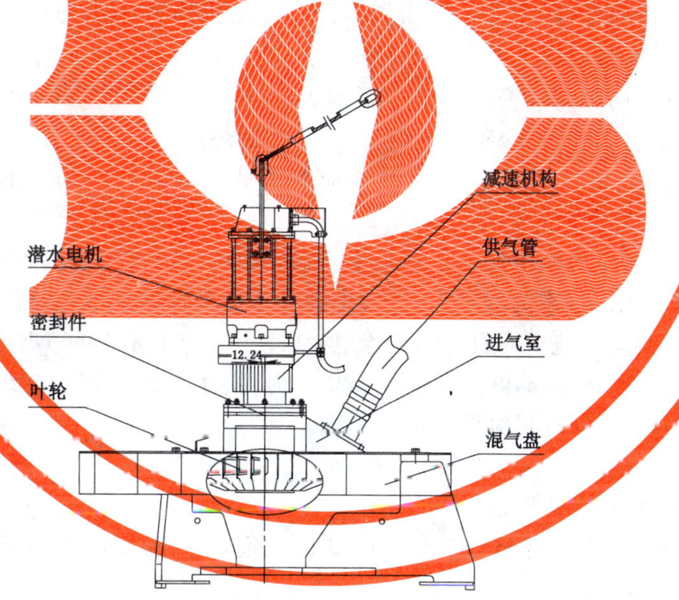

图 2 潜水供气式曝气机

5 技术要求

5.1 基本要求

5.1.1 工作环境:

a) 正常运行最高介质温度不超过 45 ℃;

b) 介质的 pH 值为 5~9;

c) 介质密度不超过 1 150 kg/m^3。

5.1.2 工作条件：

a) 工作电源：交流 380 V±20 V，50 Hz；

b) 工作水深：最小水深应能完全淹没潜水曝气机主机，最大水深应不超过 20 m。

5.1.3 潜水曝气机应按规定的图样和技术文件制造。

5.1.4 外观

5.1.4.1 机身外表面应平整光滑、色泽一致。如采用涂覆时，应采用重防腐涂料，涂层总厚度应不小于 150 μm，且附着牢固。

5.1.4.2 潜水曝气机上应固定明显的红色转向标志，标识叶轮的旋转方向。

5.1.5 材质

5.1.5.1 机座、端盖、混气盘等材质的机械性能和耐腐蚀性能应不低于 HT200 牌号铸铁，应符合 JB/T 6880.1 的规定，配套金属管件应符合相关国家标准和行业标准的规定。

5.1.5.2 轴及外露紧固件材质的机械性能和耐腐蚀性能应不低于 2Cr13 牌号不锈钢，应符合 GB/T 1220 的规定。

5.1.5.3 叶轮应采用高强度、耐腐蚀的材质。如采用不锈钢材质，其机械性能和耐腐蚀性能不低于 1Cr18Ni9，应符合 JB/T 6880.2 的规定。

5.1.6 叶轮

5.1.6.1 叶轮制造应型线正确、摩擦阻力小、表面粗糙度 $Ra \leqslant 6.3\ \mu m$，叶轮的断面形状误差与尺寸偏差不得大于公称尺寸的 1‰。

5.1.6.2 叶轮转动应灵活、平稳、无卡滞。

5.1.6.3 叶轮的平衡精度等级应符合 GB/T 9239.1—2006 中 G6.3 级的规定。

5.1.7 密封件

5.1.7.1 潜水曝气机的轴封应密封可靠，当采用机械密封时，应符合 GB/T 6556 的规定。

5.1.7.2 潜水曝气机的密封圈应符合 GB/T 3452.1 的规定。

5.1.7.3 潜水曝气机的密封性能应可靠，内腔应能承受 0.25 MPa 气压、历时 3 min 且无渗漏。

5.1.8 潜水电机

5.1.8.1 潜水电机运行期间，电源电压和频率与额定值的偏差应符合 GB 755 的规定。

5.1.8.2 当功率、电压及频率为额定值时，效率和功率因数的保证值应符合 JB/T 5118 的规定。

5.1.8.3 潜水电机的定子绕组对机壳的绝缘电阻，冷态时应不小于 50 MΩ。

5.1.8.4 当频率为 50 Hz、额定供电电压为 380 V 时，潜水电机的定子绕组应能承受试验电压有效值为 1 760 V、历时 1 min 的耐电压试验而不被击穿。

5.1.8.5 潜水电机的防护等级应符合 GB/T 4942.1—2006 中 IP68 的规定，绝缘等级应符合 GB/T 12785—2002 中 F 级的规定。

5.1.8.6 潜水电机的电缆应符合 GB/T 5013.4 的规定，电缆长度应不小于 10 m。

5.1.9 减速机构

减速机构使用系数应不低于 1.5，应符合 JB/T 6447 的规定。

5.2 装配要求

5.2.1 输出轴的径向跳动允差≤0.05 mm，轴向位移允差≤0.15 mm。

5.2.2 潜水自吸式曝气机叶轮端面跳动允差≤0.2 mm，径向跳动允差≤0.10 mm。

5.2.3 潜水供气式曝气机叶轮端面跳动允差≤1.5 mm，径向跳动允差≤2 mm。

5.3 性能要求

5.3.1 每种规格的潜水自吸式曝气机都应进行充氧性能测定，并依据测定结果绘制出该规格潜水曝气机的充氧性能曲线图。潜水自吸式曝气机性能要求应符合表 1 的规定。

表 1　潜水自吸式曝气机性能要求

型　　号	工作条件		性能参数			
	电机功率/kW	潜水深度[a]/m	进气量/(m^3/h) ≥	充氧量/[kg(O_2)/h] ≥	气泡作用直径/m ≥	动力效率/[kg/(kW·h)] ≥
QXB0.75-32	0.75	1.8	9.5	0.47	2.8	0.64
QXB1.5-32	1.5	2.7	18	0.96	3.5	0.64
QXB2.2-50	2.2	3.2	28.5	1.5	4.8	0.68
QXB3-50	3		39	2.06	5.5	0.68
QXB4-50	4	3.6	53	2.8	6.5	0.7
QXB5.5-65	5.5		72	3.85	8	0.7
QXB7.5-65	7.5	4	102	5.7	10	0.76
QXB11-100	11	4.2	178	9	11	0.82
QXB15-100	15	4.5	248	12.4	12	0.83
QXB18.5-100	18.5	4.5	350	15.7	12.5	0.85
QXB22-100	22	4.5	430	18.7	13.5	0.85
QXB30-150	30	4.5	510	24.6	14.5	0.82
QXB37-150	37	4.5	570	26.6	15	0.72
QXB45-150	45	4.5	630	31	15.5	0.69
QXB55-150	55	4.5	820	38	16	0.69
[a] 表中潜水深度为推荐最合适的试验深度。						

5.3.2　每种规格的潜水供气式曝气机都应进行充氧性能测定，并依据测定结果绘制出该规格潜水曝气机的充氧性能曲线图。潜水供气式曝气机性能要求应符合表 2 的规定。

表 2　潜水供气式曝气机性能要求

型号	工作条件		性能参数		
	电机功率/kW	潜水深度/m	进气量/(m^3/h)	充氧量/(kg/h) ≥	动力效率/[kg/(kW·h)] ≥
QSB5.5	5.5	5～20	480	35	1.52
QSB7.5	7.5	5～20	900	58	1.52
QSB11	11	5～20	1 080	74	1.52
QSB15	15	5～20	1 500	90	1.52
QSB22	22	5～20	1 800	115	1.52
QSB30	30	5～20	2 400	156	1.52
QSB37	37	5～20	3 000	198	1.52
注 1：潜水深度为 8 m 时，其余数据为标准试验条件下的指标。 注 2：动力效率为含鼓风机功率计算值。					

5.3.3 搅拌性能

潜水曝气机应具有适当的搅拌能力，出口流速应不小于 3 m/s。

5.3.4 平均无故障工作时间(MTBF)

在 5.1.1 的工作环境下，潜水曝气机的平均无故障工作时间(MTBF)应不小于 5 000 h，故障类型应符合 JB/T 6881—2006 中Ⅰ类故障和Ⅱ类故障的规定。

5.3.5 设计寿命

潜水曝气机的壳体设计寿命应不小于 15 年，减速机传动装置的设计寿命应不小于 75 000 h，轴承设计寿命应不小于 50 000 h。

5.3.6 保护装置

潜水曝气机电机应设有过热保护装置，密封腔应设泄漏保护装置。

5.3.7 噪声

潜水自吸式曝气机在正常工作时，产生的噪声声功率级应不大于 70 dB。

5.3.8 电控设备

潜水曝气机的电控设备应符合 GB/T 3797 的规定，采用户外箱式防护等级应不低于 GB 4208—2008 中 IP55 的规定。

6 试验方法

6.1 外观及部件检验

6.1.1 标准试验条件

水温 20 ℃、气压 101.325 kPa，在清水中规定的潜水深度的范围内，潜水曝气机在额定电压、频率下运行，清水应符合 GB 5749 的规定。

6.1.2 外观检测

6.1.2.1 涂层厚度使用漆膜厚度仪测定，附着力测定应符合 GB/T 1720 的规定。

6.1.2.2 潜水曝气机的外观质量、转向标志的检测应符合 JB/T 2932 的规定。

6.1.3 材质检验

主要零部件材料和配套设备的检验由供方提供合格证明，必要时应按产品标准进行检验。

6.1.4 叶轮检测

6.1.4.1 叶轮的加工精度、断面形状误差与尺寸偏差用符合规定的测量工具测量，其表面粗糙度评定应符合 GB/T 1031 的规定。

6.1.4.2 叶轮转动灵活性用手感法结合目测法检测。

6.1.4.3 直径小于等于 500 mm 的叶轮应做动平衡试验；直径大于 500 mm 的叶轮，其厚度与外径的比 $B/\phi D \leqslant 0.2$ 时应做静平衡试验，平衡试验应按 GB/T 9239.1—2006 的规定。

6.1.5 密封性检测

向潜水电机或减速机的内腔注入压力 0.25 MPa 的压缩空气，历时 3 min 无泄漏。

6.1.6 潜水电机检测

6.1.6.1 潜水电机的电气性能试验应符合 GB/T 12785—2002 的规定。

6.1.6.2 绝缘电阻应使用500 V兆欧表测量。

6.1.6.3 电机的定子绕组用耐压仪进行1 760 V电压下历时1 min的耐压检测。

6.1.6.4 潜水电机的检测应符合GB/T 5013.4的规定，电缆长度应不小于10 m，或符合用户要求的长度。

6.1.7 减速机构检测

减速机构安全使用系数应不低于1.5，检测方法应符合JB/T 6447的规定。

6.2 装配检测

6.2.1 潜水电机装配后，用百分表对输出轴端进行径向跳动和轴向位移检测。

6.2.2 整机装配后，用百分表分别对叶轮的端面跳动和径向跳动检测。

6.3 性能检测

6.3.1 在规定的水深范围内，用精度不低于2.5级的转子流量计或涡街流量计测量进气量，同时用卷尺测量气泡作用直径。潜水曝气机充氧性能的试验方法应符合CJ/T 3015.2的规定。

6.3.2 搅拌性能检测

在潜水曝气机水气混合液水平出口100 mm处，用精度不低于0.02 m/s的流速仪进行检测。

6.3.3 平均无故障工作时间

潜水曝气机平均无故障工作时间的试验方法应符合JB/T 6881—2006的规定。

6.3.4 设计寿命

潜水曝气机、减速机传动装置和轴承的设计寿命应由生产厂家提供证明。

6.3.5 保护装置检测

电机漏水保护传感器，当电机油室中介质电阻小于200 Ω时，输出动作信号；电机过热保护传感器，电机绕组中应装有不少于一组热敏开关，在绕组达到135 ℃时应动作。

6.3.6 噪声检测

应符合GB/T 10894的规定。

6.3.7 电控设备检测

由厂家提供合格证明，需要时应按相关标准检测。

7 检验规则

7.1 检验分类

潜水曝气机检验分出厂检验、型式检验。

7.2 出厂检验

每台潜水曝气机应进行出厂检验，检验项目及试验方法按表3的规定执行。

7.3 型式试验

7.3.1 有下列情况之一者，应进行型式检验：

a) 新产品定型鉴定或批量投产时；

b) 正常生产满 36 个月继续生产时或者停止生产 6 个月以上恢复生产时；

c) 出厂检验结果与上次型式检验有较大差异时；

d) 正式生产后，如结构、材质、工艺有较大改变时；

e) 上级质量监督机构提出型式检验要求时。

7.3.2 抽样检查和判断处置规则应符合 GB/T 2828(所有部分)的规定，抽样可采用正常检查一次抽样方案，检查水平为特殊检查水平 S-1，检查批应满足样本至少为 2 台的要求，合格质量水平(AQL)为 6.5。

7.3.3 检验项目及试验方法按表 3 的规定执行。

表 3 检验项目及试验方法

序号	检验项目		检验类型		要求	试验方法
			型式	出厂		
1	整机外观质量(涂层及转向标识等)		√	√	5.1.4	6.1.2
2	材质		√	—	5.1.5	6.1.3
3	叶轮	精度(型线、形状及尺寸偏差)	√	√	5.1.6.1	6.1.4.1
4		运转灵活性	√	√	5.1.6.2	6.1.4.2
5		平衡试验	√	√	5.1.6.3	6.1.4.3
6	密封性能		√	√	5.1.7	6.1.5
7	电机性能		√	√	5.1.8	6.1.6
8	减速机构		√	—	5.1.9	6.1.7
9	装配性能	潜水电机轴径向跳动和轴向位移	√	√	5.2.1	6.2.1
10		潜水自吸式叶轮跳动	√	√	5.2.2	6.2.2
11		潜水供气式叶轮跳动	√	√	5.2.3	6.2.2
12	基本性能	进气量及气泡作用范围	√	√	5.3.1	6.3.1
13		充氧性能	√	—	5.3.2	6.3.1
14	搅拌性能		√	√	5.3.3	6.3.2
15	安全可靠性	耐电压试验	√	√	5.1.8.4	6.1.6.3
16		无故障工作时间	√	—	5.3.4	6.3.3
17		设计寿命	√	—	5.3.5	6.3.4
		漏水传感器、过热传感器	√	√	5.3.6	6.3.5
18		噪声要求	√	√	5.3.7	6.3.6
		电控设备	√	√	5.3.8	6.3.7

7.4 判定规则

7.4.1 出厂检验及型式检验结果应符合第 5 章相关内容的规定。

7.4.2 出厂检验及型式检验中的任一检验项目结果不合格，即判定为不合格。

8 标志、包装、运输和贮存

8.1 标志

潜水曝气机铭牌应固定在机体上明显部位，铭牌的尺寸及技术要求应符合 GB/T 13306 的规定。铭牌应包括以下内容：

a) 产品名称；
b) 产品型号及规格；
c) 充氧量(O_2)，单位：kg/h；
d) 进气量，单位：m^3/h；
e) 潜水深度，单位：m；
f) 电机功率，单位：kW；
g) 叶轮转速，单位：r/min；
h) 额定电压，单位：V；
i) 额定频率，单位：Hz；
j) 额定电流，单位：A；
k) 接线方式；
l) 绝缘等级；
m) 质量，单位：kg；
n) 生产厂家名称；
o) 产品出厂编号和制造日期。

8.2 包装

8.2.1 包装应符合 GB/T 13384 的规定，包装箱外表面应用不褪色的颜料清晰地标明下列标志：

a) 产品型号及名称；
b) 到站、发站名；
c) 收货单位及发货单位；
d) 发货日期；
e) 产品的净重、毛重、包装箱外形尺寸；
f) 产品出厂编号。

8.2.2 潜水曝气机包装应使用木箱包装或其他可靠的包装方式，内部需加以固定，箱外标识“小心轻放”、“向上”、“重心位置”等图示标志应符合 GB/T 191 的规定，特殊情况由供需双方议定。

8.2.3 包装箱内应附有下列文件：

a) 产品使用说明书；
b) 产品合格证；
c) 装箱单；
d) 其他文件。

8.2.4 随机文件应用塑封等可靠方式封口，放入包装箱内。

8.2.5 产品使用说明书的编写应符合 GB/T 9969 的规定。

8.3 运输

运输和装卸过程应防止曝晒、剧烈撞击和重压。

8.4 贮存

潜水曝气机应贮存在阴凉、干燥、通风环境中。电气部分应防止高温受潮，不应长期露天存放。

ICS 13.030.01
Z 01

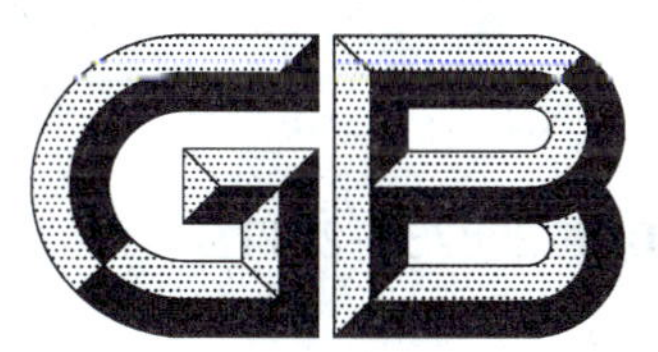

中华人民共和国国家标准

GB/T 27873—2011

废弃产品处理企业技术规范

2011-12-30 发布 2012-06-01 实施

中华人民共和国国家质量监督检验检疫总局
中国国家标准化管理委员会 发布

前 言

本标准按照GB/T 1.1—2009给出的规则起草。

本标准由全国产品回收利用基础与管理标准化技术委员会(SAC/TC 415)提出并归口。

本标准起草单位:中国标准化研究院、中国再生资源回收利用协会、国务院发展研究中心社会发展研究部、中国电子工程设计研究院、上海废旧物资行业协会、中国有色金属工业协会再生金属分会、中国塑料加工工业协会、中国家用电器研究院、中国废钢铁应用协会、中国家用电器协会废旧电子电器再生利用分会、中国物资再生协会。

本标准主要起草人:林翎、高东峰、富鸿钧、徐晓燕、周宏春、陈利、黄建清、卢建、马占峰、张友良、刘树洲、刘福中、高延莉。

废弃产品处理企业技术规范

1 范围

本标准规定了废弃产品处理企业的技术要求。

本标准适用于在中华人民共和国境内从事废弃产品处理的活动。

2 规范性引用文件

下列文件对于本文件的应用是必不可少的。凡是注日期的引用文件，仅注日期的版本适用于本文件。凡是不注日期的引用文件，其最新版本(包括所有的修改单)适用于本文件。

GB 8978 污水综合排放标准

GB 12348 工业企业厂界环境噪声排放标准

GB 16297 大气污染物综合排放标准

GB 18597 危险废物贮存污染控制标准

GB 18599 一般工业固体废物贮存、处置场污染控制标准

GB/T 23685 废电器电子产品回收利用通用技术要求

GBZ 1 工业企业设计卫生标准

GBZ 2.1 工作场所有害因素职业接触限值 第1部分:化学有害因素

GBZ 2.2 工作场所有害因素职业接触限值 第2部分:物理因素

国务院379号令 安全生产许可条例

3 术语和定义

下列术语和定义适用于本文件。

3.1

废弃产品 waste product

产品的拥有者不再使用且已经去弃或放弃的产品，以及在生产、运输、销售、使用过程中产生的不合格产品、报废产品和过期产品等。

3.2

处理企业 recycler

从事废弃产品处理企业活动的自然人、法人。

4 运输贮存要求

4.1 总体要求

有称量、检测、分拣、起重、运输等相应的设备。

4.2 运输要求

4.2.1 运输前应进行以下运输登记：

a) 承运者信息；

b) 外运目的：中转贮存、利用、处理、处置；

c) 出发地点及日期；

d) 运达地点及日期；

e) 所运输废弃产品的种类；

f) 所运输废弃产品的数量、重量。

4.2.2 废弃产品运输时车辆应具备防雨措施。

4.2.3 运输过程中应避免发生溢出、泄漏、飞散、掉落等造成污染环境或危害人体健康的情况。

4.2.4 承运者在运输过程中对废弃产品不应采取任何形式的私自拆卸行为，不应将废弃产品丢弃，防止其中有害成分的泄漏污染。

4.3 贮存要求

4.3.1 贮存场地需符合 GB 18597、GB 18599 要求。

4.3.2 废弃产品应堆放整齐，按规定要求分类摆放，并应采取措施，防止发生飞散、掉落、倒塌或崩塌等情况。

4.3.3 露天贮存应具有防雨措施。

4.3.4 贮存场所内应严禁烟火，且不可存放任何易燃性物质，并应设置严禁烟火标志。

4.3.5 贮存场内分隔走道应保持畅通，不得阻碍安全出口，妨碍消防安全设备及电气开关等。

4.3.6 贮存场区应设置消防安全设备及避雷设备或接地设备，并应定期检修。

4.3.7 露天贮存场地应铺设不透水地面，并具有排水及污染物截流设施，防止恶臭、污染土壤和地下水等污染环境的情况发生。

5 拆解处理要求

5.1 设施要求

5.1.1 具有用于拆解处理废弃产品的专用场地，能够防风、防雨、防晒、通风良好，并设有污水收集系统。

5.1.2 拆解处理场地不同拆解区之间应有明显的界限，并在显著位置设置提示性标志，有潜在危险的拆解处理区应设警示标志。

5.1.3 拆解处理场地需符合 GB 18599 要求。

5.1.4 从事废弃产品拆解处理的专业生产线不得露天作业，应具备可靠的粉尘处理能力、降噪设施和污水排放系统，厂房有液体截流、收集、泄水等设施，以及具有防止废弃物溢散、散发恶臭、污染地面及影响周边环境的必要措施，具备紧急应变措施及污染防治计划书。

5.2 设备要求

5.2.1 处理企业应有拆解、切割、破碎、分选、打包、压块、清洗等相应的设备，并符合相关标准要求。

5.2.2 处理设备应能高效拆解处理废弃产品，且通过国家和地方的环境保护监测鉴定，符合国家标准。

5.3 技术要求

5.3.1 处理企业应具有与所处理的废弃产品相适应的技术和工艺，建立质量保证体系，所采用工艺先进、适用，能够保证处理的废弃产品达到或超过国家标准。

5.3.2 尽可能保证零部件的可再使用及破碎处理后材料的综合利用性。

5.3.3 对拆解后的所有的零部件、材料、废弃物进行分类存储和标识，含有害物质的部件应先行拆除，并按有害物质的种类实施分类管理。

5.3.4 拆解处理后产生的不可再利用的废物，不得随意丢弃、焚烧或存放，应集中放置在符合相关要求的贮存设施内，委托有资质的废物处理方处置。

5.3.5 处理企业专业技术人员不得少于总人数的5%，其专业技能应能满足处理作业、环保、安全操作等相应要求；操作工人应符合国家有关部门规章的要求，有持证上岗规定的，相关岗位的操作人员应参加职业技能培训，持证上岗。

5.3.6 拆解电器电子产品应符合GB/T 23685要求并达到废弃产品再生利用率相关要求。

6 环境保护要求

6.1 大气污染应符合GB 16297的要求。

6.2 污水排放应符合GB 8978的要求。

6.3 噪声污染应符合GB 12348的要求。

6.4 危险废物贮存、处置应符合相关国家标准。

7 安全生产与劳动保护

7.1 应依照国务院397号令，符合国家安全生产法律、法规和部门规章及标准规定，具备相应的安全生产和职业危害防治条件，并建立、健全安全生产责任制，设置安全生产管理机构，配套专职安全生产管理人员，并提供相应的工资条件和业务经费。

7.2 作业环境应满足GBZ 1、GBZ 2.1和GBZ 2.2的要求。

7.3 废弃产品处理的从业者需掌握必要的劳动保护知识。对从事特种作业的劳动者，应进行专业安全技术培训，并经劳动行政部门考核，取得特种作业操作证后，方可上岗作业。

7.4 处理危险废弃物的，应经环境保护主管部门审查合格，取得危险废物(含危险化学品)《经营许可证》，获取危险化学品经营资质。

注：根据2004年颁布的《危险废物经营许可证管理办法》第二条规定，在中华人民共和国境内从事危险废物收集、贮存、处置经营活动的单位，应当依照本办法的规定，领取危险废物经营许可证。

8 管理要求

8.1 企业应按GB/T 23685的要求建立档案管理制度，对进出企业的废弃产品及拆解处理后的产品名称、数量、时间、来源或去向进行登记记录，档案需保存3年以上。

从事废弃电子电器产品处理企业应按照GB/T 23685的有关要求进行处理工作并建立统计档案。

8.2 建立消防安全检查制度、设施设备检修和维护制度及废弃产品环保管理制度等。

参 考 文 献

［1］ 台湾行政院环境保护署环署基字第 0960013423 号令，废电子电器暨废信息物品回收贮存清除处理方法及设施标准

［2］ 国家环境保护总局令 2007 年第 40 号 电子废物污染环境防治管理办法

ICS 03.220.40
R 06

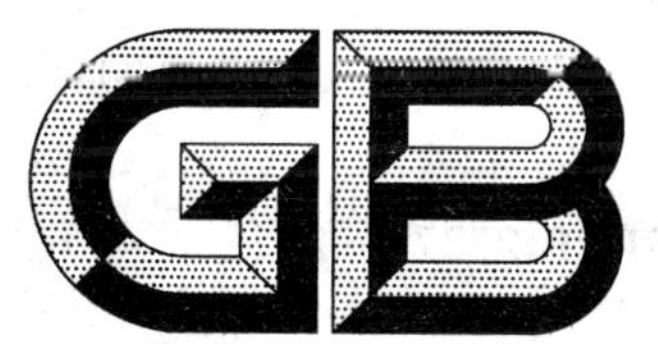

中华人民共和国国家标准

GB/T 27874—2011

船舶节能产品评定方法

Measurement method of energy saving products for marine

2011-12-30 发布

2012-06-01 实施

中华人民共和国国家质量监督检验检疫总局
中国国家标准化管理委员会 发布

前　言

本标准按照 GB/T 1.1—2009 给出的规则起草。

本标准由中华人民共和国交通运输部提出。

本标准由中华人民共和国交通运输部政策法规司归口。

本标准起草单位：长江航运科学研究所。

本标准主要起草人：汪静、刘大江、俞筱莉、李文华、曾勇、梁军、周国强。

船舶节能产品评定方法

1 范围

本标准规定了船舶节能产品的评定项目、测试方法、测试数据处理及评定方法。

本标准适用于以降低船舶柴油机燃油消耗为目的的各类节能产品使用效果的评定。

2 规范性引用文件

下列文件对于本文件的应用是必不可少的。凡是注日期的引用文件,仅注日期的版本适用于本文件。凡是不注日期的引用文件,其最新版本(包括所有的修改单)适用于本文件。

GB/T 2820.6—2009 往复式内燃机驱动的交流发电机组 第6部分:试验方法

GB/T 3221—2010 柴油机动力内河船舶系泊和航行试验大纲

GB/T 3471—1995 海船系泊及航行试验通则

GB 3847 车用压燃式发动机和压燃式发动机汽车排气烟度排放限值及测试方法

GB/T 5741—2008 船用柴油机排气烟度测量方法

GB/T 6072.3—2008 往复式内燃机 性能 第3部分:试验测量

GB/T 6302 船用柴油机热工参数的测量

GB/T 14951—2007 汽车节油技术评定方法

GB/T 15097 船用柴油机排气排放污染物测量方法

JT/T 340—2009 船舶动力装置能量平衡测量与计算方法

3 术语和定义

下列术语和定义适用于本文件。

3.1

船舶节能产品 energy saving products for marine

可降低船舶柴油机燃油消耗,并对船舶的其他使用性能及环境无不良影响的产品。

3.2

节油率 rate of fuel saving

使用节能产品前后船舶柴油机燃油耗量的差值与使用节能产品前船舶柴油机燃油耗量的比值。

3.3

净化率 rate of pollution reducing

使用节能产品前后船舶柴油机排气污染物排放量的差值与使用节能产品前船舶柴油机排气污染物排放量的比值。

4 评定项目

4.1 经济性项目

船舶节能产品的经济性项目主要由节油率来体现,包括:

a) 柴油机推进特性节油率(η_{et});

b) 柴油机负荷特性节油率(η_{ef});

c) 船舶航行节油率(η_c)。

4.2 动力性项目

柴油机最大扭矩对比系数(K_M)。

4.3 环境影响项目

柴油机排气排放对环境的影响项目为:

a) 一氧化碳(CO)净化率(R_{CO});
b) 氮氧化物(NO_x)净化率(R_{NO_x});
c) 碳氢化合物(HC)净化率(R_{HC});
d) 排气烟度净化率(R_s)。

4.4 其他项目

船舶节能产品的其他评定项目为:

a) 燃油、润滑油添加剂类节能产品理化性能指标;
b) 机电类节能产品机电性能指标。

5 测试项目

5.1 柴油机台架对比测试

柴油机台架对比测试项目为:

a) 柴油机推进特性对比测试;
b) 柴油机负荷特性对比测试;
c) 柴油机外特性对比测试;
d) 柴油机排气排放污染物对比测试。

5.2 实船对比测试

5.2.1 船舶主机对比测试

船舶主机实船对比测试项目为:

a) 船舶主机推进特性对比测试;
b) 船舶主机排气排放污染物对比测试。

5.2.2 船舶发电柴油机对比测试

船舶发电柴油机实船对比测试项目为:

a) 船舶发电柴油机负荷特性对比测试;
b) 船舶发电柴油机排气排放污染物对比测试。

5.2.3 船舶性能对比测试

船舶性能实船对比测试项目为:

a) 船舶主机推进特性对比测试;
b) 船舶主机排气排放污染物对比测试;
c) 船舶航速对比测试。

5.3 节能产品其他测试

其他性能测试项目为:

a) 燃油、润滑油添加剂类节能产品理化性能测试；

b) 机电类节能产品机电性能测试。

6 测试方法

6.1 柴油机台架对比测试

6.1.1 测试条件及要求

6.1.1.1 台架对比测试用柴油机选用四冲程船用柴油机。

6.1.1.2 测试时柴油机的技术状态应达到说明书规定的要求，测试用燃油、润滑油采用测试柴油机适用的、同一批号的油品。

6.1.1.3 测试应在柴油机稳定运行 3 min～5 min 后进行。

6.1.1.4 在对比工况下，柴油机冷却水出机温度及润滑油温度相差不大于 2 ℃。

6.1.1.5 应测试柴油机使用节能产品前、后，燃油消耗量和动力性的变化，主要测试参数为扭矩、转速和燃油消耗量。

6.1.2 柴油机推进特性测试

6.1.2.1 按柴油机螺旋桨推进特性[式(1)]控制工况。

$$P = Cn^3 \quad \cdots\cdots\cdots\cdots (1)$$

式中：

P ——柴油机功率，单位为千瓦(kW)；

n ——柴油机转速，单位为转每分钟(r/min)；

C ——常数。它取决于螺旋桨结构、船舶的航速和水的质量密度等，可由实验确定。

6.1.2.2 柴油机功率(P)按标定功率(P_c)的 5% 为一档，在 100% P_c 至 25% P_c 之间选取，按式(1)计算对应的转速 n，调节柴油机转速，依次进行测试。表 1 为测试工况点功率 P 与转速 n 的对应关系。

表 1 台架柴油机推进特性测试工况列表

工况序号	1*	2	3*	4	6	7*	8	9
转速 n r/min	100% n_c	98% n_c	97% n_c	95% n_c	93% n_c	91% n_c	89% n_c	87% n_c
功率 P kW	100% P_c	95% P_c	90% P_c	85% P_c	80% P_c	75% P_c	70% P_c	65% P_c
工况序号	10	11	12*	13	14	15	16	17*
转速 n r/min	84% n_c	82% n_c	79% n_c	77% n_c	74% n_c	70% n_c	67% n_c	63% n_c
功率 P kW	60% P_c	55% P_c	50% P_c	45% P_c	40% P_c	35% P_c	30% P_c	25% P_c

注 1：P_c——柴油机标定功率，单位为千瓦(kW)；

注 2：n_c——柴油机标定转速，单位为转每分钟(r/min)；

注 3：带有“*”标志的工况点为推荐的典型测试工况点。

6.1.3 柴油机负荷特性测试

柴油机以标定转速运行，以标定功率的100%、90%、75%、60%、50%、40%、25%、10%调节柴油机负荷，依次进行测试。

6.1.4 柴油机外特性测试

保持柴油机油门刻度为最大位置，通过调节柴油机负荷控制转速，柴油机在该转速下输出最大扭矩达到新的平衡并能稳定运转。转速从标定转速开始，均匀选取8个～10个状态点，增加负荷逐步降低转速，依次进行测试。

6.1.5 台架测试参数及仪器

6.1.5.1 台架测试系统应具有测量参数自动采集、储存、处理的功能。
6.1.5.2 力矩测量允差±0.5%；转速测量允差±0.2%；燃油消耗量测量允差±0.3%。
6.1.5.3 按照GB/T 6072.3—2008第7章的要求进行其他相关参数的测试。

6.2 实船对比测试

6.2.1 测试条件

6.2.1.1 海船实船测试，测试条件应满足GB/T 3471—1995中46.1.1的要求；
6.2.1.2 内河船实船测试，测试条件应满足GB/T 3221—2010中5.1的要求；
6.2.1.3 对比测试应在同船同配置情况下进行，且船舶浮态、水流条件和海况相近。在对比工况下，对主机不作任何调整，热工参数基本保持一致。

6.2.2 船舶主机推进特性测试

船舶主机推进特性工况点按表2的要求选取，依次进行测试。

表2 船舶主机测试工况点

工况序号	1	2	3	4	5	6
转速 n r/min	100%n_c	97%n_c	91%n_c	80%n_c	63%n_c	n_t
注：n_t——为船舶主机"常用"转速，单位为转每分钟(r/min)。						

6.2.3 船舶发电柴油机负荷特性测试

6.2.3.1 调整电力负载，以发电机容量的100%、75%、50%、25%、10%为测试工况，依次进行测试。
6.2.3.2 测试发电柴油机输出的轴功率或发电机输出的电功率。

6.2.4 船舶性能测试

应用在船体上的节能产品，在按6.2.2的规定进行船舶主机推进特性测试的同时，应同步进行船舶航速测试。

6.2.5 实船测试参数及仪器

6.2.5.1 船舶主机轴功率测试，按JT/T 340—2009中7.1的要求进行。船舶主机燃油消耗量的测试，按JT/T 340—2009中7.2的要求进行。

6.2.5.2 力矩测量允差±1.0%;转速测量允差±0.5%;燃油消耗量测量允差±0.5%。

6.2.5.3 柴油机运行相关热工参数的测试,按照 GB/T 6302 的要求进行。

6.2.5.4 发电机输出的电功率测试,按 GB/T 2820.6—2009 中 6.6.1 的要求进行。

6.2.5.5 海船航速测试,按 GB/T 3471—1995 中 46.1 的要求进行;内河船航速测试按 GB/T 3221—2010 中 5.1.2 的要求进行。

6.3 柴油机排气排放污染物对比测试

6.3.1 柴油机排气排放污染物测试按照 GB/T 15097 的要求进行。

6.3.2 排气烟度测试按照 GB/T 5741 的规定进行测量。

6.3.3 允许使用不透光烟度计测量排气烟度,测试方法按照 GB 3847 的相关规定进行。

6.4 节能产品其他对比测试

6.4.1 燃油添加剂理化性能测试按 GB/T 14951—2007 中 5.2.3.1 的要求进行。

6.4.2 润滑油添加剂理化性能测试按 GB/T 14951—2007 中 5.2.3.2 的要求进行。

6.4.3 机电类船舶节能产品的机电性能测试,按照国家有关船舶机电产品标准的规定进行。

7 测试数据处理

7.1 测试数据的选取

各测试工况下,对各测试数据,应进行连续重复测试,取各直接测量值的相对误差小于 0.5%的数据,该工况点的测试数据算术平均值按式(2)进行计算。

$$a_i = \frac{\sum_{j=1}^{m} a_{ij}}{m} \qquad \cdots\cdots(2)$$

式中:

a_i ——柴油机 i 工况下,测试数据算术平均值;

a_{ij} ——柴油机 i 工况下,第 j 次测试参数;

m ——柴油机 i 工况下,重复测量次数。

7.2 平均燃油消耗率

7.2.1 进行柴油机推进特性和负荷特性对比测试时,平均燃油消耗率按式(3)、式(4)、式(5)进行计算。

7.2.2 柴油机各测试工况下的燃油消耗率按式(3)进行计算:

$$g_{ei} = \frac{Q_i}{P_i} \times 1\,000 \qquad \cdots\cdots(3)$$

式中:

g_{ei} ——柴油机 i 工况下,燃油消耗率,单位为克每千瓦小时[g/(kW·h)];

Q_i ——柴油机 i 工况下,燃油消耗量,单位为千克每小时(kg/h);

P_i ——柴油机 i 工况下,输出功率,单位为千瓦(kW)。

7.2.3 对柴油机各工况下,输出功率和燃油消耗率数据,拟合输出功率-燃油消耗率函数:

$$g_e = f(P) \qquad \cdots\cdots(4)$$

式中:

g_e ——柴油机输出功率-燃油消耗率函数,单位为克每千瓦小时[g/(kW·h)];

P ——柴油机输出功率,单位为千瓦(kW)。

7.2.4 平均燃油消耗率采用式(4)的函数表达式,按式(5)进行计算:

$$\bar{g}_e = \frac{1}{P_2 - P_1}\int_{P_1}^{P_2} g_e \mathrm{d}P \qquad \cdots\cdots(5)$$

式中:

$\bar{g}_e$——柴油机平均燃油消耗率,单位为克每千瓦小时[g/(kW·h)];

P_1——柴油机在最低测试转速时的功率,单位为千瓦(kW);

P_2——柴油机在最高测试转速时的功率,单位为千瓦(kW)。

7.3 船舶单位里程主机平均燃油消耗量

7.3.1 进行船舶性能对比测试时,船舶单位里程主机平均燃油消耗量按式(6)、式(7)、式(8)进行计算。

7.3.2 船舶主机各工况下,船舶单位里程主机燃油消耗量按式(6)进行计算:

$$g_{ci} = \frac{Q_{ci}}{V_{ci}} \qquad \cdots\cdots(6)$$

式中:

g_{ci}——船舶主机 i 工况下,船舶单位里程主机燃油消耗量,单位为千克每千米(kg/km);

Q_{ci}——船舶主机 i 工况下,燃油消耗量,单位为千克每小时 (kg/h);

V_{ci}——船舶主机 i 工况下,船舶航速,单位为千米每小时(km/h)。

7.3.3 对船舶主机各工况下,船舶航速和单位里程主机燃油消耗量数据,拟合船舶航速-单位里程燃油消耗量函数:

$$g_c = f(V) \qquad \cdots\cdots(7)$$

式中:

g_c——船舶航速-单位里程燃油消耗量函数,单位为千克每千米(kg/km);

V——船舶航速,单位为千米每小时(km/h)。

7.3.4 平均燃油消耗率采用式(7)的函数表达式,按式(8)进行计算:

$$\bar{g}_c = \frac{1}{V_2 - V_1}\int_{V_1}^{V_2} g_c \mathrm{d}V \qquad \cdots\cdots(8)$$

式中:

$\bar{g}_c$——船舶单位里程主机平均燃油消耗量,单位为千克每千米 (kg/km);

V_1——船舶在最低测试转速时的航速,单位为千米每小时(km/h);

V_2——船舶在最高测试转速时的航速,单位为千米每小时(km/h)。

7.4 台架测试柴油机外特性

各转速下柴油机输出扭矩的和按式(9)进行计算:

$$M_S = \sum_{i=1}^{n} M_i \qquad \cdots\cdots(9)$$

式中:

M_S——柴油机 n 个转速的最大扭矩的和,单位为牛米(N·m);

M_i——柴油机各转速下的最大扭矩,单位为牛米(N·m)。

7.5 柴油机排气排放污染物

7.5.1 排气排放污染物排放量按各排气组分平均排放浓度计算。

7.5.2 使用滤纸式烟度计测量烟度时,烟度的计算按照 GB/T 5741—2008 中 7.4 的规定进行。使用不透光计测量烟度时,烟度的计算参照 GB 3847 的相关规定进行。

8 评定方法

采用对比的方法评定船舶节能产品的经济性、动力性和对环境的影响。

8.1 经济性项目评定

8.1.1 柴油机推进特性节油率按式(10)进行计算;负荷特性节油率按式(11)进行计算:

$$\eta_{et}=\frac{\overline{g}_{e0}-\overline{g}_{e1}}{\overline{g}_{e0}}\times 100\% \quad\cdots\cdots(10)$$

$$\eta_{ef}=\frac{\overline{g}_{e0}-\overline{g}_{e1}}{\overline{g}_{e0}}\times 100\% \quad\cdots\cdots(11)$$

式中:

$\overline{g}_{e0}$——未使用节能产品时,柴油机平均燃油消耗率,单位为克每千瓦小时[g/(kW·h)];

$\overline{g}_{e1}$——使用节能产品时,柴油机平均燃油消耗率,单位为克每千瓦小时[g/(kW·h)]。

8.1.2 船舶航行节油率按式(12)进行计算:

$$\eta_{c}=\frac{\overline{g}_{c0}-\overline{g}_{c1}}{\overline{g}_{c0}}\times 100\% \quad\cdots\cdots(12)$$

式中:

$\overline{g}_{c0}$——未使用节能产品时,船舶单位里程平均燃油消耗量,单位为千克每千米(kg/km);

$\overline{g}_{c1}$——使用节能产品时,船舶单位里程平均燃油消耗量,单位为千克每千米 (kg/km)。

8.2 动力性项目评定

柴油机最大扭矩对比系数按式(13)进行计算:

$$K_{M}=\frac{M_{S1}}{M_{S0}} \quad\cdots\cdots(13)$$

式中:

M_{S0}——未使用节能产品时,柴油机对应转速下最大扭矩的和,单位为牛米(N·m);

M_{S1}——使用节能产品时,柴油机对应转速下最大扭矩的和,单位为牛米(N·m)。

8.3 环境影响项目

8.3.1 进行以下各项目净化率的计算时,使用节能产品前后,测试参数的单位应保持一致。

8.3.2 CO 净化率按式(14)进行计算:

$$R_{CO}=\left(1-\frac{J_{CO}}{O_{CO}}\right)\times 100\% \quad\cdots\cdots(14)$$

式中:

O_{CO}——未使用节能产品时,CO 的排放量;

J_{CO}——使用节能产品后,CO 的排放量。

8.3.3 NO_x 净化率按式(15)进行计算:

$$R_{NO_x}=\left(1-\frac{J_{NO_x}}{O_{NO_x}}\right)\times 100\% \quad\cdots\cdots(15)$$

式中:

O_{NO_x}——未使用节能产品时,NO_x 的排放量;

J_{NO_x}——使用节能产品后,NO_x 的排放量。

8.3.4 HC净化率按式(16)进行计算：

$$R_{HC}=\left(1-\frac{J_{HC}}{O_{HC}}\right)\times 100\% \quad \cdots\cdots(16)$$

式中：

O_{HC}——未使用节能产品时，HC的排放量；

J_{HC}——使用节能产品后，HC的排放量。

8.3.5 排气烟度净化率按式(17)进行计算：

$$R_{S}=\left(1-\frac{J_{S}}{O_{S}}\right)\times 100\% \quad \cdots\cdots(17)$$

式中：

Q_{S}——未使用节能产品时，排气烟度值；

J_{S}——使用节能产品后，排气烟度值。

8.4 其他项目

8.4.1 燃油、润滑油添加剂类节能产品理化性能评定，按照GB/T 14951的要求进行。

8.4.2 机电类船舶节能产品机电性能评定，按照国家有关船舶机电产品标准的规定进行。

ICS 03.220.40
R 43

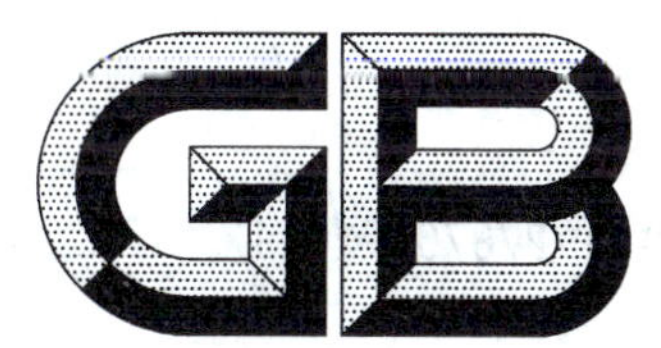

中华人民共和国国家标准

GB/T 27875—2011

港口重大件装卸作业技术要求

Technical requirements for project and heavy lift cargoes handling in port

2011-12-30 发布　　2012-06-01 实施

中华人民共和国国家质量监督检验检疫总局
中国国家标准化管理委员会　发布

前　言

本标准按照 GB/T 1.1—2009 给出的规则起草。

本标准由交通运输部提出并归口。

本标准起草单位：上海国际港务（集团）股份有限公司。

本标准主要起草人：包起帆、罗文斌、朱祖福、闻君、孔令顺、廖胜前。

港口重大件装卸作业技术要求

1 范围

本标准规定了港口重大件装卸作业的基本要求、装卸工属具的选择和使用要求，以及装卸技术要求和操作方法。

本标准适用于进出港口码头的笨重、长大散件货物和各种机器、成套设备和车辆等。

2 规范性引用文件

下列文件对于本文件的应用是必不可少的。凡是注日期的引用文件，仅注日期的版本适用于本文件。凡是不注日期的引用文件，其最新版本(包括所有的修改单)适用于本文件。

GB/T 191 包装储运图示标志

GB/T 1835 系列1集装箱 角件

GB/T 6067 起重机械安全规程

JT/T 557 港口装卸区域照明照度及其测量方法

3 术语和定义

下列术语和定义适用于本文件。

3.1

重大件 project and heavy lift cargo

笨重、长大散件货物和各种机器、成套设备和车辆等。

3.2

撑架 lifting spreader

重大件起吊时为使吊索保持一定状态，用于纵向、横向或纵横向支撑的各种结构件。

3.3

起吊平衡装置 lifting balance set

调节和保持重大件起吊时平衡的各种机械装置。

4 基本要求

4.1 从事重大件装卸作业的人员应按其工作分工接受相应的专业技术培训，并经考核合格。

4.2 根据重大件装卸作业的特性，其作业环境应满足下列要求：

a) 在装卸作业的区域内，其照明照度应符合JT/T 557的要求；

b) 风速大于12 m/s时，应停止使用浮式起重机吊运重大件作业；风速大于15 m/s时，应停止重大件吊运作业；

c) 对标有防潮标志的重大件，在雨雪天应停止露天作业；

d) 应根据重大件的实际情况，配备相应的安全消防设施。

4.3 作业前，应了解所装卸重大件的装卸特性，并做好以下工作：

a) 装卸重大件应按 GB/T 191 的规定表示其特性的质量、尺码、重心、起吊点等数值和图形标识，对标识有缺漏的，应由制造商、货主和承运人等责任方提供，并派专员在现场核准；
b) 作业人员在重大件顶部或包装上操作会有损重大件或影响作业安全的，应设“禁止踩踏”的文字或图形标志；
c) 装卸的重大件和重大件的包装应完好，无任何残损；标有防潮标志的，防潮的遮盖物应完好；
d) 装卸有特殊要求的，应由厂商、货主和承运人等责任方提供相关的技术资料；
e) 重大件附有装卸工属具的，应由厂商、货主和承运人等责任方提供相关的使用说明书，必要时应派专员在现场进行使用的指导，并对工属具使用承担相应的责任。

4.4 作业前应按重大件特点和作业条件制订装卸工艺方案；各作业环节应按有关要求作好工属具、装卸机械和库场的准备工作，并对工属具、装卸机械的技术状态进行检查。

4.5 装卸重大件所使用的各种机械性能应与重大件的尺码和质量、装卸载船舶和库场道路等操作环境条件相匹配，具体内容包括：

a) 装卸机械额定起重量、载重量与重大件的质量；
b) 装卸机械吊运幅度与重大件装卸载位置的距离；
c) 装卸机械起升高度与重大件吊运所需的高度；
d) 装卸机械的机械结构和运行极限对超长、超宽重大件操作的限制。

4.6 装卸机械司机应按使用要求进行试车，熟悉机械的性能。

5 装卸工属具的选择和使用要求

5.1 吊索

5.1.1 吊索的长度应符合下列要求：

a) 应使被吊重大件基本呈水平状态；
b) 吊索与吊钩铅垂线的夹角 α 宜不大于 30°(见图 1)；

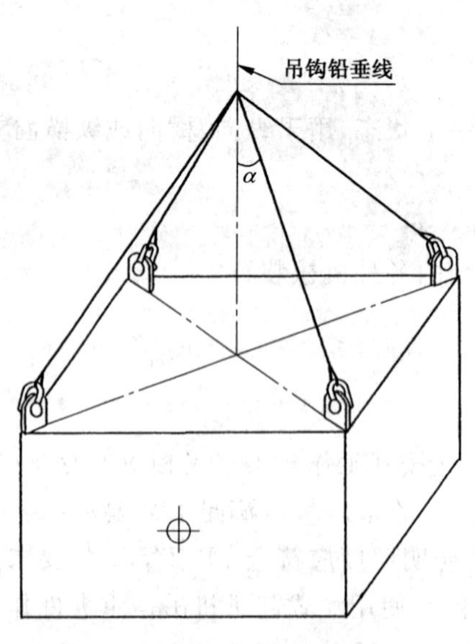

图 1 吊索夹角要求

c) 吊运箱装重大件,吊索与箱顶面的夹角 β 应不小于 45°(见图 2);

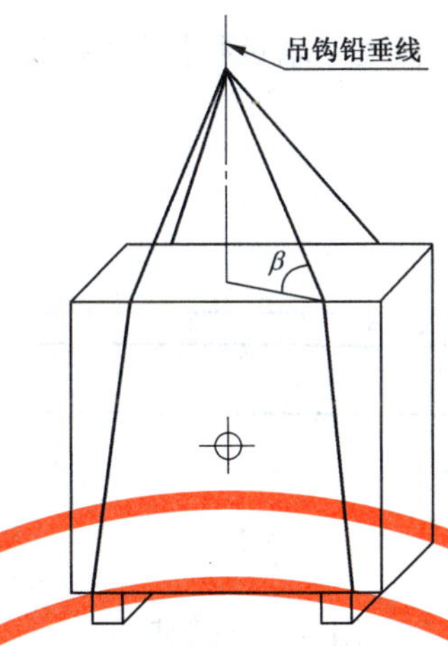

图 2 箱装货吊索夹角要求

d) 重大件结构单薄或吊运有专项要求的,应按有关方面资料所要求的吊索与吊钩铅垂线的夹角或箱顶面夹角的大小,确定吊索的长度;当重大件的重心位置不居中(即吊点与重心位置不等距)或吊点高度不一致时,吊索的长度可用作图法或计算方法确定,计算方法参见附录 A。

5.1.2 吊索的规格应按重大件自重、重心位置、吊索分支数和吊钩铅垂线与吊索的夹角选取,安全系数应符合 GB/T 6067 的要求。计算方法参见附录 B。

5.1.3 单根吊索长度无法满足所需使用长度时,可由多根吊索通过连接件(卸扣)连接来满足长度要求,各吊索和连接件(卸扣)的额定负荷均应满足其负载要求。

5.2 撑架

5.2.1 当有下列情况时,装卸重大件应使用相适应的撑架:

a) 因结构单薄等原因,吊索对吊点的作用有特殊要求;

b) 起吊点的间距较大,使用吊索会使起重机械的起升高度受到一定限制;

c) 吊索不能与易损部位直接接触的(见图 3)。

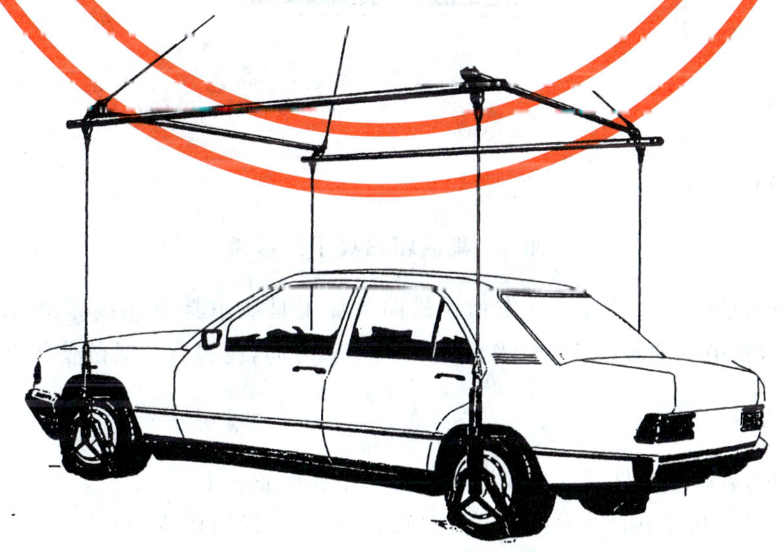

图 3 撑架的使用

5.2.2 使用撑架时应符合下列要求：

a) 起吊时，撑架应呈水平状态；

b) 应按撑架的制造方提供的使用技术要求进行操作(见图 4)；

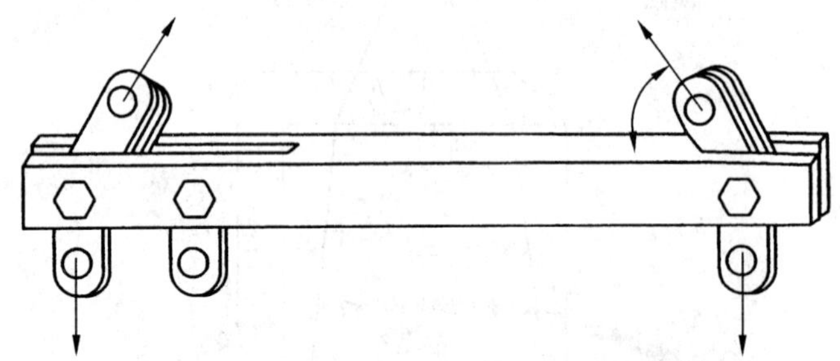

图 4 撑架使用

c) 与集装箱起重机械随机吊具的转锁连接的撑架，撑架上设置的锁孔连接装置应符合 GB/T 1835 的规定，其形式见图 5；

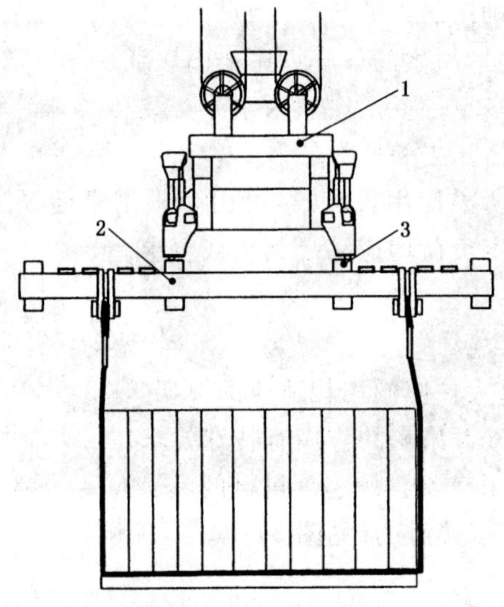

说明：

1——集装箱吊具；

2——撑架；

3——转锁连接装置。

图 5 集装箱吊具下的撑架

d) 以集装箱起重机械的随机吊具作为纵横向支撑工具或吊具下连接撑架，吊具的受力应均衡，对吊具(包括吊具的转锁、吊耳)作用力的大小和方向，应符合吊具的使用技术要求。

5.3 起吊平衡装置

5.3.1 下列情况时，装卸重大件可使用相适应的起吊平衡装置：

a) 批量装卸重心不居中的重大件，通过变换吊索的长度影响作业的；

b) 重心不明或重心有动态变化的重大件。

5.3.2 起吊平衡装置应设置调节平衡后的制动装置，并应保持其功能的完好。

5.4 车辆吊具

5.4.1 对车辆装卸时，所配备的吊具应满足下列技术要求：

a) 在吊运时，所使用的吊具不应使被吊运的轮式车辆的车轮转动或方向偏转，履带式车辆的履带前后移动；

b) 夹持轮胎的吊具，应在车轮胎允许承受的压力范围内，并保持轮胎气压正常，夹持点的间距应在所夹轮胎直径的 0.65～0.75 倍之间(见图 6)；

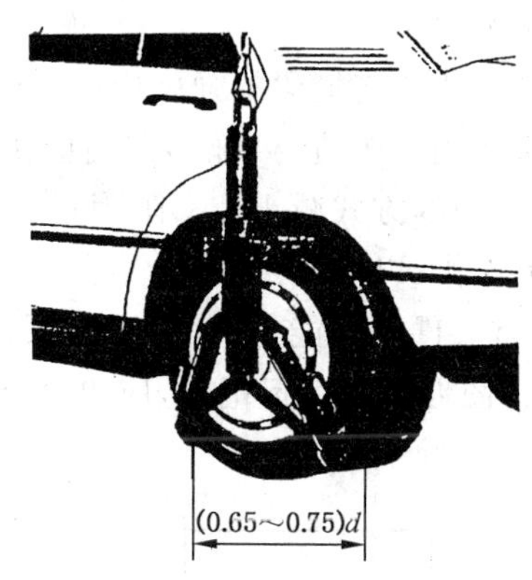

图 6 夹抱式车辆吊具

c) 兜套车轮胎的网系，应使轮胎外缘(*C*)1/4 以上的弧长(*l*)置于网络内(见图 7)；

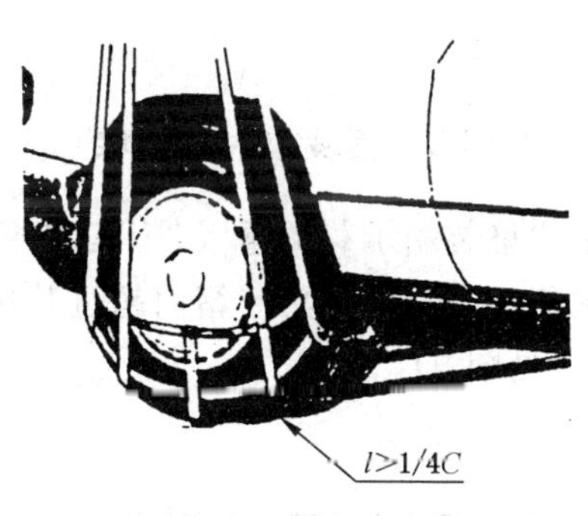

图 7 网系车辆吊具

d) 对铰接式大型车辆的吊运，应采用保证被吊运车辆的铰接处不发生转动的吊具。

5.5 装卸特殊重大件的工属具

装卸有毒害、易燃易爆、放射性和军械等重大件时，工属具应降低负荷 20%使用。

6 装卸技术要求和操作方法

6.1 船舶装卸作业

6.1.1 卸载前，应拆除用于重大件固定的栓固索具。对稳性差和易移动的重大件要拆一件卸一件。

6.1.2 装载时，一般宜由舱四周向舱口围，舱内至甲板按顺序进行；卸载时，一般宜由甲板至舱内，舱口围向舱四周按顺序进行；必要时应按船方要求确定装卸顺序和堆码位置。

6.1.3 集装箱船舶装载的重大件与集装箱需分别吊运的，应卸清影响卸载的集装箱后再卸重大件。

6.1.4 重大件与件杂货混合积载时，应卸清影响卸载的件杂货后再卸重大件。

6.1.5 装卸过程中，应保持船体平衡，其横倾角应不大于 3°。

6.1.6 装卸舱口四周的重大件，需进行舱内位移作业时，应根据舱内作业环境、舱底板承载能力、重大件外形尺寸、质量和允许起叉位置的间距等选用相适应的叉车移位。

6.1.7 当无法使用叉车进行舱内位移时，应使用滑轮、滚筒、牵引拉索、地铃等在机械(卷扬机、叉车、吊机等)配合下进行拖拉位移，并符合下列要求：

a) 滑轮宜在地铃、横梁等处固定，地铃与横梁的强度应能承受拖移的拉力；

b) 牵引拉索应套在重大件底部主道木上进行，拖移方向应尽量顺重大件的底部主道木长度方向进行，可采取涂抹润滑脂(黄油)等方式减小拖移阻力；

c) 对重心偏高的重大件应谨慎操作，以防倾倒。

6.1.8 箱装重大件叠堆应注意下层重大件承压能力，并可在下层箱面的结构牢靠处垫方木或木板，以分散压力(见图 8)；对标有“限制堆放”图形或文字标记的，应单个堆放。

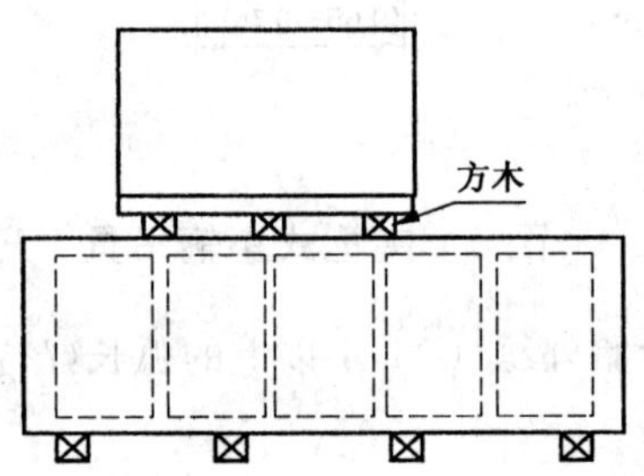

图 8 箱装重大件叠堆

6.1.9 由多个平台式集装箱或台架式集装箱承载的重大件，集装箱的箱面高度应一致；重大件载荷的分布不应超过集装箱的允许载荷；载荷集中在部分集装箱而超过其额定载荷的，应通过垫方木或木板等方式，使载荷分散到邻近的集装箱上(见图 9)。

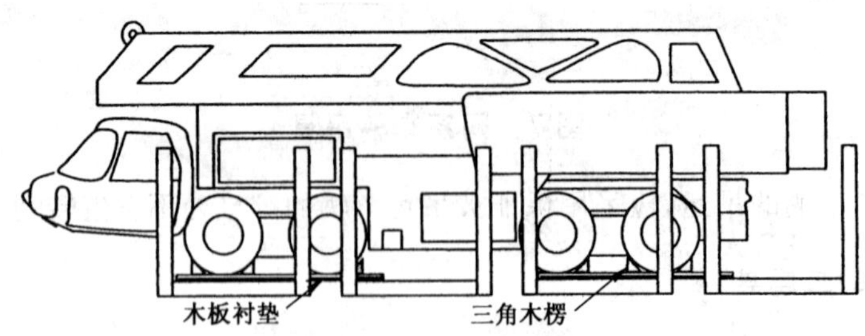

图 9 超长件装台架式集装箱

6.1.10 重大件装船后，应对其进行有效的纵横向栓固，栓固力应能抵御船舶在航行中船舶运动和风浪对重大件的作用力，栓固件和栓固接点装置应符合其强度要求(见图 10)。

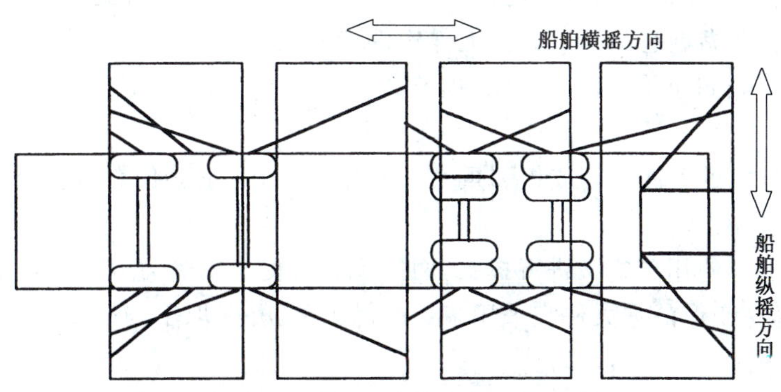

图10 超长件捆扎示意图

6.2 车辆装卸作业

6.2.1 装载时，应确保重大件和车辆的稳定和平衡，车辆装载多件重大件应使载荷分布均衡，在装载或卸载的过程中应使车辆受载保持平衡。

6.2.2 装载时，应用垫料垫稳和分散载荷的集重；对底面积小而重心偏高的重大件应用紧箍器捆扎加固。

6.2.3 如重大件底部或运载车辆表面结冰时，应采取防滑措施。

6.2.4 火车装卸作业时，应按铁路部门和货主的要求装卸载。

6.3 吊运

6.3.1 吊具的连接

6.3.1.1 根据确定的装卸工艺有序地进行吊具与起重机械、吊具与重大件的连接，连接时应符合6.3.1.2～6.3.1.6相对应的规定，并就吊具的适用性和连接可靠性予以确认。

6.3.1.2 吊索的连接(套扣)应按下列要求：

a) 连接(套扣)在起吊标记处；

b) 与吊索接触的重大件易损部位应采取保护措施；

c) 吊索遇有重大件的锐边，应加衬垫(见图11)；

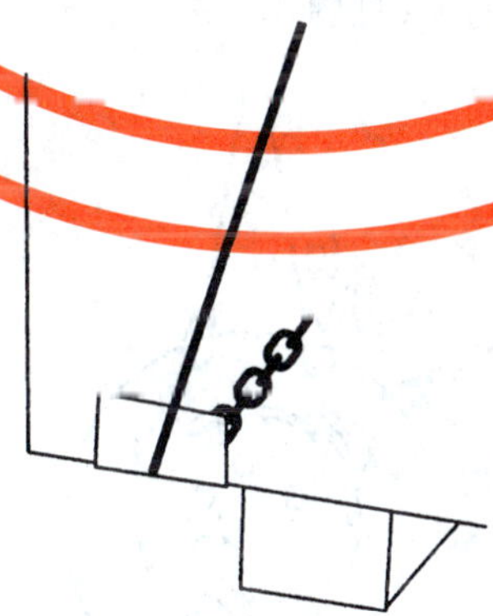

图11 吊索连接

d) 重大件吊运，应限一件一吊，不应以连接底部重大件吊点的方式同时起吊垒放的两件及以上重大件。

6.3.1.3 在吊索无法直接连接(套扣)至起吊标记时,应按下列要求进行提头作业:

a) 吊索提头应套在靠近起吊标记的重大件构件牢靠处;

b) 提头时吊索应倾向于重大件的内侧,提升高度宜为 100 mm~150 mm,一次提头不到位,可多次提头;

c) 提头操作应防止重大件倾翻或相邻重大件互相挤压,对重心位置较高而底面积较小的重大件宜采用千斤顶提头;

d) 叉车提头时不应使用单货叉进行提头,两货叉进行提头的受力应基本均衡。

6.3.1.4 对长大而容易变形的重大件宜采用多点起吊工艺,并采取下列措施:

a) 选配相适应的撑架和吊索;

b) 重大件的各个吊点受力应均衡,上部系挂处可采用卸扣、滑车等平衡(见图 12);

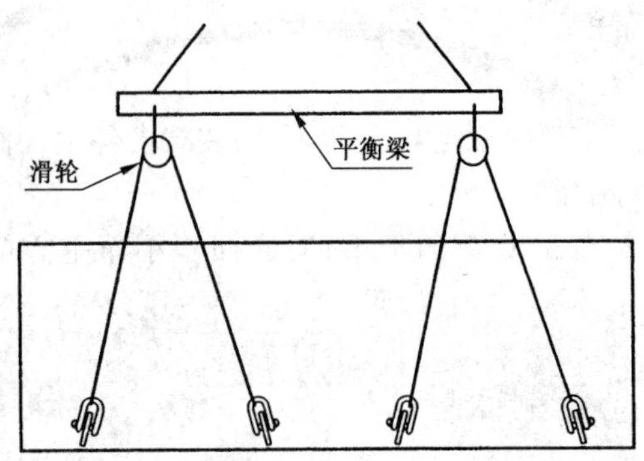

图 12 多吊点吊运

c) 采用两台起重机联合作业,作业时应按 6.3.5 要求进行。

6.3.1.5 凡需控制吊运稳定性或需人力转动定位的重大件可用稳索控制,稳索应系在重大件的两端或四角,不应系在吊索上。

6.3.1.6 吊运车辆应根据 5.4 规定的技术条件选配相合适的吊具,并按下列要求进行吊具的连接:

a) 使用以夹持或兜套车轮方式的吊具,应连接相适应的纵向、横向撑架,使起吊时各吊索基本保持垂直;

b) 在使用车辆专用钩勾挂有槽孔的轮胎钢圈时,两专用钩应勾挂在轮胎上半部分的对称槽孔内,且两吊钩的间距应尽可能的大(见图 13);

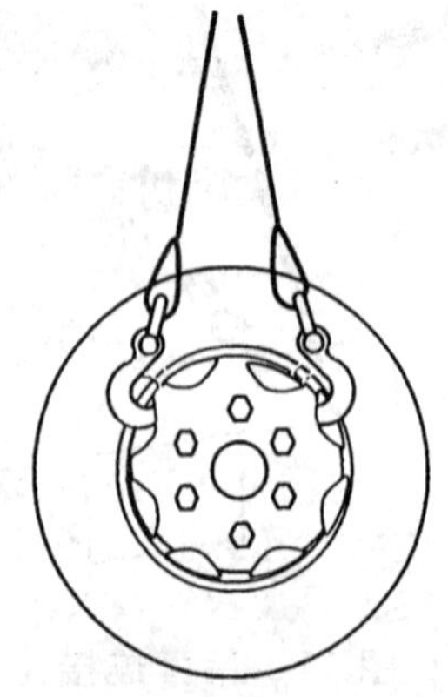

图 13 吊钩式车辆吊具

c) 在使用托架式车辆吊具时,连接托架的链条及其他连接件应连接牢靠(见图 14);

图 14 托架式车辆吊具

d) 在使用绳索式车辆吊具时,应调节好两曲臂的间距,且使绳索兜捆对称(见图 15);

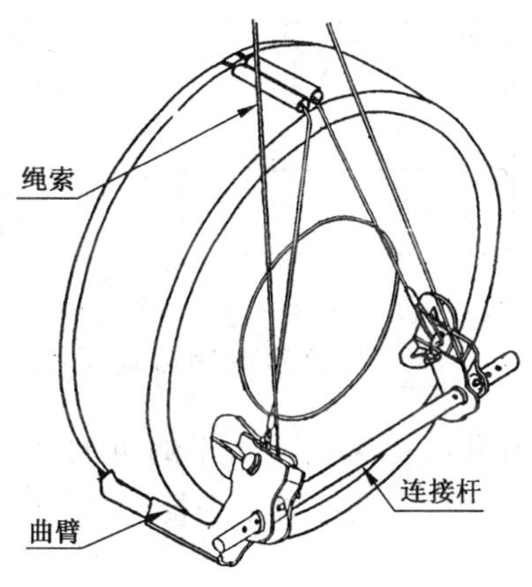

图 15 绳索式车辆吊具

e) 在进行吊索连接或兜套车辆时,吊索应避开油管、电线以及其他易损部位;

f) 在使用吊索直接兜套履带式车辆底部或车底大梁吊运时,吊索与锐边接触处应衬垫包角或其他衬垫物;

g) 对设有专用吊耳或配有专用吊具的,应按使用要求进行。

6.3.2 起吊前的平衡调节

6.3.2.1 为使重大件吊运平衡,起吊前一般宜采用下列方法进行平衡调节:

a) 使用带有锁定功能的吊钩或平衡滑轮连接吊索吊运重大件时,通过调节吊钩下或平衡滑轮上两边吊索的长度,使吊索在受拉状态下其吊钩铅垂线对准重大件的重心(见图 16);

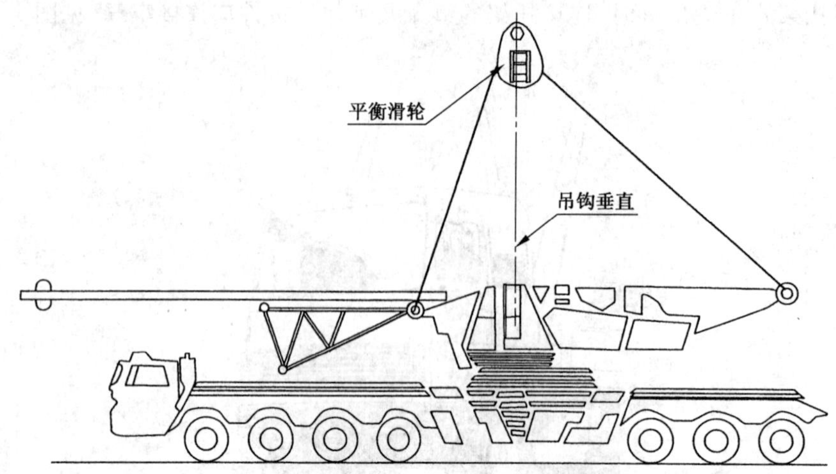

图 16 调节两边吊索长度取得平衡

b) 使用平衡梁连接吊索吊运重大件时，通过人力或自动化装置调节平衡梁上吊点的位置，使平衡梁在受载情况下，平衡梁的中心线对准重大件的重心(见图 17)；

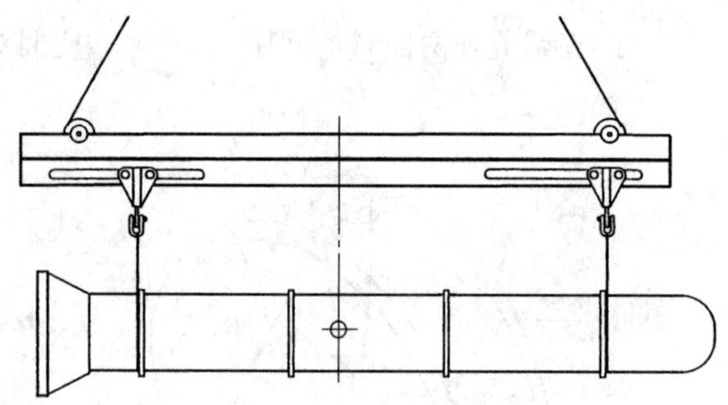

图 17 调节吊点的自动平衡

c) 使用集装箱起重机械随机吊具吊运重心不居中的重大件时，一般可下连平衡梁，通过上述 b)的方法，使随机吊具的受力均衡，重大件起吊平衡(见图 18)；

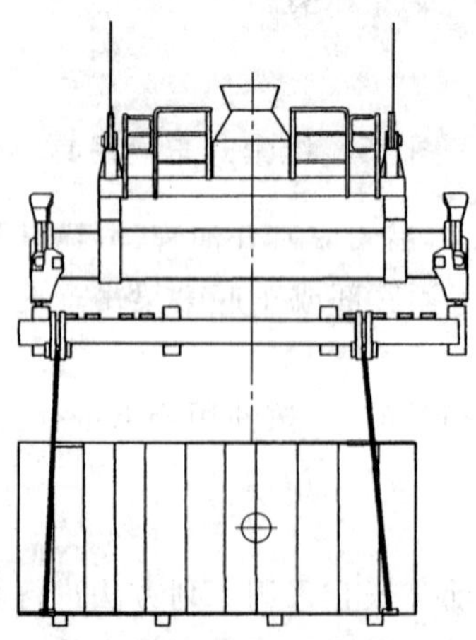

图 18 集装箱吊具下的平衡

d) 经平衡调节后的状态吊运时应不发生变化。

6.3.3 吊运操作

6.3.3.1 重大件起吊前和起吊离地时，应作如下检查：

a) 捆扎重大件的栓固件应全部拆除，吊具连接应正确；

b) 避免与周围重大件挤压或碰撞；

c) 箱装重大件的箱体和箱底道木受力状态应良好，角铁、橡皮等衬垫应垫塞牢靠；

d) 起吊离地约 0.3 m 时暂停，检查吊具使用和受力、重大件左右前后的平衡等状况，无疑后方可继续吊运。

6.3.3.2 吊运时，初速要缓，运行要稳，不应急起动或急停顿；途经区域内应无障碍物，吊运必经的船舷、船舱口围板等处，重大件底部高度应高于必经处 0.5 m 以上；吊运载于车辆、驳船（小型船舶）上的重大件，不应从车船驾驶室的上方通过。

6.3.3.3 对略大于船舶舱口长度的重大件，吊运时一般可使用稳索把其旋转到舱口对角线位置，再吊运进出舱口；对集装箱岸边起重机吊运长度受到机械门架净距限制的重大件，一般可通过在机械的外伸距、门架内转向，使超长件通过起重机械（见图 19）；在转向吊运时，应留有一定的转向空间。

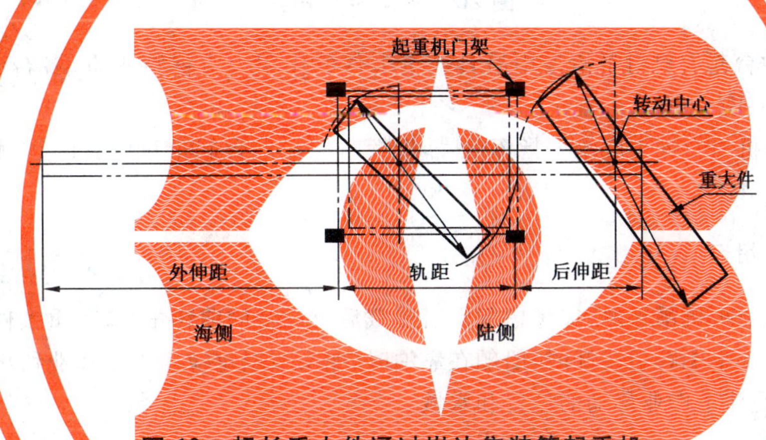

图 19 超长重大件通过岸边集装箱起重机

6.3.4 吊运就位

6.3.4.1 重大件吊运至车辆、舱口、货垛等处的上方时，缓速下降离着落处约 1 m～1.5 m 处应暂停，作业人员使用推拉杆或稳索使重大件停稳后，缓速着落，在垫妥、放稳后摘除工属具。

6.3.4.2 在下降时，应防止吊具下降过快而撞击重大件。

6.3.4.3 抽拉吊索应防止勾带重大件的突出部分或使重大件移位。

6.3.4.4 使用船舶起重机在舷外吊运重大件时，应防止跨距过大引起船舶的倾斜，码头接运就位的车辆应尽量靠近船舷处。

6.3.5 两台起重机联合吊运

6.3.5.1 在单台起重机额定起重量不足或重大件超长致使起升高度不够时，可采用两台起重机联合吊运作业的工艺方案，制订吊运方案和安全措施，包括测算每台起重机在吊运中的实际受力，作业前应召开专题会议，并明确现场的指挥人员。

6.3.5.2 采用两台起重机联合吊运作业时，应按下列要求进行：

a) 一般宜配备和使用平衡专用吊具（见图 20）；

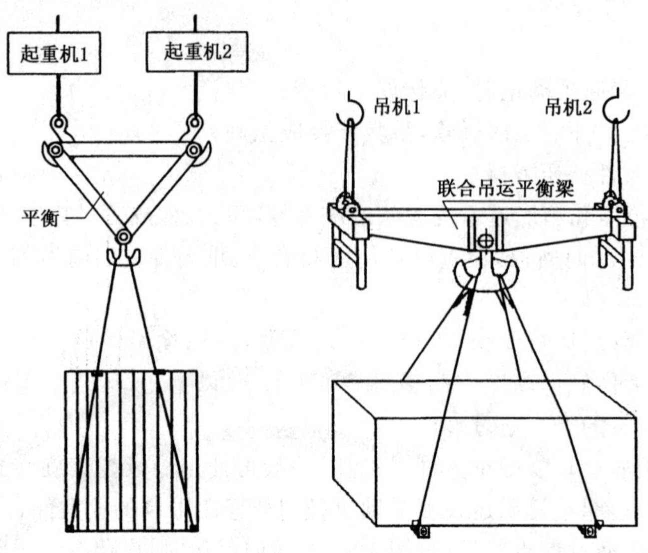

图20　平衡专用吊具

b) 吊运时，两台起重机对平衡专用吊具或重大件的作用力应保持垂直，各台起重机所承受的载荷应符合 GB/T 6067 的规定；

c) 吊运时，司机与指挥手应统一指挥信号，指挥时应使两台起重机的升降、变幅等吊运动作保持协调。

6.3.6 浮式起重机吊运

6.3.6.1 使用浮式起重机吊运时，应考虑起重机受载后重大件的前移量，避免重大件受碰撞或挤压。

6.3.6.2 浮吊作业如不能跨船装卸时，船舶在靠泊时，船头或船尾应为浮吊作业留出适当的泊位净档，船外档港池应有满足浮吊作业移动的位置和水域。

6.4 拖运

6.4.1 根据重大件的外形尺寸、质量，以及道路状况选用相适应的运载车辆；拖运底面积小、重心较高和受风面积较大的重大件时，应采取栓固措施，避免拖运途中重大件移动或倾翻。

6.4.2 拖运前应检查牵引车与平车的连接是否牢靠，装载是否符合要求，确认安全无疑后方可拖运。

6.4.3 在港内直线拖运速度应不大于 20 km/h。拖运外形高大的重大件或遇有转弯、上下坡、过铁路道口以及路面不平时，速度应不大于 5 km/h。

6.4.4 拖运途中应注意重大件的稳定性。若有滑移、偏侧等情况，应采取措施予以纠正。

6.4.5 载运重大件的车辆不应在坡道上转弯、滞留或横跨行驶。在交叉路口及驾驶员视线不清有障碍的场合应降低车速，避免突然加速或停车。

6.4.6 重大件拖运时，当码头前沿额定承载负荷小于拖运车辆轮压时，应在作业范围内采取铺垫钢板或其他措施。

6.4.7 滚装船装卸作业中，拖运车辆司机应随时注意装卸桥随水涨落所出现的坡度变化，防止在滚上、滚下作业中重大件发生移位和碰撞。船方应根据装卸桥坡度变化的情况及时进行调整。

6.5 叉运

6.5.1 叉运前应明确重大件的外形尺寸、质量、重心、可叉位置和作业场所作业通道是否有回转余地等，船舶舱底叉运作业还应明确是否有承载重载叉车的能力，确认无疑后方可进行叉运作业。

6.5.2 叉运时，应按照叉车厂家提供的“负荷曲线表”进行操作。重大件的重心在货叉标准载荷重心之内，可按叉车的额定负荷叉运；如超过货叉标准载荷重心时，应按“负荷曲线表”所规定的允许负荷叉运。

6.5.3 叉运时，货叉应叉在重大件的起叉标记处，无起叉标记应叉在强度许可处，并要求两货叉与重大件的重心等距离。

6.5.4 叉运时，货叉的长度应不小于重大件宽度的 2/3，不足 2/3 或稳性不好者，应采用接加长叉套、对货叉上的重大件予以固定等有效措施（见图 21），且应在叉车“负荷曲线表”的规定范围内。

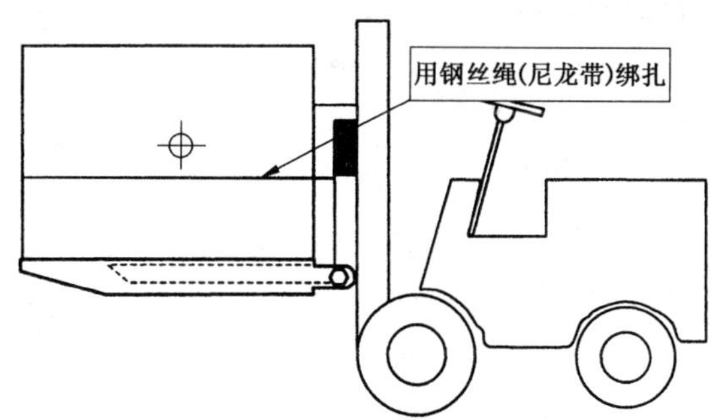

图 21 超宽箱叉运

6.5.5 对于有轻重侧，特别在轻侧标有“禁用叉车”标记的重大件，应叉重侧（图 22）。使用高门架叉车堆码高货位重大件时，不宜在高位处使用货叉侧移装置。

图 22 对有轻重侧重大件的叉运

6.5.6 超长、超重重大件可酌情采用两辆叉车抬叉。两叉车受力应均衡，不应超过其额定负荷的 80%。作业时，重大件应处于水平状态，两叉车在前进或后退、两叉车的货叉在提升或下降时，动作应一致（图 23）。

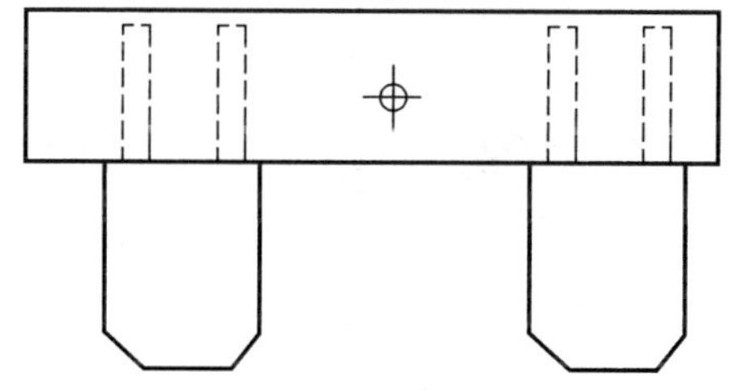

图 23 双叉车抬叉作业

6.5.7 当叉取重心较高、稳性较差重大件时，应采用加固绳索进行栓固。重大件体积较大，影响行驶视线，应倒车行驶；若必须向前行驶时，应配有专人指挥。

6.6 堆拆垛

6.6.1 重大件堆垛时，应符合6.1.8的要求。拆垛要自上而下，起卸上面的重大件时，应注意下面重大件的稳定性。

6.6.2 堆放重大件的库场，地面应平整；需防潮的重大件要放入仓库，若堆放露天货场应盖好油布和防风网；受风面积较大、重心较高、稳性不好的重大件应采取支撑、捆扎等措施。

6.6.3 重大件为车辆时，车辆存放间距应不小于0.5 m。

附　录　A
（资料性附录）
吊索长度的计算

吊索长度的计算模式见图 A.1，公式计算如下：

$$l_1=\sqrt{l_2^2-b^2+a^2+m^2-2m\sqrt{l_2^2-b^2-c^2/4}}$$

式中：

l_1，l_2——吊索长度，单位为米(m)；

a，b ——重大件的重心到左、右两边吊点的距离，单位为米(m)；

m ——左、右两边吊点的高度差，单位为米(m)；

c ——每边两吊点的纵向间距，单位为米(m)。

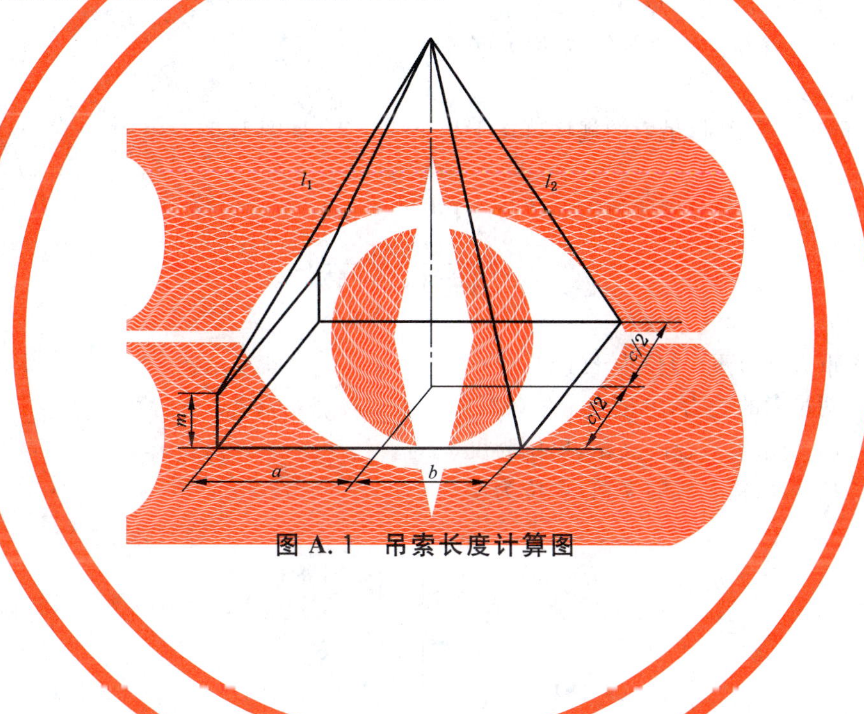

图 A.1　吊索长度计算图

附　录　B
（资料性附录）
吊索规格的计算

吊索规格的选取应满足下列公式要求：

$$S=\frac{Q}{n\times\cos\alpha}\leqslant\frac{P}{k}$$

式中：

S——吊索承受拉力，单位为千牛(kN)；

Q——重大件自重，单位为千牛(kN)；

n——吊索分支数；

P——吊索破断拉力，单位为千牛(kN)；

α——吊钩铅垂线与吊索的夹角，单位为度(°)；

k——安全系数。

重大件的重心不居中时，吊索的规格可按下列公式计算(见图 B.1)：

$$F_1=\frac{Q\cdot\sin\alpha_1}{\sin(\alpha_1+\alpha_2)}$$

$$F_2=\frac{Q\cdot\sin\alpha_2}{\sin(\alpha_1+\alpha_2)}$$

式中：

Q——重大件自重，单位为千牛(kN)；

F_1,F_2——两吊索的受力，单位为千牛(kN)；

α_1——F_2 与吊钩垂线的夹角，单位为度(°)；

α_2——F_1 与吊钩垂线的夹角，单位为度(°)。

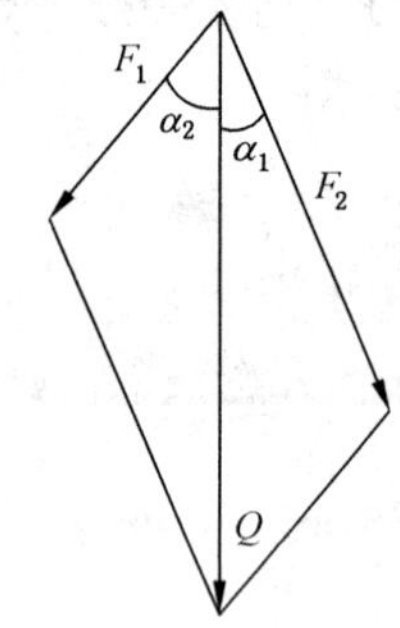

图 B.1　吊索规格计算图

ICS 03.220.20
R 16

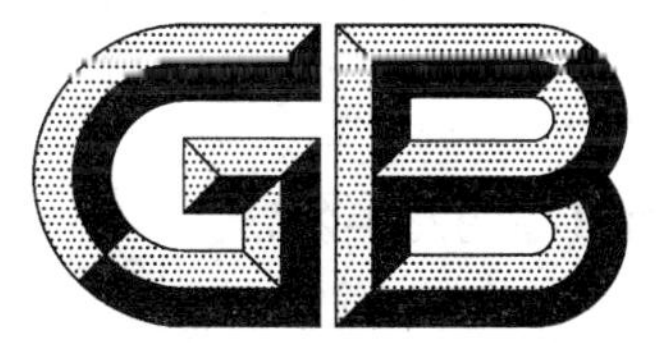

中华人民共和国国家标准

GB/T 27876—2011

压缩天然气汽车维护技术规范

Technical specification for the maintenance of compressed natural gas vehicle

2011-12-30 发布　　2012-06-01 实施

中华人民共和国国家质量监督检验检疫总局
中国国家标准化管理委员会　发布

前　言

本标准按照 GB/T 1.1—2009 给出的规则起草。

本标准由全国汽车维修标准化技术委员会(SAC/TC 247)提出并归口。

本标准起草单位:交通运输部公路科学研究院、交通运输部科学研究院。

本标准主要起草人:许书权、张红卫、郝盛、冯桂芹、谢素华、仝晓平、牛会明、金鑫。

压缩天然气汽车维护技术规范

1 范围

本标准规定了压缩天然气(以下简称CNG)汽车维护的作业安全、分级和周期、基本作业项目和技术要求以及质量保证。

本标准适用于压缩天然气汽车,包括压缩天然气单燃料汽车和压缩天然气/汽油两用燃料汽车。

2 规范性引用文件

下列文件对于本文件的应用是必不可少的。凡是注日期的引用文件,仅注日期的版本适用于本文件。凡是不注日期的引用文件,其最新版本(包括所有的修改单)适用于本文件。

GB 17258 汽车用压缩天然气钢瓶

GB/T 17676 天然气汽车和液化石油气汽车 标志

GB/T 17895 天然气汽车和液化石油气汽车 词汇

GB 18285 点燃式发动机汽车排气污染物排放限值及测量方法(双怠速法及简易工况法)

GB/T 18344 汽车维护、检测、诊断技术规范

GB/T 19240 压缩天然气汽车专用装置的安装要求

GB/T 20735 汽车用压缩天然气减压调节器

GB 24160 车用压缩天然气钢质内胆环向缠绕气瓶

TSG R0009 车用气瓶安全技术监察规程

3 术语和定义

GB/T 17895所确立的术语和定义适用于本文件。

4 作业安全

4.1 CNG汽车维护作业应在符合安全防护要求的专用车间内进行,车间应通风良好,顶部不应有可能形成气体积聚的死角,在有CNG可能泄漏的场所应明示防明火、防静电的标志。

4.2 CNG汽车维护作业前,应首先进行CNG专用装置的密封性检查,如有泄漏应先排除故障,在确认系统密封良好后再进行维护作业。

4.3 维护作业中应先进行涉及CNG使用的检查、维护等作业,然后关闭储气瓶截止阀并使管路内的CNG排尽,再进行其他项目的维护。

4.4 当需要进行焊割等有明火的作业时,应拆掉蓄电池及重要总成的电控元件。应安全拆卸气瓶并放入专用库房妥善保管;或在符合安全防护要求的专用场地将CNG供气系统(包括储气瓶)卸压,严禁带压作业,保证供气系统内无CNG。

4.5 如需在气瓶附近打磨或切割时,应先将其拆掉或有效隔离。应由具备认可资格的单位、人员从事气瓶维护与检测,严禁在气瓶上进行挖补、焊割等作业。

4.6 CNG汽车如发生漏气,应立即关闭电源和储气瓶截止阀,然后在专用场地进行处理。如果高压管

路破裂或脱落导致气体大量泄漏而无法关闭储气瓶截止阀时，应立即将现场进行隔离，不允许人、车入内，隔离火源，待天然气散尽后再作处理。

4.7 如发生火情，除立即关闭电源和储气瓶截止阀外，应隔离现场，立即采取有效的灭火与救援措施。

4.8 气瓶储存、使用应符合 TSG R0009 和有关部门的规定。

5 分级和周期

5.1 CNG 汽车的维护分为日常维护、一级维护、二级维护。日常维护由驾驶员进行，一级维护、二级维护由取得 CNG 汽车维修资格的汽车维修企业进行。

5.2 CNG 汽车维护的周期应符合 GB/T 18344 规定，如 CNG 汽车制造企业有特殊要求，应参照执行。

6 基本作业项目和技术要求

6.1 CNG 汽车日常维护

6.1.1 驾驶员应在出车前、行车中和收车后对车辆进行日常维护，并重点查看并确认 CNG 专用装置有无泄漏和异常情况。

6.1.2 除 GB/T 18344 规定外，还需进行的作业内容：

——检视 CNG 专用装置各功能部件、系统的工作状态及其连接和密封，要求状态正常且无松动、泄漏、损坏。气瓶及固定支架固定牢固、无损伤，必要时更换；CNG 管线不得与其他部件擦碰。

——检查 CNG 储气量，降至规定值以下时应立即加充 CNG。

——对于 CNG/汽油两用燃料汽车，所用的 CNG 和汽油应符合车辆使用规定及燃料质量要求。当长期使用燃油时，应把储气瓶的燃气用完；当交替使用两种燃料时，应确保两种燃料供给及其转换系统工作正常。

——行车中，应随时观察车辆各系统工作状况，当发现 CNG 专用装置有过热、过冷、异味等异常现象时，应立即关闭 CNG 储气瓶截止阀，并及时送 CNG 汽车维修企业进行维修。

6.2 CNG 汽车一级维护

除 GB/T 18344 规定的基本作业项目外，增加的基本作业项目、作业内容及技术要求见表 1。

表 1 CNG 汽车一级维护增加的基本作业项目、作业内容及技术要求

序号	作业项目		作业内容	技术要求
1	储气装置	CNG 气瓶及固定支架	1) 检查气瓶检定证明； 2) 检查气瓶外观； 3) 检查气瓶紧固情况	1) 气瓶检定审验有效； 2) 气瓶表面无严重划伤、凹凸、裂纹等缺陷； 3) 固定支架及扎带完好、无裂纹，固定牢固，垫层完好、无损坏，气瓶固定可靠，无窜动和旋动现象； 4) 安装位置、方式符合 GB/T 19240 的要求
2		CNG 管路及卡箍	1) 检查紧固管路及接头； 2) 检查各连接部位有无泄漏	1) 高压管路及接头无擦伤及其他损伤； 2) 接头紧固良好，无漏气现象； 3) 软管无老化、油垢、裂纹，连接可靠，与其他部件无擦碰； 4) 卡箍齐全完好，安装牢固，位置布局合理； 5) 安装位置、方式符合 GB/T 19240 的要求

表 1（续）

<table>
<tr><th>序号</th><th colspan="2">作业项目</th><th>作业内容</th><th>技术要求</th></tr>
<tr><td>3</td><td rowspan="2">储气装置</td><td>手动截止阀、充气阀、组合阀等各类控制阀及相关仪表</td><td>检查密封和工作性能</td><td>1） 各种阀密封良好、开闭灵活有效，相关仪表工作正常、安装牢固可靠；
2） 安装位置、方式符合 GB/T 19240 和出厂技术规定的要求</td></tr>
<tr><td>4</td><td>加气口</td><td>1） 检查加气口的安装及紧固情况；
2） 检查单向阀</td><td>1） 加气口固定牢固、清洁；
2） 加气口、单向阀工作可靠无漏气现象，防尘盖可靠有效</td></tr>
<tr><td>5</td><td rowspan="4">CNG供给装置</td><td>减压调节器</td><td>1） 外观检查；
2） 卸下排污塞，放掉残液；
3） 检查滤网、滤芯，必要时清洗；
4） 视情检修调试各部件</td><td>1） 外观清洁，安装牢固，无泄漏现象；
2） 各部件性能良好</td></tr>
<tr><td>6</td><td>混合器</td><td>检查各部件连接状况和接口密封状况</td><td>1） 混合器清洁，装配正确，牢固可靠；
2） 各气道通畅、无阻塞、无泄漏</td></tr>
<tr><td>7</td><td>高压电磁阀</td><td>检查各电磁阀及其控制装置技术状况</td><td>连接可靠、工作正常</td></tr>
<tr><td>8</td><td>CNG 电喷控制装置</td><td>检查使用性能</td><td>各参数均正常</td></tr>
<tr><td>9</td><td rowspan="4">燃料转换及控制要求</td><td>燃料转换开关及仪表</td><td>1） 检查开关使用性能；
2） 检查压力显示器性能</td><td>1） 燃料转换开关标识准确，转换灵活、可靠；
2） 压力显示与储气瓶气压协调一致</td></tr>
<tr><td>10</td><td>CNG 电磁阀</td><td>1） 检查安装接线情况；
2） 检查使用性能</td><td>1） 接线牢固、可靠；
2） 开闭性能良好、无泄漏</td></tr>
<tr><td>11</td><td>汽油电磁阀及管路</td><td>1） 检查安装及接线情况；
2） 检查油路及接头；
3） 检查使用性能</td><td>1） 电磁阀及油管安装牢固，管路无碰擦现象；
2） 汽油管路无老化及损伤，接头密封良好；
3） 电磁阀开闭性能良好，无泄漏</td></tr>
<tr><td>12</td><td>线束</td><td>检查线束及接头</td><td>线束插接可靠，无破损及摩擦现象</td></tr>
<tr><td>13</td><td colspan="2">整车</td><td>1） 工作性能测试；
2） 标志检查</td><td>1） 燃料供给系统工作正常；
2） CNG 汽车标志符合 GB/T 17676 规定</td></tr>
</table>

6.3 CNG 汽车二级维护

6.3.1 CNG 汽车二级维护作业应按照 GB/T 18344 规定的作业过程进行维护前检验、过程检验和竣工检验，并依据进厂检验结果及车辆实际技术状况确定附加作业项目或内容。

6.3.2 除 GB/T 18344 规定的基本作业项目外，增加的基本作业项目、作业内容及技术要求见表 2。

表 2 CNG 汽车二级维护增加的基本作业项目、作业内容及技术要求

序号	作业项目		作业内容	技术要求
1	储气装置	CNG 气瓶及固定支架	1) 检查气瓶检定证明； 2) 紧固连接部位； 3) 视情更换安全装置	1) 气瓶检定审验有效。 2) 气瓶及支架安装紧固，安装位置符合 GB/T 19240 的规定。 3) 气瓶有下列情况应更换： ——瓶体或附件出现裂纹、灼伤、鼓疱、渗漏或明显的凹陷、膨胀、弯曲； ——外表明显损伤、瓶口螺纹损伤或严重锈蚀。 4) 更换用的气瓶应符合 GB 17258、GB 24160 的规定
2		CNG 管路及卡箍	1) 检查紧固卡箍、高压管路及接头； 2) 视情更换密封圈、卡箍、管路及接头； 3) 检查导流管	1) 管路及接头无损伤及挤压变形，CNG 管路无老化、腐蚀，与相邻部件无碰擦现象； 2) 接头紧固良好，无漏气、阻塞现象，涂检漏液至少观察 1 min 后，无气泡出现； 3) 卡箍齐全完好，安装牢固，位置布局合理
3		手动截止阀、充气阀、组合阀等各类控制阀及相关仪表	1) 紧固阀门接头； 2) 检查各阀门工作性能及接口有无泄漏； 3) 视情拆检阀门，更换密封圈、垫	阀门开关灵活，紧固处无松动，阀门无泄漏，性能满足要求
4		加气口	1) 清洁、紧固加气口； 2) 视情更换单向阀阀芯及防尘盖	1) 加气口无油污、灰尘； 2) 单向阀工作可靠，无渗漏； 3) 防尘盖完好
5		压力传感器及压力表	1) 紧固压力传感器螺栓； 2) 视情送检或更换压力表	1) 传感器信号准确，压力表显示准确； 2) 连接处无泄漏
6	CNG供给装置	滤清器	清洁或更换滤网或毛毡	清洁、工作良好
7		高压电磁阀	清除电磁阀滤芯中的杂物、沉淀物，必要时更换	工作正常
8		安全阀	检查	在标定压力范围内能及时开启和关闭
9		减压调节器	1) 拆检总成，清洁各工作腔，定期更换滤网； 2) 高压进气装置泄漏检查，视情更换密封圈； 3) 检查各级压力，视情更换弹簧、膜片； 4) 检查安全阀； 5) 检查热循环装置，并视情更换恒温器、密封胶圈等部件	1) 装配好后的减压调节器外观清洁，工作正常、可靠； 2) 各处无泄漏，气密性等指标符合 GB/T 20735 的规定； 3) 安全阀工作可靠； 4) 热循环装置工作正常，各密封胶圈完好，水管及接头无漏水现象

表 2（续）

序号	作业项目		作业内容	技术要求
10	CNG供给装置	混合器	1）拆洗混合器各部件； 2）检查、更换密封胶圈	1）各部件清洁； 2）各处密封良好，无泄漏，工作正常，连接牢固、可靠
11		低压管路及卡箍	检查并视情更换	1）管路完好，无泄漏； 2）卡箍齐全完好，安装牢固，位置布局合理
12	燃料转换及控制装置	燃料转换开关及仪表	1）检查开关及控制电路； 2）检查电源、插接件及搭铁是否良好； 3）视情更换相关部件； 4）检查仪表	1）开关标识准确，转换灵活、可靠； 2）开关转换至“气”位时，当发动机不运转时，气路电磁阀能在规定时间范围内自动关闭； 3）各接插件及搭铁性能良好； 4）气量显示正确
13		线束	1）清理、检查线束； 2）视情更换线束或接头	1）线束连接可靠，无磨损现象； 2）线束接头连接正确、可靠； 3）电路电源连接正确
14		CNG电磁阀	1）检查工作性能； 2）检查线圈电阻值	1）开闭灵活可靠，关闭时密封良好，不漏气； 2）线圈电阻值符合规定要求
15		汽油电磁阀	检查工作性能	开闭灵活可靠，关闭时密封良好，不漏油
16		步进电机	检查、调整	工作正常
17		电控单元（ECU）及传感器	用故障诊断仪检查各传感器信号及电控系统工作性能	各传感器信号正常，系统无故障码显示，工作正常、可靠
18		泄漏报警装置	检查工作性能	装有泄漏报警装置的汽车，报警装置应完好，功能有效

6.3.3 二级维护基本作业项目完成后，应进行发动机性能调试，按要求调整发动机点火提前角、火花塞间隙等，使发动机达到正常工作状态。

6.4 CNG汽车二级维护竣工检验

6.4.1 检验要求

CNG汽车二级维护竣工检验除执行GB/T 18344规定内容外，同时还应进行紧固程度、气密性、排放性能和标志等项目的检验。

6.4.2 紧固程度检验

6.4.2.1 储气瓶、管路、电路及专用装置等主要部件安装紧固程度应符合相关技术要求，卡固可靠，无窜动、松动现象。

6.4.2.2 各类控制阀阀门接头、管路连接处应连接可靠，无松动。

6.4.3 气密性检验

6.4.3.1 储气装置、燃料供给装置、燃料转换及控制装置应密封良好，无气体泄漏。检验方法可采用检漏液检验或气体检漏仪检验方法进行：

——检漏液检验方法：在各部件正常工作压力下，用肥皂水等非腐蚀性起泡水涂于所有管路接头上，观察有无气泡持续产生，试验持续时间不得少于 1 min；

——气体检漏仪检验方法：使用气体检漏仪检查所有管路接头，不应出现漏气现象。当气体检漏仪发现泄漏后，需采用检漏液检验方法确定泄漏部位。

6.4.3.2 如管路有气体泄漏，应关闭气瓶阀，待管路中的气体排出后，再紧固接头。不应带压紧固。

6.4.4 排放性能

符合 GB 18285 及相关要求的规定。

6.4.5 CNG 汽车标志

符合 GB/T 17676 的规定。

7 质量保证

7.1 维修企业应对所承修的 CNG 汽车实施进厂检验、过程检验和竣工检验，除了填写 GB/T 18344 要求的检验单外，还应填写 CNG 汽车二级维护检验单（样式参见附录 A）。各种检验单均应归入维修档案。

7.2 二级维护竣工出厂的汽车应由取得行业主管部门核发的维修质量检验员资格，并经过 CNG 汽车维修专业技术培训的专职检验员签发竣工出厂合格证。

7.3 承担汽车二级维护竣工检验的检测机构或维修企业，应当使用符合有关标准的检测设备，并在检定有效期内。

7.4 汽车维护的质量保证期，自签发维修竣工出厂合格证之日起，一级维护车辆行驶不少于 2 000 km 或 10 日；二级维护车辆行驶不少于 5 000 km 或 30 日，以先到者为准。

附 录 A
（资料性附录）
CNG 汽车二级维护检验单

CNG 汽车二级维护进厂检验、过程检验、竣工检验单分别见表 A.1、表 A.2 和表 A.3。

表 A.1 二级维护进厂检验单

<table>
<tr><td>托修方</td><td></td><td>联系电话</td><td></td></tr>
<tr><td>车辆牌号</td><td></td><td>车辆型号</td><td></td></tr>
<tr><td>进厂日期</td><td></td><td>进厂编号</td><td></td></tr>
<tr><td>发动机号码</td><td></td><td>底盘号码</td><td></td></tr>
<tr><td>里程表读数</td><td></td><td>上次维护时间</td><td></td></tr>
<tr><td colspan="4">检验项目及检验结果</td></tr>
<tr><td>检验项目</td><td>检验结果</td><td>检验项目</td><td>检验结果</td></tr>
<tr><td>起动性能</td><td></td><td>怠速工况稳定性</td><td></td></tr>
<tr><td>加速工况稳定性</td><td></td><td>燃气系统密封性</td><td></td></tr>
<tr><td>水温</td><td></td><td>油温</td><td></td></tr>
<tr><td>异响</td><td></td><td>燃料转换正常、可靠</td><td></td></tr>
<tr><td>CNG 气瓶及固定支架</td><td></td><td>仪表工作状况</td><td></td></tr>
<tr><td>电路连接可靠</td><td></td><td>CNG 管路及卡箍</td><td></td></tr>
<tr><td>电控单元无故障码</td><td></td><td>泄漏报警装置</td><td></td></tr>
<tr><td>技术档案及车主
反应的车辆状况</td><td colspan="3"></td></tr>
<tr><td>附加作业项目</td><td colspan="3"></td></tr>
<tr><td colspan="4">检验结果.完好填“√”,损坏填“×”;缺少填“○”</td></tr>
<tr><td colspan="2">检验员签字：

维护厂家(签章)　　　　年　　月　　日</td><td colspan="2">送修人签字：

年　　月　　日</td></tr>
<tr><td colspan="4">注：GB/T 18344 规定的进厂检验项目由企业自行制表。</td></tr>
</table>

表 A.2 二级维护过程检验单

<table>
<tr><td>托修方</td><td></td><td>车辆牌号</td><td></td><td>车辆型号</td><td></td></tr>
<tr><td>合同编号</td><td></td><td>发动机号</td><td></td><td>底盘号</td><td></td></tr>
</table>

<table>
<tr><td colspan="2">检验项目</td><td>检验数据及结果</td><td>作业人员</td></tr>
<tr><td rowspan="5">储气装置</td><td>CNG 气瓶及固定支架</td><td>气瓶检定证书编号：
紧固力矩：　N·m；六个方向紧固性能：</td><td rowspan="5"></td></tr>
<tr><td>CNG 管路及卡箍</td><td>管路：　管接头：
卡箍间距：　mm</td></tr>
<tr><td>截止阀、充气阀、组合阀等各类控制阀及相关仪表</td><td>截止阀：　充气阀：
组合阀：　仪表：</td></tr>
<tr><td>加气口</td><td>单向阀：　防尘盖：</td></tr>
<tr><td>压力传感器及压力表</td><td>压力传感器：　压力表示值：　kPa</td></tr>
<tr><td rowspan="6">CNG 供给装置</td><td>滤清器</td><td>工作状况：</td><td rowspan="6"></td></tr>
<tr><td>高压电磁阀</td><td>工作状况：</td></tr>
<tr><td>安全阀</td><td>标定压力：　kPa</td></tr>
<tr><td>减压调节器</td><td>密封性能：　热循环装置：</td></tr>
<tr><td>混合器</td><td>密封性：　工作性能：</td></tr>
<tr><td>低压管路及卡箍</td><td>密封性：　紧固程度：</td></tr>
<tr><td rowspan="7">燃料转换及控制装置</td><td>燃料转换开关及仪表</td><td>工作性能：　气量显示值：　kPa</td><td rowspan="7"></td></tr>
<tr><td>线束</td><td></td></tr>
<tr><td>CNG 电磁阀</td><td>工作性能：　线圈电阻值：　Ω</td></tr>
<tr><td>汽油电磁阀</td><td>工作性能：　密封性：</td></tr>
<tr><td>步进电机</td><td>工作性能：</td></tr>
<tr><td>电控单元(ECU)及传感器</td><td>工作性能：　故障码：</td></tr>
<tr><td>泄漏报警装置</td><td>工作性能：</td></tr>
</table>

<table>
<tr><td colspan="2">修理情况记录</td><td colspan="4">更换主要零部件记录</td></tr>
<tr><td>项目</td><td>修理情况摘要</td><td>名称</td><td>规格</td><td>数量</td><td>产地</td></tr>
<tr><td></td><td></td><td></td><td></td><td></td><td></td></tr>
<tr><td></td><td></td><td></td><td></td><td></td><td></td></tr>
<tr><td></td><td></td><td></td><td></td><td></td><td></td></tr>
<tr><td>备注</td><td></td><td colspan="4">检验员(签字)：
年　月　日</td></tr>
<tr><td colspan="6">注：GB/T 18344 规定的过程检验项目由企业自行制表。</td></tr>
</table>

表 A.3　二级维护竣工检验单

托修方		车辆牌号		车辆型号	
合同编号		发动机号		底盘号	
外观检测	CNG 汽车标志		CNG 气瓶		
	CNG 管路及卡箍		加气口		
	压力传感器及压力表		高压电磁阀		
	安全阀		减压调节器		
	燃料转换开关及仪表		混合器		
	线束		CNG 电磁阀		
	汽油电磁阀		电控单元		
	步进电机		泄漏报警装置		
性能检测	紧固程度检验				
	气密性检验				
	排放性能	怠速:CO:　　%;HC:　　10^{-6};高怠速:CO:　　%;HC:　　10^{-6}			
检测结论:			检验员(签字):		
检测机构(公章)　　年　月　日			承修单位(公章)　　年　月　日		
注:GB/T 18344 规定的竣工检验项目由企业自行制表。					

ICS 03.220.20
R 16

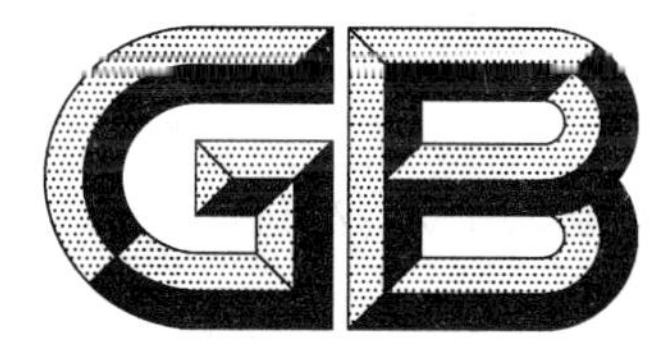

中华人民共和国国家标准

GB/T 27877—2011

液化石油气汽车维护技术规范

Technical specification for the maintenance of liquefied petroleum gas vehicle

2011-12-30 发布 2012-06-01 实施

中华人民共和国国家质量监督检验检疫总局
中国国家标准化管理委员会
发布

前　言

本标准按照 GB/T 1.1—2009 给出的规则起草。

本标准由全国汽车维修标准化技术委员会(SAC/TC 247)提出并归口。

本标准起草单位:交通运输部公路科学研究院、交通运输部科学研究院。

本标准主要起草人:许书权、张红卫、郝盛、冯桂芹、谢素华、仝晓平、牛会明、金鑫。

液化石油气汽车维护技术规范

1 范围

本标准规定了液化石油气(以下简称 LPG)汽车维护的作业安全、分级和周期、基本作业项目和技术要求、以及质量保证。

本标准适用于液化石油气汽车,包括液化石油气单燃料汽车和液化石油气/汽油两用燃料汽车。

2 规范性引用文件

下列文件对于本文件的应用是必不可少的。凡是注日期的引用文件,仅注日期的版本适用于本文件。凡是不注日期的引用文件,其最新版本(包括所有的修改单)适用于本文件。

GB 17259 机动车用液化石油气钢瓶

GB/T 17676 天然气汽车和液化石油气汽车 标志

GB/T 17895 天然气汽车和液化石油气汽车 词汇

GB 18285 点燃式发动机汽车排气污染物排放限值及测量方法

GB/T 18344 汽车维护、检测、诊断技术规范

GB/T 19239 液化石油气汽车专用装置的安装要求

GB 20912 汽车用液化石油气蒸发调压器

TSG R0009 车用气瓶安全技术监察规程

3 术语和定义

GB/T 17895 所确立的术语和定义适用于本文件。

4 作业安全

4.1 LPG 汽车维护作业应在符合安全防护要求的专用车间内进行,车间应通风良好,不得有地沟及通往地下设施的通口,在有 LPG 泄漏可能的场所应明示防明火、防静电的标志。

4.2 LPG 汽车维护作业前,应首先进行 LPG 专用装置的密封性检查,如有泄漏应先排除故障,在确认系统密封良好后再进行维护作业。

4.3 维护作业中应先进行涉及 LPG 使用的检查、维护等作业,然后关闭储气瓶截止阀并使管路内的 LPG 排尽,再进行其他项目的维护。

4.4 当需要进行焊割等有明火的作业时,应拆掉蓄电池及重要总成的电控元件。应安全拆卸气瓶并放入专用库房妥善保管;或在符合安全防护要求的专用场地将 LPG 供气系统(包括储气瓶)卸压,严禁带压作业,保证供气系统内无 LPG。

4.5 如需在气瓶附近打磨或切割时,应先将其拆掉或进行有效隔离。应由具备认可资格的单位、人员从事气瓶维护与检测,严禁在气瓶上进行挖补、焊割等作业。

4.6 LPG 汽车如发生漏气,应立即关闭电源和储气瓶截止阀,然后在专用场地进行处理。如果高压管路破裂或脱落导致气体大量泄漏而无法关闭储气瓶截止阀时,应立即将现场进行隔离,不允许人、车入

内，隔离火源，待液化石油气散尽后再作处理。

4.7 如发生火情，除立即关闭电源和储气瓶截止阀外，应隔离现场，立即采取有效的灭火与救援措施。

4.8 气瓶储存、使用应符合 TSG R0009 和有关部门的规定。

5 分级和周期

5.1 LPG 汽车的维护分为日常维护、一级维护、二级维护。日常维护由驾驶员进行，一级维护、二级维护由取得 LPG 汽车维修资格的汽车维修企业进行。

5.2 LPG 汽车维护的周期应符合 GB/T 18344 规定，如 LPG 汽车制造企业有特殊要求，应参照执行。

6 基本作业项目和技术要求

6.1 LPG 汽车日常维护

6.1.1 驾驶员应在出车前、行车中和收车后对车辆进行日常维护，并重点查看并确认 LPG 专用装置无泄漏和异常情况。

6.1.2 除 GB/T 18344 规定外，还需进行的作业内容：

——检视 LPG 专用装置各功能部件、系统的工作状态及其连接和密封，要求状态正常且无松动、泄漏、损坏。气瓶及固定支架固定牢固、无损伤，必要时更换，LPG 管线不得与其他部件擦碰。

——检查 LPG 储气量，降至规定值以下时应立即加充 LPG。

——对于 LPG/汽油两用燃料汽车，所用的 LPG 和汽油应符合车辆使用规定及燃料质量要求。当长期使用燃油时，应把储气瓶的燃气用完；当交替使用两种燃料时，应确保两种燃料供给及其转换系统工作正常。

——行车中，应随时观察车辆各系统工作状况，当发现 LPG 专用装置有过热、过冷、异味等异常现象时，应立即关闭 LPG 储气瓶截止阀，并及时送 LPG 汽车维修企业进行维修。

6.2 LPG 汽车一级维护

除 GB/T 18344 规定的基本作业项目外，增加的基本作业项目、作业内容及技术要求见表 1。

表 1 LPG 汽车一级维护增加的基本作业项目、作业内容及技术要求

序号	作业项目		作业内容	技术要求
1	储气装置	LPG 气瓶及固定支架	1) 检查气瓶检定证明； 2) 检查气瓶外观； 3) 检查气瓶紧固情况	1) 气瓶检定审验有效； 2) 气瓶表面无严重划伤、凹凸、裂纹等缺陷； 3) 固定支架及扎带完好、无裂纹，固定牢固，垫层完好、无损坏，气瓶固定可靠，无窜动和旋动现象； 4) 安装位置、方式符合 GB/T 19239 的要求
2	储气装置	LPG 管路及卡箍	1) 检查紧固管路及接头； 2) 检查各连接部位有无泄漏	1) 高压管路及接头无擦伤及其他损伤； 2) 接头紧固良好，无漏气现象； 3) 软管无老化、油垢、裂纹，连接可靠，与其他部件无擦碰； 4) 卡箍齐全完好，安装牢固，位置布局合理； 5) 安装位置、方式符合 GB/T 19239 的要求

表 1（续）

序号	作业项目		作业内容	技术要求
3	储气装置	手动截止阀、充气阀、组合阀等各类控制阀及相关仪表	检查密封和工作性能	1） 各种阀密封良好、开闭性能灵活有效，相关仪表工作正常、安装牢固可靠； 2） 安装位置、方式符合 GB/T 19239 和出厂技术规定的要求
4	储气装置	加气口	1） 检查加气口的安装及紧固情况； 2） 检查单向阀	1） 加气口固定牢固、清洁； 2） 加气口、单向阀工作可靠无漏气现象，防尘盖可靠有效
5	LPG 供给装置	蒸发调压器	1） 检查支架有无松动、变形及损伤； 2） 卸下排污塞，清除杂质及残留物； 3） 检查滤网、滤芯，必要时清洗； 4） 视情检修调试各部件	1） 外观清洁，安装牢固，无泄漏现象； 2） 各部件性能良好
6	LPG 供给装置	混合器	检查各部件连接状况和接口密封状况	1） 混合器清洁，装配正确，牢固可靠； 2） 各气道通畅、无阻塞、无泄漏
7	LPG 供给装置	高频电磁阀	检查各电磁阀及其控制装置技术状况	连接可靠、工作正常
8	LPG 供给装置	LPG 电喷控制装置	检查使用性能	各参数均正常
9	燃料转换及控制要求	燃料转换开关及仪表	1） 检查开关使用性能； 2） 检查压力显示器性能	1） 燃料转换开关标识准确，转换灵活、可靠； 2） 气量显示正常，与储气瓶气压、储气量协调一致
10	燃料转换及控制要求	LPG 电磁阀	1） 检查安装接线情况； 2） 检查使用性能	1） 接线牢固、可靠； 2） 开闭性能良好、无泄漏
11	燃料转换及控制要求	汽油电磁阀及管路	1） 检查安装及接线情况； 2） 检查油路及接头； 3） 检查使用性能	1） 电磁阀及油管安装牢固，管路无碰擦现象； 2） 汽油管路无老化及损伤，接头密封良好； 3） 电磁阀开闭性能良好，无泄漏
12	燃料转换及控制要求	线束	检查线束及接头	线束插接可靠，无破损及摩擦现象
13	整车		1） 工作性能测试； 2） 标志检查	1） 燃料供给系统工作正常； 2） LPG 汽车标志符合 GB/T 17676 规定

6.3 LPG 汽车二级维护

6.3.1 LPG 汽车二级维护作业必须按照 GB/T 18344 规定的作业过程进行维护前检验、过程检验和竣工检验，并依据进厂检验结果及车辆实际技术状况确定附加作业项目或内容。

6.3.2 除 GB/T 18344 规定的基本作业项目外，增加的基本作业项目、作业内容及技术要求见表 2。

表 2　LPG 汽车二级维护增加的基本作业项目、作业内容及技术要求

序号	作业项目		作业内容	技术要求
1	储气装置	LPG 气瓶及固定支架	1）检查气瓶检定证明； 2）紧固连接部位； 3）视情更换安全装置	1）气瓶检定审验有效； 2）气瓶及支架安装紧固，安装位置符合 GB/T 19239 的规定； 3）气瓶有下列情况应更换： ——瓶体或附件出现裂纹、烧伤、鼓疱、渗漏或明显的凹陷、膨胀、弯曲； ——外表明显损伤、瓶口螺纹损伤或严重锈蚀。 4）更换用的气瓶应符合 GB 17259 的规定
2		LPG 管路及卡箍	1）检查紧固卡箍、高压管路及接头； 2）视情更换密封圈、卡箍、管路及接头	1）管路及接头无损伤及挤压变形，LPG 管路无老化、腐蚀，与相邻部件无碰擦现象； 2）接头紧固良好，无漏气、阻塞现象，涂检漏液至少观察 1 min 后，无气泡出现； 3）卡箍齐全完好，安装牢固，位置布局合理
3		手动截止阀、充气阀、组合阀等各类控制阀及相关仪表	1）紧固阀门接头； 2）检查各阀门工作性能及接口有无泄漏； 3）视情拆检阀门，更换密封圈、垫	阀门开关灵活，紧固处无松动，阀门无泄漏，性能满足要求
4		加气口	1）清洁、紧固加气口； 2）视情更换单向阀阀芯及防尘盖	1）加气口无油污、灰尘； 2）单向阀工作可靠，无渗漏； 3）防尘盖完好
5		液位传感器及液位计	1）紧固传感器螺栓； 2）视情送检或更换液位计	1）传感器信号准确，液位计显示准确； 2）连接处无泄漏
6	LPG 供给装置	滤清器	清洁或更换滤网或毛毡	清洁、工作良好
7		高频电磁阀	清除电磁阀滤芯中的杂物、沉淀物，必要时更换	工作正常
8		安全阀	检查	在标定压力范围内能及时开启和关闭
9		蒸发调压器	1）拆检总成，清洁各工作腔并视情更换膜片、密封圈； 2）按蒸发调压器技术要求，清洁并定期更换滤网或滤芯； 3）密封性检查； 4）检查安全阀； 5）检查热循环装置，并视情更换恒温器、密封胶圈等部件	1）装配好后的蒸发调压器外观清洁，工作正常、可靠； 2）各处无泄漏，气密性等指标符合 GB 20912 的规定； 3）安全阀工作可靠； 4）热循环装置工作正常，各密封胶圈完好，水管及接头无漏水现象

表 2（续）

序号	作业项目		作业内容	技术要求
10	LPG供给装置	混合器	1） 拆洗混合器各部件； 2） 检查、更换密封胶圈	1） 各部件清洁； 2） 各处密封良好，无泄漏，工作正常，连接牢固、可靠
11		低压管路及卡箍	检查并视情更换	1） 管路完好，无泄漏； 2） 卡箍齐全完好，安装牢固，位置布局合理
12	燃料转换及控制装置	燃料转换开关及仪表	1） 检查开关及控制电路； 2） 检查电源、插接件及搭铁是否良好； 3） 视情更换相关部件； 4） 检查仪表	1） 开关标识准确，转换灵活、可靠； 2） 开关转换至“气”位时，当发动机不运转时，气路电磁阀能在规定时间范围内自动关闭； 3） 各接插件及搭铁性能良好； 4） 气量显示正确
13		线束	1） 清理、检查线束； 2） 视情更换线束或接头	1） 线束连接可靠，无磨损现象； 2） 线束接头连接正确、可靠； 3） 电路电源连接正确
14		LPG 电磁阀	1） 检查工作性能； 2） 检查线圈电阻值	1） 开闭灵活可靠，关闭时密封良好，不漏气； 2） 线圈电阻值符合规定要求
15		汽油电磁阀	检查工作性能	开闭灵活可靠，关闭时密封良好，不漏油
16		步进电机	检查、调整	工作正常
17		电控单元（ECU）及传感器	用故障诊断仪检查各传感器信号及电控系统工作性能	各传感器信号正常，系统无故障码显示，工作正常、可靠
18		泄漏报警装置	检查工作性能	装有泄漏报警装置的汽车，报警装置应完好，功能有效

6.3.3 二级维护基本作业项目完成后，应进行发动机性能调试，按要求调整发动机点火提前角、火花塞间隙等，使发动机达到正常工作状态。

6.4 LPG 汽车二级维护竣工检验

6.4.1 检验要求

LPG 汽车二级维护竣工检验除执行 GB/T 18344 规定内容外，同时还应进行紧固程度、气密性、尾气排放和标志等项目的检验。

6.4.2 紧固程度检验

6.4.2.1 储气瓶、管路、电路及专用装置等主要部件安装紧固程度应符合相关技术要求，卡固可靠，无窜动、松动现象。

6.4.2.2 各类控制阀阀门接头、管路连接处应连接可靠，无松动。

6.4.3 气密性检验

6.4.3.1 储气装置、燃料供给装置、燃料转换及控制装置应密封良好，无气体泄漏。检验方法可采用检漏液检验或气体检漏仪检验方法进行：

——检漏液检验方法：在各部件正常工作压力下，用肥皂水等非腐蚀性起泡水涂于所有管路接头上，观察有无气泡持续产生，试验持续时间不得少于 1 min；

——气体检漏仪检验方法：使用气体检漏仪检查所有管路接头，不应出现漏气现象。当气体检漏仪发现泄漏后，需采用检漏液检验方法确定泄漏部位。

6.4.3.2 如管路有气体泄漏，应关闭气瓶阀，待管路中的气体排出后，再紧固接头。不应带压紧固。

6.4.4 排放性能

符合 GB 18285 及相关要求的规定。

6.4.5 LPG 汽车标志

符合 GB/T 17676 的规定。

7 质量保证

7.1 维修企业应对所承修的 LPG 汽车实施进厂检验、过程检验和竣工检验，除了填写 GB/T 18344 要求的检验单外，还应填写 CNG 汽车二级维护检验单（样式参见附录 A）。各种检验单均应归入维修档案。

7.2 二级维护竣工出厂的汽车应由取得行业主管部门核发的维修质量检验员资格，并经过 LPG 汽车维修专业技术培训的专职检验员签发竣工出厂合格证。

7.3 承担汽车二级维护竣工检验的检测机构或维修企业，应当使用符合有关标准的检测设备，并在检定有效期内。

7.4 汽车维护的质量保证期，自签发维修竣工出厂合格证之日起，一级维护车辆行驶不少于 2 000 km 或 10 日；二级维护车辆行驶不少于 5 000 km 或 30 日，以先到者为准。

附 录 A
（资料性附录）
LPG汽车二级维护检验单

LPG汽车二级维护进厂检验、过程检验、竣工检验单分别见表A.1、表A.2和表A.3。

表A.1 二级维护进厂检验单

托修方		联系电话	
车辆牌号		车辆型号	
进厂日期		进厂编号	
发动机号码		底盘号码	
里程表读数		上次维护时间	
检验项目及检验结果			
检验项目	检验结果	检验项目	检验结果
起动性能		怠速工况稳定性	
加速工况稳定性		燃气系统密封性	
水温		油温	
异响		燃料转换正常、可靠	
LPG气瓶及固定支架		仪表工作状况	
电路连接可靠		LPG管路及卡箍	
电控单元无故障码		泄漏报警装置	
技术档案及车主反映的车辆状况			
附加作业项目			
检验结果：完好填“√”；损坏填“×”；缺少填“○”			
检验员签字： 维护厂家（签章） 年 月 日		送修人签字： 年 月 日	
注：GB/T 18344规定的进厂检验项目由企业自行制表。			

表 A.2　二级维护过程检验单

托修方		车辆牌号		车辆型号	
合同编号		发动机号		底盘号	

检验项目		检验数据及结果	作业人员
储气装置	LPG 气瓶及固定支架	气瓶检定证书编号： 紧固力矩：　N·m；六个方向紧固性能：	
	LPG 管路及卡箍	管路：　管接头： 卡箍间距：　mm	
	截止阀、充气阀、组合阀等各类控制阀及相关仪表	截止阀：　充气阀： 组合阀：　仪表：	
	加气口	单向阀：　防尘盖：	
	压力传感器及压力表	压力传感器：　压力表示值：　kPa	
LPG 供给装置	滤清器	工作状况：	
	高压电磁阀	工作状况：	
	安全阀	标定压力：　kPa	
	减压调节器	密封性能：　热循环装置：	
	混合器	密封性：　工作性能：	
	低压管路及卡箍	密封性：　紧固程度：	
燃料转换及控制装置	燃料转换开关及仪表	工作性能：　气量显示值：　kPa	
	线束		
	LPG 电磁阀	工作性能：　线圈电阻值：　Ω	
	汽油电磁阀	工作性能：　密封性：	
	步进电机	工作性能：	
	电控单元(ECU)及传感器	工作性能：　故障码：	
	泄漏报警装置	工作性能：	

修理情况记录		更换主要零部件记录			
项目	修理情况摘要	名称	规格	数量	产地
备注		检验员(签字)： 年　月　日			

注：GB/T 18344 规定的过程检验项目由企业自行制表。

表 A.3　二级维护竣工检验单

托修方		车辆牌号		车辆型号	
合同编号		发动机号		底盘号	
外观检测	LPG 汽车标志		LPG 气瓶		
	LPG 管路及卡箍		加气口		
	压力传感器及压力表		高压电磁阀		
	安全阀		减压调节器		
	燃料转换开关及仪表		混合器		
	线束		LPG 电磁阀		
	汽油电磁阀		电控单元		
	步进电机		泄漏报警装置		
性能检测	紧固程度检验				
	气密性检验				
	排放性能	怠速：CO：　　%；HC：　　10^{-6}；高怠速：CO：　　%；HC：　　10^{-6}			
检测结论：			检验员（签字）：		
检测机构（公章）		年　月　日	承修单位（公章）		年　月　日
注：GB/T 18344 规定的竣工检验项目由企业自行制表。					

ICS 03.220.40
R 06

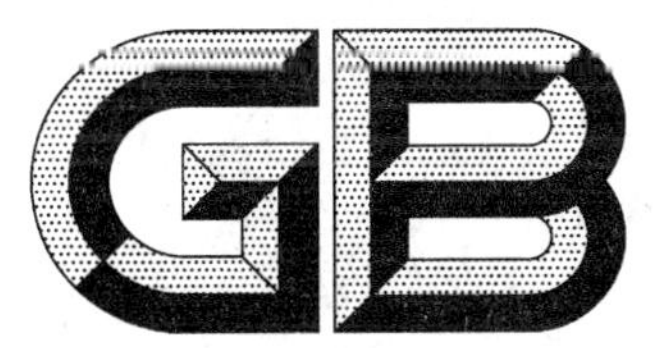

中华人民共和国国家标准

GB/T 27878—2011

船舶节能产品使用技术条件

Technical specification of energy saving products for marine

2011-12-30 发布 2012-06-01 实施

中华人民共和国国家质量监督检验检疫总局
中国国家标准化管理委员会 发布

前　言

本标准按照 GB/T 1.1—2009 给出的规则起草。

本标准由中华人民共和国交通运输部提出。

本标准由中华人民共和国交通运输部政策法规司归口。

本标准起草单位：长江航运科学研究所。

本标准主要起草人：汪静、刘大江、俞筱莉、李文华、曾勇、梁军、周国强。

船舶节能产品使用技术条件

1 范围

本标准规定了船舶节能产品使用时应满足的技术指标。

本标准适用于以降低船舶柴油机燃油消耗为目的的各类节能产品。

2 规范性引用文件

下列文件对于本文件的应用是必不可少的。凡是注日期的引用文件，仅注日期的版本适用于本文件。凡是不注日期的引用文件，其最新版本(包括所有的修改单)适用于本文件。

GB/T 25348—2010 汽车节油产品使用技术条件

GB/T 27874 船舶节能产品评定方法

3 术语和定义

GB/T 27874 界定的术语和定义适用于本文件。

4 技术条件

4.1 技术指标的评定

船舶节能产品的技术指标按照 GB/T 27874 的规定进行测试和评定。

4.2 经济性技术指标

4.2.1 在柴油机台架上进行对比测试，柴油机推进特性节油率不小于 1.5%时，负荷特性的节油率不小于 1.0%。反之亦然。

4.2.2 在实船上进行对比测试，根据节能产品的特性和不同的使用范围，节油率评定指标应满足下述条件之一：

a) 船舶主机推进特性节油率不小于 2.0%，同时主机常用工况的节油率不小于 2.5%；

b) 发电柴油机负荷特性节油率不小于 2.0%；

c) 船舶航行节油率不小于 2.0%。

4.3 动力性技术指标

在柴油机台架上进行外特性对比测试，最大扭矩对比系数应大于或等于 0.98。

4.4 环境影响技术指标

船舶柴油机排气排放污染物对比测试，一氧化碳(CO)、氮氧化物(NO_x)、碳氢化合物(HC)和排气烟度的净化率应大于或等于 0。

4.5 其他技术指标

4.5.1 燃油、润滑油添加剂类节能产品，应符合 GB/T 25348—2010 中 4.5 的要求。

4.5.2 机电类船舶节能产品，应符合国家有关船舶机电产品标准规定的技术指标。

ICS 03.220.20;93.080.30
R 80

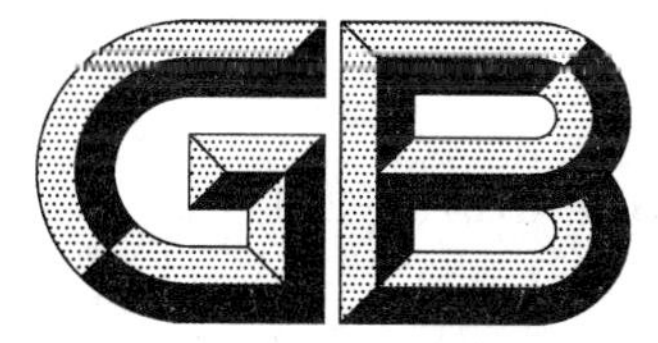

中华人民共和国国家标准

GB/T 27879—2011

公路收费用费额显示器

Patron external display for toll collection of highway

2011-12-30 发布　　2012-06-01 实施

中华人民共和国国家质量监督检验检疫总局
中国国家标准化管理委员会 发布

前　言

本标准按照GB/T 1.1—2009给出的规则起草。

本标准由全国交通工程设施(公路)标准化技术委员会(SAC/TC 223)提出并归口。

本标准起草单位:中交第一公路勘察设计研究院有限公司、重庆交通建设(集团)有限责任公司、西安金路交通工程科技发展有限责任公司。

本标准主要起草人:杨晓东、李得俊、石飞、李国强、熊卫士、张进县、吴宏宇、陶涛。

公路收费用费额显示器

1 范围

本标准规定了费额显示器的术语和定义、分类、技术要求、试验方法、检验规则以及标识、包装、运输和贮存等要求。

本标准适用于公路收费用 LED 费额显示器产品，停车场等其他收费场所以及其他类型的费额显示器可参照使用。

2 规范性引用文件

下列文件对于本文件的应用是必不可少的。凡是注日期的引用文件，仅注日期的版本适用于本文件。凡是不注日期的引用文件，其最新版本(包括所有的修改单)适用于本文件。

GB/T 191 包装储运图示标志

GB/T 2423.1 电工电子产品环境试验 第 2 部分：试验方法 试验 A：低温

GB/T 2423.2 电工电子产品环境试验 第 2 部分：试验方法 试验 B：高温

GB/T 2423.3 电工电子产品环境试验 第 2 部分：试验方法 试验 Cab：恒定湿热试验

GB/T 2423.10 电工电子产品环境试验 第 2 部分：试验方法 试验 Fc：振动(正弦)

GB/T 2423.17 电工电子产品环境试验 第 2 部分：试验方法 试验 Ka：盐雾

GB/T 2423.22 电工电子产品环境试验 第 2 部分：试验方法 试验 N：温度变化

GB/T 3453 数据通信基本型控制规程

GB/T 3482 电子设备雷击试验方法

GB 4208 外壳防护等级(IP 代码)

GB 4943 信息技术设备的安全

GB/T 17626.2 电磁兼容 试验和测量技术 静电放电抗扰度试验

GB/T 17626.3 电磁兼容 试验和测量技术 射频电磁场辐射抗扰度试验

GB/T 17626.4 电磁兼容 试验和测量技术 电快速瞬变脉冲群抗扰度试验

IEC 61643-1:2005 低压电涌保护器 第 1 部分：低压配电系统的电涌保护器 性能要求和试验方法(Low-voltage surge protective devices—Part 1:Surge protective devices connected to low-voltage power distribution systems—Requirements and tests)

3 术语和定义

下列术语和定义适用于本文件。

3.1

费额显示器 patron external display

由显示单元组成的显示屏幕，安装在收费亭侧壁、收费岛上或便于道路使用者视认的位置，通过一定的控制方式，以文字形式(可辅以语音)向道路使用者显示缴费信息的电子装置，主要由显示单元、控制装置和电源模块等组成。

3.2

显示单元　display unit

由电路及安装结构确定的并具有显示功能的模块。

3.3

视认角　viewing angle

观察者(矫正视力5.0以上)在环境照度大于50 000 lx的晴天、太阳光正面照射显示面的条件下，偏离显示面法线方向后，仍能正确认读费额显示器内容的最大偏离角度。

3.4

静态视认距离　static distinguishing distance

观察者(矫正视力5.0以上)在环境照度大于50 000 lx的晴天、太阳光正面照射显示面的条件下，在规定的视认角内，能够正确认读费额显示器内容的最大距离。

4　分类与型号

4.1　分类

4.1.1　按安装形式分为：附着式费额显示器和独立式费额显示器。

4.1.2　按显示方式分为：LED数码管费额显示器和LED点阵费额显示器。

4.1.3　按适用范围分为：计重收费用费额显示器、车型收费用费额显示器、不停车收费用费额显示器及组合式收费用费额显示器。

4.2　型号

产品型号如下：

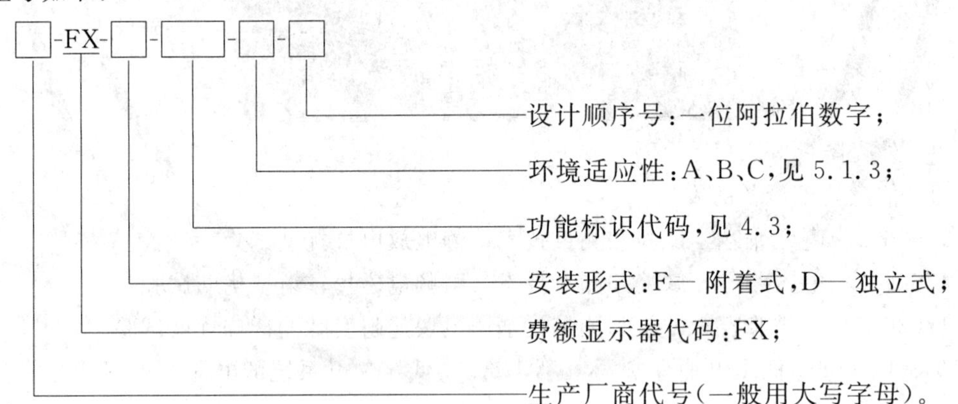

示例：

代号为"JL"的生产厂商生产的计重收费用费额显示器，独立式安装，且有语音功能及报警功能，通行指示形式为叉形箭头，适应环境温度为－20 ℃～＋55 ℃，该产品的型号表示为：JL-FX-D-XBYH2-A-1。

4.3　功能标识代码

费额显示器型号的功能代码段包括通行指示、报警、语音、适用范围和显示方式五位代码，具体代码含义如下：

——通行指示：X—叉形箭头，O—圆形；N—无；

——报警功能：B—带报警，N—无报警；

——语音功能：Y—带语音，N—无语音；

——适用范围：H—计重收费，K—车型收费，E—不停车收费，M—组合式收费；

——显示方式：1—数码管，2—点阵。

5 技术要求

5.1 适用条件

5.1.1 安装环境：收费亭外。

5.1.2 相对湿度：不大于95%。

5.1.3 环境温度：

——A型：−20 ℃～+55 ℃；

——B型：−40 ℃～+50 ℃；

——C型：−55 ℃～+45 ℃。

5.2 形状和尺寸要求

独立式费额显示器外形为长方形，版面应紧凑美观，整体布局示例如图1所示。

单位为毫米

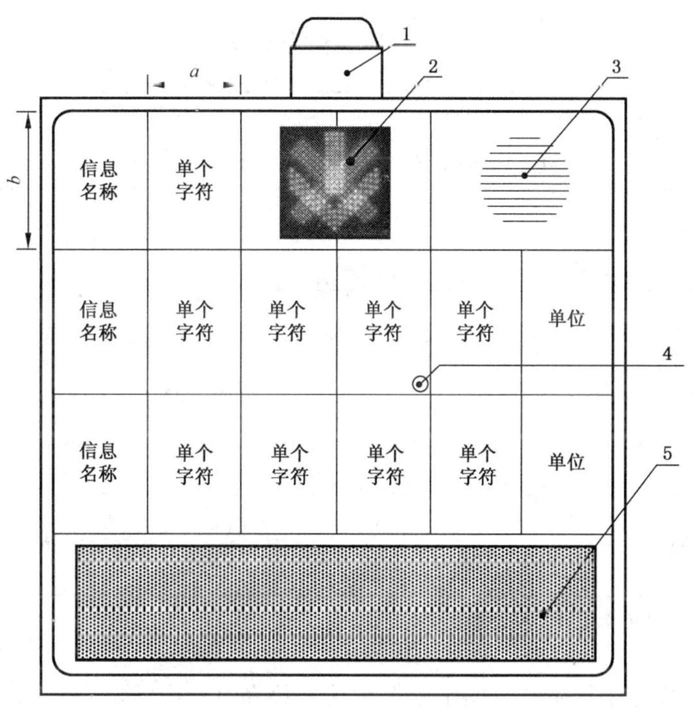

说明：

1——报警器；

2——通行指示；

3——喇叭；

4——小数点；

5——LED辅助显示屏(备选)；

a——单个字符宽度，不应小于50 mm；

b——单个字符高度，不应小于90 mm。

图1 独立式费额显示器外形布局示例

5.3 材料及外观要求

5.3.1 材料

费额显示器外壳可采用钢、铝合金等材料。外壳应采用非反光材料或进行消除反光处理，结构坚固、美观。

5.3.2 外观

费额显示器外壳无明显划痕，显示单元无松动及管壳破裂。

5.4 安全要求

费额显示器应满足 GB 4943 规定的Ⅰ类安全设备要求。

5.5 功能特性

5.5.1 根据费额显示器安装形式、适用范围的不同，显示信息量应满足表1，各个信息显示顺序应符合表1中排序。

表1 显示信息要求

序号	显示信息名称	适用范围			安装形式		显示单位	字符位数（推荐）
		计重收费	车型收费	不停车收费	附着式	独立式		
1	通行指示	○	○	○	×	○	—	—
2	车型	√	√	√	√	√	—	1
3	金额	√	√	√	√	√	元	5
4	余额	○	○	√	○	○	元	5
5	总重	√	○	○	○	√	吨	3
6	超限	○	○	○	○	○	吨	3
7	超限率	○	○	○	○	○	—	3
8	车牌	○	○	√	○	○	—	7
注：√表示显示，○表示可选显示，×表示不显示。								

5.5.2 LED数码管费额显示器字符分固定字符和动态数字。其中固定字符采用反光膜形式或丝印反光字，为红色或黄色等醒目颜色，底色宜为浅灰；动态数字宜为红色。

5.5.3 采用LED全屏点阵显示时各个字符宜为红色；同一费额显示器字符颜色应一致。

5.5.4 可自动多级调节LED发光亮度，防止夜间产生眩光，调节级别不应小于四级。

5.5.5 数字显示应稳定、清晰无扰，数码字符在不显示时应尽可能与字符底板的颜色相近。

5.6 物理性能

5.6.1 发光亮度

费额显示器的LED显示面板发光亮度不小于1 500 cd/m^2。测量发光亮度时环境照度变化应介于±10%，光探头采集范围不少于16个相邻像素，彩色分析仪误差应小于5%。

5.6.2 视认性能

观察者(矫正视力 5.0 以上)视认角不小于 30°,静态视认距离不小于 30 m。

5.6.3 声学特性

对于具有语音附加功能的费额显示器,在设备正前方 1 m,离地高 1.2 m 处接收的等效连续声级值为 70 dB(A)～85 dB(A)可调,非线性失真应小于 10%。

5.7 电气安全性能

5.7.1 绝缘电阻:费额显示器的电源接线端子与机壳的绝缘电阻应不小于 100 MΩ。

5.7.2 电气强度:在费额显示器的电源接线端子与机壳之间施加频率 50 Hz、有效值 1 500 V 正弦交流电压,历时 1 min,应无火花、飞弧和击穿现象。

5.7.3 安全接地:费额显示器应设安全保护接地端子,接地端子与机壳连接可靠,接地端子与机壳的连接电阻应小于 0.1 Ω。

5.7.4 产品应适应电网波动要求,在以下条件下应可靠工作:

——电压:交流 220(1±15%)V;

——频率:50(1±4%)Hz。

5.7.5 费额显示器的供电接口和通信接口按照 GB/T 3482 的要求,应采取必要的防雷电和过电压保护措施,采用的元器件和防护措施应符合 IEC 61643-1 的规定。

5.7.6 产品应采取尘密、防水措施,外壳的防护等级按 GB 4208 的规定应不低于 IP56 级。

5.8 电气可靠性能

5.8.1 平均无故障时间:不小于 15 000 h。

5.8.2 平均恢复时间:不大于 30 min。

5.9 通信接口与规程

5.9.1 接口:采用 9 针或 25 针 RS-232C 阴性插座或 4 针 RS-485 阳性插座,可根据通信需求提供其他类型接口并满足相关协议。该接口的电气性能应符合相应标准的要求,接口与外部的连接应便于安装和维护,并采取尘密、防水等措施。

5.9.2 通信规程:符合 GB/T 3453 的有关规定。

5.9.3 通信方式:异步、半双工。

5.9.4 通信速率:1 200 bit/s～19 200 bit/s。

5.9.5 在满足 5.9.1～5.9.4 的条件下,可以按需求提供其他接口和规程,以便与收费控制系统连接。

5.10 环境适应性能

5.10.1 耐低温储存性能:在－20 ℃(或－40 ℃、－55 ℃)条件下,按 6.8.1 的方法试验 8 h,费额显示器通信正常,信息显示和逻辑正确。

5.10.2 耐低温工作性能:在－20 ℃(或－40 ℃、－55 ℃)条件下,按 6.8.2 的方法试验 8 h,费额显示器通信正常,信息显示和逻辑正确。

5.10.3 耐高温工作性能:在＋55 ℃(或＋45 ℃、＋40 ℃)条件下,按 6.8.3 的方法试验 8 h,费额显示器通信正常,信息显示和逻辑正确。

5.10.4 耐湿热工作性能:在温度＋40 ℃,相对湿度 98%±2%条件下,按 6.8.4 的方法试验 48 h,费额显示器通信正常,信息显示和逻辑正确。

5.10.5 耐机械振动性能:在振动频率 2 Hz~150 Hz 的范围内,按 6.8.5 的方法试验经历 20 个循环后,结构不受影响,零部件无松动;费额显示器通信正常,信息显示和逻辑正确。

5.10.6 耐盐雾腐蚀性能:外壳防腐层(其他部件由供需双方协定)应无明显锈蚀现象,金属构件应无锈点,消除反光的外涂材料不脱落;费额显示器通信正常,信息显示和逻辑正确。

5.10.7 耐温度变化性能:在温度为−40 ℃~70 ℃范围内,按照 6.8.7 的方法试验经历 5 个循环后,费额显示器通信正常,信息显示和逻辑正确。

5.11 电磁兼容性

5.11.1 具有电快速瞬变脉冲群抗扰度性能。

5.11.2 具有静电放电抗扰度性能。

5.11.3 具有辐射电磁场抗扰度性能。

6 试验方法

6.1 试验条件

除特殊规定外,一般试验条件如下:

——环境温度:+15 ℃~+35 ℃;

——相对湿度:25%~75%;

——大气压力:86 kPa~106 kPa。

6.2 材料

主要核查原材料和元器件的材质证明单是否齐全有效,必要时可对原材料的主要性能指标(如物理化学性能)进行试验。

6.3 外观

用目测和手感法检查外观质量。

6.4 安全及功能

连接费额显示器及控制系统,接通电源,运行控制软件,逐项核查安全要求及显示功能。

6.5 物理性能

6.5.1 发光亮度:费额显示器不通电情况下,用彩色分析仪测量显示面的背景亮度 L_N;费额显示器通电并正常工作情况下,用彩色分析仪测量显示面的亮度 L_Y;费额显示面板发光亮度:$L=L_Y-L_N$。

6.5.2 声学特性:在规定的时间间隔内,方均根声压与基准声压之比的以 10 为底的对数再乘以 20,声压用标准频率计权得到。对空气声,基准量通常选取 20 μPa。

6.6 电气安全性能

6.6.1 绝缘电阻:用精度 1.0 级、500 V 的兆欧表在导电端子与机壳之间测量。

6.6.2 电气强度:用精度 1.0 级的耐电压测试仪在导电端子与机壳之间测量。

6.6.3 连接电阻:用精度 0.5 级、分辨力 0.01 Ω 的电阻表在机壳顶部金属部位与安全保护接地端子之间测量。

6.6.4 用自耦变压器或可调交流电源给费额显示器供电,测试电压分别为 185 V→200 V→220 V→

240 V→255 V→230 V→210 V→185 V。每调整到一档电压并稳定后，接通费额显示器，检查显示功能是否正常。测试频率分别为 48 Hz→49 Hz→50 Hz→51 Hz→52 Hz→51 Hz→50 Hz→49 Hz→48 Hz。每调整到一档频率并稳定后，接通费额显示器，检查显示功能是否正常。

6.6.5 产品的尘密、防水及安全防护，按 GB 4208 的试验方法进行。

6.7 通信接口与规程

6.7.1 该项测试方法包括主观评定和客观测试两部分，对每个区段的每个显示字进行测试，应能正确显示。

6.7.2 主观评定是把费额显示器连接到控制系统后，评定该产品与系统的通信情况，可用 24 h 失步次数来评价产品的通信性能。

6.7.3 客观测试方法参见相关标准。

6.8 环境适应性能

6.8.1 耐低温储存性能：按 GB/T 2423.1 方法试验 8 h。试验结束，在室温条件下恢复 2 h 后，立即对费额显示器进行测试。

6.8.2 耐低温工作性能：按 GB/T 2423.1 方法不通电试验 8 h，对费额显示器进行测试。

6.8.3 耐高温工作性能：按 GB/T 2423.2 规定方法通电试验 8 h。试验过程中每 2 h 对费额显示器进行测试。

6.8.4 耐湿热工作性能：按 GB/T 2423.3 规定方法通电试验 48 h。试验过程中每 2 h 对费额显示器进行测试。

6.8.5 耐机械振动性能：按 GB/T 2423.10 规定进行通电扫频试验。在 2 Hz～9 Hz 时按振幅控制，振幅 3.5 mm；9 Hz～150 Hz 时按加速度控制，加速度为 10 m/s^2。2 Hz～9 Hz～150 Hz～9 Hz～2 Hz 为一个循环，共经历 20 个循环。

6.8.6 耐盐雾腐蚀性能：按 GB/T 2423.17 规定试验 168 h。

6.8.7 耐温度变化性能：按 GB/T 2423.22 规定进行通电试验。－40 ℃～0 ℃～35 ℃～70 ℃～35 ℃～0 ℃～－40 ℃为 1 个循环，在每个温度环境下工作 3 h，1 个循环共 21 h，共经历 5 个循环。

6.9 电磁兼容性

6.9.1 电快速瞬变脉冲群抗扰度试验：按照 GB/T 17626.4 进行试验，试验等级 3，将 2 kV 试验电压通过耦合/去耦网络施加到供电电源端口和保护接地上，将 1 kV 试验电压通过耦合/去耦网络施加到信号端口上，施加试验电压 5 次，每次持续时间不少于 1 min。

6.9.2 静电放电抗扰度试验：按照 GB/T 17626.2 进行试验，试验等级 2，对所确定的放电点采用接触放电，试验电压为 4 kV。至少施加 10 次单次放电，放电之间间隔至少 1 s。

6.9.3 辐射电磁场抗扰度试验：按照 GB/T 17626.3 进行试验，试验等级 2，正常运行的费额显示器四个侧面分别在发射天线垂直极化和水平极化位置进行试验，发射场强为 3 V/m。

6.10 试验结果的处理

除特殊规定，一般对可重复的客观测量项目进行 3 次测试，取算术平均值为试验结果。对于主观测试项目，测试人员应不少于 3 人。试验结果分为两级：合格和不合格。

7 检验规则

7.1 型式检验

7.1.1 凡有下列情况之一时，应进行型式检验：

a) 新产品试制、定型鉴定或老产品转厂生产；

b) 正式生产后，如结构、材料、工艺有较大改变，可能影响产品性能时；

c) 产品停产半年以上，恢复生产时；

d) 正常批量生产时，每年1次；

e) 国家质量监督机构提出要求时。

7.1.2 型式检验的样品在产品中随机抽取3个完整的产品。

7.1.3 型式检验的项目和顺序按表2规定。

表2 检验项目

序号	项目名称	技术要求	试验方法	型式检验	出厂检验
1	外观质量	5.3	6.3	√	√
2	安全要求	5.4	6.4	√	○
3	功能特性	5.5	6.4	√	√
4	物理性能	5.6	6.5	√	√
5	绝缘电阻	5.7.1	6.6.1	√	√
6	电气强度	5.7.2	6.6.2	√	√
7	连接电阻	5.7.3	6.6.3	√	√
8	电源适应性	5.7.4	6.6.4	√	√
9	防护性能	5.7.6	6.6.5	√	×
10	通信接口与规程	5.9	6.7	√	√
11	耐低温储存性能	5.10.1	6.8.1	√	×
12	耐低温工作性能	5.10.2	6.8.2	√	×
13	耐高温工作性能	5.10.3	6.8.3	√	×
14	耐湿热工作性能	5.10.4	6.8.4	√	×
15	耐机械振动性能	5.10.5	6.8.5	√	×
16	耐盐雾腐蚀性能	5.10.6	6.8.6	√	×
17	耐温度变化性能	5.10.7	6.8.7	√	×
18	电磁兼容性	5.11	6.9	√	×
注：√表示检验，○表示可选检验；×表示不检验。					

7.1.4 型式检验中，电气安全性能不合格时，该次型式检验不合格；若其他项目出现不合格，应在同一批产品中加倍抽取样品，对不合格项进行检验，若仍不合格，则该型式检验批次产品判为不合格。

7.2 出厂检验

7.2.1 对于批量不大于3台的费额显示器产品，由产品生产企业质量检验部门按表2规定逐项进行检验，合格后签发合格证，方可出厂。

7.2.2 对于批量大于3台的费额显示器产品，出厂检验的样品应从生产线终端随机抽取不少于30%

的样品，但不少于3台完整的费额显示器产品。若3台全部合格则整个检验批合格，签发合格证，允许出厂；如有一台不合格，则需对全部费额显示器产品进行逐台检验，剔除不合格产品。

7.2.3 出厂检验中，若出现一项不合格，则须对该批费额显示器的该项目进行全部检验，剔除的不合格产品允许返修，返修后重新对不合格项进行检验。若仍不合格，则判为不合格品；若检验合格，则签发合格证。

8 标识、包装、运输与贮存

8.1 标识

8.1.1 产品标识

产品标识可采用铭牌等形式，标识应清晰，易于识别且不易随自然环境的变化而褪色、脱落。

产品标识上应注明：

a) 生产企业名称、地址；

b) 产品名称、型号规格及产地；

c) 输入额定电压、频率；

d) 功耗；

e) 重量；

f) 产品编号；

g) 制造日期；

h) 接口标识。

8.1.2 包装标识

包装贮存标识应符合GB/T 191的有关规定，应标有“注意防潮”、“小心轻放”等图案，还应在费额显示器产品包装箱上印刷以下内容：

a) 生产企业名称、地址；

b) 产品名称及型号规格；

c) 重量：×××kg；

d) 外形尺寸：长×宽×高(mm×mm×mm)；

e) 包装储运图示标志；

f) 产品编号。

8.2 包装

8.2.1 外包装用瓦楞纸箱加聚胺脂泡沫塑料缓冲，包装应牢固可靠，能适应常用运输工具运送。

8.2.2 显示面应贴保护膜，使用时应易于揭除，并对显示效果不会造成影响。

8.2.3 产品包装箱内应随带如下文件：

a) 产品合格证；

b) 产品使用说明书；

c) 装箱单；

d) 随机备用附件清单；

e) 接线图、安装图、支撑架结构图；

f) 其他有关技术资料。

8.3 运输

包装好的产品可用常规运输工具运输，运输过程应避免剧烈振动、雨雪淋袭、太阳久晒、接触腐蚀性气体及机械损伤。

8.4 贮存

产品应贮存于通风、干燥、无酸碱及腐蚀性气体的仓库中，周围应无强烈的机械振动及强磁场作用。

ICS 93.010
P 22

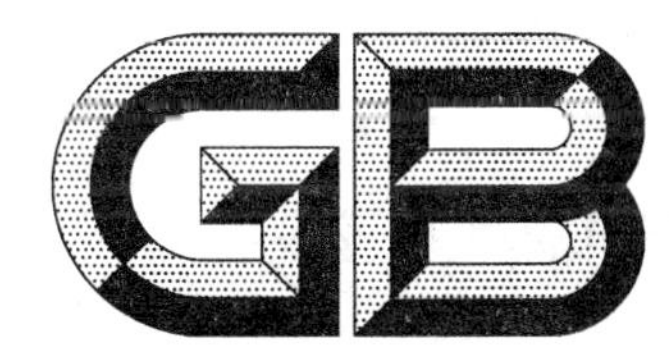

中华人民共和国国家标准

GB/T 27880—2011

热　　棒

Thermoprobe

2011-12-30 发布　　2012-06-01 实施

中华人民共和国国家质量监督检验检疫总局
中国国家标准化管理委员会　发布

前　言

本标准按照GB/T 1.1—2009给出的规则起草。

本标准由全国交通工程设施(公路)标准化技术委员会(SAC/TC 223)提出并归口。

本标准起草单位:江苏中圣高科技产业有限公司、南京锅炉压力容器检验研究院、中国科学院寒区旱区环境与工程研究所、南京工业大学、中铁西北科学研究院有限公司、中交第一公路勘察设计研究院有限公司。

本标准主要起草人:郭宏新、刘丰、业成、吴青柏、张红、熊智文、章金钊、刘世平、蒋俊。

热 棒

1 范围

本标准规定了热棒的术语与定义、组成与分类、技术要求、试验方法、检验规则以及标志、包装、运输与贮存。

本标准适用于寒区地基、基础工程的热棒。

2 规范性引用文件

下列文件对于本文件的应用是必不可少的。凡是注日期的引用文件，仅注日期的版本适用于本文件。凡是不注日期的引用文件，其最新版本(包括所有的修改单)适用于本文件。

GB 150.3—2011 压力容器 第3部分：设计

GB 536 液体无水氨

GB/T 710 优质碳素结构钢热轧薄钢板和钢带

GB/T 1804 一般公差 未注公差的线性和角度尺寸的公差

GB 3087 低中压锅炉用无缝钢管

GB/T 3280 不锈钢冷轧板和钢带

GB/T 6052 工业液体二氧化碳

GB/T 13237 优质碳素结构钢冷轧薄钢板和钢带

GB 13296 锅炉、热交换器用不锈钢无缝钢管

GB/T 18851 (所有部分)无损检测 渗透检测

GB 50212 建筑防腐蚀工程施工及验收规范

JB 4708 钢制压力容器焊接工艺评定

JB/T 4709 钢制压力容器焊接规程

3 术语和定义

下列术语和定义适用于本文件。

3.1

热棒 thermoprobe

用于寒区工程，工作温度在200 K～333 K(－73 ℃～60 ℃)之间，蒸发段在下方、冷凝段在上方、管内凝结液依靠重力而回流的传热管。

3.2

基管 plain tube

用于制造热棒壳体的金属管。

3.3

工质 working fluid

热棒内用于传递热量的介质。

3.4

蒸发段 evaporator

热棒工质受热汽化的部分。

3.5

冷凝段 condenser

热棒工质放热凝结的部分。

3.6

绝热段 adiabatic section

热棒蒸发段与冷凝段之间、不与外界换热的部分。

3.7

不凝性气体 non-condensable gas

在工作温度和压力范围条件下,热棒管壳内不凝结的气体。

3.8

工作温度 operating temperature

热棒运行时的工质蒸汽温度。

3.9

稳定工作状态 steady operating state

设定工作条件下,在热棒管内或管外壁沿长度方向各点温度不随时间变化的工作状态。

3.10

额定功率 rated power

设定工作条件下,热棒所能传递的最大功率。

3.11

启动特性 startup

在一定条件下从热棒开始受热到进入稳定工作状态之前的特性,以时间为特性指标。

3.12

等温特性 isothermal

在一定的热负荷和工作条件下,热棒内部工质蒸汽温度沿长度方向呈现出温度均匀且相等的特征。

4 组成与分类

4.1 组成

热棒由基管、管腔、中心测温管和工质组成,基管与管腔分为蒸发段、绝热段和冷凝段三部分,根据使用条件蒸发段和冷凝段可带有传热翅片(见图1)。

4.2 分类与代号

4.2.1 热棒按形状分为直棒和弯棒两类,直棒用代号Ⅰ表示,弯棒(又称L型)用代号Ⅱ表示。

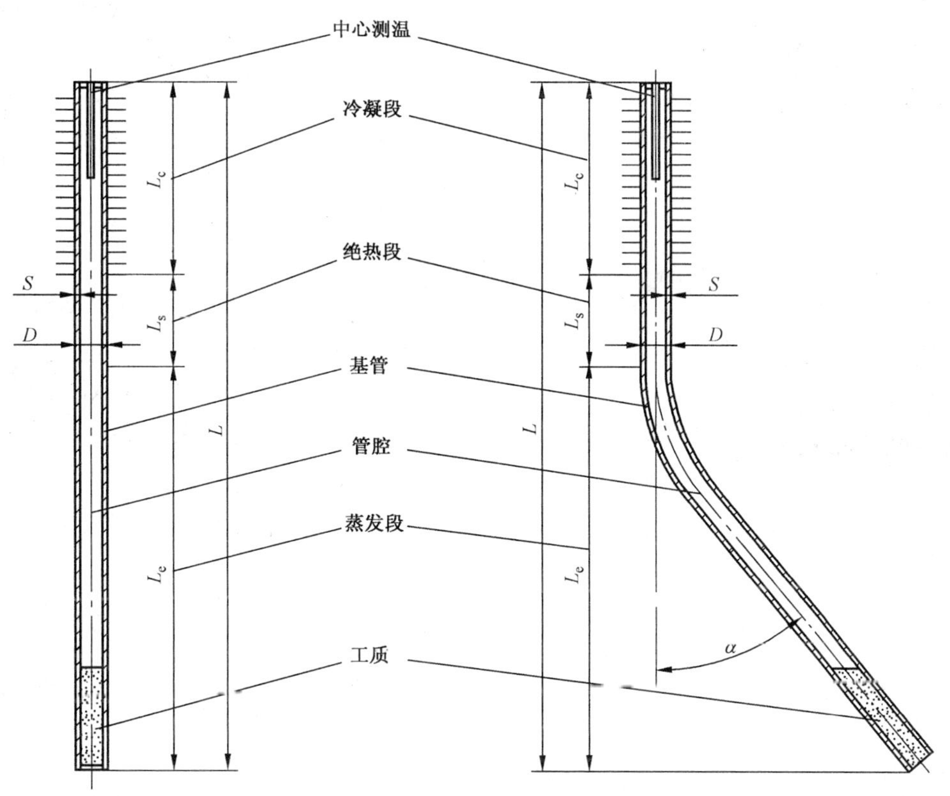

a） Ⅰ型　　　　b） Ⅱ型

说明：

D——基管外径，单位为毫米(mm)；

L_c——冷凝段长度，单位为米(m)；

L_s——绝热段长度，单位为米(m)；

L_e——蒸发段长度，单位为米(m)；

L——热棒高度，单位为米(m)；

S——基管公称壁厚，单位为毫米(mm)；

α——弯曲角，单位为度(°)。

图 1 热棒组成与形状

4.2.2 热棒按结构形式分为三类：

a) 冷凝段有翅片、蒸发段无翅片，代号为 TPA；

b) 冷凝段和蒸发段均无翅片，代号为 TPB；

c) 冷凝段和蒸发段均有翅片，代号为 TPC。

4.2.3 翅片的形状分为四种：

a) 螺旋圆盘翅片[见图 2a)]，代号为 a；

b) 齿型翅片[见图 2b)]，代号为 b；

c) 轧制翅片[见图 2c)]，代号为 c；

d) 纵向翅片[见图 2d)]，代号为 d。

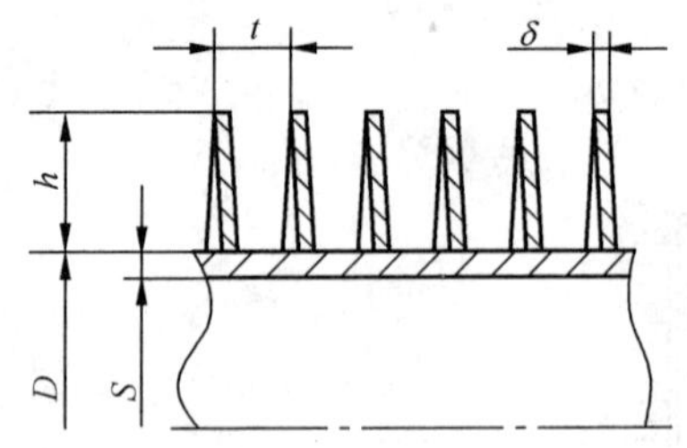

a） 螺旋圆盘翅片

b） 齿型翅片

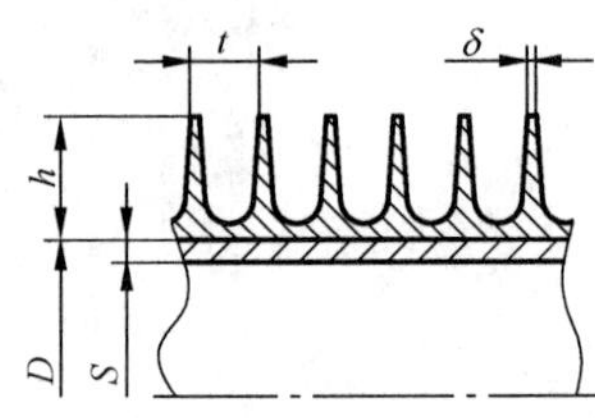

c） 轧制翅片

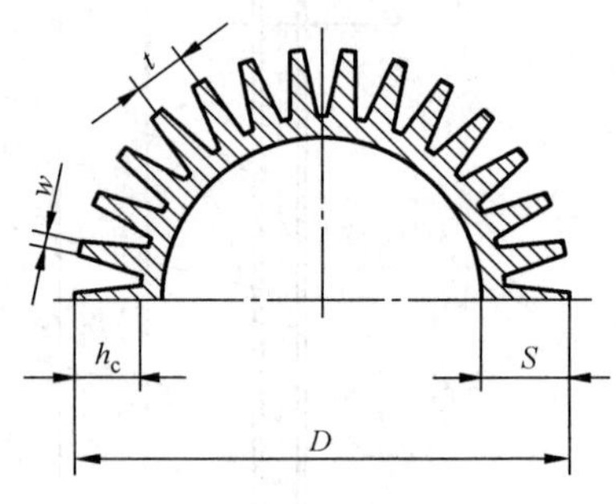

d） 纵向翅片

说明：

D——基管外径，单位为毫米(mm)；

h——翅片高度，单位为毫米(mm)；

h_c——齿型翅片高度，单位为毫米(mm)；

S——基管公称壁厚，单位为毫米(mm)；

t——翅片节距，单位为毫米(mm)；

w——齿宽，单位为毫米(mm)；

δ——翅片厚度，单位为毫米(mm)。

图 2 翅片形状示意图

4.3 型号与示例

热棒型号由八个单元组成，其结构如下：

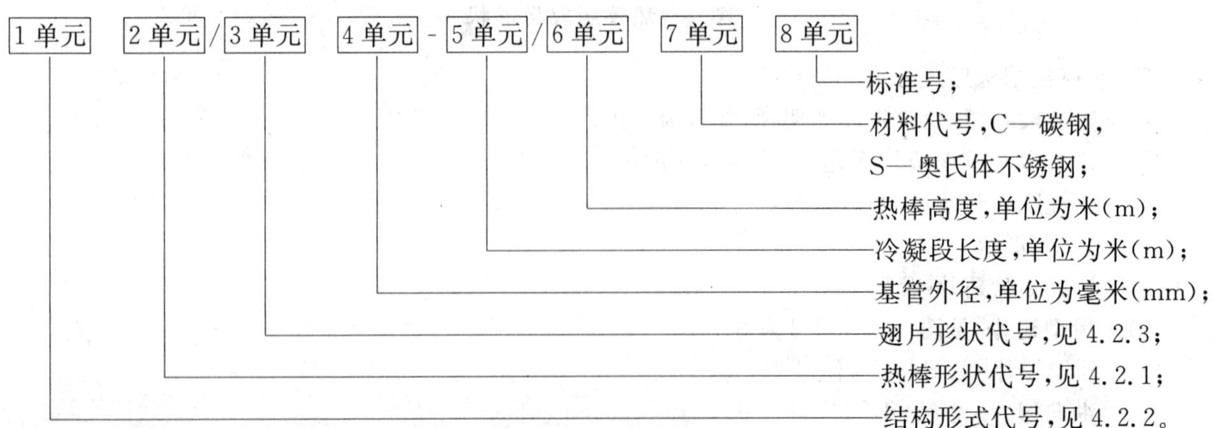

示例：热棒形状为Ⅰ型，基管外径为76 mm，冷凝段长度为2 m，热棒高度为9 m，材料为碳钢，蒸发段无翅片，冷凝段有螺旋圆盘翅片的热棒，其标记为：TPA Ⅰ/a 76-2/9-C-GB/T 27880—2011。

5 技术要求

5.1 一般要求

热棒管壳内外壁应进行防腐处理，外壁按 GB 50212 的要求执行，内壁采用化学成膜方法处理。

5.2 材料要求

5.2.1 用于制造热棒的基管应为冷拔(轧)无缝钢管，碳钢管应按 GB 3087 的规定选用，奥氏体不锈钢管应按 GB 13296 的规定选用。

5.2.2 用于制造翅片的钢带应为冷轧薄钢板或钢带。碳钢钢带应符合 GB/T 13237 和 GB/T 710 的规定，不锈钢钢带应符合 GB/T 3280 的规定。

5.2.3 热棒工质应选用优等品级的液体无水氨(液氨)或工业液体二氧化碳。液体无水氨(液氨)应符合 GB 536 的规定，工业液体二氧化碳应符合 GB/T 6052 的规定。

5.3 外观质量

用热镀锌做防腐处理的热棒外表面应具有金属光泽，无裂纹、凹坑及毛刺缺陷，焊缝平整光滑。用油漆做防腐处理的热棒外表面应成膜均匀、无裂纹及结疤，翅片间无镶入物。

5.4 规格尺寸与偏差

5.4.1 热棒规格尺寸

热棒规格尺寸见表 1。为了方便设计计算、选型，常用规格热棒的额定功率列于表 A.1。

表 1 热棒规格尺寸

D/mm	S/mm	L/m	L_c/m	L_s/m	α/(°)
30～45	2.5～3.5	≤6	≤2	≤1	≤90
45～60	3.5～4.5	≤9	≤3	≤1	≤90
60～80	4.0～5.5	≤12	≤4	≤2	≤90
80～100	5.0～6.5	≤20	≤5	≤2	≤90
90～110	5.0～7.5	≤30	≤6	≤3	≤90
110～130	6.0～8.5	≤40	≤8	≤4	≤90

5.4.2 翅片及开齿

翅片及开齿规格尺寸应符合表 2 的规定。

表 2 翅片及开齿规格尺寸

单位为毫米

D	h	δ	t	h_c	w
30～45	≤25	≤2	5～20	5～20	2～8
45～60	≤25	≤2	5～20	5～20	2～10
60～80	≤30	≤2	5～25	10～25	2～10

表 2（续） 单位为毫米

D	h	δ	t	h_c	w
80～100	≤40	≤2	5～25	15～35	2～12
100～120	≤50	≤2	5～30	20～40	2～12

5.4.3 尺寸偏差

热棒及翅片、开齿规格尺寸偏差应符合 GB/T 1804 中 c 级规定。

5.4.4 弯曲度

热棒管壳直线段的弯曲度应不大于 1.5 mm/m 。

5.5 焊接质量

5.5.1 管壳的焊接按 JB 4708 和 JB/T 4709 的规定执行，接头和坡口的型式及尺寸满足 GB 150.3—2011 附录 D 的规定。

5.5.2 管壳的焊接焊缝的外表面应进行渗透检测，渗透检测结果应达到 GB/T 18851 中 I 级合格要求。

5.6 气密性试验

5.6.1 热棒在冲装工质前应进行气密性试验，不应出现冒泡泄漏现象。

5.6.2 热棒充装工质后对充液管封口进行检漏，不应出现任何工质泄漏。

5.7 启动特性

热棒的启动特应符合表 3 的规定。

表 3 启动特性

热棒长度 m	从加热开始至稳定工作状态所需时间 min
≤4	≤3
≤6	≤4
≤8	≤5
≤10	≤5.5
≤12	≤6
≤16	≤6.5
≤20	≤8
≤30	≤8.5
≤40	≤9

5.8 等温特性

热棒的等温特性应符合表 4 的规定。

表 4 等温特性

热棒长度 m	冷凝段沿长度方向温度差 ℃
≤8	≤2
≤12	≤2.5
≤20	≤3
≤30	≤3.5
≤40	≤4

6 试验方法

6.1 一般要求

对管壳外壁按 GB 50212 的规定执行。

6.2 材料要求

主要核查原材料的材质证明单是否齐全有效，必要时对原材料的主要性能指标（如，力学性能进行检验）。

6.3 外观质量

在充分照明条件下逐根目视检查。当目视判断不清时，应用放大镜检查。

6.4 规格尺寸

用分辨力 0.5 mm、精度 A 级的钢卷尺进行长度测量；用分辨力 0.02 mm、精度 0.02 mm 的游标卡尺进行直径测量；用分辨力 0.01 mm、精度 0.01 mm 的板厚千分尺进行厚度测量；用精度一级的刀口尺和塞尺进行弯曲度测量。

6.5 渗透检测

管壳外表面渗透检测应按 GB/T 18851 的规定执行。

6.6 气密性试验

6.6.1 充装工质前的气密性检验方法：将管壳内充满 0.6 MPa 的空气后，完全浸没入水中，稳压时间应不少于 10 s，观察是否出现冒泡泄漏现象。

6.6.2 氨的检漏试验可用氦质谱检漏仪进行检漏，也可用酚酞试纸进行。

6.6.2.1 氦质谱检漏仪法，将氦质谱检漏仪带在充液管的封口处，观察氦质谱检漏仪的告警情况。

6.6.2.2 酚酞试纸法：将潮湿的酚酞试纸敷在充液管的封口处，检查是否有氨泄露，若有微量泄漏，酚酞试纸颜色会发生变化，若无泄漏酚酞试纸颜色不发生变化。

6.6.3 二氧化碳的检漏试验，按照环境中二氧化碳浓度测定检测方法，用红外线二氧化碳分析器进行检测。

6.7 启动特性

6.7.1 试验条件

a) 试验环境温度：20 ℃±5 ℃。

b) 试验加热段、保温段和冷凝段长度：

——热棒蒸发段长度不大于 9 m 时，其蒸发段长度的 1/2 为加热段，且不大于 3 m，其余蒸发段的长度与绝热段长度之和为绝热保温段长度，试验冷凝段长度为热棒冷凝段全长；

——热棒蒸发段长度大于 9 m 时，其蒸发段长度的 1/3 为加热段，且不大于 5 m，其余蒸发段的长度与绝热段长度和冷凝段的 1/2 长度之和为绝热保温段长度，试验冷凝段长度为热棒冷凝段的 1/2 长度。

c) 倾斜角：试验时热棒与水平方向夹角应大于 15°。

d) 冷凝条件：试验冷凝段在试验环境温度条件下、无风自然冷却。

e) 气密性试验结束 72 h。

6.7.2 试验装置包括热电偶和计时秒表：

a) 中心测温管一般由直径 8 mm 的不锈钢管制成，在热棒管腔内的有效长度不小于 500 mm（见图 1 和图 3）；

b) 热电偶测温范围为 −50 ℃～+100 ℃，分辨率为 0.1 ℃，精度为 ±0.1 ℃；

c) 试验使用三个热电偶，布置方法如图 3 所示；

d) 秒表使用前应检查并清零。

6.7.3 试验步骤：

a) 安装热电偶：将三个热电偶按图 3 给定的间距，紧贴在中心测温管内壁上。

b) 加热试验蒸发段：蒸发段加热方法应选用以下两种方法：

——恒温水浴加热，水温高于环境温度 20 ℃±5 ℃；

——低温电加热炉加热或其他方法加热，冷凝段的平均壁温高于环境温度 20 ℃±5 ℃。

6.7.4 结果处理：

a) 对试验蒸发段加热的同时，启动计时秒表。仔细观察三个热电偶的示值变化情况，直到三个示值不再随时间增加而上升为止，停止计时，读取秒表示值为第一次启动时间试验；

b) 将热棒从加热装置中取出，待中心测温管温度冷却到室温，将热棒再次装入加热装置，重复 6.7.3b) 和 6.7.4a) 进行第二次、第三次试验。取三次的平均值为检测结果。

单位为毫米

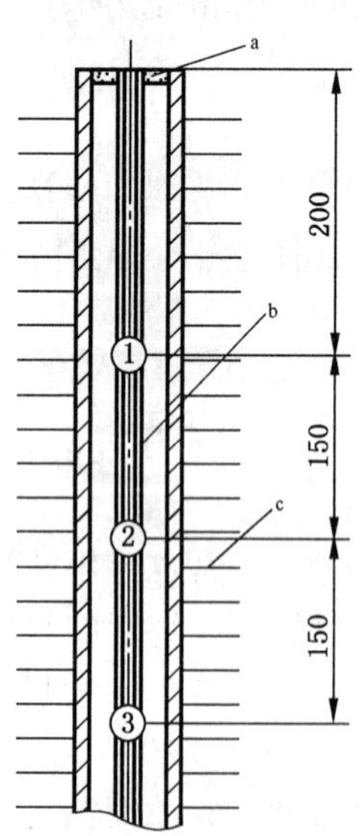

说明：

a——顶压盖；　　c——翅片；

b——中心测温管；　　①②③——热电偶测点。

图 3 中心测温管示意图

6.8 等温特性

6.8.1 试验条件、装置和步骤同6.7。

6.8.2 测量结果:当中心测温管测点①②③温度达到稳定工作状态后,将热棒冷凝段均分成四段,用红外测温仪分别在1/4、2/4、3/4处进行三次温度测量,计算三点间温度差,取最大值为测量结果。

7 检验规则

7.1 一般规则

热棒的检验分为型式检验和出厂检验,热棒通过型式检验合格后,才能批量生产。

7.2 型式检验

7.2.1 型式检验一般由国家法定的质量监督机构组织进行。

7.2.2 凡有下列情况之一时,应进行型式检验:

a) 新产品试制定型鉴定或老产品转厂生产;

b) 正式生产后,如结构、材料、工艺有较大改变,可能影响产品性能时;

c) 产品停产半年以上,恢复生产时;

d) 正常批量生产时,每年一次;

e) 国家质量监督机构提出要求时。

7.2.3 型式检验的样品应从生产线终端随机抽取三根热棒,逐根进行检验。

7.2.4 型式检验的项目按表5规定执行。

7.2.5 型式检验中,任一根等温特性不合格时,该次型式检验为不合格;若其他项目出现不合格,应在同一批产品中加倍抽取样品,对不合格项进行检验,若仍不合格,则该次型式检验不合格。

7.3 出厂检验

7.3.1 热棒由其生产企业质量检验部门按表5规定,应随机抽取不少于2%的样品(不少于三根)进行检验。若检验全部合格则整个检验批合格,签发合格证,允许出厂;若检验存在不合格项,则加倍抽检;检验若还有不合格项,则逐根检验,剔除不合格品。

7.3.2 出厂检验中,剔除的不合格品允许返修,返修后重新对不合格项进行检验。

表5 检验项目表

序号	试验项目	技术要求	试验方法	型式检验	出厂检验
1	外观质量	5.3	6.3	√	√
2	规格尺寸	5.4	6.4	√	√
3	渗透检测	5.5	6.5	√	√
4	气密性试验	5.6	6.6	√	√
5	启动特性	5.7	6.7	√	√
6	等温特性	5.8	6.8	√	×
注:√为检验项目,×为非检验项目。					

8 标志、包装、运输与贮存

8.1 标志

热棒产品标志可采用铭牌或直接喷刷、印字等形式，标志应清晰，易于识别且不易随自然环境的变化而褪色、脱落。标志上应包括以下内容：

a) 制造厂名称、地址及商标；

b) 需方名称；

c) 产品编号；

d) 型号(标记)；

e) 产品名称、规格、质量、件数。

8.2 包装

热棒的包装采用钢架或木箱。热棒间应放衬垫并做固定架，并应有防潮、防水措施。包装箱应随带如下文件：

a) 产品合格证；

b) 安装使用说明书；

c) 装箱单；

d) 质量证明书及签发日期；

e) 制造厂技术质量部门印章。

8.3 运输

热棒产品运输时，应：

a) 装运产品的车厢、船舱和集装箱应保持清洁，干燥，无污染物；

b) 不应将产品同腐蚀性化学物品及潮湿性材料混装混运；

c) 敞车运输时，应用苫布盖好，以保证产品不被雨(雪)及其杂物浸入；

d) 产品的装卸不应损坏和碰伤产品。

8.4 贮存

热棒产品的贮存应：

a) 产品应堆放在库房内。露天堆放时，应用苫布覆盖，同时下边要用木方等垫；

b) 库房应清洁、干燥、无腐蚀性气氛；

c) 库房内不应有腐蚀性化学物品和潮湿的物品；

d) 库房应防止雨、雪浸入。

附 录 A
（资料性附录）
常用规格热棒的额定功率

为了方便设计计算、选型，常用规格热棒的额定功率列于表 A.1。

表 A.1 常用规格热棒的额定功率

D/mm	S/mm	L/m	L_c/m	L_s/m	α/(°)	额定功率 W
30～45	2.5～3.5	≤6	≤2	≤1	≤90	200
45～60	3.5～4.5	≤9	≤3	≤1	≤90	240
60～80	4.0～5.5	≤12	≤4	≤2	≤90	300
80～100	5.0～6.5	≤20	≤5	≤2	≤90	500
90～110	5.0～7.5	≤30	≤6	≤3	≤90	700
110～130	6.0～8.5	≤40	≤8	≤4	≤90	1 000

ICS 03.220.40
R 09

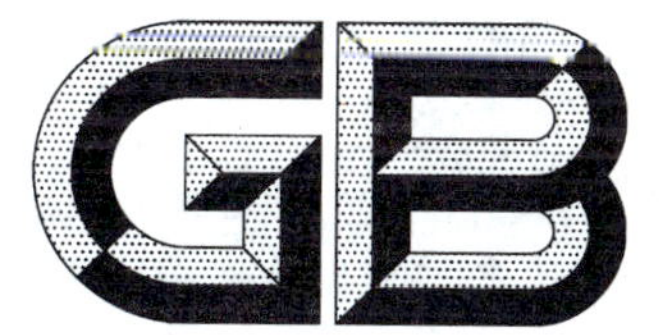

中华人民共和国国家标准

GB 27881—2011

水下高电压设备作业安全要求

Safety requirements for working on high voltage equipment underwater

2011-12-30 发布 2012-07-01 实施

中华人民共和国国家质量监督检验检疫总局
中国国家标准化管理委员会 发布

前　言

本标准的全部技术内容为强制性。

本标准按照GB/T 1.1—2009给出的规则起草。

本标准对应国际海事承包商协会(IMCA)的《高电压设备作业安全规程》(AODC 060)和《高电压设备:无人遥控潜水器作业安全规程》(IMCA R 005),与AODC 060和IMCA R 005的一致性程度为非等效。

本标准由中华人民共和国交通运输部提出。

本标准由交通运输部救捞与水下工程标准化技术委员会归口。

本标准起草单位:上海交通大学海洋水下工程科学研究院。

本标准主要起草人:张国光、董建顺、薛利群、张延猛、王保俭、杨海滨、何秀霞。

水下高电压设备作业安全要求

1 范围

本标准规定了水下高电压设备作业时的人员职责、作业安全规则、维护作业准备、维护隔离与接近、测试要求、消防安全，以及警示通告要求等。

本标准适用于交流或直流电压在380 V～11 kV(含)的水下高电压设备操作和维护时水面人员的作业。

2 术语和定义

下列术语和定义适用于本文件。

2.1

高电压 high voltage

电压超过380 V但不大于11 kV的交流或直流电压。

2.2

接近 close

作业人员可以进入的作业位置至带电导体的距离小于500 mm的情况。

3 人员职责要求

3.1 潜水监督或无人遥控潜水器(ROV)监督

3.1.1 全权负责水下作业现场的有关设备电气装置的作业安全。

3.1.2 应具备向从事作业的技术人员下达指令，组织并完成相关任务的能力。

3.1.3 确保所有电气设备按已制订的程序实施作业。

3.1.4 执行任务时，应能迅速控制并正确执行应急程序，有权终止作业以保护设备维护操作人员的健康和安全。

3.2 设备维护操作人员

3.2.1 应具有相应的专业资格，熟悉与安全作业实践相关的规定，并有能力完成相应的工作。

3.2.2 应注意电气设施、设备上的警示通告或程序说明，熟悉遭受电击时的处置规程及注意事项。

3.2.3 应经过高压电气课程及急救技术培训，掌握基本的现场医学应急救助方法，并经相应的考试合格。

3.2.4 设备维护人员应了解、熟悉相关电气设备的性能指标，能够处理任何影响设备正常工作的状况，并向潜水监督或ROV监督报告。

3.2.5 操作人员在设备的操作、维护和试验过程中，应确保根据使用手册，严格按程序操作。

4 作业安全规则

4.1 设备的所有者在设备使用期限内，应制订并及时更新适合该设备电气设施类型的、包括为维护和操作而安全接近该设备所需的安全规则或程序。

4.2 在接近高电压设施进行作业时，现场至少应有两人。其中：一人进行作业，一人负责安全隔离。

4.3 进行作业之前，应进行风险评估，并确保：

——所有相关方都被告知水下作业将要进行；

——将安全操作/作业手册的复印件交给船舶或设施方；

——针对特殊作业情况对安全操作/作业手册进行必要的书面修改。

4.4 为避免各种因素使备用或应急发电机意外启动而造成事故，实施作业时应设置相应的防护措施。

4.5 作业期间，所有人员应注意风险评估的结果、设备上的警示通告，以及根据实际需要制定的注意事项或程序说明。

5 维护作业准备

5.1 进行设备维护的场所，应留有清洁、无障碍的作业空间和进、出通道。

5.2 备件、工具、仪器、隔离屏、绝缘器械，以及与作业有关的安全防护用品，应保持情况良好，并储存在可供使用的容器内。

5.3 应提供足够的照明，以确保安全接近和作业。

5.4 允许使用低压自带动力的手提工具。这些设备应定期进行检查和测试。

5.5 应注意避免湿气、污垢侵入电气设备，作业后应及时将罩壳复位。隔舱封闭前，应仔细检查，确保不会出现遗留物品或松动的零部件。

5.6 在对高电压导线维护作业之前，应确保所有导线都不带电。电压表使用之前应进行测试，以校验其功能良好。

5.7 设备维护前、测试后，应进行安全放电。

5.8 所有设备的维护和修改，都应按格式和规范记入设备维护记录并保存。

6 维护隔离与接近

6.1 设备的维护作业应始终遵循：

a) 安全可靠地隔离；

b) 有效确保不带电；

c) 直接接地。

6.2 应避免带电维护作业。当必须带电维护作业时(如：寻找设备故障)，应申请带电作业许可，并制订具体的安全作业程序。无关人员不得接近作业区域。

6.3 在一个人负责隔离，一个人进行维护作业的场合，负责设备隔离者应确保该设备不带电且安全，并具有避免再次带电的安全措施。

6.4 暴露的高电压线路应有人监管。在电源开关不能立刻被断开的设备上进行维护作业时，应在开关旁安排第三人。第三人应能与在高电压线路上作业的人保持联系。

6.5 应采取保护措施，确保被隔离的设备不会再接通电源，并应在电源开关上放置写有“警告：高电压电路正在作业”内容的标志牌。

6.6 设备维护前后应确保设备不带电，并可靠接地。接地连接应具有足够的与其所要求的工作相适应的能力。

6.7 应锁定用于隔离的开关，以避免其移动到“接通”位置。任何可能通往接近带电导体的入口，都应锁定在“断开”位置。

6.8 维护作业时，应设置足够数量的锁定装置、警示通告和隔离栅栏，避免导致导线意外带电，并对任何带电导体进行警示通告。同时,应在开关箱的前、后设置电路和设备的识别标记。

6.9 当主电路被断开时,应对可能被意外接触的导线和回路终端设置屏蔽隔离,并标记警示通告。同时,应特别注意避免来自电压或电流变压器次级回路的反向通电的危险。

6.10 为避免双重插接,应将熔断器或接片的连线拆除,禁止用电流接触器作为隔离方式。

6.11 操作带有闭锁装置的隔离开关时,应按闭锁装置的使用规定进行,不得随便动用解锁钥匙或破坏闭锁装置。

6.12 应将防止接近带电导线的罩壳锁住。

6.13 完成维护作业的线路应进行测试,确保开关断开之后、复位之前,电源不会被连接。

6.14 测试完成后,应移走警示通告,同时通知相关人员。

7 测试要求

7.1 测试仪器应选用适合于测量的类型,绝缘电阻和绝缘强度应满足安全要求。

7.2 所有测试设备应在检定有效期限内,并保持正常工作状态。

7.3 测试仪器的壳体应始终接地,并在任何时刻都确保其能可靠地实现安全保护功能。

7.4 测试多路长电缆时,绝缘测试前应拆除线绝缘检测器。

7.5 测试多路电缆的每两根线间绝缘时,应将已测导线和待测导线分别(对地)短路,以释放电荷后再进行测试。

8 消防安全

8.1 在有火灾风险或使用易燃材料处理热源之处,应设置灭火装置。

8.2 灭火装置的类型应与该设备的安全使用相适应。

8.3 相关人员应进行灭火装置使用和灭火呼救方面的培训。

9 警示通告

9.1 警示通告应清楚、明了,置于醒目位置,且符合相关规定。

9.2 警示通告应采用坚固耐用的材料制作。

9.3 有关警示通告的实例如下:

——“禁止合闸:设备上有人作业”;

——“危险:高电压测试区域”;

——“警告:高电压电路正在作业”。

ICS 03.220.50
V 52

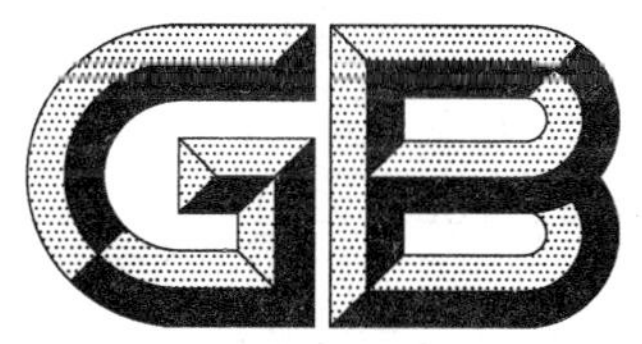

中华人民共和国国家标准

GB/T 27882—2011

活体动物航空运输载运

Carriage requirement of live animals for air transport

2011-12-30 发布　　2012-06-01 实施

中华人民共和国国家质量监督检验检疫总局
中国国家标准化管理委员会　发布

前　言

本标准按照 GB/T 1.1—2009 给出的规则起草。

本标准由中国民用航空局提出并归口。

本标准起草单位：中国民用航空局运输司、中国民用航空局航空安全技术中心、中国国际货运航空有限公司、中国航空运输协会。

本标准主要起草人：张英、徐青、李洪涛、李建平、闫世昌、李瑞林。

活体动物航空运输载运

1 范围

本标准规定了活体动物航空运输载运条件和装载要求。

本标准适用于活体动物航空运输。

2 规范性引用文件

下列文件对于本文件的应用是必不可少的。凡是注日期的引用文件,仅所注日期的版本适用于本文件。凡是不注日期的引用文件,其最新版本(包括所有的修改单)适用于本文件。

GB/T 18041 民用航空货物运输术语

GB/T 26543—2001 活体动物航空运输包装通用要求

GB/T 26544—2011 水产品航空运输包装通用要求

危险品规则(Dangerous goods regulation),(国际航空运输协会(IATA)发布)

活体动物规则(Live animals regulation),(国际航空运输协会(IATA)发布)

濒危野生动植物种国际贸易公约(Convention on international trade in endangered species of wild fauna and flora),(联合国环境计划署(UNEP)发布)

3 术语和定义

GB/T 18041 界定的术语和定义适用于本文件。

4 活体动物类别

根据航空运输频次及装载特性,运输活体动物按其特性分为以下7类:

a) 宠物、家畜类:人工饲养和驯养的动物,如猫、狗、猪、牛和马等;

b) 鸟、禽类:身上有羽毛、能飞行、体温恒定的脊椎动物,如鸥、雀、燕、鸽、鸡、鸭和鹅等;

c) 除人类以外的灵长类:具有五指(趾)手、脚以及更多的专门化的神经系统的动物,如猴、狐猴、猿和猩猩等;

d) 爬行类、两栖类:

  1) 爬行类:身体表面具有鳞或甲、体温随气温高低而变化、呼吸空气的脊椎动物,如蛇、蜥蜴、龟、鳖和玳瑁等;

  2) 两栖类:通常没有鳞或甲,也没有毛,四肢有趾,没有爪,体温随气温高低而变化,能在水中和陆地生活的动物,如青蛙和蟾蜍等;

e) 水生动物:生活在水里,用鳃呼吸、用鳍游动的脊椎动物,海洋哺乳类动物,如淡水鱼、海鱼、金鱼、热带鱼、鳗鱼、白鲸和海豚等;

f) 昆虫类:身体分头、胸、腹的节肢动物,如蜜蜂、蝎子和蚕等;

g) 未经驯化的哺乳动物类:野生脊椎动物,如虎、豹、狮和熊等。

5 收运的基本条件

5.1 收运的活体动物应健康状态良好，适合航空运输。

5.2 收运属于检疫范围的活体动物时，应有检疫部门的检疫证明。

5.3 野生动物运输应符合《濒危野生动植物种国际贸易公约》及国家、地区有关野生动物运输的规定和要求，并应出具相应的证明文件才能收运。

5.4 活体动物包装应符合 GB/T 26543 的要求。

5.5 不应收运处于怀孕状态且在运输过程中可能分娩或在 48 h 内刚刚分娩的活体动物。在特殊情况下，收运此类动物应有兽医提供的该动物适合运输的证明。

5.6 托运人应事先与承运人约定，预留舱位，并确定航班起飞前交运活体动物的时间。

通常应安排直达航班运输活体动物。需要联程运输活体动物时，应事先经联程站确认同意，并安排预留吨位和落实照料责任人。

6 存放

6.1 活体动物应放置在安静、阴凉、避免过强的光线和噪声的区域。

6.2 在高温、寒冷、降雨等恶劣天气时，活体动物不应露天放置。

6.3 对于互为天敌的活体动物，来自不同大陆或发情期的活体动物，应适当隔离放置。

6.4 活体动物应与食品、放射性物质、毒性物质、灵柩和干冰等隔离放置。

6.5 实验动物应与其他动物分开、隔离放置，以避免交叉感染。

6.6 活体动物的放置应满足其习性的要求，并保持通风。

6.7 活体动物容器不应倒置。

7 在集装器上的组装

7.1 活体动物与危险品的隔离应遵守 IATA《危险品规则》的相关规定。

7.2 活体动物不应装载在封闭的集装箱内运输。

7.3 组装后应确保有足够的通风，不应加盖苫布，以防动物缺氧。

7.4 应使用保护限动装置，如用集装板网罩对动物容器进行固定。

7.5 集装板上应铺垫塑料等防水材料，以防动物排泄物污染和腐蚀货舱、设备及集装板。

8 装载的一般要求

8.1 应根据所使用的航空器装载技术要求装载活体动物。

8.2 活体动物应装在通风、调温的货舱内。

8.3 温度控制范围参见附录 A。

8.4 活体动物不应装载在通风口的前面或下面并应尽量避开货舱的报警探头。

8.5 批量载运活体动物时，可参照附录 B 和附录 C 确定装载数量。

8.6 容器之间、容器与其他货物之间应有适当间隙，以保证空气流通。

8.7 活体动物不应直接装载在货舱的地板上，容器之下应铺有塑料布或防水布以防止污损舱和其他货物，同时不应被其他货物覆盖。

8.8 有刺激性异味的动物或叫声较大的动物应装载在不烦扰旅客的货舱内。

8.9 对于进口的活体动物，在到达口岸前的运输过程中，不应与不同种、不同产地、不同托运人或收货人的活体动物相互接触或使用同一运输工具。

8.10 活体动物容器应放置平稳，必要时应固定。

8.11 对办理押运的活体动物，应在押运员指导下进行装载。

8.12 应填写注明活体动物名称、数量和装机位置的“特种货物机长通知单”，并与机长交接，使机长在运输过程中，可根据活体动物生存温度与不同飞行高度调节货舱温度。

8.13 飞机降落后应尽早打开装有活体动物的舱门通风。对温度敏感的动物，应注意环境温度与货舱内温度差异的变化。

8.14 应对货舱内放置活体动物的位置进行清洁、消毒、灭菌。

8.15 当航班不正常以及遇到高温、寒冷、降雨等恶劣天气时，不应将活体动物长时间停放在货舱内或停机坪上。

9 装载的特殊要求

9.1 宠物、家畜

9.1.1 互为天敌的动物如猫和狗，不应装载在相互的视野范围内。

9.1.2 宜将幼犬、幼猫装载在邻近位置。

9.1.3 飞机起飞前 2 h 内，不应给马、牛喂水。

9.1.4 装载马匹时，马匹身体的方向应与机身方向一致，且缰绳应牢固拴绑在容器上。

9.2 鸟、禽类

9.2.1 装载鸟类、禽类的货舱温度参见附录 A。

9.2.2 长途运输鸟类，货舱内应开灯，使其能够在运输途中自行取食。

9.2.3 装载雏禽时，应保持空气流通，二氧化碳浓度应控制在 4%以下，见附录 D。

9.2.4 装载雏鸟、雏禽时，应将它们放在一起，以减少动物的恐惧感。

9.2.5 装载雏禽时，容器摆放高度应与货舱顶部保持 40 cm 的距离。

9.2.6 装卸鸟类时，容器不宜倾斜，应轻拿轻放。

9.3 灵长类

9.3.1 来自不同大陆的灵长类动物不应装载在同一货舱内。地面运输的各个阶段不应在相互的视野范围内。

9.3.2 装运幼仔时，应将它们放在一起，以减少动物的恐惧感。

9.3.3 包装容器不应放置在直接面对通风口和热源的地方。

9.3.4 灵长类动物能携带多种可传染人类的疾病，注意避免与其发生身体接触且应采取个人卫生预防措施。

9.3.5 装运猴类容器的通风口应覆盖细布或其他不会堵塞通风口的轻质材料，防止搬运人员吸入传染性掉落物。

9.4 爬行、两栖类

9.4.1 此类动物耗氧量低，载运过程中对空气流通的要求可低于鸟类和哺乳类动物。

9.4.2 此类活体动物对温度变化的适应能力低，在运输过程中其适宜温度见附录 A。

9.4.3 对无水运输的此类活体动物，应保持一定的湿度，装机前和卸机后应防止风吹和日晒。

9.4.4 在运载此类活体动物的过程中应避免光的直射，尽可能减少震动和噪声。

9.5 水生物种

9.5.1 此类物种对空气流通的要求低。除大型水生物种应考虑航空器舱门尺寸及货舱内可使用空间外，其他鱼类可采用集装箱运输。

9.5.2 装卸时，应保持容器的平衡，避免其过度晃动。

9.5.3 运输时间不宜超过 48 h。

9.6 蜜蜂

9.6.1 载运蜜蜂时，不应向货舱内喷洒杀虫剂。

9.6.2 载运蜜蜂的货舱内温度见附录 A。

9.6.3 货舱内的湿度宜控制在 50%～80%。

9.6.4 蜜蜂易产生热量，货舱应保持良好通风。

9.6.5 应确保蜜蜂包装件内温度不低于 20 ℃。

9.7 未驯化的哺乳类动物

9.7.1 应平稳搬运、移动装运此类动物的容器，以减少动物的过度紧张。

9.7.2 装载时尽量避免噪声干扰。

9.7.3 此类活体动物应放置在黑暗和低噪声处。

9.8 其他

9.8.1 装载贴有"实验动物"标签的实验动物时，应与其他动物包装容器分开，以防交叉感染。

9.8.2 任何时候均应将实验用猴类货物与其他灵长类动物货物隔离。

10 交付的一般要求

10.1 活体动物到达后，承运人应尽快在机场将其交付收货人或其代理人。

10.2 运输活体动物的航班延误到达时，承运人应及时通知托运人或目的地站。

附 录 A
（资料性附录）
活体动物适宜的温度范围

活体动物适宜的温度范围见表 A.1。

表 A.1

动物种类	最低温度/℃	最高温度/℃	备 注
鸟类(一般)	7	29	
蜂鸟	18	29	
长毛猫	7	27	
短毛猫	10	29	
山猫	4	18	
长毛犬	4	27	
短毛犬	10	32	
狮鼻犬	10	24	
野生犬	7	32	
丁戈犬	7	29	野狗
野狼	2	29	野狗
兔子	2	21	
羊驼	7	24	
小牛(136 kg)	7	21	
小牛(45 kg)	20	24	
小牛(乳牛)	4	21	
奶牛	−1	24	
牛(100 kg 以上)	−1	24	
雌奶牛(怀孕)	2	24	
山羊	2	29	
公猪(23 kg)	13	27	单只
公猪(23 kg)	7	24	成群
公猪(113 kg)	9	24	单只
公猪(113 kg)	9	21	成群
小猪	10	24	成群，适宜温度 17 ℃
猪(15 kg 以上)	−12	24	成群
猪(怀孕)	2	18	

表 A.1（续）

动物种类	最低温度/℃	最高温度/℃	备　注
绵羊（长毛）	2	16	
绵羊（短毛）	7	21	
马	10	21	适宜温度 16 ℃～18 ℃
禽类	2	24	
鸡	2	21	
雏鸡	13	18	纸箱温度 32 ℃～38 ℃
鸭	10	29	
鸭苗	27	35	纸箱温度 32 ℃～38 ℃
鹅	10	29	
鹅苗	27	35	纸箱温度 32 ℃～38 ℃
火鸡	10	24	
火鸡幼鸟	27	35	纸箱温度 32 ℃～38 ℃
哺乳动物（小型）	7	29	
鼠	10	32	
猴子	21	32	
幼猴	27	29	
负鼠	16	27	
瞪羚	18	27	
啮齿类动物	13	27	
豪猪	4	24	
两栖动物	7	29	最佳温度 15 ℃～25 ℃
蜂	10	30	
非洲鲫鱼	水温 15	水温 20	
鳗鱼苗	水温 10		
淡水鱼苗	水温 15		

注 1：以上所提供的温度为航程时间超过 30 min 的温度。当航程时间在 30 min 之内时，最低温度可降低 3 ℃，最高温度可提高 3 ℃。

注 2：货舱湿度不大时，可在短时间突破上述温度范围。

附 录 B
（资料性附录）
马类装载密度

马类装载密度见表 B.1。

表 B.1

质量/kg	每匹马所需面积/m^2	质量/kg	每匹马所需面积/m^2
0～100	0.42	401～500	1.19
101～200	0.66	501～600	1.34
201～300	0.87	601～700	1.51
301～400	1.04	701～800	1.73

附 录 C
（资料性附录）
牛犊、牛、猪和绵羊装载密度

牛犊、牛、猪和绵羊装载密度见表 C.1。

表 C.1

种类	质量/kg	密度/(kg/m²)	动物所占面积/m²	单位面积(10 m²)动物数量(只)	每一装载板上动物数量		
					214 cm×264 cm	214 cm×308 cm	234 cm×308 cm
牛犊	50	220	0.23	43	24	28	31
	70	246	0.28	35～36	20	23	25
	80	266	0.30	3	18	21	24
	90	280	0.32	31	17	20	22
牛	300	344	0.84	11～12	6	7	8
	500	393	1.27	8	4	5	5
	600	414	1.45	6～7	3～4	4	4～5
	700	429	1.63	6	3	3～4	4
猪	25	172	0.15	67	37	44	48
	100	196	0.51	20	10	12	14
绵羊	25	174	0.17	59	32	37	42
	70	196	0.36	27～28	15	18	20

附　录　D
（资料性附录）
二氧化碳浓度对雏鸡的影响

二氧化碳浓度对雏鸡的影响见表 D.1。

表 D.1

二氧化碳在空气中的浓度/%	雏鸡状况
4.0	无显著影响
5.8	轻微痛苦状
6.6～8.2	呼吸次数增加
8.6～11.8	忍耐，明显痛苦状
15.2	昏睡
17.4	致死

ICS 27.010
F 01

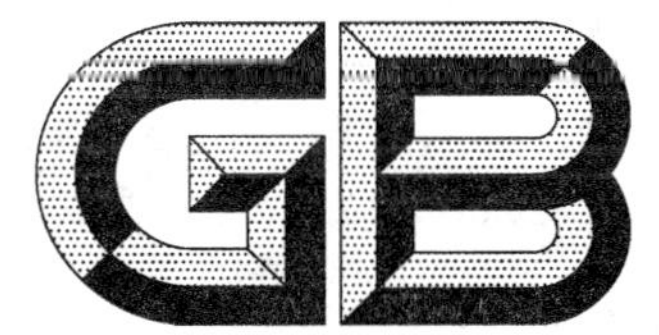

中华人民共和国国家标准

GB/T 27883—2011

容积式空气压缩机系统经济运行

Economical operation for displacement air compressor system

2011-12-30 发布　　2012-06-01 实施

中华人民共和国国家质量监督检验检疫总局
中国国家标准化管理委员会　发布

前　言

本标准按照 GB/T 1.1—2009 给出的规则起草。

本标准由全国能源基础与管理标准化技术委员会(SAC/TC 20)提出。

本标准由全国能源基础与管理标准化技术委员会合理用电分技术委员会(SAC/TC 20/SC 4)归口。

本标准起草单位:深圳达实智能股份有限公司、中国标准化研究院、合肥通用机电产品检测院、深圳振华亚普精密机械有限公司、阜新金昊空压机有限公司、淮北矿业集团公司、上海能效中心、南京钢铁股份有限公司、广东正力精密机械有限公司。

本标准主要起草人:赵跃进、李铁牛、陈向东、郑家强、郑晓纯、梁树金、刘尹、秦洪波、李晓强、王威、裴念强。

容积式空气压缩机系统经济运行

1 范围

本标准规定了交流电动机驱动的一般用容积式空气压缩机系统经济运行要求、判别与评价方法、测试方法及评估与改进措施。

本标准适用于交流电动机驱动、额定排气压力小于或等于1.4 MPa、在用的一般用容积式空气压缩机系统运行,改建、扩建及新建容积式空气压缩机系统设计可参照执行。

2 规范性引用文件

下列文件对于本文件的应用是必不可少的。凡是注日期的引用文件,仅注日期的版本适用于本文件。凡是不注日期的引用文件,其最新版本(包括所有的修改单)适用于本文件。

GB/T 3853 容积式压缩机验收试验
GB/T 4975 容积式压缩机术语 总则
GB/T 13277.1 压缩空气 第1部分:污染物净化等级
GB/T 13466 交流电气传动风机(泵类、空气压缩机)系统经济运行通则
GB/T 13471 节电技术经济效益计算与评价方法
GB/T 16665 空气压缩机组及供气系统节能监测方法
GB 17167 用能单位能源计量器具配备和管理通则
GB 18613 中小型三相异步电动机能效限定值及能效等级
GB 19153 容积式空气压缩机能效限定值及能效等级
GB 21518 交流接触器能效限定值及能效等级
GB 50029 压缩空气站设计规范

3 术语和定义

GB/T 4975、GB/T 13466、GB/T 16665界定的以及下列术语和定义适用于本文件。

3.1

机组 unit

由电动机、空气压缩机主机与传动、电控、气控(含调速)及主机冷却与润滑等保证空气压缩机正常工作的辅助系统所组成的总体。

3.2

净化设备 purification equipment

为净化压缩空气而采用的各种设备的总称,包括气/液分离器、干燥器、过滤器等。

3.3

供气管网 air supply network

所有输送压缩空气的管路、管件及辅助设备(如冷却设备)所组成的总体。

3.4

系统 system

由机组、净化设备与供气管网所组成的总体。

4 系统经济运行要求

4.1 电气设备要求

当系统中交流电动机或交流接触器满足 GB 18613 或 GB 21518 的适用范围时，其能效指标应符合 GB 18613 或 GB 21518 的规定。且年运行时间大于 3 000 h、平均负载率大于 60%的机组，应采用效率符合 GB 18613 中能效 2 级以上的电动机。

4.2 机组要求

机组的选型应符合以下要求：

a) 满足系统的使用压力、容积流量及品质，机组应与负载特性相匹配；

b) 应选用能效指标符合 GB 19153 能效 3 级的机组，宜选用能效 2 级以上的机组；

c) 机组控制设备应能满足运行工况变化的要求。

4.3 净化设备要求

4.3.1 在保证用气质量的条件下，应按照 GB/T 13277.1，宜选用合理的压缩空气质量等级。

4.3.2 根据 GB/T 13277.1 确定的压缩空气压力露点等级，合理选择干燥设备的种类。压力露点等级高于 3 级，宜选用冷冻式干燥器。

4.3.3 应在保证压差的前提下优先选择效率高的干燥器。

4.3.4 过滤器应安装在系统排气支路、干燥支路或用气支路上，宜减少在总管上安装大流量的过滤器，并避免因选型偏小产生的压力损失。

4.3.5 应在干燥器前采取措施除去压缩空气中的部分油及水分。

4.3.6 应定期清洗或更换管路中的净化设备，降低阻力，减小压力损失。

4.4 供气管网要求

4.4.1 系统中管网应在优化生产工艺的条件下，确定合理配置方案和输送距离。在确保安全的前提下，机组宜靠近负荷中心。

4.4.2 水冷式机组应采用循环水系统和高效冷却塔，冷却水的流量、温度、压力、水质等应符合 GB 50029 的规定及机组设计要求。

4.4.3 根据生产工艺要求，合理确定管材和管道尺寸。

4.4.4 管道走向平直、无急弯，转弯处的曲率半径应取管径 5 倍以上。

4.4.5 除设备、阀门等处用法兰或螺纹连接外，管道的连接宜采用焊接方式。

4.4.6 压缩空气流速在压缩空气站内的主管路中应不大于 5 m/s、站外的主分配管路中应不大于 10 m/s、主分配管路到使用点前应不大于 15 m/s。从机组出口到主分配管路最远点的压降应不大于机组排气压力的 10%。

4.4.7 进气管路应采取措施减少流程损失，进气口应设在阴凉通风处，避免靠近热源、粉尘和腐蚀性气体等有害物质的场所。安装在室外的进气管路中应安装防雨型空气过滤器。

4.4.8 管网中的废弃部件应及时清理。

4.4.9 管网应无明显泄漏，发现泄漏应及时修补。

4.4.10 应定期清洗进气管路和空气过滤器，以保持进气通畅，减小吸气阻力。

4.4.11 应定期对冷却器进行清洗，以提高换热性能。

4.5 管理要求

4.5.1 应建立运行管理、维护和检修等规章制度，主要包括：

a) 按制造厂的使用说明书进行维护保养，按时更换润滑油、过滤器等耗材，发现异常及时处理；

b) 定期检修机组设备，及时更换损坏零部件；

c) 定期检查清理进气管、空气过滤器、管道、冷却器及净化设备等；

d) 定期检测系统泄漏；若无法对设备进行泄漏测试时，应采取管网维护管理措施，在管理文件中应规定具体的泄漏检查、维护程序，并要求对泄漏点进行标识；

e) 定期检查与清除气阀上的结焦和积碳；

f) 应加强对运行管理人员和操作人员的培训。

4.5.2 应采用巡视与定期检测相结合的方式对系统进行监测。在经济技术条件允许的情况下，应采用计算机自动监测技术对系统进行监测。

4.5.3 应备有全厂压缩空气管道平面布置图、工艺流程图，以及与设备有关的资质文件、技术资料和使用说明书等。

4.5.4 应有运行记录、监测和检查记录、维护记录和培训记录，严格执行有关节能管理制度。

4.6 系统要求

4.6.1 应根据负荷变化情况选用多台相同或不同规格的机组，并采用效率高的机组承担基本负荷。

4.6.2 机组存在两种电源电压级别时，应首先使用电压高的机组。

4.6.3 在满足工艺、安全及可靠运行的基础上，多台机组联合运行时，宜采用中央控制系统，仅允许1台机组处于部分负荷状态。

4.6.4 负荷变化幅度较大或变化频繁的系统，应采用适当的管理和技术措施。在满足工艺要求的情况下，应首先合理安排负荷；无法安排负荷时，应采用机组联控等措施调节运行方式；当改变运行方式不能满足负荷要求时，宜采用变频、变容等技术措施。

4.6.5 对不工作的用气点应及时切断送气。

4.6.6 应根据工艺要求合理设置机组的运行参数，避免设备频繁启停、长时间无负载运行和压力过高。

4.6.7 在经济技术条件允许的情况下，应进行余热利用。

4.6.8 应按照 GB/T 16665 和 GB 17167 的规定，在有关部位安装电能、压力、流量和温度等仪表。

5 系统经济运行的判别与评价方法

5.1 计算和判别程序

5.1.1 机组实际比功率计算

机组实际比功率按式(1)计算：

$$\varepsilon = \frac{P_S}{Q_P} \qquad \cdots\cdots(1)$$

式中：

ε ——机组实际比功率，单位为千瓦分每立方米（kW·min/m³）；

P_S ——机组实际输入功率，单位为千瓦（kW）；

Q_P ——机组实际容积流量，单位为立方米每分（m³/min）。

5.1.2 判别程序

系统经济运行的判别应按以下程序进行：

a) 按5.2对电气设备进行判别与评价；

b) 按5.3对机组进行判别与评价；

c) 按5.4对净化设备进行判别与评价；

d) 按5.5对供气管网进行判别与评价；

e) 按5.6对管理进行判别与评价；

f) 按5.7对系统进行判别与评价。

5.2 电气设备判别与评价

电动机的额定效率大于或等于GB 18613中规定的能效2级，并且交流接触器的吸持功率小于或等于GB 21518中规定的能效2级，则认定为经济；电动机的额定效率大于或等于GB 18613中规定的能效3级，并且交流接触器的吸持功率小于或等于GB 21518中规定的能效3级，则认定为合理；电动机的额定效率小于GB 18613中规定的能效3级，或者交流接触器的吸持功率大于GB 21518中规定的能效3级，则认定为不经济。

5.3 机组判别与评价

当机组实际比功率小于或等于GB 19153规定的能效2级，则认定为经济；当实际比功率小于或等于GB 19153规定的能效3级，则认定为合理；当实际比功率大于GB 19153规定的能效3级，则认定为不经济。

5.4 净化设备判别与评价

净化设备应满足4.3的要求，否则认定为不经济。

5.5 供气管网判别与评价

供气管网应满足4.4的要求，否则认定为不经济。

5.6 管理判别与评价

系统管理应满足4.5的要求，否则认定为不经济。

5.7 系统判别与评价

当系统满足4.6的要求，并且5.2、5.3、5.4、5.5和5.6都判别为经济时，则认定为经济；当系统满足4.6的要求，并且5.2、5.3、5.4、5.5和5.6的判别中有合理项，但没有不经济项时，则认定为合理；当系统不满足4.6的要求，或5.2、5.3、5.4、5.5和5.6的判别中有不经济项时，则认定为不经济。

6 机组测试方法

6.1 测试要求

机组测试时应符合以下要求：

a) 测试应在额定压力和实际转速的条件下进行；

b) 在进行测试之前，应收集并核对设备原始技术数据和运行数据；

c) 各被测参数应同时进行采样和记录；

d) 主要测点包括机组进出口和主分配管路进出口等。

6.2 测量仪器仪表要求

测量仪器仪表应符合以下要求：

a) 有功电能表的准确度应不低于1.5级；
b) 有功功率表的准确度应不低于1.0级；
c) 压力表的准确度应不低于1.5级；
d) 气体流量计的准确度应不低于1.5级；
e) 转速表的准确度应不低于0.5级；
f) 温度表的准确度应不低于1.0级。

测量仪器仪表应根据相应的标准或规程进行校准。

6.3 机组测试

机组测试应按照GB/T 3853和GB 19153的规定。

6.4 测试数据处理

验证数据有效性后，应按照5.1.1的规定计算机组实际比功率。

7 系统评估与改进措施

7.1 系统评估

应参照附录的格式和内容对系统运行的经济性进行评估。

7.2 改进措施

7.2.1 管理措施

7.2.1.1 对未达到经济运行要求的系统，应进行节能诊断，并做出评估报告。报告内容应包括系统概况、检测方法与数据分析、预防与管理措施，以及提高能效的改进措施等。评估报告应保存两年以上。实施改进措施后，应对改进效果进行评估，提供评估报告。

7.2.1.2 制定科学的管理流程，加强系统运行管理。

7.2.1.3 系统更新改造时，应按照GB/T 13471的要求进行经济效益评价。

7.2.2 技术措施

7.2.2.1 现有系统机组容量裕度过大、系统长期处于低负载运行时，可采取更换机组或降低转速等改进措施。

7.2.2.2 当现有系统负荷波动较大、设备频繁启停时，可采取增加变频或中央控制系统等改进措施。

7.2.2.3 当管网运行不经济时，可调整设备运行方式，或采取清洗、更换、管路拆分或联合等改进措施。

附　录　A
（资料性附录）
空气压缩机系统经济运行评估报告样式

编号：________________

××××××单位
空气压缩机系统经济运行评估报告

评估单位：____________________

评估负责人：__________________

编制日期：____年____月____日

一、概述

1.评估的目的

2.评估的依据(相关标准、法规等)

3.受评估方基本情况(性质、主要产品)

二、空气压缩机系统现状

1.系统设备清单

2.系统工艺流程图

3.压缩空气质量等级及主要用途

4.系统使用现状(主机使用数量、负载率、能耗情况等)

三、评估过程描述(测评依据、评估结果)

1.测试过程说明(测试工况、起止时间、周期、选取的测量点等)

2.对电气设备的评估

(1)电动机(参照 GB 18613)

(2)交流接触器(参照 GB 21518)

3.对机组的评估(参照 GB 19153)

4.对净化设备的评估(参照本标准 4.3 及 5.4)

5.对供气管网的评估(参照本标准 4.4 及 5.5)

6.对管理的评估(参照本标准 4.5 及 5.6)

7.对系统的评估(参照本标准 4.6 及 5.7)

四、评估结论

经对以上各项评估：

________________空气压缩机系统为:□经济 □合理 □不经济。

评估单位:____________

评估负责人:____________

评估日期:____年____月____日

附件

1. 被评估方提供的原始资料(设备清单、图纸、管理文件、操作维护记录等)

2. 测试记录和评估表

表 1 电动机测试记录评价表

编号	品牌	型号	极数	额定功率/kW	年运行时间/h	平均负载率/%	实测效率/%	能效等级
1								
2								
3								
4								

注 1:当空压机系统中的电动机大于 4 台时,可增加该表的行数。

注 2:电动机的能效等级应依据 GB 18613 进行判断。

表 2 交流接触器测试记录评价表

编号	品牌	型号	额定工作电流/A	实测吸持功率/(V·A)	能效等级
1					
2					
3					
4					

注 1:当空压机系统中的交流接触器大于 4 台时,可增加该表的行数。

注 2:交流接触器的能效等级应依据 GB 21518 进行判断。

表 3 容积式空气压缩机测试记录评价表

编号	品牌	种类	型号	实测机组输入功率/kW	实测机组容积流量/(m^3/min)	实际比功率/(kW·min/m^3)	能效等级
1							
2							
3							
4							

注 1:当空气压缩机机系统中的压缩机大于 4 台时,可增加该表的行数。

注 2:空气压缩机的能效等级应依据 GB 19153 进行判断。

3.系统经济运行评估表

表 4　容积式空气压缩机系统经济运行评估表

<table>
<tr><td rowspan="4">评估项目</td><td>项目名称</td><td colspan="3"></td><td>评估日期</td><td colspan="2"></td></tr>
<tr><td>受评单位</td><td colspan="3"></td><td>联系人</td><td colspan="2"></td></tr>
<tr><td>单位地址</td><td colspan="3"></td><td>联系电话</td><td colspan="2"></td></tr>
<tr><td>机房位置</td><td colspan="3"></td><td>E-mail</td><td colspan="2"></td></tr>
<tr><td rowspan="3">评估组成员</td><td>负责人</td><td></td><td>职务/职称</td><td></td><td>单位/部门</td><td colspan="2"></td></tr>
<tr><td>成员</td><td></td><td>职务/职称</td><td></td><td>单位/部门</td><td colspan="2"></td></tr>
<tr><td>成员</td><td></td><td>职务/职称</td><td></td><td>单位/部门</td><td colspan="2"></td></tr>
<tr><td rowspan="7">评估内容</td><td rowspan="2">电气设备</td><td>电动机</td><td>额定效率/%</td><td rowspan="2">评估结果</td><td colspan="2" rowspan="2">□经济□合理
□不经济</td><td rowspan="2">依据 5.2</td></tr>
<tr><td>交流接触器</td><td>吸持功率/(V·A)</td></tr>
<tr><td>机组</td><td colspan="2">实际比功率/(kW·min/m³)</td><td>评估结果</td><td colspan="2">□经济□合理
□不经济</td><td>依据 5.3</td></tr>
<tr><td>净化设备</td><td colspan="2">是否满足 4.3 的要求</td><td>评估结果</td><td colspan="2">□经济□不经济</td><td>依据 5.4</td></tr>
<tr><td>供气管网</td><td colspan="2">是否满足 4.4 的要求</td><td>评估结果</td><td colspan="2">□经济□不经济</td><td>依据 5.5</td></tr>
<tr><td>管理</td><td colspan="2">是否满足 4.5 的要求</td><td>评估结果</td><td colspan="2">□经济□不经济</td><td>依据 5.6</td></tr>
<tr><td>系统</td><td colspan="2">是否满足 4.6 的要求</td><td>评估结果</td><td colspan="2">□经济□合理
□不经济</td><td>依据 5.7</td></tr>
</table>

ICS 73.040
D 20

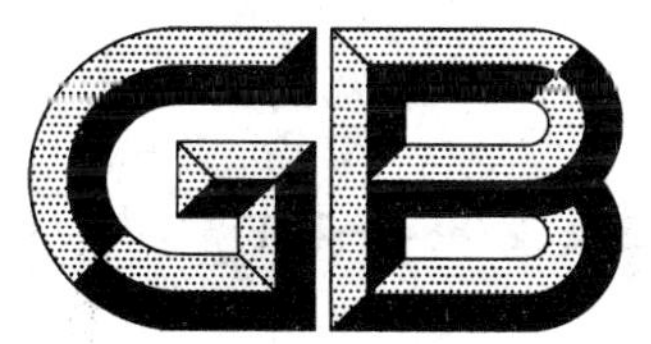

中华人民共和国国家标准

GB/T 27884—2011

煤基费托合成原料气中 H_2、N_2、CO、CO_2 和 CH_4 的测定 气相色谱法

Determination of hydrogen, nitrogen, carbon monoxide, carbon dioxide and methane in the coal-based F-T synthesis feed gas—Gas chromatographic method

2011-12-30 发布　　2012-08-01 实施

中华人民共和国国家质量监督检验检疫总局
中国国家标准化管理委员会　发布

前　言

本标准按照 GB/T 1.1—2009 给出的规则起草。

本标准由中国煤炭工业协会提出。

本标准由全国煤炭标准化技术委员会(SAC/TC 42)归口。

本标准起草单位:中科合成油技术有限公司、中国科学院山西煤炭化学研究所、内蒙古伊泰煤制油有限责任公司、山西潞安煤基合成油有限公司。

本标准主要起草人:李英、李莹、樊改仙、贾瑞、杨勇、李永旺。

煤基费托合成原料气中 H_2、N_2、CO、CO_2 和 CH_4 的测定　气相色谱法

1　范围

本标准规定了煤基费托合成原料气中 H_2、N_2、CO、CO_2 和 CH_4 的气相色谱测定方法。

本标准适用于表 1 所示范围的煤基费托合成原料气中 H_2、N_2、CO、CO_2 和 CH_4 组分含量的测定。

表 1　煤基费托合成原料气中 H_2、N_2、CO、CO_2 和 CH_4 的测定范围

组　　分	测定范围(体积分数)/%
氢气	45～70
氮气	0.1～5.0
一氧化碳	25～40
二氧化碳	0.1～5.0
甲烷	0.1～15

2　规范性引用文件

下列文件对于本文件的应用是必不可少的。凡是注日期的引用文件，仅注日期的版本适用于本文件。凡是不注日期的引用文件，其最新版本(包括所有的修改单)适用于本文件。

GB/T 4946　气相色谱法术语

GB/T 5274　气体分析　校准用混合气体的制备　称量法

GB/T 10410　人工煤气和液化石油气常量组分气相色谱分析法

3　术语和定义

GB/T 4946 界定的以及下列术语和定义适用于本文件。

3.1

费托合成　Fischer-Tropsch synthesis

煤间接液化技术之一，它以合成气(CO 和 H_2)为原料在催化剂(主要是铁系)和适当反应条件下合成以石蜡烃为主的液体燃料的工艺过程。

3.2

煤基费托合成原料气　feed gas for coal-based F-T synthesis

以煤或焦炭为原料经气化制成的、用于费托合成的混合气体。

4　方法提要

试样被载气(氩气)带入色谱柱，在以碳分子筛为固定相的色谱柱内 H_2、N_2、CO、CO_2 和 CH_4 被分

离，通过热导检测器检测并记录其色谱图，把试样组分的色谱峰与标准气相应组分的色谱峰相比，根据保留时间进行各组分定性，按校正面积归一化法计算各组分的含量。

5 试剂与材料

5.1 载气：氩气，纯度＞99.99％。

5.2 标准气

分析需要的标准气可采用国家二级标准物质，按 GB/T 5274 制备。

标准气的所有组分必须处于均匀的气态。与样品相比，对于浓度不大于 5％的组分，标准气中相应组分的浓度应不大于 10％，也不低于样品中相应组分浓度的 50％。对于浓度大于 5％的组分，标准气中相应组分的浓度，应不低于样品中组分浓度的 50％，也不大于该组分浓度的 50％。

6 仪器与设备

6.1 气相色谱仪

配有填充柱进样口、六通进样阀及热导检测器(TCD)。

6.2 色谱柱

6.2.1 柱管

用对被测组分呈惰性和无吸附性的材料制成。可选用不锈钢管、铜管、铝管或玻璃管，优先选用不锈钢管。长度与内径见表 2。

6.2.2 固定相

碳分子筛，规格见表 2。

6.2.3 色谱柱的填充

将柱管内部洗净烘干后在柱出口端填入少量玻璃棉，并用纱布裹好与真空泵连接，然后从柱入口端装入固定相，装填过程中应轻轻敲打柱管，装满后填入适量玻璃棉。色谱柱应填充紧密均匀。

6.2.4 色谱柱的老化

将装填好的色谱柱与色谱仪连接，断开检测器，通入载气，柱箱温度调节到 180 ℃，以 40 mL/min 的载气流速老化 4 h～8h。

6.2.5 色谱柱的分离

按 GB/T 10410 规定，以相邻两峰的谷深 A 与较小峰的峰高 B 的比值 A/B 为分离度(在小组分相邻于大组分时，取小峰的斜率作为基线，见图 1)，当组分含量大于 5％时，A/B 应大于 0.8；当组分含量小于 5％时，A/B 应大于 0.4。

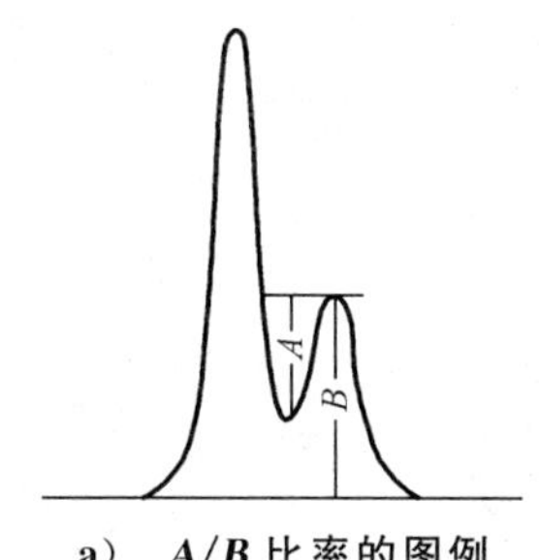

a） *A*/*B* 比率的图例

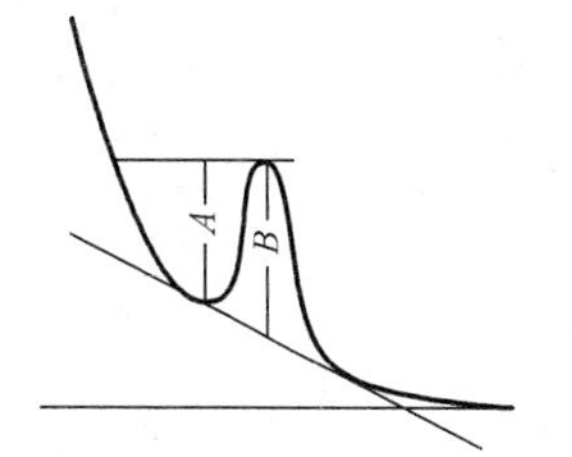

b） 对小组分峰 *A*/*B* 比率的图例

A——两峰间峰谷深；

B——两相邻峰高于基线的较小峰的高。

图 1 组分在色谱柱上的分离效果

7 取样

7.1 取样要求

取样应选择在流路的截面组分浓度基本均一的位置，避开合流点附近。

警示 1：应注意取样容器及其管线的密封性，防止气体泄露导致的中毒、爆炸等危险发生。

警示 2：应注意取样位置的隔热，防止烫伤。

7.2 取样方法

7.2.1 直接采取试样

当气源离分析装置距离较近时，可以直接使试样通过取样管或导管直接进入气相色谱仪。取样前应排除取样管中的余气，至少置换 3 次。

7.2.2 使用试样容器采取试样

在常压状态下可采用玻璃注射器（图 2）或金属采样袋（图 3）采取试样。取样前应排除取样管中的余气，至少置换 3 次。取样后应在 2 h 内进行分析。

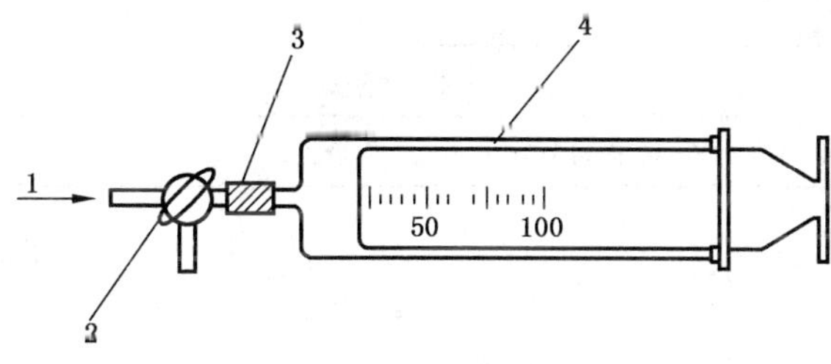

1——试样；

2——三通旋塞；

3——塑料管；

4——100 mL 玻璃注射器。

图 2 玻璃注射器

单位为毫米

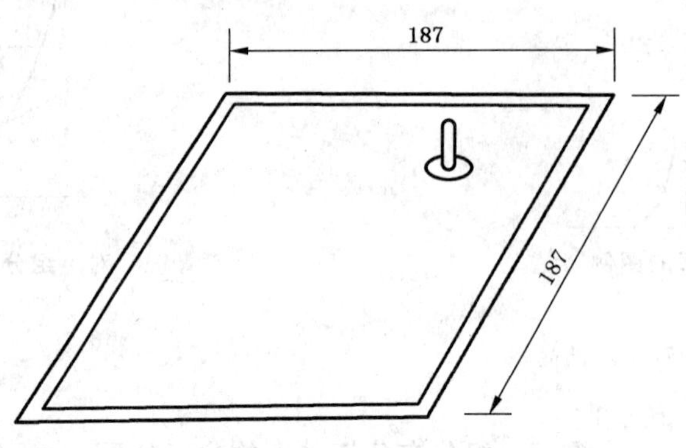

图3 1 L～2 L 金属气体袋

8 测定步骤

8.1 色谱工作条件

测定煤基费托合成原料气的气相色谱典型工作条件见表2。

表2 典型色谱工作条件

项　目	内　容
柱长/m	2
柱内径/mm	3
固定相	碳分子筛(TDX-01),0.178 mm～0.150 mm (80目～100目)
柱箱温度/℃	80～90
载气及流速/(mL/min)	氩气 25～40
汽化室温度/℃	120
检测器温度/℃	120
定量管/mL	1.0
注:也可采用能达到同等或更高分析效果的其他色谱工作条件。	

8.2 标准气的测定

用定量管采取标准气,通过切换六通阀进样装置导入色谱柱,用色谱工作站进行数据处理。重复测定三次,若三次色谱峰面积的相对偏差不大于1%,取三次重复测定数值的平均值作为标准值。

8.3 试样的测定

将试样容器或导管接到六通阀进样装置,用试样反复吹洗定量管后,试样通过切换六通阀进样装置导入色谱柱,用色谱工作站进行数据处理。重复测定两次,取两次重复测定数值的平均值作为分析值。

9 结果表述

9.1 组分的定性

试样中各组分的出峰次序见图 4。把试样组分的色谱峰与标准气相应组分的色谱峰相比，根据保留时间进行组分定性。

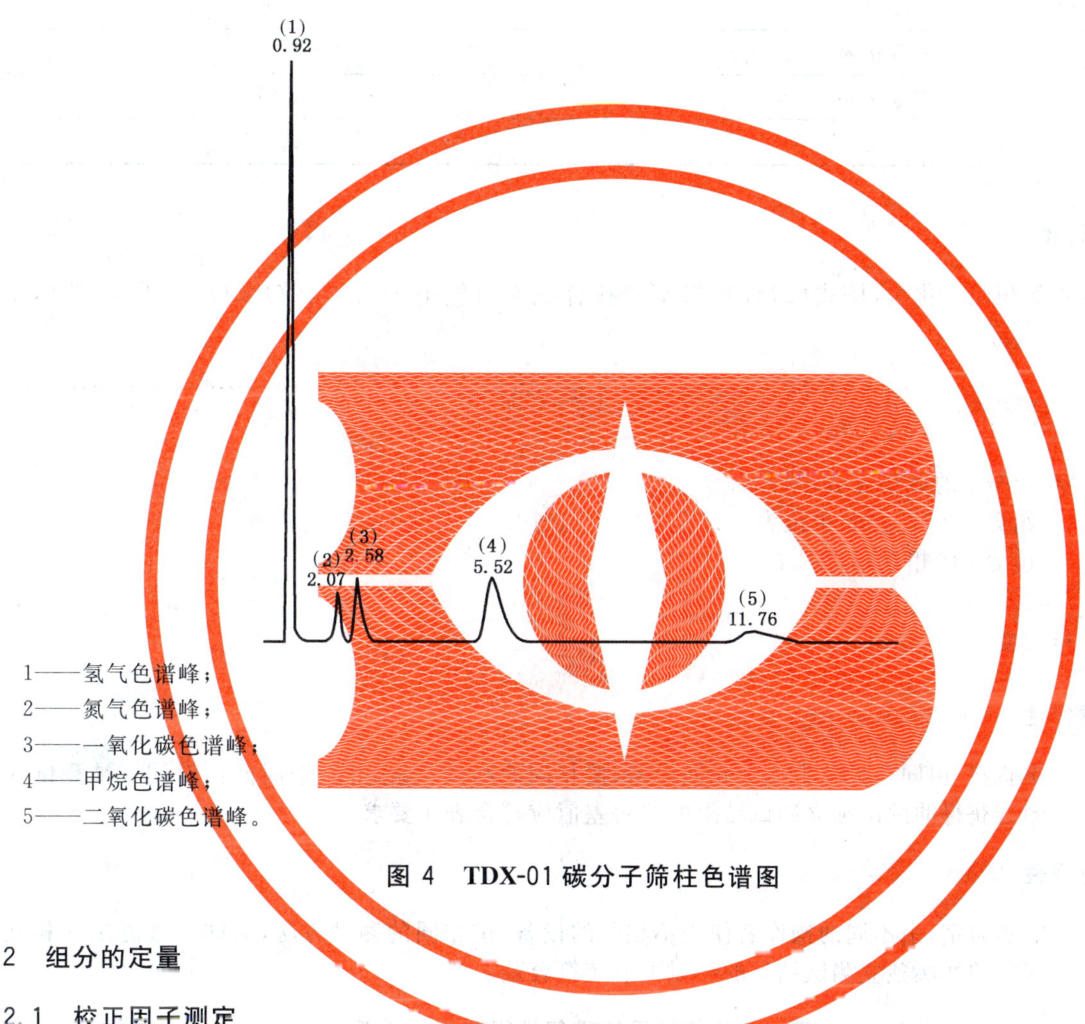

图 4 **TDX-01 碳分子筛柱色谱图**

9.2 组分的定量

9.2.1 校正因子测定

9.2.1.1 按照表 2 规定的实验条件，待仪器稳定后，往色谱仪注入标准气(5.2)，记录色谱图、各组分的峰面积和含量。

9.2.1.2 根据进入检测器中组分的量与检测器产生的相应峰值的比值即可求出组分 i 的校正因子(f_i)，组分 i 与氮气校正因子的比值即为该组分的相对校正因子，计算见式(1)。

$$f_{s,i}=\frac{v_i/A_i}{v_s/A_s} \quad\cdots\cdots(1)$$

式中：

$f_{s,i}$——组分 i 的相对校正因子；

v_s ——氮气的体积分数，%；

A_s ——氮气的峰面积，单位为平方厘米(cm^2)；

v_i ——组分 i 的体积分数，%；

A_i ——组分 i 的峰面积，单位为平方厘米(cm^2)。

9.2.1.3 相对校正因子随实验条件的变化而有所不同。在本标准给定的测定条件下，各组分相对校正因子的参考值见表3。

表3 各组分相对校正因子的参考值

组　分	校正因子
氢气	0.10
氮气	1.00
一氧化碳	1.06
二氧化碳	1.27
甲烷	0.36

9.2.2 计算

用校正面积归一化法，按式(2)计算煤基费托合成原料气中 H_2、N_2、CO、CO_2 和 CH_4 的体积分数(%)。

$$v_i = \frac{A_i f_{s,i}}{\sum A_i f_{s,i}} \times 100 \qquad (2)$$

式中：

v_i ——组分 i 的体积分数，%；

A_i ——组分 i 的峰面积，单位为平方厘米(cm^2)；

$f_{s,i}$——组分 i 的相对校正因子。

10 测试精密度

10.1 重复性

在同一实验室，由同一操作者使用相同设备，按相同的测试方法，并在短时间内对同一被测试样相互独立进行测试获得的两次独立测试结果的绝对差值应符合表4要求。

10.2 再现性

在不同的实验室，由不同的操作者使用不相同的设备，按相同的测试方法，对同一被测试样相互独立进行测试获得的两次独立测试结果的绝对差值应符合表4要求。

表4 分析结果的重复性限和再现性限

组分含量(体积分数)/%	重复性限 r(体积分数)/%	再现性限 R(体积分数)/%
<1	0.10	0.20
1～5	0.20	0.30
5～25	0.40	0.50
>25	0.70	0.80

11 试验报告

试验报告至少应包括以下信息：

a) 试样标识；

b） 依据标准；

c） 使用的方法；

d） 试验结果；

e） 与标准的任何偏离；

f） 试验中出现的异常现象；

g） 试验日期。

ICS 73.040
D 20

中华人民共和国国家标准

GB/T 27885—2011

煤基费托合成尾气中H_2、N_2、CO、CO_2和C_1～C_8烃的测定 气相色谱法

Determination of hydrogen, nitrogen, carbon monoxide, carbon dioxide and C_1～C_8 hydrocarbons in the coal-based F-T synthesis tail gas—Gas chromatographic method

2011-12-30 发布　　2012-08-01 实施

中华人民共和国国家质量监督检验检疫总局
中国国家标准化管理委员会　发布

前　言

本标准按照 GB/T 1.1—2009 给出的规则起草。

本标准由中国煤炭工业协会提出。

本标准由全国煤炭标准化技术委员会(SAC/TC 42)归口。

本标准起草单位:中科合成油技术有限公司、中国科学院山西煤炭化学研究所、内蒙古伊泰煤制油有限责任公司、山西潞安煤基合成油有限公司。

本标准主要起草人:李英、李莹、樊改仙、贾瑞、杨勇、李永旺。

煤基费托合成尾气中 H_2、N_2、CO、CO_2 和 C_1～C_8 烃的测定 气相色谱法

1 范围

本标准规定了煤基费托合成尾气中 H_2、N_2、CO、CO_2、C_1～C_8 饱和烃和不饱和烃的气相色谱测定方法。

本标准适用于表1所示范围的煤基费托合成尾气中 H_2、N_2、CO、CO_2、C_1～C_8 饱和烃和不饱和烃组分含量的测定。

表1 煤基费托合成尾气主要组分的测定范围

组　分	测定范围(体积分数)/%
氢	25～70
氮	0.1～15
一氧化碳	5.0～30
二氧化碳	1.0～25
甲烷	10～40
乙烷	0.1～10
乙烯	0.1～10
丙烷	0.1～5.0
丙烯	0.1～5.0
正丁烷	0.1～3.0
正丁烯	0.1～3.0
正戊烷	0.05～0.5
正戊烯	0.05～1.0
正己烷	0.01～0.3
正己烯	0.01～0.5
正庚烷	0.01～0.1
正庚烯	0.01～0.3
正辛烷	0.01～0.1
正辛烯	0.01～0.2

2 规范性引用文件

下列文件对于本文件的应用是必不可少的。凡是注日期的引用文件，仅注日期的版本适用于本文件。凡是不注日期的引用文件，其最新版本(包括所有的修改单)适用于本文件。

GB/T 4946 气相色谱法术语

GB/T 5274 气体分析 校准用混合气体的制备 称量法

GB/T 10410 人工煤气和液化石油气常量组分气相色谱分析法

3 术语和定义

GB/T 4946 界定的以及下列术语和定义适用于本文件。

3.1

费托合成 Fischer-Tropsch synthesis

煤间接液化技术之一,它以合成气(CO 和 H_2)为原料在催化剂(主要是铁系)和适当反应条件下合成以石蜡烃为主的液体燃料的工艺过程。

3.2

煤基费托合成尾气 tail gas for coal-based F-T synthesis

费托合成反应后,经气液分离后的气体。

4 方法提要

采用两台气相色谱仪进行煤基费托合成尾气的测定。

1) 以氮气做载气,通过 PLOT/AL_2O_3 石英毛细管色谱柱进行组分分离、用氢火焰离子化检测器(FID)完成烃类(C_1～C_8 饱和烃和不饱和烃)的测定;

2) 以氩气做载气,通过碳分子筛(TDX-01)柱进行组分分离、用热导检测器(TCD)完成 H_2、N_2、CO、CO_2 和 CH_4 的测定;

采用校正面积归一化法计算各组分的含量;两台色谱仪的结果用甲烷关联做归一化处理。

5 试剂与材料

5.1 材料

5.1.1 高纯氢气;纯度大于 99.999%。

5.1.2 空气;纯度大于 99.999%(用分子筛脱水)。

5.1.3 高纯氮气;纯度大于 99.999%。

5.1.4 氩气;纯度大于 99.99%。

5.2 标准气

5.2.1 组成

标准气组成应与费托合成工艺相匹配,保质期 1 年;有以下两种:

1) 由 H_2、N_2、CO、CO_2 和 CH_4 组成的混合气;

2) 由 C_1～C_8 饱和烃和不饱和烃组成的混合气。

5.2.2 一般要求

分析需要的标准气可采用国家二级标准物质,按 GB/T 5274 制备。

标准气的所有组分必须处于均匀的气态。与样品相比,对于浓度不大于 5%的组分,标准气中相应组分的浓度应不大于 10%,也不低于样品中相应组分浓度的 50%。对于浓度大于 5%的组分,标准气中相应组分的浓度,应不低于样品中组分浓度的 50%,也不大于该组分浓度的 50%。

6 仪器与设备

6.1 气相色谱仪

使用两台气相色谱仪。其中一台配有热导检测器，另一台配有氢火焰离子化检测器。采用气体六通阀进样器进样，材质为不锈钢。

6.2 色谱柱

6.2.1 TDX-01 柱

6.2.1.1 柱管

用对被测组分呈惰性和无吸附性的材料制成，可选用不锈钢管、铜管、铝管或玻璃管，优先选用不锈钢管。长度与内径见表 2。

6.2.1.2 固定相

碳分子筛，规格见表 2。

6.2.1.3 柱管填充

将柱管内部洗净烘干后在柱出口端填入少量玻璃棉，并用纱布裹好与真空泵连接，然后从柱入口端装入固定相，装填过程中应轻轻敲打柱管，装满后填入适量玻璃棉。色谱柱应填充紧密均匀。

6.2.1.4 色谱柱的老化

将装填好的色谱柱与色谱仪连接，断开检测器，通入载气，柱箱温度调节到 180 ℃，以 40 mL/min 的载气流速老化 4 h～8 h。

6.2.2 PLOT/AL_2O_3 柱

6.2.2.1 柱管

推荐使用长 50 m，内径 0.53 mm 的 PLOT/AL_2O_3 熔融石英毛细管商品标准柱，或其他能满足本标准精密度要求的毛细管柱。要求相邻组分色谱峰的分离度满足 6.2.4 的规定。

6.2.2.2 色谱柱的老化

色谱柱在工厂已经老化和调整并给出所需的分离和时间选择。初次实验时，按表 3 所述色谱条件操作，柱箱温度达到 190 ℃，恒温 2 h，以除去色谱柱中可能残留的组分，然后降到室温。

6.2.3 色谱柱及使用条件

色谱柱及其使用条件见表 2。

表 2 色谱柱及使用条件

色谱柱	TDX-01	PLOT/AL_2O_3
固定相	碳分子筛	涂渍氧化铝的多孔层开管柱
粒度	0.178 mm～0.150 mm (80 目～100 目)	0.07 mm

表 2（续）

色谱柱	TDX-01	PLOT/AL_2O_3
柱长	2 m	50 m
柱内径	3 mm	0.53 mm
柱温	室温～300 ℃	−60 ℃～200 ℃

6.2.4 色谱柱的分离

按 GB/T 10410 规定，以相邻两峰的谷深 A 与较小峰的峰高 B 的比值 A/B 为分离度(在小组分相邻于大组分时，取小峰的斜率作为基线，见图 1)，当组分含量大于 5%时，A/B 应大于 0.8；当组分含量小于 5%时，A/B 应大于 0.4。

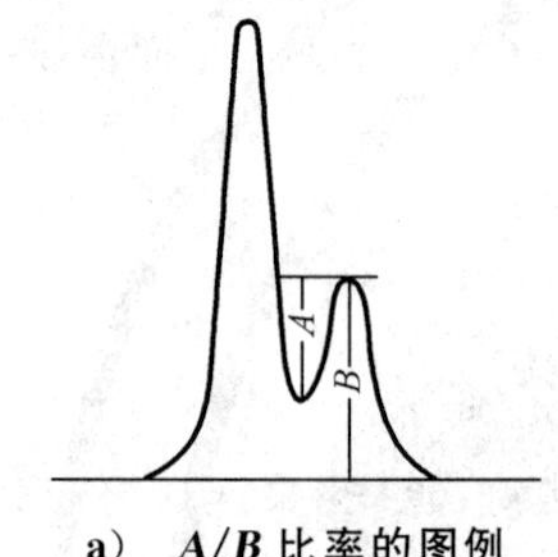

a) ***A/B*** **比率的图例**

b) **对小组分峰 *A/B* 比率的图例**

A——两峰间峰谷深；

B——两相邻峰高于基线的较小峰的高。

图 1 组分在色谱柱上的分离效果

7 取样

7.1 取样要求

取样应选择在流路的截面组分浓度基本均一的位置，避开合流点附近。

警示 1：应注意取样容器及其管线的密封性，防止气体泄露导致的中毒、爆炸等危险发生。

警示 2：应注意取样位置的隔热，防止烫伤。

7.2 取样方法

7.2.1 直接采取试样

当气源离分析装置距离较近时，可以直接使试样通过取样管或导管直接进入气相色谱仪。取样前应排除取样管中的余气，至少置换 3 次。

7.2.2 使用试样容器采取试样

在常压状态下可用图 2 所示的金属气体袋干法采样。取样前应排除取样管中的余气，至少置换 3 次。取样时需保证采样口温度保持在 60 ℃～80 ℃(可用蒸汽保温)，以保证 C_5 以上组分不冷凝。取样后应在 2 h 内进行分析。

单位为毫米

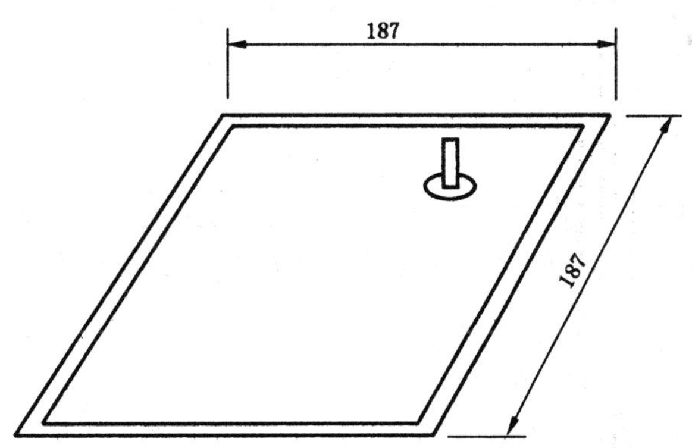

图 2　1 L～2 L 金属气体袋

8　测定步骤

8.1　色谱工作条件

测定煤基费托合成尾气的气相色谱典型工作条件见表 3。

表 3　典型色谱工作条件

工 作 条 件	仪　器　A	仪　器　B
检测器类型	热导检测器(TCD)	氢火焰离子化检测器(FID)
载气	氩气,浓度不低于 99.99%	氮气,浓度不低于 99.99%
色谱柱	碳分子筛填充柱 0.178 mm～0.150 mm (80 目～100 目)	氧化铝多孔层开管毛细管柱 0.07 mm
柱长度/内径	2 m/3 mm	50 m/0.53 mm
定量管	1.0 mL	1.0 mL
气化室温度	120 ℃	220 ℃
柱箱温度	80 ℃～90 ℃	40 ℃保持 3 min,以 5 ℃/min 升至 75 ℃后,以 10 ℃/min 升至 190 ℃后,再保持 24.5 min,结束回到初始状态
检测器温度	120 ℃	250 ℃
载气流量	25 mL～40 mL	4 mL～10 mL
分析组分	H_2、N_2、CO、CH_4、CO_2	C_1～C_8 烃
注：也可采用能达到同等或更高分析效果的其他色谱工作条件。		

8.2 标准气的测定

用定量管采取标准气，通过切换六通阀进样装置导入色谱柱，用色谱工作站进行数据处理。重复测定三次，若三次色谱峰面积的相对偏差不大于1%，取三次重复测定数值的平均值作为标准值。

8.3 试样的测定

将试样容器或导管接到六通阀进样装置，用试样反复吹洗定量管后，试样通过切换六通阀进样装置导入色谱柱，用色谱工作站进行数据处理。重复测定两次，取两次重复测定数值的平均值作为分析值。

9 结果表述

9.1 组分的定性

试样中组分的出峰次序见图3、图4。把试样组分的色谱峰与标准气相应组分的色谱峰相比，根据保留时间进行组分定性。

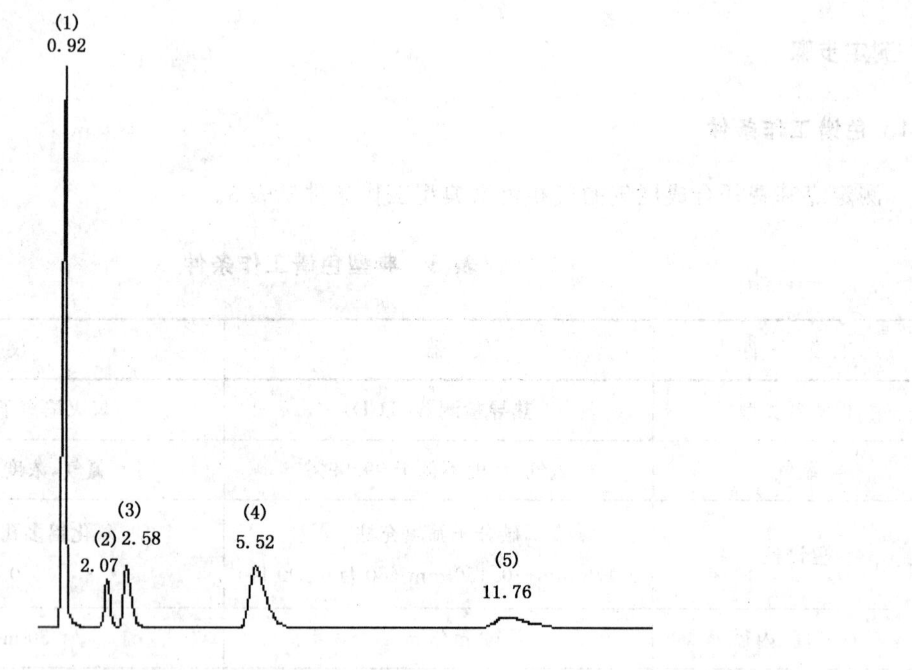

1——氢气色谱峰；
2——氮气色谱峰；
3——一氧化碳色谱峰；
4——甲烷色谱峰；
5——二氧化碳色谱峰。

图3 TDX-01碳分子筛柱色谱图

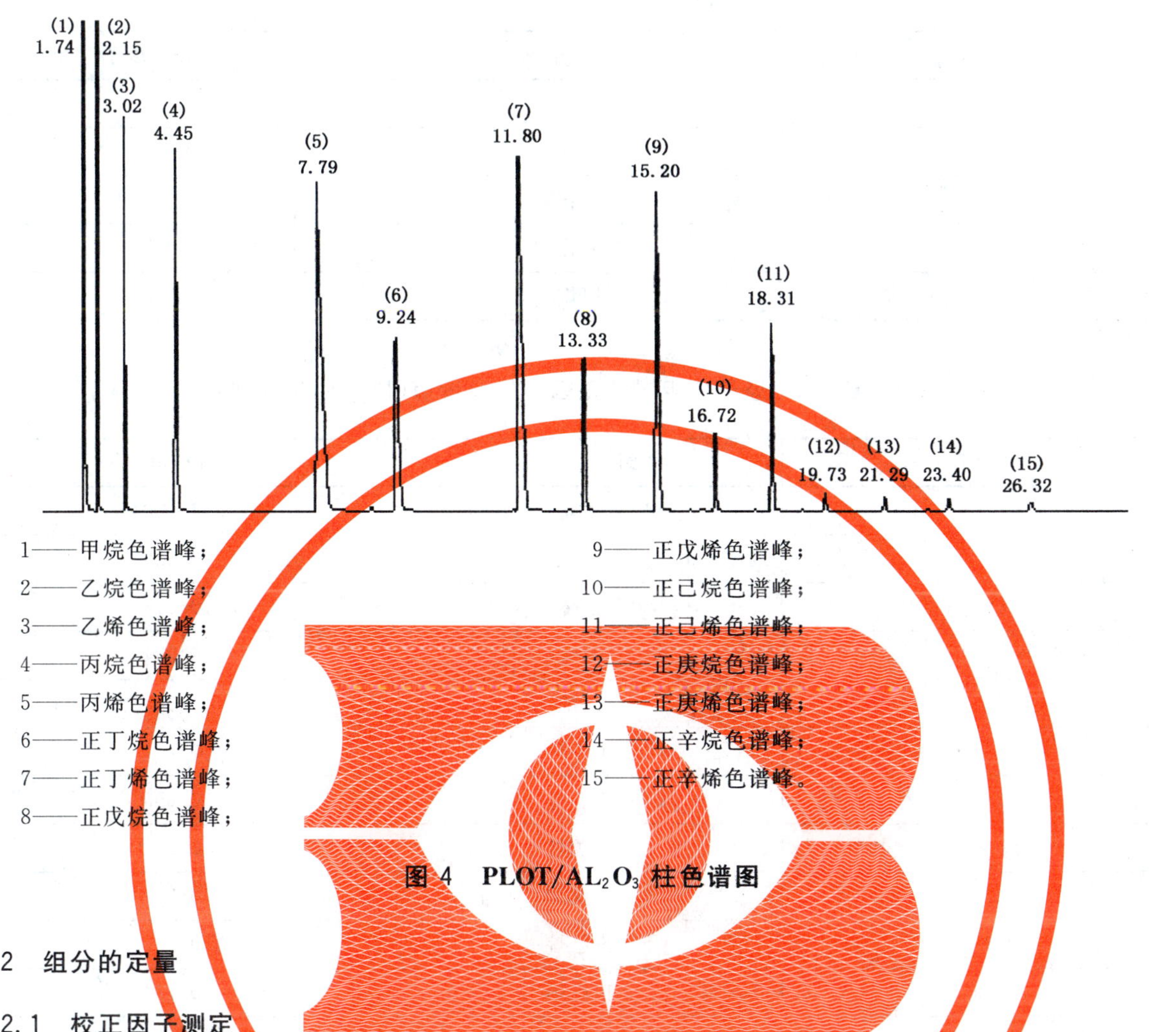

1——甲烷色谱峰；
2——乙烷色谱峰；
3——乙烯色谱峰；
4——丙烷色谱峰；
5——丙烯色谱峰；
6——正丁烷色谱峰；
7——正丁烯色谱峰；
8——正戊烷色谱峰；
9——正戊烯色谱峰；
10——正己烷色谱峰；
11——正己烯色谱峰；
12——正庚烷色谱峰；
13——正庚烯色谱峰；
14——正辛烷色谱峰；
15——正辛烯色谱峰。

图 4　PLOT/AL_2O_3 柱色谱图

9.2　组分的定量

9.2.1　校正因子测定

9.2.1.1　按照表 3 规定的实验条件，待仪器稳定后，往色谱仪注入标准气(5.2)，记录色谱图、各组分的峰面积和含量。

9.2.1.2　根据进入检测器中组分的量与检测器产生的相应峰值的比值即可求出组分 i 的校正因子(f_i)，永久性气体(H_2、N_2、CO、CO_2 和 CH_4)以氮气的校正因子(f_s)为基准，烃类(C_1～C_8)组分以甲烷的校正因子(f_s)为基准，按式(1)计算各组分的相对校正因子($f_{s,i}$)。

$$f_{s,i}=\frac{V_i/A_i}{V_s/A_s} \qquad \cdots\cdots(1)$$

式中：

$f_{s,i}$——组分 i 的相对校正因子；
V_s——氮气(或甲烷)的体积分数，%；
A_s——氮气(或甲烷)的峰面积，单位为平方厘米(cm^2)；
V_i——组分 i 的体积分数，%；
A_i——组分 i 的峰面积，单位为平方厘米(cm^2)。

9.2.1.3　相对校正因子随实验条件的变化而有所不同。在本标准给定的测定条件下，各组分相对校正因子的参考值见表 4、表 5。

表 4 H_2、N_2、CO、CO_2 和 CH_4 组分相对校正因子的参考值(以氮气为基础)

出峰序号	组分名称	相对校正因子
1	氢气	0.10
2	氮气	1.00
3	一氧化碳	1.06
4	二氧化碳	1.27
5	甲烷	0.36

表 5 C_1～C_8 烃组分相对校正因子的参考值(以甲烷为基础)

出峰序号	组分名称	相对校正因子
1	甲烷	1.000
2	乙烷	0.526
3	乙烯	0.518
4	丙烷	0.354
5	丙烯	0.348
6	正丁烷	0.242
7	正丁烯	0.259
8	正戊烷	0.203
9	正戊烯	0.217
10	正己烷	0.167
11	正己烯	0.170
12	正庚烷	0.143
13	正庚烯	0.146
14	正辛烷	0.125
15	正辛烯	0.128

9.2.2 计算

根据峰面积计算出试样中各组分的含量,再分别计算 FID 与 TCD 两通道各组分的含量之和,以检查其是否为 100%,若试样中两通道各组分含量之和都达到 98.00%～102.00%,用式(2)、式(3)和式(4)分别计算试样中以甲烷关联的各组分含量的归一化值。

1) H_2、N_2、CO、CO_2 及 CH_4 组分的含量

$$V_i=\frac{(A_i f_{s,i})_{TCD}}{\Gamma}\times\frac{(A_{c1} f_{s,c1})_{FID}}{(A_{c1} f_{s,c1})_{TCD}}\times 100 \qquad \cdots\cdots(2)$$

2) C_2～C_8 各组分含量

$$V_i=\frac{(A_i f_{s,i})_{FID}}{\Gamma}\times 100 \qquad \cdots\cdots(3)$$

$$\Gamma=\sum\frac{(A_i f_{s,i})_{TCD}(A_{c1} f_{s,c1})_{FID}}{(A_{c1} f_{s,c1})_{TCD}}+\sum(A_i f_{s,i})_{FID} \qquad \cdots\cdots(4)$$

式中：

V_i ——组分 i 的体积分数，%；

A_i ——组分 i 的峰面积，单位为平方厘米（cm^2）；

$f_{s,i}$ ——组分 i 的相对校正因子；

A_{c1} ——甲烷的峰面积，单位为平方厘米（cm^2）；

$f_{s,c1}$ ——甲烷的相对校正因子；

Γ ——甲烷关联的归一化总面积；

$\frac{(A_{c1}f_{s,c1})_{FID}}{(A_{c1}f_{s,c1})_{TCD}}$ ——用甲烷关联的 FID 与 TCD 两通道间的响应比；

$(A_i f_{s,i})_{TCD}$ ——组分 i 在 TCD 上的相对校正因子与峰面积之积，单位为平方厘米（cm^2）；

$(A_i f_{s,i})_{FID}$ ——组分 i 在 FID 上的相对校正因子与峰面积之积，单位为平方厘米（cm^2）。

10 测试精密度

10.1 重复性

在同一实验室，由同一操作者使用相同设备，按相同的测试方法，并在短时间内对同一被测试样相互独立进行测试获得的两次独立测试结果的绝对差值应符合表 6 要求。

10.2 再现性

在不同的实验室，由不同的操作者使用不相同的设备，按相同的测试方法，对同一被测试样相互独立进行测试获得的两次独立测试结果的绝对差值应符合表 6 要求。

表 6 分析结果的重复性限和再现性限

组分含量（体积分数）/%	重复性限（体积分数）/%	再现性限（体积分数）/%
0～0.1	0.03	0.05
0.1～1.0	0.10	0.20
1.0～5.0	0.20	0.30
5.0～25	0.40	0.50
＞25	0.70	0.80

11 试验报告

试验报告至少应包括以下信息.

a） 试样标识；

b） 依据标准；

c） 使用的方法；

d） 试验结果；

e） 与标准的任何偏离；

f） 试验中出现的异常现象；

g） 试验日期。

ICS 13.060.25
P 41

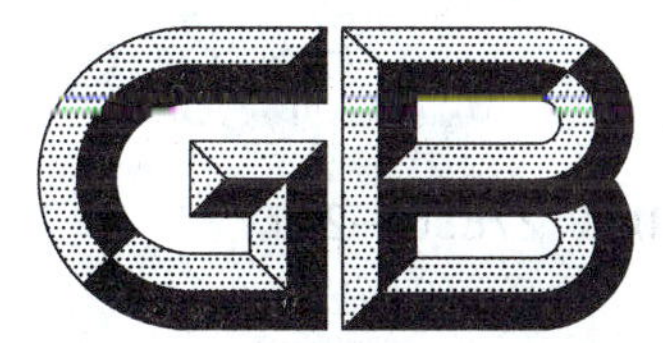

中华人民共和国国家标准

GB/T 27886—2011

工业企业用水管理导则

Guides on management of water using for industry enterprises

2011-12-30 发布　　2012-06-01 实施

中华人民共和国国家质量监督检验检疫总局
中国国家标准化管理委员会　发布

前　言

本标准按照GB/T 1.1—2009给出的规则起草。

本标准由工业和信息化部节能与综合利用司提出。

本标准由全国工业节水标准化技术委员会(SAC/TC 442)归口。

本标准起草单位:中国标准化研究院、大唐国际发电股份有限公司、石油化工科学研究院、中国石油天然气集团。

本标准主要起草人:朱春雁、白雪、祝宪、孙静、祁鲁梁、金明红、俞伯炎、郑菲。

工业企业用水管理导则

1　范围

本标准规定了工业企业用水管理的相关术语和定义及要求。

本标准适用于工业企业开展用水管理、改进用水管理绩效。

2　规范性引用文件

下列文件对于本文件的应用是必不可少的。凡是注日期的引用文件，仅注日期的版本适用于本文件。凡是不注日期的引用文件，其最新版本（包括所有的修改单）适用于本文件。

GB/T 12452　企业水平衡测试通则

GB/T 18820　工业企业产品取水定额编制通则

GB/T 18916（所有部分）　取水定额

GB/T 21534　工业用水节水　术语

GB 24789　用水单位水计量器具配备和管理通则

3　术语和定义

GB/T 18820 和 GB/T 21534 界定的以及下列术语和定义适用于本文件。

3.1

用水管理　management of water using

工业企业通过采取制度、标准、经济、技术以及综合措施，对其用水环节进行控制和改进的过程。

3.2

用水管理指导方针　water using guideline

由工业企业制定和发布的其用水管理的宗旨和方向。

3.3

用水管理目标　water using management objective

由工业企业制定并要实现的提高其用水效率和效益的总体要求。

3.4

用水指标　water using target

工业企业为实现用水管理目标所制定的量化要求。

3.5

用水管理绩效　water using management performance

工业企业实施用水管理所取得的可测量的结果。

3.6

用水管理基准　water using management baseline

工业企业通过对自身用水情况进行评估后所确定的用于作为比较基础的用水效率水平。

4 用水管理要求

4.1 基本要求

4.1.1 工业企业应设立用水管理部门并明确其岗位职责和权限。

4.1.2 工业企业应遵守国家、地方和行业用水节水有关的法律、法规、政策、标准和其他要求，并结合企业的发展战略和经营目标，制定企业用水管理指导方针、目标和指标。

4.1.3 工业企业应向全体员工传达其用水管理指导方针，并进行用水管理宣传，提高员工节约用水意识，将节约用水的理念融入企业的文化。

4.1.4 工业企业应制定和实施教育培训制度，定期对用水相关岗位进行培训，确保所有相关人员的专业技能符合岗位要求。

4.1.5 工业企业应制定和实施有关用水节水的奖惩制度，以激励提高用水效率的行为和措施。

4.1.6 工业企业应根据其特点，考虑厂际间的联合供、用水系统，做到合理用水，确保用水安全，并完成对以下主要环节的控制：

a) 规划和设计；
b) 取水，包括公共供水系统和自建取水系统取水；
c) 供水、储水、用水管道和设备；
d) 水处理和水质；
e) 计量和统计分析；
f) 绩效评价。

4.1.7 工业企业应识别可能对用水造成影响的紧急情况和事故隐患，制定预防措施和应急预案。企业应对发生的紧急情况和事故作出响应，降低随之产生的影响。

4.2 规划和设计

4.2.1 工业企业应依据其发展战略、经营目标以及用水管理指导方针制定用水规划、节水措施和方案。

4.2.2 在新建、改建和扩建项目时，工业企业应做到节水设施与主体工程同时设计、同时施工、同时投产使用。

4.2.3 在规划、设计以及制定用水节水方案时应考虑以下措施和技术：

a) 有效的管理手段和措施；
b) 工业用水重复利用技术；
c) 冷却节水技术；
d) 热力和工艺系统节水技术；
e) 工业给水和废水处理技术；
f) 洗涤节水技术；
g) 非常规水资源利用技术；
h) 用水计量管理技术；
i) 节水工艺。

4.3 取水

4.3.1 工业企业应按照 GB/T 18916(所有部分)合理规划和核算取水量，做到总量控制、定额管理。

4.3.2 工业企业应根据生产用水的需要，结合当地水资源情况合理选择水源，并经当地水行政主管部门审批，按计划取水。

4.3.3 工业企业应因地制宜，利用非常规水资源。在满足用水要求的条件下，生产用水宜就近取水，用低质水取代优质水。沿海地区企业宜利用海水，矿区企业宜利用矿井水。

4.3.4 工业企业应加强公共供水系统取水和其他外购水的控制和管理。

4.3.5 工业企业自建供水系统应配备符合标准要求的取水、计量及水处理设备，采取必要的节水措施。

4.4 供水、储水、用水管道和设备

4.4.1 工业企业应制定和实施供水、储水、用水管道和设备的维护和保养制度，并编制完整的用水管网系统图，定期对供水、储水、用水管道和设备，包括循环用水、废水再生处理和非常规水资源利用设备，进行检查、维护和保养，确保管道设备完好有效运行。

4.4.2 工业企业应加强对重点用水设备和工序的管理，制定和实施主要用水工序、设备的用水标准以及用水操作规程。

4.5 水质和水处理

4.5.1 工业企业应依据有关要求对冷却水、软化水、除盐水、锅炉用水、工艺用水以及其他用水制定水质标准，实施分级分质管理。

4.5.2 工业企业应对供水水质进行监测和控制，供水水质应达到企业用水水质的标准。

4.5.3 工业企业自建取水设施取水应采用适宜的水处理技术和设备进行水处理，水质应达到相关标准要求。

4.5.4 工业企业采用非常规水资源取水(包括利用工业废水)应采用适宜的水处理技术和设备进行水处理，处理后的水质应符合有关标准要求。

4.6 计量和统计分析

4.6.1 企业应制定用水计量统计分析制度以及水计量器具和设备管理制度，并按照规定要求实施取水用水计量、监测和统计分析。

4.6.2 企业应按照 GB 24789 和有关要求配备、使用和管理用水计量器具和设备。计量人员应符合有关专业能力要求。

4.6.3 企业应按照 GB/T 12452 及有关要求定期开展水平衡测试，建立用水技术档案，保持原始记录和台账，进行统计、分析和数据管理。

4.7 绩效评价

工业企业应制定并实施用水管理绩效评价制度，定期对其用水节水绩效进行评价，并根据评价的结论对其管理进行保持、调整、改进和提高，以确保其用水管理的持续有效。

附 录 A
（资料性附录）
用水管理方法

A.1 原则

工业企业应将用水管理纳入其管理体系，遵循系统管理原则，采用"策划—实施—检查—处置"的过程方法，对其用水主要环节进行管理控制，通过定期对用水管理绩效的评价，来确定改进的机会并采取适当的行动，实现用水管理绩效的保持和改进。

A.2 步骤和方法

工业企业实施用水管理的步骤如下：

承诺—现状评估—目标设定—方案制定—实施—绩效评价—改进与保持

A.2.1 承诺

工业企业通过将用水管理纳入其管理体系，将用水管理指导方针和目标纳入企业的发展战略来实现用水管理的承诺，作出承诺是实现管理的第一步。

用水管理指导方针能够体现企业对用水管理的承诺、指导用水目标和指标的制定。在制定用水指导方针时应考虑下列因素：

a） 与企业的生产和经营活动相适应、与企业的总体发展战略相协调；

b） 包含对合理用水、节约用水、减少水污染、提高用水效率和持续改进的承诺；

c） 包含对遵守用水管理适用的法律法规、标准及其他要求的承诺；

d） 为制定和评价用水目标和指标提供框架。

A.2.2 现状评估

准备开展用水管理的工业企业，在通过制定用水管理指导方针承诺用水管理之后，应进行现状评估，确定其当前的管理状况，作为比较基准。初始调查与评估应包括下列方面：

a） 取水量，包括单位产品取水量和万元增加值取水量；

b） 重复用水情况，包括重复利用率、冷凝水回用率、废水回用率等；

c） 用水漏损情况，即用水综合漏损率；

d） 排水达标情况，即达标排放率；

e） 非常规水资源利用情况，即非常规水资源替代率。

工业企业通过对其用水现状和趋势进行分析和评估，并与同类企业用水的平均效率水平和最高效率水平进行比较，从而识别节水潜力、确定改进机会。

识别节水潜力或需求应考虑：

a） 对用水设备、网络和过程的控制；

b） 生产工艺用水的合理化；

c） 工艺改进所带来的节水效益；

d） 对节水新技术、工艺以及无水生产的研究和采用；

e） 非常规水资源的利用。

A.2.3 目标设定

在完成现状评估后，工业企业应根据用水管理指导方针，遵照法律法规、标准和其他要求，结合初始评估所确定的基准和识别的节水潜力，参考同类企业的平均水平、最高水平以及国际先进水平来确定用水管理目标和指标。在制定目标时应考虑到可能的技术选择，应当根据自身的经济条件，考虑选用适宜的、成本效益高的最佳可行技术，并优先考虑零成本和低成本的管理改进。企业应定期评价、调整和更新用水目标和指标。

目标应当具体，并且是可以量化和(或)易于考核的。目标可以考虑从取水量、重复用水、用水漏损、非常规水资源利用等方面确定，具体指标应包括：单位产品取水量和万元工业增加值取水量、重复利用率、冷凝水回用率、废水回用率、用水综合漏损率、非常规水资源替代率等。

A.2.4 方案制定

为了实现用水管理目标和指标，工业企业应制定可行的用水节水方案，方案中应当说明如何实现企业的用水目标和指标，包括时间进度、所需的资源和负责实施方案的人员。用水节水方案应包括：

a) 职责和权限；

b) 技术及管理措施、实施方法和财务资源；

c) 时间进度。

在制定用水节水方案时，应当根据企业的经济条件，选用适宜的、成本低、效益高的最佳可行技术和措施。考虑技术措施应从以下方面入手：

a) 加强管理、提高意识所能够带来的节约；

b) 采用工业用水重复利用技术，提高水的重复利用率；

c) 采用高效冷却节水技术，提高冷却水利用效率，减少冷却用水量；

d) 采用热力和工艺系统节水技术；

e) 采用工业给水和废水处理节水技术，向降低反洗用水量、无二次污染处理、集中处理、净水新技术等技术方向发展；

f) 采用洗涤节水技术，向通用洗涤、专用洗涤、装备清洗、清洗化学品、无水洗涤以及环境洗涤的节水技术方向发展；

g) 采用非常规水资源利用技术，如发展海水直用技术、海水和苦咸水淡化处理技术、矿井水的资源化利用技术；

h) 用水计量管理技术，如重点用水系统和设备计算机自动监控系统、用水节水计算机管理系统和数据库；

i) 重点节水工艺，采用改变生产原料、工艺和设备或用水方式，实现少用水或不用水等更高层次的源头节水技术。

A.2.5 实施

实施包括提供所需要的资源，规定与落实有关人员的作用、职责和权限，建立用水节水管理制度，进行培训和能力建设，对取水用水过程进行控制，完成主要环节的控制和管理，落实所制定的用水节水方案并对方案的实施过程进行跟踪评价。

A.2.6 绩效评价

为了确保用水管理的有效性，工业企业应定期对其用水节水管理绩效进行评价。评价应包括评价改进用水管理的机会和变更的需求，评价的内容包括：

a) 用水管理指导方针、目标、指标以及用水管理制度的适宜性；

b) 用水管理制度的执行情况；

c） 节水方案的实施效果；

d） 用水目标和指标的实现程度；

e） 取得的节水量、经济效益、环境效益和社会效益。

评价结论是企业保持、改进其用水管理的重要依据，包括：

a） 对工业企业用水管理制度的适宜性、充分性和有效性的总体评价；

b） 确定用水管理持续改进的措施，包括提高用水管理绩效、重点用水设备的改造、重大节水技术的引进以及工艺流程的改进等；

c） 有关用水管理指导方针、目标、指标变更和调整的决策；

d） 资源和经费投入。

A.2.7 改进与保持

工业企业通过对用水管理的主要环节进行策划、实施、检查和改进等一系列活动，使用水管理在一个不断进行自我完善的上升循环通道中，并实现对用水管理绩效的持续改进。绩效评价是为了保持用水管理的持续有效和不断改进。

ICS 43.040.60
T 26

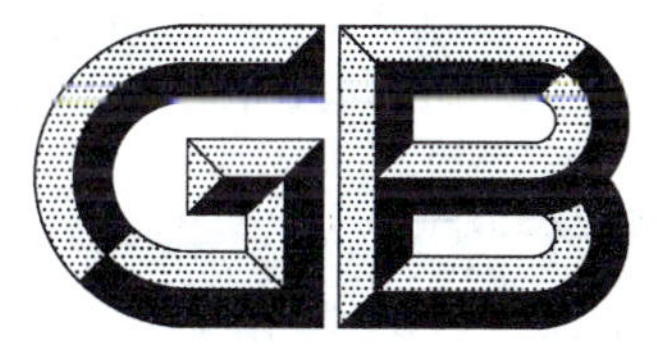

中华人民共和国国家标准

GB 27887—2011

机动车儿童乘员用约束系统

Restraining devices for child occupants of power-driven vehicles

2011-12-30 发布　　2012-07-01 实施

中华人民共和国国家质量监督检验检疫总局
中国国家标准化管理委员会　发布

前 言

本标准的第 4 章、第 5 章、第 8 章和第 9 章为强制性的，其余为推荐性的。

本标准依据 GB/T 1.1《标准化工作导则 第 1 部分：标准的结构和编写》起草。

本标准使用重新起草法修改采用 ECE R44《关于批准动力驱动车辆上儿童乘客座椅约束装置的统一规定》(修订本 2)及随后发布的所有的增补件、堪误表。

附录 A 中列出了本标准与 ECE R44 的章条编号对照一览表。

本标准与 ECE R44 的技术性差异及其原因如下：

——增加了“内置式儿童约束系统”定义(3.54)，以明确 ECE R44 中提到的内置式儿童约束系统的含义；

——增加了“ISOFIX 固定点系统”示意图(图 1)，使标准使用者有直观清晰的理解。

本标准还做了下列编辑性修改：

——将标准名称修改为“机动车儿童乘员用约束系统”；

——按照 GB/T 1.1 的表述方法，将 ECE R44 中 2.1 条关于“ISOFIX 固定装置”的定义编为本标准中的 3.23；

——按照 GB/T 1.1 的表述方法，将 ECE R44 中 2.1.1 条关于“儿童约束系统分组及类别”的内容编为本标准中的 4.1；

——由于中国的认证管理体制与欧洲不同，对 ECE R44 中有关认证管理程序和生产一致性的内容不宜采纳，因此，删除 ECE R44 中第二章 2.38 条“型式认证试验”的定义、2.39 条“生产资质判定”的定义、2.40 条“认证试验程序”的定义、第 3 章“认证申请”、第 5 章“认证批准”、第 9 章中 9.4 条“型式认证试验和生产资质判定报告应记录已有认证标记的检查以及安装说明书和使用说明书的检查”的要求、第 10 章“儿童约束系统型式认证的修改和延伸”、第 11 章“生产一致性”、第 12 章“生产一致性和认证试验程序”、第 13 章“对不符合生产一致性的处罚”、第 14 章“明确停止使用的产品”、第 16 章“负责进行认证试验的技术服务部门以及行政管理部门的名称和地址”、第 17 章“过渡期的规定”、附录 1“有关在儿童约束系统方面遵守第 44 号法规的动力驱动车辆，其认证(或拒绝认证、或取消认证、或明确停止生产)的通知”、附录 2“认证标志的排列”、附录 14“型式认证流程图”、附录 16“生产一致性控制”。

本标准的附录 B～附录 M、附录 Q～附录 X 为规范性附录，附录 A、附录 P 为资料性附录。

本标准由国家发展和改革委员会提出。

本标准由全国汽车标准化技术委员会(SAC/TC 114)归口。

本标准负责起草单位：中国汽车技术研究中心、武汉理工大学。

本标准参加起草单位：东风汽车有限公司商用车技术中心、泛亚汽车技术中心有限公司、北京现代汽车有限公司、神龙汽车有限公司技术中心、康贝(上海)有限公司、深圳市安贝儿汽车用品有限公司、好孩子集团、广东乐美达集团、丰田汽车技术中心(中国)有限公司、大众汽车(中国)投资有限公司、北京阿普利佳有限公司、浙江葆葆儿童用品有限公司、浙江万里安全器材制造有限公司、江苏幸运宝贝安全装置制造有限公司、河北博格凤凰织带有限公司、麦克英孚(宁波)婴童用品有限公司。

本标准主要起草人：李维菁、孔军、孙振东、袁健、张尚娇、方建军、尹爽清、董波、刘冠宏、严耀辉、陈文健、竺云龙、韩宏钧、林冲、彭炯明、何云峰、张司红、曹光明、葛如海、温日学、李强、张悦、冯涛、马晨蕾、徐立宏。

本标准自 2012 年 7 月 1 日开始实施。

本标准为首次发布。

机动车儿童乘员用约束系统

1 范围

本标准规定了机动车儿童乘员用约束系统(以下简称儿童约束系统)的术语和定义,在车辆上的安装及固定要求,约束系统的结构,以及对约束系统总成及其组成部件的性能要求和试验方法。

本标准适用于适合安装在三个车轮或三个车轮以上机动车上的儿童乘员用约束系统,但不适用于安装在折叠座椅或侧向座椅上的儿童约束系统。

2 规范性引用文件

下列文件对于本文件的应用是必不可少的。凡是注日期的引用文件,仅注日期的版本适用于本文件。凡是不注日期的引用文件,其最新版本(包括所有的修改单)适用于本文件。

GB/T 231.1—2009 金属材料 布氏硬度试验 第1部分:试验方法(eqv ISO 6506-1:1999)

GB/T 730 纺织品 色牢度试验 蓝色羊毛标样(1~7)级的品质控制(GB 730—1998,eqv ISO 105-B:1994)

GB/T 3505—2009 产品几何技术规范(GPS) 表面结构 轮廓法 术语、定义及表面结构参数(eqv ISO 4287:1997)

GB/T 4780 汽车车身术语

GB 6675 国家玩具安全技术规范

GB 8410 汽车内饰材料的燃烧特性

GB 11552 乘用车内部凸出物

GB 14166 机动车成年乘员用安全带和约束系统

GB 14167 汽车安全带安装固定点

ISO 6487:2002 道路车辆 碰撞试验中的测量技术 设备

ISO 17373:2005 道路车辆 评价低速后面碰撞中乘员头部和颈部与座椅/头枕间相互作用的滑车试验方法

3 术语和定义

GB/T 4780 确定的以及下列术语和定义适用于本标准。

3.1

儿童约束系统 child restraint system

带有保护带扣的织带或相应柔软的部件、调节装置、连接装置、以及辅助装置[例如手提式婴儿床(便携睡床)、婴儿携带装置、辅助座椅和/或碰撞防护装置],且能将其稳固放置在机动车上的装置。其设计是通过限制佩戴者身体的移动来减轻在车辆碰撞事故或突然减速情况下对佩戴人员的伤害。

3.2

类型 category

儿童约束系统按在车辆上放置的位置进行的分类。

3.2.1

通用类　universal category

用于符合4.2.1、4.2.3.1和4.2.3.2规定的大多数车辆座椅位置，特殊情况下根据GB 14166进行评估后可以安装的车辆座椅位置的儿童约束系统类型。

3.2.2

受限制类　restricted category

用于符合4.2.1和4.2.3.1规定的指定的车辆座椅位置，对于特殊类型车辆按照约束系统制造商或车辆制造商标明的位置的儿童约束系统类型。

3.2.3

半通用类　semi-universal category

用于符合4.2.1、4.2.3.3和4.2.3.4的规定的车辆座椅位置的儿童约束系统类型。

3.2.4

特殊车辆类　specific vehicle category

用于按照4.2.2和4.2.3.5规定的特殊车辆类型，装备了由车辆制造商设计或由约束系统制造商设计的固定点的儿童约束系统类型或内置式儿童约束系统。

3.3

分类　class

儿童约束系统按儿童约束方式进行的分类。

3.3.1

整体式　integral class

儿童约束系统中的保持力控制系统不直接与车辆连接。

3.3.2

非整体式　non-integral class

儿童约束系统中的保持力控制系统直接与车辆连接。

3.4

部分约束　partial restraint

诸如增高垫之类的装置，它与成年乘员使用的座椅安全带配合使用，约束儿童的身体或约束放置儿童的装置，从而形成一套完整的儿童约束系统。

3.5

增高垫　booster cushion

一种可与成人座椅安全带配合使用的坚固的增高座垫。

3.6

导向带　guide strap

可以改变成人座椅上用于约束肩部的织带，通过一个可以上下移动的装置改变肩带的方向来束缚佩戴者的肩膀，使之适合于儿童乘坐的位置或最有效的位置。不能承担大部分动态负荷。

3.7

儿童安全座椅　child-safety chair

儿童约束系统的一种，带有儿童约束带的儿童座椅。

3.8

安全带　belt

由织带、带扣、调节装置以及连接装置组合成的儿童约束部分。

3.9

座椅　chair

约束系统结构的组成部分，其乘坐位置可以容纳一个儿童。

3.10

便携床　carry cot

把孩子放置并固定于仰卧或俯卧的位置，使孩子的脊柱垂直于车辆的中心轴平面的约束系统。这样设计是为了在车辆发生碰撞事故时，该装置能使儿童的头部和除四肢外的躯干部分得到约束保护。

3.11

便携床约束装置　carry-cot restraint

把便携床约束于车身结构上的装置。

3.12

婴儿提篮　infant carrier

把孩子放置并约束于面朝后的、半躺的位置上的约束系统。这样设计是为了在车辆的发生正面碰撞事故时，该装置能使儿童的头部和除四肢外的躯干部分得到约束保护。

3.13

座椅支撑　chair support

儿童约束系统中能使座椅升高的部件。

3.14

儿童支撑　child support

儿童约束系统中能使儿童升高的部件。

3.15

碰撞防护装置　impact shield

安装在儿童前面的某种安全约束装置，当发生正面碰撞事故时，用来对儿童身体较高部分提供约束保护。

3.16

织带　strap

用来传递力的具有柔韧性的约束带的组成部件。

3.16.1

腰带　lap strap

既可以作为一个完整的安全带出现，又可以作为安全带系统的一个组成部分出现，横跨儿童骨盆部位前面，并且约束骨盆部位的织带。

3.16.2

肩部约束带　shoulder restraint

用于约束儿童上部躯干的织带。

3.16.3

胯部约束带　crotch strap

一条(或者是由两条或分开的多条织带组成)与儿童约束系统和腰带相连的织带，该织带位于儿童的两腿之间。其目的是在碰撞事故时防止儿童腰带下滑，并防止腰带从儿童的骨盆部位滑落。

3.16.4

儿童约束带　child-restraining strap

在约束系统中只约束儿童身体的组成部分。

3.16.5

儿童约束连接带　child-restraint attachment strap

将儿童约束系统与车辆结构相连的织带，它可以是车辆安全带的一部分。

3.16.6

儿童全背带式约束带　harness belt

由几部分织带装配而成，包括腰带、肩部约束带和胯部约束带的儿童约束带。

3.16.7

Y 字形带　Y-shaped belt

由系在儿童大腿之间和两侧肩膀上的几条织带组合而成的儿童约束带。

3.17

带扣　buckle

能使儿童被约束系统约束住或约束系统能被汽车车身结构约束住，并且能够快速打开的装置。带扣可设有调节装置。

3.17.1

封闭式带扣按钮　enclosed buckle release button

用直径 40 mm 的球体不能打开带扣的带扣按钮。

3.17.2

非封闭式带扣按钮　non-enclosed buckle release button

用直径 40 mm 的球体能够打开带扣的带扣按钮。

3.18

调节装置　adjusting device

通过调节约束系统或其连接装置，使安全带能按照佩戴者的身材，或按照车辆的结构，或符合两者的要求而进行调整的装置。调节装置可以是带扣的一部分，或是卷收器的一部分，或是安全带的其他部分。

3.18.1

快速调节器　quick adjuster

能够用单手轻松顺利操作的调节装置。

3.18.2

儿童约束系统调节器　adjuster mounted directly on child restraint

直接安装在儿童约束系统的全背带式约束带总成上的调节器，而不是用于可调整的单个安全带。

3.19

连接装置　attachments

是儿童约束系统的一个组成部分，包括可以直接或通过车辆座椅与车身结构相连、把儿童稳固约束住的安全部件。

3.20

支撑腿　support leg

是儿童约束系统上的永久连接件，它与车辆结构连接，用来将减速过程中产生的冲击力不通过座椅座垫直接传至车辆结构。支撑腿可以是可调的。

3.21

吸能装置　energy absorber

能够独立吸收能量，或与织带一起共同吸收能量的装置，它是儿童约束系统的一部分。

3.22

卷收器　retractor

用来卷收儿童约束系统中部分或全部织带的装置。

3.22.1

自锁式卷收器　an automatically-locking retractor

可以按所需长度自由抽取织带长度，并当带扣扣紧时，可根据佩戴者的身体自动调整织带的长度的卷收器，并且防止佩戴者意外抽取织带。

3.22.2

紧急锁止式卷收器　an emergency-locking retractor

在正常驾驶条件下，不限制安全带佩戴者身体自由移动的卷收器。这种卷收器具有长度自动调节器，可以根据佩戴者的身体自动调节织带的长度，并且在紧急情况下有一个锁止机构会因下列因素而起作用：

——车辆减速或织带从卷收器中拉出或任何其他的自动因素(单一敏感性)；

——以上这些因素的任意组合(复合敏感性)。

3.23

ISOFIX 固定装置　ISOFIX anchorage

国际通用的将儿童约束系统与车辆连接的装置。包括车辆上的两个刚性固定点，儿童约束系统上两个相对应的刚性连接装置，以及限制儿童约束系统翻转的装置。

3.24

约束系统固定点　restraint anchorages

在车身结构或座椅结构上用于固定儿童约束系统连接装置的部分。

3.25

附加固定点　additional anchorage

除了 GB 14167 要求的固定点之外的用于固定儿童约束系统的固定点。该固定点可以在车身结构或车辆座椅上的，或车辆上的其他部分。包括附录 E 规定的滑车的地板平面或者使用支撑腿的其他特殊车辆结构。

3.26

ISOFIX 下部固定点　ISOFIX low anchorage

是一个直径 6 mm 的水平放置的刚性圆杆，从车辆结构或座椅结构中伸出，并与带有 ISOFIX 连接装置的 ISOFIX 儿童约束系统相配合使用。

3.27

ISOFIX 固定点系统　ISOFIX anchorages system

由两个规定的 ISOFIX 下部固定点组成，与抗翻转装置配合使用，用于固定 ISOFIX 儿童约束系统的一套系统(见图 1)。

3.28

抗翻转装置　anti-rotation device

用于防止儿童约束系统沿车辆行进方向发生转动的装置。用于以下不同类型的儿童约束系统其构成方式不同：

——用于通用类 ISOFIX 儿童约束系统的抗翻转装置由 ISOFIX 上拉带及其固定点构成；

——用于半通用类 ISOFIX 儿童约束系统的抗翻转装置由一个 ISOFIX 上拉带及其固定点、车辆仪表板或者在正面碰撞事故中用于限制约束系统翻转的支撑腿构成。

注：对于通用类和半通用类的 ISOFIX 儿童约束系统，车辆座椅本身不构成抗翻转装置。

3.29

ISOFIX 上拉带固定点　ISOFIX top tether anchorage

满足 GB 14167 要求的特性的装置，例如一个杆，安装在规定区域，与 ISOFIX 上拉带连接器相联，并可以把约束力传递到车辆结构上。

3.30

前向　forward-facing

车辆正常行驶的方向。

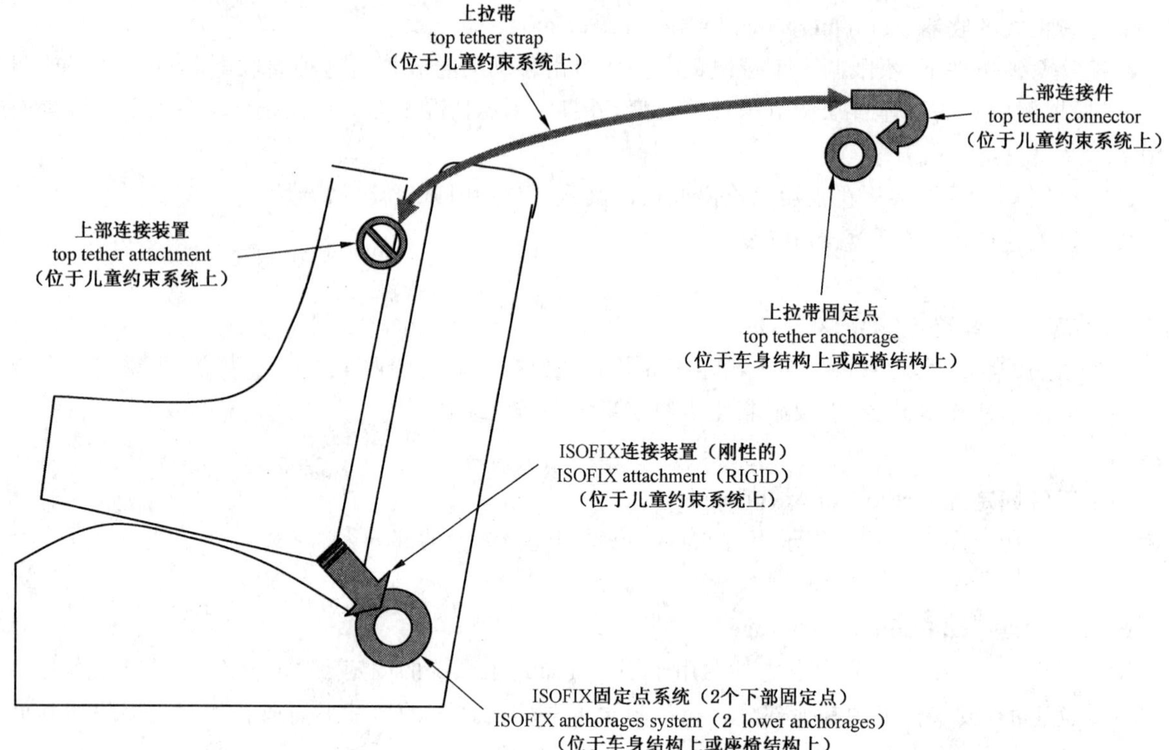

图 1 **ISOFIX** 固定点系统示意图

3.31

后向 rearward-facing

与车辆正常行驶方向相反的方向。

3.32

倾斜位置 inclined position

允许儿童以倾斜的姿势坐在座椅上的特殊位置。

3.33

卧姿 lying position

儿童置于约束系统内时,头和身体(除四肢外)处于同一水平面上的位置,包括平卧、仰卧和俯卧。

3.34

儿童约束系统同一型式 child-restraint type

在以下几个方面没有本质差别的儿童约束系统,可以视为同一型式的儿童约束系统:

——所用的约束系统的种类、质量组以及位置和方向(如 3.30 和 3.31 所定义的);

——儿童约束系统的几何形状;

——座椅、填充物和碰撞防护装置的尺寸、质量、材料和颜色;

——织带的材料、编织方法、尺寸和颜色;

——刚性部分(带扣、连接装置等)。

注:为更好地理解儿童约束的同一型式,可参考附录 P 中的说明性注解。

3.35

车辆座椅 vehicle seat

供一个成年乘员乘坐且有完整装饰并与车辆结构为一体或分体的乘坐设施。包括:

3.35.1

车辆座椅组　group of vehicle seats

既包括长条座椅,也包括多个并排排列的单个座椅(即,一个座椅的前固定点与另一个座椅的前或后固定点成一直线),每个座椅可乘坐一个或多个成年人。

3.35.2

长条座椅　vehicle bench seat

供一个以上成年乘员乘坐且有完整装饰的乘坐设施。

3.35.3

车辆前排座椅　vehicle front seats

位于乘客舱最前面的一组座椅。

3.35.4

车辆后排座椅　vehicle rear seats

位于前排座椅后面的前向座椅。

3.36

ISOFIX 位置　ISOFIX position

允许安装下述儿童约束系统的位置:

a)　符合本标准规定的通用类 ISOFIX 前向儿童约束系统;

b)　符合本标准规定的半通用类 ISOFIX 前向儿童约束系统;

c)　符合本标准规定的半通用类 ISOFIX 后向儿童约束系统;

d)　符合本标准规定的半通用类 ISOFIX 侧向儿童约束系统;

e)　符合本标准规定的特殊类型车辆 ISOFIX 儿童约束系统。

3.37

车辆座椅调节装置　adjustment system

能将座椅或其部件的位置调整到适应乘员乘坐姿态的装置。该装置应有如下功能:

——纵向位移;

——垂直位移;

——角位移。

3.38

车辆座椅固定装置　vehicle seat anchorage

将座椅总成固定在车身构架上的系统,包括与车辆结构有关的部件。

3.39

座椅同一型式　seat type

在以下几个方面在本质上没有差别的成人座椅的型式,可以认为是同一型式的座椅:

——座椅结构件的形状、尺寸和材料;

——座椅调节机构和锁止机构的型式和尺寸;

——座椅上安全带的固定装置、座椅固定装置和车辆中与固定座椅有关部件的型式及尺寸。

3.40

位移系统　displacement system

为便于乘员的出入或货物的装卸,能够使成人座椅整体或座椅的一部分转动或纵向移动的系统,但该系统不能在中间过渡位置固定座椅。

3.41

锁止系统　locking system

使成人座椅或座椅部件保持在某个使用位置的系统。

3.42

安全带锁止装置 lock-off device

用于锁住并防止成人安全带织带的一部分相对另一部分发生移动的装置。该装置可以作用于成人安全带的肩带或腰带部分或者同时作用于两部分。

3.42.1

A 类装置 class A device

当用成人安全带直接约束儿童时,能防止儿童把织带从卷收器中拉出造成腰带松弛的装置。

3.42.2

B 类装置 class B device

当用成人安全带约束儿童约束系统时,使成人乘员安全带的腰带部分保持适当张力的装置。该装置还能防止织带从卷收器中滑出,造成织带拉力松弛,导致约束系统处于非最佳使用状态。

3.43

特殊需要约束系统 special needs restraint

是为那些具有特殊需要的儿童,比如有身体或智力障碍的儿童专门设计的约束系统。该装置特别允许附加的约束装置用于儿童的任何部位。

3.44

ISOFIX 连接装置 ISOFIX attachment

从 ISOFIX 儿童约束系统结构中伸出,与 ISOFIX 的车辆下部固定点配合使用的连接装置。

3.45

ISOFIX 儿童约束系统 ISOFIX child restraint system

具有国际通用的儿童约束系统固定装置(ISOFIX)的儿童约束系统。

3.46

座椅分缝线 seat bight

紧靠车辆座椅的座垫与座椅靠背相交线的区域。

3.47

车辆座椅固定检具 vehicle seat fixture (VSF)

根据 ISOFIX 尺寸类别确定的一套装置,其尺寸在 GB 14166 中给出,儿童约束系统制造商据此决定 ISOFIX 儿童约束系统合适的尺寸及 ISOFIX 连接装置的位置。

3.48

ISOFIX 上部连接件 ISOFIX top tether connector

与车辆上的 ISOFIX 上部固定点连接的装置。

3.49

ISOFIX 上部固定钩 ISOFIX top tether hook

一种典型的 ISOFIX 上部连接件,用于把 ISOFIX 上拉带安装到 ISOFIX 上固定点。

3.50

ISOFIX 上拉带 ISOFIX top tether strap

由 ISOFIX 儿童约束系统上部伸出到 ISOFIX 上固定点之间的织带,带有一个调节装置,一个张力解除装置和一个 ISOFIX 上部连接件。

3.51

ISOFIX 上部连接装置 ISOFIX top tether attachment

保证 ISOFIX 上部约束带连接 ISOFIX 儿童约束系统的装置。

3.52

张力释放装置 a tension relieving device

用于释放 ISOFIX 上拉带张力的装置。

3.53

成人安全带导向机构　adult safety-belt webbing guide

确保安全带按照正确方向顺畅移动的机构。

3.54

内置式儿童约束系统　built-in child restaint system

作为车辆或座椅的组成部分，并固定在车辆上的儿童约束系统。

4　一般要求

4.1　儿童约束系统的分组

4.1.1　儿童约束系统分为五个“质量组”：

——0 组儿童约束系统用于体重小于 10 kg 的儿童；

——0＋组儿童约束系统用于体重小于 13 kg 的儿童；

——Ⅰ组儿童约束系统用于 9 kg～18 kg 的儿童；

——Ⅱ组儿童约束系统用于 15 kg～25 kg 的儿童；

——Ⅲ组儿童约束系统用于 22 kg～36 kg 的儿童。

4.1.2　按国际通用的儿童约束系统固定装置(ISOFIX)设计的儿童约束系统按照 GB 14166 的规定分为 7 种尺寸类别：

——A-ISO/F3 类为全高度前向的初学走路孩子用儿童约束系统；

——B-ISO/F2 类为降低高度前向的初学走路孩子用儿童约束系统；

——B1-ISO/F2X 类为降低高度前向的初学走路孩子用儿童约束系统；

——C-ISO/R3 类为全尺寸后向的初学走路孩子用儿童约束系统；

——D-ISO/R2 类为缩小尺寸后向的初学走路孩子用儿童约束系统；

——E-ISO/R1 类为后向的婴儿用儿童约束系统；

——F-ISO/L1 类为左侧向的儿童约束系统(便携床)；

——G-ISO/L2 类为右侧向的儿童约束系统(便携床)。

4.1.3　儿童约束系统质量组与 ISOFIX 尺寸类别对应关系如表 1。

表 1　质量组与 ISOFIX 尺寸类别对应表

质量组		ISOFIX 尺寸类别
0 组 0 kg～10 kg	F	ISO/L1
	G	ISO/L2
	E	ISO/R1
0＋组 0 kg～13 kg	C	ISO/R3
	D	ISO/R2
	E	ISO/R1
Ⅰ组 9 kg～18 kg	A	ISO/F3
	B	ISO/F2
	B1	ISO/F2X
	C	ISO/R3
	D	ISO/R2

4.2 在车辆上的定位及安装

4.2.1 若按照制造商的说明书进行安装，则在车辆的前排和后排座椅位置上允许使用“通用”类、“半通用”类和“受限制”类儿童约束系统。

4.2.2 若按照制造商的说明书进行安装，在使用中允许“特殊车辆”类儿童约束系统放置在车辆的任何座椅位置，也可以放置在放置行李的区域。在后向的情况下，儿童约束系统的设计应保证在系统使用时对儿童头部起支撑保护作用。它是这样确定的：一条直线垂直于座椅靠背，并与视平线相交，交点的位置在头部支撑半径起始点 40 mm 以下。

4.2.3 根据其所属的类别不同，儿童约束系统应直接与车辆结构或座椅结构相连接。儿童约束系统各组别及类型适用情况见表 2。

表 2 儿童约束系统适用(/不适用)的组/分类表

组		分类							
		通用类[a]		半通用类[b]		受限制类		特殊车辆类	
		CRS	ISOFIX CRS	CRS	ISOFIX CRS	CRS	ISOFIX CRS	CRS	ISOFIX CRS
0	便携床	A	NA	A	A	A	NA	A	A
	后向	A	NA	A	A	A	NA	A	A
0+	后向	A	NA	A	A	A	NA	A	A
Ⅰ	后向	A	NA	A	A	A	NA	A	A
	前向(整体式)	A	A	A	A	A	NA	A	A
	前向(非整体式)	A	NA	A	NA	A	NA	A	A
Ⅱ	后向	A	NA	A	NA	A	NA	A	A
	前向(整体式)	A	NA	A	NA	A	NA	A	A
	前向(非整体式)	A	NA	A	NA	A	NA	A	A
Ⅲ	后向	A	NA	A	NA	A	NA	A	A
	前向(整体式)	A	NA	A	NA	A	NA	A	A
	前向(非整体式)	A	NA	A	NA	A	NA	A	A

注：CRS：儿童约束系统；A：可适用；NA：不适用。

[a] ISOFIX 通用类儿童约束系统指前向约束系统，用于装有 ISOFIX 固定装置和上固定点的车辆。

[b] ISOFIX 半通用类儿童约束系统指：

——装有支撑腿的前向约束系统；

——装备一个支撑腿或一个上拉带的后向约束系统，用于装有 ISOFIX 固定装置和上固定点的车辆；

——由车辆仪表板支撑的后向约束系统，用于装有 ISOFIX 固定装置的前排座椅位置；

——带有抗翻转装置的侧向约束系统，用于装有 ISOFIX 固定装置和上固定点的车辆。

本表中未涵盖的儿童约束系统连接方式，若符合本标准中所有的强制性条款，仍视为满足要求。

4.2.3.1 “通用”类和“受限制”类的儿童约束系统，使用成人用安全带(无论带或不带卷收器)安装时，该成人用安全带应符合 GB 14166 的要求，其固定点应符合 GB 14167 的要求。

4.2.3.2 对于 ISOFIX“通用”类儿童约束系统，使用符合本标准要求的 ISOFIX 固定点及与其相配的

ISOFIX 上拉带,且 ISOFIX 车辆上固定点应满足 GB 14167 的要求。

4.2.3.3 “半通用”类的儿童约束系统,应使用符合 GB 14167 规定的下固定点以及附录 J 中规定的附加固定点。

4.2.3.4 对于 ISOFIX“半通用”类儿童约束系统,应使用符合本标准要求的 ISOFIX 固定点和 ISOFIX 上拉带或支撑腿或车辆仪表板,且能与满足 GB 14167 要求的 ISOFIX 固定装置和/或 ISOFIX 上固定点相配合。

4.2.3.5 对于“特殊车辆”类儿童约束系统,应使用由车辆制造厂或儿童约束系统制造商设计的固定点。

4.2.3.6 对于儿童约束带或儿童约束附加带利用成人安全带固定点进行固定的情况,那么技术检测机构应进行如下检查:

a) 成人安全带固定点应符合 GB 14167 的规定;

b) 两项装置间的操作不得相互干涉;

c) 成人安全带的带扣和儿童约束系统的带扣不能通用;

d) 对符合 GB 14167 的规定、利用圆杆或其他装置连接到固定点上的儿童约束系统,其有效固定点超出 GB 14167 规定的区域时,应符合下列几点要求:

 1) 这样的装置只可用在半通用类或特殊车辆类约束系统上;

 2) 应符合附录 J 对圆杆及连接件的要求;

 3) 如果具备可调性,应对圆杆进行动态试验,试验时,外力施加在圆杆的中间部位;

 4) 当圆杆固定在任一成人安全带固定点上时,不应有损于固定装置的有效位置和操作。

4.2.3.7 使用支撑腿的儿童约束系统仅限于“半通用类”或者“特殊车辆类”,并且应满足附录 J 的要求。儿童约束系统制造商应考虑到支撑腿在任一车辆中都能起到相应的作用,并且提供相应信息。

4.2.4 增高垫应用成人安全带按 6.1.4 规定的方法进行约束,或被单独约束。

4.2.5 儿童约束系统制造商应以书面形式声明,制造儿童约束系统所用材料的毒性及儿童易受影响程度是与 GB 6675 相一致的。本条不适用于Ⅱ组和Ⅲ组的儿童约束系统。

4.2.6 儿童约束系统制造商应以书面形式声明,制造儿童约束系统所用材料的燃烧特性符合 GB 8410 的规定。

4.2.7 对于车辆仪表板支撑的后向儿童约束系统,仪表板应具有足够的刚度。

4.2.8 对于除 ISOFIX 通用类儿童约束系统以外的“通用类”的儿童约束系统,把系统放在动态试验台上进行试验时,儿童约束系统和成人安全带之间主要的受力点距离 C_r 线应不小于 150 mm。这适用于所有的调节结构。其他的备选约束方式的织带路径也是允许的。这种情况下,制造商应在用户手册中对其作出特别的说明。在进行试验的时候,应用这种备选约束方式的织带路径的儿童约束系统应遵守法规中除本条之外的所有的要求。

4.2.9 如果成人用安全带是用于约束“通用类”儿童约束系统的,那么其用于动态试验的最大长度应按照附录 M 的规定。

儿童约束系统用附录 M 规定的标准座椅上的安全带固定在试验台上。一般情况不安放假人,如果该约束系统的型式会在安放假人后增加安全带的使用长度,那么应安放假人。处于安装位置的儿童约束系统,安全带在固定位置除了受卷收器所施加的外力之外,不受其他拉力。当使用带有卷收器的安全带时,保留在卷轴上的织带长度应至少有 150 mm。

4.2.10 0 组和 0+组的儿童约束系统不得前向安装。

4.2.11 0 组、0+组的儿童约束系统应为整体式儿童约束系统。3.10 定义的便携床除外。

4.2.12 Ⅰ组的儿童约束系统应为整体式儿童约束系统,除非配有 3.15 定义的碰撞防护装置。

4.3 结构

4.3.1 约束系统的结构应满足以下要求:

4.3.1.1 应在约束系统规定位置提供必需的保护;对于“特殊需要约束系统”,约束的主要方式为即使不借助任何附加的约束装置,在约束系统规定的位置也应提供必需的保护。

4.3.1.2 儿童应很容易地被安放上去或移走;在儿童被不带卷收器的儿童全背带式安全带或Y形带约束时,每个肩部约束带和安全腰带都应能够在5.2.1.4规定的过程中保持相对的移动。

这样的情况下,儿童约束系统装配的安全带可以被设计成两个或更多的连接部分。对于“特殊需要约束系统”,附加的约束装置会限制儿童被放置或移走时的速度,附加装置应设计成使其能尽可能快地被释放。

4.3.1.3 在改变约束系统的倾角的情况下,不需要手动重新调节织带,应手动调节约束系统的倾角。

4.3.1.4 0组、0+组和Ⅰ组的儿童约束系统即使在儿童睡觉时,也应使儿童保持在被保护位置。

4.3.1.5 为了防止由碰撞或儿童自身动作引起儿童身体下滑,所有前向的Ⅰ组儿童约束系统应装备胯部约束带,并与儿童全背带式安全带一起构成一个完整的约束系统。对于9 kg或15 kg的假人,即使胯部约束带调至最大长度,也不应高于假人的骨盆部位。

4.3.2 对于Ⅰ组、Ⅱ组和Ⅲ组的儿童约束系统,所有使用腰带的约束装置应保证腰带在佩戴时通过儿童的骨盆。

4.3.3 约束系统所有安全带的布置应使正确使用的佩戴者不会感到不舒服或出现危险。两个肩部约束带之间在颈部附近的距离应不小于相应儿童颈部的宽度。

4.3.4 约束系统不应使儿童身体较弱部分(腹部、胯部等)承受过大的压力。发生碰撞事故时,儿童头顶也不应承受压力。

Y形安全带只用于后向及侧向儿童约束系统(便携床)。

4.3.5 设计和安装儿童约束系统时应满足下列要求。

4.3.5.1 把由尖锐边缘或突出物(按照GB 11552的要求)对儿童或其他乘员造成伤害的危险度降到最低。

4.3.5.2 不应暴露易于对车辆座椅表面或乘坐者服装造成破坏的尖锐边缘或突出物。

4.3.5.3 不应使儿童身体较弱部分(腹部、胯部等)承受来自约束系统本身的额外的力。

4.3.5.4 保证系统的刚性部分在与织带的连接点处不应有暴露出来的可磨损织带的尖锐边缘。

4.3.6 任何可拆装的部件,应尽可能避免发生错误装配和错误使用的情况。“特殊需要约束系统”可以有附加的约束装置,设计上应避免不正确装配,并且在紧急情况时其释放方法和操作方式对救助者来说应显而易见。

4.3.7 对于Ⅰ组和Ⅱ组儿童约束系统以及Ⅰ组与Ⅱ组组合的带有座椅靠背的儿童约束系统,其座椅靠背的内高应符合附录K中图K.1的规定,应不低于500 mm。

4.3.8 只能使用自动锁止卷收器或紧急锁止卷收器。

4.3.9 对于Ⅰ组儿童约束系统,在安放好儿童后,跨部约束带应不能被儿童轻易放松,为达到上述目的的装置都应被永久性地固定在儿童约束系统上。

4.3.10 如果一种儿童约束系统可用于多个质量组或多个儿童,那么涉及的每个质量组都应满足相应的要求。“通用类”的儿童约束系统应符合该类别中所有质量组的要求。

4.3.11 对于带有卷收器的儿童约束系统,其卷收器应符合5.2.3的要求。

4.3.12 使用增高垫时,应确保成人用安全带的织带和锁舌顺利通过增高垫的安装点。对于使用带有半刚性的锁扣连接杆的轿车前排座椅位置上的增高垫,应特别进行此项检查。固定的带扣应无法穿过增高垫的定位点,或者使用固定的带扣不应造成安全带的路径与试验滑车上的路径完全不同。

4.3.13 如果一个儿童约束系统可乘坐多个儿童,那么对每个儿童,承载及调节都应是独立的。

4.3.14 带有可充气零件的儿童约束系统,在设计时应考虑到其使用的环境(压力、温度、湿度)不会影响系统符合本标准的性能要求。

4.4 ISOFIX 约束系统规范

4.4.1 一般特性

4.4.1.1 尺寸

ISOFIX 儿童约束系统宽度、高度、厚度方向的最大尺寸以及 ISOFIX 固定装置及连接装置的位置由 ISOFIX 儿童约束系统制造商用 3.47 定义的车辆座椅固定检具(VSF)来确定。

4.4.1.2 质量

通用类和半通用类以及质量组为 0、0+、Ⅰ组的 ISOFIX 儿童约束系统的质量不应超过 15 kg。

4.4.2 ISOFIX 连接装置

4.4.2.1 型式

ISOFIX 连接装置可按照图 2 的示例设计，也可以设计成一个刚性的可以调节的机械装置的一部分，其型式由 ISOFIX 儿童约束系统制造商确定。

单位为毫米

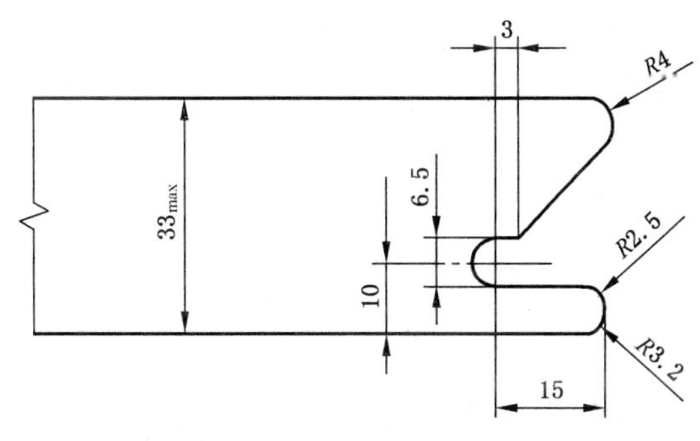

a） 示例 1

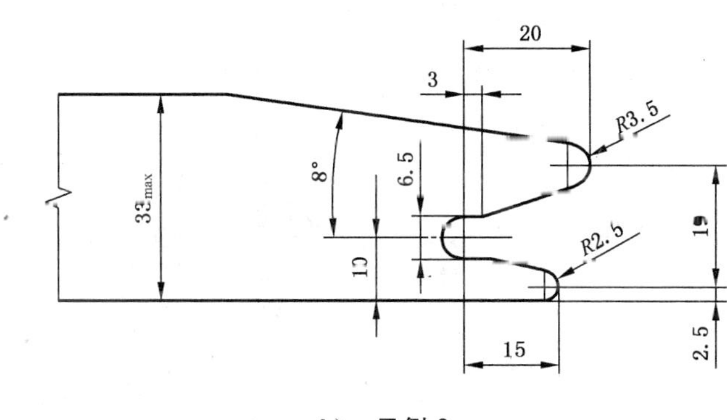

b） 示例 2

图 2 ISOFIX 连接装置示例

4.4.2.2 尺寸

与 ISOFIX 固定装置配合使用的 ISOFIX 儿童约束系统连接装置的尺寸不应超过图 3 所给出的最大尺寸。

单位为毫米

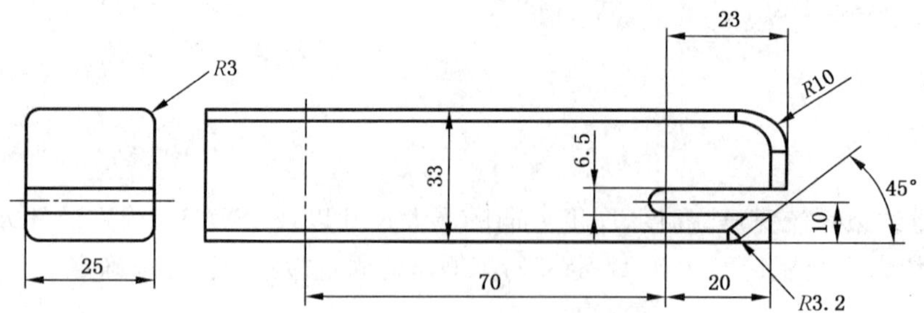

图 3 ISOFIX 儿童约束系统连接装置的最大尺寸

4.4.2.3 锁止标识

ISOFIX 儿童约束系统的安装应有一个明确的标识来表明两个 ISOFIX 连接装置都与相应的 ISOFIX 下固定点相连接。这个标识应至少采用可听、可触摸、可见方式中的一种。在可见标识的情况下，应在任何正常光照条件下均可辨别。

4.4.3 **ISOFIX 儿童约束系统上拉带的规定**

4.4.3.1 上部连接件

上部连接件可采用如图 4 所示的 ISOFIX 上部固定钩，或不超过图 4 所示的外廓尺寸的其他的类似装置。

单位为毫米

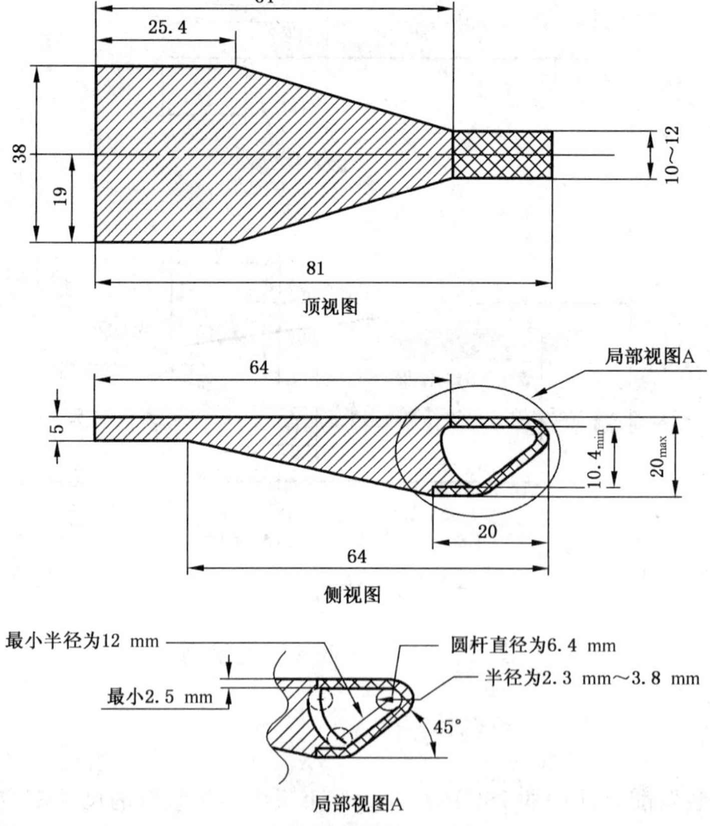

图 4 ISOFIX 上部连接件(固定钩型式)尺寸

4.4.3.2 **ISOFIX 上拉带特性**

ISOFIX 上拉带应由带有调整和拉力释放功能的织带(或织带的替代物)构成。

4.4.3.2.1 **ISOFIX 上拉带长度**

ISOFIX 儿童约束系统上拉带长度应至少为 2 000 mm。

4.4.3.2.2 **无松弛指示装置**

ISOFIX 上拉带或 ISOFIX 儿童座椅应装备可指示织带是否松弛的装置。该装置是调节装置和拉力释放装置的一部分。

4.4.3.2.3 **尺寸**

ISOFIX 上部固定钩的最大尺寸如图 4 所示。

4.4.4 **调整规定**

ISOFIX 连接装置或 ISOFIX 儿童约束系统本身应可调节,用以满足 GB 14167 规定的 ISOFIX 安装位置要求。

4.5 **标识的检查**

应按照第 8 章的要求检查标识。

4.6 **安装说明书和使用说明书的检查**

应按照第 9 章要求检查儿童约束系统的安装说明书和使用说明书。

5 特殊要求

5.1 **约束系统总成的规定**

5.1.1 **抗腐蚀性**

5.1.1.1 一个完整的儿童约束系统,或是易受腐蚀的零部件应进行 6.1.1 规定的抗腐蚀试验。

5.1.1.2 进行 6.1.1 所规定的抗腐蚀试验之后,经过检测人员的目视检查,应没有削弱儿童约束系统其原有特性的迹象,及明显的腐蚀现象发生。

5.1.2 **吸能性**

5.1.2.1 对于所有符合附录 R 规定的带靠背的装置的内表面,包括材料,按照附录 Q 规定的试验方法进行试验后,最大加速度应小于 60g。该要求也同样适用于碰撞防护装置的区域,尤其是头部撞击区域。

5.1.2.2 具有高度可调的头部支撑装置的儿童约束系统,如果成人安全带或者儿童约束带的高度是直接受高度可调的头部支撑装置控制,那么,在附录 R 所规定的区域里不被假人头部接触的部位,例如头部支撑装置的背面,就可以不使用能量吸收装置。

5.1.3 **翻转**

儿童约束系统应按 6.1.2 规定的方法进行试验。试验假人不应从装置中掉出来,并且当试验座椅处于翻转的位置,沿着垂直于座椅的方向,假人的头部从它的原始位置产生的位移应不超过 300 mm。

5.1.4 动态试验

5.1.4.1 通用法

儿童约束系统应按照 6.1.3 的要求进行动态试验。

5.1.4.1.1 “通用”类、“受限制”类和“半通用”类儿童约束系统,使用附录 E 中 E.5 规定的试验座椅,按照 6.1.3.2 规定的试验方法,在试验滑车上进行试验。

5.1.4.1.2 对于“特殊车辆”类儿童约束系统,对于安装约束系统的每一型式车辆都应进行试验。如果试验车辆的型式与 5.1.4.1.2.3 所列举的几方面没有较大的区别,进行试验的技术部门可以减少试验车辆的数量。儿童约束系统应按下列几种方式之一进行试验。

5.1.4.1.2.1 对于整车,试验按 6.1.3.4 的规定进行。

5.1.4.1.2.2 对于车身,试验按 6.1.3.3 的规定在试验滑车上进行。

5.1.4.1.2.3 对于最代表车辆结构和碰撞表面足够大的部分车身,如果儿童约束系统用于后排座椅,那么试验车身包括前排座椅的后面、后排座椅、地板、B 柱、C 柱和顶盖。如果儿童约束系统用于前排座椅,那么试验车身包括仪表板、A 柱、风窗玻璃、安装在地板或仪表板上的各种杆件和按钮、前排座椅、地板以及顶盖。此外,如果儿童约束系统和成人用安全带结合使用,这部分试验车身应包括成人安全带。实施该试验时,允许减去一些认为多余的项目。试验按照 6.1.3.3 规定的方法进行。

5.1.4.1.3 动态试验应在没有加载的儿童约束系统上进行。

5.1.4.1.4 动态试验期间,用于保持儿童在乘坐位置上的约束系统的任何部件都不应断裂,带扣、锁止装置或位移系统不应发生脱扣现象。

5.1.4.1.5 对于“非整体类”儿童约束系统,其座椅安全带应是附录 M 中规定的标准安全带和固定点支座。该要求不适用于“特殊车辆”类儿童约束系统,“特殊车辆”类儿童约束系统应使用车辆安全带。

5.1.4.1.6 如果“特殊车辆”类儿童约束系统安装于最后排的前向座椅位置的区域(例如,行李区域),那么试验按照 6.1.3.4.3 规定的方法在整车上用最大的假人进行。安装在其他座椅位置的试验,包括产品一致性试验,如果制造商愿意,可以按照 6.1.3.3 的规定进行。

5.1.4.1.7 对于“特殊需要约束系统”,每一质量组的动态试验应进行两次:第一次,用最主要的约束方式进行,第二次,使用所有的约束装置进行。在这些试验中,应特别注意要符合 4.3.3 和 4.3.4 的规定。

5.1.4.1.8 在动态试验过程中,用于安装儿童约束系统的标准安全带不应从所使用的导向件或锁止装置上脱离。

5.1.4.1.9 带有支撑腿的儿童约束系统应按下述要求进行试验:

a) 半通用类儿童约束系统的情况,支撑腿安装到滑车地板平面的最大和最小可调位置都应进行正面碰撞试验。试验过程中支撑腿按附录 E 的规定安装在滑车地板平面上。后面碰撞试验应由试验部门选择的最不利的位置进行。在试验过程中,支撑腿与滑车地板平面的连接应符合图 E.12 的要求。如果支撑腿的最小长度与最高的地板平面仍有距离,那么,支撑腿应向下调整到距离 C_r 线以下 140 mm 的位置。如果支撑腿的最大长度大于可用的地板的最低平面,那么支撑腿应向下调整到距离 C_r 线以下 280 mm 的位置。如果支撑腿具有可调段,那么其长度应调整到下一个可调整位置,以确保支撑腿与地板平面之间的接触。

b) 半通用类儿童约束系统的情况,当支撑腿不在对称平面内时,试验机构应选取最不利的情况进行试验。

c) 特殊车辆类儿童约束系统的情况,支撑腿按照儿童约束系统制造商的规定进行调整。

5.1.4.1.10 对于使用 ISOFIX 固定装置和抗翻转装置的儿童约束系统,应做动态试验。

5.1.4.1.10.1 对于 A 类和 B 类的 ISOFIX 儿童约束系统应按 5.1.4.1.10.1.1 和 5.1.4.1.10.1.2 的

要求进行试验。

5.1.4.1.10.1.1　在抗翻转装置起作用的情况下进行动态试验。

5.1.4.1.10.1.2　在抗翻转装置不起作用的情况下进行动态试验。但当永久性固定的、不可调的支撑腿用作抗翻转装置时不适用于该试验。

5.1.4.1.10.2　对于带有抗翻转装置的其他尺寸类型的 ISOFIX 儿童约束系统，也应做动态试验。

5.1.4.2　胸部加速度

5.1.4.2.1　胸部合成加速度超过 55g 的累计时间不应超过 3 ms。

5.1.4.2.2　沿腹部朝向头部的垂直加速度超过 30g 的累计时间不应超过 3 ms。

注：胸部加速度限值不适用于新生儿假人。

5.1.4.3　腹部侵入性

在对附录 G 中的 G.2.5.3 进行验证的过程中，不应有约束装置的任何部分侵入假人腹部的黏土的迹象。

注：新生儿假人不适用于任何腹部插入物，因此，只使用主观分析判断。

5.1.4.4　假人的位移

5.1.4.4.1　“通用类”、“受限制类”和“半通用类”的儿童约束系统在动态试验中假人位移应满足 5.1.4.4.1.1 和 5.1.4.4.1.2 的要求。

5.1.4.4.1.1　前向儿童约束系统：假人的头部不应超过图 5 所规定的 BA 平面和 DA 平面。判断的时间不超过 300 ms 或者到假人最终停止运动的时刻，以二者中先发生的时刻为准。当使用增高垫及 10 岁大的假人一起做试验的情况下，图 5 中从 C_r 线到达 DA 平面的距离应为 840 mm。

单位为毫米

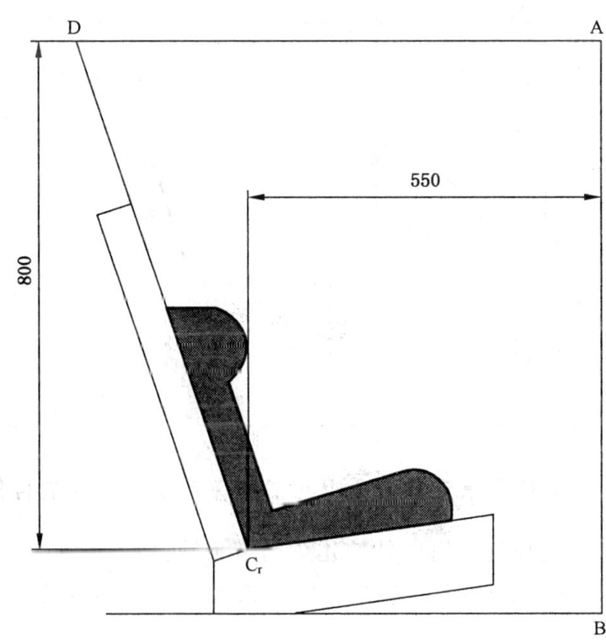

注：对于 A 类和 B 类的 ISOFIX 儿童约束系统按照 5.1.4.1.10.1.1 进行试验时，图中的“550”尺寸应为“500”。

图 5　前向试验装置的布置

5.1.4.4.1.2　后向儿童约束系统

5.1.4.4.1.2.1　由仪表板支撑的儿童约束系统：假人的头部不应超过图 6 所规定的 AB 平面、AD 平面

和 DC_r 平面。判断的时间不超过 300 ms 或者到假人模型最终停止运动的时刻，以二者中先发生的时刻为准。

单位为毫米

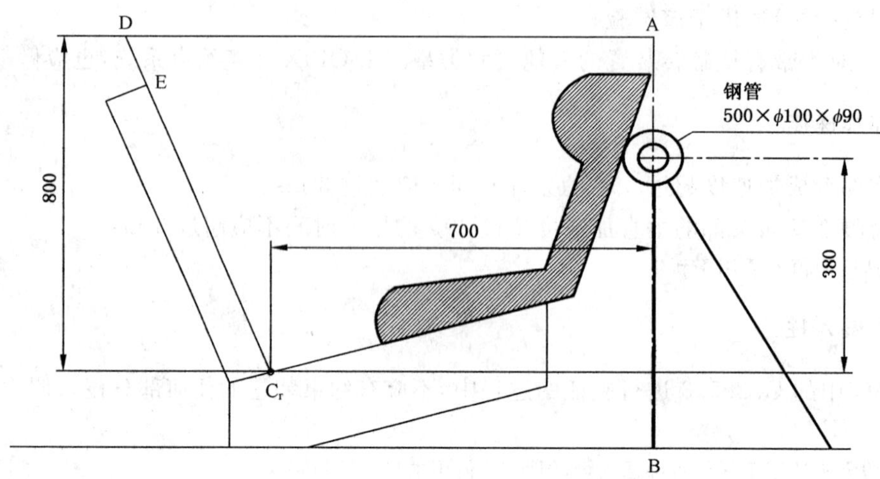

图 6　后向试验装置的布置

5.1.4.4.1.2.2　不由仪表板支撑的 0 组儿童约束系统和便携床：假人的头部不应超过图 7 所规定的 AB 平面、AD 平面和 DE 平面。判断的时间不超过 300 ms 或者到假人模型最终停止运动的时刻，以二者中先发生的时刻为准。

单位为毫米

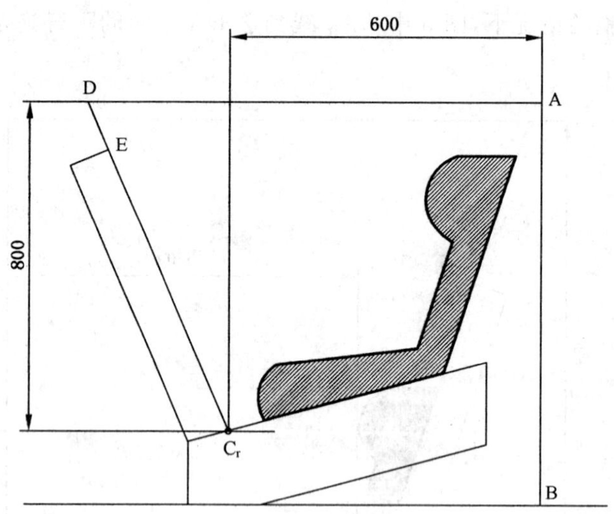

图 7　非仪表板支撑的 0 组儿童约束系统试验装置的布置

5.1.4.4.1.2.3　不由仪表板支撑的 0 组以外的儿童约束系统：假人的头部不应超过图 8 所规定的 FD 平面、FG 平面和 DE 平面。判断的时间不超过 300 ms 或者到假人模型最终停止运动的时刻，以二者中先发生的时刻为准。

当儿童约束系统与直径为 100 mm 的钢管发生接触，并且符合性能要求的情况下，应进一步进行动态试验（正面碰撞），试验中儿童约束系统上安装最大的假人，不放置 100 mm 的钢管；除了前向位移之外，其他都应符合本标准要求。

5.1.4.4.2　“特殊车辆”类儿童约束系统：当在整车或车身上进行试验时，假人头部不应接触车内任何部分。如果不可避免，那么头部碰撞的速度应小于 24 km/h，并且接触的部分要符合 GB 11552 中有关能量吸收试验的要求。在整车上进行的试验，应能够在试验结束后不使用工具，就能把假人从儿童约束系统中取出。

单位为毫米

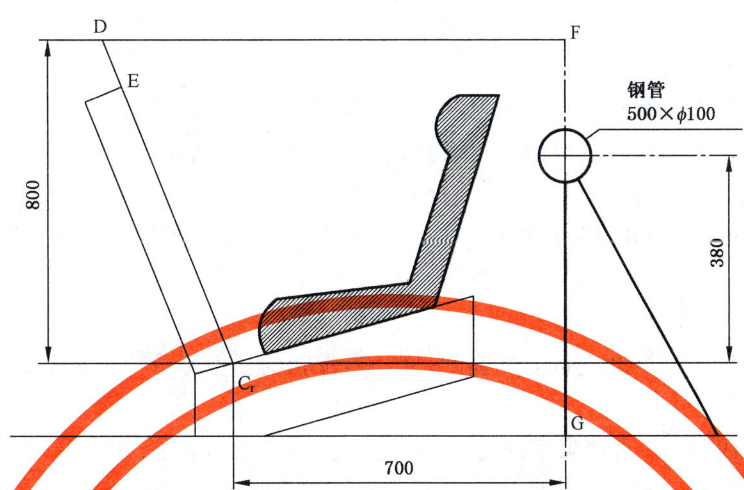

图 8　非仪表板支撑的 0 组以外的儿童约束系统试验装置的布置

5.1.5　温度限制

5.1.5.1　带扣组件、卷收器、调节装置和锁止装置都应按 6.2.8 的规定进行温度试验。

5.1.5.2　按照 6.2.8 规定的方法进行温度试验之后，经检测人员目视检查，不得有可能削弱儿童约束系统原有特性的迹象。

5.2　适用于约束系统组成部件的规定

5.2.1　带扣

5.2.1.1　带扣的设计应排除任何误操作的可能性。带扣应完全锁住。在带扣进行锁止时，应排除带扣部件互换的可能性；只有当所有零件都连接好之后，才应锁住带扣。带扣与儿童接触的任何部位的宽度不小于 5.2.4.1 规定的织带的最小宽度。该要求不适用于经 GB 14166 认证过的安全带。对于“特殊需要约束系统”，在主要的约束方式下，带扣应符合 5.2.1.1～5.2.1.9 的要求。

5.2.1.2　不管带扣的位置如何，即使在没有拉力的情况下，带扣也应保持锁止状态。带扣应易于操作。通过对按钮或类似的装置施加压力就应把带扣打开。压力施加的表面在与按钮初始运动方向的垂直平面内的投影面积为：对封闭式带扣按钮，面积应不小于 4.5 cm^2，宽度应不小于 15 mm；对非封闭式带扣按钮，面积应不小于 2.5 cm^2，宽度应不小于 10 mm。宽度应是形成所描述区域的两个尺寸中较小的那个。

5.2.1.3　带扣解锁按钮的按压面应被标以红色。带扣的其他部分都不得为红色。

5.2.1.4　在带扣上进行单一的操作就应能把儿童从约束系统中脱离出来。对于 0 组和 0+组儿童约束系统，如果这个儿童约束系统最多打开两个带扣就能把系统取出，允许连同装置(如婴儿提篮或便携床)一起移走儿童。

连接肩部约束带之间的胸夹可不必遵守上述规定的单一操作要求。

5.2.1.5　对于Ⅱ组和Ⅲ组儿童约束系统，带扣应设置在儿童乘坐者伸手可及的地方。另外，对所有组的约束系统带扣设置时，其用途和操作方式都应在紧急情况下易于被救助者看到。

5.2.1.6　打开带扣，就应能把儿童从“座椅”、“座椅支撑”或“碰撞防护装置”中移出，如果装置中包括胯部约束带，应能通过对同一带扣的操作同时把胯部约束带打开。

5.2.1.7 带扣应能承受6.2.8给出的温度试验和耐久试验要求，并且，在按6.1.3规定的动态试验进行之前，应能在正常使用条件下承受(5 000±5)次的开闭循环试验。

5.2.1.8 带扣应能承受以下加载和空载试验。

5.2.1.8.1 加载试验

5.2.1.8.1.1 使用已经进行过6.1.3规定的动态试验的儿童约束系统进行该试验。

5.2.1.8.1.2 在6.2.1.1规定的试验中要求打开带扣的力不应超过80 N。

5.2.1.8.2 空载试验

使用事先没有加载的带扣进行此试验。在6.2.1.2规定的试验中用于打开带扣的力应为40 N～80 N。

5.2.1.9 带扣应具有足够的强度。

5.2.1.9.1 在按照6.2.1.3.2进行的试验的过程中，带扣的任何部分或邻近的织带或调节器不应断裂或分离。

5.2.1.9.2 用于0组和0+组约束系统的带扣应能承受4 000 N的拉力。

5.2.1.9.3 用于Ⅰ组和Ⅰ组以上组别的约束系统的带扣应能承受10 000 N的拉力。

5.2.2 调节装置

5.2.2.1 调节装置的调整范围应足够大，使得该儿童约束系统所有适合的不同质量组的假人都可以正确调整，并且能够很好地安装在所有指定的车型上。

5.2.2.2 所有的调节装置都应是"快速调节"类型，如果该调节装置仅用于在车辆上的初始安装，那么该调节装置可以不是"快速调节"类型。

5.2.2.3 当儿童约束系统正确安装并且儿童或假人处于正常乘坐位置时，"快速调节"装置应被容易触及。

5.2.2.4 "快速调节"装置应易于调整，以适合儿童的体形。特别是在按照6.2.2.1规定进行试验时，需要操作手动调节装置的力不应超过50 N。

5.2.2.5 儿童约束系统调节装置的两个样品都应按照6.2.8给出的温度试验操作要求和6.2.3的规定进行试验。

对调节装置，织带的滑动量应不超过25 mm，或者对全部调节装置，滑动量应不超过40 mm。

5.2.2.6 当按照6.2.2.1规定进行试验时，装置不应断裂或分离。

5.2.2.7 直接安装在儿童约束系统上的调节器应能够承受耐久试验，即在进行6.1.3规定的动态试验之前，应按6.2.7的规定进行(5 000±5)次的循环试验。

5.2.3 卷收器

5.2.3.1 自动锁止卷收器

5.2.3.1.1 装备有自动锁止卷收器的安全带的织带在卷收器的相邻锁止位置之间移动量不应超过30 mm。在佩戴者向后移动时，织带应保持在最初的位置，或者在佩戴者随后的向前移动后，自动回到其原来位置。

5.2.3.1.2 如果卷收器是腰带的一部分，当按照6.2.4.1规定的方法在假人和卷收器之间按自由长度测量时，织带的卷收力应不少于7 N。如果卷收器是肩带的一部分，按类似的方法测量，织带的卷收力应不少于2 N或不大于7 N。如果织带穿过导向装置或滑轮，卷收力是在假人和导向装置或滑轮之间按自由长度测量。如果卷收器总成上设有手动或自动防止织带完全卷回的装置，在进行卷收力测量的时候，应使该装置失效。

5.2.3.1.3 在6.2.4.2规定的条件下,织带应反复从卷收器中抽出并允许缩回,直到完成5 000个循环。卷收器还要经受6.2.8规定的温度试验和6.1.1规定的腐蚀试验以及6.2.4.5规定的粉尘试验。然后,再完成5 000个抽取缩回循环。在做完上述试验之后,卷收器应仍能继续正常运转并且符合5.2.3.1.1和5.2.3.1.2的要求。

5.2.3.2 紧急锁止卷收器

5.2.3.2.1 当按照6.2.4.3的规定进行试验时,紧急锁止卷收器应能满足以下条件。

5.2.3.2.1.1 当车辆的减速度达到0.45g时,卷收器应能锁止。

5.2.3.2.1.2 在织带拉出方向上测量,加速度小于0.8g时,卷收器不应锁止。

5.2.3.2.1.3 卷收器的传感装置在制造商规定的安装位置向任何方向倾斜不超过12°时,卷收器不应锁止。

5.2.3.2.1.4 卷收器的传感装置在制造商规定的安装位置向任何方向倾斜超过27°时,卷收器应锁止。

5.2.3.2.2 如果卷收器的工作依靠外部信号或电源控制时,应保证当信号中断或电源失效时,卷收器自动锁止。

5.2.3.2.3 具有紧急锁止控制的紧急锁止卷收器应符合上述所列要求。如果织带的拉出为紧急锁止控制因素之一,那么在织带拉出方向上测量的织带加速度达到1.5g时,卷收器应锁止。

5.2.3.2.4 在5.2.3.2.1.1和5.2.3.2.3所述的试验中,发生在卷收器锁止之前的织带抽出长度,自6.2.4.3.1规定的初始长度起,不应超过50 mm。在5.2.3.2.1.2所述的试验中,自6.2.4.3.1规定的初始长度起,至织带抽出的50 mm长度内,不应锁止。

5.2.3.2.5 如果卷收器是腰带的一部分,当按照6.2.4.1规定的方法在假人和卷收器之间按自由长度测量时,织带的卷收力应不少于7 N。如果卷收器是肩带的一部分,按类似的方法测量,织带的卷收力应在2 N~7 N之间。如果织带通过一个导向装置或滑轮,卷收力是在假人和导向装置或滑轮之间按自由长度测量。如果卷收器总成上设有手动或自动防止织带完全卷回的装置,在进行卷收力测量的时候,应使该装置失效。

5.2.3.2.6 在6.2.4.2规定的条件下,织带应反复地从卷收器中拉出和缩回,直到完成40 000个循环。卷收器还要经受6.2.8规定的温度试验和6.1.1规定的腐蚀试验以及6.2.4.5规定的粉尘试验。然后,再完成5 000个抽取缩回循环(总共做45 000个循环)。在完成上述试验后,卷收器应仍能继续正确工作并符合5.2.3.2.1和5.2.3.2.5的要求。

5.2.4 织带

5.2.4.1 宽度

对于0组、0+组和Ⅰ组儿童约束系统,与假人接触的约束系统的织带最小宽度为25 mm,对于Ⅱ组和Ⅲ组儿童约束系统,织带的最小宽度为38 mm。该尺寸是在6.2.5.1规定的织带强度试验中进行测量,在相当于织带断裂载荷75%的负载不停机情况下进行。

5.2.4.2 标准状态下的强度

5.2.4.2.1 符合6.2.5.2.2规定的两个织带样品的断裂载荷由6.2.5.1.2确定。

5.2.4.2.2 两个织带样品断裂载荷之间的差值不应超过所测的两种断裂载荷中较大值的10%。

5.2.4.3 特殊条件下的强度

5.2.4.3.1 符合6.2.5.2(除6.2.5.2.2之外)规定的两个织带样品的断裂载荷应不小于按6.2.5.1

规定的试验中所测的载荷平均值的75％。

5.2.4.3.2 对于0组、0+组和Ⅰ组儿童约束系统，断裂载荷应不小于3.6 kN；对于Ⅱ组儿童约束系统，断裂载荷应不小于5 kN；对于Ⅲ组儿童约束系统，断裂载荷应不小于7.2 kN。

5.2.4.3.3 当进行6.2.3规定的微滑移试验后，得出的结果超出5.2.2.5规定的限值的50％时，应进行6.2.5.2.7中规定的类型1的磨损试验。

5.2.4.4 其他要求

不应通过任何调节器、带扣或固定点拉出整条织带。

5.2.5 锁止装置

5.2.5.1 锁止装置应被永久性地固定在儿童约束系统上。

5.2.5.2 锁止装置不应对成人安全带的耐久性造成损害，并且应能经受6.2.8规定的温度试验要求。

5.2.5.3 锁止装置应能使儿童被迅速解除约束。

5.2.5.4 A类装置在进行6.2.6.1所规定的试验之后，织带的滑移量不应超过25 mm。当使用Ⅰ组儿童约束系统时，该装置应符合4.3.9的规定。

5.2.5.5 B类装置在进行6.2.6.2所规定的试验之后，织带的滑移量不应超过25 mm。

5.2.6 ISOFIX连接装置

ISOFIX连接装置和插接件指示应具有耐久性，并在进行6.1.3规定的动态试验前经受正常使用条件下的2 000次±5次的开闭循环试验。

6 试验

6.1 约束系统总成

6.1.1 腐蚀

6.1.1.1 儿童约束系统的金属部件应放置在附录C规定的试验容器内。对装有卷收器的儿童约束系统，织带应展开至总长减去100 mm±3 mm的位置。除非有必要检查或补充盐溶液等短暂的中断之外，盐雾试验应持续50 h±0.5 h。

6.1.1.2 在完成盐雾试验后，儿童约束系统的金属部件应仔细地冲洗或浸在温度不高于38 ℃的洁净流水中除去已形成的盐渍，在按照5.1.1.2进行检查之前，应放在温度为18 ℃～25 ℃的环境中干燥24 h±1 h。

6.1.2 翻转

6.1.2.1 根据本标准和制造商的说明书的要求，应将假人放置在安装好的约束系统中，并按6.1.3.7的规定处于标准的松弛状态。

6.1.2.2 约束系统应紧固在试验座椅或车辆座椅上。整个座椅绕着座椅纵向中心平面内的水平轴线，以2°/秒～5°/秒的速度旋转360°。用于特殊车辆上的装置应安装在附录E规定的试验座椅上进行该试验。

6.1.2.3 之后，反方向重复该试验(如有必要，假人仍处于初始位置)。绕着处于水平面内的，且与上两个试验中旋转轴垂直的轴旋转，再重复进行两个方向的翻转试验。

6.1.2.4 以上试验应使用该约束系统所属组别中的最小和最大的两个假人。

6.1.3 动态试验

6.1.3.1 减速或加速式滑车

6.1.3.1.1 减速式滑车

滑车的减速度应通过使用附录 E 中规定的设备或可得到相同结果的任何其他装置来获得。该设备应具有满足 6.1.3.5 要求的性能和以下规定。

在按照 6.1.3.2 的规定进行儿童约束系统动态试验时，以装载 55 kg 的质量块代替安装有儿童的儿童约束系统来复制台车的减速曲线。在按照 6.1.3.3 的规定在车身上进行儿童约束系统动态试验时，滑车的装载质量是车身结构的质量加上 55 kg 的 X 倍，代替 X 个安装有儿童的儿童约束系统。正面碰撞时，其减速曲线位于附录 F 中的图 F.1 所示的阴影区域内，后面碰撞时，其减速曲线位于附录 F 中的图 F.2 所示的阴影区域内。

在停车装置的标定过程中，正面碰撞的停止距离为 650 mm±30 mm，后面碰撞的停止距离为 275 mm±20 mm。

6.1.3.1.2 加速式滑车

对于正面碰撞，滑车在试验过程中的速度变化 ΔV 为 $52_{-2}^{\ 0}$ km/h 之间，其加速曲线位于图 F.1 所示的阴影区域内，并且保持在坐标(5 g,10 ms)和(9 g,20 ms)所示部分之上。碰撞开始的瞬间(T_0)是根据 ISO 17373:2005 中的加速度为 $0.5g$ 来定义。

对于后面碰撞，滑车在试验过程中的速度变化 ΔV 为 $32_{\ 0}^{+2}$ km/h 之间，其加速曲线位于图 F.2 所示的阴影区域内，并且保持在坐标(5 g,5 ms)和(10 g,10 ms)所示部分之上。碰撞开始的瞬间(T_0)是根据 ISO 17373:2005 中的加速度为 $0.5g$ 来定义。

除满足以上要求外，试验机构所使用的滑车(装备了座椅)应满足 E.1 的要求，质量应大于 380 kg。

如果上述试验是在更高的速度或者加速曲线超过了阴影区域的上限的情况下进行，儿童约束系统依然满足要求，那么该试验仍然有效。

6.1.3.2 在滑车上和试验座椅上进行的试验

6.1.3.2.1 前向儿童约束系统

6.1.3.2.1.1 用于动态试验的滑车和试验座椅应符合附录 E 的要求，动态碰撞试验安装程序应符合附录 U 的规定。

6.1.3.2.1.2 减速或加速过程中滑车应一直保持水平状态。

6.1.3.2.1.3 将进行下列测量：

——碰撞之前的瞬时速度(仅对于减速式滑车，用于计算停止距离)；

——停止距离(仅对于减速式滑车)，可以用记录的滑车减速度来积分计算；

——对于Ⅰ组、Ⅱ组和Ⅲ组儿童约束系统，假人的头在垂直和水平平面内的位移；对于 0 组和 0+ 组儿童约束系统，不考虑假人四肢的位移；

——除新生儿假人之外，假人在三个相互垂直方向上的胸部加速度；

——除新生儿假人之外，侵入黏土假人模型腹部的任何可见的迹象(见 5.1.4.3)；

——记录滑车的加速度或减速度至少 300 ms。

6.1.3.2.1.4 碰撞之后，不打开带扣，用目视检查，判断是否有任何的失效或损坏。

6.1.3.2.2 后向儿童约束系统

6.1.3.2.2.1 按照后面碰撞试验的要求进行试验时，试验座椅旋转 180°。

6.1.3.2.2.2 当用于前排座椅的后向儿童约束系统进行试验时，车辆的仪表板应被安装在滑车上的一个刚性杆代替，以确保所有的能量吸收都发生在儿童约束系统上。

6.1.3.2.2.3 减速条件应满足 6.1.3.1.1 的要求。加速条件应满足 6.1.3.1.2 的要求。

6.1.3.2.2.4 将要进行的测量与 6.1.3.2.1.3 所列的相似。

6.1.3.2.2.5 碰撞之后，不打开带扣，用目视检查，判断是否有任何的失效或损坏。

6.1.3.3 在滑车和车身上进行的试验

6.1.3.3.1 前向儿童约束系统

6.1.3.3.1.1 试验时为保护试验车辆所采取的措施不得对车辆座椅的固定点、成人安全带的固定点和儿童约束系统的任何附加固定点起加强作用或者减少结构的正常变形。车身上任何部分不能通过限制假人的移动，从而减少试验中施加在儿童约束系统上的载荷。只要不影响假人的移动，车身上不适用的结构部分可以被具有相同强度的部件所替代。

6.1.3.3.1.2 如果这种装置对结构整个宽度方向没有影响，并且从被封闭或固定的车辆结构前端到约束系统的固定点之间的间距不少于 500 mm，则认为该装置是符合要求的。车身结构的后部到固定点也要有足够的间距，以确保满足 6.1.3.3.1.1 的要求。

6.1.3.3.1.3 车辆座椅及儿童约束系统要装配好，并安放在试验部门认为对强度最不利的位置，并且与假人安装在车辆上的实际位置一致。报告中应说明车辆座椅靠背及儿童约束系统的位置。如果车辆座椅的靠背倾斜角度是可调的，那么应按照制造商的规定锁住，如无任何其他说明，则尽可能接近 25°的靠背角。

6.1.3.3.1.4 除非有安装和使用要求的说明书，否则，用于安装儿童约束系统的前排座椅应处于其正常使用位置的最前端，用于安装儿童约束系统的后排座椅应处于其正常使用位置的最后端。

6.1.3.3.1.5 减速条件应满足 6.1.3.1.1 的要求。加速条件应满足 6.1.3.1.2 的要求。试验座椅应是实际车辆的座椅。

6.1.3.3.1.6 将进行下列测量：

——碰撞之前滑车的瞬时速度(仅对于减速式滑车，用于计算停止距离)；

——停止距离(仅对于减速式滑车)，可以用记录的滑车减速度来综合计算；

——假人的头与车身内部的任何接触；

——除新生儿假人之外，假人在三个相互垂直方向上的胸部加速度；

——除新生儿假人之外，侵入黏土假人模型腹部的任何可见的迹象(见 5.1.4.3)；

——记录滑车和车身的加速度或减速度至少 300 ms。

6.1.3.3.1.7 碰撞之后，不打开带扣，用目视检查，判断是否有任何的失效或损坏。

6.1.3.3.2 后向儿童约束系统

6.1.3.3.2.1 对后面碰撞试验，车身在滑车上旋转 180°。

6.1.3.3.2.2 与正面碰撞要求相同。

6.1.3.4 完整车辆的试验

6.1.3.4.1 减速条件应满足 6.1.3.5 的要求。

6.1.3.4.2 正面碰撞试验程序按附录 H 中的规定。

6.1.3.4.3 后面碰撞试验程序按附录 I 中的规定。

6.1.3.4.4 将进行下列测量：

——车辆的速度/碰撞器碰撞前的瞬时速度；

——假人的头(对于 0 组假人的情况,不包括四肢)与车辆内部的任何接触;

——除新生儿假人之外,假人在三个相互垂直方向上的胸部加速度;

——除新生儿假人之外,侵入黏土假人模型腹部的任何可见的迹象(见 5.1.4.3)。

6.1.3.4.5 对于座椅倾斜度可调前排座椅,应按制造商的规定锁住,如无任何其他说明,尽可能接近 25°的靠背角。

6.1.3.4.6 碰撞之后,不打开带扣,用目视检查,判断是否有任何的失效或损坏。

6.1.3.5 动态试验条件

动态试验的条件见表 3。

表 3 不同试验型态下的动态试验条件

试验	约束系统	动态试验条件					
		正面碰撞			后面碰撞		
		速度/(km/h)	试验脉冲	试验期间停止距离/mm	速度/(km/h)	试验脉冲	试验期间停止距离/mm
带试验座椅的滑车	前向的前排座椅及后排座椅上的通用类、半通用类和受限制类约束系统[a]	50^{+0}_{-2}	1	650±50	—	—	—
	后向的前排座椅及后排座椅上的通用类、半通用类和受限制类约束系统[b]	50^{+0}_{-2}	1	650±50	30^{+2}_{-0}	2	275±25
滑车上的车身	前向[a]	50^{+0}_{-2}	1 或 3	650±50	—	—	—
	后向[a]	50^{+0}_{-2}	1 或 3	650±50	30^{+2}_{-0}	2 或 4	275±25
完整车辆屏障试验	前向[a]	50^{+0}_{-2}	3	不做规定	—	—	—
	后向[a]	50^{+0}_{-2}	3	不做规定	30^{+2}_{-0}	4	不做规定

注: 所有 0 组和 0+组的儿童约束系统都将按照正面碰撞和后面碰撞中的“后向”条件进行。

第 1 试验脉冲——按附录 F 的规定——正面碰撞。

第 2 试验脉冲——按附录 F 的规定——后面碰撞。

第 3 试验脉冲——经受正面碰撞的车辆的减速度脉冲。

第 4 试验脉冲——经受后面碰撞的车辆的减速度脉冲。

[a] 在标定的时候,停止距离应为 650 mm±30 mm。

[b] 在标定的时候,停止距离应为 270 mm±20 mm。

6.1.3.6 包括附加固定点的儿童约束系统

6.1.3.6.1 对于按照 3.2.3 的规定安装的儿童约束系统以及包括的附加固定点,根据 6.1.3.5 的要求进行正面碰撞试验。

6.1.3.6.2 对于带有较短的上部连接带(如用于与后围板的连接),其安装在试验滑车上的上部固定点的结构应符合附录 E 中 E.7 的规定。

6.1.3.6.3 对于带有较长的上部连接带(如用于附近没有刚性板而与车辆地板连接),安装在试验滑车上的固定点应符合附录E中E.7的规定。

6.1.3.6.4 对于两种结构都可以安装的装置,应按照6.1.3.6.2和6.1.3.6.3的规定进行,只是按6.1.3.6.3的要求进行试验时,只用质量较大的假人。

6.1.3.6.5 对后向装置,安装在试验滑车上的下固定点应符合附录E中E.7的规定。

6.1.3.6.6 对于用与两个成人安全带连接的附加带安装固定的便携床,施加载荷时应通过成人安全带直接加到成人安全带的下固定点。试验滑车上的固定点应符合附录E中E.7.7(A_1,B_1)的要求。试验座椅的安装应符合附录U中U.4.5的要求。即使在成人安全带解开的情况下,该系统也应正常工作,当符合4.2.8的要求时,该系统应是通用的。

6.1.3.7 试验假人

6.1.3.7.1 儿童约束系统以及假人应按照6.1.3.7.3要求的方式安装。

6.1.3.7.2 儿童约束系统进行试验时应使用附录G要求的假人。

6.1.3.7.3 假人的安装按下述程序进行。

6.1.3.7.3.1 假人放置的时候,在假人的后背与约束系统之间应有间隙。在使用便携床的情况下,假人应放于直线水平位置,并尽可能靠近便携床的中心线。

6.1.3.7.3.2 把儿童安全座椅放在试验座椅上。

把假人放在儿童安全座椅上。

在假人和儿童安全座椅靠背之间放置一个铰链连接的木板或一个类似的可弯曲的装置,木板厚2.5 cm、宽6 cm、长度与将要做试验的假人的尺寸相关,其长度等于肩膀的高度(坐姿,附录G),减去臀部中心的高度(坐姿,附录G,腿弯部的高度加上大腿高度的一半,坐姿)。木板应尽可能贴近座椅的曲率,并且它的较低端位于假人臀部关节的高度。

按照制造商的说明调整织带,拉力要超出调节力250 N±25 N,在调节器一端织带可以偏转45°±5°,或者,按制造商规定的角度。

按照附录U的要求完成儿童安全座椅在试验座椅上的安装。

移走可弯曲的装置。

这只适用于幼儿约束系统、用成人用三点式安全带约束儿童的系统以及带有锁止装置的系统,它不适用于儿童约束带直接和卷收器相连的情况。

6.1.3.7.3.3 通过假人中心线的纵向平面应位于安全带较低的两固定点的中间,并且要符合6.1.3.3.1.3的要求。在使用增高垫及10岁大的假人一起做试验的情况下,通过假人中心线的纵向平面应位于安全带较低的两固定点的中间偏左或偏右75 mm±5 mm。

6.1.3.7.3.4 在装置要求使用标准安全带的情况下,在动态试验之前,应用有足够宽度和长度的专用胶带把肩部约束带固定在假人上。在后向装置的情况下,应用有足够宽度和长度的专用胶带把头部倚着约束系统的靠背固定住。在后向约束系统的情况下,在用小滑车进行加速的过程中,允许用专用胶带把假人的头固定到一个直径为100 mm的杆上或约束系统的靠背上。

6.1.3.8 所使用的假人类别

6.1.3.8.1 0组装置用“新生儿”假人和9 kg重的假人进行试验。

6.1.3.8.2 0+组装置用“新生儿”假人和11 kg重的假人进行试验。

6.1.3.8.3 Ⅰ组装置用9 kg重和15 kg重的假人分别进行试验。

6.1.3.8.4 Ⅱ组装置用15 kg重和22 kg重的假人分别进行试验。

6.1.3.8.5 Ⅲ组装置用22 kg重和32 kg重的假人分别进行试验。

6.1.3.8.6 如果儿童约束系统适合两个或两个以上质量组,试验应按照以上对涉及的所有质量组的要求，用最轻和最重的假人进行试验。当从一组到另一组的装置结构有很大改变时，例如，当约束系统的结构或约束带的长度变化时，如果认为是可行的，那么实施试验的人可以增加一个中间质量的假人试验。

6.1.3.8.7 如果约束系统是为两个或两个以上儿童设计的，那么第一个试验所有座椅位置都应用最重的假人进行。第二个试验用按规定的最轻和最重的假人进行。试验实施时使用的座椅应符合附录 E 中图 E.13 的要求。如果试验部门认为有必要，可以增加第三个试验，该试验用组合质量的假人或座椅位置为空置。

6.1.3.8.8 如果 0 组或者 0+组的儿童约束系统，根据不同的儿童体重，提供了不同的结构，那么每一种结构都应用各自不同质量的假人模型进行测试。

6.1.3.8.9 如果 ISOFIX 儿童约束系统必须使用上固定点，那么，第一次试验用最小质量的假人对较近距离的上固定点 G_1 进行试验，第二次试验用较重的假人对较远距离的上固定点 G_2 进行试验。并且调节上部的拉力接近 50 N±5 N。

6.1.3.8.10 进行 5.1.4.1.10.1 规定的试验时只需要使用为儿童约束系统设计的最大质量假人即可。

6.1.3.9 动态试验说明

动态试验包括在滑车上和试验座椅上进行的试验、在滑车和车身上进行的试验及完整车辆的试验。进行动态试验的滑车可任选 6.1.3.1 规定的减速或加速式滑车中的一种进行试验。

6.1.4 增高垫的约束

放置一块棉布在试验座椅的座位表面。把增高垫放置在试验座椅上，把假人下躯干按附录 X 的规定放置在座位表面，用三点式成人安全带固定，张紧力符合附录 U 的要求。用宽 25 mm 的织带或类似的东西将增高垫系住，按附录 X 的图 X.2 中箭头 A 的方向施加一个 250 N±5 N 的力，方向沿着试验座椅的座垫表面。

6.2 部件的试验

6.2.1 带扣

6.2.1.1 加载后带扣开启试验

6.2.1.1.1 该试验在已经过 6.1.3 规定的动态试验的儿童约束系统上进行。

6.2.1.1.2 不打开带扣，将儿童约束系统从试验滑车或车辆上移出。在带扣上加载 200 N±2 N 的拉力。如果带扣是被连接到刚性部位，拉力所产生的角度应与动态试验中带扣与刚性部件所形成的角度相同。

6.2.1.1.3 在带扣释放按钮的几何中心，沿着与按钮运动的初始方向平行的轴，以(400±20)mm/min 的速度施加一个载荷。在开启力施加的过程中，带扣应被一个刚性支撑固定。

注：几何中心是指在带扣表面上施加释放压力的部分表面的几何中心。

6.2.1.1.4 所施加的带扣开启力，使用测力计或类似的装置以正常使用的方式和方向进行测量。接触端为一直径为 2.5 mm±0.1 mm 的抛光的金属半球。

6.2.1.1.5 测量带扣的开启力，并记录失效的情况。

6.2.1.2 无加载的带扣开启试验

6.2.1.2.1 进行试验的带扣为预先没有加过载荷的带扣总成，在无载荷的条件下安装和定位。

6.2.1.2.2 带扣开启力的测量方法按照 6.2.1.1.3 和 6.2.1.1.4 的规定。

6.2.1.2.3 测量带扣开启力。

6.2.1.3 **强度试验**

6.2.1.3.1 应使用两个样品进行强度试验。除了直接安装在儿童约束系统上的调节装置外，其他的调节装置都应在这个试验中进行。

6.2.1.3.2 附录T给出了典型的带扣强度试验设备。带扣放置在圆形板(A)的上部。所有相邻的织带的长度至少为250 mm，并且分别从带扣所处的相应位置下垂。织带的自由端绕着下圆形板(B)上，直到从B板内部的开口处露出来。所有的织带在A板和B板之间保持垂直。圆形固定板(C)插入板(B)底面，夹住织带，并使织带能在中间移动。在拉力机上施加一个较小的力，织带受到拉力后会在板(B)和板(C)之间活动，直到所有的织带都被加载。在这个操作和试验过程中，带扣应保持不固定在板(A)或(A)的任何部件上。然后把板(B)和板(C)紧紧夹在一起，以(100±20)mm/min的速度增加拉力，直至达到所需数值。

6.2.2 **调节装置**

6.2.2.1 当对手动调节装置进行试验时，织带应能平稳地拉过调节装置，在正常使用条件下，以(100±20)mm/min的速率拉取织带，在织带拉出25 mm±5 mm之后进行测量，测出最大拉力，数值圆整为整数。

6.2.2.2 试验应按穿过装置的织带的两个方向进行，在测量以前，织带应预先拉过的10个完整循环。

6.2.3 **微滑移试验**(见附录D中图D.3)

6.2.3.1 试验前将要进行微滑移试验的装置或部件放置在温度为20 ℃±5 ℃、相对湿度为65%±5%的标准环境中放置最少24 h。试验时的温度为15 ℃～30 ℃。

6.2.3.2 织带的自由端应按实车安装状态，并且不能固定在其他任何部件上。

6.2.3.3 调节装置应放置在织带垂直部分上，一端承受50 N±0.5 N的载荷(避免因织带摆动和扭转而产生负载)。来自调节装置的织带的自由端按照实车安装位置向上或向下垂直安装。它的另一端通过一个导杆，导杆的水平轴平行于支承载荷的织带的横载面，横载面穿过处于水平状态的导杆上。

6.2.3.4 试验装置应这样布置，当它升到最高位置时，它的中心距离支承台300 mm±5 mm，且在距离支承台100 mm±5 mm处施加50 N的负载。

6.2.3.5 以每分钟30次±10次循环的频率，总幅长为300 mm±20 mm或按照6.2.5.2.7.2的规定，完成20次±2次预拉循环和1 000次±5次试验循环。只在相当于每半个周期产生100 mm±20 mm位移的时候加载50 N。微滑移将从20次预拉循环结束后的次数算起。

6.2.4 **卷收器**

6.2.4.1 **卷收力**

卷收力的测量应使用安全带总成，并安装在6.1.3中动态试验中的假人上。当织带以大约10 mm/s的速率回卷时，在最接近与假人接触处测量织带卷收力。

6.2.4.2 **卷收器耐久性**

织带应以每分钟不超过30次的速度进行规定次数的拉出回卷试验。对于紧急锁止卷收器，每5次循环应使卷收器锁止一次。锁止次数在五种不同拉出长度上应相同，即拉出缠绕在卷收器上织带总长度的90%，80%，75%，70%和65%。但是，对于缠绕织带长度大于900 mm的情况，上述百分比应以织带可从卷收器中拉出的最后900 mm长度为准。

6.2.4.3 紧急锁止卷收器的锁止

6.2.4.3.1 卷收器紧急锁止试验应在当绕在卷收器上的织带为300 mm±3 mm时进行。

6.2.4.3.2 对织带敏感式卷收器，织带的拉出方向应是卷收器装在车上正常使用时的方向。

6.2.4.3.3 在对车体敏感式卷收器进行试验时，如果卷收器按照儿童约束系统制造商的要求安装在车辆上，应沿着两个水平正交轴线方向按上述拉出量对其进行试验。当该位置不能确定时，试验机构应与儿童约束系统制造商进行协商。这两个轴之一的方向应由试验机构按最不利于锁止机构触发的方向选定。

6.2.4.3.4 所用仪器设备应保证能达到规定的加速度值，而且应保证织带拉出加速度的平均增长率为25g/s。

注：$g=9.81\ m/s^2$。

6.2.4.3.5 为了按5.2.3.2.1.3和5.2.3.2.1.4的要求进行试验，卷收器应安装在水平台面上，并使台面以不超过2°/s的速度倾斜，直到卷收器发生锁止。水平台面再向另一方向倾斜重复进行试验，以保证满足要求。

6.2.4.4 腐蚀试验

腐蚀试验按6.1.1的规定进行。

6.2.4.5 粉尘试验

6.2.4.5.1 卷收器应按照附录B的规定安装在试验箱内。其安装方式类似于在车辆上的安装状态。试验箱应按6.2.4.5.2的规定装有试验粉尘。除了在每次搅动粉尘之后1 min～2 min内进行10次安全带拉出回卷试验外，应保持织带处于从卷收器中拉出500 mm长度的状态。在5 h总时间内，每隔20 min，以表压为5.5×10^5 Pa±0.5×10^5 Pa，且不含油的干燥压缩空气，由一直径为1.5 mm±0.1 mm的小孔吹搅粉尘5 s。

6.2.4.5.2 用于6.2.4.5.1规定的试验粉尘应含有1 kg干燥石英砂。其颗粒度分配如下：

a) 通过150 μm孔径，104 μm线径：99%～100%；

b) 通过105 μm孔径，64 μm线径：76%～86%；

c) 通过75 μm孔径，52 μm线径：60%～70%。

6.2.5 织带的静态试验

6.2.5.1 织带的强度试验

6.2.5.1.1 每个试验使用两条新的织带样品进行，试验条件按5.2.4的规定。

6.2.5.1.2 每条织带应夹在拉力试验机夹具之间。夹具的设计应避免织带在夹具处或夹具附近发生断裂。加载速度为(100±20)mm/min。在试验开始时，试验机夹具之间织带样品的自由长度应为200 mm±40 mm。

6.2.5.1.3 增加载荷，直到织带断裂，记录拉断时的载荷值。

6.2.5.1.4 如果织带在任一个夹具处或夹具附近10 mm范围内产生滑动或断裂，试验视为无效，应重新取另一条新样品进行试验。

6.2.5.2 对织带样品的处理

6.2.5.2.1 织带样品

从织带中选出至少10 m的织带为织带样品进行6.2.5.2.2～6.2.5.2.7的处理。

6.2.5.2.2 **标态处理**

织带应在温度为 23 ℃±5 ℃、相对湿度为 50%±10%的环境中放置 24 h±1 h。如处理后不立即进行试验,则样品应存放在一个密封容器内直至试验开始。抗拉载荷应在织带从处理环境中或从容器中取出后 5 min 内确定其断裂载荷。

6.2.5.2.3 **光照处理**

6.2.5.2.3.1 应采用符合 GB 730 要求的设备。织带应暴露在光照下一段时间,其时间相对应于使 7 号标准兰色褪色到标准灰色卡的第 4 级所用的时间。

6.2.5.2.3.2 光照处理后,织带应在温度为 23 ℃±5 ℃、相对湿度为 50%±10%的环境中至少存放 24 h。抗拉载荷应在织带从处理环境中取出后 5 min 内确定其断裂载荷。

6.2.5.2.4 **低温处理**

6.2.5.2.4.1 织带应在温度为 23 ℃±5 ℃、相对湿度为 50%±10%的大气环境中至少存放 24 h。

6.2.5.2.4.2 然后织带应在温度为−30 ℃±5 ℃的低温箱内的平面上至少存放 90 min±5 min。然后将织带对折,并在对折处压上一个预先冷却到−30 ℃±5 ℃的质量为 2 kg±0.2 kg 的重块,在同一低温箱内放置 30 min±5 min,然后除去重块。抗拉载荷应在织带从低温箱中取出后 5 min 内测出其断裂载荷。

6.2.5.2.5 **高温处理**

6.2.5.2.5.1 织带应在温度为 60 ℃±5 ℃、相对湿度为 65%±5%的加热室中放置 180 min±10 min。

6.2.5.2.5.2 抗拉载荷应在织带从加热室中取出后 5 min 内确定其断裂载荷。

6.2.5.2.6 **浸水试验**

6.2.5.2.6.1 织带应完全浸泡在温度为 20 ℃±5 ℃且已加有少量湿润剂的蒸馏水中存放 180 min±10 min。任何经测试适合于纤维制品的湿润剂均可使用。

6.2.5.2.6.2 抗拉载荷应在织带从水中取出后 10 min 内确定其断裂载荷。

6.2.5.2.7 **磨损试验**

6.2.5.2.7.1 试验前要进行磨损试验的部件或装置应在温度为 23 ℃±5 ℃、相对湿度为 50%±10%的环境中至少存放 24 h。磨损试验时,试验室温度应在 15 ℃～30 ℃之间。

6.2.5.2.7.2 试验程序的一般条件见表 4。

表 4 磨损试验程序一般条件

试验程序	一般条件		
	载荷/N	每分钟循环次数	总的循环次数
类型 1 的程序	10±0.1	30±10	1 000±5
类型 2 的程序	5±0.05	30±10	5 000±5

如果织带长度不够,不足以进行 300 mm 移动试验,则可以采用短一点的织带进行测试,但移动距离不应小于 100 mm。

6.2.5.2.7.3 进行特殊试验程序。

6.2.5.2.7.3.1 类型1的程序适用于穿过快速调节装置的织带。

10 N的载荷垂直稳定作用在织带一端，织带的另一端应系在使织带呈水平前后运动的装置上。调节装置应放在水平织带上以便使织带保持张紧状态(见附录D中的图D.1)。

6.2.5.2.7.3.2 类型2的程序适用于穿过某个刚性部件时改变方向的织带。

在试验过程中，两根织带的夹角应按附录D图D.2中的规定。试验时，保持5 N的稳定载荷加在织带上，对于织带在穿过某个刚性部件时不止一次改变方向的情况，可在5 N的载荷基础上增加载荷，以得到穿过刚性部件的300 mm的织带运动情况。

6.2.6 锁止装置

6.2.6.1 A类装置

儿童约束系统以及适用于此约束系统的最大的假人在安装时应按图9的规定。所使用的织带应按照附录M的规定。锁止装置应完全锁止，并在织带要进入锁止装置的位置做出标记。测力计应通过D环连接在织带上，并施加一个相当于Ⅰ组中最大假人质量两倍(±5%)的力，且至少持续1 s。较低的位置用于A位置的锁止，较高的位置用于B位置的锁止。这个力再施加9次。在织带要进入锁止装置的位置做另一个标记，并测量两个标记之间的距离。在试验过程中，卷收器不能锁止。

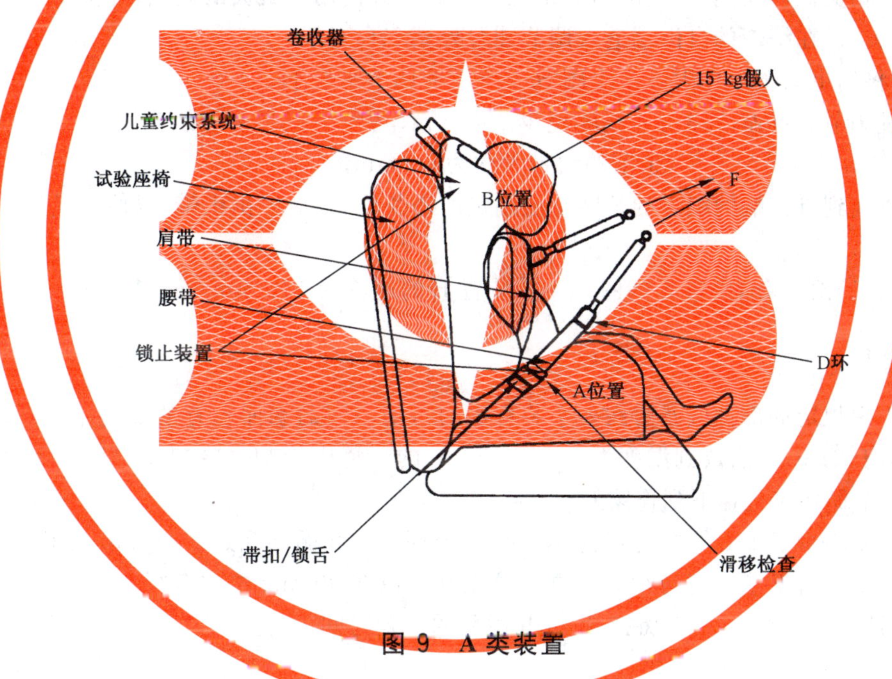

图9 A类装置

6.2.6.2 B类装置

儿童约束系统应安装牢固，符合附录M规定的织带应按制造商的说明穿过锁止装置和儿童约束系统骨架。织带应按照下面图10的规定通过试验装置，并加上5.25 kg±0.05 kg的配重。所加质量与织带离开骨架的点之间应有650 mm±40 mm的自由长度。锁止装置应完全锁止，并且在织带进入锁止装置的位置做一个标记。升高配重，然后释放，这将会自由下落25 mm±1 mm的距离。这个过程将以每分钟(60±2)个循环的频率重复(100±2)次，以模仿车内儿童约束系统的颠簸动作。在织带进入锁止装置的地方再做一个标记，测量两个标记之间的距离。在安装有15 kg假人的条件下，织带的全部宽度应能够穿过锁止装置。在这些试验过程中，织带的角度是一样的，都应按照正常使用中的角度。安全腰带部分的自由端应被固定住。在翻转试验或动态试验操作过程中，儿童约束系统应牢固地固定在试验台上。加载织带可连接在模拟带扣上。

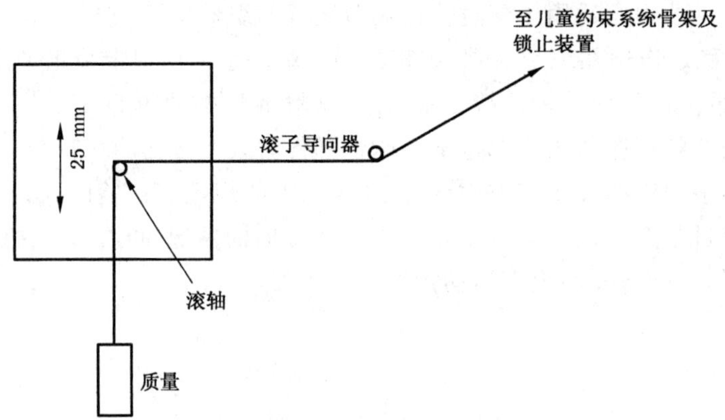

注：质量下落高度＝25 mm，从滚轴到滚子导向器的距离＝300 mm，使用的织带为附录 M 中规定的标准座椅安全带。

图 10　B 类锁止装置试验布局示意图

6.2.7　对直接安装在儿童约束系统上的调节装置的试验

与动态试验相类似，在将要试验的约束系统上安装允许使用的最大的假人，并按 6.1.3.7 的规定处于标准的松弛状态。在织带的自由端进入调节装置处画一参考线。

取出假人，将约束系统放在附录 S 中图 S.1 所示的调节平台上。

织带应通过调节装置循环移动的长度至少 150 mm，其中从织带参考线到自由端一侧织带长度至少为 100 mm，在参考线的另一侧，余下的织带大约为 50 mm。

如果从参考线到自由端的织带的长度不能满足所需长度，则应抽出织带，以使其满足 150 mm 移动的需要。

频率为(10±1)次/min，附录 S 的图 S.1 中装置 B 的速率为 150 mm/s±10 mm/s。

6.2.8　温度试验

在 5.1.5.1 中规定的部件应暴露在一个装有水的封闭空间的水面上方的环境中，环境温度不低于 80 ℃，时间不少于 24 h，然后放到温度为 22 ℃～23 ℃的环境中冷却。冷却过程后马上进行三个连续的 24 h 循环，每个循环应包括下列连续的程序：

a)　环境温度不少于 100 ℃将持续 6 h，并且这个环境应在循环开始的 80 min 之内获得；

b)　环境温度不高于 0 ℃将持续 6 h，并且这个环境应在 90 min 之内获得；

c)　环境温度为 22 ℃～23 ℃将持续 24 h 循环的剩余时间。

6.3　试验座垫的标定

6.3.1　对于要获得冲击变形和减速度峰值初始数据时，应标定试验座垫。并且在每 50 次动态试验之后或者至少每个月(以先到的时间为准)都应进行标定，如果试验设备使用频繁的话，在每个试验之前都应进行标定。

6.3.2　标定和测量程序都应与 ISO 6487:2000 的规定一致；测量设备应与带有(CFC)60 级通道滤波器的数据通道的规定相一致。

使用附录 Q 中规定的试验装置，分别在中心线上距离座垫前边缘 150 mm±5 mm 处，以及中心线两侧各 150 mm±5 mm 处，共进行 3 次标定。

把装置垂直放在一个刚性平面上。降低配重的高度，直至与表面接触，把变形记录仪置零。把装置垂直放在试验点上，向上提升配重 500 mm±5 mm 高度，并让它自由降落，碰撞到座椅表面上。记录座垫变形量与减速度曲线。

6.3.3 记录的峰值与初始值偏差不应超过15%。

6.4 动态过程的记录

6.4.1 为了确定假人的姿态和它的位移,应记录所有的动态试验。

6.4.1.1 音视频要求

录像频率至少500帧/每秒;试验应纪录在电影胶片、视频或者数字信号载体上。

6.4.1.2 偏差的评估

试验室应具有并应用评估假人头部位移测量偏差的程序。偏差应该在±25 mm的范围内。

注:这种程序有一些国际标准,例如欧洲鉴定组织的EA-4/02,国际标准化组织的ISO 5725:1994,或者通用的偏差测量方法(GUM)。

6.4.2 刻度记号应牢固地标记在滑车上或车辆结构上,以确定假人的位移。

6.5 电测量

测量程序应符合ISO 6487:2002的规定。通道频率级见表5。

表5 测量通道频率级

测量类型	CFC/Hz	定点频率
滑车加速度	60	见ISO 6487:2002附录B
安全带载荷	60	见ISO 6487:2002附录B
胸部加速度	180	见ISO 6487:2002附录B
头部加速度	1 000	1 650

采样速度应至少是最小通道频率级的10倍(即,安装1000级的预取样滤波器,对应于最小采样速度大约为每秒每通道10 000次)。

6.6 尺寸公差

除非有特殊规定,试验中的尺寸公差应满足表6的要求。

表6 试验中的尺寸公差

尺寸范围/mm	<6	6~30	30~120	120~315	315~1 000	>1 000
公差/mm	±0.5	±1	±1.5	±2	±3	±4
注:除特殊规定以外,角度公差为±1°。						

7 试验报告

7.1 试验报告应记录所有试验结果及以下试验数据的测量结果:

a) 试验所用装置的类型(加速或减速装置);

b) 所有的速度变化;

c) 碰撞前的滑车速度(仅对于减速式滑车);

d) 记录所有速度变化过程中的加速或减速曲线至少300 ms;

e) 在动态试验过程中,假人头部达到最大位移的时刻(以ms计);

f) 试验后带扣的位置(如果试验中带扣位置有改变);

g) 其他任何的失效或损坏。

7.2 如果附录E的E.7中所包含的固定点的某些条款没有被遵守,那么试验报告中应描述儿童约束系统是如何安装的,并且应说明重要角度和尺寸。

7.3 当儿童约束系统在车辆上或车身上进行试验时,试验报告应说明车身在滑车上的固定方式,儿童约束系统和车辆座椅的位置,以及车辆座椅靠背的倾斜角度。

8 标识

8.1 所提交的儿童约束系统样本应清楚地标明制造商的名称或商标。

8.2 该系统中的塑料件,除了织带和儿童全背式约束带外,其余部分(例如外壳、碰撞防护罩、缓冲垫等)应标明制造年份。

8.3 如果该系统是与成人安全带配合使用的,应在该系统上用图示的方法永久性地标明正确的使用方法。如果该系统是用成人安全带来固定的,那么应在该系统上用颜色编码表明安全带路径。如果该系统是面向前方的,颜色为红色;如果是面向后方的,那么颜色为蓝色。在该系统的使用图解上应标示出同样的颜色编码。

任何一个系统的织带安装图解都应说明儿童约束系统相对于车辆的方向。织带安装图上应标明车辆上的座椅。

上述规定的标识中应明显可见车辆中的儿童约束系统,对于0组的儿童约束系统,标识中应明显可见儿童约束系统中的婴儿。

8.4 后向的儿童约束系统,在儿童约束系统中儿童头部所在的区域,应在其内侧可视面(包括头部两侧)粘贴永久性标签。该标签应该用中英文表明下列信息:

该标签的最小尺寸为60 mm×120 mm

应沿着标签的整个周长把标签缝在儿童约束系统的面套上,和/或使标签的整个背面永久性地粘接在儿童约束系统的面套上,其他任何能够牢固地永久保留并不会变模糊的连接方式也可以,不应使用单边缝制的标签。

如果某个部件,或者制造商提供的其他附件会使得该标签不明显,那么,应另外再附一个标签。

任何结构的儿童约束系统在准备使用时都应有一个在任何位置上都能够永久清晰可见的警告标签(见图11)。

图11 儿童约束系统警告标签样式

8.5 既可前向使用又可后向使用的儿童约束系统，应标明以下信息：

“重要——在儿童体重超过……之前，不要前向使用(参阅使用说明)。”

8.6 如果儿童有另外一种备选的约束方式，那么在连接成人安全带和这种备选约束方式下的儿童约束系统之间的受力点应清晰永久地标示出来。这个标记应表明这是一种备选的约束方式，并且应分别符合前向和后向座椅的颜色编码要求。

8.7 如果该儿童约束系统提供了另外一种备选约束方式的受力点，那么8.3要求的标记还应包括这种备选的约束方式的说明，并在使用说明书里说明。

8.8 ISOFIX标志

如果产品含有ISOFIX配置，应使在车辆上安装儿童约束系统的人永远能够看见以下信息。

以下为国际通用的ISOFIX标志，包括代表系统所适合的尺寸类别的字母，最少还有一个最小直径为13 mm的圆的图形，圆内有一个图示(象形文字)，图示应与圆的背景形成鲜明对照。图示应清晰可见，或用颜色突出或用浮雕的方式(见图12)。

图12 ISOFIX标志图示

以下信息可由图示和(或)文字表达。标志应简要说明：

a) 安装座椅的相关步骤的要点。例如，应解释ISOFIX锁止系统的使用方法；

b) 任一指示器的位置、功能和说明；

c) 上固定点的位置，必要时应明确路径，或者其他的使用者为限制座椅翻转而采用的方式的必要操作，这些应用图13中所示的几种符号之一说明；

图13 图示符号

d) 调整ISOFIX带扣、调整上固定点或其他限制座椅翻转的装置所需的操作应说明；

e) 标志应永久固定，并易于使座椅安装者看见；

f) 在需要时，用图14所示符号表示参见儿童约束系统使用说明书，以及标明此文件的位置。

图14 说明书图示

9 说明书

9.1 每一个儿童约束系统都应有一份用中文书写的说明书。

9.2 安装说明书应该包括以下内容。

9.2.1 对于“通用类”儿童约束系统，在销售时，以下标签应在不打开包装的情况下清晰可见。

> **注意**
>
> 1. 这是“通用类”儿童约束系统，符合 GB 27887—2011。作为通用儿童约束系统，适合大多数，而不是全部的汽车座椅。
>
> 2. 如果汽车制造商在使用手册中注明可以让适用此年龄段的“通用类”儿童约束系统配合的话，那么更容易达到正确的匹配。
>
> 3. 如有疑问，请咨询儿童约束系统制造商或零售商。

9.2.2 对于“受限制类”和“半通用类”儿童约束系统，在销售时，以下标签应在不打开包装的情况下清晰可见。

此儿童约束系统符合“受限制类/半通用类”应用，适合安装在下列汽车座椅位置：

车型	前排	后排	
		外侧	中间
（型号）	是	是	否

其他的汽车座椅位置也可能适合安装此儿童约束系统。

如有疑问，请咨询儿童约束系统制造商或零售商。

9.2.3 对于“特殊车辆类”儿童约束系统，在销售时，其适用车型信息应在不打开包装的情况下清晰可见。

9.2.4 对于需要成人安全带配合使用的儿童约束系统，在销售时，以下字样应在不打开包装的情况下清晰可见：“只在适用车型配备了通过 GB 14166 或 ECE R16 要求的腰带/3 点式/简易/带卷收器的安全带情况下才适用”（列出不适合的情况）。

对于婴儿提篮，还应包括一个列出此装置适应的婴儿提篮型号的表格。

9.2.5 儿童约束系统制造商应在包装箱上提供制造商的邮政通讯地址。

9.2.6 安装方法应以照片或者非常清楚的图示来表示。

9.2.7 使用者应被告知，儿童约束系统的刚性部分和塑料部件应该怎样放置和安装，才能使他们在正常的车辆使用中，确保儿童约束系统不被车里的活动座椅或车门卡住。

9.2.8 使用者应被告知，便携床应放置在与车辆纵轴垂直的方向上。

9.2.9 对于后向儿童约束系统，顾客应被告知，不能安装在装有安全气囊的位置上。在销售时，此标识应在不打开包装的情况下清晰可见。

9.2.10 “特殊需要”儿童约束系统，在销售时，以下信息应在不打开包装的情况下清晰可见。

此“特殊需要”儿童约束系统是为了给在普通儿童约束系统中保持正确坐姿有困难的儿童以特别帮助而设计的，请事先咨询医生此儿童座椅是否适合你的孩子。

9.2.11 对于 ISOFIX 儿童约束系统，在销售时，以下信息应在不打开包装的情况下清晰可见。

注意 1. 这是 ISOFIX 儿童约束系统。符合 GB 27887—2011。用于装有 ISOFIX 固定装置的车辆。 2. 该系统依据儿童约束系统的类别和固定装置的种类，安装在 ISOFIX 固定的位置（按照车辆手册的描述）。 3. 打算安装的 ISOFIX 儿童约束系统适合的质量组及 ISOFIX 尺寸类别为：……

9.3 使用说明书应包括以下几点：

9.3.1 此系统设计适用的体重群组和其适用的固定装置。

9.3.2 对于需要安全带配合使用的儿童约束系统，在销售时，以下字样应在不打开包装的情况下清晰可见：“只在适用车型配备了腰带/3 点式/简易/带卷收器的安全带情况下才可适用，通过 GB 14166 或 ECE R16 的要求”（列出不适合的情况）。

9.3.3 使用方法应以照片或者非常清楚的图示来表达。对于既可前向使用又可后向使用的儿童约束系统，应给出清晰的警示告知在孩子的体重达到设定限值或其他指标达到某一设定限值之前，儿童约束系统应后向使用。

9.3.4 应清楚地说明带扣和调节装置的操作方式。

9.3.5 应说明儿童约束系统的每条与车辆连接的织带应系紧，约束儿童的织带应根据儿童的身体进行调整。织带不得扭曲。

9.3.6 应强调腰带的重要性，保证腰带佩戴时能很好地约束骨盆部位。

9.3.7 应说明当遭受剧烈的事故后，约束系统应更换。

9.3.8 应提供儿童约束系统的清洁方法。

9.3.9 通常应给使用者警告，没有认证许可的产品和经过改装的产品是危险的，并且附近没有制造商提供的安装说明也是很危险的。

9.3.10 如果儿童约束系统的表面覆盖层不是纺织物，应提示远离日光照射，否则座椅表面会烫伤儿童皮肤。

9.3.11 应提示不要将儿童在无人照看的情况下放置在儿童约束系统内。

9.3.12 应提示在碰撞事故中易造成伤害的行李和物品应被妥善安放。

9.3.13 应说明：

a) 没有面套的儿童约束系统不能使用，

b) 系统面套不能使用除制造商推荐的材料以外的其他材料，面套材料影响儿童约束系统总体的性能。

9.3.14 应有文字或图表指示使用者如何鉴别成人用安全带的带扣相对于儿童约束系统的主要受力点不正确的位置。如用户对这个点有疑问的话，建议与儿童约束系统制造商联系。

9.3.15 如果该儿童约束系统提供另外一个备选的受力点，那么应清楚地标示出来。应告知使用者使用这个备选受力点是否适当的判断标准。应建议使用者在使用这个备选受力点有疑问的时候联系儿童约束系统制造商。对于使用安全带的“通用类”儿童约束系统，在使用手册中应清楚地建议使用者怎样开始在汽车座椅位置安装该系统。

9.3.16 制造商应保证该使用说明能够在其使用寿命周期内清晰可见，对于内置式儿童约束系统，应在汽车使用手册里清晰表述。

9.3.17 应有清晰的警示以告知不可以使用除标示出的以外的任何其他受力点，该警示也应在儿童约束系统上标明。

9.3.18 对于ISOFIX型式的儿童约束系统，在约束系统的说明书中应要求使用者阅读汽车制造商手册中有关ISOFIX固定点的说明。

附 录 A
（资料性附录）
本标准章条编号与 ECE R44 相比的结构变化情况

本标准与 ECE R44 相比在结构上有一些调整，具体章条编号对照情况见表 A.1。

表 A.1 本标准与 ECE R44 的章条编号对照

本标准的章条编号	对应的 ECE R44 章条编号
1	1
2	—
3	2
3.1	2.1
3.2	2.1.2
3.3	2.1.3
3.4	2.1.3.1
3.5	2.1.3.2
3.6	2.1.3.3
3.7	2.2
3.8	2.3
3.9	2.4
3.10	2.4.1
3.11	2.4.2
3.12	2.4.3
3.13	2.5
3.14	2.6
3.15	2.7
3.16	2.8
3.17	2.9
3.18	2.10
3.19	2.11
3.20	2.11.1
3.21	2.12
3.22	2.13
3.23	2.1.1
3.24	2.14

表 A.1（续）

本标准的章条编号	对应的 ECE R44 章条编号
3.25	2.14.1
3.26	2.14.2
3.27	2.14.3
3.28	2.14.4
3.29	2.14.5
3.30	2.15
3.31	2.16
3.32	2.17
3.33	2.18
3.34	2.19
3.35	2.20
3.35.1	2.20.1
3.35.2	2.20.2
3.35.3	2.20.3
3.35.4	2.20.4
3.36	2.20.5
3.37	2.21
3.38	2.22
3.39	2.23
3.40	2.24
3.41	2.25
3.42	2.26
3.43	2.27
3.44	2.28
3.45	2.29
3.46	2.30
3.47	2.31
3.48	2.32
3.49	2.33
3.50	2.34
3.51	2.35
3.52	2.36

表 A.1（续）

本标准的章条编号	对应的 ECE R44 章条编号
3.53	2.37
3.54	—
—	2.38
—	2.39
—	2.40
—	3
—	5
4.1	2.1.1
4.1.1	2.1.1.1～2.1.1.5
4.1.2	2.1.1.6
4.1.3	2.1.1.6
4.2	6.1
4.3	6.2
4.4	6.3
4.5	6.4
4.6	6.5
5.1	7.1
5.2	7.2
6.1	8.1
6.1.1	8.1.1
6.1.2	8.1.2
6.1.3	8.1.3
6.1.3.1	8.1.3.1
6.1.3.2	8.1.3.1
6.1.3.3	8.1.3.2
6.1.3.4	8.1.3.3
6.1.3.5	8.1.3.4
6.1.3.6	8.1.3.5
6.1.3.7	8.1.3.6
6.1.3.8	8.1.3.7
6.1.3.9	8.1.3 和 8.1.3.1 中的悬置段
6.1.4	8.1.4

表 A.1(续)

本标准的章条编号	对应的 ECE R44 章条编号
6.2	8.2
6.3	8.3
6.4	8.4
6.5	8.5
6.6	第 8 章悬置段
7.1	9.1
7.2	9.2
7.3	9.3
—	9.4
8	4
—	10
—	11
—	12
—	13
—	14
9	15
—	16
—	17
	—
—	附录 1
—	附录 2
附录 A	—
附录 B	附录 3
附录 C	附录 4
附录 D	附录 5
附录 E	附录 6
附录 F	附录 7
附录 G	附录 8
附录 H	附录 9
附录 I	附录 10
附录 J	附录 11
附录 K	附录 12

表 A.1（续）

本标准的章条编号	对应的 ECE R44 章条编号
附录 M	附录 13
—	附录 14
附录 P	附录 15
—	附录 16
附录 Q	附录 17
附录 R	附录 18
附录 S	附录 19
附录 T	附录 20
附录 U	附录 21
附录 X	附录 22

附 录 B
（规范性附录）
粉尘试验设备的布置

粉尘试验设备的布置见图 B.1。

单位为毫米

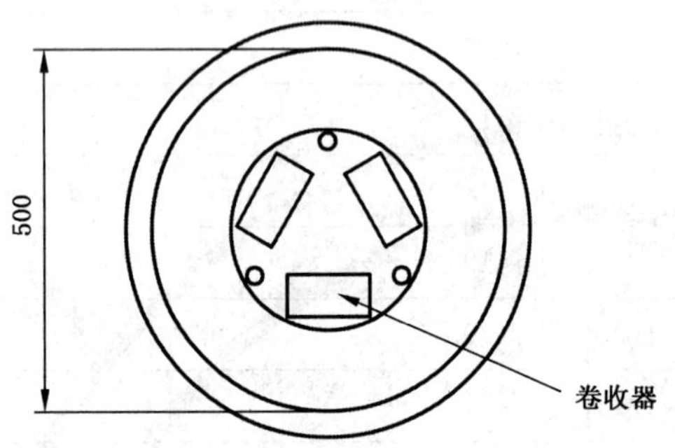

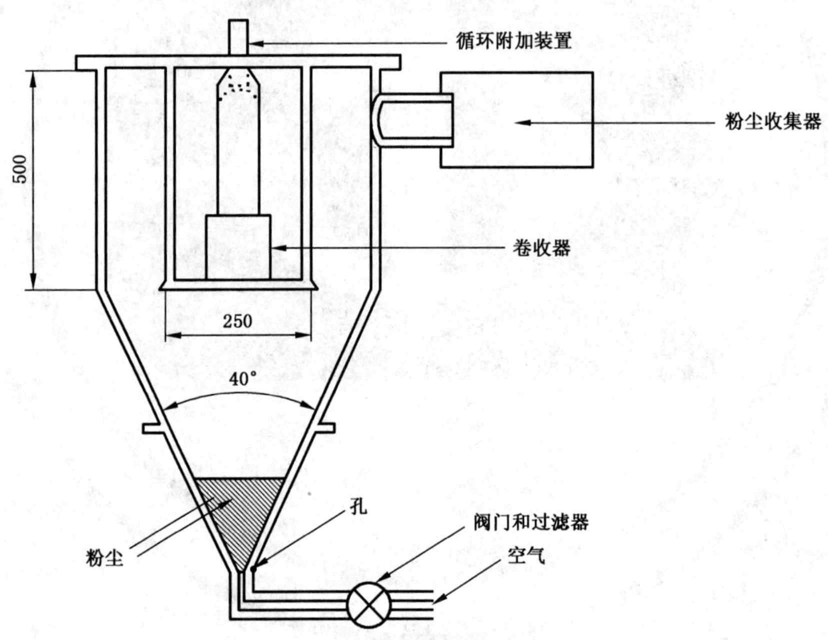

图 B.1 粉尘试验设备布置图

附　录　C
（规范性附录）
腐蚀试验

C.1　试验设备

C.1.1　设备包括：雾室、盐溶液槽、经适当处理的压缩空气源、一个或多个喷嘴、样品支承架、加热雾室的装置，以及必要的控制装置。只要能符合试验所需条件，所用设备的结构尺寸和细节可不予规定。
C.1.2　应确保雾室顶或盖上所积聚的溶液不滴落在试件上。
C.1.3　从试件上滴落下的液滴不应回到溶液槽而再次被重新喷雾。
C.1.4　制造该设备的材料不应影响盐雾的腐蚀性。

C.2　雾室中试件的放置

C.2.1　除卷收器外，试件应支撑或悬挂在与垂线方向成15°～30°之间，并且平行于雾流的水平方向，这取决于被试的主表面。
C.2.2　卷收器应支撑或悬挂在其卷簧轴与雾流呈正交的位置上，卷收器上的织带出口也应对着主雾流方向。
C.2.3　各试件的放置应允许所有样件自由积聚雾滴。
C.2.4　各试件的放置应防止盐溶液从一件试样滴到其他试件上。

C.3　盐溶液

C.3.1　盐溶液应按质量5份±1份盐溶于质量95份蒸馏水中配制，所用盐应为氯化钠，不得含镍和铜，干燥状态时含碘化钠不得超过0.1%，杂质总含量不得超过0.3%。
C.3.2　应保证35 ℃雾化时所收集的溶液的pH值在6.5～7.2之间。

C.4　空气源

C.4.1　供喷嘴雾化盐溶液的压缩空气，应不含油和杂质，其压力应保持在70 kN/m^2～170 kN/m^{2}之间。

C.5　雾室内条件

C.5.1　雾室内暴露区应保持在35 ℃±5 ℃的温度，在暴露区内，至少应放置两个干净的收集器，以防试件上或其他聚集处形成液滴。在试件附近放置收集器，一个应尽量靠近喷嘴，另一个应尽量远离所有喷嘴。喷雾量应保证每8 000 mm^2 的水平收集面积上，每个收集器每小时平均收集1.0 mL～2.0 mL溶液，至少应测量16 h的积集量求出平均值。
C.5.2　喷嘴应予以引导或遮挡，以便喷雾不直接喷向试件。

附　录　D
（规范性附录）
磨损和微滑移试验

类型 1 的程序见图 D.1，类型 2 的程序见图 D.2，微滑移试验示意图见图 D.3。

试验样品的布置与调节装置的类型相对应。

50 N 的载荷应垂直运动，并防止载荷摆动和织带扭曲。与实车安装状态一样，用同样的方式把 50 N 的载荷安装到连接装置上。

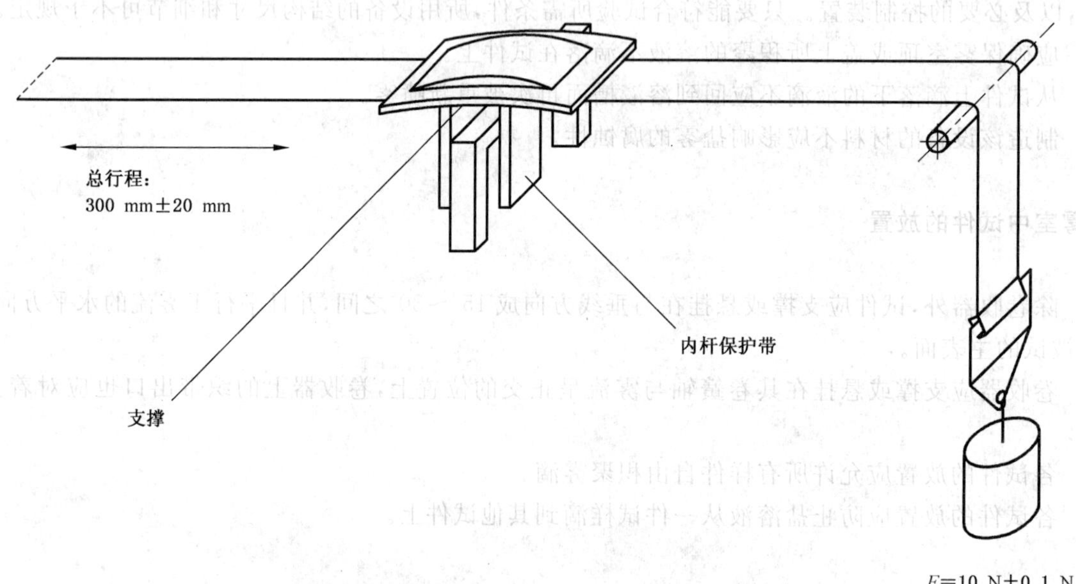

总行程：
300 mm±20 mm
旋转销
下挡块
F=10 N±0.1 N

图 D.1　类型 1 的程序示意图

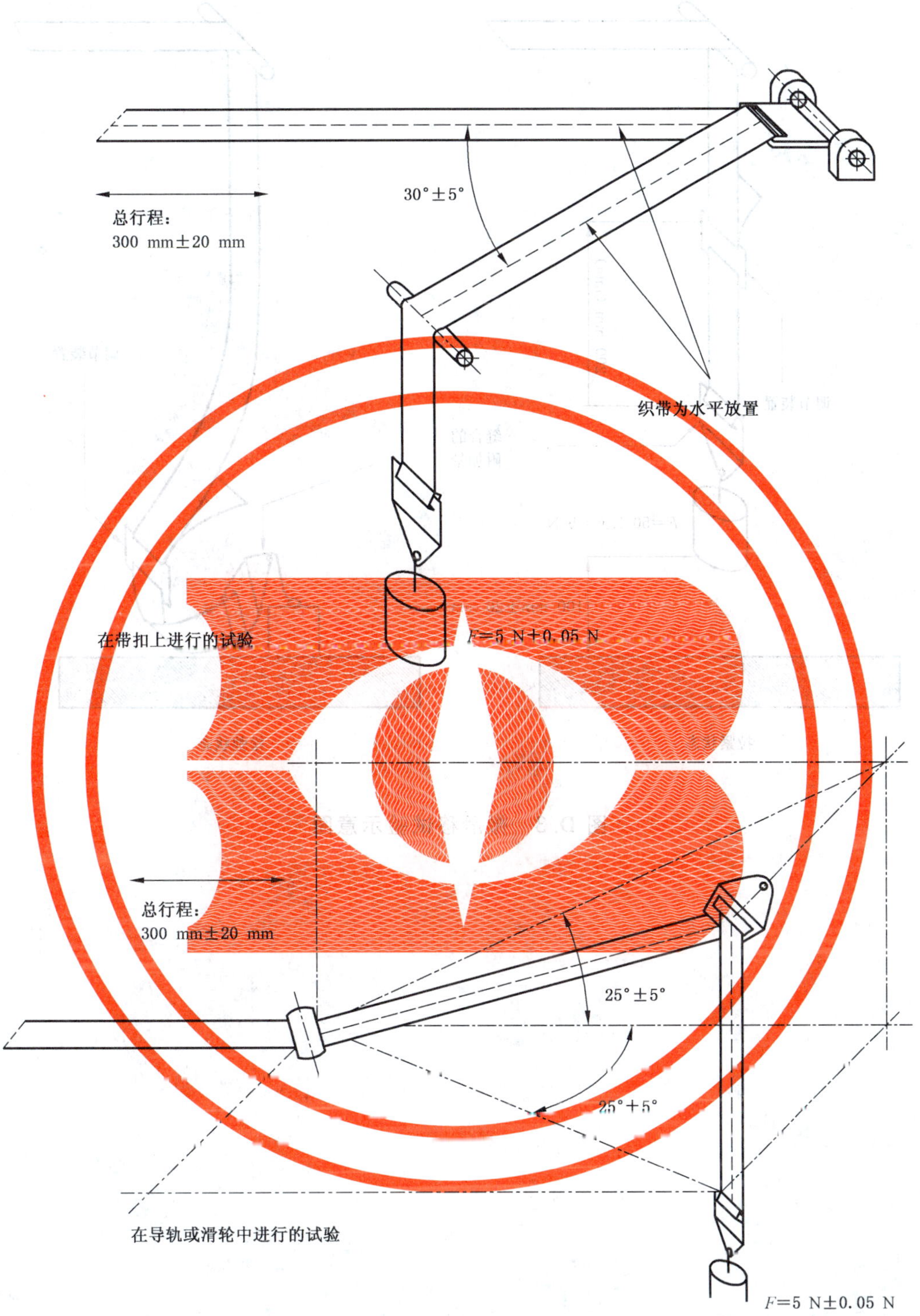

图 D.2 类型 2 的程序示意图

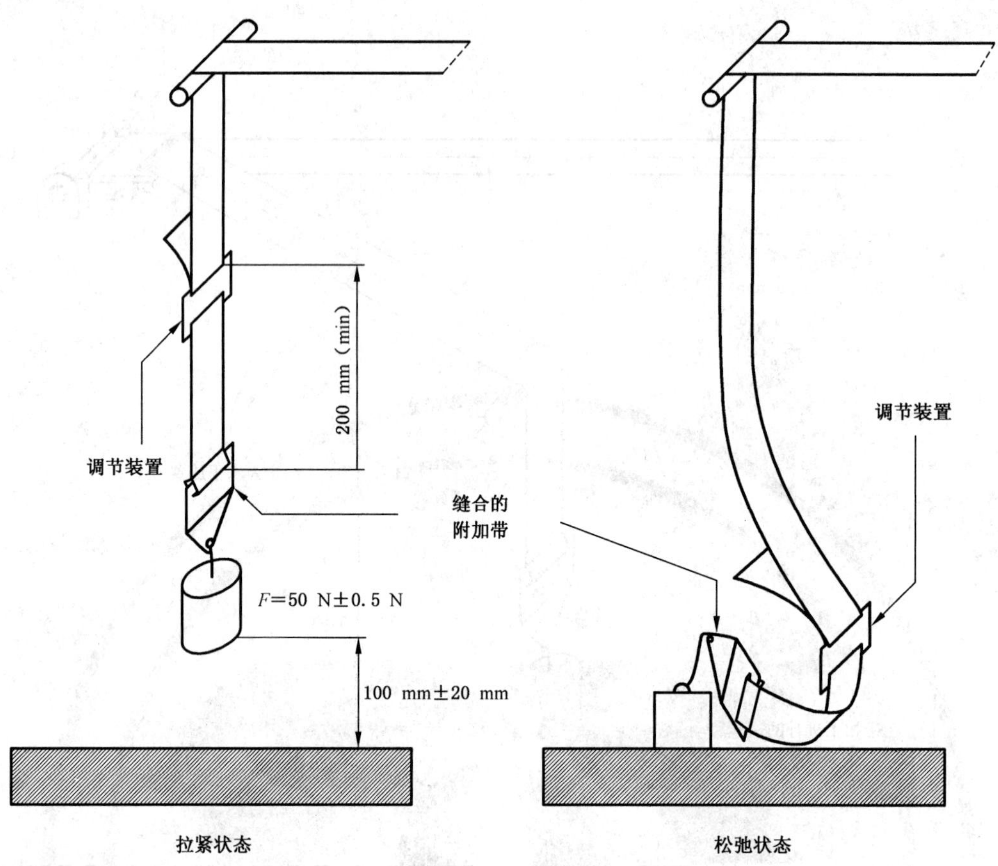

图 D.3　微滑移试验示意图

附 录 E
（规范性附录）
滑车的描述

E.1 滑车

在儿童约束系统试验中，滑车上只携带座椅，质量应大于380 kg。对用于特殊类型车辆上的儿童约束系统试验，滑车上带有附加的车身结构，质量应大于800 kg。

E.2 标尺屏幕

在滑车上牢固地固定一个标有刻度的屏幕，上面标明移动限值参考线，以便通过图像记录来判定向前的位移量是否满足要求。

E.3 座椅

E.3.1 座椅结构

E.3.1.1 刚性靠背、固定方式及其尺寸在E.5中给出。下部和上部都由直径为20 mm的钢管组成。
E.3.1.2 刚性座椅及其尺寸在E.5中给出。座椅后部由金属板组成，上边缘由直径为20 mm的钢管组成。座椅前部分也由直径为20 mm的钢管组成。
E.3.1.3 为了便于与固定点连接，开口应按照E.5的规定安排在座椅的座垫后部。
E.3.1.4 座椅的宽度应为800 mm。
E.3.1.5 靠背和座椅都覆盖有聚氨酯泡沫，其特性在表E.1中给出。座垫的尺寸在E.5中给出。

表E.1 靠背和座椅用聚氨酯泡沫特性

密度依据ISO 485/(kg/m^3)	43
抗压强度依据ISO 2439B/N 抗压力 p(压缩率为25%时) 抗压力 p(压缩率为40%时)	 125 155
抗压强度系数依据ISO 3386/kPa	4
在破裂处的延伸率依据ISO 1798/%	180
断裂强度依据ISO 1798/kPa	100
压缩装置依据ISO 1856/%	3

E.3.1.6 聚氨酯泡沫上应覆盖用聚丙烯纤维构成的防晒布，其特性在表E.2中给出。

表E.2 防晒布特性

单位密度/(g/m^3)	290
在试验样品上50 mm宽处的抗压强度依据DIN 53587： 纵向/kg 横向/kg	 120 80

E.3.1.7 座椅和座椅靠背上的覆盖层要求如下。

E.3.1.7.1 座椅的泡沫座垫用一块方形的泡沫块(800 mm×575 mm×135 mm)制造,用这样一种方法(见图 E.2)制成的泡沫座垫的形状类似于图 E.3 规定的铝底板的形状。

E.3.1.7.2 为了用螺栓将底板固定在滑车上,在底板上钻 6 个孔。钻的孔沿着底板最长边排列,每边 3 个,它们的位置依滑车的结构而定。将六个螺栓穿过孔。推荐用一种合适的胶把螺栓粘在底板上。然后用螺母拧紧螺栓。

E.3.1.7.3 覆盖材料(1 250 mm×1 200 mm,见图 E.4)应沿宽度方向裁剪,覆盖材料的边界之间应该留有大约 100 mm 的间隙,以避免覆盖之后产生重叠现象。因此,材料在裁剪时应大约 1 200 mm。

E.3.1.7.4 覆盖材料在宽度方向标有两条参考线。两条参考线距离覆盖材料中心线为 375 mm。

E.3.1.7.5 泡沫座垫放在覆盖材料上面,然后铝质底板放在泡沫座垫上,位于顶部。

E.3.1.7.6 在两侧,覆盖材料要拉伸到标好的线的位置,与铝底板的边缘吻合。在每个螺栓的位置,要做一个小切口,并将螺栓露出覆盖材料。

E.3.1.7.7 在铝底板和泡沫上有凹槽的位置,切割覆盖材料。

E.3.1.7.8 覆盖层用一种具有柔韧性的胶粘在铝底板上。在粘之前先拧下螺母。

E.3.1.7.9 将覆盖材料两边多出的部分折叠起来并放在铝底板上,并将其粘贴在铝底板上。

E.3.1.7.10 凹槽处的覆盖材料两边多出的部分向里折叠,并且用结实的带子系上。

E.3.1.7.11 用具有柔韧性的胶粘好后,至少要晾干 12 小时。

E.3.1.7.12 座椅靠背垫按照与座椅同样的方式覆盖,只是覆盖材料(1 250 mm×850 mm)上的两条参考线距离覆盖材料中心线为 320 mm。

E.3.1.8 C_r 线为座椅上平面和座椅靠背前面的交线。

E.3.2 后向装置的试验

E.3.2.1 按图 E.1 所示,为了支撑儿童约束系统,将一个特制的支架安装到滑车上。

E.3.2.2 一根钢管应被牢固地安装在滑车上,以保证沿钢管中心施加一个 5 000 N±50 N 的水平力时,移动不大于 2 mm。

E.3.2.3 钢管的尺寸应为:500 mm×ϕ100 mm×ϕ90 mm。

单位为毫米

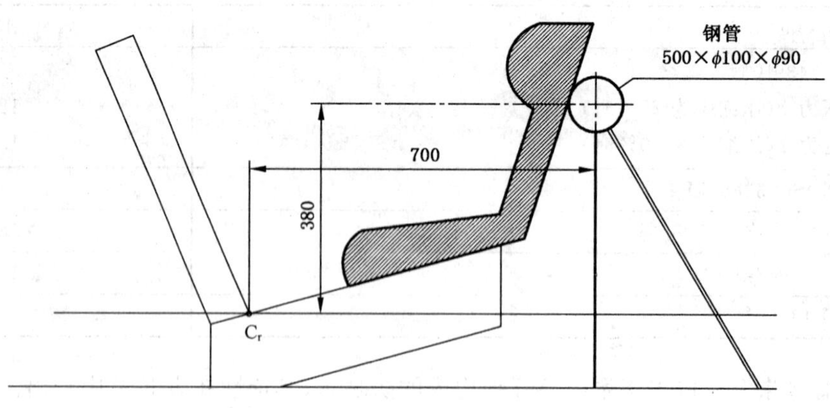

图 E.1 后向装置试验的布置

E.3.3 滑车的台面

E.3.3.1 滑车的台面应由相同厚度和材料的金属板构成,见图 E.12。

E.3.3.1.1 台面应以刚性方式安装在滑车上。台面的高度相对于图 E.12 中的 C_r 线的原点距离为

X，该高度可按照5.1.4.1.9的要求进行调节。

注：尺寸X为210 mm，可调范围为±70 mm。

E.3.3.1.2 台面的设计硬度应符合GB/T 231.1—2009的规定，不低于120HB。

E.3.3.1.3 台面承受所施加的5 kN的垂直集中载荷时，相对于C_r线的垂直位移应小于2 mm，且不会发生任何永久变形。

E.3.3.1.4 台面的表面粗糙度按照GB/T 3505—2009的要求，不大于$Ra6.3$。

E.3.3.1.5 台面在进行本标准规定的儿童约束系统动态试验后应无永久变形出现。

E.4 停车机构

E.4.1 该装置由两个平行安装的同样的吸能器组成。

E.4.2 必要时，名义质量每增加200 kg，应附加一个吸能器。每个吸能器应包括：

——用钢管构成的外壳；

——聚氨酯吸能管；

——用于插入吸能管的钢制抛光橄榄头；

——轴和碰撞盘。

E.4.3 吸能器各部分的尺寸见图E.6。

E.4.4 吸能材料的特性见表E.3和表E.4。

E.4.5 停车机构总成在进行附录F规定的标定试验前，应在温度为15 ℃～25 ℃的室内放置至少12 h。对每种类型的试验，停车机构均应符合附录F中所列的性能要求。对于儿童约束系统的动态试验，停车机构总成也应在室内放置至少12 h，室内温度为标定试验的温度±2 ℃的范围内。也可以使用可获得相同结果的其他装置。

表E.3 吸能材料A的特性

项目		特性
肖氏硬度A：		95±2，温度为20 ℃±5 ℃时
断裂强度：		R_0≥350 kg/cm²
最小延伸率：		A_0≥400%
模量	延伸率为100%时：	≥110 kg/cm²
	延伸率为300%时：	≥240 kg/cm²
低温脆性(ASTM D736)：		5 h，温度为-55 ℃
压缩系数(方法B)：		22 h，温度为70 ℃，≤45%
25 ℃时的密度：		1.05～1.10
空气老化(ASTM D573)：		
70 h，温度为100 ℃：		邵氏硬度：最大变动±3
		断裂强度：R_0减少<10%
		延伸率：A_0减少<10%
		重量：减轻<1%

表 E.3(续)

浸油老化(方法 No.1 油):	
70 h,温度为 100 ℃:	邵氏硬度:最大变动±4
	断裂强度:R_0 减少<15%
	延伸率:A_0 减少<10%
	体积:增大<5%
浸油老化(方法 No.3 油):	
70 h,温度为 100 ℃:	断裂强度:R_0 减少<15%
	延伸率:A_0 减少<15%
	体积:增大<20%
浸蒸馏水老化:	
7 d,温度为 70 ℃:	断裂强度:R_0 减少<35%
	延伸率:A_0 减少<20%
注:除另有规定外,均按 ASTM D735 的方法。	

表 E.4 吸能材料 B 的特性(ASTM D2000)

肖氏硬度 A:		88±2,温度为 20 ℃±5 ℃
断裂强度:		R_0≥300 kg/cm^2
最小延伸率:		A_0≥400%
模量	延伸率为 100%时:	≥70 kg/cm^2
	延伸率为 300%时:	≥130 kg/cm^2
低温脆性(ASTM D736):		5 h,温度为−55 ℃
压缩系数(方法 B):		22 h,温度为 70 ℃,≤45%
25 ℃时的密度:		1.08～1.12
空气老化(ASTM D573):		
70 h,温度为 100 ℃:		邵氏硬度:最大变动±3
		断裂强度:R_0 减少<10%
		延伸率:A_0 减少<10%
		重量:减轻<1%
浸油老化(ASTM D471 方法油 No.1):		
70 h,温度为 100 ℃:		邵氏硬度:最大变动±4
		断裂强度:R_0 减少<15%
		延伸率:A_0 减少<10%
		体积:增大<5%
浸油老化(ASTM D471 方法油 No.3):		

表 E.4（续）

70 h,温度为 100 ℃：	断裂强度：R_0 减少<15%
	延伸率：A_0 减少<15%
	体积：增大<20%
浸蒸馏水老化：	
7 d,温度为 70 ℃：	断裂强度：R_0 减少<35%
	延伸率：A_0 减少<20%

E.5 座椅及座垫的尺寸

图 E.2～图 E.5 给出了滑车用座椅及座垫的尺寸。

单位为毫米

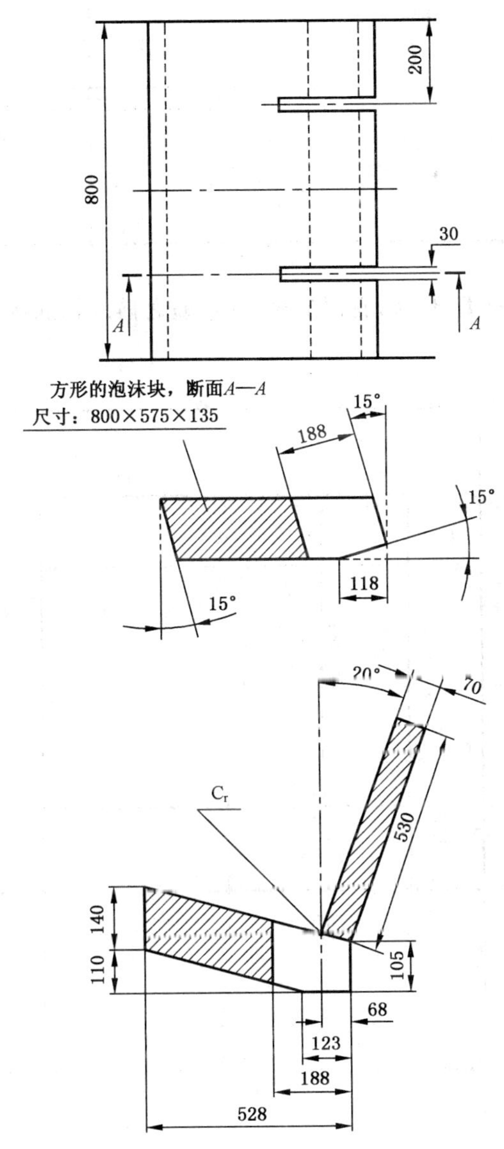

图 E.2 座椅及座垫的尺寸

单位为毫米

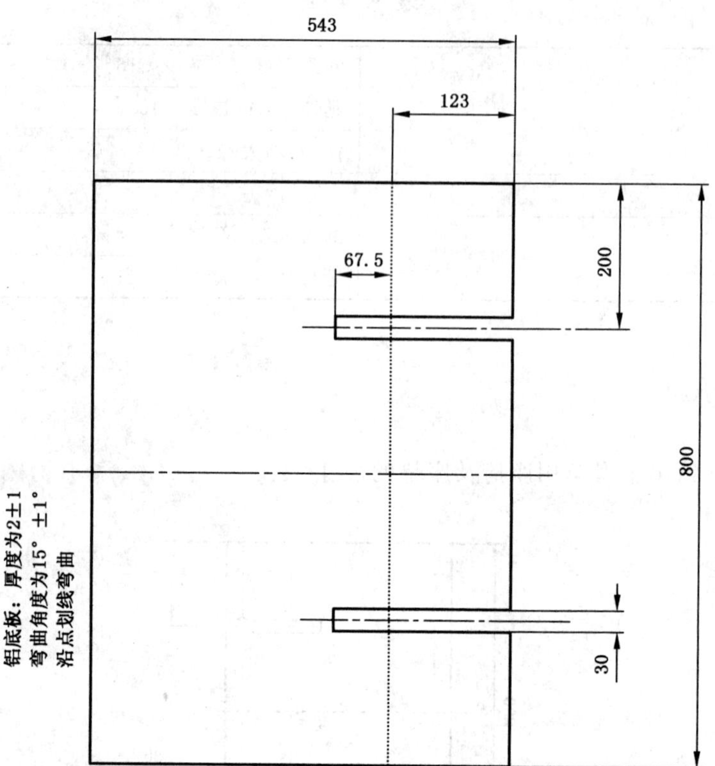

图 E.3 铝底板的尺寸(弯曲之前的铝底板)

单位为毫米

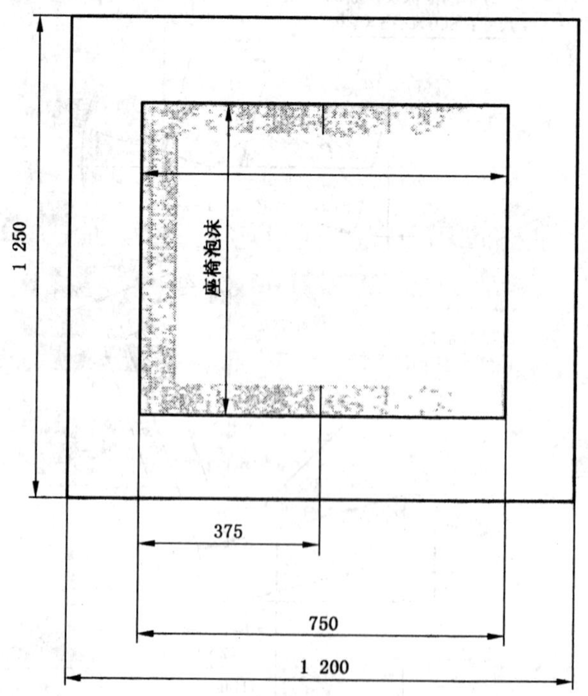

注：在覆盖材料上划线。

图 E.4 覆盖材料的尺寸

单位为毫米

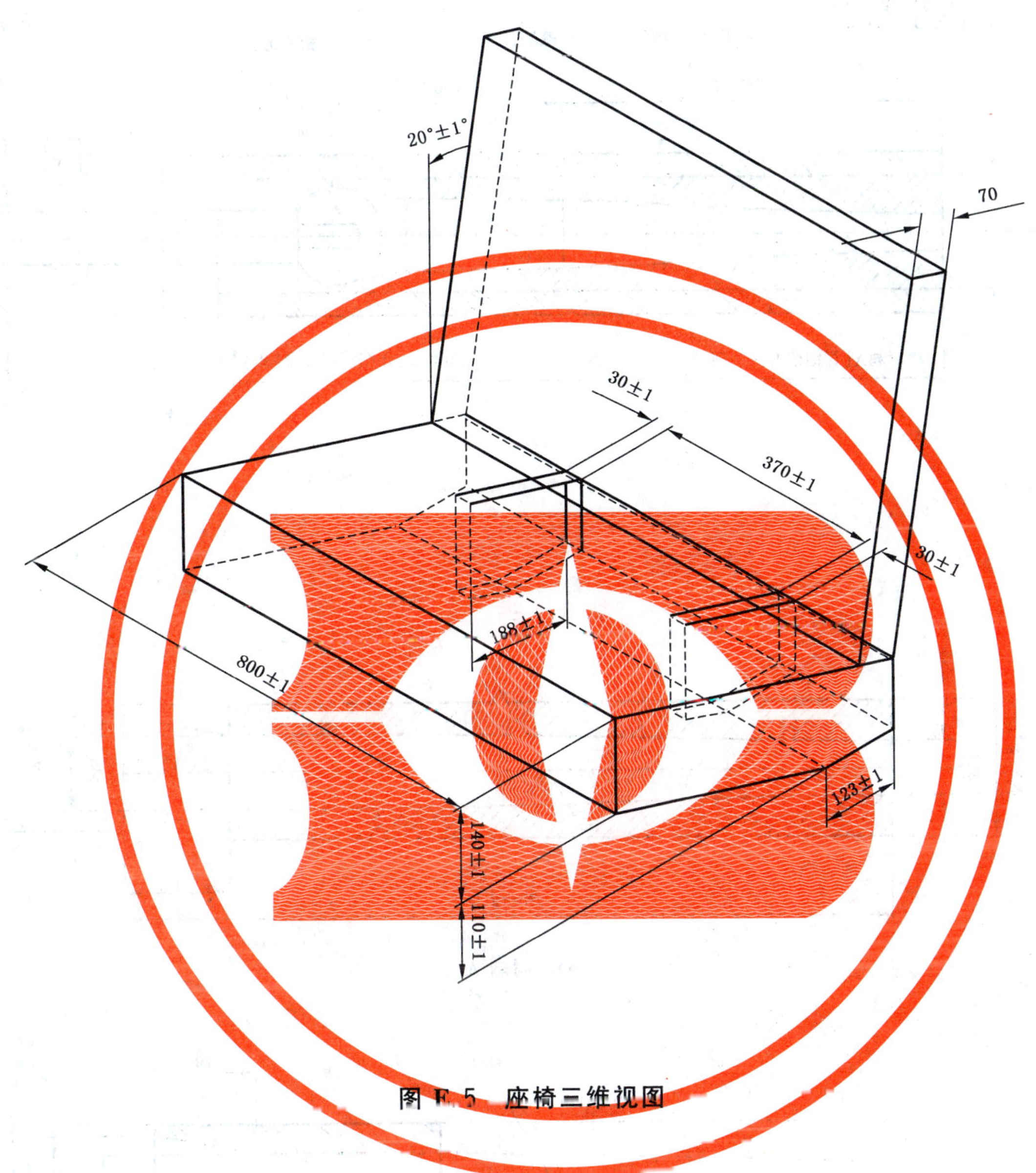

图 E.5 座椅三维视图

E.6 停止装置

正面碰撞停止装置尺寸和后面碰撞停止装置尺寸分别见图 E.6 和图 E.9。停车装置的橡榄头外廓尺寸和内部尺寸分别见图 E.7 和图 E.8。聚氨酯管尺寸在图 E.10 中列出。

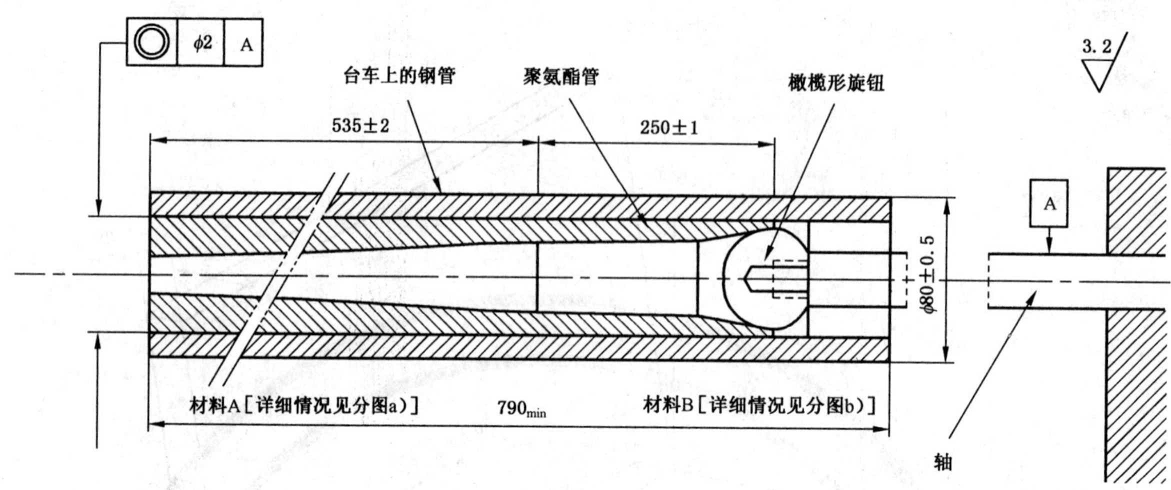

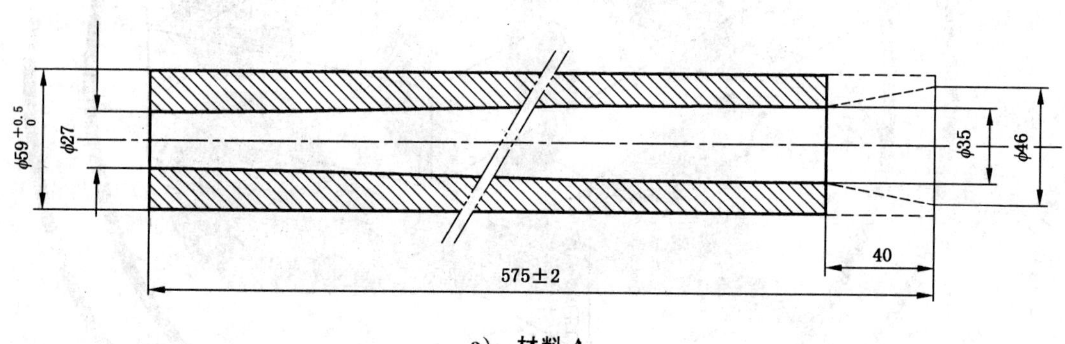

a） 材料 A

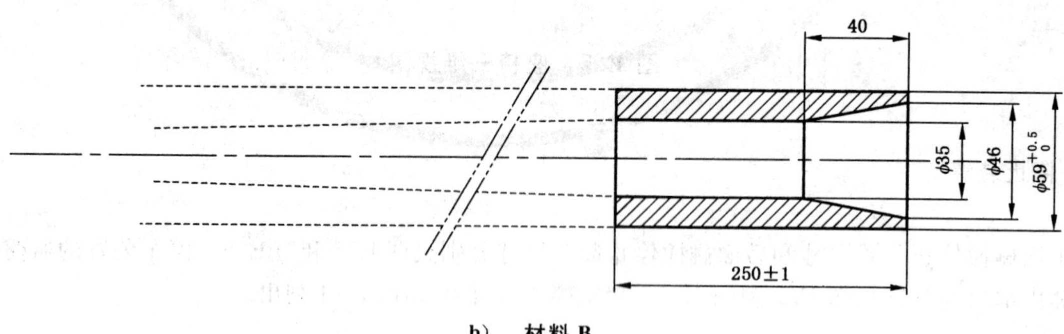

b） 材料 B

注：运行时按照聚氨酯管外部尺寸的规定(安装时轻轻推入)。

图 E.6 正面碰撞停止装置尺寸

单位为毫米

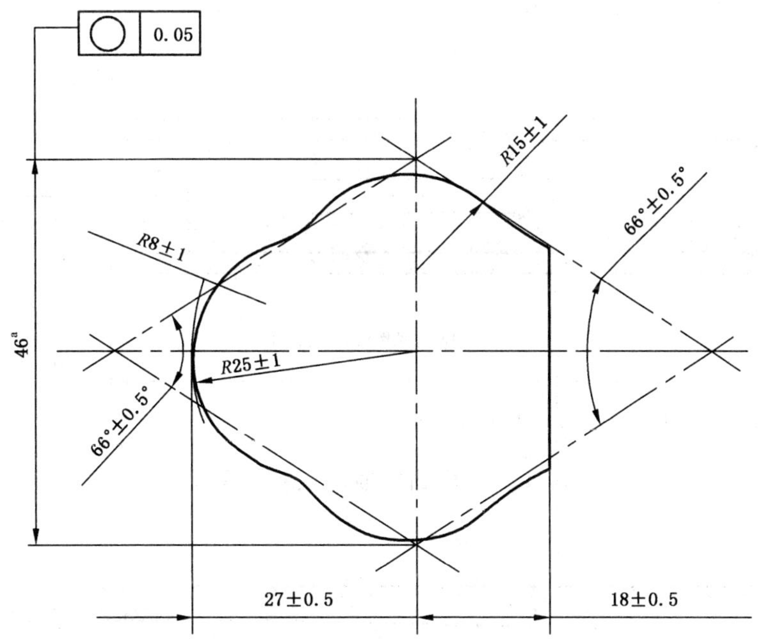

[a] 这个尺寸可以在 43 mm～49 mm 之间变动。

图 E.7 停车装置的橄榄头外廓尺寸

单位为毫米

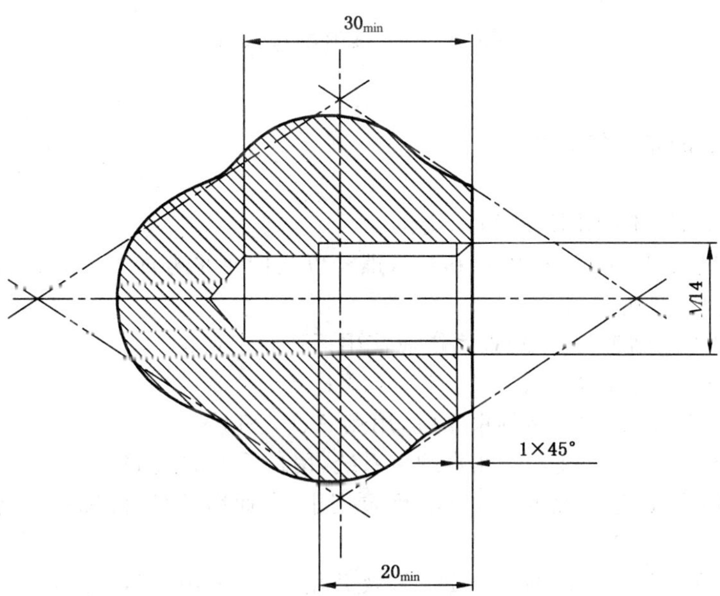

图 E.8 停车装置的橄榄头内部尺寸

单位为毫米

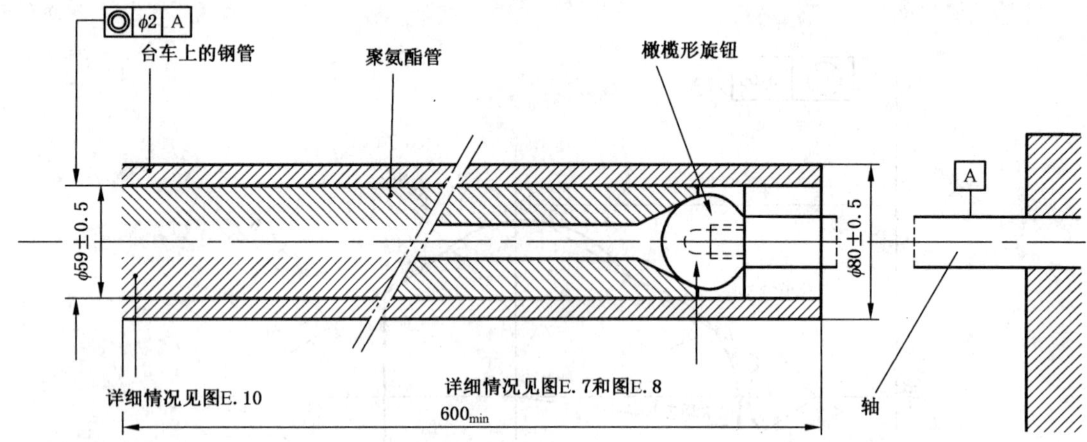

注：按照聚氨酯管外部尺寸的确定(安装时可轻轻推入)。

图 E.9 后面碰撞停止装置尺寸

单位为毫米

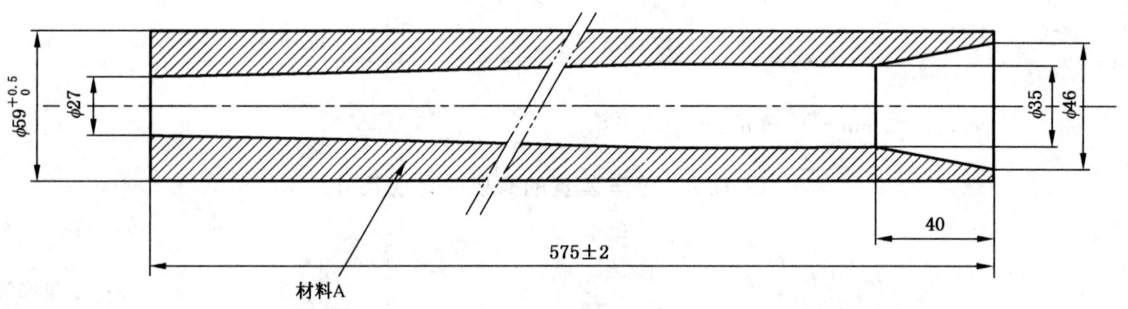

图 E.10 聚氨酯管尺寸

E.7 试验滑车固定点的布置和使用

E.7.1 固定点应按图 E.11～图 E.13 所示定位。

当标准固定片安装在固定点 A、B 或 B_0 时，螺栓以横向水平方向安装，带有角度的标准固定片朝内，并应能使其绕螺栓轴自由转动。

E.7.2 “通用类”和“受限制类”儿童约束系统应使用下列固定点：

——对于使用腰带的儿童约束系统，用点 A 和 B；

——对于使用腰带和肩带的儿童约束系统，用点 A、B_0 和 C；

——对于使用 ISOFIX 固定装置的儿童约束系统，用最后面的点 H_1 和 H_2。

E.7.3 固定点 A、B 和/或(最后面的)H_1、H_2 及 D 用于“半通用类”且只有一个上附加固定点的儿童约束系统。

E.7.4 固定点 A、B 和/或(最后面的)H_1、H_2、E 及 F 用于“半通用类”且有两个上附加固定点的儿童约束系统。

E.7.5 固定点 R_1、R_2、R_3、R_4 和 R_5 是“半通用类”且有一个或几个附加固定点的后向儿童约束系统所用的附加固定点。

E.7.6 除了点 C(点 C 代表柱子上的导向环位置)以外的点，都要符合安全带端头固定点的布置，并且视具体情况而定，与滑车或与载荷传感器相连。装有这些固定点的结构应该是刚性的。当 980 N 的轴向力沿轴向方向施加在上固定点时，上固定点在轴向的位移不得超过 0.2 mm。滑车的结构应保证在试验期间,承载固定点的部分不会发生永久变形。

E.7.7 对于0组带有便携床的儿童约束系统,按照约束系统制造商的规定,点 A_1 和/或 B_1 任选其一。点 A_1 和 B_1 均位于通过 R_1 的横向线上,距离 R_1 350 mm。

E.7.8 对于"通用类"和"受限制类"儿童约束系统试验,应使用附录M规定的带卷收器的标准安全带安装在试验座椅上。用在卷收器和固定片 A_1 之间的标准安全带应在每次动态试验后更换。

E.7.9 对于带有上部约束带的儿童约束系统的试验,使用固定点 G_1 或 G_2。

E.7.10 在使用带支撑腿的儿童约束系统的情况下,试验机构会按照E.7.2~E.7.5的规定选择固定点,并且按照5.1.4.1.9的规定调节支撑腿。

单位为毫米

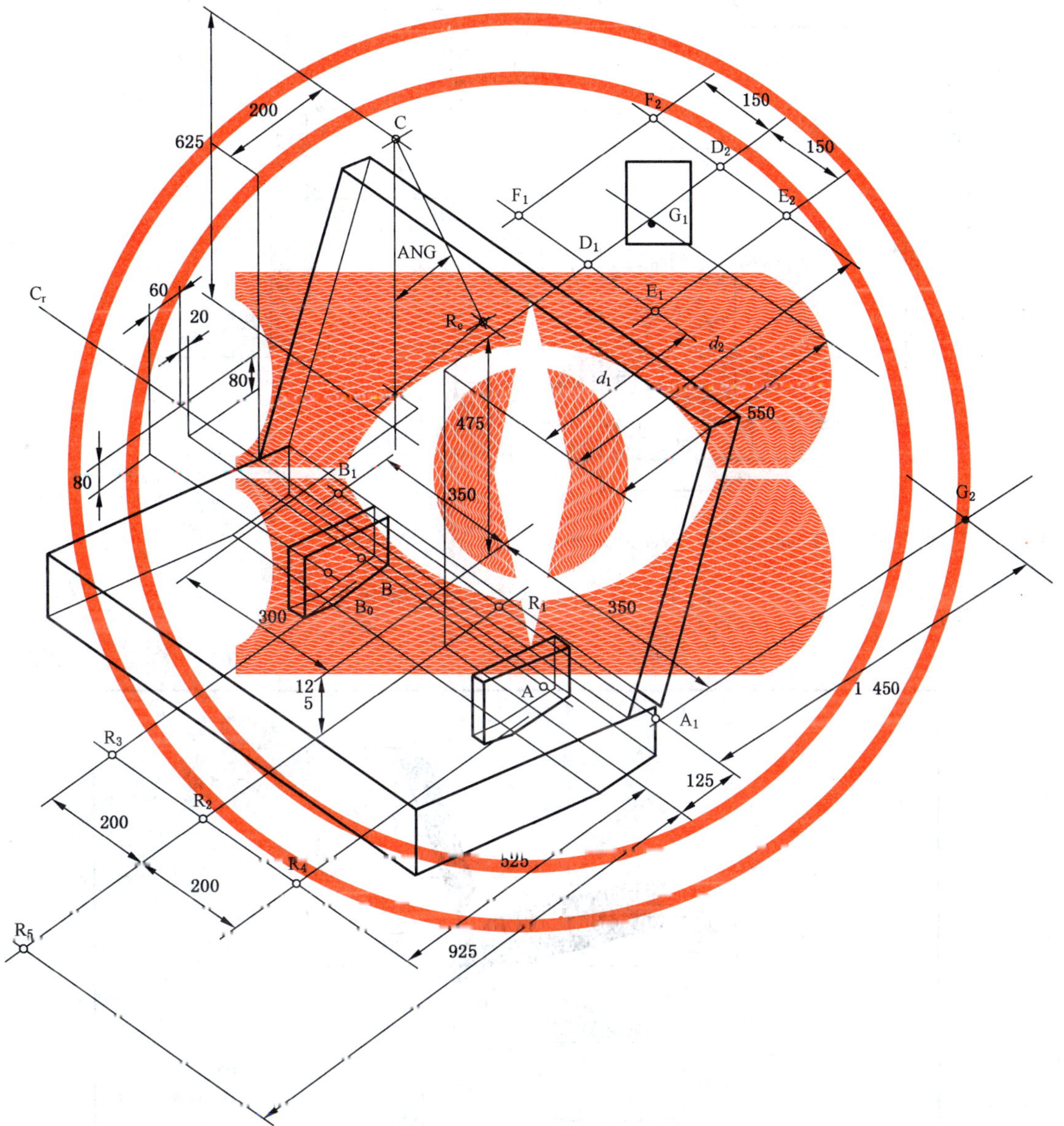

注:除底板相对 C_r 线的尺寸误差为±10 mm外,其他所有相对 C_r 线的尺寸误差均为±2 mm。C到 R_e 的距离为530 mm。其中:R_e 是指位于卷轴中心线上的点。角度ANG不超过30°。

d_1=325 mm,对带搁物板的车辆(F_1,D_1,E_1);d_2=1 025 mm,对带有折叠后座的车辆(旅行车类型)(F_2,D_2,E_2)。

图E.11 试验滑车固定点的布置

单位为毫米

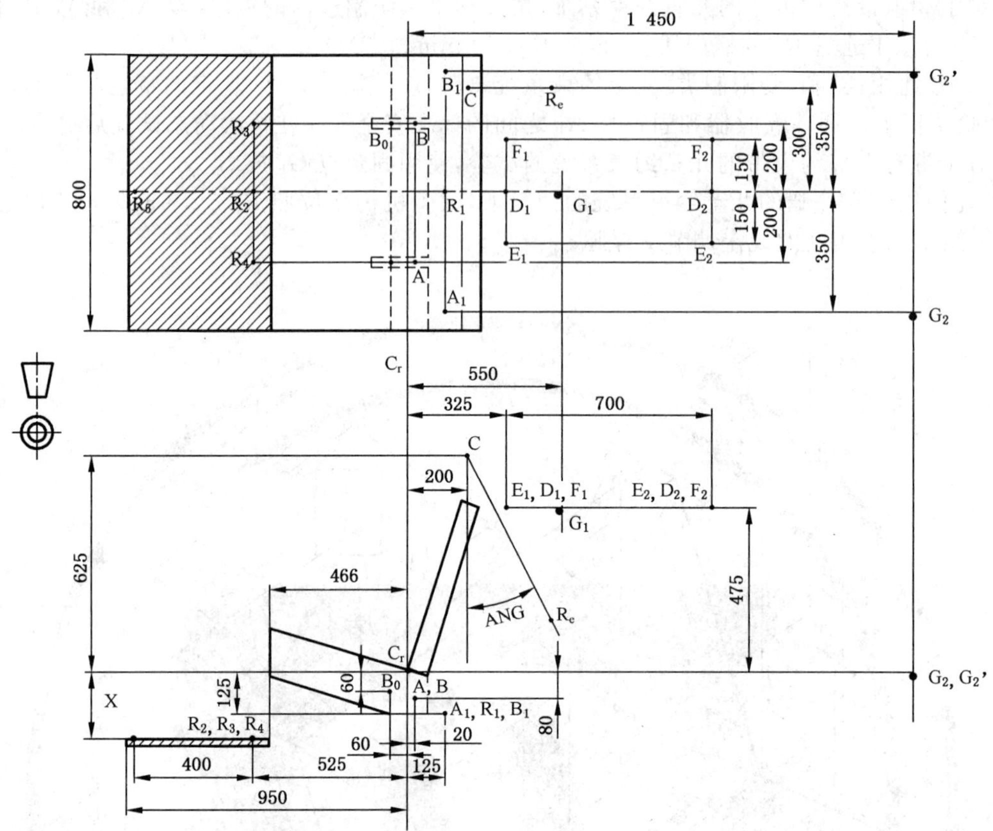

注：C 到 R_e 的距离＝550 mm。角度 ANG 最大 30°。

图 E.12　试验滑车固定点布置图

单位为毫米

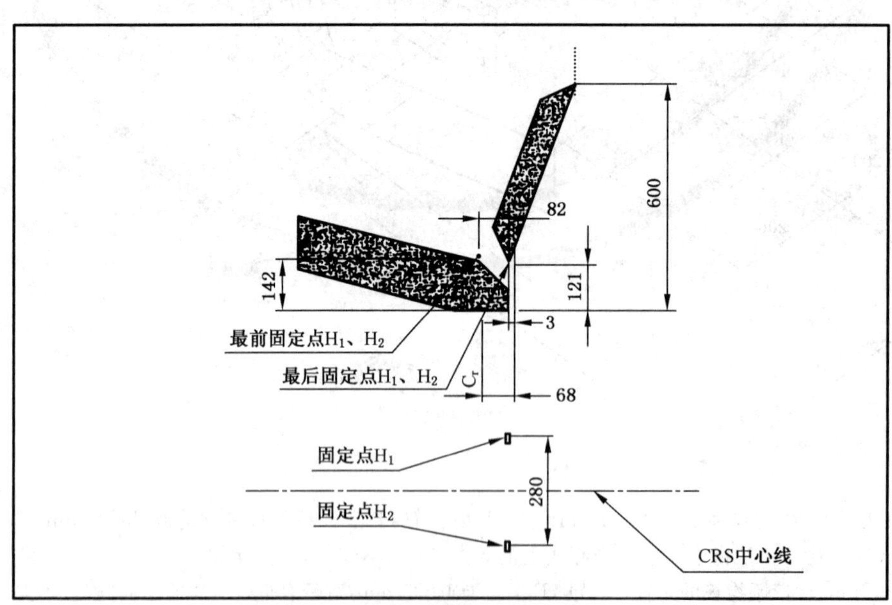

注：固定点 H_1 和 H_2 为直径 6 mm±0.1 mm 的刚性圆杆。

图 E.13　固定点 H_1 和 H_2

附 录 F
（规范性附录）
滑车制动减速或加速的时间函数曲线

任何情况下的标定和测量的过程都应该按照 ISO 6487:2002 的规定执行，测量装置应符合数据通道的规定，通道频率(CFC)为 60 级。

正面碰撞中滑车的减速度或加速度与时间的曲线如图 F.1 所示，对不同曲线的定义见表 F.1。后面碰撞中滑车的减速度或加速度与时间的曲线如图 F.2 所示，对不同曲线的定义见表 F.2。

表 F.1 正面碰撞中不同曲线的定义

时间/ms	加速度(g) 低通道	加速度(g) 高通道
0	—	10
20	0	—
50	20	28
65	20	—
80	—	28
100	0	—
120	—	0

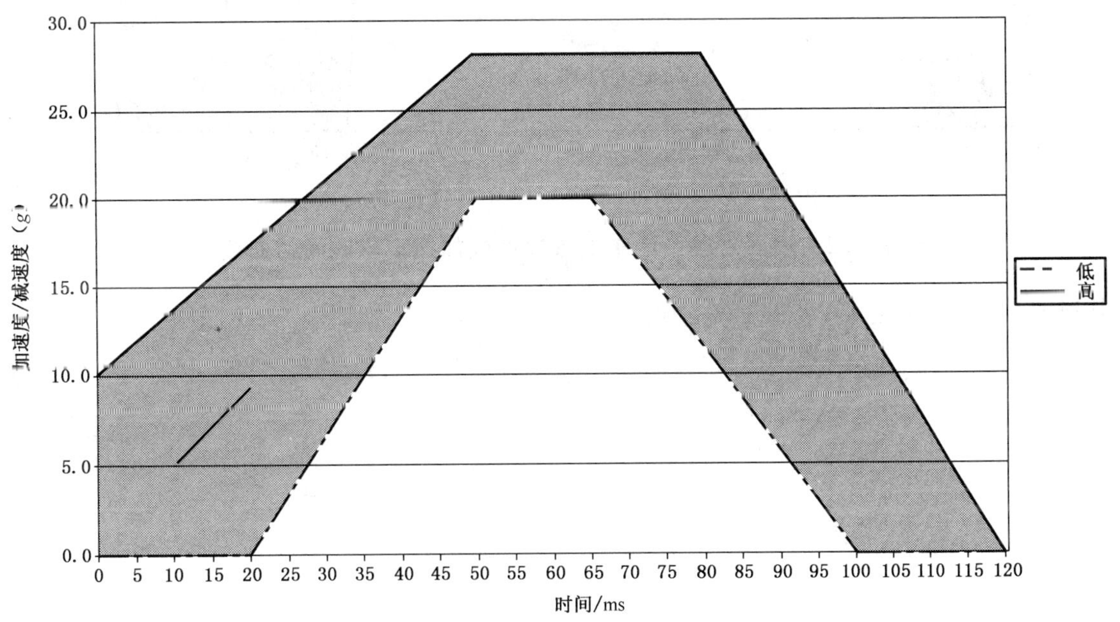

图 F.1 正面碰撞中滑车的减速度或加速度与时间的曲线

表 F.2　后面碰撞中不同曲线的定义

时间/ms	加速度(*g*) 低通道	加速度(*g*) 高通道
0	—	21
10	0	
10	7	—
20	14	—
37	14	—
52	7	—
52	0	
70	—	21
70	—	0

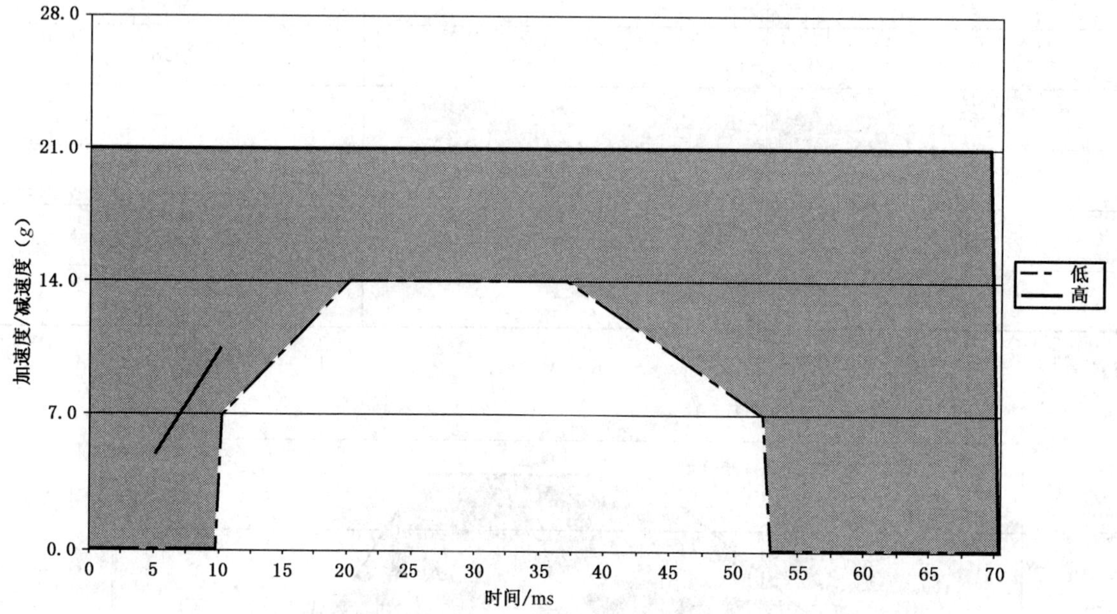

图 F.2　后面碰撞中滑车的减速度或加速度与时间的曲线

其他的要求(见 6.1.3.1.2)只适用于加速式滑车。

附 录 G
（规范性附录）
假人的描述

G.1 概述

G.1.1 本标准所述的假人在G.2～G.4中均有详细描述，技术图样由TNO（道路车辆研究所）绘制。
G.1.2 也可以使用以下规定的假人：
——须经过权威机构认可；
——其使用过程均记录在试验报告中。

G.2 9个月、3岁、6岁和10岁的假人的描述

G.2.1 概述

G.2.1.1 以下描述的假人的尺寸和质量是分别以人体测量学中第五十百分位的9个月、3岁、6岁和10岁的儿童的尺寸和体重确定的。
G.2.1.2 假人由金属和聚酯的骨骼，并由发泡的聚氨酯躯干覆盖。
G.2.1.3 假人的分解图见图G.2～图G.9。

G.2.2 构造

G.2.2.1 头部

头部由聚氨酯组成，并用金属条加强。在头内部的重心位置的尼龙块上可以安装测量装置。

G.2.2.2 脊椎

G.2.2.2.1 颈椎

颈部由5个环状的含有尼龙元素的聚氨酯块组成。第一锁椎由尼龙制成。

G.2.2.2.2 腰椎

5块腰椎均由尼龙制成。

G.2.2.3 胸部

G.2.2.3.1 胸部的骨骼由钢管构成，并安装有胳膊的连接端。脊骨是由带有四个接线端的钢索构成。
G.2.2.3.2 骨骼外包覆一层聚氨酯。测量装置能够安装在胸腔内。

G.2.2.4 四肢

胳膊和腿都由聚氨酯组成，并以金属方形管、金属条、金属板加强。膝盖和肘部的连接处都带有可调铰链。胳膊的上部和腿的上部关节处由可以调节的球型铰链构成。

G.2.2.5 骨盆

G.2.2.5.1 骨盆由玻璃纤维增强聚酯组成，并且也包覆一层聚氨酯。

G.2.2.5.2 骨盆上部的形状对决定腹部载荷的灵敏度是很重要的，骨盆的形状尽可能地模拟儿童骨盆的形状。

G.2.2.5.3 臀部的关节正好位于骨盆的下部。

G.2.2.6 假人的安装

G.2.2.6.1 颈部-胸部-骨盆

将腰椎和骨盆穿在钢索上，并通过一个螺母来调节它们的张力。颈椎以同样的方式安装并调节。既然钢索通过胸部时不能自由移动，那么从颈部不可能调节腰椎的张力，反之亦然。

G.2.2.6.2 头部-颈部

头部在第一颈椎处以球的方式安装固定，并用螺母进行调节。

G.2.2.6.3 躯干-四肢

G.2.2.6.3.1 胳膊和腿与躯干连接是用球型铰链来安装、调节。

G.2.2.6.3.2 对于胳膊铰链，其球座连接到躯干上；对于腿部铰链，其球座连接到腿部上。

G.2.3 主要特性

G.2.3.1 质量

各年龄组假人各部分质量见表 G.1。

表 G.1 各年龄组假人各部分质量

部分	各年龄组的质量/kg			
	9 个月	3 岁	6 岁	10 岁
头部＋颈部	2.20±0.10	2.70±0.10	3.45±0.10	3.60±0.10
躯干	3.40±0.10	5.80±0.15	8.45±0.10	12.30±0.30
上臂(2×)	0.70±0.05	1.10±0.05	1.85±0.10	2.00±0.10
前臂(2×)	0.45±0.05	0.70±0.05	1.15±0.05	1.60±0.10
大腿(2×)	1.40±0.05	3.00±0.10	4.10±0.15	7.50±0.15
小腿(2×)	0.85±0.05	1.70±0.10	3.00±0.10	5.00±0.15
总计	9.00±0.20	15.00±0.30	22.00±0.50	32.00±0.70

G.2.3.2 主要尺寸

主要尺寸见图 G.1 及表 G.2。

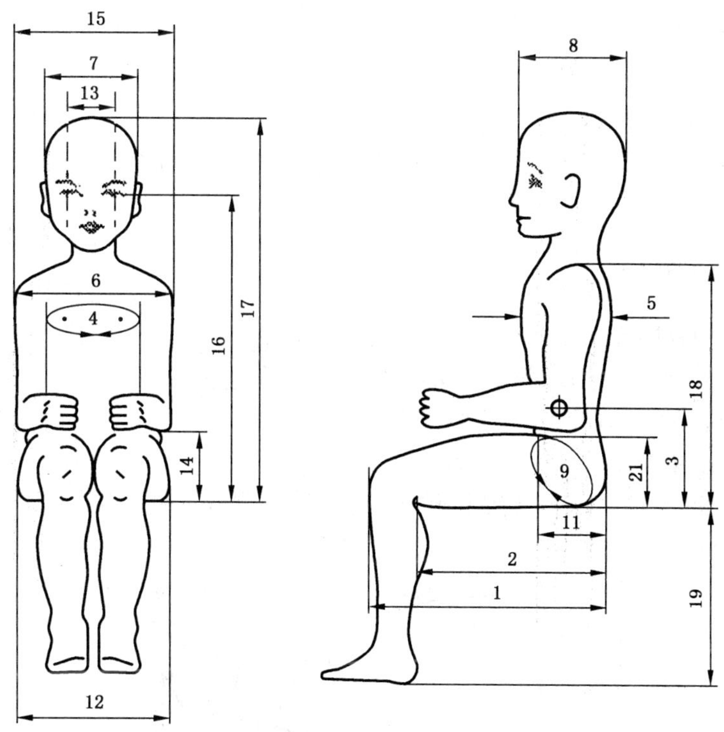

图 G.1 假人的主要尺寸

表 G.2 假人坐姿尺寸

序号	尺　　寸	各年龄组的尺寸(mm)			
		9 个月	3 岁	6 岁	10 岁
1	从臀部后面到膝盖前面	195	334	378	456
2	从臀部后面到腿弯部，坐姿	145	262	312	376
3	重心到座椅	180	190	190	200
4	胸围	440	510	530	660
5	胸部厚度	102	125	135	142
6	两肩胛骨之间距离	170	215	250	295
7	头宽	125	137	141	141
8	头的厚度	166	174	175	181
9	臀围，坐姿	510	590	668	780
10	臀围，站姿(没给出)	470	550	628	740
11	臀部厚度，坐姿	125	147	168	180
12	臀部宽度，坐姿	166	206	229	255
13	颈部宽度	60	71	79	89
14	座椅到肘部	135	153	155	186
15	肩部宽度	216	249	295	345
16	坐着时，眼部的高度	350	460	536	625
17	坐高	450	560	636	725
18	肩部的高度，坐姿	280	335	403	483
19	脚底到腿弯部，坐姿	125	205	283	355
20	身高(没给出)	708	980	1166	1376
21	大腿的厚度，坐姿	70	85	95	106

G.2.4 关节的调整

G.2.4.1 概述

为了使假人具有重复性,有必要按照说明调节不同部位关节的摩擦力、颈部和腰椎钢索的压力以及腹部插入物的刚度。

G.2.4.2 颈部钢索的调整

G.2.4.2.1 把躯干的背部放在一个水平面上。

G.2.4.2.2 除头以外,把全部的颈部零件安装好。

G.2.4.2.3 拧紧安装在第一颈椎上的张紧螺母。

G.2.4.2.4 从第一颈椎处穿过一个合适的杆或螺栓。

G.2.4.2.5 当一个 50 N 的载荷垂直向下施加在穿过第一颈椎的杆或螺栓上时,放松张紧螺母,直到第一颈椎下降了 10 mm±1 mm(见图 G.2)。

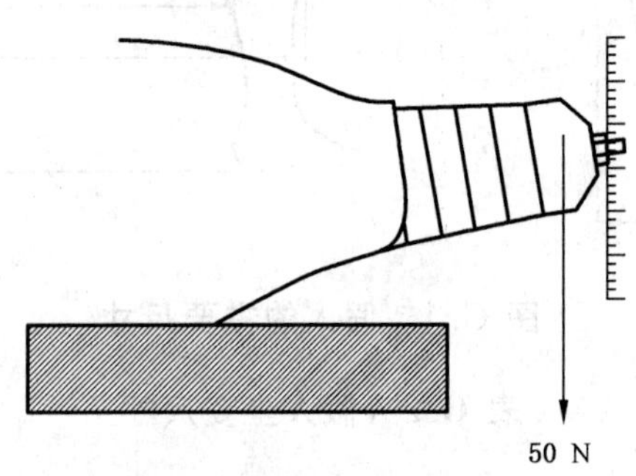

图 G.2 颈部钢索的标定

G.2.4.3 第一颈椎关节

G.2.4.3.1 把躯干的背部放在一个水平面上。

G.2.4.3.2 把颈部和头部安装好。

G.2.4.3.3 头处于水平位置上,拧紧穿过头部和第一颈椎的螺钉并调节螺母。

G.2.4.3.4 放松调整螺母,直至头部可以活动(见图 G.3)。

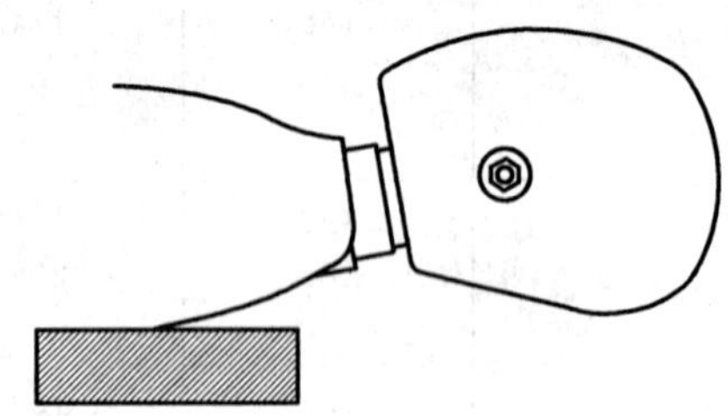

图 G.3 第一颈椎关节的标定

G.2.4.4 臀部关节

G.2.4.4.1 使骨盆的上面处于一水平平面。

G.2.4.4.2 把大腿安装好,不安装小腿。

G.2.4.4.3 大腿处于水平位置时,拧紧调整螺母。

G.2.4.4.4　放松调整螺母，直至大腿可以活动。

G.2.4.4.5　在新假人阶段，由于“磨合”问题，应经常检查臀部关节(见图G.4)。

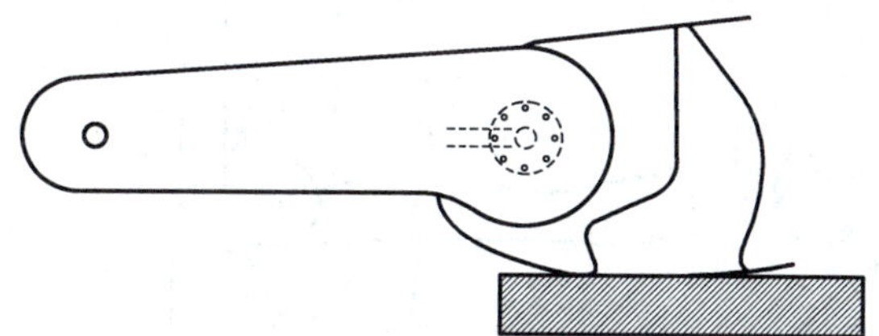

图 G.4　臀部关节的标定

G.2.4.5　膝关节

G.2.4.5.1　把大腿置于水平平面上。

G.2.4.5.2　安装小腿。

G.2.4.5.3　在水平位置，拧紧连接小腿的膝关节的调整螺母。

G.2.4.5.4　放松调整螺母，直至小腿可以活动(见图G.5)。

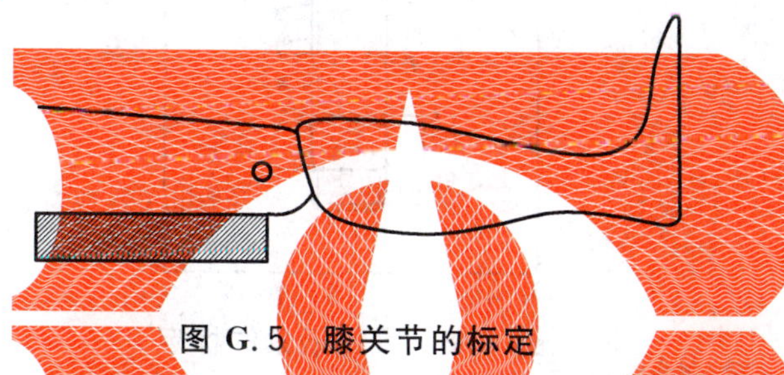

图 G.5　膝关节的标定

G.2.4.6　肩关节

G.2.4.6.1　把躯干直立。

G.2.4.6.2　安装好上臂，不安装前臂。

G.2.4.6.3　在水平位置，拧紧肩部连接上臂的关节的调整螺母。

G.2.4.6.4　放松调整螺母，直至上臂可以活动(见图G.6)。

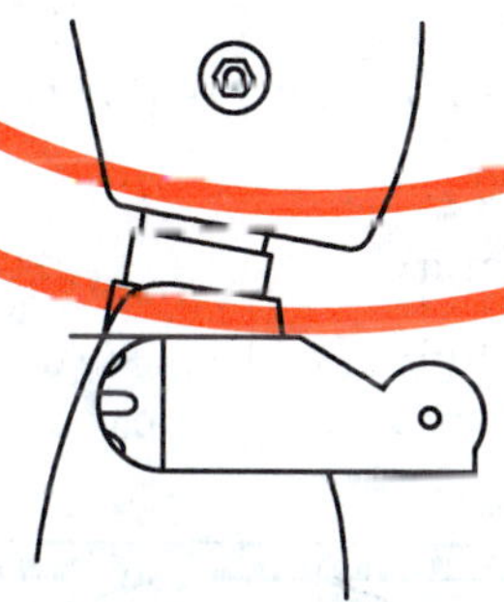

图 G.6　肩关节的标定

G.2.4.6.5　在新假人阶段，由于“磨合”问题，应经常检查肩关节。

G.2.4.7　肘关节

G.2.4.7.1　使上臂置于垂直位置。

G.2.4.7.2　安装前臂。

G.2.4.7.3 在水平位置，拧紧肘部连接前臂的关节的调整螺母。

G.2.4.7.4 放松调整螺母，直至前臂可以活动(见图 G.7)。

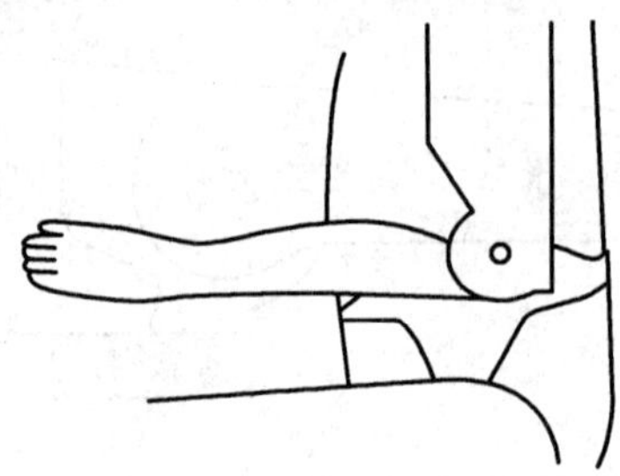

图 G.7 肘关节的标定

G.2.4.8 腰椎钢索

G.2.4.8.1 装配上部躯干、腰椎、下部躯干、腹部插入物、钢索和弹簧。

G.2.4.8.2 拧紧安装在下部躯干的钢索调整螺母，直到弹簧被压缩到它空载长度的 2/3(见图 G.8)。

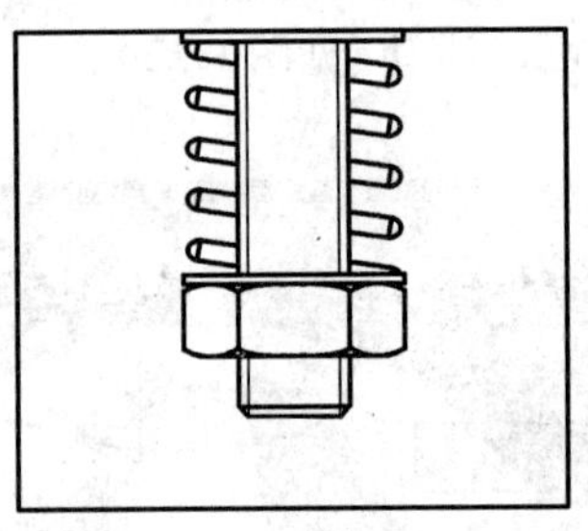

图 G.8 腰椎钢索的标定

G.2.4.9 腹部嵌入物的标定

G.2.4.9.1 试验通过一台拉力机进行。

G.2.4.9.2 把腹部嵌入物放在一刚性块上，此刚性块与腰椎圆管的长度和宽度相同。其厚度是腰椎圆管厚度的两倍(见图 G.9)。

G.2.4.9.3 施加 20 N 的初始载荷。

G.2.4.9.4 然后施加 50 N 的持续载荷。

G.2.4.9.5 腹部嵌入物在 2 分钟之后将产生偏差，对于不同大的假人，产生的偏差如下：

——9 个月大的假人：11.5 mm±2.0 mm；

——3 岁大的假人：11.5 mm±2.0 mm；

——6 岁大的假人：13.0 mm±2.0 mm；

——10 岁大的假人：13.0 mm±2.0 mm。

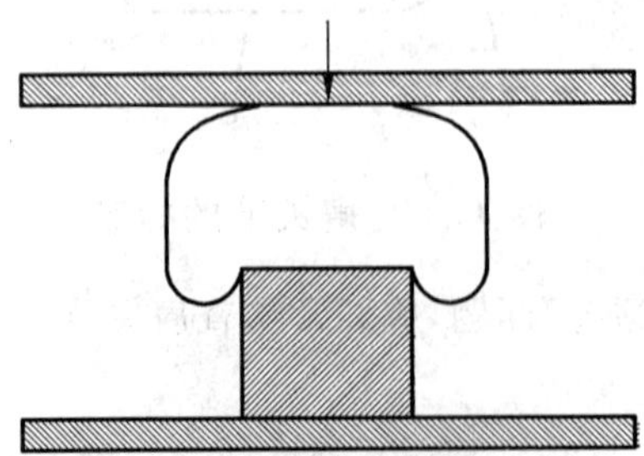

图 G.9 腹部嵌入物的标定

G.2.5 仪器

G.2.5.1 概述

标定和测量的过程应依据 ISO 6487。

G.2.5.2 胸部加速度传感器的安装

加速度传感器应安装在被保护的胸腔内。

G.2.5.3 腹部贯穿力的指示

G.2.5.3.1 一个模型黏土样品用薄薄的粘接带垂直连接在腰椎骨前面。

G.2.5.3.2 模型黏土的变形并不说明发生了侵入。

G.2.5.3.3 黏土模型具有与腰椎圆管相同的长度和宽度;厚度为 25 mm±2 mm。

G.2.5.3.4 只能使用适合假人的模型黏土。

G.2.5.3.5 试验过程中黏土模型的温度为 30 ℃±5 ℃。

G.3 新生儿假人的描述

G.3.1 概述

头、躯干、胳膊和腿做为单独的零件构成假人。躯干、胳膊和腿都由简单的铸模组成,外面覆盖一层 PVC(聚氯乙烯)表皮,脊骨是由钢制弹簧制成。头部是由聚氨酯泡沫制成,覆盖一层 PVC 表皮,并固定在躯干上。假人穿着一件紧身的合适的具有弹性的棉质或聚酯材料制成的外套。

假人的尺寸和质量分配基于表 G.3 和表 G.4 以及图 G.10 中所示的第五十百分位的新生儿的尺寸和质量。

注:PVC 表皮的厚度为 $1^{+0.5}_{0}$ mm;比重为 0.865±0.1。

表 G.3 新生儿假人的基本尺寸

部位		尺寸/mm	部位		尺寸/mm
A	臀部-顶	345	*E*	肩膀宽度	150
B	臀部-脚底 (包括直腿)	250	*F*	胸部宽度	105
			G	胸部厚度	100
C	头的宽度	105	*H*	臀部宽	105
D	头的厚度	125	*I*	从头顶到假人重心的高度	235

表 G.4 新生儿假人的质量分配

部位	质量/kg
头和颈部	0.7
躯干	1.1
胳膊	0.5
腿	1.1
总质量	3.4

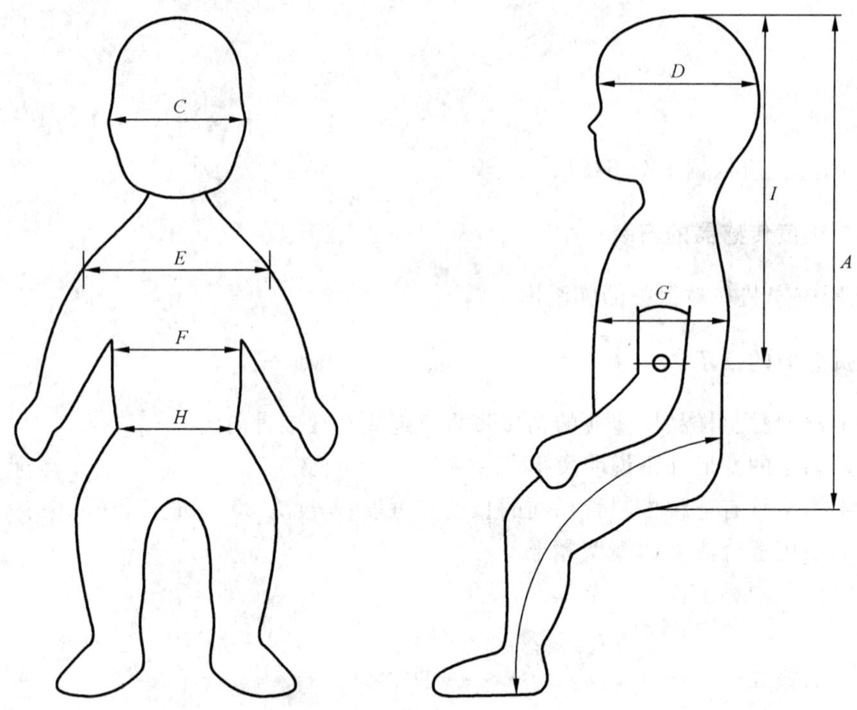

图 G.10 婴儿假人的主要尺寸

G.3.2 肩部刚度

G.3.2.1 把假人的背部放在一水平平面上，并支撑住假人的躯干一侧，以防止假人的移动（见图 G.11）。

G.3.2.2 在垂直于假人的中心轴线的水平方向，将 150 N 的力施加在直径为 40 mm 的柱塞平面上，方向垂直于假人的中心轴线。柱塞的轴线应位于假人肩部的中间，并接近肩膀上的 A 点（见图 G.11）。柱塞从接触胳膊的第一点开始产生的侧偏差应在 30 mm～50 mm 之间。

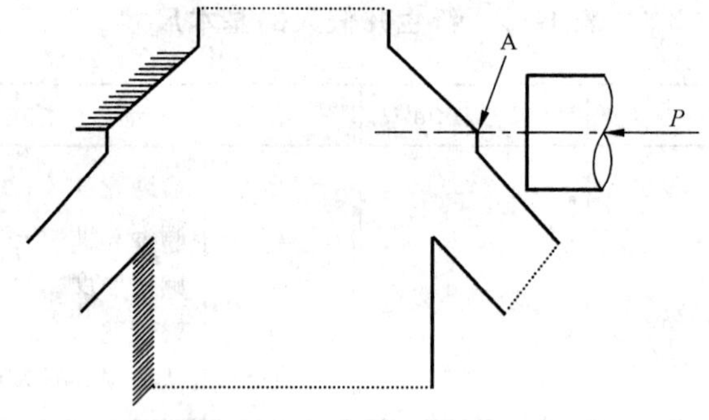

图 G.11 肩部刚度的标定

G.3.2.3 将支撑换到另一侧，重复上面的试验。

G.3.3 腿关节的刚度

G.3.3.1 把假人的背部放于一水平平面上（见图 G.12）并用织带将假人的两条小腿绑在一起，使两膝盖内面相接触。

G.3.3.2 通过一个横截平面为 35 mm×95 mm 的柱塞施加一垂直载荷于膝盖上方，柱塞的中心线通过膝盖的最高点。

G.3.3.3 于柱塞上施加足够的力以使臂部弯曲，直到柱塞平面超过支撑平面 85 mm。这个力应在 30 N～70 N 之间。确保在试验过程中小腿不接触任何表面。

G.3.4 温度

标定试验的温度应在 15 ℃～30 ℃之间。

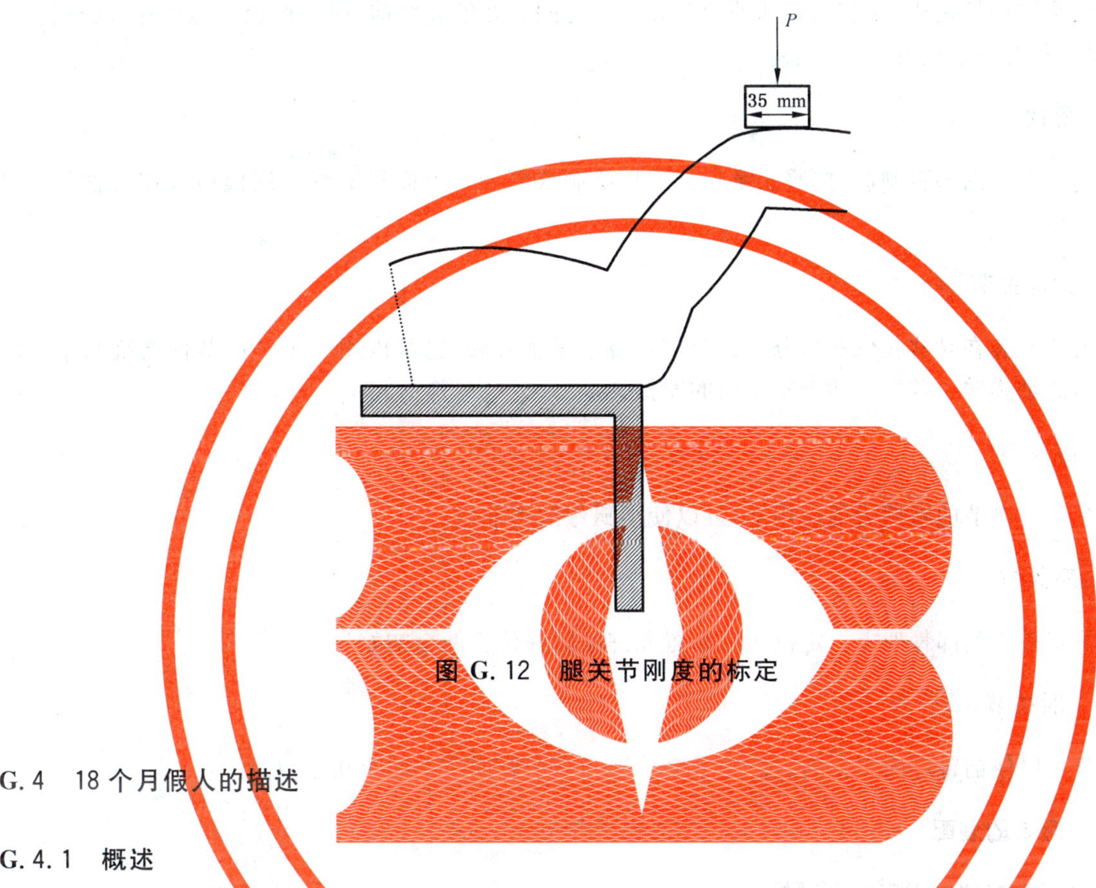

图 G.12 腿关节刚度的标定

G.4 18 个月假人的描述

G.4.1 概述

假人的尺寸和质量基于人体测量学第 50 百分位的 18 个月儿童的尺寸和质量。

G.4.2 结构

G.4.2.1 头部

头部由半刚性塑料头盖骨覆盖一层表皮构成。头盖骨中有一个空腔，可以安装测量仪器。

G.4.2.2 颈部

颈部由三部分组成。

a) 固体橡胶圆柱；

b) 在橡胶圆柱顶端带有操作可调的关节，允许在可以调节的摩擦力作用下绕着水平轴旋转；

c) 在颈部的底部有一个不可调节的半球型关节。

G.4.2.3 躯干

躯干由塑料骨架组成，覆盖一层类似人体肌肉和表皮的物质。在躯干中间，骨架的前面有空腔，可以填充泡沫塑料以使胸腔获得适当的刚度。在躯干后部也有空腔，允许安装测量仪器。

G.4.2.4 腹部

假人的腹部是插入到胸腔与骨盆之间的可以变形的元件。

G.4.2.5 腰椎

腰椎由橡胶圆柱构成,安装在胸部的骨架和骨盆之间。在安装之前,用一根金属绳贯穿橡胶圆柱的空心,使腰椎具有一定刚度。

G.4.2.6 骨盆

骨盆由半刚性的塑料制成,按照儿童骨盆的形状制成模型。外面覆盖着一层模拟人体骨盆和臀部的肌肉和表皮。

G.4.2.7 臀部关节

臀部关节安装在骨盆较低的部分。关节可以绕水平轴旋转,也可以用一个万向节使之绕与水平轴有适当夹角的轴旋转。调节与两个轴之间的摩擦力。

G.4.2.8 膝关节

膝关节在可调节的摩擦力的作用下,可以使小腿弯曲和伸展。

G.4.2.9 肩关节

肩关节安装于胸部骨架上。定位止动装置允许胳膊回位至两个初始位置。

G.4.2.10 肘关节

肘关节可以使前臂弯曲和伸展。定位止动装置允许前臂回位至两个初始位置。

G.4.2.11 假人的装配

G.4.2.11.1 脊椎的钢索安装在腰椎内。

G.4.2.11.2 腰椎安装在骨盆和胸部脊椎之间的骨架中。

G.4.2.11.3 在胸部和骨盆之间填充腹部嵌入物。

G.4.2.11.4 颈部安装在胸部上面。

G.4.2.11.5 头部用连接板固定于颈部上面。

G.4.2.11.6 安装胳膊和腿。

G.4.3 主要特性

G.4.3.1 质量

假人的质量分配见表G.5。

表 G.5 18个月大的儿童的质量分配

组成部分	质量/kg
头+颈	2.73
躯干	5.06

表 G.5（续）

组成部分	质量/kg
上臂	0.27
前臂	0.25
大腿	0.61
小腿	0.48
总质量	11.01

G.4.3.2 主要尺寸

主要尺寸基于图 G.13 以及表 G.6 给出的值。

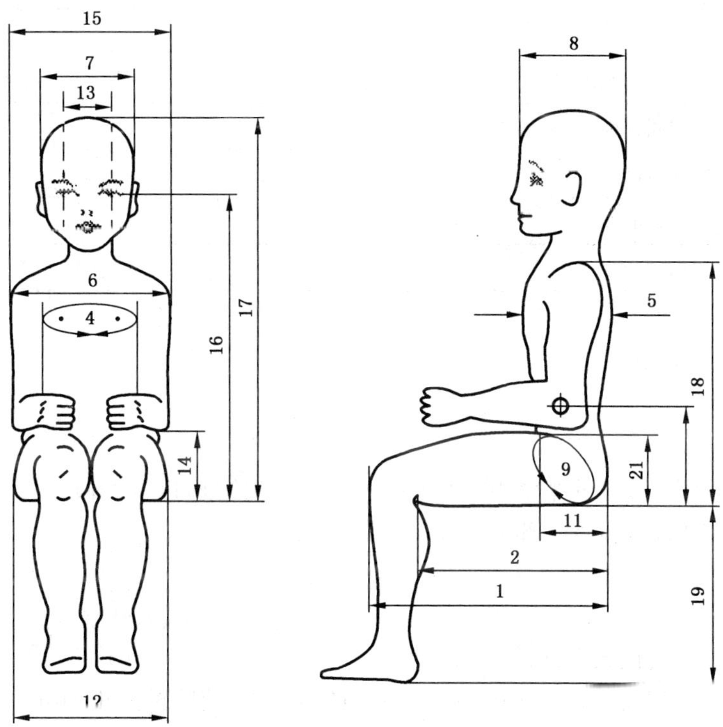

图 G.13 18 个月假人的主要尺寸

表 G.6 18 个月假人的主要尺寸

序号	尺寸	值/mm
1	臀部的后面到膝盖的前面	239
2	从臀部后面到腿弯部，坐姿	201
3	重心到座椅	193
4	胸围	474
5	胸部厚度	113

表 G.6(续)

序号	尺　　寸	值/mm
7	头宽	124
8	头的厚度	160
9	臀围,坐姿	510
10	臀围,站姿(没给出)	471
11	臀部厚度,坐姿	125
12	臀部宽度,坐姿	174
13	颈部宽度	65
14	座椅到肘部	125
15	肩部宽度	224
17	坐高	495[a]
18	肩部的高度,坐姿	305
19	脚底到腿弯部,坐姿	173
20	身高(没给出)	820[a]
21	大腿的厚度,坐姿	66
[a] 假人的臀部、后背和头靠在一垂直平面上。		

G.4.4 关节的调整

G.4.4.1 概述

调整各关节的摩擦力,腰椎的张紧力,以及腹部嵌入物的刚度,以保证假人重复性。

在这些程序进行之前,应检查各部分有无损坏。

G.4.4.2 腰椎

G.4.4.2.1 腰椎在安装到假人上之前应标定。

G.4.4.2.2 把腰椎的下部安装板置于图 G.14 所示的装置上,使腰椎的正面处于底部。

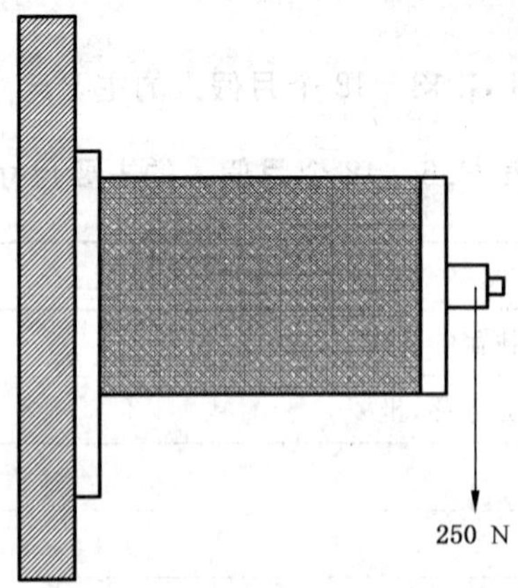

图 G.14 腰椎的标定

G.4.4.2.3 对上部的安装板向下施加一个 250 N 的力。在力发生作用之后 1 s～2 s 时记录因所产生的位移，该位移应为 9 mm～12 mm。

G.4.4.3 腹部

G.4.4.3.1 把腹部嵌入物安装在一个与腰椎圆柱同样长度和宽度的刚性块中。块的厚度至少为腰椎圆柱厚度的两倍(图 G.15)。

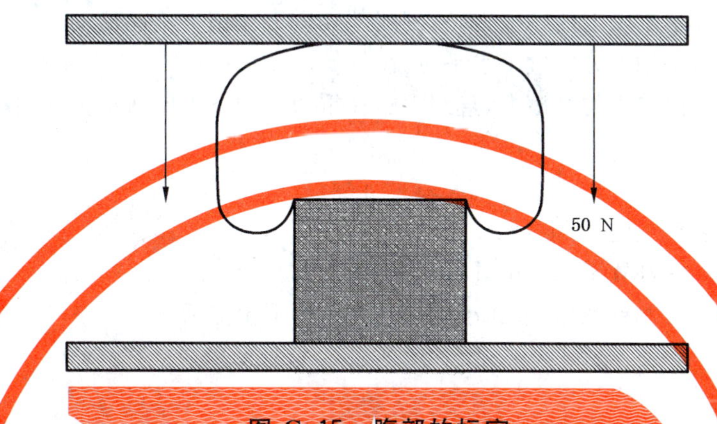

图 G.15 腹部的标定

G.4.4.3.2 施加一个 20 N 的初始载荷。

G.4.4.3.3 施加一个 50 N 的持续载荷。

G.4.4.3.4 两分钟之后腹部嵌入物的变形为 12 mm±2 mm。

G.4.4.4 颈部的调节

G.4.4.4.1 安装好全部由橡胶圆柱构成的颈部零件，底部的球形关节和 OC 关节靠着一垂直平面，使其正面向下(图 G.16)。

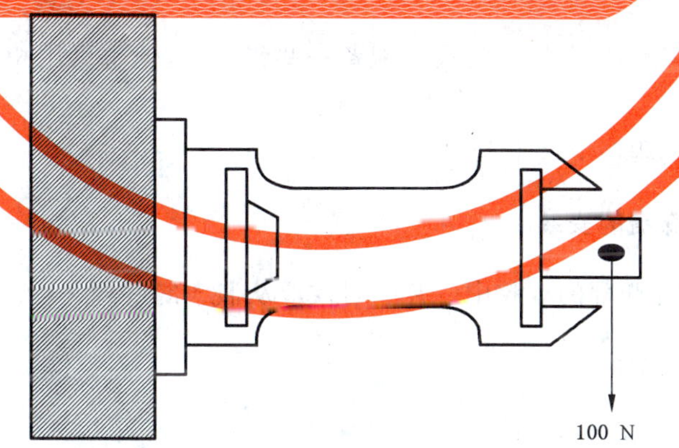

图 G.16 颈部的标定

G.4.4.4.2 在 OC 关节的轴线上施加一个垂直向下的 100 N 的力。运动关节的位置发生向下的位移为 22 mm±2 mm。

G.4.4.5 OC 关节

G.4.4.5.1 安装全部的颈部和头部零件。

G.4.4.5.2 把躯干的背部放于一水平平面上。

G.4.4.5.3 用扭力扳手拧紧螺栓并调整通过头部和OC关节的螺母,直到头部在重力作用下不能活动。

G.4.4.6 臀部

G.4.4.6.1 把大腿安装在骨盆上,不安装小腿。

G.4.4.6.2 把大腿放于一水平位置。

G.4.4.6.3 增大施加在水平轴上的摩擦力,直到腿部在重力作用下不能活动。

G.4.4.6.4 把大腿沿水平轴的方向置于水平位置。

G.4.4.6.5 增大施加万向节上的摩擦力,直到大腿在重力作用下不能活动。

G.4.4.7 膝盖

G.4.4.7.1 把小腿安装至大腿上。

G.4.4.7.2 把大腿和小腿都置于水平位置,用大腿作支撑。

G.4.4.7.3 拧紧膝盖上的调整螺母,直到小腿在重力作用下不能活动。

G.4.4.8 肩膀

G.4.4.8.1 拉伸前臂,并把上臂放在它能够锁住的最高位置。

G.4.4.8.2 如果胳膊不能保持在所要求的位置,那么应对装在肩膀上定位止动装置进行维修或更换。

G.4.4.9 肘部

G.4.4.9.1 把上臂放在它能够锁住的最下位置,并把前臂放在它能够锁住的最高位置。

G.4.4.9.2 如果前臂不能保持在所要求的位置,那么应对装在肘部的定位止动装置进行维修或更换。

G.4.5 仪器设备

G.4.5.1 概述

G.4.5.1.1 按照规定,虽然18个月的假人可配备一些传感器,但也可用相同尺寸和重量的替代品来替代。

G.4.5.1.2 标定和测量的程序应基于ISO 6487。

G.4.5.2 胸部加速度传感器的安装

加速度传感器应安装在胸部的空腔中。装的时候应从假人的后背进行。

G.4.5.3 腹部侵入情况的指示

是否发生腹部侵入情况应用高速摄影来确定。

附 录 H
（规范性附录）
正面碰撞试验程序

H.1 试验场地

试验场地应足够大，以容纳跑道、壁障和试验必需的技术设施。在壁障前至少 5 m 的跑道应水平、平坦和光滑。

H.2 壁障

壁障由钢筋混凝土制成，前部宽度不小于 3 m，高度不小于 1.5 m。壁障厚度应保证其质量不低于 7×10^4 kg。壁障前表面应铅垂，其法线应与车辆直线行驶方向成 0°夹角，且壁障表面应覆以 20 mm±1 mm 厚状态良好的胶合板。壁障应固定在地板上或放在地板上，如果有必要，应使用辅助定位装置将壁障固定在地面上，以限制其位移。虽与上述要求不同，但能得出相同结果的壁障也可使用。

H.3 车辆的驱动

在碰撞瞬间，车辆应不再承受任何附加转向或驱动装置的作用。应保证车辆以垂直于壁障的方向接触壁障；车辆正面的垂直中心线与壁障的垂直中心线之间的允许的横向最大水平偏移量为±300 mm。

H.4 车辆状况

H.4.1 试验车辆应安装所有正常运行状态下的部件和装备，这些部件和装备的质量都计入其整备质量，也可只装配车厢内的部件和装备，但提交试验的车辆质量应是车辆的整备质量。

H.4.2 如果车辆为外部驱动，油箱应注入与正常使用的燃油的密度和黏性很接近的非易燃性液体，其质量为制造厂规定的燃油箱满容量时的燃油质量的 90%。所有其他系统（制动系、水箱等）都应排空。

H.4.3 如果车辆由其本身的发动机驱动，油箱应至少充满其容量的 90%。所有其他的液体容纳箱应充满。

H.4.4 如果制造商提出要求，并且通过相应的技术维护，也可允许做过其他法规试验（包括能够影响其结构的试验）的同一辆车用于本标准规定的试验。

H.5 测量速度

碰撞瞬间，车辆速度应为 50^{+0}_{-2} km/h。如果试验以更高的碰撞速度进行，并且车辆满足要求，那么也应认为试验合格。

H.6 测量仪器

在 H.5 中提到的用于记录速度的仪器应精确到 1%之内。

附 录 I
（规范性附录）
后面碰撞试验程序

I.1 试验场地

试验场地应足够大，以容纳碰撞装置驱动系统、碰撞后被撞车辆发生位移以及试验设备的安装。车辆发生碰撞和移动的场地应水平、平整。（任何 1 m 长度对应的坡度应小于 3%。）

I.2 碰撞装置

I.2.1 碰撞装置应为一刚性的钢制结构。

I.2.2 碰撞装置表面应为平面，宽度不小于 2 500 mm、高度不小于 800 mm。其棱边圆角半径为 40 mm～50 mm，表面装有厚为 20 mm±1 mm 的胶合板。

I.2.3 碰撞时应满足下述要求：

a） 碰撞表面应铅垂，并垂直于被撞车辆的纵向中心平面；

b） 碰撞装置移动方向应水平，并平行于被撞车辆的纵向中心平面；

c） 碰撞装置表面中垂线与被撞车辆的纵向中心平面之间的横向水平偏差应不大于 300 mm，并且碰撞表面宽度应超过被撞车辆的宽度；

d） 碰撞物表面下边缘离地高度应为 175 mm±25 mm。

I.3 碰撞装置的驱动方式

碰撞装置既可以固定在移动车上（移动壁障），也可以为摆锤的一部分。

I.4 使用移动壁障的要求

I.4.1 如果碰撞装置用约束元件固定于移动车（移动壁障）上，则约束元件一定是刚性的，且不应因碰撞而产生变形。在碰撞瞬间，移动车应与牵引装置脱离而能自由移动。

I.4.2 移动车和碰撞装置的总质量应为 1 100 kg±20 kg。

I.5 使用摆锤的要求

I.5.1 碰撞装置的碰撞表面中心与摆锤旋转轴线间的距离不应小于 5 m。

I.5.2 碰撞装置应牢固地固定在刚性臂上，并通过刚性臂自由地悬挂，摆锤结构不能因碰撞而产生变形。

I.5.3 摆锤上应装有停止装置，以防止摆捶与试验车辆发生第二次碰撞。

I.5.4 碰撞瞬间，摆锤撞击中心的速度应为 30 km/h～32 km/h。

I.5.5 摆锤撞击中心的转换质量 m_r 是通过函数 m、a、l 用公式表示：

$$m_r = m \cdot \frac{l}{a}$$

其中：

m ——总质量，单位为千克(kg)；

a ——撞击中心与旋转轴之间的距离，单位为毫米(mm)；

l ——系统重心与旋转轴之间的距离，单位为毫米(mm)。

注：“a”等于摆锤臂的长度。

I.5.6　转换质量 m_r 应为 1 100 kg±20 kg。

I.6　关于碰撞装置质量和撞击速度的一般规定

如果试验过程中碰撞速度大于 I.5.4 的规定，并且/或者碰撞装置的质量大于 I.5.6 的规定，只要车辆符合本标准规定的要求，则应认为该试验有效。

I.7　试验车辆状态

I.7.1　试验车辆应装备所有正常安装的部件和装备，这些部件和装备都计入车辆的整备质量，也可只装配车厢内的部件和装备，但提交试验的车辆质量应是车辆的整备质量。

I.7.2　带有按照说明书安装的儿童约束系统的完整车辆，应放置在一坚硬的、平直的水平表面上，并且松开手刹，变速器处于空挡位置。多个儿童约束系统可以在同一碰撞试验中进行试验。

附 录 J
（规范性附录）
对机动车上半通用类的儿童约束装置附加固定点的要求

本附录仅用于半通用类的儿童约束装置的附加固定点、杆件或其他用于保护车辆上的儿童约束装置的设施，不管他们是否使用 GB 14167 中规定的固定点。

固定点应由儿童约束系统制造商确定，并且固定点的具体要求已经过试验技术部门的认可。

儿童约束系统制造商应提供必要的零件来装配固定点，并且对每一车辆都要提供专门的图纸来指明固定点在车上的确切位置。

儿童约束系统制造商应说明，车辆上儿童约束系统的安装固定点是按照有关位置和强度的要求配置的。建议用于乘用车上的儿童约束系统的固定点应采用特殊要求（见 GB 14166）。

附 录 K
（规范性附录）
座 椅

带有座椅靠背的儿童约束系统，其座椅靠背的内高应不低于 500 mm，如图 K.1 所示。

单位为毫米

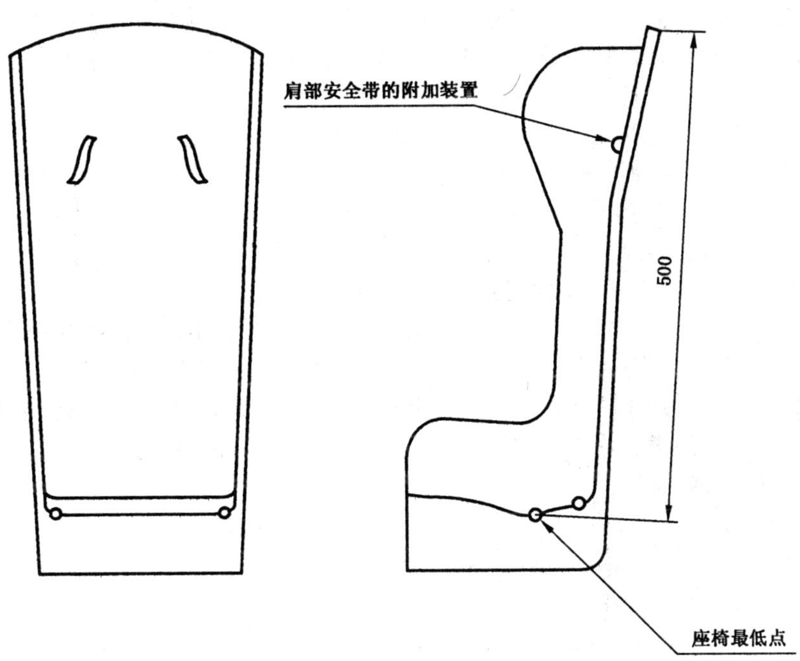

图 K.1 儿童约束系统座椅靠背的内高

附 录 M
（规范性附录）
标准安全带

M.1 用于动态试验和最大长度要求的安全带应是图 M.1 中所示两种结构中的一种。一种是三点卷收式安全带，一种是两点无卷收式安全带。

M.2 三点卷收式安全带包括以下刚性部分：一个卷收器(R)、一个缠绕安全带的卷轴(P)、两个固定点(A_1 和 A_2，见图 M.1)及中心部件(N，见图 M.3)。卷收器应符合 GB 14166 中卷收力的要求。卷轴的直径为 33 mm±0.5 mm。

M.3 卷收式安全带应符合 E.7 中有关试验座椅固定点的要求：

a) 安全带固定点 A_1 应符合滑车的固定点 B_0(外侧)；

b) 安全带固定点 A_2 应符合滑车的固定点 A(内侧)；

c) 环形圈 P(见图 M.4)应符合滑车的固定点 C；

d) 安全带卷收器 R 应符合滑车的固定点，以确保中心轴位于 R_e 点。

在图 M.1 中 X 的值为 200 mm±5 mm。从点 A_1 到牵引器轴 R_e 的有效的织带长度为：在直线方向没有载荷作用，并且在水平表面测量时，织带被完全拉出的长度应为 2 820 mm±5 mm，其中包括在通用类和半通用类别中试验的 150 mm 的最短长度。对于限制类儿童约束系统，这个长度应增加。对所有安装的儿童约束系统的类别，在卷收器的卷轴上应留有 150 mm 长的织带。

M.4 对安全带的织带的要求为：

——材料：聚酯编织物；

——宽度：48 mm±2 mm(在 10 000 N 的拉力下)；

——厚度：1.0 mm±0.2 mm；

——延伸率：8%±2%(在 10 000 N 的拉力下)。

M.5 图 M.1 所示的两点无卷收式安全带由图 M.2 所示的两个金属标准固定板和满足 M.4 要求的织带组成。

M.6 两点无卷收式安全带的固定金属板应符合滑车固定点 A 和 B 的要求。图 M.1 中 Y 的值为 1 300 mm±5 mm。这是带有两点无卷收式安全带的通用类儿童约束系统需要满足的最大长度要求(见 4.2.9)。

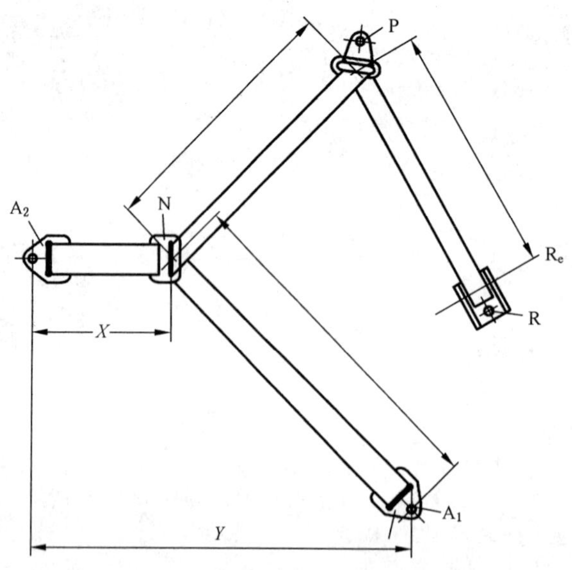

图 M.1 标准座椅安全带结构

单位为毫米

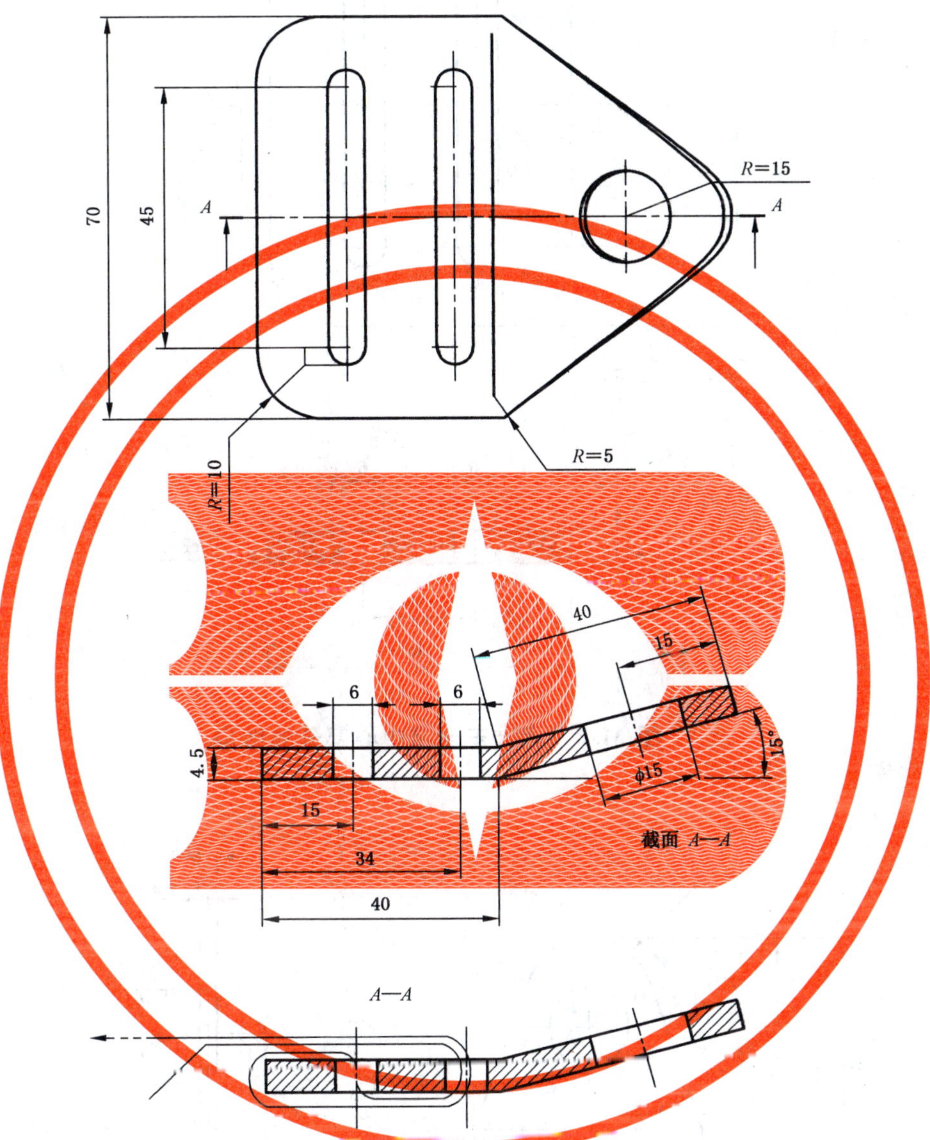

图 M.2 典型的标准固定板

单位为毫米

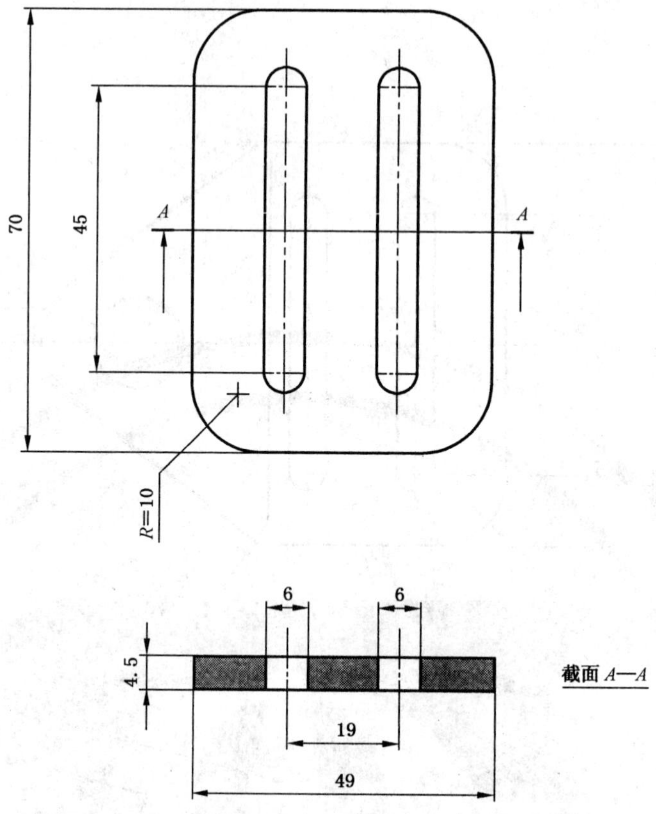

图 M.3　标准安全带中心部分的结构

单位为毫米

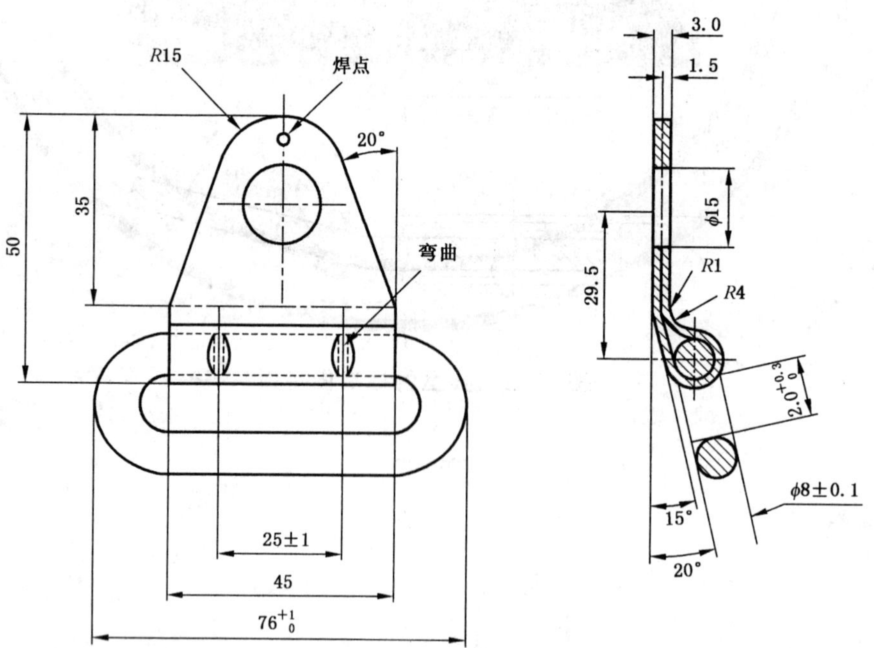

注：表面处理：镀铬。

图 M.4　环形圈

附 录 P
（资料性附录）
说明性注解

本附录中所给的解释性注释关系到本标准的解释难点问题，可作为试验机构的技术指南。

3.18.1 条

快速调节器也可以是带有卷收轴和弹簧的装置，类似于手动释放的卷收器。调节器应该符合5.2.2.5 和 5.2.3.1.3 的要求。

3.34 条

不管是安装在轿车还是旅行车后排座椅上的“半通用类”儿童约束系统，其安全带总成都是同一类型的。

在判断是否是一种新类型的儿童约束系统时，座椅、座垫或碰撞防护装置尺寸和质量的变化，以及吸能特性或所用材料颜色的变化都应被考虑进去。

这些不适用于只根据 GB 14166 获得单独认证的安全带，GB 14166 的要求是把儿童约束系统固定到车辆上或约束儿童时必需的。

4.2.2 条

对后向儿童约束系统，其上部相对于儿童假人头部位置的正确的位置是通过安装所能提供的最大假人来保证的，只有这样才能正确地约束儿童的头部。为此，约束系统应对最大倾斜位置予以详细说明，以确保儿童眼部高度的水平线低于座椅的顶端。

4.2.8 条

150 mm 的要求也适用于便携床，只是在便携床与安全带之间有特殊装置连接的情况除外。

4.3.4 条

肩带的可接受的位移限值为，在假人最大位移点处肩带的下边缘不能低于假人的肘部。

4.3.9 条

一般认为这条适用于带有锁止装置的情况，即使那组儿童约束系统不要求。

5.1.2.1 条和附录 Q、附录 R

不管是吸能材料，还是儿童约束系统的整体材料，都应符合附录 Q 和附录 R 的要求，如果儿童约束系统结构可调或性能可变，试验会选择最坏的情况进行。吸能材料可以是儿童约束系统表层或是其中一部分。

5.1.3 条

翻转试验中所使用的安装程序和参数与动态试验相同。在翻转过程中，装置不允许停止。

5.1.4.2.2 条

指的是对假人脊椎施加拉力时的加速度曲线。

5.1.4.3 条

可见的侵入痕迹指腹部插入物侵入黏土(在约束系统传来的压力之下),但是如果不是通过简单的脊椎的弯曲产生水平方向的压力,黏土模型也不会弯曲。同时看 4.4.4 的解释。

5.2.1.5 条

第一句是指假人的手能否触到带扣。

5.2.2.1 条

这将用于保证导向带单独认证时能够较容易地安装或取下。

5.2.4.1 条

要求用两条织带。先测量第一条织带的断裂载荷,再测量第二条织带当载荷达到 75%断裂载荷时的宽度。

5.2.4.4 条

某些可被拆下的零件,对于未经训练的使用者来说,有可能不能正确的重新组装,可能会产生使用中结构的破坏,这是不允许的。

6.1.2.2 条

"紧固在座椅上"指符合附录 E 规定的试验座椅,"用于特殊车辆上的装置"指特殊车辆类型的儿童约束系统也应安装在试验座椅上正常进行翻转试验,但也允许装在车辆座椅上进行试验。

6.2.2.1 条

"在正常使用条件下"指试验实施时,约束系统安装在试验座椅或车辆座椅上,但不安装假人。

假人仅被用于调节装置的定位。在第一句中,织带应按照 6.1.3.7.3.2 和 6.1.3.7.3.3(不论哪个适合)的规定调整。然后取走假人后进行试验。

6.2.5.2.7 条

这一段不适用于导向带单独认证时。

附　录　Q
（规范性附录）
材料的吸能测试

Q.1　头型

Q.1.1　头型由实心的木质半球构成，上面附带一个如图 Q.1 所示小的球形的部分。头型结构应能使头型沿着标记的轴线自由下落，并能安装一个加速计，以便测量下落方向的加速度。

Q.1.2　包括加速计在内的头型的总质量应为 2.75 kg±0.05 kg。

Q.2　仪器

在试验过程中应记录加速度，仪器应符合 ISO 6487:2002 中规定的通道频率为 1000 级的要求。

Q.3　试验程序

Q.3.1　在对完全装配的儿童约束系统进行试验的过程中，只能对支撑装置（直接在碰撞点）和碰撞装置为保证必要的支撑所做的最小的改装，改装应对测试结果的影响最小。

Q.3.2　对装配好的儿童约束系统，应将其外表面固定在碰撞区域，在位于碰撞点的下方固定在一个光滑的刚性基座上，例如一个混凝土底座。

Q.3.3　将头型提高到从头型最低点距离装配好的儿童约束系统最上表面 100^{+5}_{0} mm 的地方，让其自由落下。记录头型在碰撞中的加速度。

单位为毫米

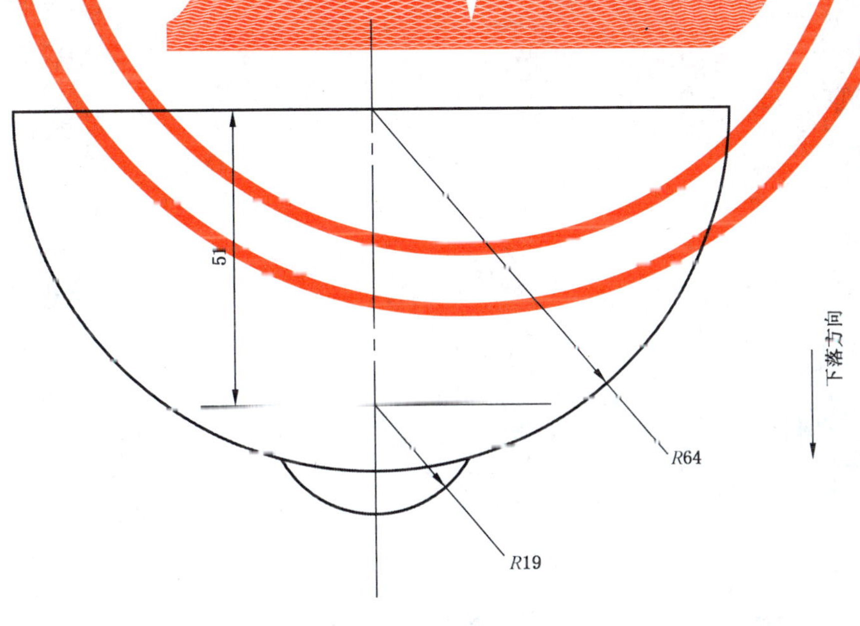

图 Q.1　头枕

附 录 R
（规范性附录）
确定座椅靠背装置头部碰撞区域的方法以及对后向装置侧翼最小尺寸的方法

R.1 把装置放在附录E所描述的试验座椅上。可向后倾斜的装置放置在最直立的位置。按照制造商说明书的要求把最小的假人放在装置上。在靠背上，与最小假人肩部同一水平面且距离胳膊外边缘向内20 mm处做一个标记点“A”。通过点A的水平平面上方的所有内表面均应带有按照附录Q的规定进行试验的特殊吸能材料。这种材料应覆盖在靠背和侧翼的内表面，包括侧翼的内边缘（圆角半径区域）。吸能材料构成儿童座椅的组成部分。对于便携床的情况，根据装置本身以及制造说明书，不可能将假人对称安装的话，使用满足附录Q要求的材料的最小区域的要求应是沿假人头部方向，并超过假人肩部的全部区域。试验时假人应放置在按照制造商说明书以及便携床安装在试验座椅上的最不利的位置。

如果可以将假人在便携床中对称安装，那么，便携床的整个内部空间都要覆盖符合附录Q要求的材料，该材料应与便携床内部结构一起完成它的功能。试验机构将对这方面通过测试做进一步评估。

R.2 对于后向装置应带有侧翼，并且从靠背表面的中央测量其最小深度为90 mm。侧翼从通过A点的水平面开始，一直到座椅靠背的顶部。从座椅靠背最高点以下90 mm处开始，侧翼的深度可逐渐减小。

R.3 R.2对侧翼最小尺寸的要求，不适用于4.2.2规定的放于行李舱位置的特殊车辆类中第Ⅱ和第Ⅲ质量组的儿童约束系统。

附 录 S
（规范性附录）
对直接安装在儿童约束系统上的调节器的技术条件的描述

S.1 方法

S.1.1 处于6.2.7规定的参考位置的织带，通过拉织带的自由端，使织带从完整的系统中至少收回50 mm。

S.1.2 如图S.1所示，通过拉动装置A，把系统的调节器安装好。

S.1.3 打开调节器，把织带拉进系统至少150 mm。这是一个操作循环的一半，并且牵引装置A放于织带的最大抽取位置。

S.1.4 把织带的自由端连接到牵引装置B上。

S.2 操作循环

S.2.1 闭合调节器，释放装置A，装置B至少拉动150 mm，同时装置A处于无拉力状态。

S.2.2 打开调节器，释放装置B，装置A拉动但装置B处于无拉力状态。

S.2.3 在工作的最后，闭合调节器。

S.2.4 按5.2.2.7的规定重复循环。

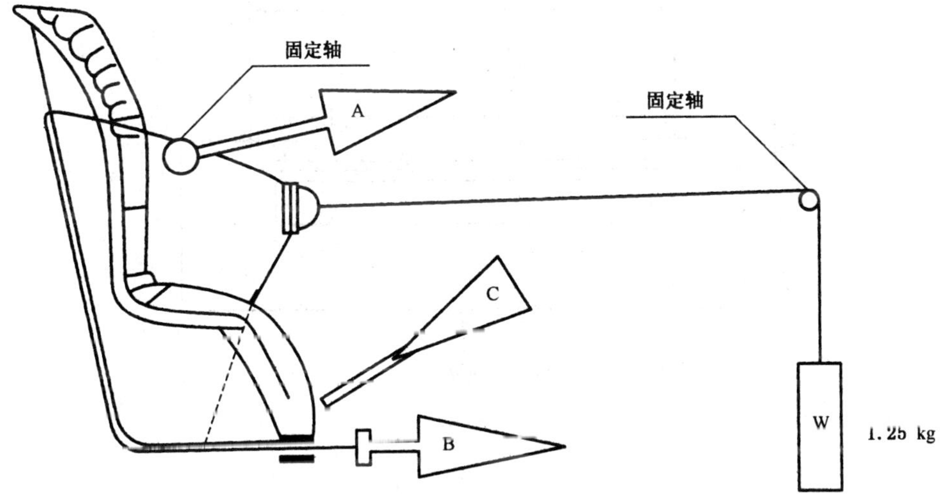

图 S.1 对调节器的操作方法

附 录 T
(规范性附录)
典型的带扣强度测试装置

典型的带扣强度测试装置如图 T.1 所示。

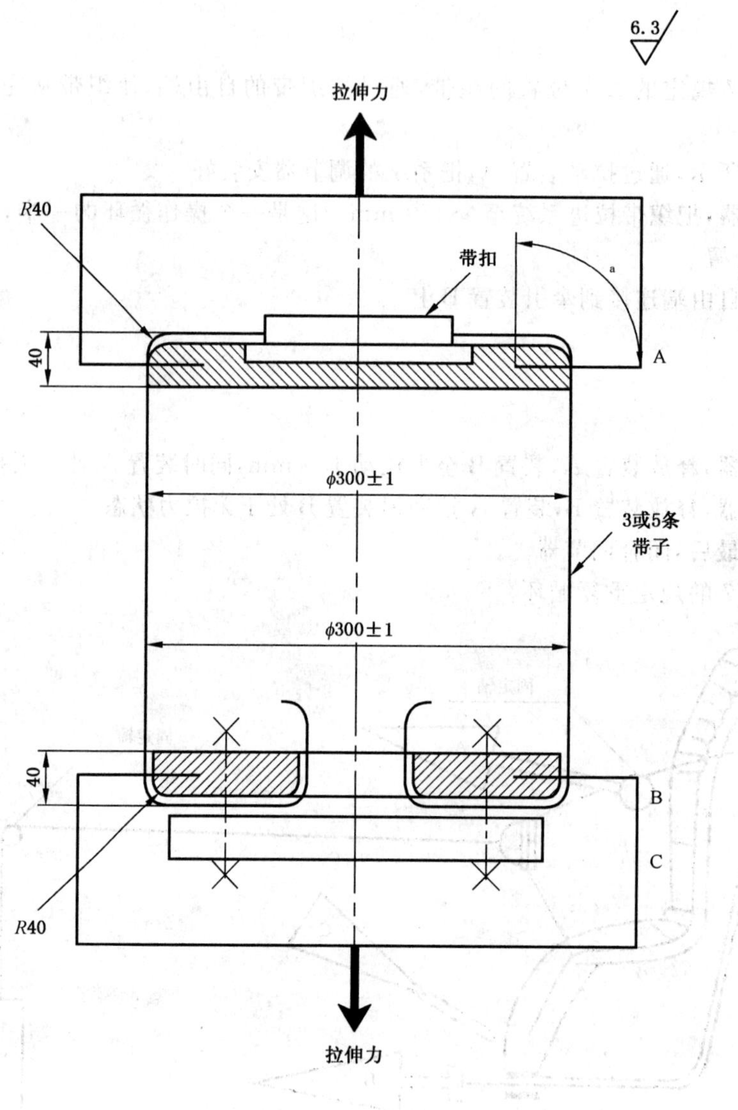

a 表面 A。

图 T.1 典型的带扣强度测试装置

附 录 U
（规范性附录）
动态碰撞试验装置

U.1 腰部安全带

在图 U.1 所示的外侧位置安装载荷传感器 1。安装儿童约束系统，并在外侧位置拉紧相关织带，以获得 75 N±5 N 的载荷。

U.2 腰带和肩带

U.2.1 在上述所示的外侧位置安装载荷传感器 1。把儿童约束系统安装在正确的位置上。如果儿童约束系统配备了锁止装置，并且该装置作用于肩带，在上述儿童约束系统后面，介于锁止装置和带扣之间一个方便安装的位置安装载荷传感器 2。不管带扣上有无锁止装置，在导向环和儿童约束系统之间的任一方便安装的位置安装载荷传感器。

U.2.2 调整相关织带上腰部位置，使载荷传感器 1 获得 50 N±5 N 的拉伸载荷。在通过模拟带扣的位置用粉笔在织带上做标记。保持腰带位置，同时通过调整在儿童约束系统织带锁扣处锁止织带，或者通过拉动标准卷收器附近的织带来调节肩带，使载荷传感器 2 获得 50 N±5 N 的载荷。

U.2.3 松开卷轴上所有的织带，并重新在卷收器和上导向环之间回织带使张紧力达到 4 N±3 N。在动态试验之前应锁住卷轴。然后开始动态碰撞试验。

U.2.4 在试验开始之前，检查儿童约束系统是否符合 4.3.1.3 的规定。如果由于角度的改变使得在安装时张紧力有所改变，那么需要调试找到原因，把张紧力设置在最紧的位置，并使儿童约束系统处于最不利的条件，成人用安全带保持原状。然后开始进行动态试验。

U.3 ISOFIX 附加装置

对于带有可调乘坐位置状态的 ISOFIX 固定点的 ISOFIX 儿童约束系统。把卸载的 ISOFIX 儿童约束系统按合适的试验位置安装到固定点 H_1、H_2 上。允许 ISOFIX 儿童约束系统插销机构按乘坐状态拉动 ISOFIX 儿童约束系统而移动。除克服 ISOFIX 儿童约束系统和座垫表面的摩擦力外，在试验的长条座椅座垫表面沿乘坐状态额外施加一个 135 N±15 N 的水平力，以减轻拉力对插销机构的影响。这个力应施加在或者相当于 ISOFIX 儿童约束系统中心的位置，高度不超过试验长条座椅座垫表面上方 100 mm。如果需要，调整上部以使张紧力达到 50 N±5 N。在 ISOFIX 儿童约束系统调整好之后，安装合适的儿童假人。

U.4 对动态试验装置的其他要求

U.4.1 在把假人按 U.1 和 U.2 安装到约束系统上之后装置才算完成。

U.4.2 因为在安装儿童约束系统后泡沫塑料垫会被挤压，所以在安装儿童约束系统之后尽可能在 10 mim 之内开始动态试验。允许垫子恢复原状，使用同一个垫子的两次试验的时间间隔最少为 20 min。

U.4.3 直接安装在织带上的载荷传感器可以被分开，但是在动态试验过程中应被分开在适当的位置。

每个传感器的质量不超过 250 g。或者腰带上的载荷传感器可以被固定点处的载荷单元所代替。

U.4.4 在约束系统是用提高成人用安全带张力的装置来安装的情况下，试验方法应为：按照本附录的要求安装儿童约束系统，然后按照制造商的说明书安装张紧装置。如果由于张紧力太大，装置不适用，那么认为这个装置是无效的。

U.4.5 除按照 U.1 和 U.2.2 要求的正确的最小安装力之外，不得再有附加的力施加在儿童约束系统上。

U.4.6 如果便携床像 6.1.3.6.6 所描述的那样安装，那么成人安全带与便携床之间的连接应该是相似的。500 mm 长的自由安全带（按照附录 M 规定的测量方法测量）通过附录 M 所规定的固定片连接到指定的固定点，这样，便携床的约束装置就连接到成人安全带上了。固定点和约束系统间的受力应为 50 N±5 N。

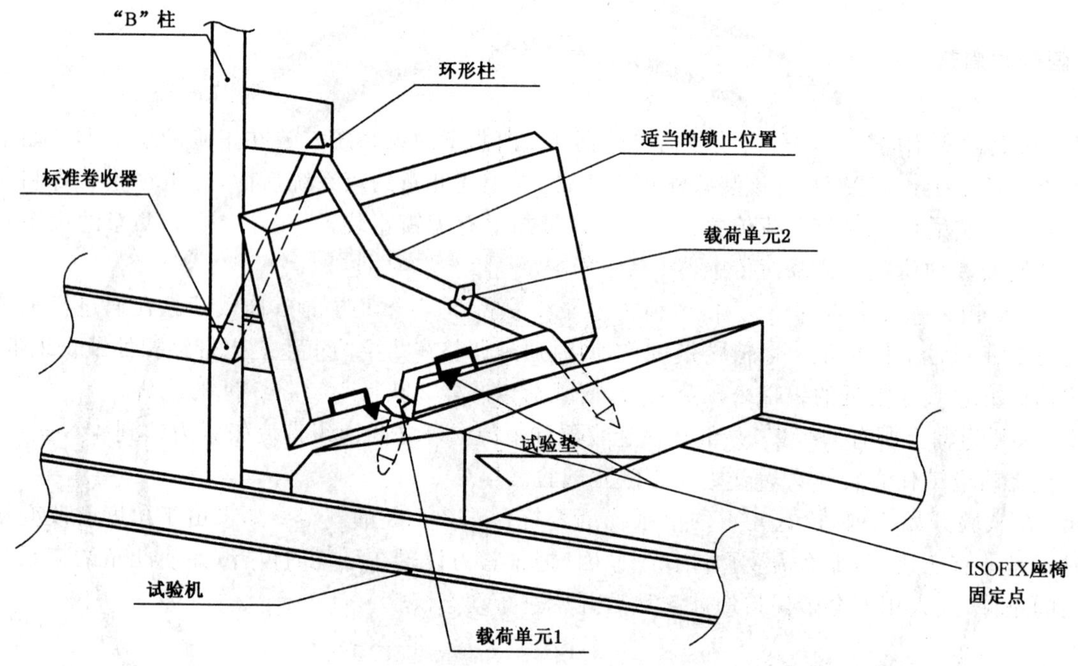

图 U.1 动态碰撞试验装置

附 录 X
（规范性附录）
最小的假人模型试验

用截短了的 P10 假人模块（见图 X.1）进行的对增高垫的拉伸试验，如图 X.2 所示。

单位为毫米

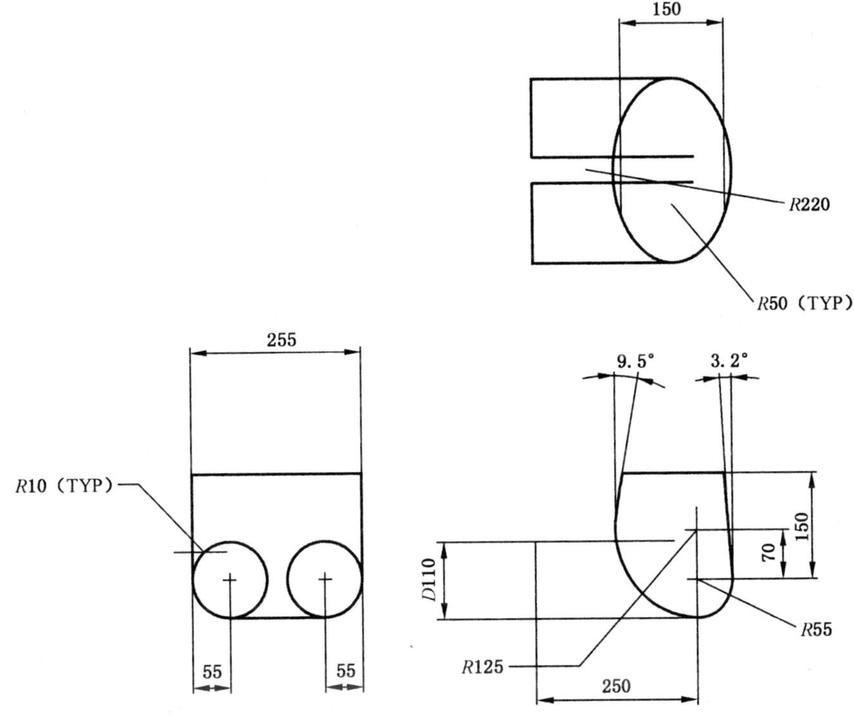

注：材料为可膨胀聚苯乙烯（40 g/L～45 g/L）。

图 X.1 截短了的 P10 假人模型

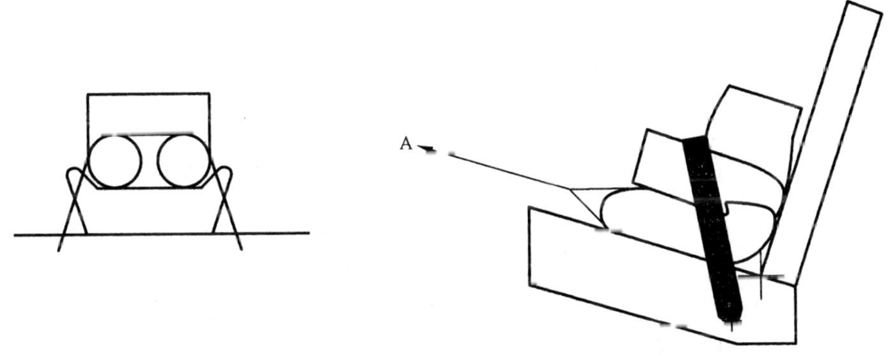

图 X.2 用假人模块进行的对增高垫的拉伸试验

检02